高等院校电气工程及其自动化专业系列精品教材

供配电系统

（第二版）

杨　岳　编著

科学出版社

北　京

内 容 简 介

本书按卓越工程师教育培养计划要求编写。全书系统地介绍了供配电系统的构成、分析计算和基本的工程设计方法，对运行管理也有所涉及。

本书以技术原理为基础，以供配电工程体系为构架，以供配电工程现状和最新的工程标准为依据选取和组织编写内容。全书共11章，第1章介绍电力系统和电力工程的背景知识，第2章介绍供配电系统的结构，第3章介绍与供配电工程密切相关的基本计算方法和基本元件模型，第4～11章对供配电系统分析与设计所涉及的主要问题进行逐一专项介绍，包括负荷计算、短路电流计算、故障保护、设备选择、电击防护、电能质量、过电压与雷电防护等内容。本书附录中收录了较多的工程数据，可供学生了解实例、完成作业使用，也可部分满足供配电系统课程设计与毕业设计的需要。

本书重视工程应用与基础理论之间的关系，围绕解决问题的过程强化工程训练。本书可作为电气工程及其自动化、自动化、建筑电气与智能化等专业本科学生的专业课教材，也可作为以上方向专业硕士和工程技术人员的参考书，还可供注册电气工程师(供配电专业)考试复习与培训使用。

图书在版编目(CIP)数据

供配电系统/杨岳编著. —2版. —北京：科学出版社，2015.1
(高等院校电气工程及其自动化专业系列精品教材)
ISBN 978-7-03-043054-0

Ⅰ.①供… Ⅱ.①杨… Ⅲ.①供电系统-自动化技术-高等学校-教材②配电系统-自动化技术-高等学校-教材 Ⅳ.①TM72

中国版本图书馆CIP数据核字（2015）第012828号

责任编辑：余 江 张丽花/责任校对：郭瑞芝
责任印制：赵 博/封面设计：迷底书装

科学出版社出版
北京东黄城根北街16号
邮政编码：100717
http://www.sciencep.com
北京富资园科技发展有限公司印刷
科学出版社发行 各地新华书店经销
*
2007年12月第 一 版 开本：787×1092 1/16
2015年 1 月第 二 版 印张：26
2025年 8 月第十七次印刷 字数：616 000

定价：89.00元

（如有印装质量问题，我社负责调换）

前　言

本书是在总结第一版使用情况的基础上，为适应教育部卓越工程师教育培养计划（以下简称卓越计划）要求而编写的。

卓越计划的要求之一是按通用和行业标准培养。就专业课程而言，主要涉及按行业标准培养的问题。行业标准既体现在工程规范、产品标准等技术文件中，也蕴涵在供配电工程实践活动中。本书以供配电工程体系为构架确定编写范围，以供配电系统工程设计为主线组织编写内容，以勘察设计行业对注册供配电工程师的要求为主要依据掌握编写深度，以期达到符合行业标准的目的。

卓越计划的另一要求是注重工程实践和工程创新能力的培养。作者认为，这不是简单地多给学生提供实践机会就能解决的问题，课程教学根本的任务是为学生在实践中自主学习与拓展创新奠定意识、素质和能力基础。本书试图以解决问题的过程为着重点，通过问题剖析和案例数量的累积，从特殊到一般，渐次推进工程素养的基本训练。比如，详细介绍和讨论标幺制规则体系的形成过程，展示目标、依据、方法、格式等工程规则体系要素的具体运用，而制定工程规则就是一种典型的工程实践创新活动；再如严格用电路分析的原理和方法展示对称分量法求取两相短路电流的过程，示范如何在工程实践中正确、有效地运用基础理论解决实际问题。本书较多地介绍与供配电系统相关的规范、标准，介绍技术原理与工程方法之间的异同，介绍产品性能对技术条件的拓展或约束，介绍工程问题的多因素关联性和解决方案的非唯一性特征等，强化工程意识的培养。本书习题除了基本练习以外，还有部分需要对结论进行技术分析并做出技术判断的题目，用以培养学生的主动思考习惯和责任意识。习题中还有部分拓展学习的建议，可指导学生自主学习。

全书共 11 章，基本涵盖现状供配电系统工程设计所涉及的主要内容，还部分涉及供配电系统运行管理的内容。书中附录收列了一些工程数据、产品样本和规范条文，可供学生了解实例、完成作业用。本书插图所用字母代码遵循最新的制图标准，但工程现状是老标准的文字符号还在广泛使用，新老标准交替会有一段过渡时期，因此特别提请读者多加留意。本书所涉及的工程标准涵盖面很广，既有制造业的产品标准，又有工程建设行业的设计施工及验收规范，还有营运行业的运行规程等；既有国内标准，又有 IEC 等国际标准。各标准对部分术语的定义和部分方法及数据的应用有所不同。为避免混乱，书中对一些典型的情况进行了注释或说明，也特别提请读者在阅读时不要混淆。

作者所从教的专业几年前已加入卓越计划，作者按卓越计划要求教授本门课程已历学生几届，因此本书既是对卓越计划培养方式的探索，也是若干年教学实践的阶段性小结，其间不断有学生、同事和同行对课程提出有益的意见和建议，在此表示感谢。本课程组的雍静老师多次参与本书编写大纲的讨论，并提出意见和建议，在此深表谢意。

本书适合电气工程及其自动化、自动化、建筑电气与智能化等专业的本科生使用，也可作为以上方向专业硕士的参考书，还可供相关专业的本科生及工程技术人员参考。

由于作者水平有限，书中疏漏之处在所难免，请读者和专家批评指正。

作　者

2014 年 9 月

目　录

第 1 章　绪　　论

1.1　电能与电力系统

1.1.1　电气工程

从 18 世纪后半叶卡文迪什和库仑的静电研究，到 19 世纪后半叶麦克斯韦电磁波理论的建立与验证，在一个多世纪的时间里，关于宏观电磁现象的物理学研究取得了巨大的成就。在此基础上，电磁现象的工程应用从 19 世纪中前期(大约为我国的鸦片战争时期)开始起步，并向两个主要的方向发展。其一是将电作为消息的载体进行信号传送，称为电信；其二是将电作为能源加以利用，称为电力。前者的典型代表有大家熟知的莫尔斯电报和贝尔电话等，后者则是以电解、电弧灯和电动机开始的。迄今，这两个方向都发展形成了各自庞大的工程体系，且“电信”已融入内涵更为丰富的“信息与通信”领域中，并成为其重要的组成部分；而“电力”的工程应用，则成就了今天所说的“电气工程”领域。

1.1.2　电力系统

1. 电力系统的任务

电力系统既是电气工程的基础，又是电气工程的重要组成部分，它产生于人们有控制地使用电能的需求。尽管现代电力系统庞大而复杂，但建立电力系统的初衷却很简单，就是希望以工业化的形式为用电设备提供电能。这一愿望简洁明了地揭示了电力系统的根本任务。

电力系统的任务，揭示了人们建造电力系统的动力，而电力系统最终以何种面目被建造出来，存在多种可能性。因此，不能满足于从电力系统的既有形式去理解电力系统，而应该更进一步探究电力系统为什么被构建成现在这种形式，以及电力系统是否还可以有其他形式等问题。电力系统的任务是展开以上思考的最好切入点。

2. 电力系统的构成

电力系统由发电、输变电、变配电和用电等环节构成，它们分别完成电能的生产、传输、分配与消费等任务，如图 1-1 所示。工程上，又将电力系统中除去发电机和用电设备的部分称为电力网络，简称电网；将电力系统连同发电机的原动机系统(如汽轮机与锅炉及其控制系统)统称为动力系统，或称为广义电力系统。

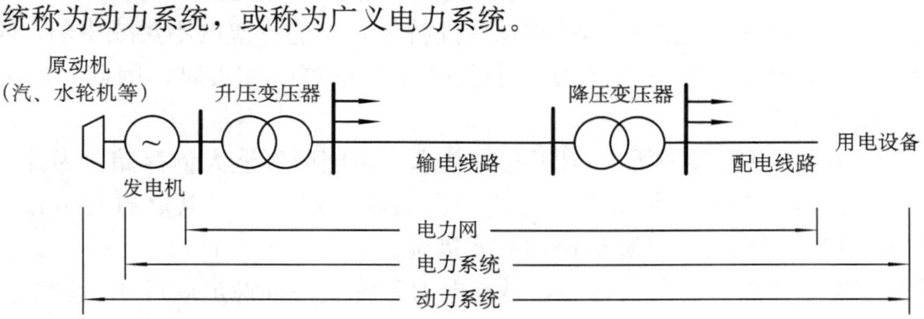

图 1-1　简单电力系统模型

以上结构是现状电力系统的主流形式，这里除了有历史沿革和相互借鉴等因素以外，主要原因还是在于这种结构具有充分的技术合理性，这些技术合理性主要源于以下事实。

（1）自然界不存在足量的可被有控制地使用的原生电能，因此发电环节是必不可少的。

（2）因地理条件、环保、安全等诸多原因，发电厂与用电负荷中心通常相距甚远，输电环节由此产生。

（3）即使在城市、厂矿等负荷中心，负荷一般也是分布在不同地点的，且类别多样、数量庞大、权属又各有不同，无法将它们集中在一个地点使用电能，这就需要将电能向负荷进行分配。这表明了配电环节的必要性。

因此，不要认为电力系统天生如此——其实自然界原本并不存在电力系统。电力系统以这样的结构存在，是在实现有控制地使用电能这一目标的过程中，科学家和工程师不断实践的结果。随着科学技术的发展和社会环境的改变，电力系统的结构会否发生一些变化，我们既可拭目以待，更可投身其中。

3. 电力系统各环节的作用

（1）发电。发电是电能生产环节，其作用是将其他形式的能转换成电能。这些其他形式的能主要有煤、油等矿物的化学能，水、风、潮汐等流体的机械能，地热资源中的热能，以及核能和太阳能等，这些能源均为自然界自身所蕴藏，称为一次能源，相应地将它们所生产出的电能称为二次能源。发电厂一般以其所使用的一次能源冠名，如燃煤火力发电厂、水力发电厂、核电厂等。

（2）输变电。输变电是电能流通环节之一，其作用是将电能集中地从一处输送到另一处，一般来说传输的功率大、距离长。因长距离大功率输送电能所产生的损耗较大，一般需要使用比较高的电压，但发电机因制造和运行等方面的原因，输出电压不可能很高，因此必须在电源侧将电压升高再进行电能传输，这就使升压变电成为输电一个必不可少的环节，统称为输变电。

（3）变配电。变配电是电能的另一个流通环节，其作用是在负荷侧将集中的电能分配给散布的用户。输变电环节传输来的电能电压一般较高，而用户由于安全等诸多方面的原因不能使用很高的电压，因此需要先将电压降低后再进行分配，故统称为变配电。

（4）用电。用电是将电能转化为其他形式的能，如机械能、热能、光能、声能等。

4. 电力系统的运行特点

电能既是电力系统的产品，又是电力系统的消费品。与一般工业产品相比，它有其自身的特点，这些特点最终反映在对系统运行的要求上。

（1）可靠性要求非常高。电能突出的优点使其成为大多数生产和生活活动中的首选能源，使用上的广泛性决定了它的基础性和重要性特征。电能供应的不足或中断，不仅会造成比较大的经济损失，还会产生诸多不便、混乱甚至严重事故和灾难。因此，电力系统的运行，需要很高的可靠性。

（2）生产和消费需要实时平衡。以现有的技术，电能尚不能大量存储，因此需要生产与消费同时完成。但电能的消费是由庞大的用户群共同确定的，用电量的大小有一定的随机性，电力系统必须具有应对这种随机性的技术措施。

（3）暂态过程非常短暂。所谓暂态，是指电力系统从一种稳定运行状态转变到另一种稳定运行状态之间的过渡过程，这种转变一般是由系统的扰动和故障产生的。电力系统对扰动和故障的响应若不及时，常常会产生比较严重的后果。因此电力系统需要有完善的自动控制与保护手段。

5. 电力系统的联网运行

实际的电力系统，一般不只有一个电源，而是将分布在不同地点的多个电源组成网络，共同服务于所有用户，这就称为电力系统的联网运行。图 1-2 是联网运行的概念性示例。图 1-2(a)为处于不同区域的两个独立的简单电力系统，各自电源服务于各自负荷，电网间无电气联系，对发、用电不平衡及电网元件故障等问题无法相互支援；图 1-2(b)将两个电力系统在电源侧联网，联络线 W0 在两个电源间形成了双向电能传输通道，可将电能在两个电源间进行调度，以应对单个电源与负荷供需不平衡的情况，这条线有别于由电源向负荷供电的单向电能传输线路 Wa 和 Wb；图 1-2(c)是在负荷侧联网，联络线 W1 除了可以调度电源电能外，还可以在输电线路 Wa、Wb 其中一条故障时，将故障线路所带负荷转移到另一条线路传输，前提是线路传输容量充足。

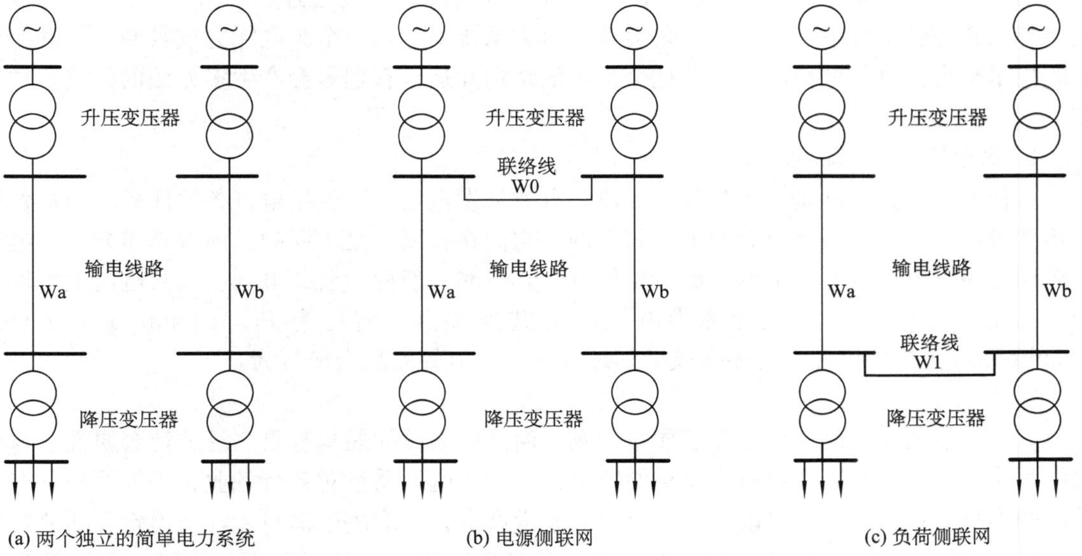

图 1-2　电力系统联网运行概念示意

实际电力系统联网远比上述示例庞大、复杂。联网运行的理论依据主要可以用两个数学定理来表述，这两个定理分别是大数定理和比例尺定理，它们主要表述的是资源效率与服务对象数量之间的关系，在此不进行详述。从工程的角度看，联网运行主要有以下好处。

(1) 提高电网和发电设备的利用率。用电负荷并不会一直维持在一个恒定量值，而是随时间变化的，其最大值(峰值)和最小值(谷值)之间有一定的落差，称为峰谷差。为了在峰值时满足供电需求，电网和发电设备必须具有不小于峰值负荷的容量，但这些容量在非峰值负荷期间就会出现闲置，使得设备利用率降低。联网运行相当于扩大了用户样本数量和分布区域，由于不同类别负荷(如生活照明负荷与生产动力负荷)峰、谷值出现时间不一致，不同地区间负荷峰、谷值出现的时间也可能有差异，使得总的负荷峰谷差趋于减小，有利于提高设备的利用率。

(2) 优化一次能源的利用。这一点主要体现在两方面。一方面，联网会使总的负荷量值增大，使得采用大容量发电机组成为可能，而大容量发电机组的效率一般要高于小容量机组；另一方面，联网可合理调配可再生与不可再生能源，如可以充分利用季节优势，在丰水期多发廉价的水电，以减少煤、油等矿产的消耗。

(3) 提高供电可靠性。联网不仅使发电机的数量增加，而且使可供选择的供电路径增多，系统对个别发电机及电网元件故障的代偿能力因此提高，供电可靠性更有保障。

(4) 提高电能质量。联网使负荷波动相对减小，系统对局部故障的代偿能力增强，从而使电压波动、频率稳定性等电能质量指标得到提高。

当然，联网运行也并非百利无弊。大电网一旦发生稳定性故障导致系统崩溃，则会导致一个很大的区域、一个国家甚至若干个国家停电，产生严重的混乱，造成巨大的损失。这种事故在国外已多次发生，在我国也曾有发生。

1.1.3 电能的商品属性

电力系统中的电能，既是一种产品，又是一种商品，它也会经历一般商品生产、流通、交换与消费等各个环节。从商业的角度看，电力系统不过是一个为电能完成其商品活动所搭建的技术平台，电能的商品属性对这个平台的结构和运行管理等会产生多方面的影响，举例如下。

1. 基于商业属性的电网划分

从技术上看，电网是一个整体，完成将电能从发电机传输到用电设备的任务。但从营运的角度看，电力用户与供电企业各有其电网，它们在权属上是不同的。前者是需方，其电网一般称为用户电网或专用电网；后者是供方，其电网一般称为公共电网。公共电网上可供一个以上用户电网接入的位置称为电网的公共连接点，缩写为 PCC(Point of Common Coupling)点。在该点处，电能完成了其最末一个环节的商品交换行为。

2. 电能质量控制

无论产品还是商品，都存在着质量问题，商品的质量问题具有更广泛的社会属性。与其他商品质量相比，电能质量有两个重要特点：一个是电能质量对各行各业、千家万户具有基础性的影响力；另一个是电能质量不仅取决于生产者，也取决于消费者，与消费者的使用过程关系甚至更为密切。因此，对于电能质量的控制，需要以技术原理、法律、法规等为依据，技术、经济、管理等手段并用，供电企业和电力用户共同努力，才能收到好的效果。

3. 商业模式的影响

从电能供应方来看，从早期的厂网一家，到后来的厂网分离，再到正在酝酿中的输配分离，实际上是经营主体的商业角色在发生着变化。各经营主体之间及其与用户之间相互博弈，力图使自身利益最大化，营运策略会随着商业模式的变化而改变，这其中会深度涉及技术问题。例如，厂网分离后，电网对上网电厂的选择，会综合考虑发电量、上网电价、网络容量、损耗及可靠性等问题，而电厂也会根据电网的营运策略调整停机检修计划等。再如，如果实施电力用户直接向电厂购电的商业模式，则电网变成了交易的中介，其利润大小与电价的关联性弱化，而与电网损耗、电网建设及运行成本等关联性更大，这可能导致电网在规划设计、运行调度等方面的技术取向发生某些改变。

1.2 电力系统的表达

所谓表达研究对象，是指用约定的方式传达出关于对象的有用信息。如何对所研究的对象进行表达，是几乎所有技术领域都会面临的一项基础性课题。对表达的基本要求是规范、简洁和高效。所谓规范，就是要遵守约定的表达规则；所谓简洁，就是要尽量减少无关的信息；所谓高效，就是要选择恰当的表达方式，如有选择地使用图形、语言、图表、模型、公式和数据等，使信息传达更具效率。

就电力系统而言，表达主要涉及两个方面的问题，一个是内容问题，另一个是手段问题。面对不同的技术任务，表达的内容和手段都可能会有所不同。从工程实践的一般情况看，电力系统需要表达的内容主要体现在系统结构和运行状态两个方面，表达的手段有很多种类，基本的要素为术语与符号。

1.2.1 结构描述

结构描述是对电力系统实体的静态表达，所要表达的信息，主要包括网络拓扑、设备与线缆(或统称网络元件)设置和结构参数三大类。网络拓扑表明了电力系统电能传输通道的构成，元件设置表明了网络拓扑的技术实现形式，结构参数则定量表明了系统各环节的技术属性。

1. 一次系统与二次系统

工程界习惯将电力系统划分为一次系统和二次系统两部分。电力系统中，电作为能源通过的部分称为一次系统，对一次系统进行测量、保护、监控的部分称为二次系统。一次系统主要由发电机、变压器、电力线缆及各种配电电器等构成。二次系统主要由二次电源、继电保护、测量监视、运行控制等部分构成。从控制工程的角度看，一次系统相当于受控对象，二次系统相当于控制环节，受控量主要有开关电器的开、闭等数字量和电压、功率、频率、发电机功率角等模拟量。

请注意不要将一、二次系统与变压器的一、二次侧系统的概念混淆。以下有关结构描述的问题，主要以一次系统为例，其结论也适用于二次系统。

2. 电气图

电力系统结构描述的最有效和最常见的方式是电气图，主要是电气制图中的简图(Diagram)。所谓简图，是指用图形符号、带注释的围框或简化外形表达系统中各组成部分之间相互关系及其联结的一种技术文件。简图不必表达实体的几何形状与空间位置，表达实体几何形状和空间位置的图在电气制图中称为图(Drawing)①，如建筑平面图或设备机械结构图。有时需要综合运用简图和图来表达电力系统，为了方便，工程上也常将这种电气图称为简图。

表达一次系统最常用的简图为接线图，主要有电气接线图和位置接线图两种类型。

(1) 电气接线图。它属于按功能布局的简图，主要表明系统中设备与线路的电气关系，但并不考虑它们的实际位置和几何尺寸。电气接线图又有单线表示法和多线表示法两种常用形式。

电力系统是三相系统，每一环节都有若干导体或绕组等元件，将它们一一图示出来，就是多线表示法，又称多线接线图，如图 1-3(a)所示。如果更关心的是系统中各组成环节的相

---

① 这句话中遇到一个同字异义的情况。前一个“图”指的是语言文字中用图示方式表达信息的一般含义，后一个“图”特指电气制图中一种图的类别，请注意根据语境进行辨析。详细请参见 GB/T 6988.1—2008《电气技术用文件的编制 第1部分：规则》。

互关系而不是细节的电路连接，则可以用一根线表示三相线路、用图形符号的单线形式表示系统中的设备或设施来绘制简图，就是单线表示法，又称单线接线图，如图 1-3(b)所示。

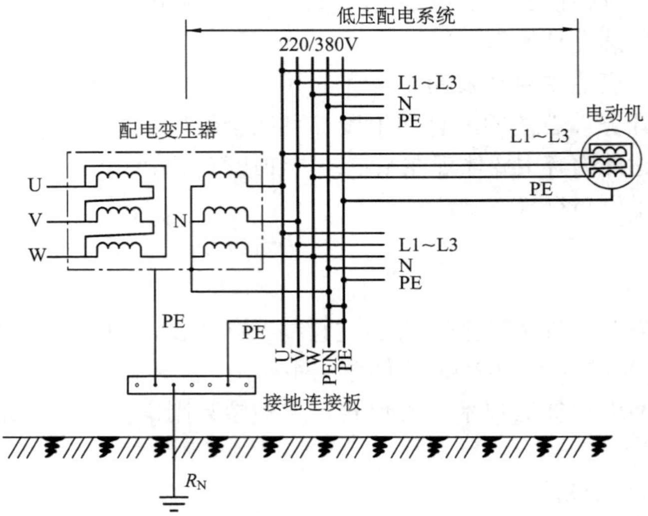

(a) 多线表示法

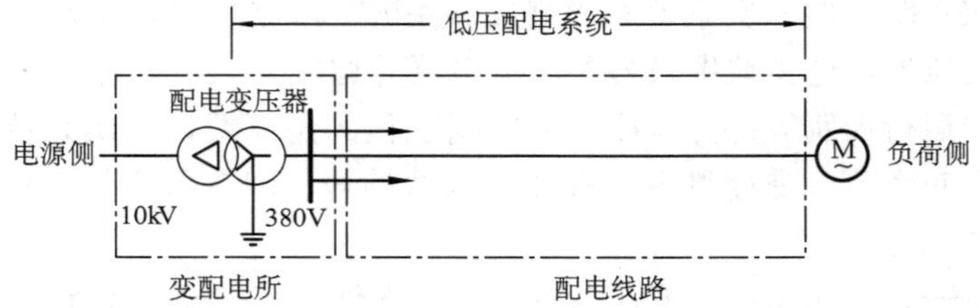

(b) 单线表示法

图 1-3　电气接线图

（2）位置接线图。它属于按位置布局的简图，主要表明系统中设备、设施的位置和线路的敷设路径。图 1-4 所示为华东地区若干年前的输电网地理接线图，即为位置接线图的一个示例。位置接线图一般采用单线表示法。

电气接线图和位置接线图都有不同的表达层次。就电气接线图而言，它可以是一个大区域电网的网络接线图，也可以是一座变电所的电气主接线图，甚至可以是一只配电箱的系统图。就位置接线图而言，它可以是区域电网的地理接线图，也可以是一所大学的电气总平面图，或者建筑物一个房间的照明或动力配电平面图。

工程上又常将电气接线图称为系统图，位置接线图称为平面图。

3. 结构参数

结构参数是系统及其各环节技术属性的量化表达，主要可分为两类，一类是系统中各元件的电气参数，如额定电压、阻抗等；另一类是非电气参数，如体积、重量、尺寸、间距、位置坐标等。结构参数的表达有多种方式，最常见的是在接线图上用标注的方式来表达。图 1-5所示是一只住宅配电箱的系统图，图中标注了配电箱和各开关的型号规格、各线路的用途、导线根数与型号规格等。

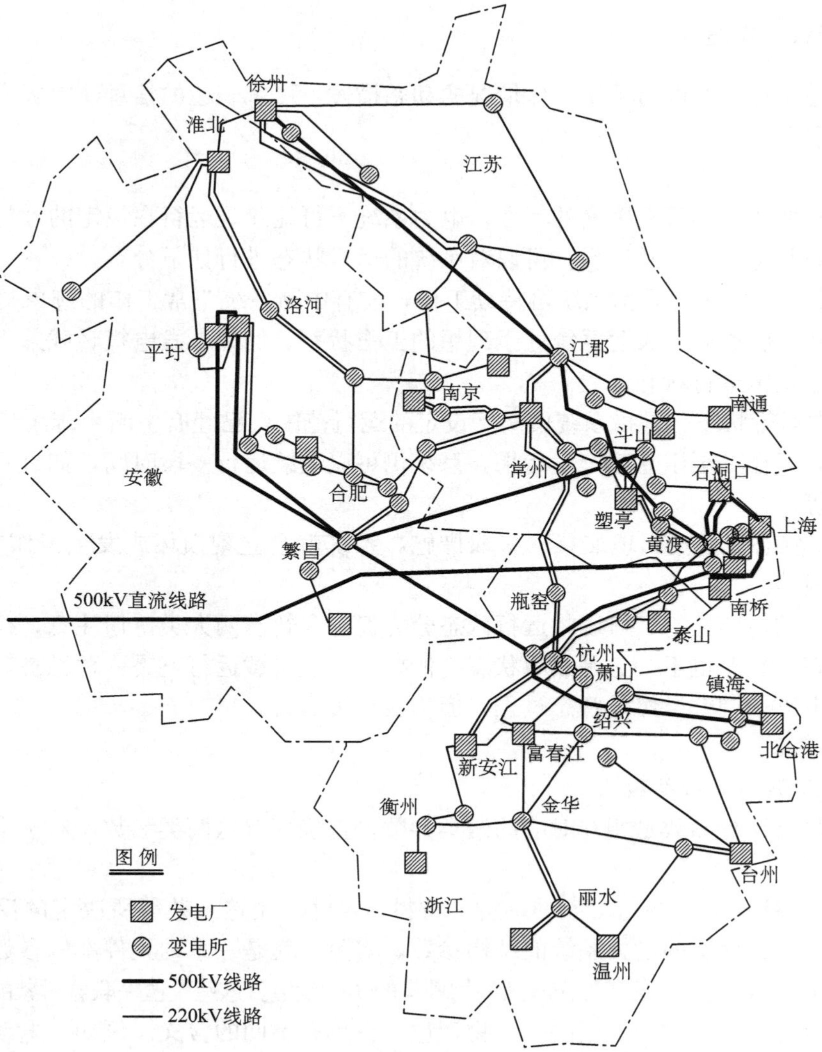

图 1-4　位置接线图

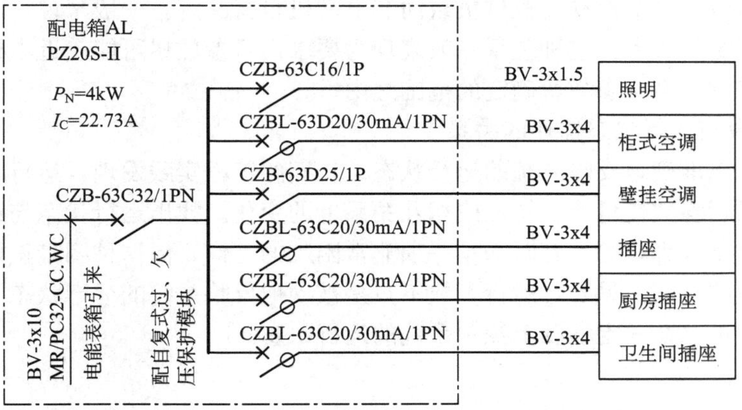

图 1-5　结构参数标注示例

1.2.2 运行状态描述

运行状态描述是对电力系统工作情况的动态描述，可供表达的信息非常多，需要根据技术任务合理取舍。

1. 运行状态及其划分

由于各种变化和不可控因素的存在，电力系统不可能总是运行在设定的理想状态。根据系统偏离理想状态的程度及后果，可以对系统的运行状态进行如下分类。

(1) 正常运行状态。是指系统可持续工作，没有中断系统正常工作的迹象显现。应特别说明，正常运行状态并不表明系统处于理想的工作状态。例如，发电机轻载并不是最理想的状况，但属于正常运行状态。

(2) 异常运行状态。是指系统偏离了设定的运行范围，已经有中断系统工作或损坏系统的迹象出现，但还不至于立刻产生后果，系统仍可以继续运行一段时间，如过载、小接地系统单相接地等。

(3) 故障状态。是指出现如果不采取措施，系统就会立刻损坏或发生工作中断的事件，如短路、断线等。

根据状态的持续性，又可以将运行状态分为稳态和暂态两大类。请注意，稳态不一定是正常运行状态，暂态也不一定是故障状态。例如，系统过载运行就是一种稳态，而发电机功率角或励磁电流的调整虽然是暂态过程，但仍属正常运行。

2. 运行参数

1) 本构参数与运行参数

本构参数与运行参数是相互对应的两类参数，正确理解这两类参数，对于本课程的学习是很重要的。

所谓本构参数①，是指由对象的结构、材料、尺寸、制造工艺等所决定的反映对象自身特性的参数。前面介绍的电力系统的结构参数，实际上就是一系列元件本构参数的集合。

所谓运行参数，是指对象在工作时某些物理量的实际量值。这些量值关联着对象的工作状态。

本构参数与运行参数即使是同一个物理量，也具有不同的含义。例如，电动机的额定功率是一个本构参数，它是指设定的电动机的最佳输出机械功率，通过正确的设计制造，这一参数成为电动机本身的特性；而电动机工作时实际的输出功率，是电动机的一个运行参数，这一参数主要由电动机所拖动的机械负载而非电动机自身决定。一般来说，本构参数和运行参数之间会有一定的关系，这种关系一般表现为要求运行参数尽可能趋近本构参数，或者要求将运行参数控制在本构参数所确定的范围之内。

2) 运行参数与运行状态描述的关系

运行参数可以准确地反映系统的运行状态。长期的工程实践发现，运行状态的变化，一定伴随着某些运行参数在量值、特征或相互关系上的变化。找出运行状态与运行参数之间的对应关系，有时是很容易的，有时却是一项非常困难的工作，但这种困难正好给电气工程师提供了技术发挥的空间。另外，运行参数不只是被动地反映系统的运行状态，通过对某些运行参数的调节，可以在一定程度上控制系统的运行状态。

---

① 力学中也有本构参数一词，用于研究应力与应变之间的关系。本书取本构参数的广义含义，请不要与力学中的同一词汇混淆。

3. 常用的运行状态显示方式

在发电厂、变电所及电网调度所的中央控制室中，都有模拟屏或信息终端显示器。这些设备会全面地记录并有选择地显示系统的实时运行状态。在发电厂和变电所的主要一次设备处，一般还有单台设备的就地状态显示，如开关的闭合与断开、线路电流大小、母线电压高低等。就状态显示的具体方式而言，主要有以下几种。

(1) 语言文字。主要描述系统或设备的总体状态，如正常运行、故障停机、计划检修等，多用于运行管理。

(2) 特征参数。精确描述系统或设备的运行情况，如负荷曲线、变压器负载率、功率因数、发电机转速等，主要用于运行控制和调度。

(3) 声光信号。直观提示运行状态，或提出警示、报警。例如，用红、绿灯光表示停止和运行，用声光报警提示设备故障等。声光信号主要用于状态和事件提醒。

1.2.3 术语与符号

就电气技术文件和专业出版物而言，在表达手段上，用得最多的是文字表达、图形表达、公式表达和图表表达。在这几种表达方式中，术语和符号是表达的基本要素。

1. 术语

术语是用来表达系统或其组成部分类别、特征、工作状态等的技术词汇。有些术语由相关标准或规范给予了严格定义，有些则是工程界约定俗成的。对于前者，在使用时要准确理解其内涵与外延，而对于后者，有时会有模糊的边界，在理解上更应仔细甄别它出现在某一处时的准确含义。例如，“负载”一词，它既可能指具体的用电设备，也可能指用电功率，还可能指的是设备阻抗，这就需要根据实际情况来判别其真实含义。

2. 图用符号

用电气图来描述电力系统时会用到图用图形符号和标识代号(旧称图用文字符号)，图用图形符号用于构成电气简图中的图示部分，标识代号除用于电气简图的标注外，还可用于其他电气技术文件的编制。图用图形符号和标识代号可以看成特定工程语言的词汇。图形符号以图形为主要形式，表达一定事物或概念；标识代号以西文字符及其组合为主要形式，用于标志、识别特定事物或概念。

这里要特别说明一下有关相序的表示。我国电工界长期习惯用 A、B、C 表示三相系统的相序，但国家标准 GB/T 4728《电气简图用图形符号》第 11 部分中规定：交流系统电源第 1、2、3 相分别用 L1、L2、L3 表示，交流系统设备端第 1、2、3 相分别用 U、V、W 表示。该标准发布于 1985 年并已多次更新，全面贯标也逾 20 年，因此本书采用国标表示方法，并且在不特指是电源还是设备端时，统一用 U、V、W 或 1、2、3 表示相序。

3. 参量符号及下标

当用公式或图表来表达参量之间的关系时，会用到参量的符号表示。参量一般均采用西文字符表示，并遵守国家标准或业界习惯。这里特别说明一下本书对下标的使用方法。下标一般表示参量的属性或所指的对象，例如，U 表示电压，加上下标“r”，U_r 就表示“额定”电压，这里下标“r”表示了电压 U 的属性。如果还要表明这是特指电动机 M1 和 M2 的额定电压，则可分别用 $U_{r\cdot M1}$ 和 $U_{r\cdot M2}$ 表示，下标“M1”、“M2”表明了 U_r 所指的对象。

这里约定，当有多个下标时，总是表示属性的下标在前，表示对象的下标在后，容易混淆时，中间用“·”隔开。

1.2.4 电气工程技术表达的相关标准简述

技术表达既是某个工程领域的基础，其本身又是一个庞大而复杂的专业领域，有其自身的原理和规则，并形成一个专门的体系。就电力系统的表达而言，这个体系主要涉及若干标准，这些标准规定了电力系统技术表达的语言和语法，必须遵守。虽不要求读者全面掌握这些标准，但作为一项基础性的工程训练，读者应该对工程标准问题有所了解，并熟悉这些标准中与本课程相关的最主要内容。

1. 电气制图标准

电气制图国家标准分为符号与代号、文件编制、文件集规则、数据结构等几个大的部分，是一个庞大的标准体系。与本课程密切相关的主要有四部标准，其中的 GB/T 6988《电气技术用文件的编制》和 GB/T 4728《电气简图用图形符号》两部标准发布于 20 世纪 80 年代中期，并于 90 年代推进贯标，之后不断推出更新版本。这两部标准等同或等效采用国际电工委员会(IEC)的有关标准，使我国在电气制图领域的工程语言及规则得到统一，并与国际上电气制图领域通用的工程语言和规则协调一致，但与我国之前的传统习惯差异较大，以至于到现在还常有贯标不到位的情况出现。

第三部标准曾经是与以上两部标准密切相关的另一部国家标准 GB/T 7159—87《电气技术中的文字符号制定通则》，该标准以国际通用西文字符作为字母代码，完全不同于以前以汉语拼音缩写作为字母代码的做法，并引入了项目代号的概念和规则，与传统习惯差异很大，贯标工作一度较为困难。当贯标工作艰难地有所成效时，该标准于 2004 年被宣布废止，其内容由 2002 年开始陆续发布的 GB/T 5094《工业系统、装置与设备以及工业产品结构原则与参照代号》和 GB/T 20939—2007《技术产品及技术产品文件结构原则 字母代码 按项目用途和任务划分的主类和子类》替代。新标准中，“项目代号”改变为“参照代号”，字母代码(分为单字母主类代码和细化的双字母子类代码)范围从电气工程扩展到一切工业领域。本书标识代号中的字母代码执行新的国家标准。从工程现状来看，很多实际使用的技术文件仍是按 GB/T 7159—87 执行的，这是标准转换期常会遇到的情况，读者应学会主动适应并正确对待这种情况。

第四部标准 GB/T 18135《电气工程 CAD 制图规则》是为适应计算机制图广泛应用的状况制定的，该标准于 2000 年发布，并陆续更新。

2. 参量与参量符号标准

与参量和参量符号相关的国家标准主要为 GB 3100—1993《国际单位制及其应用》和 GB 3101—1993《有关量、单位和符号的一般原则》，这两部标准是各技术领域的通用标准，也适用于电气工程领域。

1.3 电力系统的标准电压

基于工程体系配套等原因，电力系统生产出的电能必须满足一定的标准，将这些标准称为电能的规格。电气设备均应按电能的规格设计制造，而电力系统也应时刻将其生产的电能维持在设定的规格范围内。由于发电设备具有电压源属性，电能的规格一般用电压这一电气参量表征，它主要包括以下几个方面。

(1) 电压波形。通常只有两种——直流和正弦交流，尤以正弦交流应用最为广泛，直流在超高电压长距离输电和不同频率系统联网上也有所采用。

(2) 电压频率。我国电网正弦交流电压频率标准为50Hz，有些国家为60Hz。我国电工界习惯将50Hz正弦交流电称为工频交流电。对于一些有特定要求的设备，还可应用50Hz以上、10kHz以下的中频交流频率。

(3) 电压量值。理论上，电压大小可以任意取值，但考虑到损耗、绝缘、安全、经济等多方面因素，在电能生产、传输、分配与消费等不同环节，使用不同的电压更具有技术经济合理性。本节要讨论的正是电压量值问题。

1.3.1 标准电压体系的技术原理与工程背景

在三相交流系统中，三相视在功率S与线电压U、线电流I之间的关系为

$$S=\sqrt{3}UI$$

视在功率S在网络中传输时产生的有功功率损耗ΔP与网络每相电阻r的关系为

$$\Delta P=3I^2r=\frac{r}{U^2}S^2$$

该式表明，当传输视在功率S一定时，电网有功损耗与电压平方成反比。因此，升高电压对减小电网损耗是强有效的。电压的升高还会减小电流的量值，对电网载流量的要求相应降低，可以节省有色金属用量，降低投资。

但是，电压也并非越高越好。因为电压越高，对绝缘的要求及花费在绝缘上的投资越大，会抵消减小网损和节省有色金属用量所带来的经济上的好处。另外，高电压在安全性上的弱点，以及绝缘需要占用更大的空间体积，也限制了它的应用。

综合来看，对每一给定的传输距离和传输功率，都会对应着一个在技术经济上最合理的理论电压值。由于电力系统各环节功率的传输距离和量值各不相同，理论上需要采用不同的电压，才能达到各自的最优技术经济指标。但工程上是不允许对电压无限制地任意取值的，否则就不可能建立起标准化的工程体系，相关产业的发展会受到严重制约。因此，将电力系统的电压划分为有限个电压等级，并对每一个电压等级的电压给予严格的规定，就成为工程实践的必然选择。

那么，到底应该划分多少个电压等级以及每一个电压等级的电压到底该取值多少呢？这是一个涉及多方面因素的基础性课题，关于该课题的专家讨论几乎从未停息过，观点也不尽相同。例如，IEC提供了可选择采纳的电压系列推荐值，并指出在任一国家和地区内，相邻两级电压之比不应小于2。而国际大电网会议(CIGRE)和国际供电会议(CIGED)的联合工作组则建议，220～500kV以下的电压，其相邻两级电压之比应大于3，50～150kV以下电压，其相邻两级电压之比应大于5。

尽管学术上有不同的观点，但工程实践必须要有一个明确的依据。我国国家标准GB 156—2007《标准电压》就对此作了明确规定。该标准的核心在于系统标称电压，但内容不仅限于系统标称电压。标准电压所涉及的电压类别归纳如下。

标准电压
- 系统
  - 系统标称电压U_N
  - 系统最高电压U_H
  - 系统最低电压U_L
- 设备
  - 设备额定电压U_r
  - 设备最高电压U_{max}

该标准规定了工频交流、中频交流和直流系统的标准电压，其中系统最高和最低电压只对交、直流牵引系统进行了规定。以下重点介绍该体系中工频交流系统(不包括交流牵引系统)标称电压与设备额定电压两个参量。

1.3.2 标准电压及其解读

GB 156—2007《标准电压》部分内容摘录如表 1-1 所示。表中变压器额定电压和系统平均电压并不是该标准中的内容，但前者与该标准密切相关，后者在计算中经常会用到，在此一并列示并解释。

表 1-1 我国规定的三相交流系统的部分标准电压

系统标称电压 U_N/kV	设备额定电压 $U_{r\cdot E}$/kV	设备最高电压 $U_{max\cdot E}$/kV	发电机额定电压 $U_{r\cdot G}$/kV	变压器额定电压				系统平均电压 U_{av}/kV
				一次绕组 $U_{r1\cdot T}$/kV		二次绕组 $U_{r2\cdot T}$/kV		
0.38	0.38	—	0.40	0.38		0.40		0.40
0.66	0.66	—	0.69	0.66		0.69		0.69
3	3	3.6	3.15	3	3.15	3.15	3.3	3.15
6	6	7.2	6.3	6	6.3	6.3	6.6	6.3
10	10	12	10.5	10	10.5	10.5	11	10.5
—	—		13.8	13.8		—		—
—	—		15.75	15.75		—		—
—	—		18	18		—		—
20	20	24	20、22	20	22	21	22	21
35	35	40.5	—	35		38.5		37
66	66	72.5	—	66		72.5		69
110	110	126	—	110		121		115
220	220	252	—	220		242		231
330	330	363	—	330		363		347
500	500	550	—	500		550		525

1. 分类

表 1-1 中的电压主要可分为两大类，一类为电力系统标称电压 U_N，另一类为各类电气设备额定电压 U_r。电气设备又分为用电与配电设备(即表中第 2、3 列)、发电机、变压器三类。这几类电压在数值上有确定的关系，但具有各自不同的含义。

2. 系统标称电压(Norminal Voltage of System)U_N

系统标称电压 U_N 是一个人为规定的量值，通过技术标准确立其在标准电压体系中的基础地位，它划分了电力系统的电压等级，设定了某一电压等级电网的正常运行电压基准值，也是制订电气设备额定电压的依据。但应当明确，U_N 只是一个人为规定的电压量值标准，它并不表示系统的实际运行电压 U_{op}。比如，某个 10kV 系统，是指有一个 10kV 电压等级的电网，期望在该电压等级电网中，运行电压 U_{op} 处处保持为 10kV，但这一点肯定是做不到的。如图 1-6 所示，当功率沿线路传输时，由于线路上分布着阻抗，电流在阻抗上会产生电压损失，使线路上各点电压都不相同，且多数时候线路末端（负荷端）电压会低于首端（电源端）电压。理论上，线路上最多只有一个点的实际运行电压等于系统标称电压。因此，标称电压只是运行电压应尽力趋近的一个量值，它并不代表电网上各点的实际运行电压。

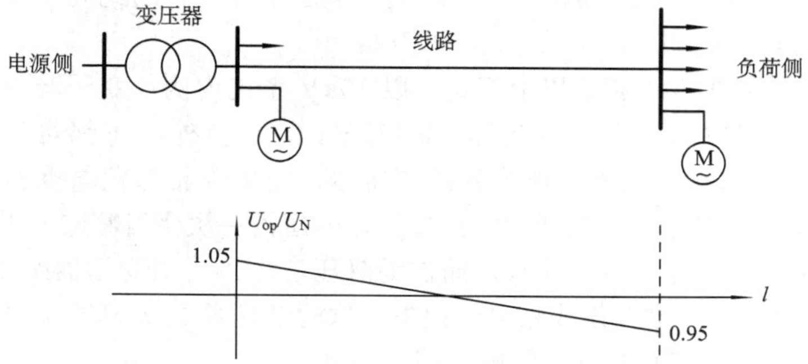

图 1-6　运行电压沿线路的分布

以系统标称电压为依据，将工频交流 1000V 以下电压称为低压，1000V 及以上 35kV 以下称为中压，35～220kV 称为高压，220kV 以上 1000kV 以下称为超高压，1000kV 及以上称为特高压。因技术经济指标欠佳，6kV 和 35kV 电压等级被建议逐步淘汰，只因历史沿革而暂且保留，在新建项目中一般不再推荐采用。

3. 设备额定电压（Rated Voltage of Equipment）$U_{r\cdot E}$

设备额定电压是配电和用电设备最佳工况所对应的电压值，在其他工况符合规定要求时，电气设备工作于该电压下，能达到最佳技术经济指标。电气设备总是接在电网上工作的，针对电网各处实际运行电压并不相同且偏离标称电压这一事实，如何确定电气设备的额定电压呢？工程上可以从两个方面着手：第一是用技术手段使电网元件电压损失尽可能减小，以此减小电网各处的电压偏差；第二是通过工程标准体系进行合理配合，尽可能减小电网各处电压偏差对设备运行的影响。这里讨论后一种手段。

首先，规定用电设备的额定电压 $U_{r\cdot E}$ 等于所在电网的标称电压 U_N，即 $U_{r\cdot E}=1.0U_N$，并规定用电设备的实际运行电压允许有±5%的偏差，这一规定在设备设计制造时作为一种技术条件，必须予以满足。这样就使设备本身对工作电压偏差有一定的容差范围，可以在一定程度上应对电网各处电压不相同的情况。

其次，设想一种最不利的情况，即线路首、末端都接有用电设备，这时，首端最高运行电压应满足 $U_{op\cdot 首端}\leqslant 1.05U_N$，而末端最低运行电压应满足 $U_{op\cdot 末端}\geqslant 0.95U_N$。这样，线路的电压损失最大只能允许为 10%，这一点也通过相关标准确定下来。遗留的问题由电源设备解决。

4. 发电机额定电压（Rated Voltage of Generator）$U_{r\cdot G}$

线路最大电压损失为 10%的标准确定后，反过来看，如果某条线路出现 10%的线路电压损失，其中最多只有 5%可以靠线路末端用电设备允许电压负偏差消化，另外 5%就只能靠线路首端电源电压升高来补偿了。因此标准规定，发电设备的额定电压 $U_{r\cdot G}$ 比系统标称电压高 5%，即 $U_{r\cdot G}=1.05U_N$。表 1-1 中第 4 列数据由此而来。注意发电机的额定电压定义为其输出额定电流时的机端电压。

5. 变压器额定电压（Rated Voltage of Transformer）$U_{r\cdot T}$

变压器是一个特殊的设备，它的一次侧接收电能，相当于用电设备；二次侧输出电能，相当于发电设备。因此它的一次绕组应该按用电设备规定额定电压，即 $U_{r1 \cdot T}=1.0U_N$，而二次绕组应该按发电设备规定额定电压。由于变压器二次绕组额定电压定义为空载电压，当变压器带额定负载时，其短路阻抗上会有约5%的电压损失，这5%的电压损失，连同线路上5%的电压损失，都应该由变压器二次绕组输出电压来补偿，因此规定变压器二次绕组额定电压比系统标称电压高10%，即 $U_{r2 \cdot T}=1.1U_N$。

但表1-1中有些数据并不符合以上规定。以10kV系统为例，变压器一、二次绕组额定电压除了按以上规定取为10kV($1.0U_N$)和11kV($1.1U_N$)外，还都可以取值为10.5kV($1.05U_N$)，这是为什么呢？原来，作为升压变压器，当变压器与发电机连接时，由于发电机与变压器距离很近，基本上没有线路电压损失，变压器一次绕组额定电压应该等于发电机额定电压，这时 $U_{r1 \cdot T}=U_{r \cdot G}=1.05U_N$；而作为降压变压器，当变压器距用电设备很近(如电弧炉变压器)时，可不考虑补偿线路电压损失，这时变压器二次绕组额定电压只需要比系统标称电压高5%，弥补其自身内部的电压损失即可。

6. 设备最高电压(Highest Voltage for Equipment)$U_{max \cdot E}$

设备最高电压指电气设备能长期承受的最高工频电压，适用于标称电压1000V以上系统的设备，是一个与系统最高电压相匹配的参数。对于工作于电源侧的开关柜等配电设备，因电网电压调整等原因，很可能长期工作于系统标称电压以上，故铭牌参数通常给出的是设备最高电压而非额定电压，如10kV开关柜通常标注为12kV；对于一些对电压敏感的设备，如电力电容器，则通常既给出额定电压，又给出最高电压。

7. 系统平均电压(Average Voltage of System)U_{av}

这是一个为方便计算而规定的参数，其取值大约为 $U_{av}=1.05U_N$。平均电压这一术语在新的技术标准中已经不再出现，但业界仍在广泛使用。

1.4 电力负荷

电力负荷既是电力系统的服务对象，又是电力系统技术及商业价值最终实现所在。供配电系统是电力系统中与电力负荷最为接近的部分，理应对电力负荷给予更高程度的重视和更为具体的审视。

1.4.1 电力负荷的含义

工程实际中，电力负荷这一术语，根据其所出现的场合，含义可能会有所不同，需要仔细甄别。术语“电力负荷”主要有以下几种含义。

1. 用电设备

用电设备处于电力系统的最末端，完成与发电设备相反的任务。按照能量转换形式，用电设备可分为动力设备(电能—机械能)、照明设备(电能—光能)、电热设备(电能—热能)等。生产领域以感应电动机类动力设备占最大比例，民用生活领域以照明和空调设备占最大比例。

按额定电压，用电设备可分为高压和低压两大类。高压用电设备额定电压主要为6kV或10kV，低压用电设备一般为220/380V。在有些特殊场所，因安全等因素，可能使用更低电压的设备，如36V、24V、6V等，属于特低电压(ELV)设备。需要特别说明的是，高压用电设备的额定电压，对应于电力系统电压等级分类中的中压，但就用电设备而言，一般不使用 35kV 及以上的额定电压，为了与低压用电设备相区别，习惯上将额定电压 1000V 以上用电设备称为高压用电设备。

一方面，用电设备接受电力系统的电能进行工作，另一方面，用电设备的工作又会对电力系统产生反作用。比如，大功率电机的启动会使附近电网的电压产生较大的波动，感应式电动机轻载会使电网功率因数降低，非线性用电设备产生的谐波可能使电网电压波形发生畸变等。大量用电设备的整体行为还会对整个电力系统的运行产生影响。

2. 用电负荷

撇开用电设备的具体形式，仅以用电设备对电力系统的功率需求来看待问题，便产生了用电负荷的概念。例如，一盏 150W 的白炽灯和一台 150W 的电炉，尽管用途和构造都不相同，但从电力系统的角度来看，具有同样的含义，它们都是一个需要 150W 有功功率、功率因数为 1 的用电负荷。用电负荷这一概念，实际上是从功率需求的角度出发，给用电设备建立的一个数学模型——尽管这一模型简单到只是一个由 P、Q 两个参量构成的二维向量。从电力系统的角度看，这一模型描述了用电设备与其相关联的最本质的因素。

将以上概念稍作延伸，可以发现，不仅对单台用电设备可以用用电负荷来描述，对若干用电设备的集合也可以用用电负荷来描述。比如，可以说一条线路的用电负荷、一座变电所的用电负荷、一个城市的用电负荷等。需要注意的是，当所说的用电负荷不再指一台设备时，其量值大小不仅包括设备功率，还包括负荷侧的网络损耗。

3. 电力用户

如果说用电负荷是一个技术范畴概念，那么电力用户便是一个商业范畴的概念。电力用户是指电能的合法使用者，是相对于售卖电能的电力企业而言的。电力用户可以是一户住户、一家店面、一个建筑小区，也可以是一间工厂、一所大学、一座矿山等。

电力用户可以使用不同的供电电压等级，据此可以对电力用户进行如下分类。

(1) 低压用户。住户和沿街商业店面等一般由标称电压 220/380V 的公共电网供电，称为低压用户。

(2) 中压用户。一般的建筑小区、高层建筑和中、小型工厂等常由标称电压 10kV 的公共电网供电，称为中压用户。现在，部分地区发展 20kV 的配电网，出现了 20kV 的中压用户。有的地区还存在少量的 6kV 中压用户。

(3) 高压用户。一些大型建筑群、大型企业、机场、港口等通常使用标称电压为 35～110kV(甚至 220kV)的公共电网供电，统称为高压用户。

应当注意的是，电力用户的电压等级与其内部用电设备的额定电压是两个不同的概念。尽管从技术上看，电力用户内部的电网也属于电力系统的一部分，但从商业的角度看，电力企业与电力用户之间一定会有明确的划界点，这一点一般为电力企业的收费计量点，这一点所在电网的标称电压，就是电力用户的电压等级。电力用户内部若有不同于其供电电压等级的用电设备，则电力用户自己还需要对电压等级进行变换。

4. 笼统的表述

当并不需要对以上三个概念作严格的区分，或为了表述简洁而需要一个更具概括性的术语时，约定用“负荷”或“电力负荷”一词来作笼统的表述。

1.4.2 负荷分级与供电可靠性

电力负荷具有很多方面的属性，而负荷等级则是这些属性中最重要的属性之一。

供电可靠性是指电网对电力负荷电能供应的连续性。简单地说，供电可靠性越高，停电的概率越小。

不同电力负荷对供电可靠性的要求是不同的，这主要与停电所造成的后果有关。根据中断供电对生命的伤害以及在经济等方面所造成损失的严重程度，将电力负荷分为以下三级。各级负荷对供电都有明确的要求。

1. 一级负荷及一级负荷中特别重要负荷

符合下列情况之一者，应为一级负荷。

（1）中断供电将造成人身伤害。

（2）中断供电将在经济上造成重大损失。

（3）中断供电将影响重要用电单位的正常工作。

在一级负荷中，当中断供电将造成人员伤亡或重大设备损坏或发生中毒、爆炸和火灾等情况的负荷，以及特别重要场所的不允许中断供电的负荷，应视为一级负荷中特别重要负荷。

一级负荷应由双重电源供电，且当一电源发生故障时，另一电源不会因此同时受到损坏。对一级负荷中特别重要的负荷，尚应增设专用的应急电源，并严禁将其他负荷接入应急供电系统。

2. 二级负荷

符合下列情况之一者，应为二级负荷。

（1）中断供电将在经济上造成较大损失。

（2）中断供电将影响较重要用电单位的正常工作。

二级负荷宜由两回线路供电。在负荷较小或地区供电条件困难时，二级负荷电力用户可由一条 6kV 及以上专用架空线供电。

3. 三级负荷

不属于一、二级负荷者，应为三级负荷。三级负荷对供电没有特殊要求。

负荷分级的目的在于正确反映电力负荷对供电可靠性要求的界限，以便选择恰当的系统结构和运行方式，达到合理的技术经济指标。

负荷分级的定义是描述性的，在实际工程中如何确定负荷等级，除了参照以上条件外，还应该根据具体的工程项目性质查阅相关规范。比如，若工程项目为高层建筑，则在确定建筑物中用电设备的负荷等级时，就应遵守 GB 50045《高层建筑防火设计规范》等标准的相关规定。

1.4.3 低压用电设备分类

电力负荷主要是由低压用电设备形成的。按不同的标准，低压用电设备有不同的类别划分，以下类别划分是供配电工程中经常会碰到的。

1. 单相用电设备与三相用电设备

单相用电设备主要是小功率设备，常见于家庭及类似场所，额定电压以 220V 居多，也有少数的额定电压为 380V，如大功率光源、电焊机等。工程上又将额定电压 220V 的单相用电设备称为相电压设备，额定电压 380V 的单相用电设备称为线电压设备。

三相用电设备主要是功率较大的设备，常见于工业场所，商业场所的动力设备也大多为三相设备。三相用电设备的额定电压为线电压 380V。请注意不要混淆 380V 三相用电设备

和 380V 单相用电设备

2. 手持、移动和固定用电设备

正常使用时握在手中的设备称为手持设备，如电钻、电吹风等。运行时可移动或在与电源相连时易于移动的设备称为移动设备，如落地电风扇、电焊机等。牢固地固定在一定位置上的设备称为固定设备，如空调、机床等。

区分这几种设备的目的，在于划分电击危险性，手持设备电击危险性最高，移动设备次之，固定设备最小。

3. 用电设备按电击防护方式分类

低压电气设备按电击防护方式分为 0、I、II、III 等四类，各类设备特征如下。

(1) 0 类设备。仅依靠基本绝缘作为电击防护手段的设备，称为 0 类设备。这类设备基本绝缘一旦失效，是否会发生电击危险，完全取决于设备所处的场所条件。对于正常环境条件的场所，通常可能发生电击。

(2) I 类设备。除基本绝缘以外，还有保护连接措施，可用来与场所中固定布线系统中的保护线连接。基本绝缘一旦失效，还可通过保护连接所建立的防护体系进行电击防护。

(3) II 类设备。依靠双重绝缘或加强绝缘作为电击防护手段，不考虑绝缘失效的可能性。

(4) III 类设备。采用安全特低电压(SELV)供电，使设备内在任何情况下都不会出现高于安全电压的电压值。

以上所述的几种绝缘形式，是绝缘结构按保护功能的分类。所谓绝缘结构，是指由一种或若干种绝缘材料按一定方式形成的绝缘体。绝缘结构按保护功能分为以下几类。

(1) 基本绝缘。带电部件上对触电起基本保护作用的绝缘称为基本绝缘，若这种绝缘的主要功能不是防触电而是防止带电部件间的短路，则又称为工作绝缘。

(2) 附加绝缘。附加绝缘又称为辅助绝缘或保护绝缘，它是为了在基本绝缘损坏的情况下防止触电而在基本绝缘之外附加的一种独立绝缘。

(3) 双重绝缘。双重绝缘是一种组合形式的绝缘结构，即由基本绝缘和附加绝缘共同组成的绝缘结构。

(4) 加强绝缘。相当于双重绝缘保护程度的单独绝缘结构。“单独绝缘结构”不一定是一个单一体，它可以由几层组成，但层间必须结合紧密，形成一个整体，各层无法再拆分为基本绝缘和附加绝缘各自进行单独的试验。

1.5 城市电网与供配电系统

城市电网是为城市送电和配电的各级电网的总称，它服务于一座城市的市区及所属(部分)郊区，简称城网。城市是最重要的电力负荷中心，电力系统生产的电能大部分消耗在城市中，因此城网既是电力系统的重要组成部分，又比农村电网、电气化铁路牵引网等更具典型性。城网是理解电力系统的一个很好的切入点。从城网入手，向上可以进入输变电系统，使理解庞大的区域电网有了具体的着眼点；向下可以进入供配电系统，使理解末端电网有了明确的系统背景。

1.5.1 城市电网电力设施

1. 城市电网的供电设施

这里只介绍公共电网的供电设施，电力用户电网的设施在技术意义上也属于城网的一部分，将在以后的章节中详细介绍。

(1) 城市变电所。城市变电所指城市中起变换电压等级、并起集中和分配电能作用的供电设施，按其一次标称电压可分为500kV、330kV、220kV、110kV、66kV、35kV等六类。城市变电所是联系城网中各级电压电网的中间环节，既可以向下级变电所供电，又可以直接向电力用户供电。后面将要提到的城市电源变电所、枢纽变电所、区域变电所等，都属于城市变电所。

常见城市变电所的主要数据如表1-2所示，其中电压等级(即变电所一次侧电网标称电压)和变压器总装机容量是两个最重要的参数，结合城市负荷密度，每一变电所的服务范围就大致确定了。

表1-2 城市变电所主要数据

电压等级/kV	二次侧标称电压/kV	单台主变容量/(MV·A)	主变台数	占地面积/m^2	主要用途
500	220、110	500、750、1000、1500	2～3	约100000(户外式)	送电网枢纽变电所
220	110、66、35、20、10	90、120、150、180	2～3	8000～30000(户外式)	送电网枢纽变电所、高压配电网区域变电所
110	35、20、10	31.5、40、50、63	2～3	800～1500(户内式)	高压配电网区域变电所

(2) 开关站。开关站指城网中起接受和分配电能作用的配电设施，没有变换电压等级的功能，又称为开闭所，最常见的电压等级为10kV和20kV。由于城市负荷密度很大，要求每座变电所有很多出线回路，而受城市用地紧张的制约，变电所一般不可能有足够的出线仓位，城市道路也很少有宽裕的线路通道。为解决这一问题，可采取分级配电的技术措施，即在负荷较密集的地点设置若干开关站，变电所只负责将电能馈送至数量较少的开关站，再由每一开关站配出多个回路满足不同电力用户的要求。这样就将集中于变电所的出线回路数过多的压力，分散到了若干开关站处，并可增强配电网的灵活性。

常见的10kV开关站有一进线五出线、两进线十出线等规格。按现状电源进线通常为300mm^2交联聚乙烯绝缘电缆计算，每路电源进线的最大供电容量约为9000kV·A。

(3) 公用变配电所。公用变配电所指向低压电力用户供电的变配电所，电压等级一般为10/0.38kV，少数地区有20/0.38kV。这里“公用”一词的含义，是指由供电企业建设、管理并决定使用对象，以区别于中、高压电力用户自己的“专用”变配电所。公用变配电所单台变压器容量一般不大于1000kV·A。

为了强调末端配电的特征，业界也将公用变配电所称为“配变电所”或“配电所”，前一称谓比较贴切，后一称谓容易与没有电压等级变换功能的配电所混淆，不建议使用。

2. 城市电网的电力线路

城市电网各级供电设施是靠电力线路连接起来的。将电力线路看成边，变电所、开关站看成点，则它们共同形成了城市电网的网络拓扑。

城网中220kV及以上线路一般为架空线，但部分城市也有局部的220kV电缆线路运行。110kV及以下线路通常要求采用电力电缆，地下敷设。架空线路占用城市地上空间走廊，限制了其下方和近旁地块的空间利用；电缆线路占用城市道路地下管道走廊，加剧了地下空间的拥挤程度。这些都是城网在发展中所受到的实际条件的约束。

3. 城市电网的电源与负荷

向城市电网提供电能的设施统称为城市供电电源。城市供电电源可分为两类，一类是市域内的城市发电厂，通常其所发总电量远不能满足城市电力负荷需求；另一类是城市电源变电所，它们接受从市域外电力系统输送来的电能，是城网主要的电能供给者。城市供电电源设施一般位于市域外围，数量与城市规模有关。随着新能源技术的发展和电力体制的改革，分布式发电作为城网电源的情况开始出现，用户自备电源也可以加入城市供电电源的行列。

从商业的角度来看，城市电网属于供电企业电网，其服务对象为电力用户，因此城市电网的负荷是电力用户，而非用电设备。就城市电网内部来看，其结构又分为若干电压层次，相对于上一级电网，下一级电网的供电设施就是其直接的供电负荷，如110kV区域变电所就可以看成500kV枢纽变电所的负荷。

1.5.2 城市电网结构

1. 城市电网的分层分区结构概念

城市电网的分层结构，是指电网由不同电压等级的若干层次构成，每一层次的地位、作用和服务范围各不相同，总的原则是希望合理发挥各级电压网络的传输优势。以送电电压500kV的城网为例，城市电网典型分层形式如下。

城市电网
- 送电网(又称输电网、主网架)：500kV
- 配电网
  - 高压配电网：220kV、110kV
  - 中压配电网：10kV、20kV
  - 低压配电网：220/380V

城市电网的分区结构，是指将城网按供电服务范围划分为若干部分，这种分区本质上是一种电的划分，但实际上又和地理区域划分有密切的关联性。这种划分又分为以下两个层面。

(1) 基于高压配电网的分区划分。每个区域为一个高压配电服务区，由一座或若干座区域变电所供电，面积一般为几平方公里，取决于负荷密度。由于城市的发展变化，这种分区的地域边界较为模糊，通常都有交叉的情况出现。

(2) 基于送电网的分区划分。这种划分地域面积更大，以主网架的一部分为骨架构成一个相对独立的局部的受端系统，该系统由主网架上一个或几个枢纽变电所(通常含有电源变电所)和城市发电厂供电，正常情况下能在分区内达成电能供需的总体基本平衡。分区内部的电能供需关系变化时，主要由分区所属的送电网部分进行调节。当分区内电能供需总体不能平衡时，可在各分区之间通过送电网进行调度。

通常所谓的城网“分层分区”结构中的“分区”，主要理解为以上(2)所指的含义，这涉及输变电系统的内容，本书不再详述。但以上(1)所指的分区在城网中客观存在，是后面理解区域变电所的依据。

2. 城市电网中各层次电网简介

城市电网分层结构的概念性示意图如图1-7所示。

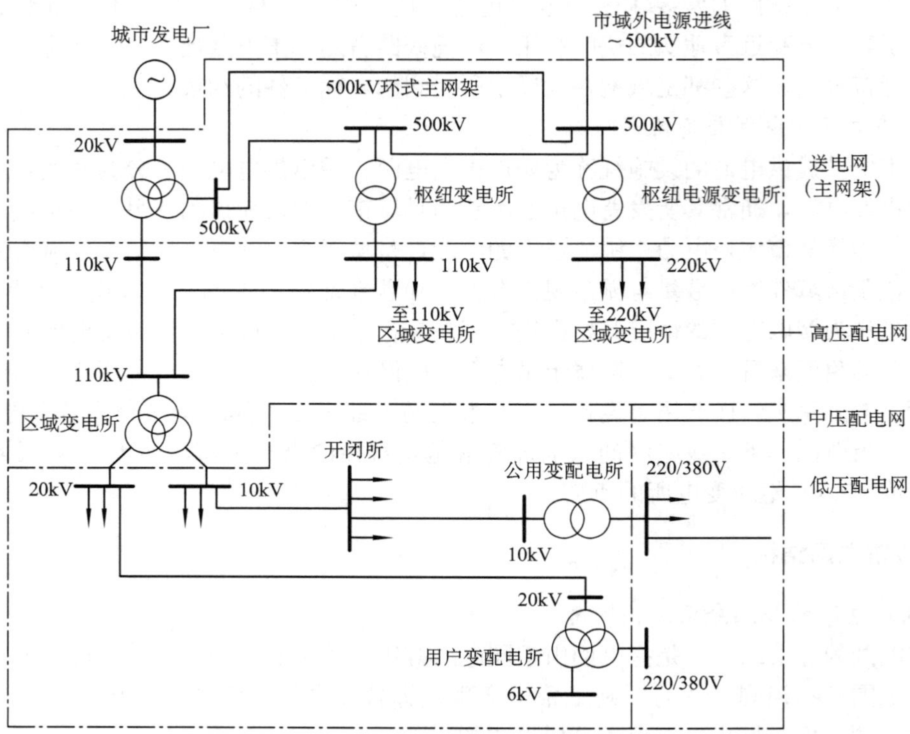

图 1-7 简化的城市电网结构模型

1）送电网

城网中电压等级最高的电网称为送电网或主网架，其标称电压称为送电电压。送电网一般要求形成双环结构。送电网上的城市变电所称为枢纽变电所，接受市域外电力系统电能输入的枢纽变电所称为城市电源变电所。

城网送电电压一般为 220kV 及以上，大城市以 500kV 居多。图 1-7 所示城网模型中送电电压为 500kV，由一个电源变电所和一个城市发电厂作为供电电源，送电网呈环形，主网架上共有 3 个枢纽变电所。该模型中，城市发电厂的升压变电所也作为枢纽变电所串接在主干环网中，这对主网架的可靠性和调度灵活性有一定的影响，条件许可时应尽可能将其从主干环网中脱离出去。

图 1-8 为某特大城市电网的 500kV 送电网规划位置接线图，城网供电电源由域外 5 组双回路 500kV 交流输电线路和 3 路±500kV 直流输电线路以及域内 4 座城市发电厂构成。送电网上 13 座变电所均为 500kV 枢纽变电所，其中 6 座是接受域外电能的电源变电所。变电所下方括号中的数字是指变电所内变压器台数与单台变压器容量(单位：MV·A)，线路旁数字指线路长度(单位：km)。

送电网是城市电网的电源网，它将城网的各个供电电源联络起来，统一调度运行，使城网各个电源的电能得以在整个城网范围内统筹使用。理论上，送电网上任何一个电源变电所或发电厂的电能，都可以输送到送电网的任何一个节点上，在全市范围内调度使用，但由于受线路输送容量、节点允许电压偏差、电网损耗等诸多因素的制约，潮流(即电功率流)调度的范围和量值有一定的限制。

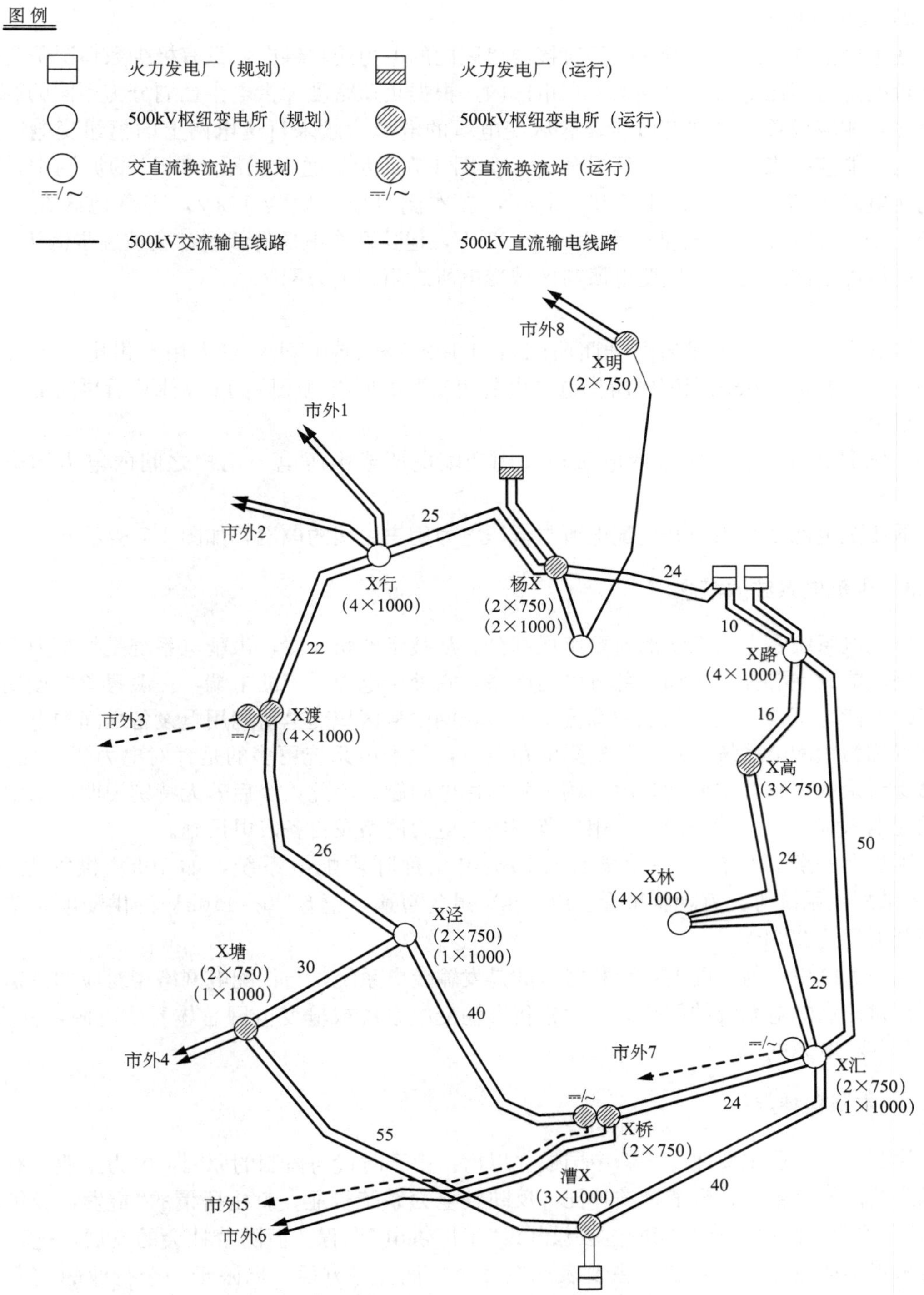

图 1-8　某城市电网送电网规划位置接线图

送电网既是城市电网的电源网，通常又是区域大电网输变电系统的一个组成部分，作为区域电网的一个环节参与潮流调度。也就是说，送电网除了向市域内高压配电网提供电能以外，还可能承担向市域外中转电能的任务。

2）高压配电网

送电网上的枢纽变电所一般不直接向市区内的电力用户供电，只有极少数情况下有可能向邻近的郊区高压电力用户供电。在市区内，根据负荷密度和供电半径划分为不同的高压配电分区，相应设置有区域变电所。区域变电所的电源一般来自送电网上的枢纽变电所二次侧，也可能直接来自城市发电厂升压站，如图 1-7 所示。送电电压 500kV 的城网中，区域变电所电压等级一般为 220kV 和 110kV，二次侧电压一般为 10kV，部分地区在试运行 20kV，一些老的城网还有部分为 6kV 和 35kV，但这两个电压等级预计会被逐步淘汰。

高压配电网就是指枢纽变电所与区域变电所之间的电力网络。

3）中、低压配电网

区域变电所可直接或通过开闭所间接向 10kV 和(或)20kV 电力用户供电，也可以向 10kV 和(或)20kV 公用变配电所供电，由公用变配电所将电压降为 0.38kV 后再向低压电力用户供电。

中压配电网就是指区域变电所与公用变配电所或中压电力用户之间的电力网络，如图 1-7所示。

低压配电网就是指公共变配电所与低压电力用户之间的电网，如图 1-7 所示。

1.5.3 供配电系统的概念

供配电系统是电力系统的重要组成部分。从技术的角度看，供配电系统是指电力系统中以使用电能为主要任务的那一部分电力网络，它处于电力系统的末端，一般只单向接受电力系统的电能，不参与电力系统的潮流调度。城网中从区域变电所到用电设备之间的电力网络都可以称为供配电系统。从工程实际的角度看，供配电系统更多的是针对电力用户而言的。本书所讨论的内容，主要就是电力用户的配用电问题，因此，今后若无特别说明，书中所说的供配电系统，一般就是指电力用户范围内的电力网络及自备发电设施。

工程上一般以供配电系统的标称供电电压称呼供配电系统，如 10kV 供配电系统、35kV 供配电系统等。就现状来看，以 10kV 最为普遍，也有 20～110kV 的供配电系统，个别甚至可高达 220kV。

电力系统中，与供配电系统相对应的是发输变电系统，与供配电网络相对应的是输变电网。在讨论供配电系统的问题时，通常将发输变电系统或输变电网总体看成电源，称为“系统电源”或“电源网”。

1.5.4 本课程特点

我国电力工业主要建立于新中国成立以后。由于时代与体制的原因，电力工业具有与其他工业类似的重生产、轻消费的特征，反映到电力系统行业，就是所谓的“重发，轻供，不管用”。关于供配电，在高校中过去只开设“工厂供电”课程。但随着社会的发展，这种状况已越来越不适应形势的需要，主要表现在两个方面。一方面，局限于一个行业的供配电系统，并不能全面反映出供配电技术的本质特征；另一方面，过去的供配电技术，多为移植输变电系统的相关技术，较少考虑到供配电系统不同于输变电系统的特点。比如，供配电系统一般处于非电气专业场所，面向非电气专业人员，其运行控制与安全等问题的处理不同于输变电系统；又如，供配电系统分布广泛，可以用“面”来表示其空间特征，这与输变电系统“点”(变电所)与“线”(输电线路)的空间结构有所不同，电气设施施工安装、线路敷设、故障处理等都有所差异；再如，计量与收费问题，在输变电系统中与在供配电系统中可能有不同的技术取向。因此，站在电能使用者而非供给者的角度来看待技术问题，就成了供配电领域的基本技术立场，这也就是本课程不同于电力系统专业其他课程之处。

我国从2004年起在勘察设计行业实施注册电气工程师制度，使电气工程师开始进入国家法定执业资格体系。注册电气工程师分为发输变电和供配电两个专业，这是工程界对电气工程师知识结构和技术能力的分类，这也从另一个侧面佐证了供配电技术与发输变电技术的差异。

近年来，工程界有一个比较明显的趋势，就是越来越重视面向终端用户的工程技术。本课程(包括本书的编写)正好顺应了这一趋势。可以这样说，电力系统工程技术与面向终端用户工程背景的有机结合，就是本门课程的特点。

思考与练习题

1-1　电力系统按功能分为发、输、配、用四个环节，工程上又通常划分为发输变电与供配电两个部分，按权属分又有发电厂、公共电网和用户电网等。请梳理这些不同分类之间的相互关系。

1-2　多项选择。

(1) 电力系统联网运行的好处是(　　)。

A. 提高设备利用率　　B. 简化运行控制　　C. 提高故障代偿能力　　D. 运行更灵活

(2) 电力系统运行状态可分为(　　)。

A. 暂态　　B. 正常运行　　C. 异常运行　　D. 故障

(3) 电网结构描述主要包括以下几个层面的内容：(　　)。

A. 网络拓扑　　B. 元件设置　　C. 结构参数　　D. 设备型号

(4) 负荷等级是根据以下条件划分的：(　　)。

A. 量值大小　　B. 对供电可靠性要求　　C. 造价　　D. 电压等级

(5) 公共电网中，缩写PCC指的是(　　)。

A. 无功监测点　　B. 开环点　　C. 电网公共连接点　　D. 微机采样点

1-3　请解答以下问题。

(1) 请用参量符号表示电动机M1的额定电压和额定电流。

(2) 请用参量符号表示变压器T2一次侧额定电流。

(3) 请用文字表述符号$U_{r2\cdot T1}$和$U_{r1\cdot T2}$的含义。

(4) 连接110kV和10kV电网的电力变压器，其一、二次绕组额定电压组合可能有哪几种？

(5) 城市电网由哪几个层次网络构成？

(6) 术语“电力负荷”通常有哪几种含义？

1-4　现状城网10kV开闭所通常采用300mm^{2}交联聚乙烯绝缘铜心电缆作为电源进线，其载流量根据敷设条件的不同而有所差异，为400～550A。试估算一座双电源的10kV开闭所的极限供电容量。

1-5　某城市一中央商务区(central business district，CBD)占地面积2.8km^2，预测负荷密度117MW/km^2。参照本书表1-2，以现状110kV区域变电所典型形式估计，该CBD需要占用几座区域变电所的供电容量？若改为220kV区域变电所供电，情况是否有所不同？注意城网规划的($N-1$)原则，即变电所内1台变压器退出运行时，其他变压器应能在不过载情况下承担所有负荷，或在过载30%条件下短时间(约2h)承担所有负荷。

1-6　拓展学习。请自主查阅资料，收集现状城市不同用地(如居住、工业、商务等)负荷密度数据。

1-7　拓展学习。请查阅资料GB 50786—2012《建筑电气制图标准》，回答以下问题。

(1) 什么是电气图中的“项目”和“参照代号”？

(2) 什么是“系统图”，什么是“电气平面图”？并在条文说明中找出这两种图的示例。

(3) 电气制图中，“标注”是什么含义？主要作用是什么？

第 2 章　供配电系统的构成

按第 1 章的约定，我们主要讨论电力用户范围内的供配电系统，并且主要讨论如何在既有公共电网的基础上新建一个供配电系统。供配电系统的任务是将公共电网提供的电能合格地供给到每一台用电设备，它的构成涉及技术和工程两个层面，分别对应于其电气结构和设施结构。电气结构主要包括供配电网络接线和变配电所电气主接线，设施结构主要包括站、所设置和线路敷设等。

2.1　供配电系统结构要素

2.1.1　供配电系统的负荷与电源

负荷是服务对象，电源是服务资源，这是构造一个供配电系统的前提条件。

供配电系统的负荷是用电设备。用电设备额定电压决定了供配电系统的标称用电电压，也就是用电设备接线端子所接电网的标称电压。标称用电电压主要有低压 220/380V 和中压 10kV，另外，中压 6kV 和低压 380/660V 也有少量使用。

供配电系统的电源，主要由公共电网提供，通常称为市电电源，也有部分供配电系统设置有自备电源。市电电源由架空线或电力电缆引入，自备电源常用的有柴油发电机、蓄电池逆变电源系统等。供电电源的标称电压(简称标称供电电压)主要与系统规模有关，这里的系统规模含有负荷量值与分布区域两重含义。一般来说，系统规模越大，需要的供电电压等级越高。常用的标称供电电压有 10kV 和 220/380V 两种。另外，6kV、20kV、35kV、110kV 电压也有所采用。

2.1.2　供配电系统的电压层次

标称供电电压一般总是等于或高于标称用电电压，因此，供配电系统存在着是否需要以及如何实现电压等级变换的问题，这就形成了供配电系统不同的电压层次结构，通常有以下几种类型。

1. 低压直供的供配电系统

这种系统标称供电电压为 220/380V，与标称用电电压相同，不需要变换电压等级，主要用于公共电网对商业店面、小型工厂或作坊、零散住户等供电，供电半径一般不超过 250～300m，用户负荷比较小。

出于安全等原因，有的供配电系统中还局部使用 220V 以下的电压，称为特低电压(ELV)。特低电压的应用属于用电技术的范畴，工程上不以此来表征供配电系统的电压层次，详细情况可参阅电气安全的相关书籍。

2. 一次降压的供配电系统

对于中型企业、单体高层建筑或一般规模的建筑小区，由于负荷量值较大且供电半径较长，标称供电电压一般选为中压 10kV 或 20kV，经变配电所降为 220/380V 后向低压用电设备供电。由于从供电电压到用电电压经过了一次电压等级变换，因此称为一次降压的供配电系统。

一次降压的供配电系统并不一定只有一个变配电所，如高层住宅小区常设置一个 10kV 的总变配电所，它除了接受公共电网电能、将电压降为 220/380V 向小区公用设施配电外，还将 10kV 电能分配至各建筑组团，再由各建筑组团的分变配电所将电压降为 220/380V，供住户使用。

3. 二次降压的供配电系统

对于一些大型企业或特大型建筑群，基于供电容量和供电半径的考虑，一般采用高压 110kV 或 35kV 的标称供电电压，经总降压变电所(简称总降站)降为 10kV 后送至各分变配电所，再由各分变配电所降为 220/380V 向低压用电设备配电。由于从供电电压到用电电压经过了两次电压等级变换，因此称为二次降压的供配电系统。

如果用户有 10kV 用电设备，分变配电所也直接向 10kV 用电设备配电。为满足总降站用电需求，通常会在总降站中设置所用变压器，直接将高压供电电压降至低压。

2.1.3 供配电系统的电气结构与设施结构

透视一个工程问题时，常需要有不同的视角和深度，以使观察的方位更全面，层次更清晰。电气结构与设施结构就是对供配电系统结构的不同层面的解析。

首先需要大致甄别术语“设备”、“装置”和“设施”的含义。尽管难以用严格的定义来区分它们，但工程实践中通常按如下含义进行理解。

所谓设备(Equipment，Device)，是指由工厂制造的具有某类确定功能的独立整体，通常由若干零、部件及外壳等构成，作为最小产品单元提供给用户，如电动机、变压器等。

所谓装置(Installation)，是指由若干台设备及安装所需零、构件等在工作现场装配起来的具有更复杂功能的整体，有些装置也可以在工厂装配，如配电柜等。

所谓设施(Facility)，是指具有特定关系的一系列设备和(或)装置的组合，连同为这些设备(装置)服务的建、构筑物所构成的整体，如变电所、电力线路等。

从组成电能传输通道的角度看，供配电系统是由变压器、母线、配电柜、电力线缆等各种设备、装置等构成的，这就是所谓的电气结构。电气结构侧重于从技术层面描述供配电系统的构成。当将供配电系统看成一个网络时，可将构成该系统的每一设备、装置及线缆等称为一个网络元件，简称元件。请注意不要将该元件与构成设备的零件混淆。

但供配电系统并不只是一系列设备、装置的组合，它还需要进行工程建设才能形成。从工程建设的角度看，系统中每一网络元件都需要安置在特定的地方，需要土建配合方能实现。例如，变压器安装在变配电所中，架空线路需要杆塔等。这些相关的建筑物、构筑物等土建设施，连同其中的电气设备、装置或线缆，就是所说的供配电设施。供配电设施主要有变配电所、自备发电站、电缆沟、配电所(室)、电气竖井等。

下面以一个城市小区中压配电网为例，图示设施结构与电气结构的含义。

图 2-1 是一个城市某小区 7 个地块的供配电系统位置接线图，该图示出了系统的设施结构，主要有 S1～S3 共 3 个 10/0.38kV 变配电所，以及排管、直埋线管等线路设施，并明确显示了它们的空间位置。

图 2-2 是图 2-1 所示供配电系统的电气接线图，该图主要示出了系统的电气结构。从图中可以看到每一变配电所内部的各种设备、装置等，并可以看到每一变配电所高、低压系统间以及各变配电所之间电能传输通道的构成。

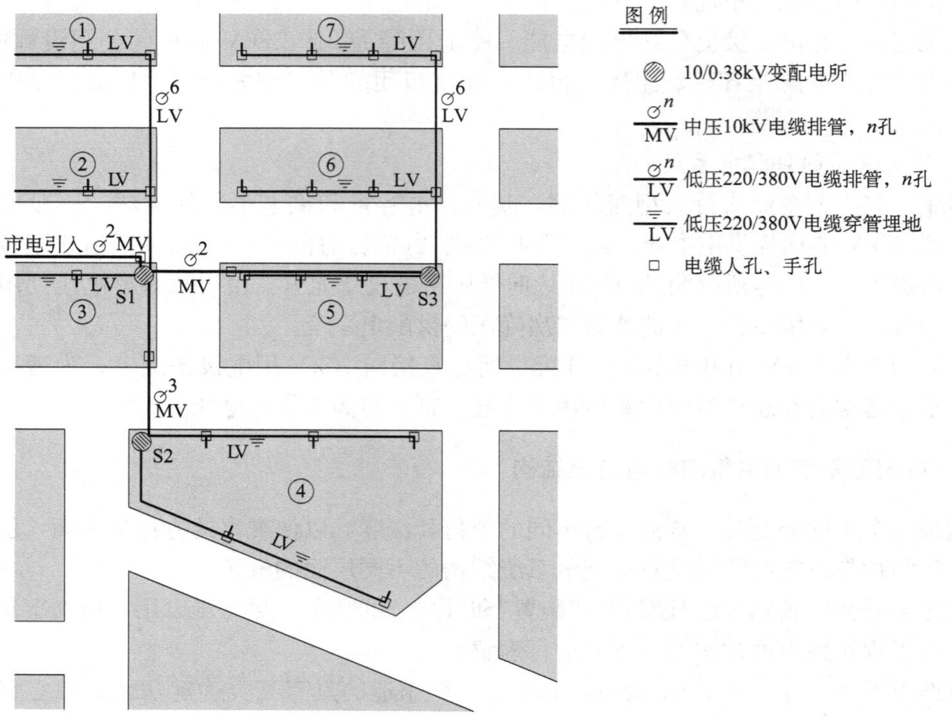

图 2-1　某小区供配电系统位置接线图

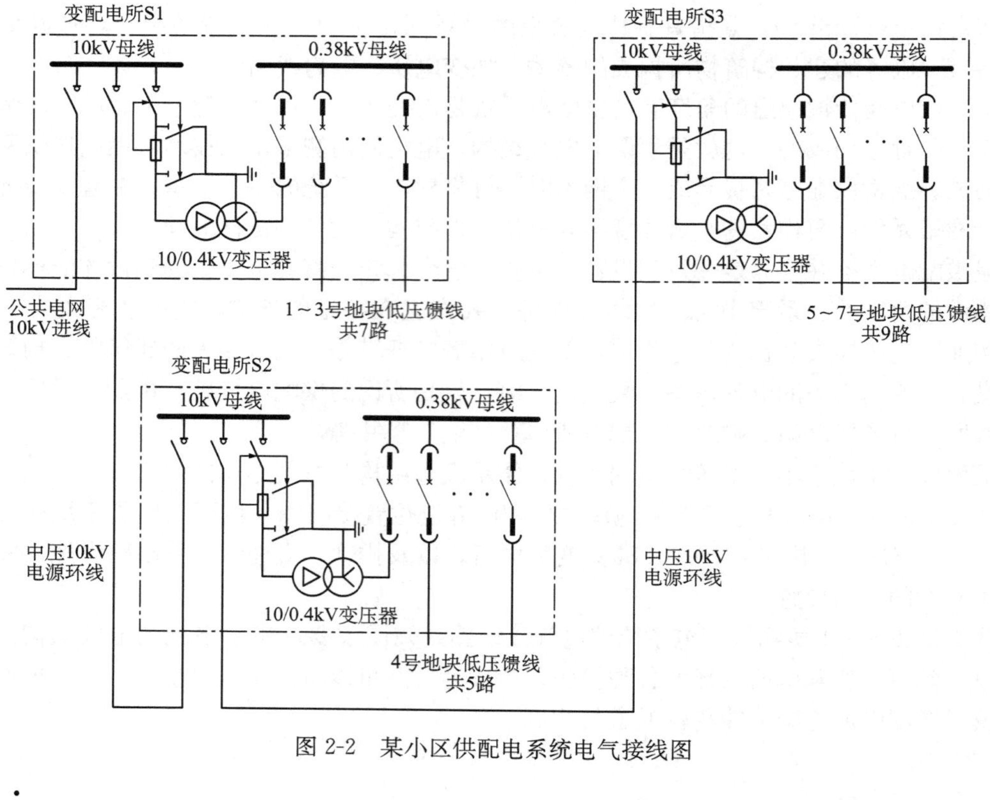

图 2-2　某小区供配电系统电气接线图

2.2 变配电所电气主接线

变配电所是供配电系统的重要设施，它除了具有变换电压等级、接受与分配电能的功能以外，还承担着对系统的运行状态进行监视、控制与保护等任务，在供配电系统中起着枢纽的作用。变配电所的电气系统分为一次与二次系统两部分，电气主接线主要表达的是一次系统的结构。

2.2.1 主接线的含义

从负荷的角度看，变配电所是一个处于电源地位的供电设施，但这个电源自身并不生产电能，它只是接受公共电网的电能，并转供给负荷。因此，变配电所承担了接受电能(简称受电)与供给电能(简称馈电)的双重任务。针对不同的电源与负荷情况，以及负荷对系统可靠性、经济性、运行灵活性等的不同要求，变配电所应具有不同的电气结构来应对。这就是变配电所电气主接线问题的由来。

简单地说，反映变配电所受、馈电方式的一次接线，就是变配电所的电气主接线，它主要包括网络拓扑和元件设置两方面的内容。

所谓网络拓扑，是指如何形成受、馈电的通道；而元件设置则是指如何用电气设备、装置等实物来实现这些通道。

2.2.2 一次系统常用设备及功能

一次系统常用的设备名称、图形符号和文字符号如表 2-1 所示。

表 2-1 常用的一次设备及符号

设备名称	图形符号	文字符号		设备名称	图形符号	文字符号	
		单字母	双字母			单字母	双字母
变压器	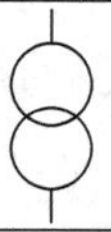	T		母线		W	WA/WC①
断路器		Q	QA	电流互感器②	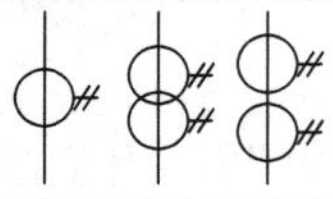	B	BE
负荷隔离开关		Q	QB	电压互感器③	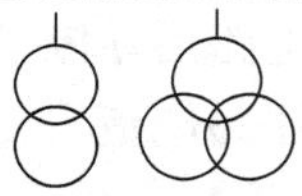	B	BE
隔离开关		Q	QB	避雷器		F	FE
熔断器	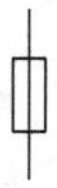	F	FA	线路		W	WB/WD④

注：①WA 表示高压母线，WC 表示低压母线。

②从左到右依次表示：单个二次绕组、单铁心双二次绕组、双铁心双二次绕组。

③从左到右分别表示双绕组和三绕组电压互感器。

④WB 表示高压线缆，WD 表示低压线缆。

主要一次设备的功能如下。

1. 母线

母线又称为汇流排，一般由矩形截面的铜排或铝排构成，电气上相当于一个节点(Node)，但有充分的长度提供足够的接线位置。电源侧导体连接在母线上，将电能送到母线，负荷侧导体也连接在母线上，将母线所接受的电能馈送出去。因此，母线是受、馈电转换的枢纽。

2. 断路器与负荷开关

断路器是一种开关电路的电器，有很强的灭弧能力，除了能投、切正常负荷电流外，还能开断量值很大的短路电流。因为主触头位于灭弧装置内，不易直接观察到其通、断状态，且主触头状态可以通过自动控制装置就地或远方切换，所以检修时不能以已操作开断断路器来确认并确保断电。断路器中可装设若干对与主触头状态一一对应的辅助触点，供控制、保护等使用。

负荷开关也是一种开关电路的电器，但灭弧能力不及断路器，只能投、切正常负荷电流和一定程度的过负荷电流，不能开断短路电流。

3. 隔离开关与负荷隔离开关

隔离开关是一种隔离电路带电与非带电部分的电器，断开时有明显可见的断开点，触头间距和开断自持性等满足规定要求，且只能就地手动操作，主要用来保证断电检修安全。隔离开关没有专门的灭弧装置，除投、切很小的电流外，不能投、切负荷电流，更不能开断短路电流。

负荷开关因灭弧装置相对简单，在断开状态时一般有明显可见的断开点，只要断开点间距、开断状态自持性等条件符合隔离要求，就具有隔离开关的功能，这种负荷开关称为负荷隔离开关。现状负荷开关大多兼具隔离功能。

需要特别说明的是，以上开关电器是按中、高压系统惯例和相关标准命名的。但在低压系统相关标准中，以上“隔离开关”被命名为“隔离器”，“负荷开关”被命名为“开关”，“负荷隔离开关”被命名为“隔离开关”。这里，术语“隔离开关”出现了一名两义的情况，其他两种开关术语又出现了同义异名的情况。工程现状是，这两套称谓都在使用，而且还有继续混淆使用下去的趋势。因此在实际工程中，应注意仔细甄别。

4. 熔断器

熔断器是一种保护电器，用于自动切断电流超过正常值的电路，切断电路的时间与电流大小呈反相关性，切断电路后熔断器不能自行恢复，必须更换熔体。熔断器一般具有很强的灭弧能力，可用于开断短路电流。

5. 电流(电压)互感器

互感器属于测量电器，主要作用是将一次系统的信息传递到二次系统，有时也兼做二次系统电源。具体来说，就是将一次系统的大电流(高电压)转换成小电流(低电压)，供二次系统使用，并可在电气上隔离一、二次系统。

2.2.3 构成电气主接线的基本要素

变配电所电气主接线种类繁多，还可能不断有新的接线形式出现。面对繁杂多样的主接线形式，应该抓住产生这些表象的本质因素，以及表象与本质因素的联系规则，分析设计才能游刃有余。以下所介绍的构成主接线的基本要素就是最重要的几个本质因素，读者可以循此思路自行归纳其他要素，如测量电器配置方式、检修接地开关设置原则等。

图 2-3　受电与馈电转换

1. 受电与馈电转换

主接线的最基本功能是将一路电源进线转换成馈出线，并且馈出线通常为多路，这一转换一般是通过母线实现的，母线是受、馈电转换的枢纽，如图 2-3 所示。

2. 开关电器组合方式

开关电器是对电路进行通断控制的配电设备，是主接线中最重要的设备之一。开关电器的设置，既要考虑到负荷投切、故障开断等运行问题，又要考虑到检修维护的安全问题，因此常采用以下两种组合方式。

(1) 断路器＋隔离开关组合。该组合如图 2-4(a)所示，其目的是用断路器投、切正常的负荷电流，并开断短路故障电流，满足运行要求；检修时通过隔离开关将被检修部分与电源隔离，保证检修安全。隔离开关应设置在断路器的电源侧，若断路器两侧都有送电的可能，则两侧都应设置隔离开关。

这种组合有严格的操作顺序要求，主要原因在于隔离开关无灭弧功能，不能带负荷投切电路。操作顺序要求为：断开电路时，先断开断路器，再断开隔离开关；闭合电路时，先闭合隔离开关，再闭合断路器。这种操作顺序可避免隔离开关投、切负荷电流或投入预伏短路故障，必须严格遵守，否则可能会烧坏隔离开关，或发生电弧短路等严重事故。

现在的中压系统广泛使用移开式开关柜，断路器装在小车上，两端有插接头，开关柜中有与插接头对应的固定式插接座。检修断路器时必须将小车拉出柜体，这时插接头和插接座之间脱离了电接触，整个小车明显脱离电路，柜体中两组固定式插接座之间肯定断开。在这种情况下，因插接座间断口已具有了隔离电源的功能，就不用再设置隔离开关，如图 2-4(b)所示。开关柜还必须具有闭锁功能，在断路器未开断的情况下，小车不能被拉出，可杜绝带负荷断开插头插座的误操作。

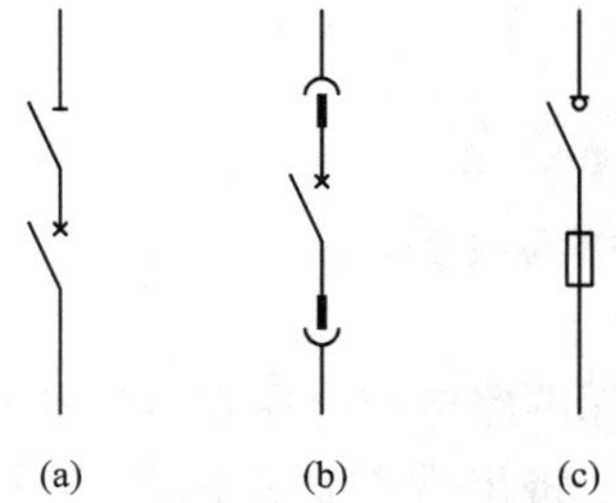

图 2-4　开关电器的组合方式

(2) 负荷开关＋熔断器组合。该组合通常选用带隔离功能的负荷开关，其目的是用负荷开关投、切正常负荷电流，并在检修时隔离电源；发生短路时，由熔断器开断短路电流，如图 2-4(c)所示。为了避免系统缺相运行，一般要求只要有一相熔断器熔断，就必须联动断开负荷开关。

3. 设置备用

对主接线中的设备设置备用，主要是为了提高系统可靠性和增强系统灵活性。设置备用是一种通用的工程技术，属于冗余技术的范畴，应兼顾可靠性、灵活性和经济性，并避免复杂的切换操作。

就变配电所电气主接线而言，电源进线、断路器和母线都可以设置备用，隔离开关故障率较低，一般不设置备用。可以说，大多数主接线都是在图 2-3 的基础上通过电器组合和设置备用演变而来的。

2.2.4 供配电系统几种典型的电气主接线

1. 单母线与单母线分段接线

1）单母线接线

单母线接线是最基本的主接线，是构成大多数主接线的基本单元，主要有以下几种形式。

（1）单电源单母线接线。如图 2-5 所示，这种主接线将一路电源进线转换为若干路馈出线，实现了电能分配的功能。图中 QA0 称为受电断路器或电源进线断路器，QA1～QA3 称为馈电、馈线或出线断路器。当馈线只有一路时，也可以不采用母线，称为无母线接线，这时可根据情况将受、馈电断路器合并。

（2）双电源单母线接线。如图 2-6 所示，这种接线实际上是对电源进线实施了备用。一般情况下，一路电源（如#1 电源）为工作电源，其容量足以负担所有负荷，另一路电源（如#2电源）为备用电源，其容量可以与工作电源相同，也可以只负担一级或一、二级负荷。这种接线在母线故障时还是会导致负荷全部停电。

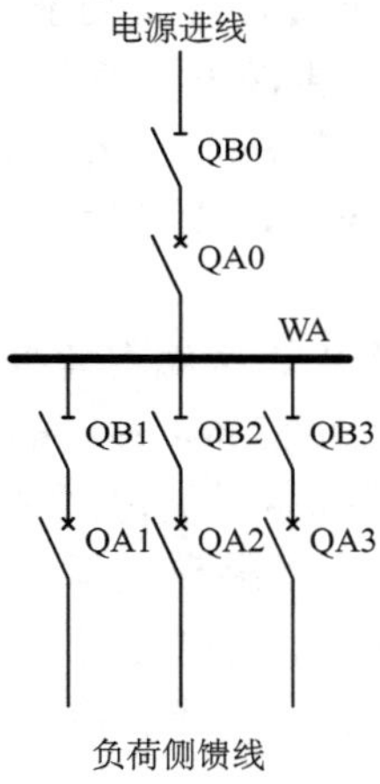

图 2-5　单母线接线

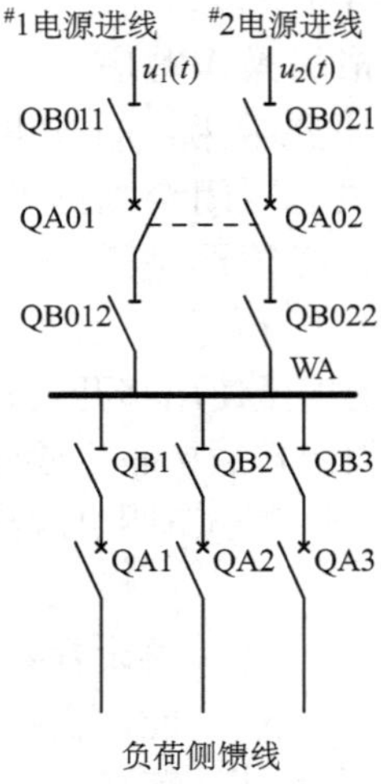

图 2-6　双电源单母线接线

在运行中，应特别谨慎处理两路电源进线的关系。若不能确保两路电源电压在量值和相位上相同，则一定不能将两路电源进线同时投入到母线上，否则将出现类似短路的情况。图 2-7就是两路电源电压大小相等、相序一致但相位不同的情况，这时两个电源间会产生一个电压差，其量值与相位差值大小有关。这个电压差作用于很小的母线阻抗上，可能产生远高于正常负荷电流值的过电流，这一过电流或者烧坏元件，或者使保护动作，造成停电。

为了避免将两路电源同时投入到母线上，需要对图 2-6 中两路电源进线断路器 QA01、QA02 进行互锁，即两台断路器在任何时候都不能同时闭合。这意味着即使#1 电源已停电，也一定要在 QA01 已经断开的情况下，才能闭合 QA02，否则，若#1 电源又突然来电，就会出现两路电源同时投在母线上的情况。这种闭锁关系应通过技术手段（而非仅用管理手段）实施，这样可以避免人为差错造成事故。

备用电源可以手动投入，也可以自动投入，这取决于负荷所允许的停电时间。

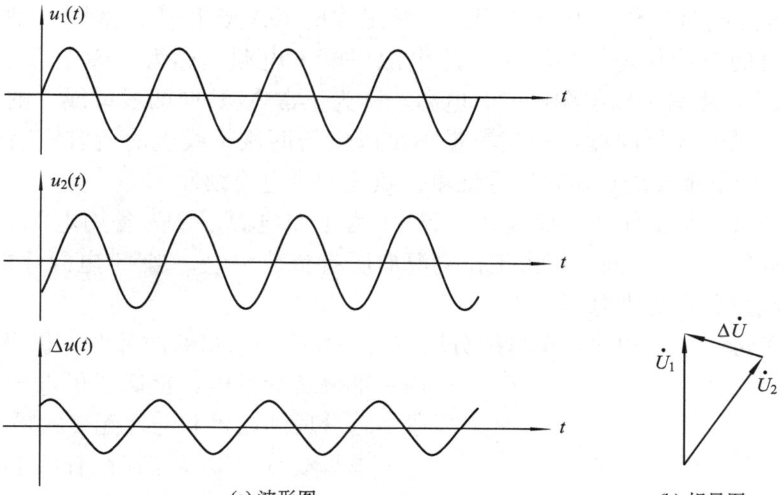

(a) 波形图　　(b) 相量图

图 2-7　两路电源相位不同所产生的电压差

(3) 单母线环形接线单元。图 2-6 所示的接线，取消进线断路器间的闭锁，就构成了所谓的环形接线单元。该接线中一路进线仍为电源进线，另一路“进线”实为电源出线，即一路电源进线输入的电功率并未全部用于本变配电所，剩余部分通过另一路“进线”被输送到其他变配电所。

之所以称这种接线为环形接线“单元”，是因为它是构成环形配电网络(见 2.3 节)的一个固定环节，但该接线本身并未形成环形拓扑。供配电工程中，这种接线的开关电器通常不采用断路器，而是采用负荷隔离开关。图 2-2 就是这种接线的一个应用实例。

2) 单母线分段接线

图 2-8 为单母线分段的主接线。将图 2-6 所示双电源单母线接线中的母线用断路器 QA 分成两段，便成了单母线分段接线，QA 因此被称为分段断路器。单母线分段接线也可以看成是两个独立的单电源单母线接线通过 QA 联结而成的，因此 QA 又可称为联络断路器。单母线分段接线的运行方式主要有以下两种。

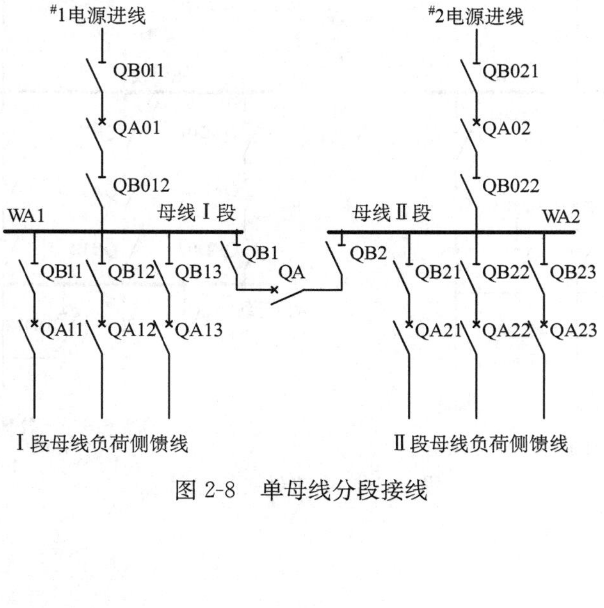

图 2-8　单母线分段接线

(1) 两路电源同时工作、互为备用。正常工作时 QA 断开，#1 和#2 电源分别通过Ⅰ、Ⅱ段母线向各自的负荷供电。当其中一路电源(如#1 电源，称为故障电源)停电时，断开 QA01，闭合 QA，由另一路电源(如#2 电源，称为正常电源)向两段母线上的负荷供电。应注意正常电源的供电容量问题，若其容量不足以供给两段母线上的所有负荷，则应在闭合 QA 前先切除一些不重要的负荷，以保证重要负荷的供电连续性。

(2) 两路电源一路工作、一路备用。设#1 为工作电源，#2 为备用电源。正常工作时，QA01 和 QA 闭合，QA02 断开，由工作电源向所有负荷供电；当#1 电源停电时，由#2 电源向所有负荷或重要负荷供电。

与双电源单母线接线相比，单母线分段接线当发生一段母线故障时，仍可由另一段母线向一部分负荷供电，提高了供电可靠性，但多用了一台分段断路器和与之配套的隔离开关。

单母线分段接线也存在着两个电源的关系问题。若两个电源不满足并列运行要求，则 QA01、QA02 和 QA 三台断路器在任何时候都最多只能有两台同时闭合。备用电源的投入也是既可手动，也可自动。

2. *双母线接线*

这是一种对母线设置备用的主接线形式，如图 2-9 所示。通过有选择性地闭合 QB01 或 QB02，可以确定由哪一段母线来受电，每路馈线也都可以通过隔离开关来选择所要连接的母线。采用这种接线方式时，若一段母线发生故障，可由另一段母线承担其所有任务。

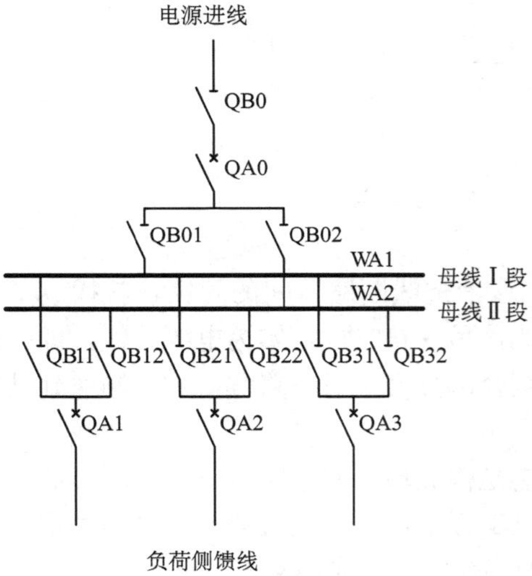

图 2-9 双母线接线

3. *带旁路母线的接线*

在正常通路旁再加设一个通路，称为旁路(by-Pass)。图 2-10(a)是一个给馈线断路器加

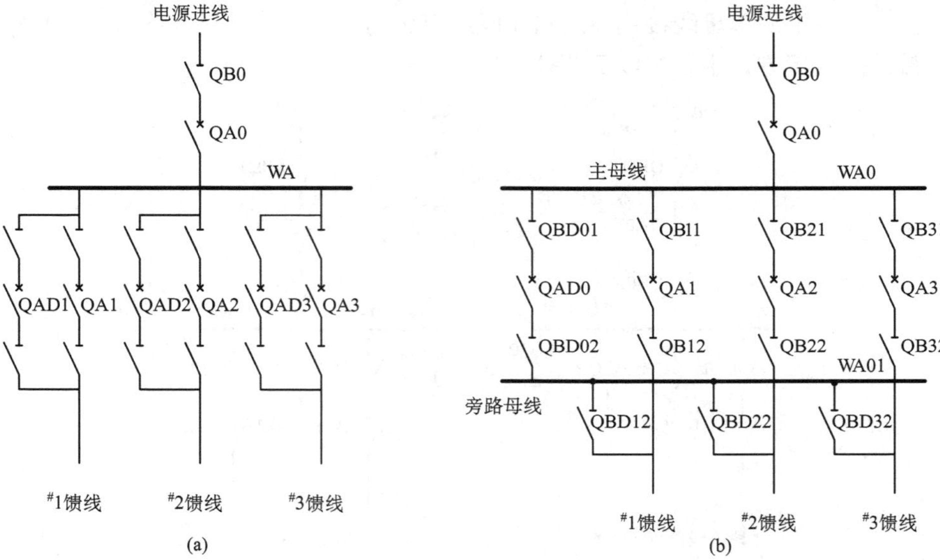

图 2-10 旁路母线的应用

设旁路的例子，当正常断路器故障或检修时，可由旁路断路器替代其工作，这实际上是为每个正常断路器都设置了一个备用。这种做法提高了接线的可靠性，但断路器数量增加太多。

考虑到两台及以上断路器同时故障的概率极低，能否给所有馈线断路器设置一个公共的备用断路器呢？图 2-10(b)就是实现这种想法的一个方案。图中，若 QAD0(称为旁路断路器)及其两侧的隔离开关闭合，则旁路母线带电，每一出线回路均可通过旁路隔离开关(QBD12、QBD22、QBD32)从旁路母线上取得电能。以#2 馈出线为例，检修 QA2 时，断开 QA2 和 QB21、QB22，使 QA2 退出运行并隔离电源，然后闭合 QBD01、QBD02 和 QBD22，再闭合旁路断路器 QAD0，则#2 馈出线恢复供电，此时 QAD0 取代了 QA2 的地位，成为#2 馈出线的馈线断路器。由于旁路母线的存在，使得任何一个出线回路都可以利用旁路断路器作为其馈电断路器，QAD0 于是成为各馈出线断路器的公共备用断路器。从广义的冗余设计技术来看，这种做法属于($n+1$)备用，而图 2-10(a)属于 $2n$ 备用。

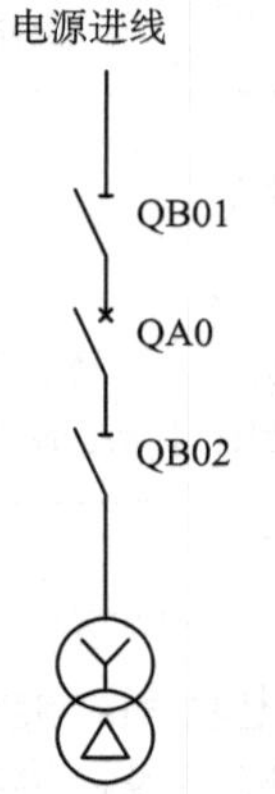

图 2-11　线路-变压器组接线

4. 无母线简化接线

当进线和馈线都只有一路时，可采用无母线的主接线方式。最常见的无母线接线有单元式接线和桥形接线。

单元式接线是单母线接线的简化。当单电源单母线接线中只有一路馈出线时，可取消母线，并将电源进线断路器和馈线断路器合并为一台断路器。工程中最常用的单元式接线是线路-变压器组接线，如图 2-11 所示。

桥形接线是单母线分段接线的一种简化。当单母线分段接线中每段母线上的馈出线只有一路时，可取消母线，如图 2-12(a)所示，这种桥形接线称为全桥。

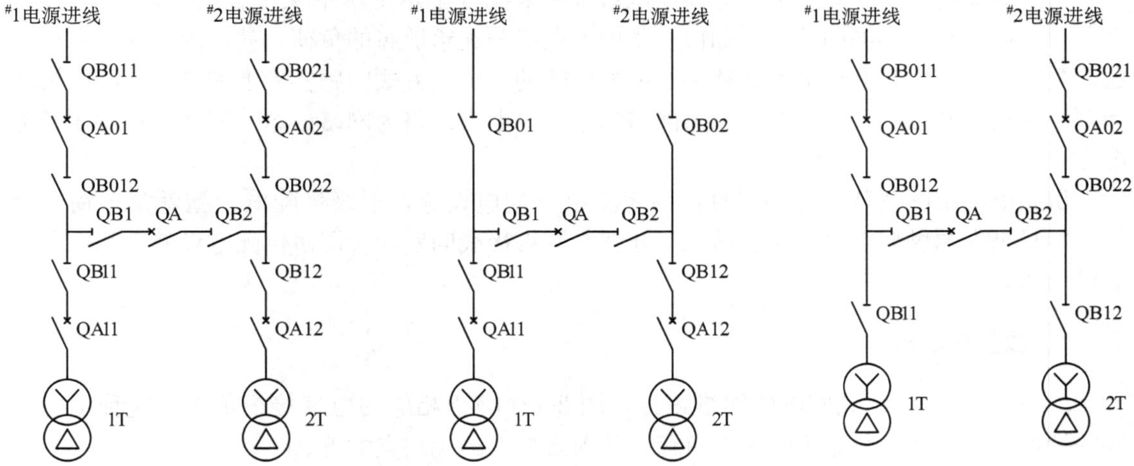

(a) 全桥　　(b) 外桥　　(c) 内桥

图 2-12　桥形接线

正常运行时，全桥接线中每一路电源进线只对应一路馈出线，多数情况下没有必要在进、出线上分别设置进线断路器和馈线断路器，可考虑取消一台断路器。若将全桥接线中的电源进线断路器取消，如图 2-12(b)所示，则成为所谓的“外桥”接线；若取消的是全桥接线中的馈线断路器，则成为所谓的“内桥”接线，如图 2-12(c)所示。工程上很少使用全桥接线，内桥和外桥接线在架空进线的企业变配电所中使用较多，其特点和适用范围见表 2-2，表中结论是根据变配电所功能、运行要求、故障概率及故障后开关转换投切步骤多少等因素得来的。

表 2-2 桥形接线的特点及适用范围

	内桥接线	外桥接线
优点	(1) 断路器数量少，4 个回路只需要 3 台断路器，占地少 (2) 检修电源进线断路器时，变压器可不中断工作	(1) 断路器数量少，4 个回路只需要 3 台断路器，占地少 (2) 检修变压器侧断路器时，电源进线可不中断工作
缺点	(1) 变压器的投、切较复杂，需动作两台断路器，并有一回电源进线暂时停运 (2) 检修电源进线断路器时，只有一路电源工作	(1) 线路的投、切较复杂，需动作两台断路器，并有一台变压器暂时停运 (2) 检修变压器侧断路器时，只有一台变压器工作
适用范围	电源进线较长、故障率高，负荷平稳、不需要经常切换变压器的小容量变电所，对一、二级负荷供电	电源进线故障率低，负荷波动大、需要经常切换变压器的小容量变电所，或有穿越功率的小容量变电所，对一、二级负荷供电

外桥接线适于穿越功率通过。所谓穿越功率，是指进入该变配电所又流向另外变配电所的电功率，类似于环形接线单元的情况。有穿越功率通过时，外桥接线两路进线中一路仍为电源进线，另一路实为电源出线，穿越功率经两路进线和桥接开关通过变配电所。

2.3 供配电系统的网络接线

由于变配电所、自备发电站等供配电系统的电源设施总是集中在一个或少数几个地点，而负荷一般散布在不同的地方，如何将集中的电能分配给散布的负荷，就产生了配电方式问题。电源与负荷之间是靠电力线路进行电能传输的，配电方式问题实际上就是一个网络接线问题。在这个网络中，电源与负荷为网络的结点，电力线路为网络的边，网络拓扑构成了配电方式。

供配电系统的负荷具有相对性，对于上级供配电设施，下级供配电设施就是负荷。因此，不只是末端供配电设施与负荷之间才存在网络接线问题，各层次供配电设施之间也存在同样问题。

2.3.1 放射式配电

图 2-13(a)为放射式配电的网络拓扑，图 2-13(b)为相应的电气接线示例。这种配电方式的特点为一回线路只服务于一个负荷。放射式配电的优缺点如下。

1) 优点

(1) 配电回路故障只影响单一负荷，可靠性较高。

(2) 控制方便。

(3) 负荷间的相互影响小，电能质量较高。

(4) 保护和自动化易于实现。

2) 缺点

(1) 需要的回路数多，配电设备投资大，占用空间大。

(2) 有色金属消耗量较大。

基于以上优缺点，放射式配电多用于向重要负荷配电，或向单台功率较大的设备配电。

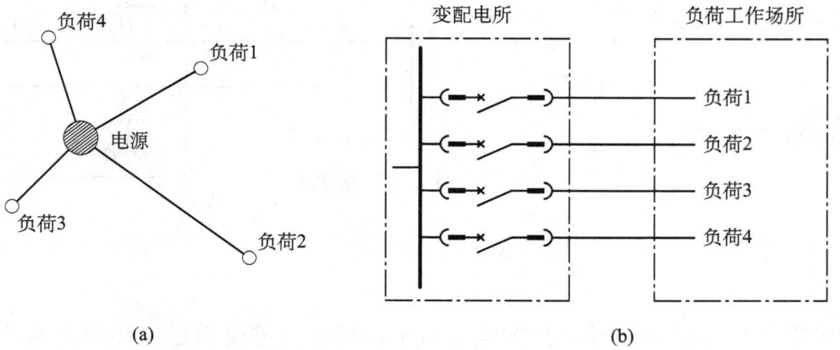

图 2-13　放射式配电

2.3.2　树干式配电

图 2-14(a)和(b)分别为树干式配电的网络拓扑和电气接线示例。这种配电方式的特点为一回线路顺次向若干负荷配电。其优、缺点与放射式配电正好相反，适用于向不重要的负荷或小功率用电设备配电。

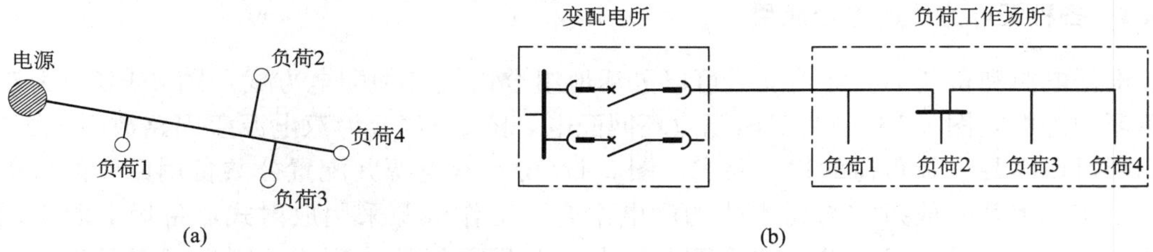

图 2-14　树干式配电

树干式配电中，每一负荷都是通过分支线向干线索取电能的，分支线的作法主要有两种，即所谓的“T”接和“Π”接。图 2-14(b)中负荷 1、3、4 为“T”接，它不需要断开干线；负荷 2 采用的是“Π”接，又称为环入环出接法，它需要将干线断开接到分支母线上。“Π”接法可以在干线环入环出处设置开关，也可以不设，若设置有开关，则分支点处的主接线就是前面介绍的单母线环形接线单元。

2.3.3　环式配电

环式配电是树干式配电的一种延伸，将树干式配电干线的末端接回到电源端，便构成了环式配电，如图 2-15 所示。环式配电中，每一个干线分支点的两端都要设置开关(称为环路开关)，以便隔离干线故障，提高供电可靠性。如图 2-15(b)所示，如果干线 F 点处发生了故障，只需要断开环路开关 QB12 和 QB21，就可以将故障线路段隔离，这时负荷 1 可通过 QA1 供电，负荷 2、3、4 可通过 QA2 供电。

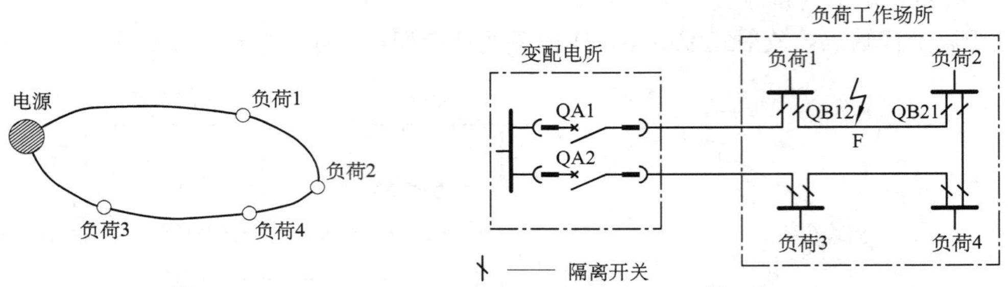

(a)　　(b)

图 2-15　环式配电

环式配电有开环和闭环两种运行方式。由于闭环运行需要满足一些特定的条件，运行控制要求也相对较高，因此在供配电系统中多采用开环运行方式，即正常运行时环路中有一只环路开关是处于断开状态的，这只开关所处位置被称为“开环点”。开环点设置在何处，也是关系系统性能的一个较为复杂的问题。

环式配电可靠性较高，网络中任何一段线路故障均不会造成用户停电，且网络结构清晰，可用于重要负荷的供电。但所有环链线路和环路开关都要承受环路功率，因此投资比树干式配电大，保护整定和运行切换较为复杂。通常，在配电自动化程度比较高的条件下，适于采用环式配电。

2.3.4　各种配电方式的综合应用

根据电源和负荷的实际情况，可以灵活地组合以上各种配电方式。图 2-16(a)为双电源单环网配电，图 2-16(b)为双电源双环网配电，图 2-17(a)为双电源双回路放射式配电，它们都可以满足一级负荷的供电要求。图 2-17(b)为双电源并配置公共备用回路的放射式配电，实际上就是放射式与树干式的配电组合，工作电源采用放射式，备用电源采用树干式，也可以满足一级负荷的供电要求。若将备用干线接成环式，则运行更灵活，可靠性更高。

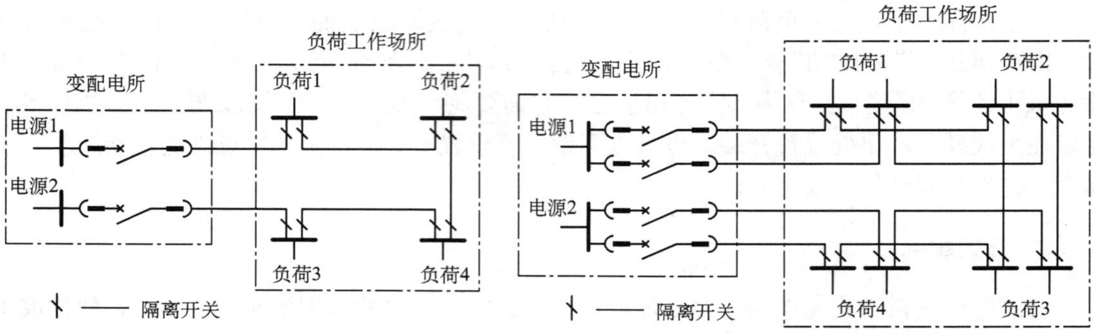

(a) 双电源单环路接线　　(b) 双电源双环路接线

图 2-16　环式配电的其他形式

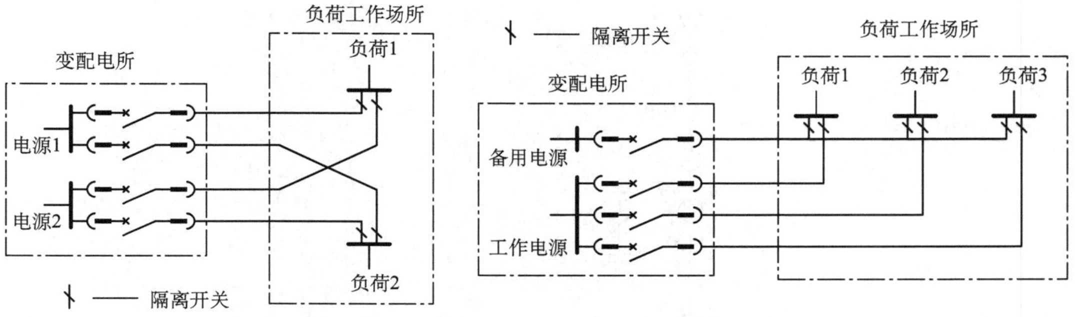

(a) 双电源双回路放射式接线　　(b) 带公共备用回路的放射式接线

图 2-17　放射式配电的其他形式

2.4　供配电设施之变配电所

前面从电气结构的层面介绍了变配电所的构成，本节主要从工程建设的角度介绍如何具体实现一座变配电所。

2.4.1　变配电所电气主接线示例与分析

图 2-18 所示为某开发区标准化微电子生产厂房 10/0.38kV 变配电所电气主接线。该变配电所供电电源为公共电网引来的单路 10kV 市电，电缆引入，并设有一台 230/400V 柴油发电机作为自备应急电源，厂房用电设备额定电压为 220/380V。

变配电所主接线涵盖了从市电 10kV 电源进线到 220/380V 负荷馈出线之间的整个电气结构。10kV 侧为单电源单母线接线，电压、电流互感器 BE1、BE2 用作收费电能计量，电压互感器 BE3 用作母线电压测量和相对地绝缘监视，其余 10kV 电流互感器用作测量和继电保护。接地开关 QC1、QC2 是为了保证检修安全设置的，当装设断路器 QA1、QA2 的手车拉出时，联动接地开关闭合接地。与接地开关并联接地的是带电显示器，作为回路带电指示用。

两台 10/0.4kV 变压器均带有一级和三级负荷。变压器低压侧为单母线分段接线，设计不允许 1T、2T 两台变压器并列运行，因此低压电源断路器 QA10、QA20 与分段断路器 QA120 间设置了闭锁，要求在任何时候最多只能有两台断路器同时闭合。当某一变压器故障退出或计划检修时，可闭合分段断路器 QA120 以保证一级负荷用电，其余负荷是否停电取决于工作变压器是否过载。

主接线专门设计了低压应急母线段 WC0，将所有一级负荷(应急照明、消防电梯、消防水泵)的备用回路接在该段母线上，其作用有二。①当市电电源停电时，一级负荷工作回路失电，此时必须启动柴油发电机，闭合 QA00 断路器使母线 WC0 得电，通过备用回路继续向一级负荷供电。②当市电和变压器都正常运行时，若一级负荷工作回路故障，则可闭合 QA02 断路器使母线 WC0 得电，由备用回路向一级负荷供电，这时不用启动柴油发电机。

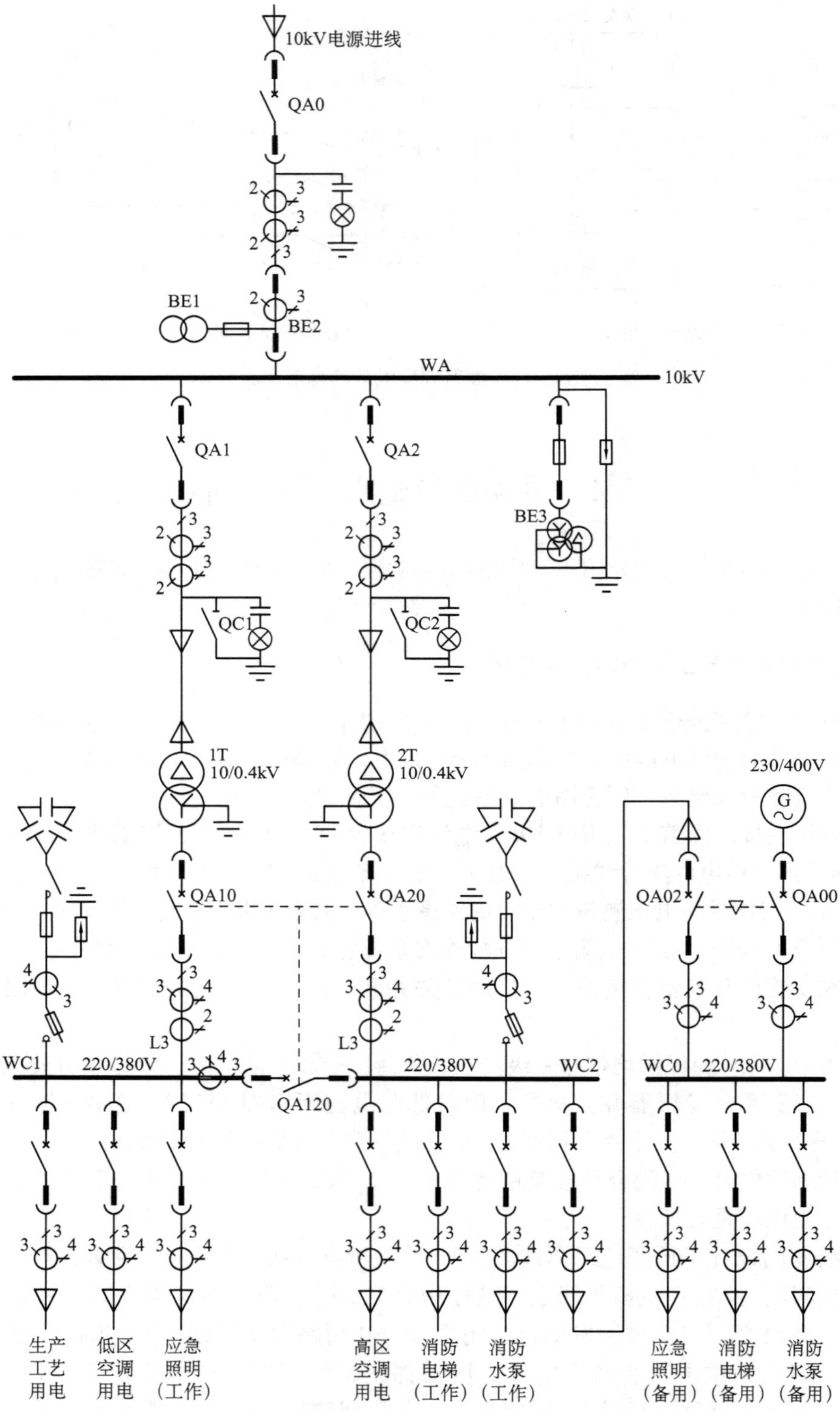

图 2-18　某 10/0.38kV 变配电所电气主接线

为避免柴油发电机与市电电源非同期事故，或向高压侧倒送电导致检修安全事故，柴油发电机不允许向母线 WC2 和 WC1 送电，因此在断路器 QA02 与 QA00 间设置了机械闭锁，必须断开其中一台断路器，才能闭合另一台。

母线 WC1 和 WC2 上所接电容器为无功补偿电容器，设置在断路器 QA10 和 QA20 负荷侧 L3 相上的单只电流互感器，就是用于无功补偿时测量电流相位角的，详见第 4 章。

以下关于变配电所的介绍，都将以上述主接线为实例给出具体实现方式。

2.4.2 变配电所电气装置

1. 成套配电装置

变配电所的一次系统主要由变压器和各种配电装置构成。35kV 及以下变配电所一般采用成套配电装置。所谓成套配电装置，就是在生产厂家将若干单台电气设备组合在一起，使之成为满足某种功能的一个整体。这个整体一般装设在柜体中，习惯上将其称为开关柜或配电柜。生产厂家向用户提供的产品是整个配电柜，而不仅仅是其中的单个设备。与成套配电装置相对应的是装配式配电装置，它是指将若干单台电气设备在变配电所现场组装起来的配电装置。成套配电装置具有积木块式结构的优点，在供配电系统中得到了广泛应用。

1）积木块式结构

仔细分析图 2-18 中 10kV 部分接线，可以发现，它是由一些典型的配电设备组合构成的。例如，图 2-19(a)就是馈出线配电设备的典型组合，若将这一组合中的接地开关取消并将电源与负荷侧反向，就变成了电源进线配电设备的典型组合。通过对各类电气主接线的仔细分析，工程师归纳出了若干种典型的电器组合形式，将这些典型组合作为基本的构成单元，可以搭配出各种电气主接线。如果将每一种组合都集成在一只配电柜中，那么由若干只

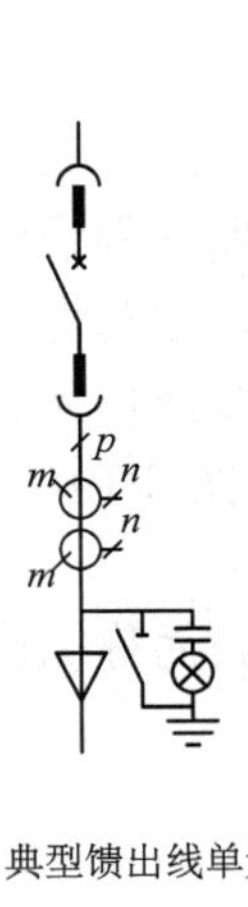

(a) 典型馈出线单元

配电柜编号	AK01	AK02	AK03	AK04	AK05	AK06
配电柜方案号KYN-12-	01	非标	07	13	02	02
一次接线	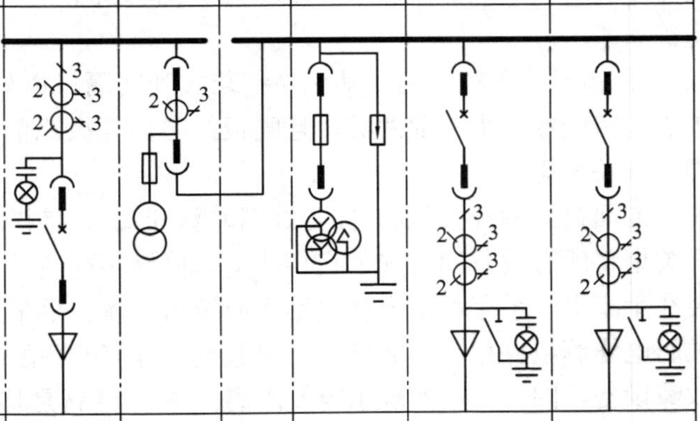					
用途	电源进线	收费计量	联络	避雷、电压互感器	1T变压器	2T变压器
回路编号	AK01-WB				AK05-WB	AK06-WB
变压器容量/(kV · A)	1260				630	630

(b) 10kV系统配置图

图 2-19　由配电柜实现的 10kV 电气接线

m-电流互感器只数，取值为 1～3；n-m 只电流互感器二次侧出线根数，取决于 m 只互感器的接线方式；p-线路相数

配电柜就可以拼搭出一个电气主接线，积木块式结构由此形成。

设备制造厂家对每一种典型组合都给予一个编号，称为配电柜的方案号。图 2-19(b)中选用了若干相同或不同方案号的配电柜共 6 只，实现了图 2-18 所示的 10kV 单母线主接线，图 2-19(b)又称为该主接线的系统配置图，图中每一个细点画线框对应一只配电柜。实际工程设计中的系统配置图还需要详细标注柜内设备、元件和线缆的型号规格，以及所对应的二次接线方案等，可以作为方案审查、招投标和订货及施工安装等的技术文件。系统配置图不仅表明了主接线的电气关系，还表明了如何用特定的电气装置(主要指配电柜)来实现这种关系。

2) 中压配电柜简介

一般一只配电柜只实现一种典型功能组合。按防护方式，中压配电柜可分为两类。

(1) 半封闭式中压配电柜。配电柜中离地面 2.5m 以下的各组件都安装在接地的金属外壳内，2.5m 及以上的母线或隔离开关无金属外壳防护，金属壳内、外的导电体及相间净距符合相关标准规定。典型产品有 GG1A-10 型固定式开关柜等。工程现状显示，运行的系统中还有一定数量的半封闭式中压配电柜存在，但新建系统已很少采用这种防护方式的装置。

(2) 金属封闭式中压配电柜。除进、出线外，其余所有电气组件及其辅助回路完全安装在接地金属外壳内。这类配电柜又可分为以下 3 种类型。

① 金属铠装式中压配电柜。这种配电柜将某些组件分装在用接地金属板隔开的隔离室中，其中，断路器及其两侧所联结的组件(如母线和馈电线路)必须装置在单独的隔离室内。隔板的防护等级应达到 IP2X～IP5X 或更高。典型产品有 KGN-12 金属铠装固定式开关柜和 KYN-12 金属铠装移开式开关柜等。手车中置的移开式 KYN-12 开关柜的结构如图 2-20 所示。

② 间隔式中压配电柜。这种配电柜将某些组件分装在单独的隔离室内，但隔板允许采用非金属材料。隔板的防护等级与铠装式相同。典型产品有 JYN2-12 型间隔移开式开关柜等。

③ 箱式中压配电柜。其为除铠装式和间隔式以外的金属封闭式中压配电柜。这种配电柜隔离室的数量少于前两类，且隔板的防护等级比前两类低。典型产品有 XGN1-10 型箱式固定开关柜等。

前面提到的开关柜的“固定式”和“移开式”，是指断路器等易损设备的装置方式。固定式开关柜将所有设备固定安装在柜体上，检修与更换不方便。移开式开关柜将断路器等设备安装在手车上，手车可以容易地推入或拉出柜体。手车推入时断路器通过插接头、座与柜内母线、电缆等组件相连，插接头、座起到了隔离开关的作用；手车拉出则易于检修或快速更换故障设备，同时自动实现了电气隔离。图 2-20 就是移开式开关柜的一个例子，图 2-19(b)中 10kV 开关柜都是移开式的。

中压配电柜必须具有规定的防误操作技术措施，具体体现为以下几个方面，简称“五防”功能。

(1) 防止带负荷分、合隔离开关，或带负荷推入、拉出断路器手车。

(2) 防止误分、合断路器。

(3) 防止带电合接地开关。

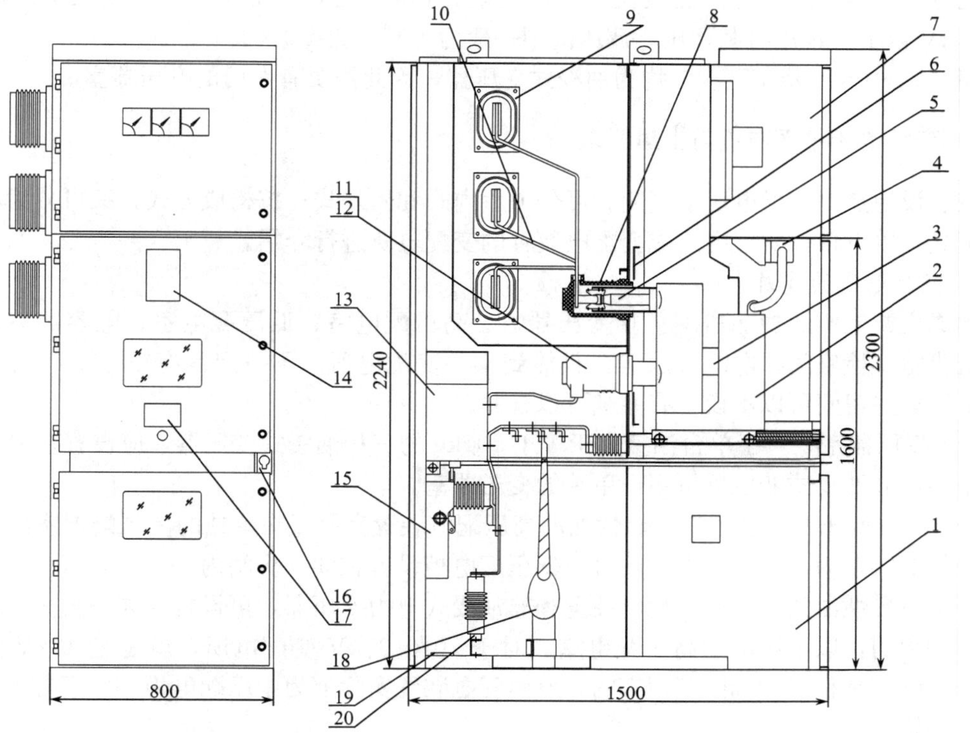

(a) 屏前　　　　(b) 剖面

图 2-20　KYN-12 金属铠装移开式中压开关柜结构示意图

1-柜体；2-断路器手车；3-断路器；4-二次插座；5-母线侧一次动触头；6-活门；7-仪表室；8-母线侧一次静触头；9-主母线、套管、隔板；10-分支母线；11-电缆侧一次动触头；12-电缆侧一次静触头；13-电流互感器；14-模拟牌；15-接地开关；16-标牌；17-铭牌；18-一次电缆；19-接地母线；20-避雷器

(4) 防止接地开关处于闭合状态时送电。

(5) 防止检修人员误入带电间隔。

3) 低压配电柜简介

低压配电柜构成原则与中压配电柜相同，只是因为安全净距要求较小，且设备体积与重量都比高压设备小，故一个柜体中可装设多个功能单元。按设备安装方式，可分为固定式、固定间隔式、固定间隔插接式和抽出式等类别。

2. 变压器

变压器是用来变换电压等级的电气设备。供配电系统中使用的变压器绝大多数为降压变压器；少数情况下使用升压变压器，将自备电源的 400V 电压升为 10kV。

常用的配电变压器有油浸式和干式两类。油浸式变压器将变压器芯装在油箱中，油箱中的变压器油有冷却和绝缘双重作用，工作一段时间后需要换油，检修时需要将变压器芯吊出。近年开发出的全密封油浸式变压器在寿命期内可不吊检器芯和换油。干式变压器以环氧树脂浇注绝缘较为多见，在民用建筑中大量采用，其最大的优点是无漏油和火灾的危险，但过载能力不及油浸式变压器，价格较高。当干式变压器使用 IP2X 外壳时，可与低压配电柜紧邻布置。

配电变压器可以有选择性地使用调压功能。10kV 配电变压器一般选用无励磁调压方式，35kV 以上可选用有载调压，调压范围一般为±5%(或±2×2.5%)。

图 2-18 中变压器 1T、2T 均为油浸式变压器，因此需要有专门的变压器室。

2.4.3 变配电所平面布置与土建要求

按装设地点，变配电所电气装置可分为屋内式和屋外式；按构成方式，又可分为成套式与装配式。以下仅针对屋内式成套配电装置的变配电所进行介绍。

1. 变配电所的建筑平面

组成变配电所的功能房间包括变压器室、高压配电室、低压配电室、电容器室、控制室、值班室、检修间、电缆夹层等。具体到某一变配电所，不一定具有以上所有的功能房间，可能有些房间可以不设，有些则可以合并。

(1) 变压器室。对于单台油量大于等于 100kg 的三相油浸式变压器，应设置在单独的变压器室内，非油浸式变压器可不设单独的变压器室。

(2) 高、低压配电室。带可燃性油的高压配电装置宜设置在单独的高压配电室内。当高压开关柜的数量为 6 台及以下时，可与低压配电柜设置在同一房间内。

不带可燃性油的高、低压配电装置和非油浸式电力变压器，可设置在同一房间中。

特别说明，以上所谓的高压配电室，对于 10/0.38kV 变配电所，就是指 10kV 配电装置室，“高压”是相对于“低压”而言的，室内配电装置实际上为中压配电柜。以下有类似情况时，不再说明。

(3) 电容器室。高压电容器装置宜设置在单独的电容器室内。当电容器容量较小时，可与高压配电柜设置在同一房间内，但间距不应小于 1.5m。

低压电容器装置可设置在低压配电室内，但当电容器容量较大时，宜设置在单独的电容器室内。

(4) 控制室。一般有集中控制与保护设备时才考虑设置。

(5) 值班室。有人值班的变配电所，应设置值班室。值班室可以单独设置，也可以与低压配电室或控制室共用，后一种情况下应适当加大原功能用房的面积。

图 2-21 为图 2-18 所示主接线的变配电所的平面布置和剖面图。该变配电所为三层独立式建筑，高压配电室、变压器室和值班室、工具维修室等在一层，低压配电室在三层，二层为一个电缆夹层，主要供低压电缆出柜和转换敷设方式之用。电缆进出变配电所均为电缆沟敷设。柴油发电机房设在别处，电源由室外引入三层低压配电室。

2. 变配电所电气设备布置要求

成套电气装置和变压器的布置，主要应考虑设备与设备之间，以及设备与建筑墙(柱)之间的间距。这些间距所形成的空间有些是为了满足操作的需要，称为操作通道，如配电柜柜前通道；有些是为了满足维护检修的需要，称为维护通道，如配电柜柜后通道；有些则是为了安装的需要，称为安装距离；还有些是为了出现危险时便于人员疏散，称为疏散通道。表 2-3～表 2-5 分别列出了高、低压配电装置和变压器布置时必须满足的间距要求。对于成排布置的配电柜(屏)，当其长度大于 6m 时，还应留出两个由柜后通向室内的出口。

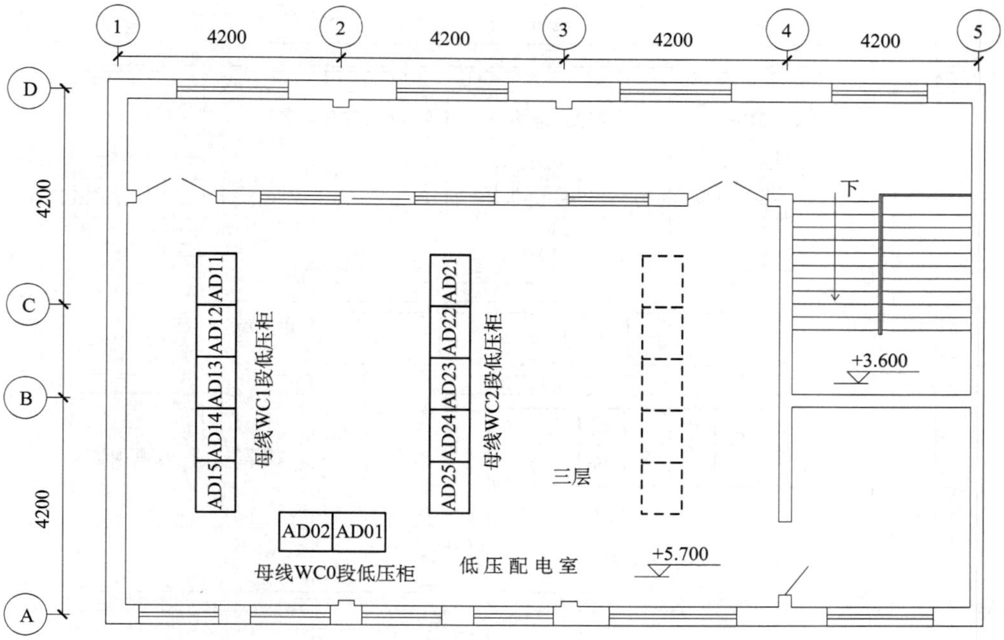
1
2
3
4
5
4200
4200
4200
4200
D
C
B
A
下
AD11
AD12
AD13
AD14
AD15
母线WC1段低压柜
AD21
AD22
AD23
AD24
AD25
母线WC2段低压柜
三层
+3.600
AD02
AD01
母线WC0段低压柜
低 压 配 电 室
+5.700

(a) 三层

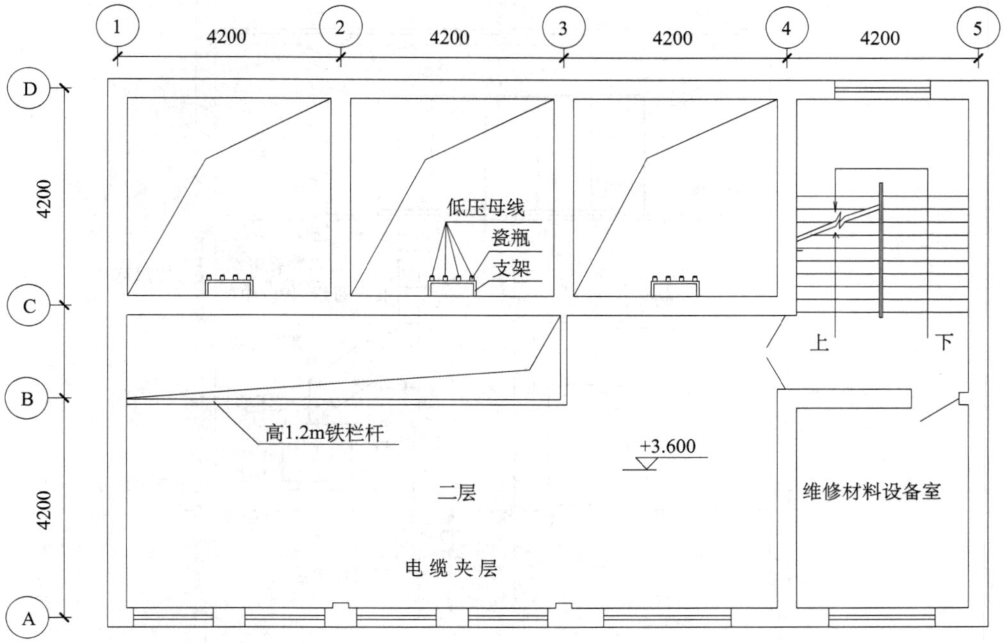
1
2
3
4
5
4200
4200
4200
4200
D
C
B
A
低压母线
瓷瓶
支架
上
下
高1.2m铁栏杆
+3.600
二层
维修材料设备室
电 缆 夹 层

(b) 二层

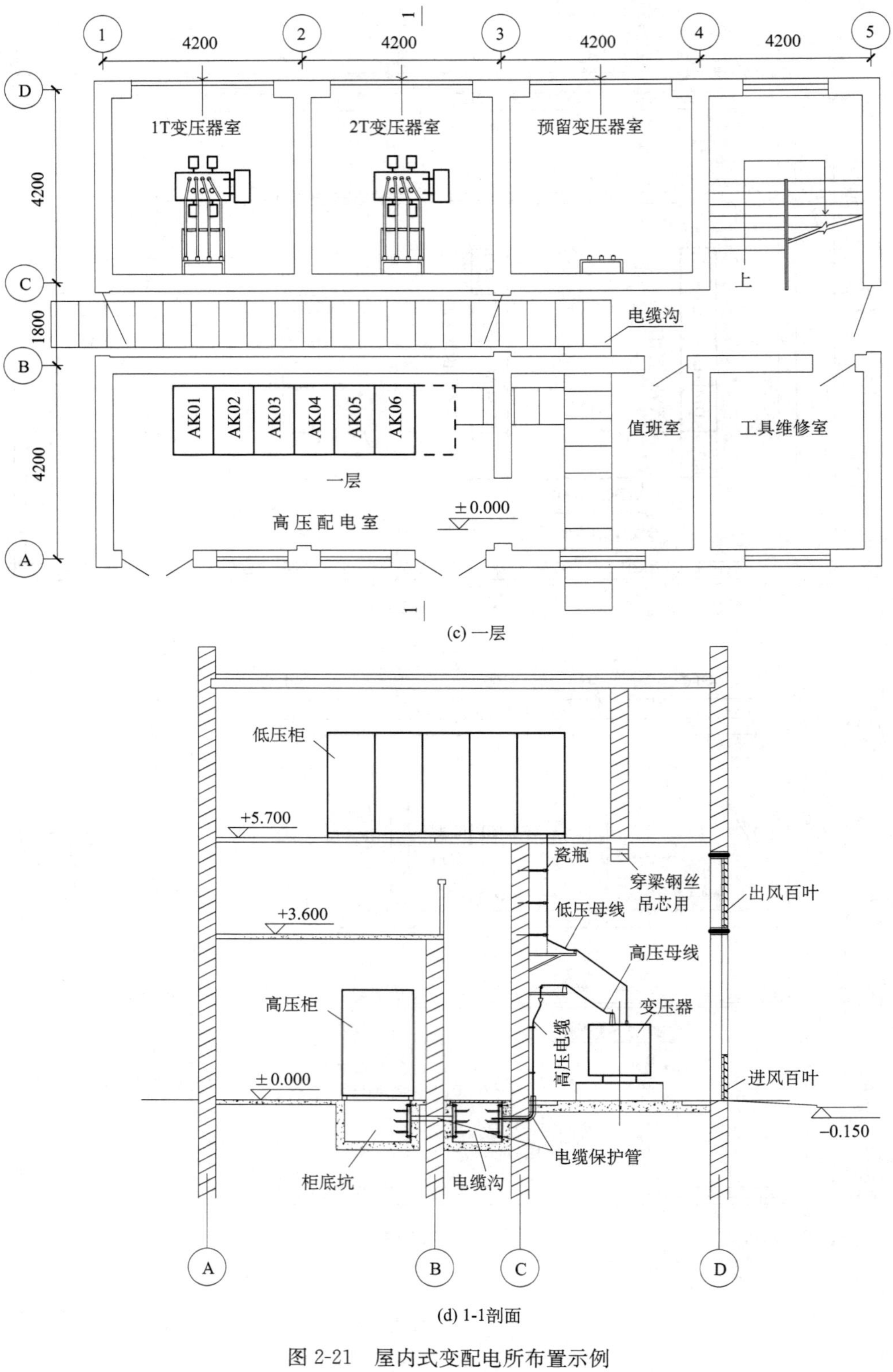

(d) 1-1剖面

图 2-21　屋内式变配电所布置示例

表 2-3 10kV 配电室内各种通道最小宽度 (单位：mm)

通道分类	柜后维护通道	柜前操作通道	
		固定式	手车(移开)式
单列布置	800	1500	单车长＋1200
双列面对面布置	800	2000	双车长＋900
双列背对背布置	1000	1500	单车长＋1200

表 2-4 低压配电室内各种通道最小宽度 (单位：mm)

布置方式	柜前操作通道	柜后操作通道	柜后维护通道
固定式柜单列布置	1500	1200	1000
固定式柜双列面对面布置	2000	1200	1000
固定式柜双列背对背布置	1500	1500	1000
抽出式柜单列布置	1800	—	1000
抽出式柜双列面对面布置	2300	—	1000
抽出式柜双列背对背布置	1800	—	1000

表 2-5 油浸式变压器外廓(防护外壳)与变压器室墙和门的最小净距

变压器容量/(kV・A)	≤1000	≥1250
与后壁和侧墙的净距/m	0.6	0.8
与门的净距/m	0.8	1.0

有关电气装置布置更详细的要求，可参阅相关的设计规范，此处不再赘述。

3. *土建要求*

除了承重、抗震等一般要求外，变配电所对土建的特殊要求主要体现在以下几个方面。

(1) 通风。由于电气设备工作时会散发热量，为保持室内温度在设备允许范围内，必须做好通风设计，可采用自然通风或人工强制通风等措施，风量大小与室内空间体积和电器发热量相关。采用自然通风时，通过选择进、出风口百叶(或网罩)面积来达到风量要求；采用强制通风时，应正确选用风机参数和风管尺寸。

(2) 防火抗爆。很多电气设备内部有可燃物质(如变压器油等)，在电气故障时容易发生火灾。为了防止火灾蔓延，需要相应的防火措施。油浸式变压器、油浸式电容器等在故障时还可能发生爆炸，为了消减爆炸产生的破坏，需要采取抗爆措施。

常用防火抗爆的具体措施有：变配电所各功能房间必须达到相应的耐火等级；选用规定等级的防火门；油浸式变压器应在其底部设置储油坑或采取排油措施，以防止火灾随变压器油蔓延；电容器室应达到相应的抗爆等级，或设置泄爆通道，以释放爆炸时所产生的气体压力。

(3) 通道设置。除满足正常操作维护需要以外，变配电所的通道(含门)设置还应满足设备运输、吊装、更换等要求，以及紧急情况下的疏散要求。

(4) 与电气安装和使用要求的配合。设备安装所需要的预留预埋件、柜底坑、电缆沟、预留孔洞、防水层、排水找坡等均需要在土建时一并考虑并实施。

2.5 供配电设施之电力线路

供配电系统的线路可分为外线和内线两部分。内线指建筑物室内的配电与照明线路，此处不予讨论；外线又可分为架空线路和电缆线路，是本节讨论的主要内容。

2.5.1 架空线路

架空线路是敷设在露天电杆上的电力线路，是由导线、杆塔、绝缘子、横担、金具等共同构成的电力设施，还可敷设避雷线，如图 2-22 所示。架空线的优点是成本低、敷设容易、检修维护方便，但它占用较大的空间、不美观、可靠性差，因此在城网中已逐渐被电缆取代，但农网中仍广泛应用。

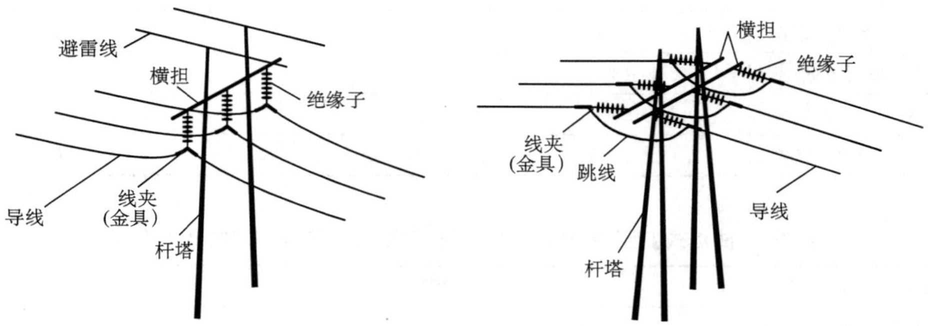

(a) 直线杆　　(b) 耐张杆

图 2-22　架空线路

1. 架空线路的导线

架空线路的导线主要有裸导线和绝缘导线两类。裸导线一般用于高、中压线路，绝缘导线一般用于中、低压线路。因为在露天敷设，且只在杆塔处有机械支撑，因此要求架空线有一定的耐腐蚀能力和机械强度，同时还应具有良好的电气性能。

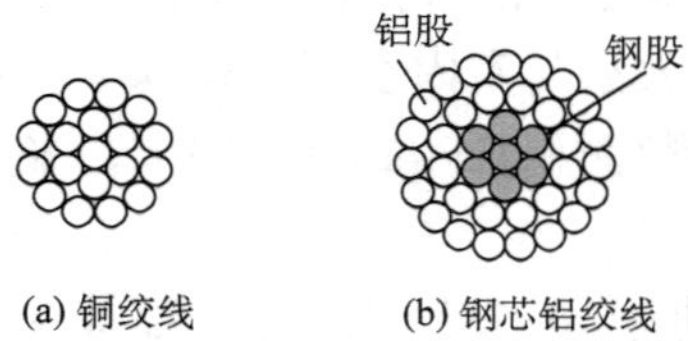

(a) 铜绞线　　(b) 钢芯铝绞线

图 2-23　架空裸导线

架空导线导体材质一般为铜或铝。截面积大于 $16mm^2$ 的裸导线都采用多股导线绞合而成，称为铜(铝)绞线，产品型号为 TJ 和 LJ。为了增加导线的机械强度，有些铝绞线还在导线中设置钢芯，称为钢芯铝绞线，产品型号为 LGJ。铜绞线和钢芯铝绞线的截面如图 2-23 所示。

2. 架空线路的杆塔

杆塔的作用是支撑导线并维持导线的空间位置。按使用的材料，杆塔主要有木杆、水泥杆和铁塔等 3 种。供配电系统中以水泥杆应用最普遍，铁塔在 110kV 以上线路中使用较多。

按杆塔的受力要求，可将其分为直线杆、耐张杆、转角杆和终端杆等几种，其配置示例如图 2-24 所示。直线杆导线悬挂在杆塔的绝缘子串上，主要承受导线的重力和水平横向风荷载，见图 2-22(a)；耐张杆导线在杆塔处断开，断头两端由绝缘子串牵拉固定在横担上，再通过跳线连通断头，它除了直线杆的功能外，还能承担邻挡导线拉力差引起的水平纵向拉力，在倒杆故障时起到阻止多米诺骨牌效应的作用，见图 2-22(b)；转角杆和终端杆分别能承受转角导线拉力和终端处导线的单向拉力。

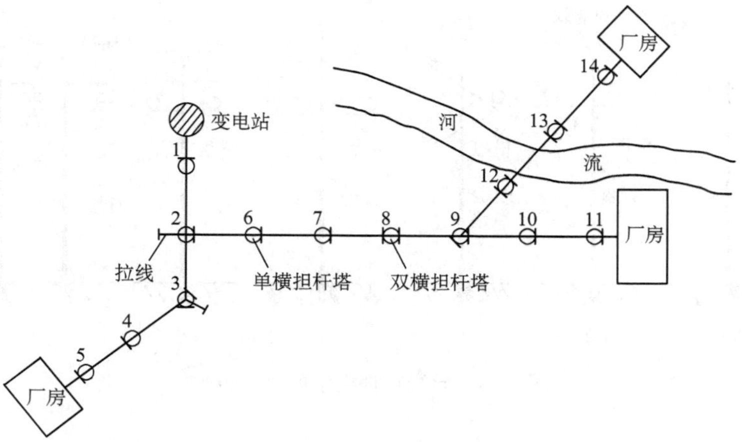

图 2-24　杆型配置

1、5、11、14-终端杆；2、9-分支杆；3-转角杆；4、6、7、10-直线杆；8-耐张杆；12、13-跨越杆

3. 横担、绝缘子及金具

(1) 横担。横担安装在杆塔的上部，用于安装绝缘子，常用的有木横担、铁横担和瓷横担。与杆塔的形式相对应，横担也可分为中间型、耐张型、终端型等。

(2) 绝缘子。绝缘子又称为瓷瓶，用来固定导线并使导线与杆塔绝缘。绝缘子常见的形式如图 2-25 所示。针式和蝶式绝缘子主要用于 10kV 及以下线路，悬式绝缘子主要用于 35kV 及以上线路，可根据电压等级和污秽等情况选择不同片数的悬式绝缘子构成绝缘子串，以达到所要求的耐压水平。棒式绝缘子能同时起到横担与绝缘子的作用，广泛用于10～35kV 的农电网中。

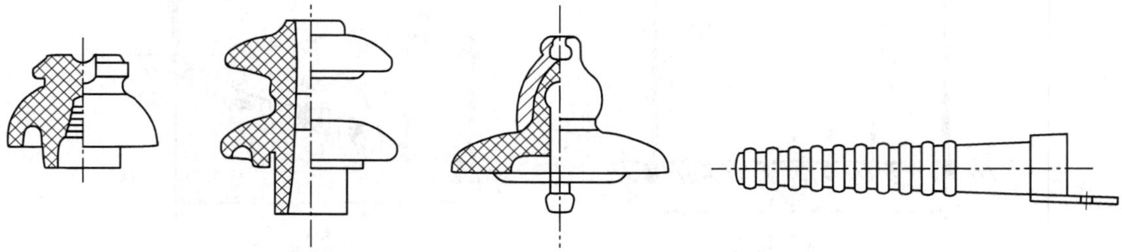

(a) 针式　(b) 蝶式　(c) 悬式　(d) 棒式（瓷横担）

图 2-25　绝缘子

(3) 金具。用来连接导线、安装横担和绝缘子、固定和紧固拉线等的金属附件，统称金具。图 2-22(b)中跳线就是靠金属夹具固定在导线两个段头上，以保持导线电气连通的。

4. 架空线路的敷设

1) 导线在杆塔上的排列方式

如图 2-26 所示。图(a)为低压 TN-C 系统(见 2.6 节)线路常用的水平排列方式；图(b)和(c)为中压线路常用的三角形排列方式；图(d)是中、低压线路共杆敷设的情况，高压线路应敷设在上面；图(e)是单杆双回路中压线路的敷设方式，每回线路的三相导线垂直排列；图(f)是高压线路常用的水平排列方式，线路上方架设有避雷线。

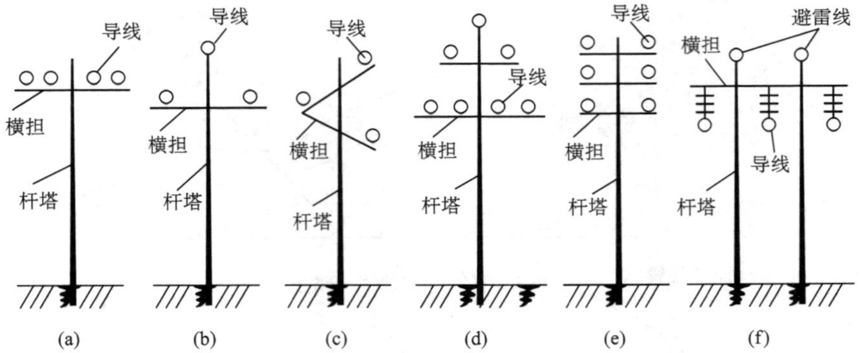

图 2-26　导线在杆塔上的排列方式

2）挡距与弧垂

如图 2-27 所示，挡距是指线路两杆塔间的水平距离，弧垂是指架空线一个挡距内导线最低点与两端杆塔上导线固定点间的垂直距离，因导线热胀冷缩，弧垂会有一定的变化范围。低压线路的挡距一般为 25～40m，10kV 线路挡距一般为 35～50m。弧垂的大小有一定的限制，弧垂过小，导线张力过大，容易拉断；但弧垂过大，会造成线路摆动增大，容易引起相间短路，还有可能使导线与建筑物或地面距离达不到安全要求。

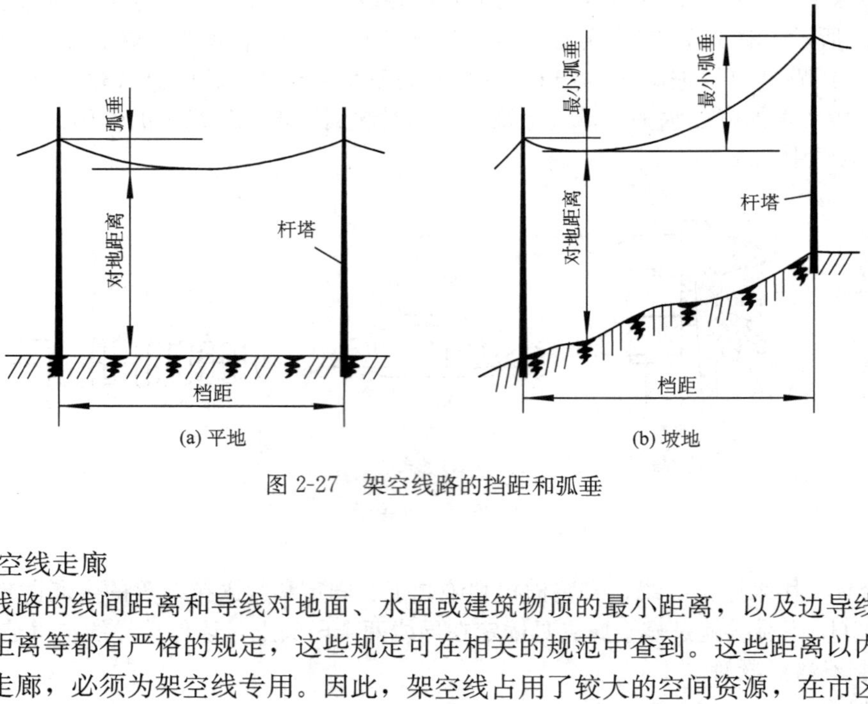

图 2-27　架空线路的挡距和弧垂

3）架空线走廊

架空线路的线间距离和导线对地面、水面或建筑物顶的最小距离，以及边导线与各种设施的水平距离等都有严格的规定，这些规定可在相关的规范中查到。这些距离以内的空间称为架空线走廊，必须为架空线专用。因此，架空线占用了较大的空间资源，在市区这是一个很大的缺点。

2.5.2　电缆线路

电缆线路是以电力电缆、电缆附件和配线箱等为主要元件所构成的线路设施，这其中又以电力电缆为最核心元件。电缆线路具有可靠性高、不占用地上空间等优点，在城市电网中被大量采用，其缺点是造价高，维护检修困难。

1. 电力电缆的结构

以典型中压电力电缆为例，其结构如图 2-28 所示。

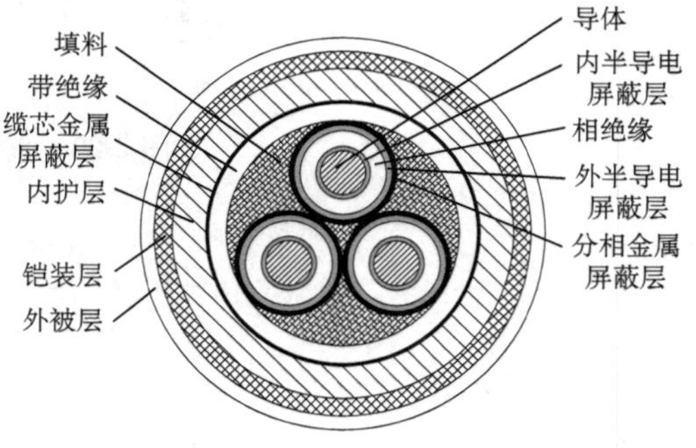

图 2-28　电力电缆结构

导体部分与架空线类似，一般由多股铜或铝线绞合而成。根据导体的数量不同，电缆可分为单芯电缆和多芯电缆。中、高压多芯电缆一般为 3 芯，用于三相电能传输。低压多芯电缆除 3 芯外，还有 2 芯、4 芯及 5 芯等，用于单相及三相电能传输，可能包含中性线和保护线。

电缆相绝缘层的作用是使各导体芯线相互绝缘，属于工作绝缘；带绝缘层的作用是使整个缆芯与地绝缘，属于保护绝缘。相绝缘层外与带绝缘层内的空隙用填料填充。护套层主要用于保护绝缘层，使其在运输、敷设过程中免受机械损伤，还可以阻止水分侵入并具防腐蚀性。护套层又分为内护层与外护层，内护层一般由 1～3 层材料组合而成，外护层可根据需要设置铠装层、防化学腐蚀层、防辐射层等，并在有些功能护层外施以外被层，以保护功能护层和便于施工安装。

6kV 以上电缆一般设有屏蔽层，屏蔽层分为半导电屏蔽层与金属屏蔽层两种。半导电屏蔽层材料是一种电阻率大于金属导体的质软塑性形变物质，能很好地填充空隙，降低电位梯度突变导致的局部电场集中。导体芯线外表和相绝缘层外表通常各设有一层半导电屏蔽层，分别称为内、外(或导体、绝缘)半导电屏蔽层。内半导电屏蔽层是为了均匀线芯外表面电场，避免因导体表面不光滑以及线芯绞合产生的气隙所造成的导体和绝缘间的局部放电。外半导电屏蔽层与绝缘层外表面接触良好，且与金属屏蔽层等电位，避免因电缆绝缘表面裂纹等缺陷而与金属屏蔽层发生局部放电。在相绝缘层和带绝缘层的外表面，电缆通常还可以设置接地的金属屏蔽层，主要作用是将电场限制在绝缘层内，均衡半导电层可能产生的轴向电位梯度，提供电容电流通道并均衡三相电容电流，提供故障电流通道等。

2. 电力电缆的敷设

除特殊情况下可采用架空敷设外，室外电力电缆一般在地下敷设。常用的敷设方式有直埋地、电缆排管、电缆沟、电缆隧道等。

直埋地和电缆沟敷设路径一般在人行道或绿化带下，如图 2-29 所示。直埋地敷设电缆根数一般不超过 8 根，检修更换等需要开挖路面；电缆沟可以敷设较多根数的电缆，检修更换等只需要打开盖板，较为方便。

电缆排管敷设是当前城市中使用较为普遍的电缆敷设方式，可在人行道或车行道下敷设。图 2-30 所示为人行道下敷设的示例，排管数量取决于电缆根数。电缆直线敷设路径上每隔一定距离(一般为 50～80m，取决于排管管径和管内壁摩擦系数)需要设置电缆工作井，大的称为人孔，小的称为手孔，电缆转弯、分支和改变敷设方式处也需要设置电缆工作井。电缆工作井有直线井、转角井、三通井和四通井等类型，按大小又有手孔、人孔之分。图 2-31 为直线人孔的示例。电缆的敷设、更换等工作均在电缆工作井中拉拽进行，不需要开挖路面；电缆分支、接续、检测等工作也常在电缆工作井中实施，有电缆分支箱时则在分支箱中实施。

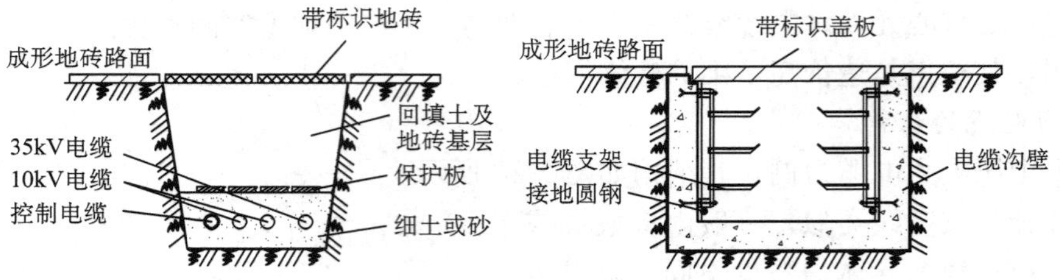

(a) 直埋地　　(b) 电缆沟

图 2-29　直埋地和电缆沟敷设

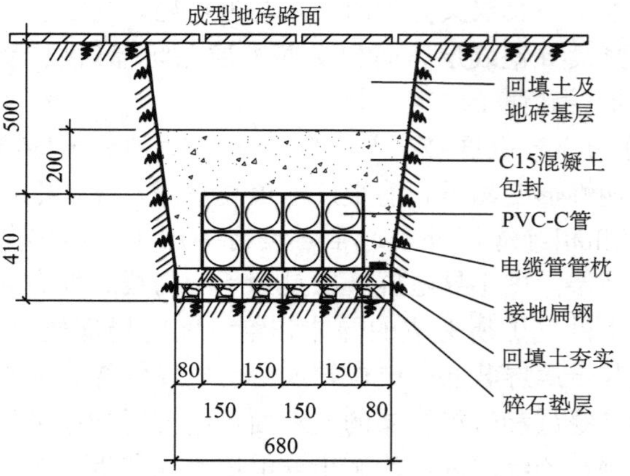

图 2-30　电缆排管敷设

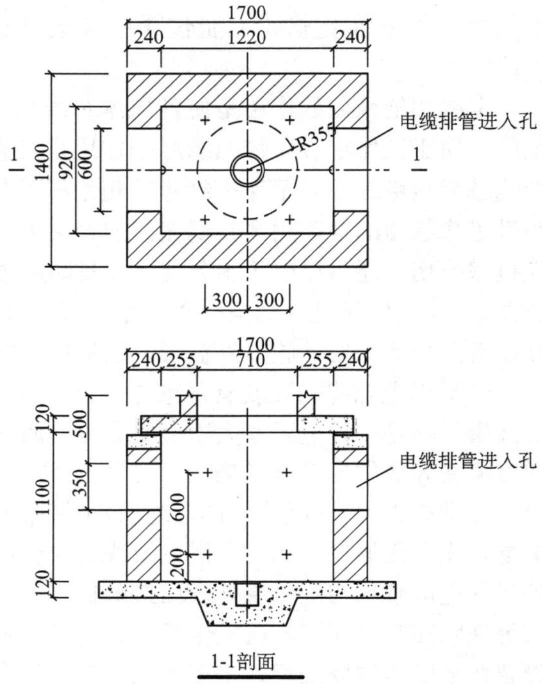

图 2-31　直线人孔

电缆隧道一般是为城市长远发展而修建的专用管廊，可以敷设数量很大的线缆，人员和专用设备可以方便地进出隧道实施敷设、巡检、检修、更换电缆及附属设备等工作。

3. 电力电缆的附件和配线装置

电缆附件主要是电缆头，包括终端头、中间头、分支头等。终端头用于缆芯导体的引出；中间头用于两根电缆的连接，一般在线路长度大于一卷电缆长度时会用到；分支头用于从树干式配电的电缆上分出支路，一般用于单芯电缆，由于故障率较高，现已较少采用。

电缆配线装置主要有分支箱、金属护层电压限制器等，对自容式充油电缆，还有相应的供油装置。

2.6　供配电系统接地形式与导体配置

就供配电系统结构而言，接地是一个看似枝节的简单问题，但接地对系统技术条件，尤其是故障情况下的技术条件有着重要的影响。接地问题的特点在于它与供配电系统的多个方面广泛关联，且被关联方面对接地的要求往往是矛盾的。本节主要介绍现状供配电系统接地的情况，不展开讨论相关的问题。

2.6.1 电气“地”与电气“接地”

电气上的“地”，是指可以用来作为参考电位且电容无穷大的导体。能作为参考电位，是指该导体在任何扰动下，其自身电位的变化都可以忽略不计，可看成建立电位的基准；电容无穷大，是指该导体能提供或接受任意多的电荷，能承受任意多的电能。

一般将大地作为电气上的“地”，电子信息系统中也将参考电位点称为“地”，但不一定与大地相连。

“接地”是指将电气系统或装置上导体的某些部分与“地”进行电气连接的技术措施。

在讨论电击防护、电磁兼容等问题时，对以大地作为电气地的情况，有必要对“参考地”与“局部地”作出区分。所谓参考地，是指大地不受任何接地装置影响的部分，其电位是恒定的，工程上一般指距接地点很远的地方；所谓局部地，是指大地以接地点为中心的一小部分区域，该部分电位会随接地电流而变化。

就接地所起的作用来看，接地可以有以下几种类别。

(1) 功能性接地。指保证系统(设备)正常运行或正确实现其功能所作的接地，又称为工作接地，如电力系统中性点接地、单极大地回流直流输电系统接地等。

(2) 保护性接地。指以保护人身和设备安全所作的接地，如电击防护接地、防雷接地、防静电接地、阴极保护接地等。

(3) 电磁兼容接地。指以降低电磁骚扰水平、提高抗扰度所作的接地，又称为高频接地。

2.6.2 相关术语解释

1. 中性点与中性点接地方式

中性点是一个常用术语，就多相工频交流系统而言，它在工程应用中通常有如下两种含义，应注意甄别。

(1) 电气中性点。指多相系统电源或负荷端存在这样一个电气上的点，从该点到各相端子间的电压绝对值相等。

(2) 电路(或系统、绕组)中性点。指多相系统导体元件星形或曲折连接中的公共点，又称为电路星接点或中间点。

电气中性点本质上不是一个实际网络上的点，比如，在△接线绕组上就找不到这个点的位置，但作为一个电气上的点，该点是存在的，如在相量图上就可以找到这个点，还可以说△接线负载发生了中性点位移等。电路中性点是实际网络上的一个点，是电路结构上的中心点。大多数情况下，多相对称系统电气上的中性点正好落在电源或负载星形接线的电路中性点上，所以为了方便，在不致引起混淆的情况下，可以笼统地使用“中性点”这个称谓。

系统中性点接地方式，指工频交流系统中发电机或变压器绕组中性点与大地的电气连接方式，在输变电系统中又常称为系统中性点运行方式。

2. 可导电部分

可导电部分指系统或环境中能传导电流的部分，其承载电流的能力可能有规定，也可能没有。通常关注以下几种类别。

1）装置外露可导电部分

平时不带电压，但故障情况下可能带电压的电气装置或设备的容易触及的金属外壳，有时简称为设备外壳。并不是所有的电气设备都有外露可导电部分，如塑壳电视机等家用电器就没有外露可导电部分。

2）装置外界可导电部分

给定场所中不属于电气装置或设备组成部分的导体，如场所中的金属管道等就属于装置外界可导电部分。

3）导体①

导体指用于承载规定电流的可导电部分。工频交流系统中主要关注以下几种。

（1）相导体(相线、L线)。接于电源相端子，并在正常工作时起传输电能作用的导体。相导体属于线导体的一种，是线导体在交流系统中的具体体现，线导体在直流系统中称为极导体。

（2）中性导体(中性线、N线)。接于电源中性点端子，并能在正常工作时起传输电能作用的导体。直流系统中与之对应的是中间导体，又称为M线。

（3）保护导体(保护线、PE线)。为安全目的设置的导体，通常是为防止电击伤害而用来与下列任一部位作电气连接的导体。

① 装置外露可导电部分。

② 装置外界可导电部分。

③ 总接地线或总等电位联结端子。

④ 接地极。

⑤ 电源接地点或人工中性点。

在正常情况下，PE导体上是没有电流的，它不承担传输电能的任务，但在故障情况下，它可能有电流通过。

用于保护接地的PE导体称为保护接地导体。

（4）保护接地中性导体(保护接地中性线、PEN线)。兼具有保护接地导体和中性导体功能的导体。

以上各种导体的图形符号如图2-32所示。

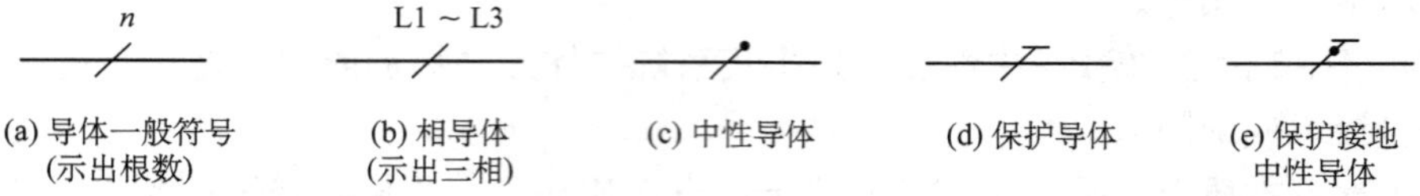

图2-32　各种导体的图形符号

n-导体根数

4）带电导体

带电导体属于带电部分，指系统正常运行中带电的可导电部分，包括相导体和中性导体，但按惯例不包括PEN导体。

① 这是在讨论供配电系统结构和相关技术问题时的一个特别的定义，请注意将其与物理学一般意义上的“导体”概念区分。

2.6.3 中、高压系统中性点接地方式

中、高压系统中性点接地方式主要有中性点直接接地、中性点阻抗接地、中性点消弧线圈接地和中性点不接地等几种，关联的因素主要是接地故障电流和故障过电压。接地故障电流关系着系统供电连续性和设备安全性问题，接地故障过电压则关系着绝缘及造价问题，并由此带来对系统一系列技术要求的不同。

工程上一般将直接接地和低阻抗接地系统称为大接地电流系统，简称大接地系统；将高阻抗接地和不接地系统称为小接地电流系统，简称小接地系统。

1. 中性点直接接地

中性点直接接地系统接地电阻很小，当系统发生单相接地故障时，故障接地点与电源接地点通过大地连通，在电源相电压驱动下形成量值较大的故障电流，如图 2-33 所示。为保护系统元件不被故障电流损坏，系统保护装置会很快切断故障元件，导致故障元件负荷侧电网停电。由于单相接地故障是系统常见的故障，因此该接地形式对系统供电可靠性有明显影响。

系统正常工作时相对地电压为相电压，最高按$\frac{U_m}{\sqrt{3}}$考虑（U_m 为系统最高线电压有效值，即本书 1.3.1 节标准电压体系中的系统最高电压 U_H），并以此作为基本的相对地绝缘要求。中性点直接接地系统在发生单相接地故障时，故障相对地电压降低，中性点对地电压上升，健全相（即非故障相）对地电压也上升，但升幅较小，一般低于 1.4p.u（$1p.u=\frac{U_m}{\sqrt{3}}$，即系统最高相电压有效值），且持续时间很短，因此对系统的相对地绝缘不会提出额外的要求。

2. 中性点不接地

中性点不接地系统发生单相接地故障时，由于只有一个接地点，不能形成显在的故障回路，故障电流只是量值很小的系统对地分布电容电流，损坏系统元件的可能性小，因此系统可以在一定时间内继续运行，供电可靠性得以提高，如图 2-34 所示。但故障时中性点对地电压升高到接近相电压，健全相对地工频电压由正常时的相电压升高到接近线电压，当接地不稳定并出现间歇性电弧时，故障相会出现量值达（1.5～2.5）p.u 的对地间歇性电弧过电压，健全相甚至可高达（2.5～3.5）p.u，详见 10.6.2 节。这对系统的相对地绝缘提出了额外的要求。

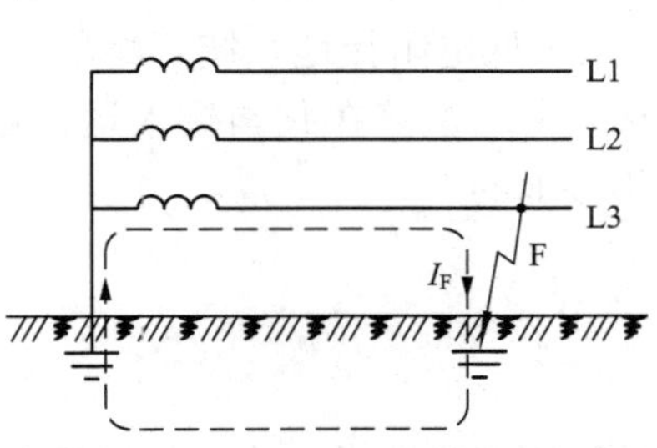

图 2-33　中性点直接接地系统接地故障

L3-故障相；L1、L2-非故障相

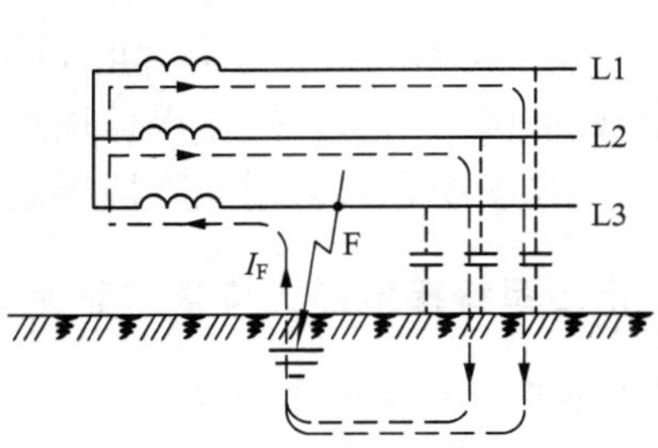

图 2-34　中性点不接地系统接地故障

L3-故障相；L1、L2-非故障相

3. 中性点阻抗接地和消弧线圈接地

中性点阻抗接地是指通过电阻或电抗接地，主要是希望通过接地阻抗限制接地故障电流

的大小，一般在电阻接地时限制单相接地故障电流值不超过变压器额定电流，如图 2-35 所示。阻抗接地系统发生单相接地故障时，健全相对地工频过电压高于中性点直接接地系统，但低于中性点不接地系统，其量值主要取决于系统电阻与电抗的比值。

这种系统正常运行时，因为中性点与大地等电位，接地阻抗上基本无电流通过，因此对系统的正常运行不会产生影响。

中性点经消弧线圈接地是阻抗接地的一种特殊用途，如图 2-36 所示。消弧线圈的感抗值与系统每相对地容抗值呈特定比例。正常时中性点与地等电位，线圈上无电流通过；单相接地故障时，中性点对地电压升高，在消弧线圈中产生电流，消弧线圈的电感电流基本上抵消掉系统对地故障电容电流，可以避免在接地故障点处因电容电流过大而产生电弧，消弧线圈因此得名。

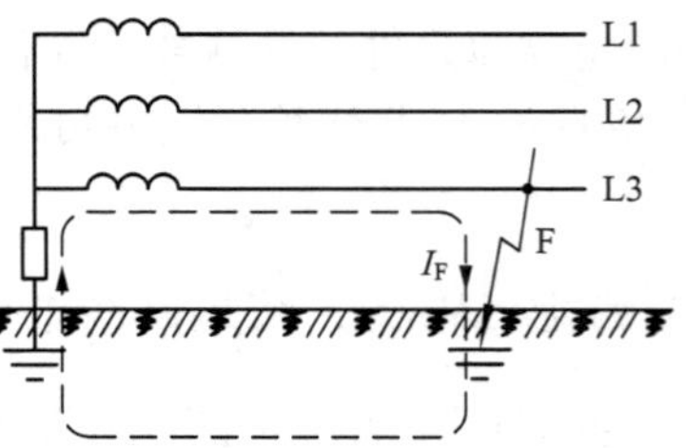

图 2-35　中性点电阻接地系统接地故障
L3-故障相；L1、L2-非故障相

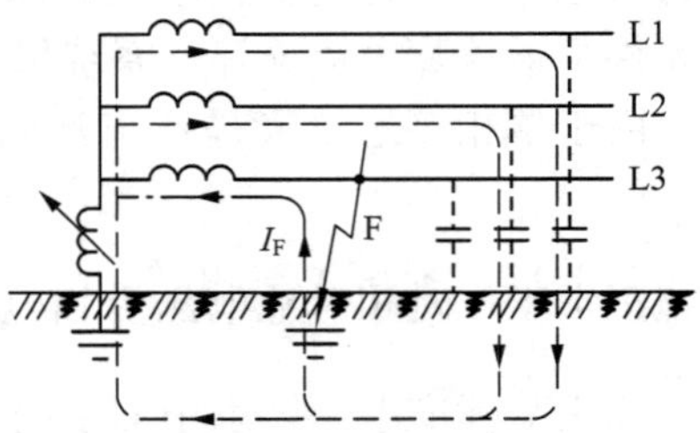

图 2-36　中性点消弧线圈接地系统及其接地故障
L3-故障相；L1、L2-非故障相

4. 我国现状中、高压系统中性点接地方式简介

由于小接地系统发生单相接地故障时，非故障相对地电压大幅升高。考虑到相对地绝缘投资，以及超高压系统绝缘的技术瓶颈问题，我国 110kV 及以上高压和超高压系统基本上都采用中性点直接接地方式，单相接地故障即为单相短路故障。

35kV 及以下系统因防雷需要，其相地绝缘水平远高于正常工频相电压要求，工频耐压裕量较大。在 35kV 及以下系统中采用中性点不接地或高阻抗接地形式，既可获得较高的供电可靠性，又不会在绝缘上过多增加额外的投资，因此我国 35kV、10kV 和 6kV 系统大多采用中性点不接地或消弧线圈接地系统。但从 20 世纪 80 年代中后期开始，由于中压电网大量采用电力电缆，接地电容电流急剧增大，单相接地导致电缆损坏和继发相间短路的事件频繁发生，因此部分地区在 10kV 和 35kV 系统上陆续采用了低电阻接地系统，将单相接地故障变成短路故障，由系统短路保护迅速予以切除。20kV 中压系统在我国投入运行还很少，在试运行的系统中，有采用低阻抗接地的，也有采用不接地的。

2.6.4　低压系统接地形式与导体配置

1. 低压系统接地形式分类

低压系统的接地形式按电源与用电设备外壳接地的不同组合分类，用两位字母表示，有 IT、TT、TN 三种接地形式。

第一个字母表示电源的接地情况：T 为电源的一点直接接地；I 为电源不接地或电源一点经高阻抗接地。

第二个字母表示电气设备的外露可导电部分的接地情况：T 为设备外露可导电部分直接

接地，且该接地与电源接地间无任何电气连接；N 为设备外露可导电部分直接与电源接地电气连接。特别需要注意的是，只有电击防护 I 类设备才存在外露可导电部分接地问题。

这 3 种接地形式适用于任何相数、任何电源连接方式的系统。为便于理解，以下以三相电源星形连接且电源若有接地一定是中性点接地为例，介绍这 3 种接地形式。

1）IT 系统

IT 系统是电源不接地、用电设备外露可导电部分直接接地的系统，如图 2-37 所示，图中连接设备外露可导电部分和接地体的导线，就是 PE 线。

IT 系统常用于对供电连续性要求较高或对电击防护要求较高的场所，前者如矿山的巷道供电，后者如医院手术室的供电等。

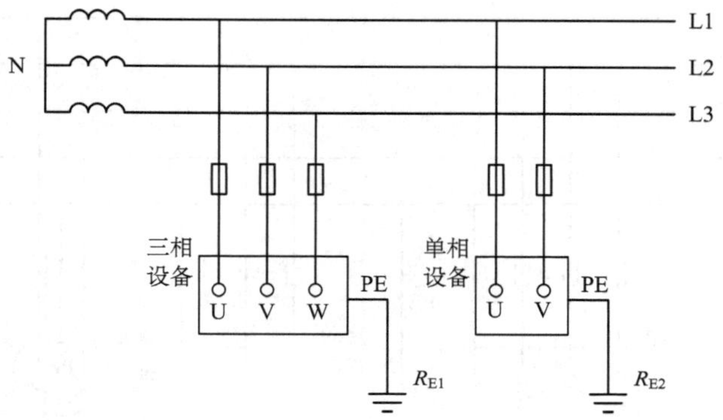

图 2-37　IT 系统接线

2）TT 系统

TT 系统是电源一点直接接地、用电设备外露可导电部分也直接接地的系统，且这两个接地必须是相互独立的，它们之间没有有意或无意的电气连接，如图 2-38 所示。设备接地可以是每一设备都有各自独立的接地装置，也可以若干设备共用一个接地装置，图 2-38 中单相设备和单相插座就是共用的接地装置。

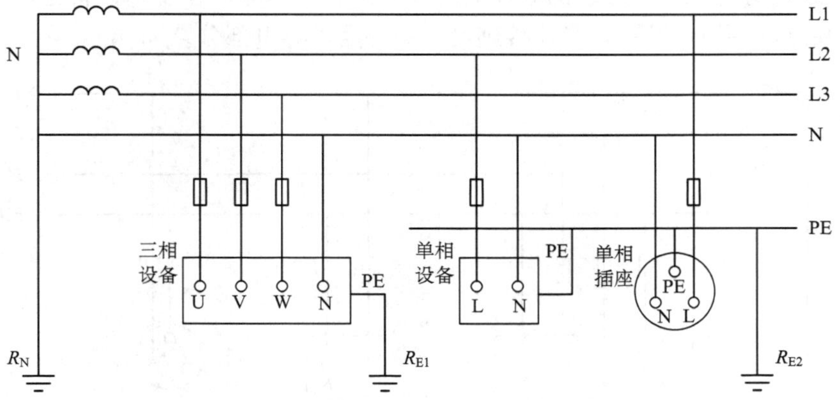

图 2-38　TT 系统接线

TT 系统在有些国家应用十分广泛，在我国则主要用于城市公共配电网和农网，现在也有一些大城市在住宅配电系统中采用 TT 系统。在辅以剩余电流保护的基础上，TT 系统有很多优点，是一种值得推广的接地形式。在农网改造中，TT 系统的使用已经比较普遍。

3）TN 系统

TN 系统是电源一点直接接地、设备外露可导电部分与电源地直接电气连接的系统，它有 3 种类型，分述如下。

(1) TN-S 系统。TN-S 系统如图 2-39 所示，图中相线 L1～L3、中性线 N 与 TT 系统相同，与 TT 系统不同的是用电设备外露可导电部分通过 PE 线连接到电源接地点，与电源共用接地装置，没有独立于电源地的设备外壳专用地。在这种系统中，中性线(N 线)和保护线(PE 线)是分开的。TN-S 系统中 N 线与 PE 线在电源接地点分开后，不能再有任何电气连接，这一条件一旦破坏，TN-S 系统便不再成立。

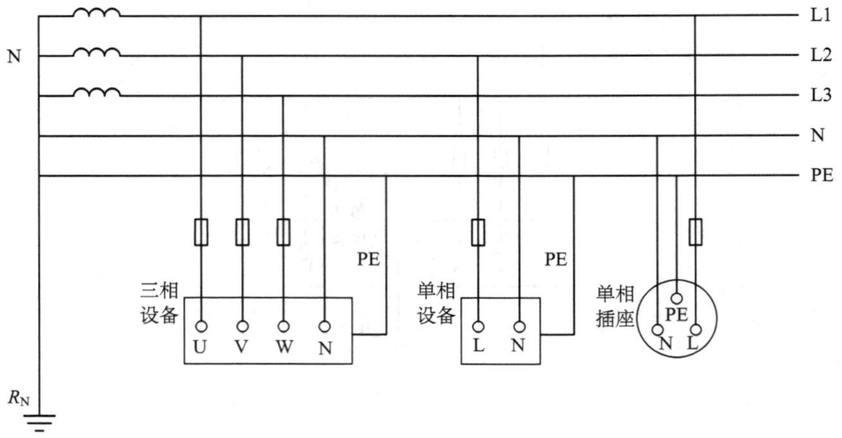

图 2-39　TN-S 系统接线

TN-S 系统是我国应用最为广泛的一种系统。在自带变配电所的建筑物中几乎无一例外地采用了 TN-S 系统，在建筑小区中，也有很多采用了 TN-S 系统。

(2) TN-C 系统。TN-C 系统如图 2-40 所示。它将 PE 线和 N 线的功能结合起来，由一根称为 PEN 线(保护接地中性线)的导体同时承担两者的功能。在用电设备处，PEN 线既连接到设备中性点(如果有的话)，又连接到设备的外露可导电部分。

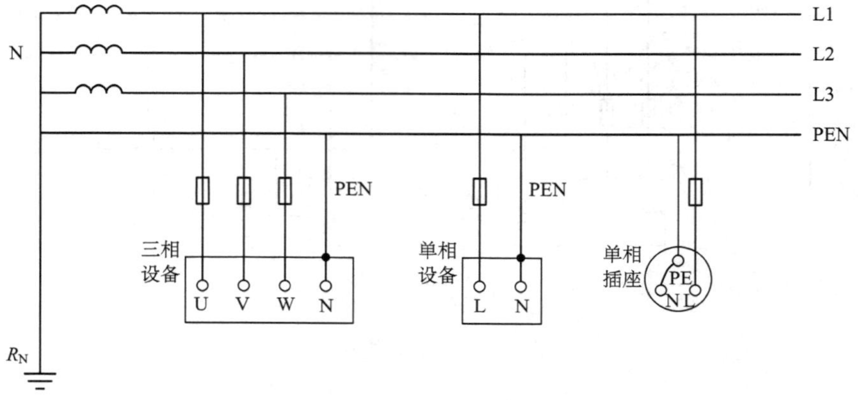

图 2-40　TN-C 系统接线

TN-C 系统在我国曾经广泛应用，但由于它在技术上所固有的种种弊端，现在已经很少采用，尤其是在民用建筑配电系统中已基本上不允许采用 TN-C 系统。

(3) TN-C-S 系统。TN-C-S 系统是 TN-C 和 TN-S 系统的组合形式，如图 2-41 所示。TN-C-S 系统中，从电源出来的那一段采用 TN-C 系统，到用电设备附近某一点处，再将 PEN 线分成单独的 N 线和 PE 线，从这一点开始，系统相当于 TN-S 系统。

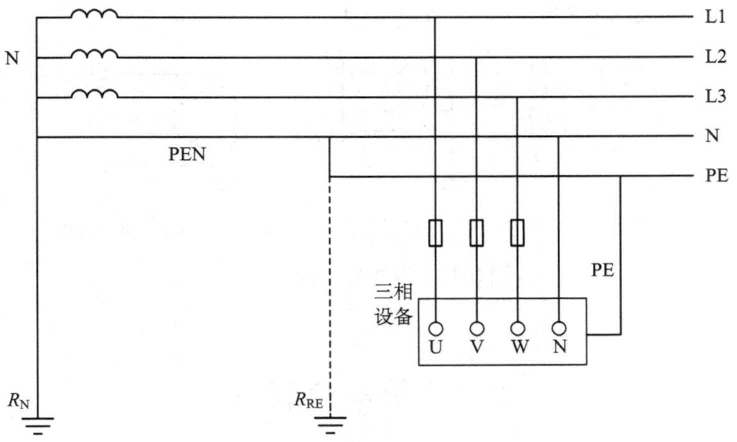

图 2-41　TN-C-S 系统的接线

TN-C-S 系统也是应用比较多的一种系统。工厂的低压配电系统、城市公共低压电网、住宅小区的低压配电系统等常有采用。在采用 TN-C-S 系统时，一般都要辅以重复接地这一技术措施，即在系统由 TN-C 变成 TN-S 处，将 PEN 线再次接地，以提高系统的安全性能，如图 2-41 中虚线所示，但重复接地并不是构成 TN-C-S 系统的必要条件。

以上介绍的低压配电系统接地形式，都是单电源的情况。当电源不止一个时，对系统的构成应特别注意。例如，一台变压器和一台发电机并列运行或两台变压器高峰负荷时并列运行、低谷负荷时单台轮换运行等，这时电源接地一般应采用共同接地，即保证只有一个电源接地点，否则可能带来一系列复杂的问题。

2. 低压系统导体配置

按 IEC 和我国现行相关标准，所谓“×相×线”系统，是低压配电系统按导体配置形式的分类。所谓“×相”是指电源的相数，而“×线”是指系统载流导体的根数，包括相线和中性线，但不包括 PE 线，PEN 线虽然按惯例不划分为带电导体，但因其为正常工作时的载流导体，也计算到“×线”中。图 2-42 是系统导体配置形式的示例。按照这一定义，TN-S 系统、TN-C 系统和 TN-C-S 系统，实际上都是“三相四线制”或“单相二线制”系统。这不同于过去我国电工界将 TN-S 系统称为三相五线制系统，TN-C 系统称为三相四线制系统的传统习惯。因此，系统按导体配置形式的分类与系统按接地形式的分类，是两种不同性质的分类，不能混为一谈。

顺便说明一下，中、高压系统也可以按导体配置形式分类。我国中、高压系统基本都是三相三线制系统，没有中性线，除电源中性点有不同接地方式以外，设备金属外壳一般就地接地。

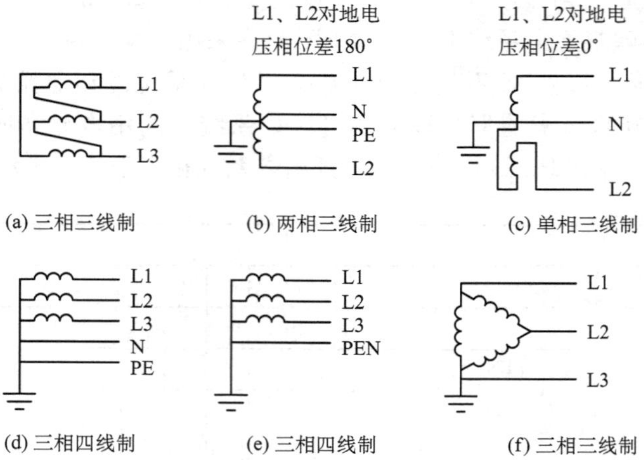

图 2-42 系统导体配置形式

2.7 等电位联结

2.7.1 等电位联结及技术形式

1. 等电位联结及其与供配电系统的关系

多个可导电部分间为消除电位差而实施的电气连通，称为等电位联结(Equipotential Bonding，EB)。

实施等电位联结的工程目的有多种，其中为安全目的进行的等电位联结称为保护等电位联结；为保证系统正常工作进行的等电位联结称为功能等电位联结。本书只关注安全目的的等电位联结。为了方便，后面的讨论中将保护等电位联结简称为等电位联结。

供配电工程中等电位联结是实施在作业场所的安全措施，形式上不是供配电系统的组成部分。但供配电系统的电击防护、电涌保护等技术条件都与等电位联结密切相关，供配电系统中的 PE 线常作为等电位联结对象参与等电位联结，因此不管从性能上还是从结构上，供配电系统都与等电位联结密切相关。

供配电系统与工作场所等电位联结系统的关系，体现了供配电系统的末端用户技术特征，是环境技术措施与系统技术措施相结合的典型实例。本书主要在系统技术条件层面介绍等电位联结，详细的技术细节可参阅电气安全的相关书籍。

2. 等电位联结的技术形式

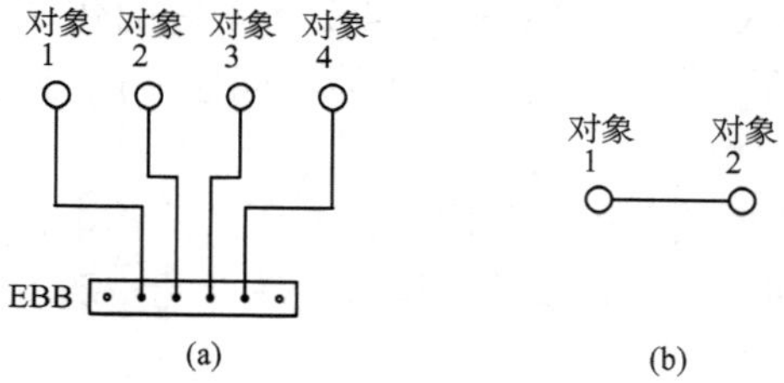

图 2-43 等电位联结的形式

实现多个可导电部分的等电位联结，技术上主要有两种形式，如图 2-43 所示。图 2-43(a)设置了一个金属的等电位连接板(Equipotential Bonding Board，EBB)，所有对象都通过该连接板间接连通，实现等电位联结；图 2-43(b)是直接将两个等电位联结对象金属性连接，不需要连接板，这种形式又称为辅助等电位联结(Supplementary Equipotential Bonding，SEB)。

2.7.2 建筑物中等电位联结工程做法

建筑物中等电位联结按作用范围不同，有总等电位联结和局部等电位联结两种做法，其中总等电位联结是每栋建筑物都应该实施的，局部等电位联结一般在建筑物内一些电击危险性较高、或者防雷击电磁脉冲有要求的室空间或部位实施。

1. 总等电位联结

总等电位联结(Main Equipotential Bonding，MEB)是以建筑物“栋”为实施对象的，其目的是在各管线(含接地引线)进入建筑物处消除电位差，以降低建筑物内不同金属部件间可能出现的电压。具体做法如下。

(1) 在建筑物电源进线处设置 MEB 接线端子箱。若建筑物电源进线不止一处，则每处都应设置 MEB 接线端子箱，并将它们可靠电气连通。

(2) 将建筑物内以下部分连接到 MEB 接线端子箱上。

① 电源进线配电箱的 PE(或 PEN)母排。

② 进出公共设施的金属管道，如上、下水管，热力、煤气管等。

③ 尽可能包括建筑物金属结构。

④ 如果有接地，应包括其接地引线。

总等电位联结系统如图 2-44 所示。应注意在与煤气管道进行等电位联结时，应采取措施将管道室内段与室外段隔离，以防止将煤气管道作为电流的散流通道(即接地极)。为防止雷电击穿隔离段在煤气管道内产生火花放电，在隔离段两端应跨接火花放电间隙。另外，图中保护接地与防雷接地原本是各自独立的接地体，若需要采用共同接地，可像图中那样通过 MEB 板将它们联结起来。

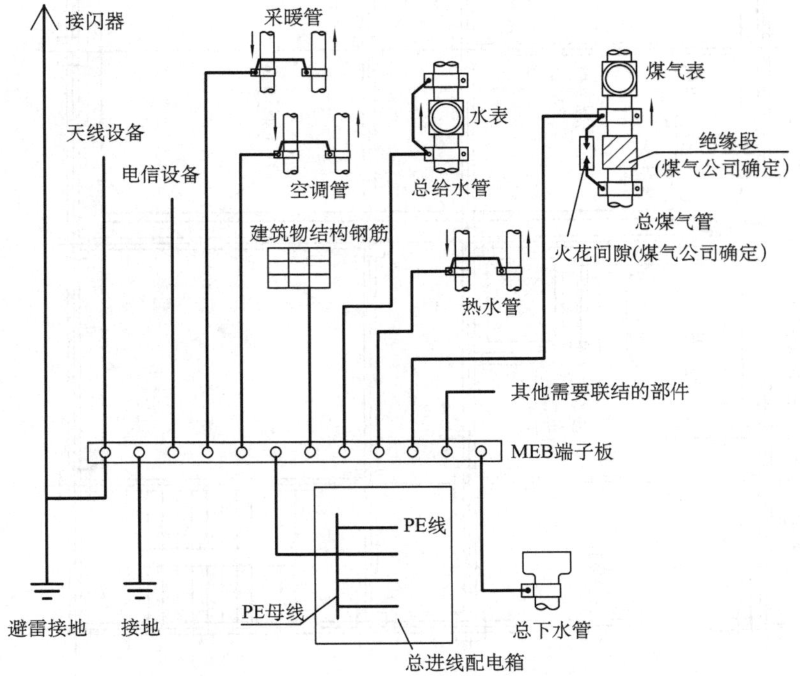

图 2-44　总等电位联结系统示例

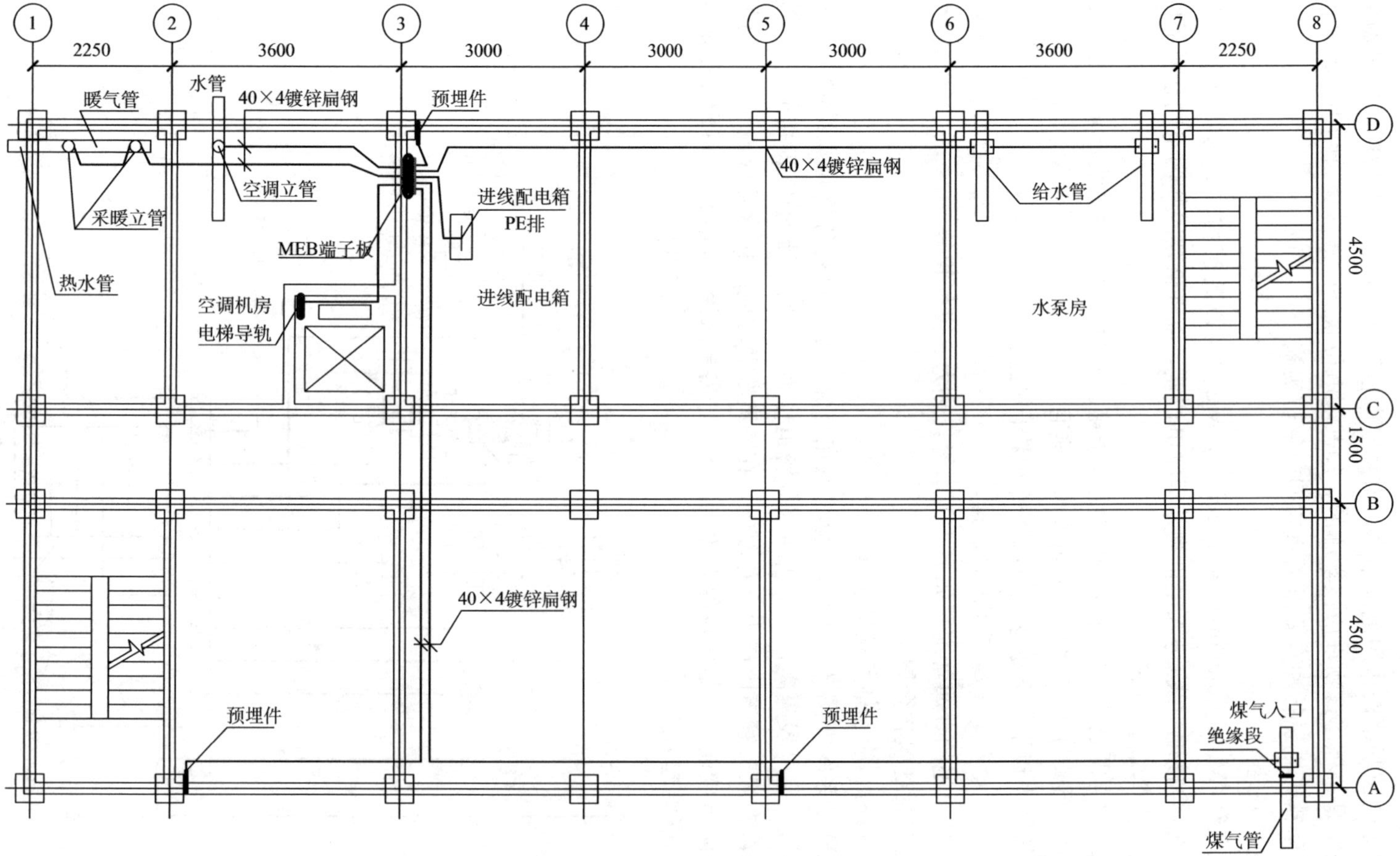

图 2-45　某办公楼的总等电位联结示例

图 2-45 为一办公楼的等电位联结示例，图中预埋件为通过柱主筋从接地体上引出的接地连接板。

2. *局部等电位联结*

局部等电位联结(Local Equipotential Bonding，LEB)的实施对象为建筑物内局部空间或位置，根据具体情况而定。例如，医院手术室 LEB 就是局部空间实施的例子，而建筑物雷击电磁脉冲防护要求在防雷区分界处实施 EB，就是特定位置处实施的例子。局部等电位联结的目的主要是在局部范围内进一步降低金属构件之间可能出现的电压，或者进一步分走雷电能量。

LEB 具体的做法与总等电位联结类似。如果需要等电位联结的对象较少，可以采用辅助等电位联结的技术形式，从而取消 LEB 接线端子箱。图 2-46 所示为住宅卫生间局部等电位联结的系统示例，主要用作电击防护。

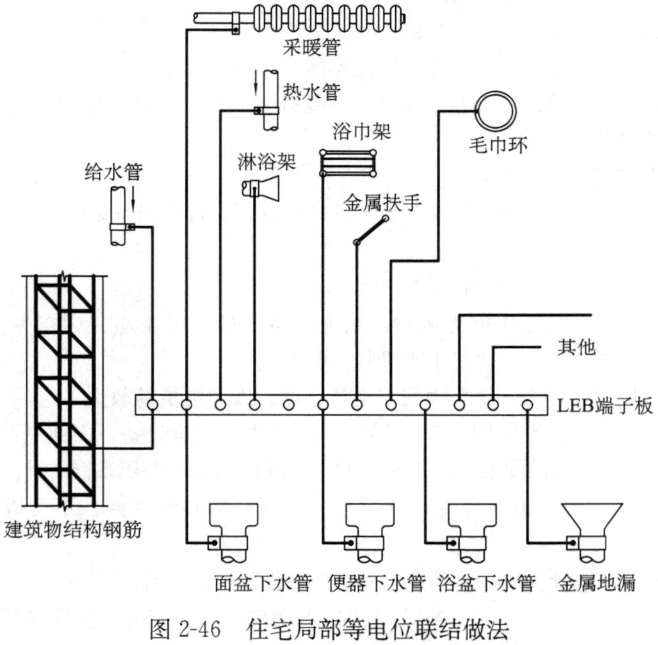

图 2-46　住宅局部等电位联结做法

思考与练习题

2-1　请判断以下说法是否正确，并对错误的说法予以订正。

(1) 电力用户供电电源标称电压是根据用电电压决定的。

(2) 一般工业与民用场所，低压用电设备的额定电压大多为 220/380V。

(3) 有两个及以上变配电所的供配电系统，一定是二次降压的供配电系统。

(4) 额定电压 380V 的用电设备，一定是三相设备。

(5) 如图 2-47 所示，双电源环式配电方式，两个电源点可以是处于不同地点的变配电所，因此从纯几何拓扑上看，环链干线并未构成环状。

(6)“局部地”与“参考地”都是实体大地，区别在于“局部地”电位不能保持恒定，而参考地能。

(7) 架空线杆塔是接地的，因此正常情况下，架空线绝缘子承受的电压为相电压。

(8) 电力电缆相对地绝缘要求高于相间绝缘。

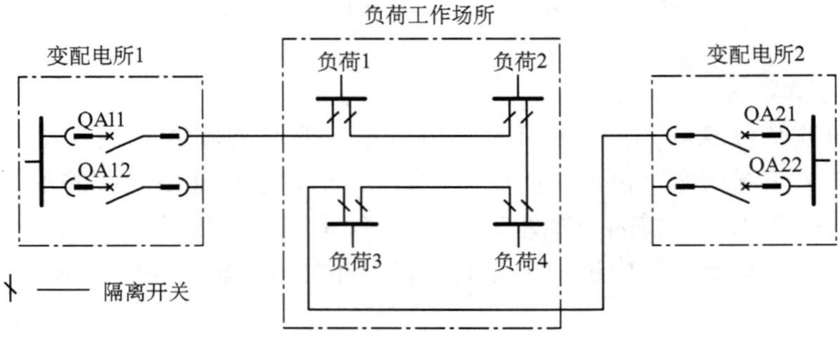

图 2-47　题 2-1(5)图

(9) 三相 TN-S 系统为三相五线制系统。

(10) 三相带中性线的 TT 系统为三相四线制系统。

(11) 只有中性点接地系统才可能有中性线。

(12) △接线的变压器二次绕组无法接地，因此不能构成 TT 系统。

(13) △接线的变压器二次绕组无电路中性点，不能引出 N 线，因此不能构成 TN 系统。

(14) 等电位联结就是接地。

(15) 建筑物总等电位联结是接地的。

2-2　请查阅资料 GB 50052—2009《供配电系统设计规范》，回答以下问题。

(1) 一级负荷的供电要求是什么？

(2) 什么情况下电力用户宜设置自备电源？

(3) 由地区公共电网供电的低压电力用户，用电设备的额定电压均为 220V，什么条件下采用单相 220V 供电，什么条件下采用 220/380V 三相四线制供电？

2-3　某工厂仅一栋厂房，作为一个电力用户申请供电。因用电负荷较大，选用了标称电压 35kV 供电电源，变配电所设置在厂房内。由于该厂房中有部分 10kV 中压用电设备，因此变配电所选用了 35/10.5/0.4kV 三绕组变压器。试讨论该供配电系统与典型的一次降压和二次降压系统的异同。

2-4　开关电器组合使用的原因是什么？负荷开关和断路器在什么条件下可以不配置隔离开关单独使用？

2-5　图 2-8 所示为单母线分段接线，两个电源进线来自不同的上级变电所，正常运行模式为双电源独立工作，互为备用。备用切换模式为：若遇#1(或#2)电源停电，瞬间合上分段断路器 QA，由#2(或#1)电源向母线Ⅰ段(或Ⅱ段)上负荷供电。试分析这种备用运行模式有什么隐患。

2-6　图 2-12(b)、(c)所示的外桥和内桥接线，正常运行模式为两路电源分别供电，桥接断路器 QA 及其两侧隔离开关 QB1、QB2 断开。

(1) 当#1 电源进线停电时，为恢复 1T 变压器供电，请分别写出两种接线的切换操作步骤。#1 电源恢复正常供电后，系统需要恢复正常运行模式，请分别写出两种接线的切换操作步骤。

(2) 两路供电电源正常，需要检修 1T 变压器，请分别写出两种接线的切换步骤。1T 变压器检修完毕后，系统需要恢复正常运行模式，请分别写出两种接线的切换操作步骤。

(3) 列表对比以上各种切换操作中，需要操作断路器和隔离开关的次数。再对比表 2-2 中内、外桥接线的适用范围，你能否对表 2-2 的结论有所解释？

(4) 若桥接断路器 QA 处于热备用状态，即正常运行时 QA 断开，但其两侧隔离开关 QB1、QB2 闭合，请重复以上问题，并比较结论是否有所不同。

2-7　如图 2-48(a)为某电力用户Ⅱ接分支的树干式配电方案，图 2-48(b)为同一用户的环式配电方案，试分析两种配电方式对配电干线容量的要求有无不同。

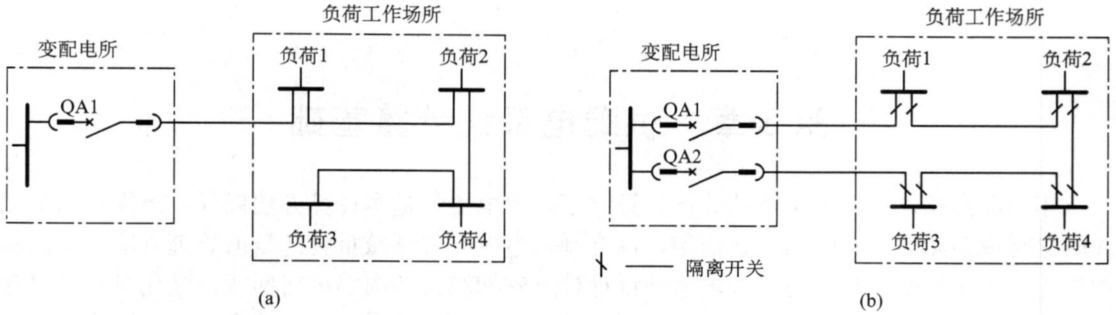

图 2-48　题 2-7 图

2-8　变配电所高、低压系统图和高、低压系统配置图之间是什么关系？

2-9　成套配电装置与装配式配电装置有什么不同？

2-10　如图 2-49 所示中性点不接地三相对称系统，E 为参考地。当 L3 相导体接地时，忽略系统对地电容电流，L3 相电位近似为参考地电位，系统三相电源相电压 $\dot{U}_{UN}$、$\dot{U}_{VN}$、$\dot{U}_{WN}$ 量值及相位关系与正常情况相同。试用 KVL 计算系统中性点 N 和相导体 L1、L2 对参考地的电压。

2-11　如图 2-50 所示中性点不接地三相对称系统，E 为参考地。当 L3 相导体接地时，忽略系统对地电容电流，L3 相电位近似为参考地电位，系统三相电源相电压 $\dot{U}_U$、$\dot{U}_V$、$\dot{U}_W$ 量值及相位关系与正常情况相同。试用 KVL 计算系统相导体 L1、L2 对参考地的电压。

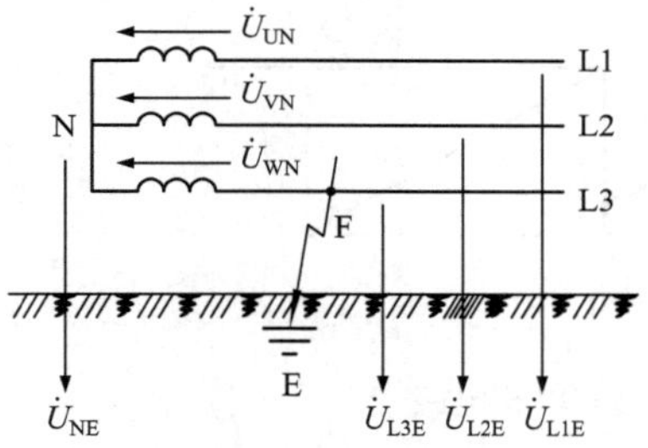

图 2-49　题 2-10 图

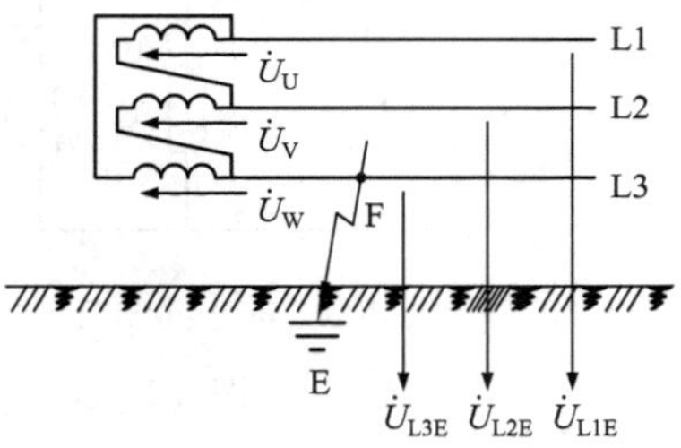

图 2-50　题 2-11 图

第 3 章　供配电系统计算基础

作为前提条件，供配电系统分析计算除了需要电工学基本计算方法以外，还需要网络元件的电路模型和参数。作为工程应用，标幺制是电气工程领域重要的量值处理方法体系。本章首先将专业基础课程中与供配电系统设计计算密切相关的内容进行回顾，强化对基本概念的理解和对基本计算方法的掌握；然后详细介绍标幺制，读者应系统、全面地掌握这一方法体系；最后介绍供配电系统主要元件的电路模型、参数及主要特性。

3.1　单相交流电路计算

3.1.1　单相交流电路中的功率

如图 3-1 所示，单相电路的负载由 R、X 并联组成，根据物理学原理，在任一时刻，负载所吸收的瞬时功率为

$$p(t)=u(t)i(t)$$

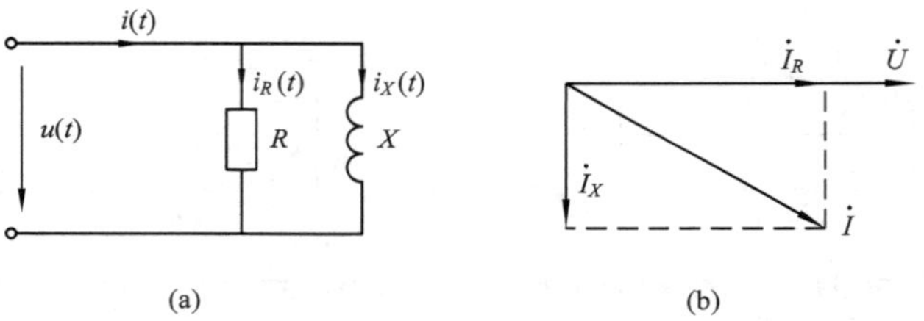

图 3-1　R、X 并联负载的单相电路

若 $u(t)=U_{\rm m}\cos\omega t=\sqrt{2}U\cos\omega t$，$i(t)=I_{\rm m}\cos(\omega t-\varphi)=\sqrt{2}I\cos(\omega t-\varphi)$，则

$$\begin{aligned}p(t)&=u(t)i(t)=U_{\rm m}I_{\rm m}\cos\omega t\cos(\omega t-\varphi)\\&=\frac{U_{\rm m}I_{\rm m}}{2}\cos\varphi(1+\cos2\omega t)+\frac{U_{\rm m}I_{\rm m}}{2}\sin\varphi\sin2\omega t\\&=UI\cos\varphi(1+\cos2\omega t)+UI\sin\varphi\sin2\omega t\end{aligned}\tag{3-1}$$

式中，等号右边第一项 $UI\cos\varphi(1+\cos2\omega t)$ 和第二项 $UI\sin\varphi\sin2\omega t$ 的波形如图 3-2 所示。从图中可以看出，第一项总是正值，表明有能量一直在被负载吸收，根据物理学原理，这部分能量是被消耗在电阻上(读者可以自行验证，电阻上的功率 $\frac{u^2(t)}{R}$ 正好等于第一项)；第二项在前半个周期内为正值，说明有能量被负载吸收，而后半个周期内为负值，说明负载释放出了能量。由于负载为无源元件，不可能生产能量，因此后半周期所释放的能量，是前半周期吸收并存储在电路中的，这说明有一部分能量在负载和外电路之间来回交换，但并不被消耗掉。

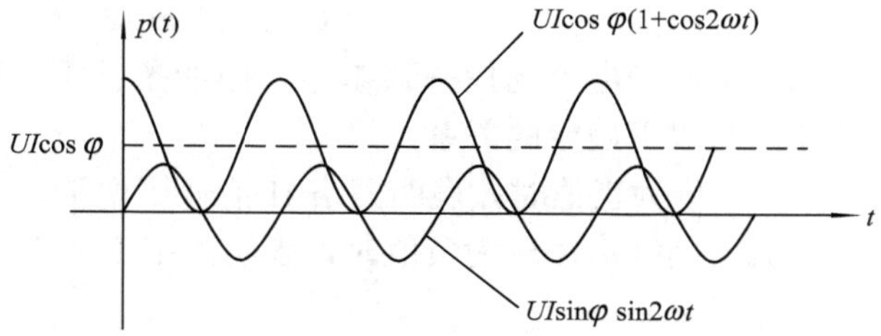

图 3-2　正弦交流电路功率波形

将式(3-1)中第一项的平均值定义为有功功率 P(Real Power)，它表明负载消耗电能的平均速率；将第二项的幅值定义为无功功率 Q(Reactive Power)，它表明负载与外电路交换电能的最大速率。即

$$P = UI\cos\varphi \tag{3-2}$$

$$Q = UI\sin\varphi \tag{3-3}$$

有功功率和无功功率有同样的量纲，但单位不同。有功功率的单位为 W 或 kW，为物理学中普遍的功率单位；无功功率的单位为 var 或 kvar，意指 volt-ampere reactive，中文读作“乏”或“千乏”。

3.1.2　功率三角形与功率因数

将式(3-1)进行变形，可得如下关系：

$$p(t) = UI\cos\varphi + UI\cos(2\omega t - \varphi) \tag{3-1$'$}$$

式(3-1′)将负载吸收的瞬时功率分成了两部分，一部分是恒定的，另一部分随时间按正弦交流规律变化，变化频率为 2 倍工频。定义变化部分的幅值为视在功率 S，即

$$S = UI \tag{3-4}$$

由式(3-2)～式(3-4)可知，S、P、Q 之间满足以下关系：

$$S = \sqrt{P^2 + Q^2} \tag{3-5}$$

这一关系正好是直角三角形斜边和直角边之间的关系，将它们用图形表达出来，如图 3-3 所示，称为功率三角形。

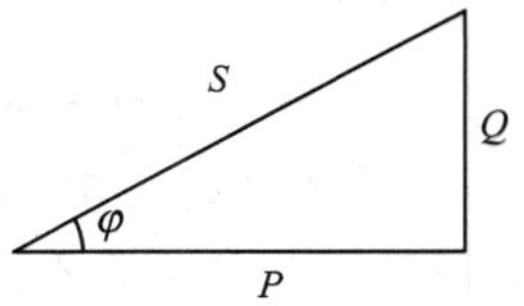

图 3-3　功率三角形

功率三角形中，定义 P 与 S 之间的夹角 φ 为功率因数角，定义

$$\cos\varphi = \frac{P}{S} = \frac{P}{\sqrt{P^2 + Q^2}} \tag{3-6}$$

为功率因数。功率因数的含义是有功功率在视在功率中所占的比重，它是供配电系统的一个重要运行参数。

3.1.3　功率值正负与功率流的方向

对如图 3-4 所示的单端口网络，常采用复功率来表达网络 Π 所吸收的有功和无功功率。定义复功率 $\tilde{S}$ 为

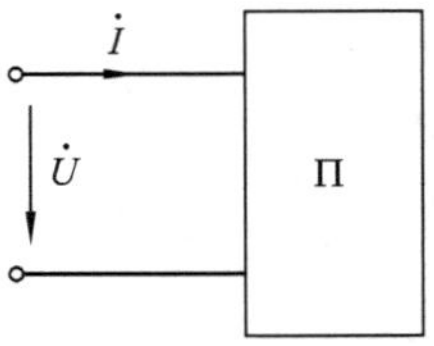

图 3-4　单端口网络的功率

$$\tilde{S}=\dot{U}\overset{*}{\dot{I}}=P+\mathrm{j}Q \tag{3-7}$$

在端口电压和电流选择一致参考方向的条件下，P、Q 的正负与功率的流向有以下确定的关系。

（1）P 为正值时，表明网络 Π 消耗了电能，功率流的方向是由外电路流向网络 Π；P 为负值时，表明网络 Π 产生了电能，功率流的方向正好相反。

（2）无功功率 Q 本来就表示在网络 Π 与外电路之间有电能来回交换，其正负并不表明网络 Π 是消耗或是产生电能，而是表明无功功率在性质上是感性还是容性。按以上定义，若 Q 为正值，则表明网络 Π 为电感性负载，称它吸收了感性无功；若 Q 为负值，则表明网络 Π 为电容性负载，称它吸收了容性无功。由于电力网络和负载多为感性，工程上常将吸收容性无功等同于发出感性无功(因为它们在相位上正好相反)，这时吸收容性无功的负载相当于一个发出感性无功的电源。

3.1.4　功率的叠加

在线性电路中，电压、电流满足叠加原理，但瞬时功率 $p(t)$ 并不满足叠加原理，因为它是电压、电流瞬时值之积。但是对于正弦交流电路中的有功功率 P 和无功功率 Q，在形式上仍满足叠加原理，即若单个激励 $\dot{E}_i$（$i=1$，2，…，m，为相同或不同频率的正弦激励）在电路某一部分产生的功率为 P_i、Q_i，则在 $\dot{E}_1$，$\dot{E}_2$，…，$\dot{E}_m$ 共同作用下，在电路同一部分产生的功率应为 $P_1+P_2+\cdots+P_m$，$Q_1+Q_2+\cdots+Q_m$。

3.2　三相交流电路计算

电力系统一般均为交流多相(或直流多极)系统。尽管三相系统并不是电力系统的唯一选择，但由于它所具有的显著优势，我国交流电力系统几乎都采用三相系统。因此，三相电路是供配电系统分析计算的重要基础之一。

3.2.1　交流三相平衡电路中的电压和电流

1. 电流和电压的平衡

三相平衡电路又常称为三相对称电路。严格地讲，三相平衡(Balanced)与三相对称(Symmetric)的含义并不完全一致，但在大多数情况下，它们没有实际的区别。因此若无特别说明，后面可以混用这两个术语。

所谓三相平衡电路，应具备两个条件。第一，三相电源电压平衡；第二，三相负载阻抗相等。这里忽略了电网阻抗，否则，还应要求电网三相阻抗相等。

图 3-5 所示为一具有中性线的三相平衡 Y 接电路。图中 $\dot{E}_{\mathrm{U}}$、$\dot{E}_{\mathrm{V}}$、$\dot{E}_{\mathrm{W}}$ 为等效三相电源电动势，Z_{G} 为等效电源内阻抗，$\dot{U}_{\mathrm{UN}}$、$\dot{U}_{\mathrm{VN}}$、$\dot{U}_{\mathrm{WN}}$为电源端输出相电压，$\dot{U}_{\mathrm{UO}}$、$\dot{U}_{\mathrm{VO}}$、$\dot{U}_{\mathrm{WO}}$为三相负载相电压。三相电源电动势满足量值相等、相位各差 120°的条件，可表达为以下关系：

$$\dot{E}_{\mathrm{U}}=E\mathrm{e}^{\mathrm{j}\alpha},\quad \dot{E}_{\mathrm{V}}=\dot{E}_{\mathrm{U}}\mathrm{e}^{-\mathrm{j}120^{\circ}}=E\mathrm{e}^{\mathrm{j}(\alpha-120^{\circ})},\quad \dot{E}_{\mathrm{W}}=\dot{E}_{\mathrm{U}}\mathrm{e}^{\mathrm{j}120^{\circ}}=E\mathrm{e}^{\mathrm{j}(\alpha+120^{\circ})}$$

在忽略线路阻抗的前提下，因为 O 点与 N 点等电位，负载相电压和电源端输出相电压是相等的，各相负载相电压和相电流形式上也满足以上关系，如图 3-6 所示。

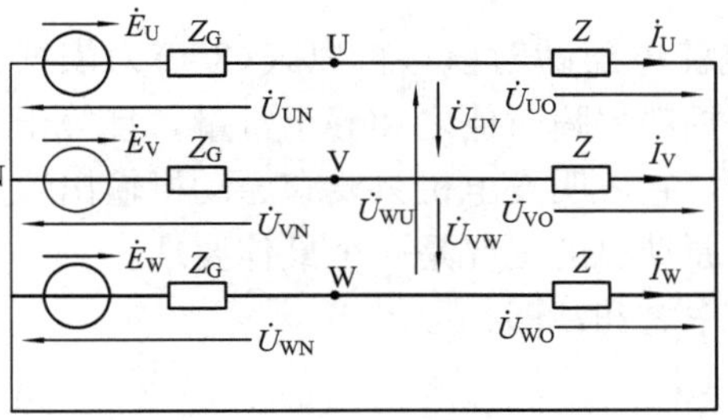

图 3-5　三相平衡电路

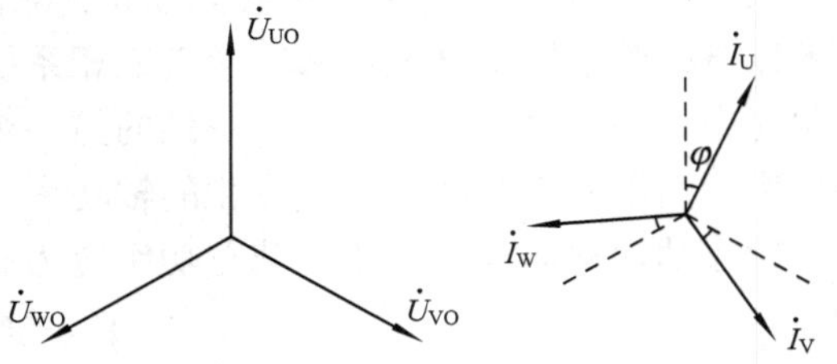

图 3-6　三相平衡电路中的电压和电流

从图 3-6 中可以看出，负载阻抗上三相电流之和等于 0，三相电压之和也等于 0，这是将其称为“平衡”三相系统的理由之一。从电流瞬时值来看，任一时刻流入某一相的电流，一定等于从其他两相上流出的电流之和，因此中性线上电流始终为 0。

若三相负载阻抗不相等，则中性线上会有电流通过，根据 KCL，这个电流等于三相电流之和。若不计中性线阻抗，则 N 点与 O 点仍是等位点，三相负载电压仍然平衡，O 点仍是负载中性点；若中性线阻抗不能忽略，则各相负载电压不再平衡，O 点不再是负载中性点，这种情况称为负载端发生了中性点位移。

2. 相、线电压(电流)之间的关系

负载上线电压为 $\dot{U}_{UV}$、$\dot{U}_{VW}$、$\dot{U}_{WU}$，根据 KVL 有

$$\dot{U}_{UV}=\dot{U}_{UO}+\dot{U}_{OV}=\dot{U}_{UO}-\dot{U}_{VO}=\sqrt{3}\dot{U}_{UO}e^{j30°}$$

对 $\dot{U}_{VW}$、$\dot{U}_{WU}$ 可作同样推导，如图 3-7 所示。仅从量值上看，若以 U_φ 表示相电压，U_L 表示线电压，则有关系

$$U_L=\sqrt{3}U_\varphi \tag{3-8}$$

图 3-7 也可以有另一种画法，如图 3-8 所示。该图中，以平面上的坐标点对应电路上的节点，坐标点之间的几何向量正好等于电路上相应节点之间的电压相量。这种相量图又称为位势图，在供配电系统分析中时有用到。

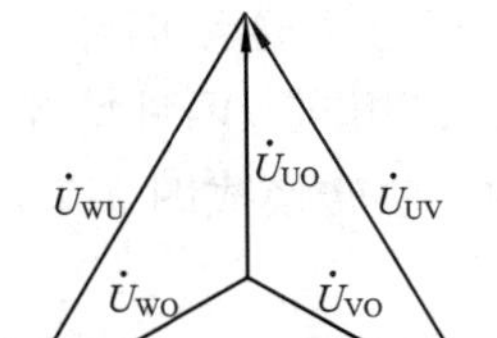

图 3-7　线电压与相电压之间的关系

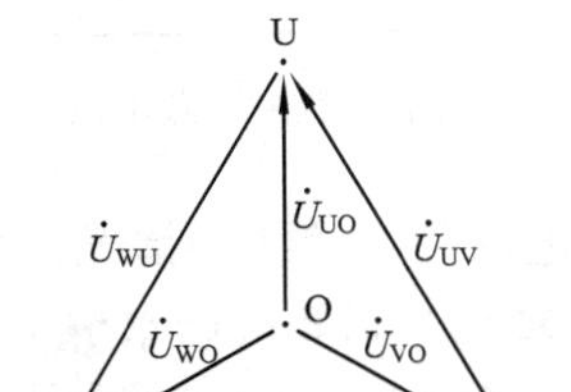

图 3-8　线电压与相电压的位势图画法

在 Y 接的情况下，负载上线电流 I_L 和相电流 I_φ 为同一个电流，即

$$I_L=I_\varphi \tag{3-9}$$

△接的三相电路，其相、线电压和相、线电流之间的关系与 Y 接时呈对偶关系。

3.2.2 交流三相平衡电路中的功率

根据以上讨论，写出三相平衡电路中每相的电流电压瞬时值，再以式(3-1)为依据，读者可以自行验证以下结论：平衡交流三相系统中各相功率瞬时值之和等于常量，且等于三相有功功率之和。这是三相“平衡”一词的另一个由来，它表明发电机只要求原动机输出恒定的轴功率，而不是随时间作正弦变化的轴功率，这对原动机的工况是一个最佳要求。

就有功功率而言，三相负载总功率应为三相功率之和，即

$$P = 3U_{\varphi}I_{\varphi}\cos\varphi \tag{3-10}$$

对于Y形接线，$U_{\rm L}=\sqrt{3}U_{\varphi}$，$I_{\rm L}=I_{\varphi}$；对于△接线，$U_{\rm L}=U_{\varphi}$，$I_{\rm L}=\sqrt{3}I_{\varphi}$。将其代入式(3-10)，不论Y形接线还是△接线的三相系统，均有

$$P=\sqrt{3}U_{\rm L}I_{\rm L}\cos\varphi \tag{3-11}$$

同理，对于Y形接线和△接线，以下关系总是成立：

$$Q=\sqrt{3}U_{\rm L}I_{\rm L}\sin\varphi \tag{3-12}$$

$$S=\sqrt{3}U_{\rm L}I_{\rm L}=\sqrt{P^2+Q^2} \tag{3-13}$$

$$I_{\rm L}=\frac{S}{\sqrt{3}U_{\rm L}} \tag{3-14}$$

式(3-10)～式(3-14)中，P 为三相总有功功率(kW)；Q 为三相总无功功率(kvar)；S 为三相总视在功率(kV・A)；U_{φ} 为相电压(kV)；$U_{\rm L}$ 为线电压(kV)；I_{φ} 为相电流(A)；$I_{\rm L}$ 为线电流(A)；φ 为负载功率因数角。

3.2.3 交流三相电路的求解

1. 平衡三相电路的单相等效电路法

对图3-5所示的三相电路列写KVL和KCL方程，可以很容易地得到其单相等效电路，如图3-9所示。单相等效电路的电源电压为相电压。即使三相电路无中性线，只要三相平衡，仍可以按图3-9所示电路求解，因为这时负载中性点O与电源中性点N等电位，KVL方程与有中性线时相同，且由于有中性线时中性线中并无电流，因此KCL方程也相同，两种情况完全等效。

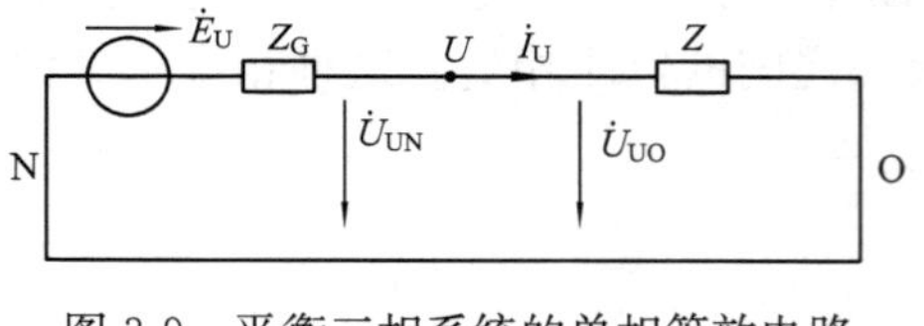

图3-9 平衡三相系统的单相等效电路

对于负载或电源为△接线的情况，可用△-Y变换的方法转换成图3-5的形式求解。

2. 三相负载阻抗不相等时的求解

(1) 有中性线且中性线阻抗可忽略。这时的解法与三相平衡时完全相同，只是对每一相都要分别计算。

(2) 有中性线但中性线阻抗不能忽略。如图3-10所示，中性线上的电流为 $\dot{I}_{\rm N}=\dot{I}_{\rm U}+\dot{I}_{\rm V}+\dot{I}_{\rm W}$，据此列写每一相与中性线所构成回路的KVL方程，联立求解即可。

$$\dot{E}_{\rm U}=\dot{I}_{\rm U}(Z_{\rm G}+Z_1)+(\dot{I}_{\rm U}+\dot{I}_{\rm V}+\dot{I}_{\rm W})Z_{\rm N}$$

$$\dot{E}_{\rm V}=\dot{I}_{\rm V}(Z_{\rm G}+Z_2)+(\dot{I}_{\rm U}+\dot{I}_{\rm V}+\dot{I}_{\rm W})Z_{\rm N}$$

$$\dot{E}_W = \dot{I}_W(Z_G + Z_3) + (\dot{I}_U + \dot{I}_V + \dot{I}_W)Z_N$$

（3）无中性线。这时可采用电路分析方法中的任意一种（如回路法、节点法等）来求解。以图 3-11 所示电路为例，采用回路法可得以下方程：

$$\dot{E}_U - \dot{E}_V = \dot{I}_{\mathrm{I}}(Z_G + Z_1) + (\dot{I}_{\mathrm{I}} - \dot{I}_{\mathrm{II}})(Z_2 + Z_G)$$

$$\dot{E}_V - \dot{E}_W = \dot{I}_{\mathrm{II}}(Z_G + Z_3) + (\dot{I}_{\mathrm{II}} - \dot{I}_{\mathrm{I}})(Z_2 + Z_G)$$

$$\dot{I}_U = \dot{I}_{\mathrm{I}}$$

$$\dot{I}_V = \dot{I}_{\mathrm{II}} - \dot{I}_{\mathrm{I}}$$

$$\dot{I}_W = -\dot{I}_{\mathrm{II}}$$

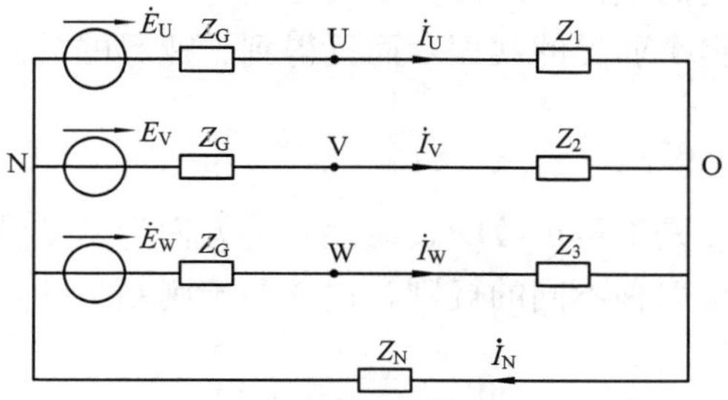

图 3-10　负载不平衡且中性线阻抗不能忽略的三相电路

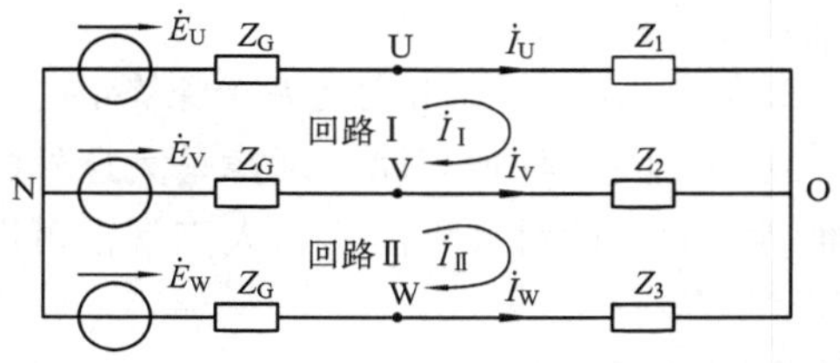

图 3-11　负载不平衡且无中性线的三相电路

3．任意三相电路的求解

三相电路也是电路的一种，不管是否平衡，只要网络拓扑确定，元件性质和参数已知，都可以用电路分析的一般方法求解。以上介绍的方法，是考虑到在满足一些条件的前提下，可简化求解过程。

应当提醒的是，对于不平衡三相供配电系统的求解，与不平衡三相电路求解并不完全相同，原因在于不平衡三相供配电系统的三相等效电路中，各相元件的有些参数是不同且未知的。有关这方面的问题，将在第 5 章对称分量法中进行简要讨论。

3.3　标幺制及标幺值电路

电气工程中对电气参量的表达和运算，除了采用实际物理量值外，还常采用所谓的“标幺值”。与“标幺值”相对应，实际物理量值被称为“有名值”。除了电气工程领域以外，一些其他工程领域也采用了类似“标幺值”的量值处理方法，例如，电子工程中的阻抗与频率“归一化”设计计算，本质上也是一种标幺值法。

3.3.1　标幺制概念

标幺制是用标幺值表示系统和（或）元件参数，并用标幺值进行分析计算的一套工程方法体系。

某一参量的标幺值，是指其相对于所选定基准值的相对值，即

$$标幺值=\frac{实际值(又称有名值，任意单位)}{基值(又称基准值，与实际值同单位)}$$

标幺制是电气工程领域长期、广泛、系统性地应用的一套方法体系，是电气工程技术实践活动的一套重要工具。为了系统性地介绍标幺制，有必要先对以下两个问题作出阐释。

1. 标幺制的优势及其在电气工程领域的地位

标幺制是在工程实践中建立起来的，建立这套方法体系的目的只有一个——方便。方便带来效率，具体体现在对量值的表述、分析、计算、交流等诸多方面，尤其是在有多个电压等级电网的计算中体现得最为明显，它能够规避变压器带来的电气参量折合问题。

之所以将其称为“制”，首先是因为这套方法有一系列明确的规则，这些规则既有确切的理论依据，又经过了工程实践的反复检验，被公认为是正确、方便的。其次，这套规则的应用涵盖了工程实践的主要环节，这些环节涉及不同的主体和阶段，从设备制造、工程建设到运行管理等都包含在内。因此，这套规则不仅获得了业界的共识，而且得到了业界的共同遵守，具有业界标准的性质。

2. 规则制订的自由空间与约束条件

规则不同于客观规律。规律是大自然的法则，是不可更改的，而规则是人们为了某种需要而制订的。针对某种需要，人们常常可以制订出多种不同的规则，这就是规则制订的自由空间。

规则制订的自由空间并不意味着可以随意制订规则，至少有两方面的约束必须遵守。其一是不得违背客观规律，如标幺制就不能违背电工学基本原理，这关系着规则的正确性问题；其二是应该达到预期目的，如标幺制的目的就是要方便量值的表达与分析计算，这关系着规则的优劣问题。好的规则被业界广泛接受并保留下来，不好的规则则被淘汰。

以下将展示如何在遵守电工学基本原理的基础上，通过合理制定规则，形成标幺制规则体系，从而达到我们预期的目的。

3.3.2 基本计算中基值选取及运算规则

电力系统常用的电气参量有电压、电流、功率、阻抗和(角)频率等。电气工程中频率一般为工频 50Hz，为一固定值，因此只讨论电压、电流、功率和阻抗这 4 个电气参量的基值选取。

首先必须明确，基值的选取是人为的，可以任意选择，并不受客观规律的限制，只是为了表述或分析计算方便，可人为地对基值的选取加以各种约束，这些约束就形成了前面所说的规则。

约定符号表达方式为：有名值无下标，标幺值以下标“ * ”表示，基值以下标“B”表示；基值均为实数，阻抗(或导纳)有名值与标幺值根据它们出现的场合或为复数，或为复数的模。

单一交流支路、单端口网络或单相系统中采用有名值计算时，有以下关系：

$$S=UI$$

$$U=I\,|Z|$$

这两个等式反映的是一种客观规律。根据标幺值的定义，有 $S=S_{*}S_{B}$、$U=U_{*}U_{B}$、$I=I_{*}I_{B}$，则 $S=UI$ 可表达为

$$S_* S_B = U_* U_B \cdot I_* I_B$$

即

$$S_* = U_* I_* \cdot \frac{U_B I_B}{S_B} \tag{3-15}$$

式(3-15)是计算标幺值视在功率的一般公式，表达的是客观规律，各参量基准值都出现在公式中。若希望在用标幺值计算时，公式在形式上与有名值公式一致(这只是为了方便)，即 $S_* = U_* I_*$，则式(3-15)中须有 $\frac{U_B I_B}{S_B} = 1$，亦即

$$S_B = U_B I_B \tag{3-16}$$

式(3-16)是对基值选取所规定的一个约束条件，即在 S_B、U_B、I_B 三个基值中，只能自由选择两个。应特别注意，这一约束并不是客观规律的约束，而是为了计算方便人为约定的。换句话说，$S=UI$ 并不必然导致 $S_B = U_B I_B$，而是为了标幺值关系有 $S_* = U_* I_*$ 的简洁形式，必须遵守 $S_B = U_B I_B$ 这样的约束，它与 $S=UI$ 这一关系是有本质性区别的。例如，若规定 $S_B = 2U_B I_B$，则相应的标幺值关系为 $S_* = \frac{1}{2} U_* I_*$，这也是正确的，只是不方便而已。

同理，为了在用标幺值计算时，形式上仍然保留 $U_* = I_* |Z|_*$，则须满足

$$U_B = I_B |Z|_B \tag{3-17}$$

式(3-17)同样也是一个人为规定的约束。由式(3-16)和式(3-17)可知，对 4 个基值的选取附加了两个约束条件，因此只有任选两个基值的自由度，一般选定 S_B 和 U_B，然后推算出 $|Z|_B$ 和 I_B。例如，$|Z|_B$ 的计算公式为

$$|Z|_B = \frac{U_B}{I_B} = \frac{U_B^2}{(I_B U_B)} = \frac{U_B^2}{S_B} \tag{3-18}$$

同理可推导出其他关系，将这些关系列在表 3-1 中。表中左边一列表明的是为了方便而希望各电气参量标幺值应满足的关系，右边一列表明为了满足这些关系基值选取所必须遵守的约束。

表 3-1　标幺值关系及相应的基值选取

希望各参量标幺值满足的关系	基值选取应遵守的约束
$S_* = U_* I_*$	$S_B = U_B I_B$
$U_* = I_* \|Z\|_*$	$U_B = I_B \|Z\|_B$
$\tilde{S}_* = P_* + jQ_*$	$S_B = P_B = Q_B$
$Z_* = R_* + jX_*$	$\|Z\|_B = R_B = X_B$
$Z_* = 1/Y_*$	$\|Z\|_B = 1/\|Y\|_B$

3.3.3　标幺值电路及分析求解规则

保持电路网络拓扑不变，将各支路电压、电流和元件参数用标幺值表示，便得到原电路的标幺值电路。由于参数的变化，标幺值电路是否能像有名值电路一样求解呢?

有名值集中参数电路分析求解依赖 3 条规则和两个条件。3 条规则分别是基尔霍夫电压定律(KVL)、基尔霍夫电流定律(KCL)和每一支路的电压电流关系(简称支路关系)。两个条件分别是网络拓扑和元件参数。标幺值电路只要 3 条规则仍然成立，两个条件仍然满足，就可以当成有名值电路求解。

首先，标幺值电路网络拓扑与有名值电路完全相同，且元件标幺值参数已知，所以两个条件是满足的。就工频交流电路而言，有名值电路的 3 条规则可以列写如下。

KVL：
$$\sum_{j=1}^{m_i} \dot{U}_{ij} = 0 \tag{3-19'}$$

KCL： $$\sum_{j=1}^{n_i}\dot{I}_{ij}=0 \tag{3-20'}$$

支路关系： $$\dot{U}_k=\dot{I}_kZ_k \tag{3-21'}$$

式(3-19′)～式(3-21′)中，i 为回路号或节点号；k 为支路号；m_i 为第 i 回路中的支路数；n_i 为第 i 节点上的支路数；$\dot{U}_{ij}$ 为第 i 回路中第 j 支路上的电压；$\dot{I}_{ij}$ 为第 i 节点上第 j 支路上的电流；Z_k 为第 k 支路的复阻抗。

将式(3-19′)两边分别除以电压基值 U_B，式(3-20′)两边分别除以电流基值 I_B，等式依然成立，但等式左边的电压、电流都变成了标幺值，即

$$\sum_{j=1}^{m_i}\dot{U}_{ij*}=0 \tag{3-19}$$

$$\sum_{j=1}^{n_i}\dot{I}_{ij*}=0 \tag{3-20}$$

将式(3-21′)两边分别除以电压基值 U_B，并将式(3-17)代入，则有 $\frac{\dot{U}_k}{U_B}=\frac{\dot{I}_kZ_k}{U_B}=\frac{\dot{I}_kZ_k}{I_B|Z|_B}=\frac{\dot{I}_k}{I_B}\cdot\frac{Z_k}{|Z|_B}$，即

$$\dot{U}_{k*}=\dot{I}_{k*}Z_{k*} \tag{3-21}$$

可见，式(3-19)～式(3-21)与式(3-19′)～式(3-21′)形式完全相同，即在标幺值电路中，KVL、KCL 和支路关系这三条规则不仅成立，还与有名值电路完全相同，因此，完全可以用分析求解有名值电路的所有方法分析求解标幺值电路。

3.4 标幺制在供配电工程中的应用

在 3.3 节标幺制基本规则的基础上，通过补充一些规则，可以在供配电系统计算和设备参数标定等方面充分体现出标幺制的方便性。

3.4.1 三相系统的基值选取及运算规则

为了在用单相等效电路计算平衡三相电路时不进行单相与三相之间的换算，希望通过标幺制达到以下目标：①三相功率标幺值与单相功率标幺值相等；②Y 形接线时线电压标幺值与相电压标幺值相等，△接线时线电流标幺值与相电流标幺值相等；③标幺值三相电路运算规则与单相电路相同。下面以 Y 形接线为例，根据以上要求来制订三相系统基值选取的规则。

由 $U_L=\sqrt{3}U_\varphi$（U_L 为线电压有名值，U_φ 为相电压有名值）可知，$U_{L*}U_{LB}=\sqrt{3}U_{\varphi*}U_{\varphi B}$，即

$$U_{L*}=U_{\varphi*}\cdot\sqrt{3}U_{\varphi B}/U_{LB}$$

若希望线电压标幺值等于相电压标幺值，即

$$U_{L*}=U_{\varphi*} \tag{3-22'}$$

则须 $\sqrt{3}U_{\varphi B}/U_{LB}=1$，即

$$U_{LB}=\sqrt{3}U_{\varphi B} \tag{3-22}$$

式中，U_{LB} 为线电压的基值；$U_{\varphi B}$ 为相电压的基值。

同理，因 $S_{3\varphi}=3S_{\varphi}$（$S_{3\varphi}$ 为三相功率有名值，S_{φ} 为单相功率有名值），则 $S_{3\varphi *}S_{3\varphi B}=3S_{\varphi *}S_{\varphi B}$，即

$$S_{3\varphi *}=S_{\varphi *}\cdot 3S_{\varphi B}/S_{3\varphi B}$$

若希望三相功率标幺值等于单相功率标幺值，即

$$S_{3\varphi *}=S_{\varphi *} \tag{3-23'}$$

则须 $3S_{\varphi B}/S_{3\varphi B}=1$，即

$$S_{3\varphi B}=3S_{\varphi B} \tag{3-23}$$

式中，$S_{3\varphi B}$为三相功率基值；$S_{\varphi B}$为单相功率基值。

式(3-22)和式(3-23)分别是希望线电压标幺值等于相电压标幺值、三相功率标幺值等于单相功率标幺值时，三相系统线电压基值 U_{LB}和三相功率基值 $S_{3\varphi B}$所必须遵守的约束。三相系统的这两个基值确定后，电流和阻抗基值也就确定了，见如下推导。

因单相系统 $S_{\varphi *}=U_{\varphi *}I_{\varphi *}$，且 Y 形接线时 $I_{\varphi *}=I_{L*}$，又因为 $S_{\varphi *}=S_{3\varphi *}$，$U_{\varphi *}=U_{L*}$，则

$$S_{3\varphi *}=S_{\varphi *}=U_{\varphi *}I_{\varphi *}=U_{L*}I_{L*}$$

根据标幺值的定义，有

$$\frac{S_{3\varphi}}{S_{3\varphi B}}=\frac{U_L}{U_{LB}}\cdot\frac{I_L}{I_{LB}}$$

于是

$$S_{3\varphi}=\sqrt{3}U_LI_L\frac{S_{3\varphi B}}{\sqrt{3}U_{LB}I_{LB}}$$

根据 $S_{3\varphi}=\sqrt{3}U_LI_L$ 这一电工学基本关系式，必定有$\frac{S_{3\varphi B}}{\sqrt{3}U_{LB}I_{LB}}=1$，即

$$S_{3\varphi B}=\sqrt{3}U_{LB}I_{LB} \tag{3-24}$$

同理可得

$$U_{LB}=\sqrt{3}I_{LB}|Z_{3\varphi}|_B \tag{3-25}$$

式(3-25)中$|Z_{3\varphi}|_B$ 为三相系统每相阻抗基值。由式(3-17)、式(3-24)和式(3-25)，就可得出 I_{LB}和$|Z_{3\varphi}|_B$ 的大小。例如，$|Z_{3\varphi}|_B$ 为

$$\begin{aligned}|Z_{3\varphi}|_B&=U_{LB}/(\sqrt{3}I_{LB})=U_{LB}^2/(\sqrt{3}I_{LB}U_{LB})=\frac{U_{LB}^2}{S_{3\varphi B}}\\&=(\sqrt{3}U_{\varphi B})^2/(3S_{\varphi B})=U_{\varphi B}^2/S_{\varphi B}=|Z_{\varphi}|_B\end{aligned} \tag{3-26}$$

对比式(3-18)和式(3-26)可知，单相与三相系统阻抗基值相同。

式(3-16)与式(3-17)、式(3-22)与式(3-23)、式(3-24)与式(3-25)共 3 组关系，分别表明了单相系统各基值间、单相系统基值与三相系统基值间和三相系统各基值间的约束。这 3 组关系只有两组是独立的，也就是说，只要确定其中任意两组，就可导出第三组。

按以上基值选取规则，三相系统各电气参量的标幺值运算规则与单相系统完全相同，可以不再作相与线、单相与三相的区分，统一按以下公式计算。

$$S_*=U_*I_* \tag{3-27}$$

$$U_* = I_* |Z|_* \tag{3-28}$$

今后的计算中，可以直接按式(3-24)和式(3-25)选取三相系统基值，按(3-27)和式(3-28)进行标幺值运算，不必再将三相电路转换成单相等效电路。这是从标幺制中得到的第一个好处。

3.4.2 多个电压等级电网中基值选取的补充规则

由变压器联结的多个电压等级电网，其表述和分析计算中存在电气参量的折合问题，在工程实践中显得很不方便。标幺制在电网计算中的最大优点，就是可以通过合理制订规则，在标幺值运算中取消变压器。下面仍然从基本原理入手，展示规则的制订过程。

1. 基值选取的原理

图 3-12(a)所示为有两个电压等级的电网，标称电压分别为U_{N1}和U_{N2}。这两个电压等级电网由变压器 T 联系。图中 Z_1 是U_{N1}电压等级电网阻抗，Z_2 是U_{N2}电压等级电网阻抗，变压器短路阻抗已归入 Z_1(或 Z_2)中。图 3-12(b)为图 3-12(a)的单相等效电路，图中 $U_{r1 \cdot T}$、$U_{r2 \cdot T}$分别为变压器原、副边的额定电压，该等效电路忽略了励磁电流在一次绕组短路阻抗上的压降。由于两个电压等级电网是通过磁路联系的，它们之间没有电的直接联系，故各自的 KVL、KCL 方程是独立的，对两个电压等级电网列出 KVL 方程如下：

U_{N1}级：
$$\frac{\dot{U}_1 e^{-j30^\circ}}{\sqrt{3}} - \Delta\dot{U}_1 = \frac{\dot{U}_{r1 \cdot T} e^{-j30^\circ}}{\sqrt{3}} \tag{3-29}$$

U_{N2}级：
$$\frac{\dot{U}_2 e^{-j30^\circ}}{\sqrt{3}} - \Delta\dot{U}_2 = \frac{\dot{U}_{r2 \cdot T} e^{-j30^\circ}}{\sqrt{3}} \tag{3-30}$$

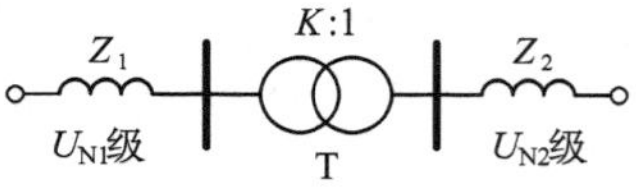

(a) 电网

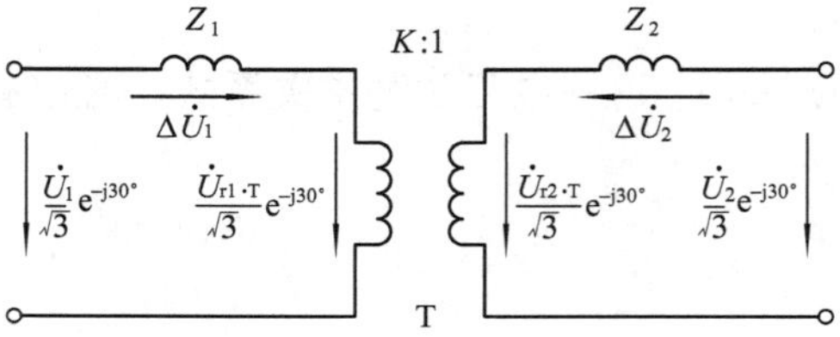

(b) 等效电路

图 3-12　两个电压等级电网分析

若选取U_{B1}、U_{B2}分别为U_{N1}和U_{N2}电压等级电网的线电压基值，将式(3-29)和式(3-30)分别除以相电压基值$U_{B1}/\sqrt{3}$和$U_{B2}/\sqrt{3}$，则

$$\frac{\dot{U}_1 e^{-j30^\circ}/\sqrt{3} - \Delta\dot{U}_1}{U_{B1}/\sqrt{3}} = \frac{\dot{U}_{r1 \cdot T} e^{-j30^\circ}/\sqrt{3}}{U_{B1}/\sqrt{3}}, \quad 即\ \dot{U}_{1*} - \Delta\dot{U}_{1*} = \dot{U}_{r1 \cdot T*} \tag{3-31}$$

$$\frac{\dot{U}_2 e^{-j30^\circ}/\sqrt{3} - \Delta\dot{U}_2}{U_{B2}/\sqrt{3}} = \frac{\dot{U}_{r2 \cdot T} e^{-j30^\circ}/\sqrt{3}}{U_{B2}/\sqrt{3}}, \quad 即\ \dot{U}_{2*} - \Delta\dot{U}_{2*} = \dot{U}_{r2 \cdot T*} \tag{3-32}$$

式(3-31)、式(3-32)与式(3-29)、式(3-30)形式上相同。既然图 3-12 所示网络可以由式(3-29)和式(3-30)来表达，那么有理由认为：与式(3-29)和式(3-30)形式相同的式(3-31)和式(3-32)，对应着一个与图 3-12 形式相同的网络，这个网络如图 3-13 所示。

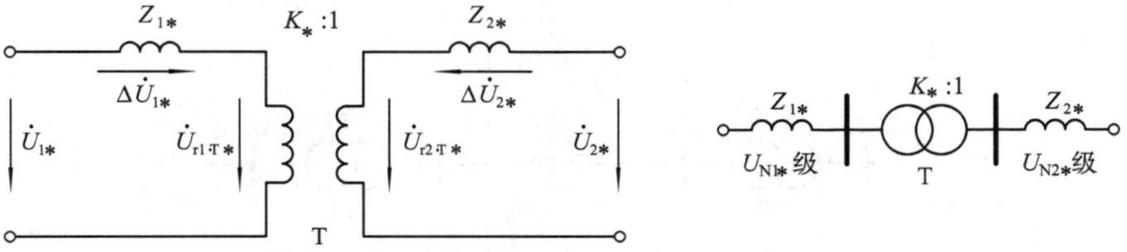

(a) 与式(3-31)、(3-32)对应的电路 (b) 与图(a)相对应的标幺值电网

图 3-13 两个电压等级电网的标幺值网络

在图 3-13 中，变压器的标幺值变比为 $K_*=\dfrac{U_{r1\cdot T*}}{U_{r2\cdot T*}}$，若能使 $K_*=1$，则标幺值网络中变压器成为 1∶1 的变压器，从计算的角度看，变压器可以取消，这样定能简化分析计算。欲使 $K_*=1$，必须有

$$K_*=\frac{U_{r1\cdot T}/U_{B1}}{U_{r2\cdot T}/U_{B2}}=1$$

即

$$\frac{U_{B1}}{U_{B2}}=\frac{U_{r1\cdot T}}{U_{r2\cdot T}}=K \tag{3-33}$$

可见，只要恰当选择两个电压等级电网的电压基值，使其比值等于变压器的变比，就可以使变压器的标幺值变比等于 1，从而在标幺值网络中取消变压器，这就是在有多个电压等级电网的短路电流计算中采用标幺值法的主要理由。这时图 3-12(a)所示系统的标幺值网络如图 3-14 所示。

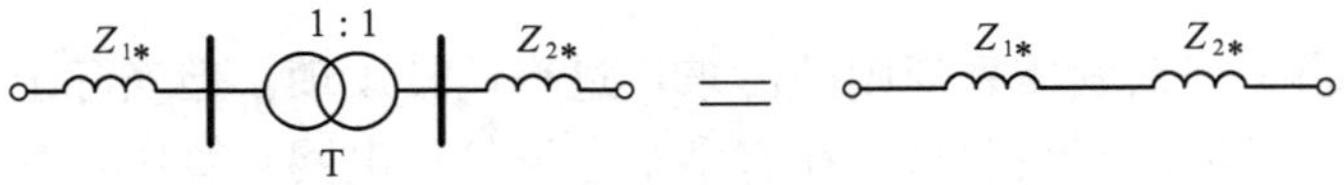

图 3-14 取消了变压器的两个电压等级电网的标幺值网络

2. 基值选取的工程方法

1) 实际应用中存在的问题

从以上讨论可知，当碰到有多个电压等级的电网时，按式(3-33)选取电压基值，就可以取消变压器。满足这一要求的最简便的做法是取一、二次侧电网电压基值分别等于变压器原、副边额定电压。但在实际应用时，会碰到一个小麻烦，说明如下。

图 3-15 所示为一个有 3 个电压等级 U_{N1}、U_{N2}、U_{N3} 的电网。为了取消 T1，一般选 $U_{B1}=U_{r1\cdot T1}$，$U_{B2}=U_{r2\cdot T1}$；而为了取消 T2，一般选 $U_{B2}=U_{r1\cdot T2}$，$U_{B3}=U_{r2\cdot T2}$。这里，U_{B2} 有了两个不同的取值。我们知道，T1 二次侧额定电压 $U_{r2\cdot T1}$ 与 T 2一次侧额定电压 $U_{r1\cdot T2}$ 是不相等的，一般情况下，$U_{r2\cdot T1}=1.1U_{N2}$，而 $U_{r1\cdot T2}=1.0U_{N2}$。若选择 $U_{B2}=U_{r2\cdot T1}=1.1U_{N2}$，则为了取消 T2，须 $\dfrac{U_{B2}}{U_{B3}}=\dfrac{U_{r1\cdot T2}}{U_{r2\cdot T2}}$，即

$$U_{B3}=U_{B2}/(U_{r1\cdot T2}/U_{r2\cdot T2})=U_{B2}/K_2=1.1U_{N2}/K_2=1.1U_{r1\cdot T2}/K_2\neq U_{r2\cdot T2}$$

这样，电压等级越多，电压基值与变压器额定电压就相差越远，这在工程计算上被认为是不方便的。例如，若 T1 为 110/11kV，T2 为 10/0.4kV，则可选 $U_{B1}=110\text{kV}$，$U_{B2}=$

11kV，但 $U_{B3}=U_{B2}/K_2=11/(10/0.4)=0.44(\text{kV})$，$U_{B3}$ 这个数值就与变压器 T2 二次侧额定电压 0.4kV 不相等了。

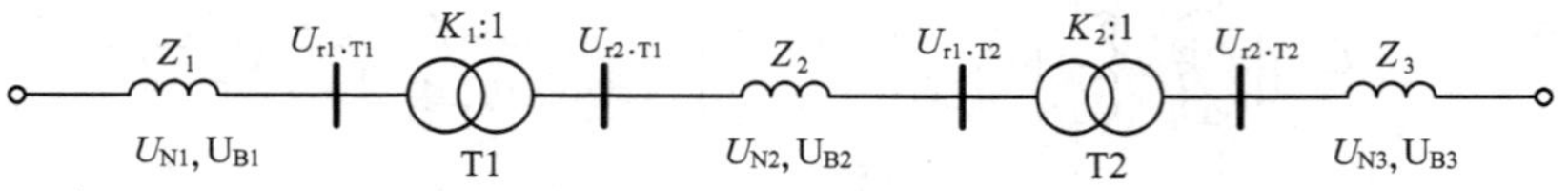

图 3-15　多个电压等级电网电压基值的选取

2）工程计算中采用的方法

工程上取方便而舍精确，采取一种近似的方法来处理这个问题，选择 U_{Ni} 电压等级电网的电压基值 U_{Bi} 为该电压等级的平均电压 $U_{av\cdot i}$，即

$$U_{Bi}=U_{av\cdot i} \tag{3-34}$$

关于平均电压的定义详见第 1 章。这样做虽然各变压器的标幺值变比都不严格等于 1，但都近似等于 1，仍可近似认为可取消变压器。仍如图 3-15 所示系统，在上述例子中，就可以选取 $U_{B1}=1.05\times110\text{kV}=115\text{kV}$，$U_{B2}=1.05\times10\text{kV}=10.5\text{kV}$，$U_{B3}=1.05\times0.38\text{kV}=0.4\text{kV}$，变压器 T1、T2 的标幺值变比分别为

$$K_{1*}=\frac{\dfrac{U_{r1\cdot T1}}{U_{B1}}}{\dfrac{U_{r2\cdot T1}}{U_{B2}}}=\frac{\dfrac{110}{115}}{\dfrac{11}{10.5}}=0.91,\quad K_{2*}=\frac{\dfrac{U_{r1\cdot T2}}{U_{B2}}}{\dfrac{U_{r2\cdot T2}}{U_{B3}}}=\frac{\dfrac{10}{10.5}}{\dfrac{0.4}{0.4}}=0.95$$

两台变压器标幺值变比均接近 1，可近似认为等于 1，从而取消变压器。

3.4.3　简洁的归纳

以上详细地介绍了标幺制体系规则的由来，过程比较烦琐。但实际上，在电力系统计算中，标幺制规则非常简洁。归纳起来，在有多个电压等级电网计算中，标幺制的基本规则就以下两组，共 5 条。

1. 基值选取规则

基值均为三相系统参量，应满足以下关系：

$$S_B=\sqrt{3}U_{B\cdot i}I_{B\cdot i}$$

$$U_{Bi}=\sqrt{3}I_{Bi}|Z|_{Bi}$$

$$U_{Bi}=U_{av\cdot i}$$

式中，S_B 为三相功率基值(MV·A)；U_{Bi} 为第 i 个电压等级电网线电压基值(kV)；$I_{B\cdot i}$ 为第 i 个电压等级电网线电流基值(kA)；$|Z|_{Bi}$ 为第 i 个电压等级电网阻抗基值(Ω)；$U_{av\cdot i}$ 为第 i 个电压等级电网平均电压(kV)，$U_{av\cdot i}=1.05U_{Ni}$，U_{Ni} 为第 i 个电压等级电网标称电压。

以上共 4 个电气参量基值，其选取受到 3 个约束条件制约，因此只有任选 1 个参量基值的自由度。工程上一般任选功率基值，且供配电系统中常选 $S_B=100\text{MV}\cdot\text{A}$，发输变电系统中常选 $S_B=1000\text{MV}\cdot\text{A}$。需要注意的是，电压、电流、阻抗基值各级电网各不相同，但功率基值只有一个。

2. 标幺值运算规则

尽管是三相系统，但按照前面制订规则的原则，标幺值运算规则与单相系统相同。对于

标幺值电网的每一支路或端口，都有

$$S_* = U_* I_*$$

$$U_* = I_* |Z|_*$$

式中，S_* 为标幺值电路功率标幺值；U_* 为标幺值电路电压标幺值；I_* 为标幺值电路电流标幺值；$|Z|_*$ 为标幺值电路阻抗标幺值。

请注意，标幺值电网已经取消了变压器，在标幺值下只有一个电压等级。

3.4.4 电气设备参数标幺值标定规则

标幺制除了用于系统计算，也用于设备参数标定。例如，变压器及部分配电和用电设备的参数，有的以有名值给出，有的则是以标幺值形式给出的，典型的有变压器励磁电流和短路电压、电抗器电抗百分数、电动机堵转电流等。一般来说，只要没有特别规定或说明，设备参数标幺值均以设备的额定值为基值，如以额定电压和额定电流为基值等。这是标幺制在设备参数标定上的基值选取规则。

当用标幺值进行网络计算时，按照前面介绍的规则已经选取了系统基准值，这些基准值与设备标幺值参数的基准值一般是不同的，而不同基准值下的标幺值不能直接进行运算。正确的做法是先将设备标幺值转换成有名值，再转换成系统基准值下的标幺值。

3.5 变压器主要电气参数

变压器是最重要的供配电设备之一，其类别和形式有多种，特性参数也很多。本节主要介绍与供配电系统分析设计相关的参数，前面未特别说明的部分均为双绕组变压器的情况，最后对三绕组变压器特殊情况予以说明。

3.5.1 额定参数

1. 额定容量 S_r

变压器的额定容量是一个受制于变压器允许温升的电气参量，它是指在规定使用环境和散热条件下，变压器各部分实际温升都不超过其规定值时所能承载的最大负荷，以视在功率表示，记为 S_r。之所以规定变压器的允许温升，是因为变压器的绝缘老化速率与其工作温度正相关，而绝缘的寿命决定了变压器的寿命。S_r 的工程意义为：若在规定使用条件下，变压器长期承载大小为 S_r 的负荷，则其正常工作年限能达到设计寿命。

表 3-2 和表 3-3 分别为油浸式和干式变压器的温升限制。由于国标规定变压器工作的环境温度上限为 40℃，变压器的实际最高允许工作温度都应是表中温升温度再加 40℃。

表 3-2 油浸式变压器温升限制

变压器的部位		温升限制/℃	测量方法
线圈	自然油循环、强迫油循环	65	电阻法
	油导向强迫油循环	70	
铁心与变压器油接触(非导电部分)的结构件		80	温度计法
油顶层		55	

表 3-3　干式变压器温升限制

变压器的部位		温升限制/℃	测量方法	温升试验时线圈温度规定值/℃
线圈	A 级绝缘	65	电阻法	80
	E 级绝缘	75		95
	B 级绝缘	80		100
	F 级绝缘	100		120
	H 级绝缘	125		145
铁心及结构零件表面		最大不得超过接触绝缘材料的允许温升	温度计法	

我国变压器的额定容量等级采用 R10 系列，即上、下两级变压器额定容量之比基本上等于$\sqrt[10]{10}$。10/0.4kV 配电用变压器容量一般为 315～2500kV·A，110/11kV 区域变电站用变压器一般为 31500kV·A、40000kV·A、50000kV·A 和 63000kV·A。

2. 额定电压与变比

变压器一次额定电压 U_{r1} 和二次额定电压 U_{r2} 均为线电压。变压器的二次额定电压 U_{r2} 是指一次侧加上额定电压后，二次侧处于空载状态时的线电压。

严格地讲，变压器的变比是指变压器原、副边绕组的匝数比，但考虑到三相变压器的连接组和励磁电流产生的原边绕组压降等因素，工程上将变压器一、二次额定电压之比定义为变比。

3. 额定电流

变压器一、二次额定电流 I_{r1}、I_{r2} 为额定负载时原、副边的线电流。额定电流与额定容量、额定电压有以下关系：

$$S_r = \sqrt{3}U_{r1}I_{r1} = \sqrt{3}U_{r2}I_{r2} \tag{3-35}$$

式(3-35)是一个近似公式。因为变压器自身存在损耗，$\sqrt{3}U_{r1}I_{r1}$ 与 $\sqrt{3}U_{r2}I_{r2}$ 是不相等的，但误差在工程计算允许的范围以内，可以近似认为相等。

3.5.2　开路试验得出的参数

以单相变压器为例，其开路试验线路图如图 3-16(a)所示。将二次侧开路，调节试验电压源使电压表读数为 U_{r1}（实际试验时通常是在低压侧加额定电压），读取此时电流表的读数 I_0 和功率表的读数 ΔP_0。

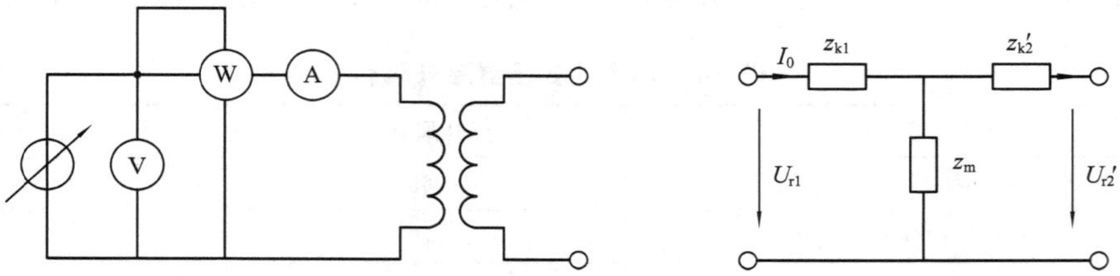

(a) 试验线路　　(b) 等效电路

图 3-16　变压器的开路试验

1. *励磁电流* I_0

励磁电流又称为空载电流，产品铭牌上一般以标幺值形式给出，基值为变压器额定电流。即

$$I_0\% = \frac{I_0}{I_{r1}} \times 100 \tag{3-36}$$

变压器原、副边各有其额定电流。式(3-36)中，I_0 在哪一侧测得，基值就取那一侧的额定值。试验数据证实，尽管变压器原、副边励磁电流相差很大，但其标幺值是相等的，因此在用标幺值 $I_0\%$表达时就不用再说明是哪一侧的数据。对于供配电系统中常见的中压配电变压器，$I_0\%$的典型值为 1～3，较小的数值对应于较大容量的变压器。

2. *空载有功损耗* ΔP_0

由于开路试验时，只有电源侧绕组中有很小的励磁电流通过，电流在绕组电阻中产生的功率损耗(称为铜耗)很小，可忽略不计；而此时电源电压为额定电压，铁心磁通基本上等于额定磁通，铁心涡流和磁滞损耗(统称铁耗)较大。因此，空载损耗 ΔP_0 主要为铁耗。

空载时，铁心磁通大小基本上正比于外加电压大小。因为根据 KVL，若忽略励磁电流在绕组漏阻抗上产生的压降，外加电压完全靠绕组感应电动势平衡，即绕组感应电动势大小约等于外加电压，而在频率一定的情况下，绕组中的感应电动势大小正比于磁通。变压器带上负载后，原、副边电流增加的部分所产生的磁通相互抵消，铁心磁通仍正比于电源电压。

3. *空载无功损耗* ΔQ_0

空载时，副边无功率输出，原边输入功率全部损耗在变压器中。原边输入视在功率为 $S_0^2=(U_{r1}I_0)^2=\Delta P_0^2+\Delta Q_0^2$，据此可计算出 $\Delta Q_0=\sqrt{(U_{r1}I_0)^2-\Delta P_0^2}$。但在一般的工程计算中，因 $\Delta P_0 \ll \Delta Q_0$(典型值为 10%～20%)，常忽略 ΔP_0，近似为

$$\Delta Q_0 \approx S_0 = U_{r1}I_0 = U_{r1}I_{r1}\frac{I_0}{I_{r1}} \times 100\% = S_r\frac{I_0\%}{100} \tag{3-37}$$

4. *推导到三相变压器*

对于三相变压器，式(3-36)和式(3-37)同样适用，只是所有的功率值均应为三相总和，电流为线电流，电压为线电压。

3.5.3 短路试验得出的参数

同样以单相变压器为例，图 3-17(a)为短路试验线路，3-17(b)为等效电路。将变压器二次侧短路，逐渐升高一次侧试验电源电压，至电流表读数达到 I_{r1} 时停止，记下此时电压表的读数 U_k 和功率表的读数 ΔP_k。

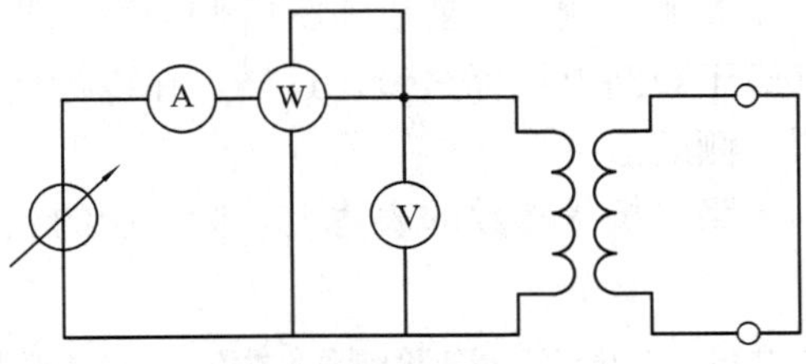

(a) 试验线路

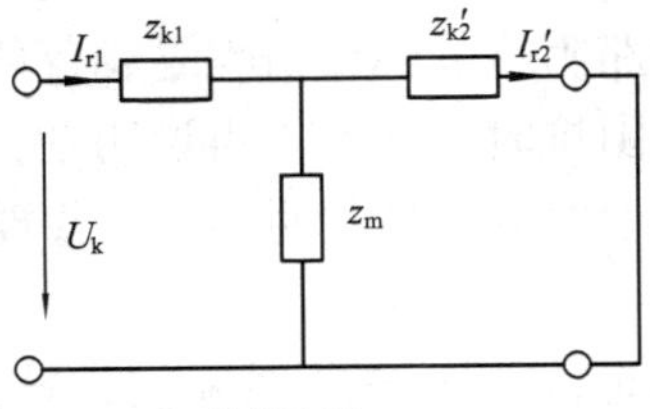

(b) 等效电路

图 3-17 变压器的短路试验

1. 短路电压 U_k

产品铭牌一般以标幺值形式给出，基值为变压器额定电压。同样，U_k 在哪一侧测出，就取那一侧的额定电压为基值。以图 3-17 为例，U_k 的标幺值为

$$U_k\%=\frac{U_k}{U_{r1}}\times 100 \tag{3-38}$$

供配电系统中，$U_k\%$的典型值为 4～11。对于 10/0.4kV 的配电变压器，$U_k\%$一般为 4、4.5、5.5、6，较大的数值对应较大容量的变压器，其中又以 4 和 6 最常见。

2. 短路有功损耗[①] ΔP_k

短路试验时，原、副边绕组电流均达到额定值，绕组电阻上产生的铜耗比较大，而外加电压只有额定电压的百分之几，铁心磁通很小，与铜耗相比，铁耗可忽略不计。因此，短路损耗 ΔP_k 主要为铜耗。

3. 短路无功损耗 ΔQ_k

短路试验时，因负载阻抗为 0，电源侧输入功率全部损耗在变压器中，即 $S_k^2=(U_kI_{r1})^2=\Delta P_k^2+\Delta Q_k^2$，据此可计算出 $\Delta Q_k=\sqrt{(U_kI_{r1})^2-\Delta P_k^2}$。但在一般的工程计算中，因短路电阻一般为短路电抗的 1/3～1/4，即 ΔQ_k 比 ΔP_k 大很多，常忽略 ΔP_k，近似为

$$\Delta Q_k\approx S_k=U_kI_{r1}=U_{r1}I_{r1}\frac{U_k}{U_{r1}}\times 100\%=S_r\frac{U_k\%}{100} \tag{3-39}$$

4. 短路阻抗 z_k

图 3-17(b)为变压器 T 形等效电路，因励磁阻抗 z_m 远大于短路阻抗，可认为开路，定义短路阻抗 $|z_k|\approx|z_{k1}+z'_{k2}|$，则 $|z_k|=|r_k+jx_k|=\sqrt{r_k^2+x_k^2}$。从图中可看出

$$|z_k|\approx\frac{U_k}{I_{r1}}$$

下面以变压器的额定值为基值，求 z_k 的标幺值。由式(3-18)，变压器试验电源侧的阻抗基值为 $|Z|_B=\frac{U_{r1}^2}{S_r}$，则短路阻抗标幺值为

$$|z_k|_*=\frac{|z_k|}{|Z|_B}=\frac{\frac{U_k}{I_{r1}}}{\frac{U_{r1}^2}{S_r}}=\frac{\frac{U_k}{I_{r1}}}{\frac{U_{r1}^2}{(U_{r1}I_{r1})}}=\frac{U_k}{U_{r1}}=\frac{U_k\%}{100} \tag{3-40}$$

从式(3-40)可知，当以变压器额定容量和额定电压为基值时，短路阻抗标幺值等于短路电压标幺值。短路试验证实，无论在哪一侧做试验，短路电压标幺值 $U_k\%$是相等的。读者可据此自行验证，无论将短路阻抗折合到变压器哪一侧，只要以所折合侧的变压器额定值为基值，短路阻抗的标幺值也是相等的，且都等于短路电压标幺值。这样，在以标幺值表述变压器短路阻抗时，就不用再说明是折合到哪一侧的值。

从以上对变压器励磁电流、短路电压和短路阻抗等参数的表达上，标幺制的优点又一次

---

① 在 GB 1094.1—1996《电力变压器　第 1 部分　总则》中，“短路有功损耗”的规范化术语为“负载损耗”，但在表述供配电系统运行情况时，“负载损耗”通常是指变压器在不同负载率下的有功和无功损耗。为避免产生概念混淆，本书在正文中采用“短路有功损耗”或“短路损耗”这一术语，但在习题或附录中直接引用变压器产品样本的参数表格时，仍然按国标 GB 1094.1 的术语“负载损耗”表述。特请留意。

展现出来。

计算出 z_k 后，若要分别求出 r_k 和 x_k，则可根据以下公式计算：

$$\begin{cases} r_k = \dfrac{\Delta P_k}{I_{r1}^2} = \Delta P_k \dfrac{U_{r1}^2}{I_{r1}^2 U_{r1}^2} = \Delta P_k \dfrac{U_{r1}^2}{S_r^2} \\ x_k = \sqrt{|z_k|^2 - r_k^2} \end{cases} \tag{3-41}$$

5. 推导到三相变压器

与开路试验一样，以上关系对三相变压器同样有效，只是功率应取三相总和，并以线电压、线电流代入运算。

3.5.4 三绕组配电变压器参数

三绕组配电变压器有一个一次绕组和两个二次绕组，常见的如 110/38.5/11kV 等。可以预计，随着中压 20kV 配电电压等级的推广，20kV 和 10kV 中压配电电网并存的局面会逐步到来，220/22/11kV 和 110/22/11kV 的三绕组变压器可能被广泛地应用，因此，有必要对三绕组配电变压器参数有所掌握。

1. 变压器的额定容量和绕组容量比

双绕组变压器一、二次绕组的额定容量与变压器额定容量是相同的。三绕组配电变压器一次绕组容量仍然与变压器额定容量相同，但二次绕组情况有所不同。考虑到各种可能的运行情况，三绕组变压器两个二次绕组额定容量可以等于或小于一次绕组额定容量，就变压器产品来说有三种标准的绕组容量比例，第 I 种为 100%/100%/100%，第 II 种为 100%/100%/50%，第 III 种为 100%/50%/100%。其中第 I 种考虑的是在某些运行情况下，两个二次绕组中任一个所带负荷都可能接近额定容量，此时另一个二次绕组轻载或空载；第 II、III 种考虑的是在任何运行情况下，确定有一个二次绕组负荷不会大于变压器额定容量的一半。

因此，三绕组配电变压器需要区分变压器额定容量与绕组额定容量，变压器额定容量按一次绕组额定容量定义，物理意义与双绕组变压器相同。

2. 等效电路及其参数

三绕组配电变压器及其等效电路如图 3-18 所示，与双绕组变压器类似，励磁阻抗 z_m 量值很大，可以认为是开路。由于有两个二次绕组，部分试验的做法和参数的标定与双绕组变压器有所不同。

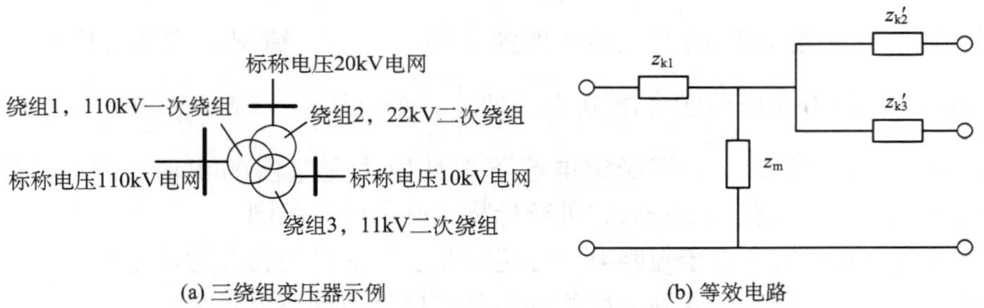

(a) 三绕组变压器示例　　(b) 等效电路

图 3-18　三绕组配电变压器及等效电路

开路试验及所得参数标定与双绕组变压器完全一致。短路试验要做3次，是将3个绕组两两一对分别进行的，做法与双绕组变压器基本相同。试验得出短路损耗ΔP_{k12}、ΔP_{k23}、ΔP_{k31}，以及短路电压$U_{k12}\%$、$U_{k23}\%$、$U_{k31}\%$。

需要注意的是，对于第II、III种容量类型的变压器，当50%容量绕组参与试验时，试验电流只能达到50%容量绕组的额定电流，该额定电流仅为变压器额定电流(也即100%绕组额定电流)的一半，即$\frac{1}{2}I_{r\cdot T}$，此时绕组阻抗上的短路损耗和短路电压并未达到变压器额定状态下的值。标准试验规定，制造厂对短路损耗以试验原始量值给出，而短路电压需要折算到额定电流条件下给出。这是三绕组变压器在参数标定上与双绕组变压器不同的地方。

在供配电系统分析计算中，经常需要分别求出图3-18(b)中z_{k1}、z'_{k2}和z'_{k3}，方法是分别求出每一绕组上的短路损耗与短路电压，再分别求出每一绕组上的短路电阻和短路电抗，计算如下。

对于第I种容量比的变压器，由于

$$\begin{cases}\Delta P_{k12}=\Delta P_{k1}+\Delta P_{k2}\\ \Delta P_{k23}=\Delta P_{k2}+\Delta P_{k3}\\ \Delta P_{k31}=\Delta P_{k3}+\Delta P_{k1}\end{cases}$$

式中，ΔP_{k12}、ΔP_{k23}和ΔP_{k31}为试验原始数据，为已知参数，解方程组得

$$\begin{cases}\Delta P_{k1}=\dfrac{1}{2}(\Delta P_{k12}+\Delta P_{k31}-\Delta P_{k23})\\ \Delta P_{k2}=\dfrac{1}{2}(\Delta P_{k12}+\Delta P_{k23}-\Delta P_{k31})\\ \Delta P_{k3}=\dfrac{1}{2}(\Delta P_{k13}+\Delta P_{k31}-\Delta P_{k12})\end{cases} \tag{3-42}$$

参照式(3-41)，求出各绕组折合到一次侧电阻值如下：

$$\begin{cases}r_{k1}=\Delta P_{k1}\dfrac{U_{r1}^2}{S_r^2}\\ r'_{k2}=\Delta P_{k2}\dfrac{U_{r1}^2}{S_r^2}\\ r'_{k3}=\Delta P_{k3}\dfrac{U_{r1}^2}{S_r^2}\end{cases} \tag{3-43}$$

对于第II、III种容量比的变压器，例如，100/100/50情况，测量ΔP_{k23}和ΔP_{k31}时，一、二次绕组电流均为变压器额定电流$I_{r\cdot T}$的$\frac{1}{2}$，如$\Delta P_{k23}=3\times\left(\frac{1}{2}I_{r\cdot T}\right)^2 r_{k23}$，折算到额定电流下，$3I_{r\cdot T}^2 r_{k23}=4\Delta P_{k23}$，即额定电流下损耗应为测量值的4倍，因此应以$4\Delta P_{k23}$、$4\Delta P_{k31}$取代$\Delta P_{k23}$、$\Delta P_{k31}$代入式(3-42)进行计算，其余计算相同。

同理可求出短路电抗。由于短路电压标定时制造厂家已经折算为额定电流下的值，故不再考虑试验电流折算问题。折算到一次侧的短路电抗近似计算公式为

$$
\begin{cases}
x_{k1} = U_{k1}\% \dfrac{U_{r1}^2}{100S_r} \\
x'_{k2} = U_{k2}\% \dfrac{U_{r1}^2}{100S_r} \\
x'_{k3} = U_{k3}\% \dfrac{U_{r1}^2}{100S_r}
\end{cases}
\tag{3-44}
$$

式中，$U_{k1}\%$、$U_{k2}\%$、$U_{k3}\%$计算公式为

$$
\begin{cases}
U_{k1}\% = \dfrac{1}{2}(U_{k12}\% + U_{k31}\% - U_{k23}\%) \\
U_{k2}\% = \dfrac{1}{2}(U_{k12}\% + U_{k23}\% - U_{k31}\%) \\
U_{k3}\% = \dfrac{1}{2}(U_{k13}\% + U_{k31}\% - U_{k12}\%)
\end{cases}
\tag{3-45}
$$

式中，$U_{k12}\%$、$U_{k23}\%$、$U_{k31}\%$为试验数据，是已知参数，因均已折合为额定电流条件下数据，对 I、II、III 种容量比的变压器都不需要再折算。

3.6 交流异步电动机主要电气参数

电动机是最常见的用电设备之一，发电厂生产的电能大部分都被电动机消耗掉。电动机类别很多，本节只讨论中小型低压异步电动机。异步电动机的有些参数与供配电系统设计、运行有密切关系，是本节介绍的重点，还有很多特性与参数属于电气传动的内容，本节不予讨论。

3.6.1 电动机的工作制与定额

1. 电动机的工作制

电动机的工作制是对电机所承受的一系列负载状况的说明，包括启动、电制动、空载、停机与断能及其持续时间和先后顺序等。工作制以 S1～S10 表示。常见的有连续工作制 S1、短时工作制 S2、断续周期工作制 S3 和连续周期工作制 S6 等。

对于短时工作制 S2，应标明工作持续时间，如“S2 30min”；对于周期工作制 S3～S8，应标明负载持续率 ε%，如“S3 25%”。负载持续率是指电动机工作时间所占的比例，即

$$
\varepsilon\% = \frac{t_{op}}{t_{op} + t_o} \times 100 \tag{3-46}
$$

式中，t_{op}为工作时间；t_o为停歇时间。

按工作制的特征，又可以将它们分为连续、短时、周期性、非周期性等几种类型。

2. 电动机的定额及其工程意义

按 GB 755—2008《旋转电机——定额和性能》的解释，定额是指“一组额定值和运行条件”。定额的类别主要根据电动机的工作制划分，主要有以下几种。

(1) 连续定额：对应于 S1 工作制。

(2) 短时定额：对应于 S2 工作制。

(3) 周期定额：对应于 S3～S8 工作制。

(4) 非周期定额：对应于 S9 工作制，即负载和转速作非周期变化的工作制。

(5) 离散恒定负载和转速工作制定额：对应于 S10 工作制。

规定电动机的定额，主要是为了明确电动机铭牌额定值的前提条件。例如，电动机额定功率的限制因素之一为允许温升，在同一功率下运行时，连续工作的电机其温升很可能大于周期性工作的电机(这取决于周期性工作电机的工作时间是否大于其达到稳定温升所需时间)。换句话说，同一台电机在不同的定额下，可能有不同的额定功率。因此，GB 755—2008 规定了一种定额类别，称为“等效负载定额”，用于实验目的。它规定了一系列条件，在这些条件下电动机可运行至热稳定，并将这种情况下试验得出的数据与 S3～S10 中某一工作制等效。

3.6.2 电动机的额定功率和额定电流

电动机的额定功率是指在设定的电机最佳工况下其转轴的输出机械功率，记为 P_r。电动机额定电流是指电动机在额定功率下运行时接线端子处的输入电流，记为 I_r。额定电流与额定功率之间有以下关系：

$$I_r = \frac{P_r}{\sqrt{3}U_r \eta \cos\varphi} \tag{3-47}$$

式中，I_r 为电动机额定电流(A)；P_r 为电动机额定功率(kW)；U_r 为电动机额定电压(kV)；η 为电动机额定运行状态下的效率；$\cos\varphi$ 为电动机额定运行状态下的功率因数。

电动机的效率是指其输出机械轴功率与输入电功率之比，它综合反映了电动机电气损耗和机械损耗的相对大小。据国标 GB 18613—2012《中小型三相异步电动机能效限定值及能效等级》，电动机所允许的最低效率值由电动机能效限定值规定，能效等级分为 3 级，1 级能效最高，2 级所对应的效率为满足节能认证的节能评价值，3 级所对应的效率即为能效限定值。

$\cos\varphi$ 的典型值为 0.7～0.9，功率大、极对数少的电机的 $\cos\varphi$ 值较高。

3.6.3 电动机的启动电流和启动时间

这里仅讨论直接启动的笼型电机。绕线电机的启动特性与启动方式有关，此处不予讨论。

1. *启动过程电流的变化*

接通电动机回路时，首先会出现一个周期与非周期分量叠加的冲击电流，其峰值发生在第一半波，在第二、三周期内急剧衰减。在随后的大部分启动时间内，电机转速逐步上升，启动电流相对稳定，只是随转速的升高而略有下降。当电机转速接近额定转速时，电流急剧下降，启动随即结束。图 3-19 所示为电机启动过程中电流(有效值)和转速随时间的变化关系。

2. *启动电流(有效值)与堵转电流*

启动电流 I_{st} 是指不包括暂态过程非周期分量的最大稳态启动电流，它取决于电机的固有特性，与负载转矩无关。堵转电流是指将电动机转子堵住不转时，电机供电端子上的稳态交流电流。由于堵转电流大小与转子被堵转时所处的角度有关，因此应对所有转角进行试验后取其最大值。

电动机铭牌上一般给出的是堵转电流，以标幺值形式给出，基值为电动机额定电流，典

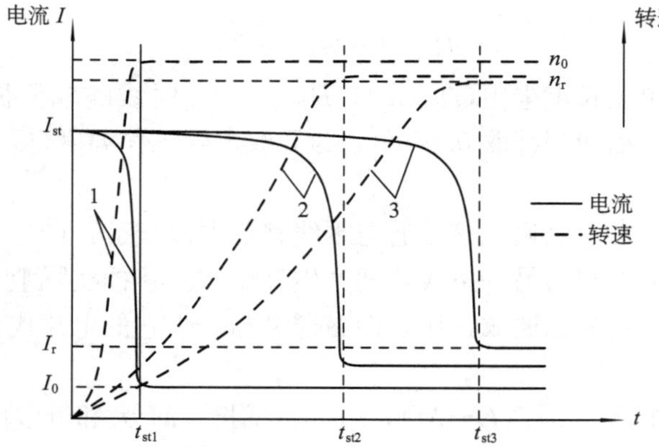

图 3-19　笼型电动机启动过程的电流和转速曲线

1-空载启动；2-一般负载启动；3-重载启动

I_{st}-启动电流；t_{st}-启动时间；I_r-额定电流；I_0-空载电流；n_r-额定转速；n_0-空载转速

型值为 5～7。工程上可近似认为堵转电流为可能出现的最大启动电流。

3. *接通峰值电流*

接通峰值电流指包括周期分量和非周期分量在内的启动全电流最大瞬时值。这一数值取决于接通瞬间的相位和启动回路电阻与电抗的比值，最大不会超过启动电流（有效值）的 $2\sqrt{2}$。工程上一般以 $2\sqrt{2}$ 堵转电流作为接通峰值电流。

4. *启动时间* t_{st}

通常以 4s 和 8s 为限，$t_{st}<4s$ 为轻载启动，$4s<t_{st}<8s$ 为一般负载（或称为中载）启动，$t_{st}>8s$ 为重载启动。

3.7　电力线路电路模型与参数

电力线路是阻抗分布的电网元件，这一点与变压器和各种配电设备不同。在供配电系统中，由于线路长度比较短，用电力线路的集中参数电路模型进行的分析计算其误差通常可以接受，涉及波过程时也可以用微小段集中参数电路模型级联的方式进行近似分析。

3.7.1　串联参数

串联参数是主要由线路结构和导体决定的参数，基本与绝缘无关，分为电阻和电抗两种。

1. *电阻*

（1）单位长度线路的交流等效电阻。电力线路的电阻并不等同于同截面导体的直流电阻。除了考虑导线扭绞所带来的长度增加外，还要考虑交流集肤效应和多根导线临近效应的影响。总的结果是单位长度线路的交流电阻要比同截面、同长度的导体直流电阻高出百分之几。

各种线路的单位长度电阻一般都能从产品样本或手册上查到。

（2）电阻的温度效应。手册或产品样本上查到的导线电阻，总是在某一温度（一般为20℃）下给出的。若实际工作温度与表中给出温度不同，则应对电阻值进行修正。修正的公式如下：

$$R_\theta = R_{20}[1+\alpha(\theta-20)] \tag{3-48}$$

式中，R_θ 为 θ℃时线路单位长度电阻(Ω/km)；R_{20} 为 20℃时线路单位长度电阻(Ω/km)；α 为电阻温度系数(1/℃)，铝和铜都取 0.004；θ 为导线实际工作温度(℃)。

2. 电抗

线路上通过电流时会产生磁通，该磁通与本线路的电流交链，产生自感抗；若该磁通还与另一条线路的电流交链，则与另一条线路间产生互感抗。感抗实际上表明有一个感应电动势，该感应电动势与产生它的磁通成正比，而磁通又与产生它的电流成正比，感抗就是这个综合比例系数。

平衡三相线路的感抗 $X=2\pi f(L-M)$，L 为自感抗，M 为邻近线路的互感抗。因平衡三相电路中，每一相电流均为其他两相电流之和的负值，故其他两相对第三相的互感抗，可等效为一个自感抗，该等效自感抗总使总感抗减小。

线路的感抗一般可由产品样本或手册查到，也可用以下公式计算：

$$X = 0.1445\lg\frac{D_a}{D_{as}} \tag{3-49}$$

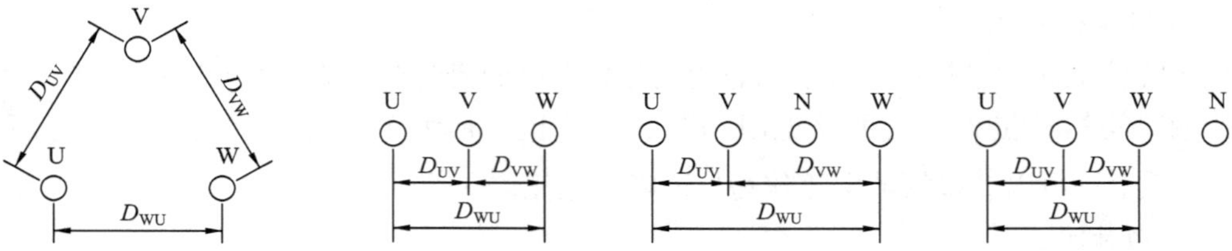

(a) 三线制导线排列图 (b) 三线制导线排列图 (c) 四线制导线排列图 (d) 四线制导线排列图

图 3-20 架空线路导线排列图

式中，X 为线路每相单位长度的感抗(Ω/km)；D_a 为各相导体间的几何均距(cm)，对于架空线为$\sqrt[3]{D_{UV}D_{VW}D_{WU}}$，如图 3-20 所示，穿管电线及圆形线芯电缆为 $d+2\delta$，扇形线芯电缆为$h+2\delta$，如图 3-21 所示；d 为电线或圆形线芯电缆主线芯的直径(cm)；D_{as}为线芯自几何均距(或称等效半径)(cm)，对圆形线芯电线、电缆，D_{as}取为 $0.389d$，对于扇形线芯电缆，D_{as}取为 $0.439\sqrt{S}$，S 为线芯标称截面积(cm^2)；δ 为穿管电线或电缆主线芯的绝缘厚度(cm)；h 为扇形线芯电缆主线芯的压紧高度(cm)。

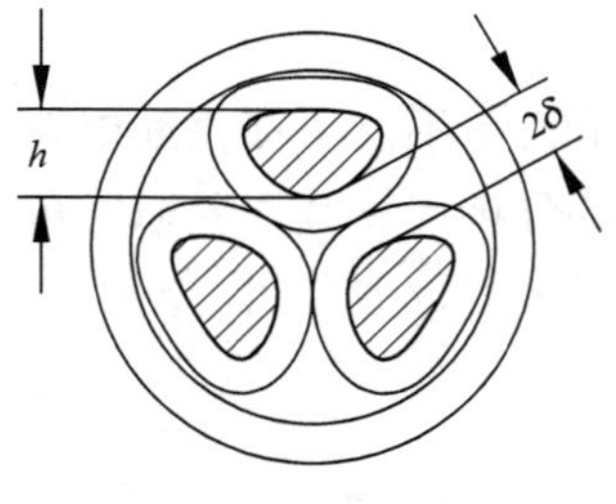

图 3-21 电缆扇形线芯排列图

3.7.2 并联参数

并联参数是主要由线路结构和绝缘决定的参数，基本与导体无关，分为电导和电纳两种。

1. 电导

导线与地之间，以及各相导线之间都存在电导。架空线的电导主要取决于绝缘子的泄漏和电晕大小，电缆电导则主要取决于绝缘材料中载流子数量和有损极化大小。

线路的电导是非线性的，与加在导线上的电压有关。供配电系统的电压一般在 110kV 及以下，电导很小，与电纳相比一般可忽略不计。

2. 电纳

导体与地之间，以及各导体相互之间都是由绝缘隔离的，因此它们之间都存在电容效应。架空线的电纳取决于空气中的电场分布，敷设方式及间距确定后方可通过计算得出；电缆线路因结构尺寸固定，其电纳除了可以通过计算得出外，还可通过试验测出。对中、低压系统而言，一般采用经验数据或试验数据。

3.7.3 电力线路的等效电路

50Hz 工频电力线路上的电磁波波长，对裸导线来说大约接近 6000km，对电力电缆和绝缘导线来说取决于绝缘材料的性质，通常为 2000～3000km。工程实践中，对长度 300km 以下的工频架空线路和 100km 以下的工频电缆线路，集中参数电路模型带来的分析计算误差通常是可以接受的，而这个长度已经远大于几乎所有供配电系统电力线路的长度，所以在供配电系统中，集中参数电路模型可以说是比较精确的。电力线路常见的等效电路有 Γ 形、T 形和 Π 形等。图 3-22(a)所示为一个 Γ 形集中参数等效电路。

在雷电过电压等暂态分析中，由于线路长度与电磁波波长相当，线路实际上是分布参数电路。通常将线路看成很多微小段的级联，由于每一微小段的长度都远小于电磁波波长，可以看成集中参数电路，因此还是可以用集中参数电路级联模型进行分析，如图 3-22(b)所示。每一微小段长度越小，分析结果越准确。

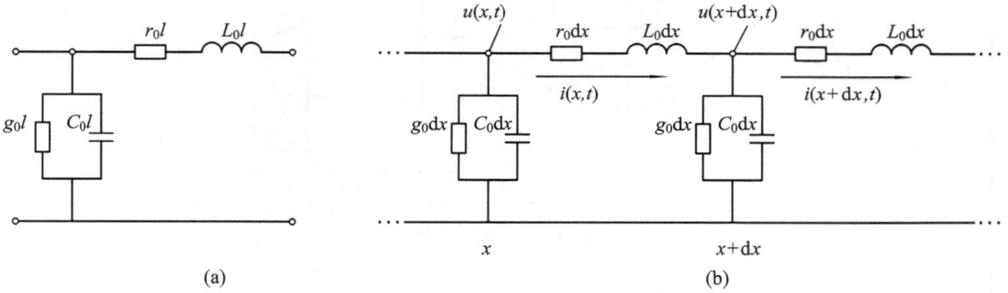

图 3-22 电力线路的单相等效电路

r_0、L_0-单位长度电阻、电感；g_0、C_0-单位长度电导、电容；$\mathrm{d}x$-微小段长度；l-线路全长

思考与练习题

3-1 正弦交流电路中，无功功率的物理意义是什么？

3-2 正弦交流电路中，负载的阻抗三角形与功率三角形之间有何关系？

3-3 正弦交流电路中，负载电流的有功分量、无功分量在相位上与负载电压呈什么关系？

3-4 某线电压 380V 平衡三相负载有功功率为 32kW、功率因数为 0.82，试计算其视在功率、工作电流和负载阻抗(按星形负载计算)。

3-5 某 380V 三相电动机额定功率为 18.5kW、功率因数为 0.85、效率为 0.87，试计算其额定电流。若电动机堵转电流标幺值为 7，试计算其最大启动电流(交流有效值)和接通电流峰值。

3-6 某 10/0.4kV 系列变压器部分参数如表 3-4 所示，试计算额定容量为 1250kV·A 变压器一、二次额定电流、励磁阻抗、短路电阻和短路电抗有名值，并比较励磁阻抗与短路阻抗的量值。若变压器容量为 630kV·A，试计算其短路阻抗有名值，并与 1250kV·A 变压器的短路阻抗进行比较。

表 3-4　题 3-6 表

额定容量/(kV·A)	额定电压/kV		联结组标号	空载损耗/W	负载损耗/W	短路阻抗/%	空载电流/%
	一次	二次					
630	10	0.4	Dyn11	1200	6200	4.5	1.1
800	10	0.4	Dyn11	1400	7500	4.5	1.0
1000	10	0.4	Dyn11	1700	10300	6	1.0
1250	10	0.4	Dyn11	1950	12000	6	0.9
1600	10	0.4	Dyn11	2400	14500	6	0.8

3-7　如图 3-23 所示系统，各级电网标称电压和变压器容量已标注在图上。请完成以下工作。

(1) 合理选择各变压器的一、二次侧额定电压。

(2) 按标幺制工程体系规则确定各级电网电压基准值。

(3) 若功率基准值选为 $S_B=100$MV·A，试计算各级电网的电流和阻抗基准值。

(4) 若变压器 T2 二次侧总负荷电流在以上基准值下的标幺值为 $I_{2\cdot T2}=0.015$，试判断变压器 T2 是否过载，并计算 T2 一次侧电流标幺值和有名值，忽略变压器损耗。

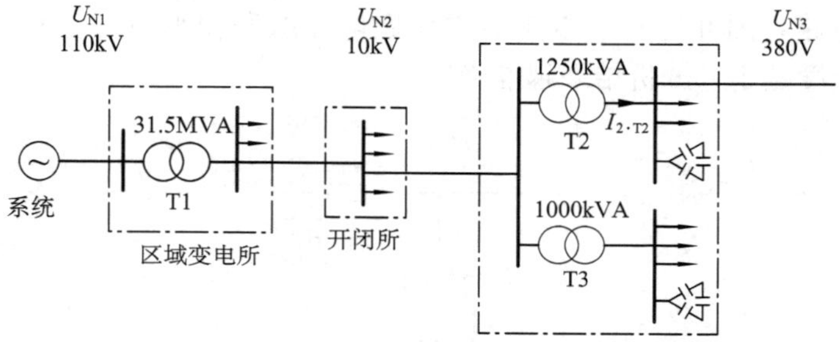

图 3-23　题 3-7 图

3-8　一条 10kV 线路长 6km，线路单位长度电阻、电抗分别为 0.185Ω/km、0.077Ω/km，对地电导忽略不计，单位长度对地电容为 240pF/km。线路末端三相负载额定电压 $U_r=10$kV，额定容量 $S_r=800$kV·A，功率因数为 0.8(感性)。若线路首端运行电压为 10.5kV，试按图 3-22(a)等效电路，分别用有名值法和标幺值法计算末端电压、电流和负载实际消耗的视在功率大小。

3-9　拓展研究。条件同题 3-8。若将该线路看成 3 等小段级联，每小段长 2km，试按图 3-22(b)等效电路(将 dx 改为 2km)完成题 3-8 所要求的计算，并对比结果分析误差。若将线路等分为 n 等小段级联，你能通过推导出负载端电压、电流和视在功率的一般性公式，或者建立仿真模型，找出 n 与计算结果误差大小的关系吗？

第 4 章　负 荷 计 算

负荷即供配电系统所服务的对象，为负荷供电是供配电系统的根本任务。全面、准确地认识与掌握负荷的属性，是供配电系统设计、运行控制和维护管理的最重要基础。负荷属性包含很多方面的内容，本章主要讨论负荷的量值问题。

4.1　负荷调查与分析

4.1.1　负荷调查

按工程研究的一般方法，对负荷的研究可以从两方面入手。一是机理研究，即研究各种用电设备产生电能需求的原理和特性；二是现象研究，即观察用电设备实际产生了何种电能需求，以找寻规律。由于供配电系统面对的是大量的各种各样的用电设备，更关注用电设备群体的总体效应，因此机理研究的方法在大多数时候不适合供配电系统的负荷研究，工程上主要采用现象研究的方法。

现象研究就要从调查开始。首先用科学的方法选取被调查的对象(样本)，然后对相关的现象和参数进行记录，最后对记录进行分析计算，寻找规律。电力系统普遍采用负荷曲线来记录负荷量值随时间的变化。常用的负荷曲线有以下几种。

1. *即时负荷曲线*

供配电系统中某一点的有功功率和无功功率瞬时值随时间变化的曲线，称为该点的即时负荷曲线，一般由变配电所的自动记录仪记录，如图 4-1 所示。

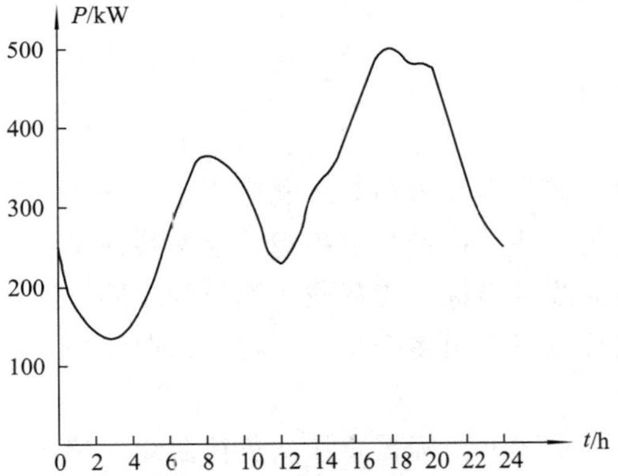

图 4-1　即时负荷曲线

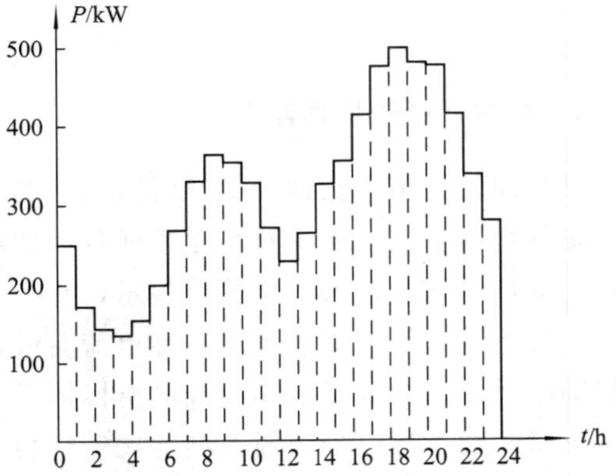

图 4-2　1 小时阶梯型日负荷曲线

2. *日负荷曲线*

以一天为一个报告期，以一定的时间间隔读取有功和无功功率的量值大小，并认为在前后两次读取的间隔期内，功率大小总是等于前一次读取的量值，以此绘制出如图 4-2 所示的阶梯型日负荷曲线。

读取功率值的时间间隔可以取 15min、30min、60min 等几种，现在也有学者建议还可取为 5min。在供配电系统中，一般采用 30min 的间隔取值。

为了方便，工程上常用一些典型的日负荷曲线来近似一定时期内的实际日负荷曲线，这些典型负荷曲线主要有冬(夏)日典型日负荷曲线、最大生产班日负荷曲线等。

3. 负荷年持续曲线

负荷年持续曲线不是直接读取数据绘制的曲线，而是对全年日负荷曲线的数据进行统计处理的结果，有时也简称为年负荷曲线。它的绘制方法如下。

将一年中所有日负荷曲线上的功率值由大到小依次排列，并在功率-时间坐标系上从左到右依次绘制出来，每一功率值所对应的时间长度为该功率值在一年中出现的累计时间，这样便得到负荷年持续曲线。为减小工作量，工程上一般取典型冬季和夏季日负荷曲线各一条，并按气象条件确定一年中冬、夏日的天数(如南方典型值为冬季 165 天，夏季 200 天，北方则相反)，据此绘制出负荷年持续曲线。图 4-3 所示为北方地区某用户的年负荷持续曲线。

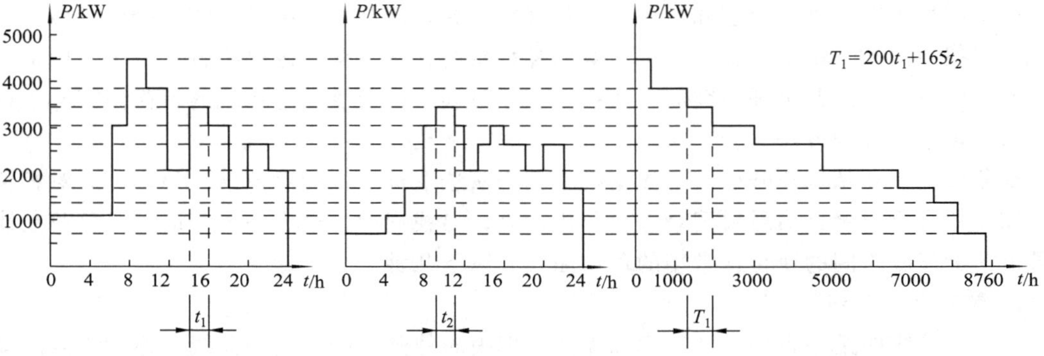

(a) 典型冬季日负荷曲线　(b) 典型夏季日负荷曲线　(c) 负荷年持续曲线

图 4-3　负荷年持续曲线

4.1.2　负荷曲线的指标体系

负荷曲线给出了负荷量值随时间变化的直观图像，但在大多数工程应用中，并不关心每一时刻的负荷量值，而只对与工程任务密切相关的某些负荷特征感兴趣，这些特征是从负荷曲线上提炼出来的，通常用数值表示，称为负荷曲线的指标。工程应用的目的不同，所关注的指标也不同，因此即使对同一种负荷曲线，也可以提炼出多个指标。将负荷曲线的各种指标归纳分类，就构成了负荷曲线的指标体系。

负荷曲线指标可分为描述型与比较型两大类。描述型指标是直接从负荷曲线上读出或用负荷曲线上的数据直接运算得出的特征值，比较型指标是对描述型指标进行再运算后得出的特征值。下面介绍几种常用的负荷曲线指标。

1. 描述型指标

(1) 最大(小)负荷。报告期(日、月、季、年)内记录的负荷中，量值最大(小)的一个，记作 $P_{max}(P_{min})$ 和 $Q_{max}(Q_{min})$。最大、最小负荷不仅表明了负荷的极值，还表明了负荷波动的范围。

(2) 平均负荷。与实际负荷在报告期(日、月、季、年)内消耗电能相等的一个恒定负荷，称为实际负荷在报告期内的平均负荷，记作 P_{av}、Q_{av}，即

$$P_{av}=\frac{W_P}{T}=\frac{1}{T}\int_0^T P(t)\mathrm{d}t \tag{4-1}$$

$$Q_{av}=\frac{W_Q}{T}=\frac{1}{T}\int_0^T Q(t)\mathrm{d}t \tag{4-2}$$

式中，T 为报告期时间长度(h)；W_P 为报告期的总有功电能(kW·h)；W_Q 为报告期的总无功电能(kvar·h)。

常用的有日平均负荷和年平均负荷。

(3) 峰(谷)值时间。报告期(日、月、季、年)内最大负荷与最小负荷出现的时刻，一般以日负荷曲线应用居多。

2. 比较型指标

(1) 最大峰谷差。报告期(日、月、季、年)内最大负荷与最小负荷之差。

(2) 有(无)功负荷系数 $\alpha(\beta)$。报告期内平均负荷与最大负荷之比，即

$$\alpha=\frac{P_{av}}{P_{max}} \tag{4-3}$$

$$\beta=\frac{Q_{av}}{Q_{max}} \tag{4-4}$$

负荷系数反映了负荷曲线的波动程度。α 的典型值为 0.70～0.75，β 的典型值为 0.76～0.82。可见，无功负荷的波动较有功负荷更为平缓。

(3) 年最大负荷利用小时数 T_{max}。假设用户以年最大负荷 P_{max} 持续运行，要消耗掉实际负荷在全年消耗的电能，需要 T_{max} 小时，则称 T_{max} 为年最大负荷利用小时数，即

$$P_{max}T_{max}=\int_0^{8760} P(t)\mathrm{d}t \tag{4-5}$$

式中，P_{max} 为年负荷最大值；$p(t)$ 为年实际负荷。

T_{max} 是一个重要的技术经济指标，它以时间这一参量来反映设备利用率。因为可以认为电力设备容量是按最大负荷配置的，若实际运行负荷一直持续为最大负荷，则设备容量在所有时间都被充分利用，T_{max} 为一年的总时间 8769h。但实际上，在很多时间里运行负荷并未达到最大负荷值，设备容量闲置程度与运行负荷偏离最大值的程度和相应的持续时间相关。T_{max} 巧妙地将偏离程度与持续时间这两个关联因素同时包含了进来，只要将实际的 T_{max} 与 8760h 进行比较，就可得出设备利用率的准确数据。

T_{max} 典型值的范围很大，大致为 1500～7000h，其中工业用户一般大于民用用户，生产过程不间断的工业用户(如化工企业等)又大于生产过程可间断的工业用户。提高 T_{max}，无论对电力企业还是对电力用户都具有积极意义。

4.1.3 负荷特性与负荷模型

供配电系统负荷量值不仅与用电设备群中各台设备的工作状态有关，还与系统的电压、频率等电网运行参数有关。所谓负荷特性，广义上是指负荷参量与其影响因素之间的关系，但就供配电系统而言，通常是指负荷功率与负荷端电压或系统频率之间的关系，又可分为静态特性和动态特性两类。图 4-4 所示为某系统的静态负荷特性，表明系统频率或电压发生变

化并在变化稳定后，负荷功率与频率、电压的关系。图 4-4(a)表明随着电压升高，负荷有功功率和无功功率都趋于增大，但无功功率增大的趋势更强烈；图 4-4(b)表明随着频率上升，负荷有功功率增大，但无功功率反而减小。

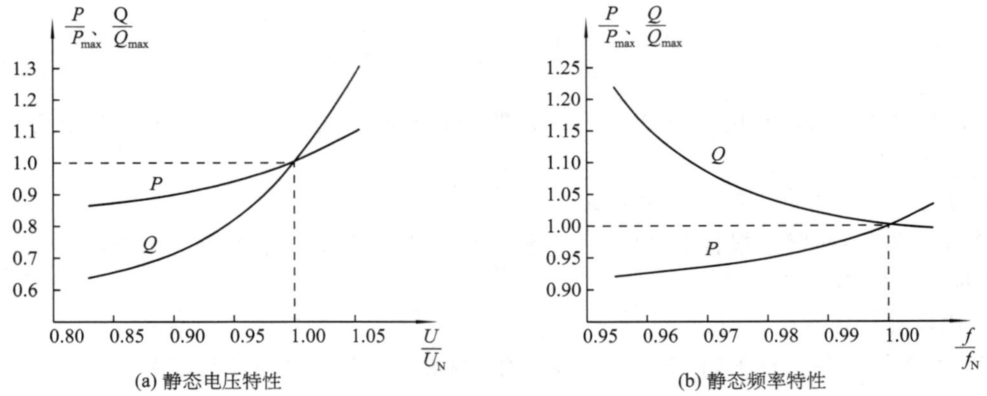

图 4-4　某供配电系统负荷的静态特性

负荷模型一般指表达负荷特性的数学模型，也可以指电路模型。数学模型通常可以用关系式 $p=f_p(U, f, t)$和 $q=f_q(U, f, t)$表示。若不考虑时间 t 的影响，就是前面所说的静态特模型；若考虑时间 t，就是动态特模型。负荷模型随不同系统、不同季节、不同工程任务等而不同。

对于比较稳定的负荷或单台用电设备，可以看成阻抗恒定的负荷，负荷模型可以用星形或三角连接的恒定阻抗来表示，这就是负荷的电路模型。负荷电路模型是负荷静态模型的一种特殊情况。这种特殊情况常出现在工程设计任务中，因为工程设计主要考虑正常工作条件下的负荷量值，在系统近似电压源条件下，这个量值与阻抗取值一一对应。用电路模型计算可以避免用功率计算所带来的非线性运算问题。应特别注意的是，实际上大多数负荷阻抗都不是恒定的，会随着运行状态而变化。

负荷动态模型一般更适用于系统的运行控制等工程任务。

4.2　负荷热效应与计算负荷概念

4.2.1　计算负荷概念的工程背景

在设计一个供配电系统时，首先应该知道这个系统需要具备多大的承载力。承载力指系统元件对作用于其上的电能量的负担能力。作用于系统元件上的电能量有两种形态，一种是正常的工作负荷，另一种是各种故障情况下的能量冲击。此处讨论前者。

首先遇到的问题是如何定量表征电能量对系统元件产生的负担。假设系统的负荷曲线是已知的，由于负荷总是处于变化之中，到底应该取曲线上的最大值、平均值还是最小值作为负担轻重的依据呢？例如，一个量值为 100kV·A、持续时间为 15min 的负荷，与一个量值为 75kV·A、持续时间为 35min 的负荷，对供配电系统而言到底谁是一个更重的负担？从负荷自身的角度来看，这个问题是得不到答案的，一则负担轻重本应由承受者而非施予者确定，二则它涉及负荷量值大小和持续时间长短两个相互耦合的因素，亦即负担轻重与负荷量值大小并非一一对应关系。答案必须从承担负荷的对象——供配电系统上寻找。考察负荷在系统上产生了哪些效应，分析这些效应对系统的危害，以系统对危害的耐受程度为条件确定系统的承受能力。

负荷在供配电系统上产生的效应按物理量分类，可以分为电效应和非电效应。电效应如电压降落、电能损耗等，非电效应主要是热效应和力效应。电效应与非电效应相互之间是有关联的。长期的工程实践发现，非电效应中的热效应是决定系统对工作负荷承受能力的主要因素之一。以下着重对负荷的热效应进行分析。

4.2.2 负荷的热效应

工程上将设备寿命看作正常工作条件下系统承受负荷能力的最主要约束条件。电气设备的寿命主要取决于其长期工作温度，而工作温度又是发热和散热动态平衡的结果。发热主要源于电能损耗，散热则主要取决于环境条件。对于一个已经建造好的系统来说，环境条件是确定的，因此工作温度主要取决于发热，发热来自电能损耗，而损耗大小又取决于负荷电流。系统对负荷的承受能力与负荷量值大小这两个因素，就通过以上逻辑链条相互关联起来了。

图 4-5 是电气设备温升与负荷量值的关系曲线。从图中可以看出，设备通电后温度按指数规律上升，经过(3～5)τ(τ 为温升时间常数)达到热平衡，温度趋于稳定。因此，某一量值的负荷作用于系统上的时间至少要达到 3τ，其热效应才会充分体现。

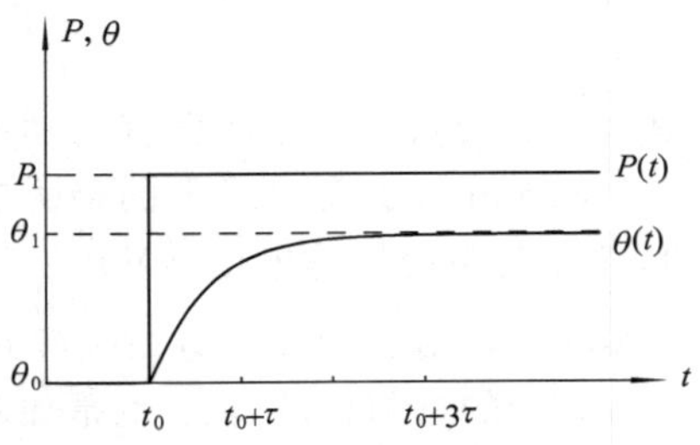

图 4-5 负荷与温升的关系
θ_0-环境温度；θ_1-工作温度；
P_1-负载功率；τ-温升时间常数

从以上分析可知，以电气设备工作寿命为约束条件，可将负荷在系统上达到的温升作为评价负荷轻重的判据。若负荷以某一量值持续作用时间超过 3τ，则温升与负荷量值大小一致，可用负荷量值大小直接比较系统负担的轻重；若作用时间小于 3τ，则判别会较复杂，因为一个量值小但持续时间长的负荷，可能比一个量值大但持续时间短的负荷带来更高的温升。

4.2.3 计算负荷

1. 定义

计算负荷是一个假想的恒定的持续性负荷，计算负荷所产生的热效应与实际变动负荷所产生的最大热效应相等。计算负荷记作 P_C、Q_C、S_C。

这是一种常用的化繁为简的工程处理手法，即忽略复杂的过程，直接把握结果。计算负荷是实际负荷的一个温升等效负荷。有了计算负荷，就可以方便地比较不同变化曲线的负荷在系统上产生的热效应大小。换句话说，就可以从热效应的角度判别不同负荷对系统产生的负担的轻重。

2. 工程应用

工程上如何求出一个实际变化负荷的计算负荷呢?

1）原理性方法

根据以上分析，持续时间 3τ 以上的负荷量值才能充分体现其温升热效应，因此用 3τ 时间间隔划分负荷曲线区间，比较每一区间的负荷量值大小，其中的最大者，就是计算负荷。

若负荷曲线是连续变化的，可以取每个 3τ 区间的平均负荷进行比较。

供配电系统中，温升时间常数 τ 一般为 10～30min，取最不利值为 10min(即温度上升最快的情况)，于是得出确定计算负荷的原则如下：

30min 平均负荷的最大值，就是计算负荷。

2）工程实用方法

以上原理性方法虽然严谨，但不便于工程应用。从前面的介绍可知，日负荷曲线正好是以 30min 时间间隔绘制的阶梯形曲线，可以认为曲线上的每一个量值都持续了 30min，也就是 3τ 时间。因此，曲线上最高阶梯所对应的负荷量值，一定产生了最高温升。于是，通过负荷曲线确定计算负荷的工程实用方法如下。

30min 阶梯形日负荷曲线上的最大值，就是计算负荷，即

$$P_C = P_{max} \tag{4-6}$$

$$Q_C = Q_{max} \tag{4-7}$$

$$S_C \approx \sqrt{P_C^2 + Q_C^2} \tag{4-8}$$

$$I_C \approx \frac{S_C}{\sqrt{3} U_N} \tag{4-9}$$

式中，P_C、Q_C、S_C 为计算有功功率(kW)、无功功率(kvar)、视在功率(kV·A)；P_{max}、Q_{max}为 30min 日负荷曲线上的最大有功功率(kW)和最大无功功率(kvar)；I_C 为计算电流(A)；U_N 为系统标称电压(kV)。

实际上，由于 P_{max}、Q_{max}一般并不出现在同一时刻，因此 $S_C \approx \sqrt{P_C^2+Q_C^2}$ 只是一个偏于保守(偏大)的近似估算，I_C 也是如此。

3. *计算负荷概念的深化与拓展*

图 4-6 可以帮助更好地理解计算负荷的概念。图 4-6(a)和 4-6(b)分别表示两台额定功率相同，但工作制不同的电动机在导线上产生的温升。从图中可以看出，尽管两台电动机的额定功率都为 P_r，且都以额定状态工作，但连续工作制电动机的稳定温升 θ_1 大于周期工作制电动机的稳定温升 θ_2，与 θ_1 对应的计算负荷为 P_r，而与 θ_2 对应的计算负荷则小于 P_r。

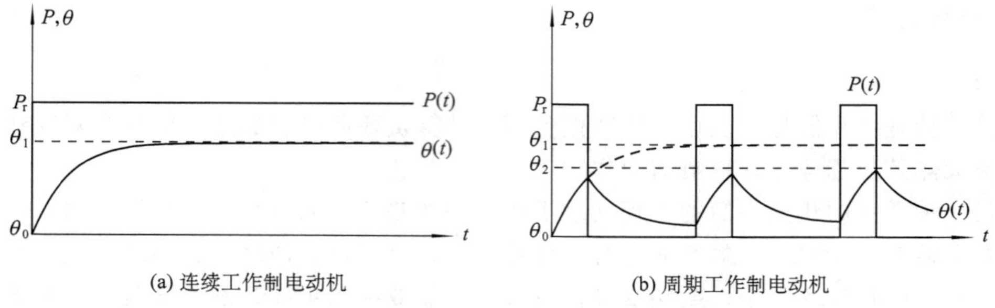

图 4-6　功率相等、但计算负荷不相等的负荷

计算负荷的概念实际上是工程上一个更普遍的方法——等效法的一个应用实例。说到等效，一定要清楚是谁与谁等效，什么"效"相等。在计算负荷的概念中，是用一个持续恒定的假想负荷去等效一个时刻变化着的负荷，两者的"温升"(即"热效应")这一"效"相等。可以说，计算负荷虽然反映了实际负荷的长期热效应，但并未反映实际负荷的所有属性，即使从

量值上来说也是如此。如电动机启动时，启动电流远大于额定电流，启动电流产生的电压波动就不能用计算电流计算。再如，熔断器是靠高温熔断的，选用时要考虑秒级甚至毫秒级的短时热效应，这时计算电流不再有用。在考虑秒级的热效应时，工程上常采用另一个概念——尖峰电流，它是指持续时间不小于 1s 的最大电流。尖峰电流也是以一个恒定的交流电流来等效一个变化的实际电流，依然是以“温升”这一“效”相等为依据，但考察的是短时温升。当要计算电动机的启动电流(一个从通电到启动完成期间不断变化的电流)是否会使熔断器误熔断时，就可以采用尖峰电流进行计算。

以上讨论是要说明以下两点。第一，计算负荷是用等效的方法提出的反映实际负荷长期热效应的参数，但它并不能反映负荷的所有属性；第二，为了反映负荷的其他属性，还可以提出别的概念或参数。通过这两点应该认识的是，类似计算负荷、尖峰负荷之类的参数，并不是某些工作过程中真实发生的物理量值，但它们却真实地表征了这些过程的某些结果，它们的应用，是一种典型的工程处理方法的具体展示。

4.3 负荷计算

对于已经运行的系统，只要记录下其日负荷曲线，就可以读出计算负荷大小。但在工程设计阶段，负荷曲线往往是未知的。这种情况下如何估算计算负荷大小，就是负荷计算要解决的问题。

负荷计算属于负荷预测的一个分支。所谓预测，大多是依据过去的事实(历史)来推断未来的情况，其得以成立的前提是这样一个假定：未来会按一定的规律重复历史。从精确的意义上说，这一假定在绝大多数情况下都是不成立的，但在一定的约束条件下，在工程应用允许的误差范围内，按这一假定做出的预测很多时候还是有实际意义的。读者在学习负荷计算方法时，务请牢记这一背景。

4.3.1 需要系数法

1. 需要系数

需要系数法是根据用电设备功率来推测计算负荷的一种负荷计算方法。先对已经运行的系统进行调查分析，方法为按一定的规则(如工艺相似性等)将用电设备进行分组，找出各组设备功率与计算负荷的关系并提出相应的参数，然后用这些参数去推测一个类似的待建系统的计算负荷。研究发现，用电设备组的计算有功功率与同组设备功率总和之比是一个值得关注的参数，称为需要系数，记作 K_d，即

$$K_d = \frac{P_C}{\sum_{i=1}^{n} P_{N \cdot i}}$$

式中，K_d 为用电设备组需要系数；P_C 为用电设备组计算负荷；$P_{N \cdot i}$ 为用电设备组单台设备功率；n 为设备台数。

统计数据表明，很多同类用电设备组的 K_d 数值都比较相近，见附表 1，这就有理由相信，在待建的系统中，类似的用电设备组也应该有同样的需要系数，这就是用需要系数法进行负荷计算的依据。

K_d 一般不等于 1。分析发现，造成 P_C 与 $\sum_{i=1}^{n} P_{N\cdot i}$ 不相等的原因主要有以下几点。

(1) 一组设备并不一定同时处于工作状态。

(2) 处于工作状态的设备，其工况不一定都处于额定运行状态。

(3) 电动机等电气设备的额定功率为机械轴功率，与输入电功率并不相等，其间有一个效率的差异。

(4) 考虑电网损耗，系统向用电设备组提供的功率与设备组消耗的功率并不相等。

以上(1)、(2)使 K_d 趋向小于 1，而(3)、(4)使 K_d 趋向大于 1。综合来看，K_d 一般总是小于 1 的。

2. 需要系数法的计算步骤

1) 设备分组

按给定的需要系数表格(见附表 1)将用电设备分成若干组。

2) 计算组内单台设备功率 P_N

需要系数法中的设备功率 P_N 并不完全等同于设备额定功率 P_r，应按如下方法计算。

(1) 连续工作制设备：

$$P_N = P_r \tag{4-10}$$

(2) 断续工作制电动机类设备，应统一换算到负载持续率为 25%时的等效额定功率，即

$$P_N = \sqrt{\frac{\varepsilon_r}{\varepsilon_N}} = 2P_r\sqrt{\varepsilon_r} \tag{4-11}$$

式中，ε_r 为电动机额定负载持续率，铭牌上给出；ε_N 为要求换算到的负载持续率，式(14-11)即 25%。

(3) 断续工作电焊机类负荷，应统一换算到负载持续率为 100%时的等效额定功率，即

$$P_N = P_r\sqrt{\varepsilon_r} \tag{4-12}$$

(4) 照明设备应考虑镇流器等辅助元件的附加功率。

白炽灯光源的照明设备：$P_N = P_r$。

荧光灯光源的照明设备：带普通型电感镇流器，$P_N = 1.25P_r$；带节能型电感镇流器，$P_N = 1.15P_r$；带电子镇流器，$P_N = 1.10P_r$。

高强度气体放电光源的照明设备：带普通电感镇流器，$P_N = 1.15P_r$；带节能型电感镇流器，$P_N = 1.10P_r$。

(5) 整流变压器的设备功率指的是直流功率。

3) 求取单个设备组计算负荷

当设备台数 $n \leqslant 3$ 时，计算负荷不考虑需要系数，直接用设备功率相加即可；当设备台数 $n > 3$ 时，按以下公式计算：

$$P_C = K_d \sum_{i=1}^{n} P_{N\cdot i} \tag{4-13}$$

$$Q_C = P_C \tan\varphi \tag{4-14}$$

$$S_C = \sqrt{P_C^2 + Q_C^2} \tag{4-15}$$

$$I_C = \frac{S_C}{\sqrt{3}U_N} \tag{4-16}$$

式中，K_d为用电设备组需要系数，见附表 1；P_C、Q_C、S_C为用电设备组计算负荷(kW、kvar、kV·A)；I_C为计算电流(A)；$P_{N\cdot i}$为用电设备组单台设备功率(kW)；$\tan\varphi$ 为用电设备组功率因数角正切值，见附表 1；U_N为系统标称电压(kV)；n 为用电设备组设备台数。

4) 多个设备组的计算负荷

当供电范围内有若干个性质不同的用电设备组时，按以上 1)～3)的步骤分别计算每一组的计算负荷，相加之后再乘以同时系数，即

$$P_{C\cdot\Sigma}=K_{\Sigma P}\sum_{j=1}^{m}P_{C\cdot j} \tag{4-17}$$

$$Q_{C\cdot\Sigma}=K_{\Sigma Q}\sum_{j=1}^{m}Q_{C\cdot j} \tag{4-18}$$

$$S_{C\cdot\Sigma}=\sqrt{P_{C\cdot\Sigma}^2+Q_{C\cdot\Sigma}^2} \tag{4-19}$$

式中，$P_{C\cdot\Sigma}$、$Q_{C\cdot\Sigma}$、$S_{C\cdot\Sigma}$为多个用电设备组总的计算有功功率、无功功率、视在功率；$P_{C\cdot j}$、$Q_{C\cdot j}$为第 j 个用电设备组的计算有功功率、无功功率；m 为用电设备组数；$K_{\Sigma P}$ 为有功功率同时系数，一般取值为 0.8～1.0，对配电干线范围内的负荷取较小值，对变配电所范围内的负荷取较大值；$K_{\Sigma Q}$ 为无功功率同时系数，一般取值为 0.93～1.0。

有功、无功功率同时系数是对各用电设备组负荷曲线峰值时间可能不一致进行修正的系数。

3. 对需要系数法的评价

需要系数法简单直观，适用于设备台数较多，且设备功率相差不大的用电设备组负荷计算。但若使用不当，结果可能误差过大，甚至出现荒谬的结果，见例 4-1。

例 4-1 某车间有 5 台通风设备，其中一台 22kW，另 4 台每台 0.5kW，试用需要系数法求其计算有功功率。

解 查附表 1“通风机、水泵、空压机及电动发电机组”设备组，取需要系数 $K_d=0.8$，得

$$P_C=0.8\times(22+4\times0.5)\text{kW}=19.2\text{kW}$$

这一结果显然是错误的。因为即使只有一台 22kW 通风设备工作，按 $n<3$ 计算，其计算有功功率也应有 22kW。究其原因，主要是设备功率相差太悬殊，而设备台数又较少，需要系数法在这种情况下失效。

4.3.2 二项式法

二项式法是对需要系数法的一种补充，针对设备台数少、功率相差又大的用电设备组负荷计算。这种方法将计算负荷看成由两部分组成，一部分是所有用电设备的均值负荷，另一部分专门考虑大功率设备的影响。二项式法的计算步骤如下。

(1) 设备台数 $n>3$ 时的单个用电设备组计算负荷按下式计算：

$$P_C=b\sum_{i=1}^{n}P_{N\cdot i}+cP_x \tag{4-20}$$

$$Q_C=P_C\tan\varphi \tag{4-21}$$

式中，b、c 为二项式系数，见附表 1；x 为设备组中功率最大的设备台数，见附表 1；P_x为功率最大的 x 台设备的设备功率之和；P_C、Q_C为计算有功、无功功率。

式(4-20)等号右边第一项与需要系数法有相同含义，称为均值项；第二项是对大功率设

备产生的偏差进行修正，称为附加项。

（2）多个用电设备组的计算负荷。将各设备组计算负荷的均值项直接相加，再与所有设备组附加项中最大的一个附加项相加，即

$$P_{C\cdot\Sigma}=\sum_{j=1}^{m}(b_j\sum_{i=1}^{nj}P_{N\cdot ij})+\mathrm{Max}\{(cP_x)_j,\ j=1,\ 2,\ \cdots,\ m\} \tag{4-22}$$

$$Q_{C\cdot\Sigma}=\sum_{j=1}^{m}(b_j\tan\varphi_j\sum_{i=1}^{nj}P_{N\cdot ij})+\mathrm{Max}\{(cP_x)_j\tan\varphi_j,\ j=1,\ 2,\ \cdots,\ m\} \tag{4-23}$$

式中，$P_{C\cdot\Sigma}$、$Q_{C\cdot\Sigma}$ 为所有用电设备组总的计算有功、无功功率；$P_{N\cdot ij}$ 为第 j 设备组中第 i 台设备的设备功率；$(cP_x)_j$ 为第 j 设备组的附加项；m 为设备组数；n_j 为第 j 设备组的设备台数；b_j 为第 j 组设备的均值项系数。

4.3.3 单位指标法

在工程设计阶段，很多时候连用电设备台数和功率都是不知道的（如办公楼、住宅等），不具备采用需要系数法等负荷计算方法的前提条件，这时可以采用单位指标法进行负荷估算。单位指标法有两种应用途径，一是先估算出设备安装功率，再用需要系数法等方法求出计算负荷；二是直接用计算负荷的单位指标求出计算负荷。以前者为例，单位指标法的计算公式为

$$P_{N\cdot\Sigma}=\alpha N \tag{4-24}$$

式中，α 为单位指标；N 为单位数量；$P_{N\cdot\Sigma}$ 为设备安装总功率。

单位指标可以是宾馆的 kW/床、建筑的 kW/m^2（又称为负荷密度）、住宅的 kW/户等。单位指标法应用的关键是能否取得可信的单位指标数据。表 4-1 列出了一些用户的单位面积负荷指标，更多的可参见书后参考文献（中国航空工业规划设计研究院，2005）。

表 4-1 常见电力用户单位面积负荷指标

用途	单位指标/(kW/m^2)	用途	单位指标/(kW/m^2)
铸钢车间①	0.06	旅游宾馆②	0.07～0.08
焊接车间	0.04	商场②	0.12～0.15
铸铁车间	0.06	科研实验楼②	0.08～0.10
金工车间	0.10	办公楼②	0.07～0.08
木工车间	0.66	中、小学（有空调）	0.07～0.08
煤气站	0.09～0.13	中、小学（无空调）	0.03～0.04
锅炉房	0.15～0.20	医院②	0.08～0.1
压缩空气站	0.15～0.20	博展馆	0.06～0.07

注：①不含电弧炉。

②有中央空调。

4.3.4 负荷计算方法的讨论

本节的负荷计算方法与大家过去在基础课或专业基础课中所学的计算方法有较大的不同，不同之处主要有以下几点。①不准确，且误差不可估；②必须有相应的经验数据才能进

行计算，且经验数据还有较强的时效性；③经验数据多有一定的取值范围，但到底该取范围内的哪一个值是模糊的；④每种计算方法都有一定的适用范围，但适用范围的边界是模糊的。这几点应该说都是缺点，既然如此，为什么还要使用有如此多缺点的方法来计算呢？难道没有办法克服这些缺点吗？

有效的改进可以使这些缺点的负面作用降低，但完全克服这些缺点是不可能的，原因就在于以一些假定为基础来预测真实的数据时，假定原本就可能存在偏差，更重要的是真实数据本身就具有不确定性，而这种不确定性源自一个工程问题的固有属性——部分因素的不可控性。例如，对钢铁厂的负荷调查曾发现，同样的一套生产设备，不同的生产班组会产生不同的负荷曲线，即使是同一个生产班组，原料(如铁矿石)变化也会使负荷曲线改变。从负荷计算的角度来看，工人的操作习惯、原料的成分等都是不可控因素。再如，住宅的用电量取决于住户，而一栋住宅到底住什么样的住户、这些住户用电习惯如何、若干年后又会有什么变化等，在设计阶段都是不可能预测的。另外，电力供应的宽裕程度、电价的高低等也会影响用户的用电行为，从而使真实的计算负荷发生变化。因此，不可能找到绝对精确的负荷计算方法。

但是对方法本身的不足进行改进还是可行的。例如，二项式法就扩大了需要系数法的适用范围。工程上还研究出了一些别的负荷计算方法，如利用系数法，用统计学方法进行分析计算，其准确性比需要系数法好；再如研讨中的变系数需要系数法，就是将需要系数看成若干因素的函数，通过对需要系数的更精确取值来提高需要系数法的准确度，只是尚欠相关数据，还不能进入实用阶段。

那么，对于按以上方法计算出来的、连准确度到底多大都不清楚的计算负荷数据，在工程应用中到底有没有实际意义？回答是肯定的。首先，工程界在动态地关注着这些计算方法的准确度，通过工程回访、专题研究等形式不断地修正计算结果与实际情况的偏差，使计算误差尽可能减小。其次，以什么样的方式来应用这些数据十分重要。通常采用相对保守的估算(即找出计算负荷大概率的上限值，实际计算负荷一般不可能比这个值更大)，并且在设备选择时留一定的裕量，这种方式最坏的结果是产生浪费，但不至于因过负荷而损坏设备。当然，也可以取偏小的估值以减少浪费，但在系统构造上应预留扩展余地，使得万一实际计算负荷大于设计值，也有补救的可能性。可见，只要应用这些数据的方法得当，这些数据的工程实用价值是毋庸置疑的。

4.3.5 三相负荷不平衡情况的处理

工程上总是将计算负荷默认为三相平衡负荷，这一约定的工程背景是：在构造一个三相系统时，即使三相负荷不平衡，也不会按各相负荷大小单独选择电网每一相的设备与线缆，而是按最不利的情况(即最大负荷相)选择。因此，当三相负荷不平衡时，不分别表述三相实际负荷大小，而是以最大相负荷乘以 3 作为其等效三相平衡负荷。

三相负荷不平衡缘于单相设备的接入。当系统有单相设备接入时，应尽量做到三相平衡分配，但有时仍不能完全做到。当不平衡的单相负荷容量小于三相平衡负荷容量的 15%时，可不作处理，否则应按等效三相平衡负荷处理。

要找出最大负荷相，必须先知道每相的负荷大小。所谓每相的负荷，是指电网每相所输送的电功率，它与每相负载功率不一定相同。当单相设备接于相电压时，其消耗功率完全由本相电源供给，因此电网每相负荷等于本相负载功率；当单相设备接于线电压时，其消耗功率由两相电源共同供给，其负荷分属不同的相，分解到每一相到底有多少，应进行相应的换算，如图 4-7 所示。

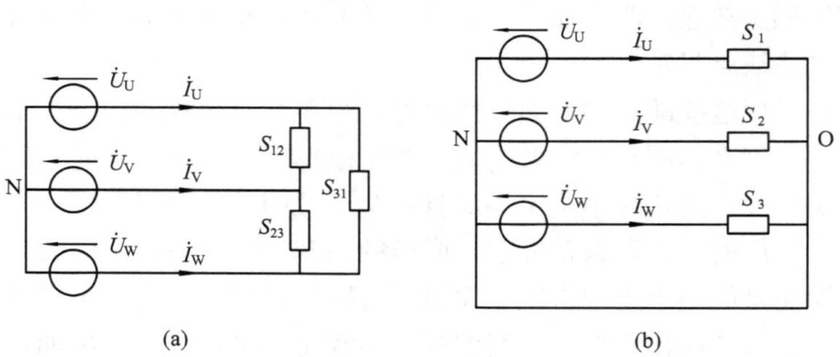

图 4-7　线电压负荷与相电压负荷的换算

图 4-7(a)中负荷全部接于线电压，负载 S_{12} 的功率分别由 U 相和 V 相电源提供，而电网 U 相的负荷又是由负载 S_{12} 和 S_{31} 各自的一部分共同形成的。图 4-7(b)为图 4-7(a)等效相电压负荷，等效的原则是各相电源供给的功率不变，或者说各相线电流不变，例如，S_{12} 和 S_{31} 折算到 U 相的视在功率为 $\tilde{S}_1=\dot{U}_U\overset{*}{\dot{I}}_U=P_1+jQ_1$。按照这一原则，用电路分析方法(如节点法、回路法等)推导出图 4-7(a)中各相线电流，得出等效相电压负荷的计算公式如下：

$$P_1=P_{12}\left(\frac{1}{2}+\frac{\sqrt{3}}{6}\tan\varphi_{12}\right)+P_{31}\left(\frac{1}{2}-\frac{\sqrt{3}}{6}\tan\varphi_{31}\right)$$

$$Q_1=Q_{12}\left(\frac{1}{2}-\frac{\sqrt{3}}{6}\cot\varphi_{12}\right)+Q_{31}\left(\frac{1}{2}+\frac{\sqrt{3}}{6}\cot\varphi_{31}\right)$$

$$P_2=P_{23}\left(\frac{1}{2}+\frac{\sqrt{3}}{6}\tan\varphi_{23}\right)+P_{12}\left(\frac{1}{2}-\frac{\sqrt{3}}{6}\tan\varphi_{12}\right)$$

$$Q_2=Q_{23}\left(\frac{1}{2}-\frac{\sqrt{3}}{6}\cot\varphi_{23}\right)+Q_{12}\left(\frac{1}{2}+\frac{\sqrt{3}}{6}\cot\varphi_{12}\right)$$

$$P_3=P_{31}\left(\frac{1}{2}+\frac{\sqrt{3}}{6}\tan\varphi_{31}\right)+P_{23}\left(\frac{1}{2}-\frac{\sqrt{3}}{6}\tan\varphi_{23}\right)$$

$$Q_3=Q_{31}\left(\frac{1}{2}-\frac{\sqrt{3}}{6}\cot\varphi_{31}\right)+Q_{23}\left(\frac{1}{2}+\frac{\sqrt{3}}{6}\cot\varphi_{23}\right)$$

式中，φ_{12}、φ_{23}、φ_{31} 为负荷 S_{12}、S_{23}、S_{31} 的功率因数角。其他参数如图 4-7 所示。

当系统中既有相电压负荷，又有线电压负荷时，应先将线电压负荷转换为等效相电压负荷，再与原相电压负荷相加，求出每一相的视在功率，最后，以最大相视在功率的 3 倍作为等效计算负荷。

4.4　功率与电能损耗计算

损耗是供配电系统关心的另一个指标，它关系着电能效率。这里所说的损耗是指电源供给的电能(或功率)与用电设备消耗的电能(或功率)之差，不包括用电设备的电能(或功率)消耗，因此也称为电网损耗，简称网损。网损主要是变压器和线路损耗，少部分为其他配电设备的损耗。

4.4.1 电网的功率损耗

1. 线路的功率损耗

通过线路的电流是随负荷大小变化的，其损耗因此也是变化着的，此处只计算在最大负荷时的功率损耗。从 4.2 节的分析可知，计算负荷即日负荷曲线上的最大负荷，因此三相线路的最大功率损耗为

$$\Delta P_{\mathrm{L}}=3I_{\mathrm{C}}^{2}R\times10^{-3} \tag{4-25}$$

$$\Delta Q_{\mathrm{L}}=3I_{\mathrm{C}}^{2}X\times10^{-3} \tag{4-26}$$

式中，R 为每相线路的电阻(Ω)；X 为每相线路的电抗(Ω)；I_{C}为线路上的计算电流(A)；ΔP_{L}为线路的有功功率损耗(kW)；ΔQ_{L}为线路的无功功率损耗(kvar)。

应该注意，电阻 R 是随温度变化的，应按设计的长期工作温度取相应的电阻值。若不知道设计长期工作温度，则可取线路的长期最高允许工作温度计算。

2. 变压器的功率损耗

与线路类似，变压器的最大功率损耗为

$$\Delta P_{\mathrm{T}}=\Delta P_{0}+\Delta P_{\mathrm{k}}\left(\frac{S_{\mathrm{C}}}{S_{\mathrm{r}}}\right)^{2} \tag{4-27}$$

$$\Delta Q_{\mathrm{T}}=\Delta Q_{0}+\Delta Q_{\mathrm{k}}\left(\frac{S_{\mathrm{C}}}{S_{\mathrm{r}}}\right)^{2}\approx S_{\mathrm{r}}\left[\frac{I_{0}\%}{100}+\frac{U_{\mathrm{k}}\%}{100}\left(\frac{S_{\mathrm{C}}}{S_{\mathrm{r}}}\right)^{2}\right] \tag{4-28}$$

式中，ΔP_{T}为变压器的有功功率损耗(kW)；ΔQ_{T}为变压器的无功功率损耗(kvar)；S_{C}为变压器的计算负荷(kV·A)；S_{r}为变压器的额定容量(kV·A)；ΔP_{0}为变压器的空载有功损耗(kW)，产品样本给出；ΔP_{k}为变压器的短路有功损耗(kW)，产品样本给出；ΔQ_{0}为变压器的空载无功损耗(kvar)；ΔQ_{k}为变压器的短路无功损耗(kvar)；$I_{0}\%$为变压器空载(励磁)电流标幺值，产品样本以百分数给出；$U_{\mathrm{k}}\%$为变压器短路电压标幺值，产品样本以百分数给出。

变压器的损耗由空载损耗和负载损耗两部分组成，分别对应于式(4-27)和式(4-28)中的第一和第二项。空载损耗主要是铁耗，它取决于电压大小，与负荷大小无关，只要变压器投入电网，该损耗就会产生且基本恒定。负载损耗主要是铜耗，与电流平方成正比，额定负载时等于短路损耗。

4.4.2 电网的电能损耗

1. 年最大负荷损耗小时数

由于电网的功率损耗是时刻变化着的，大多数时候小于计算负荷产生的损耗，因此不能用式(4-25)的最大功率损耗乘以工作时间来求出一年的电能损耗，严格的计算要用到积分。工程上提出了年最大负荷损耗小时数的概念，用于简化计算。

定义：假设电网中的损耗一直等于计算负荷产生的损耗，要达到电网一年实际损耗的电能所需要的时间，称为年最大负荷损耗小时数，记为 $\tau_{\max}$。

年最大负荷损耗小时数 $\tau_{\max}$与年最大负荷利用小时数 $T_{\max}$和功率因数有关，图 4-8 示出了它们之间的关系。

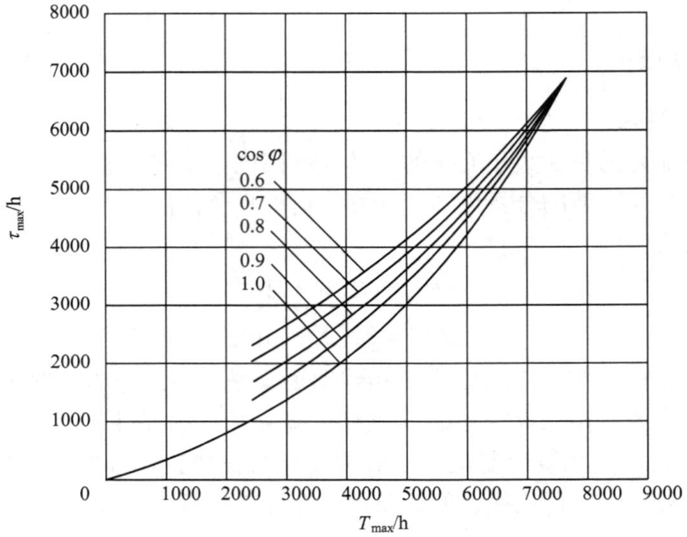

图 4-8 τ_{max}与 T_{max}、$\cos\varphi$ 的关系

2. 年电能损耗计算

(1) 线路的年电能损耗为

$$\Delta W_L = 3I_C^2 R\tau_{max} \times 10^{-3} \tag{4-29}$$

(2) 变压器的年电能损耗为

$$\Delta W_T = \Delta P_0 t_{op} + \Delta P_k \left(\frac{S_C}{S_r}\right)^2 \tau_{max} \tag{4-30}$$

式(4-29)和式(4-30)中，ΔW_L为线路的年有功电能损耗(kW·h)；ΔW_T为变压器的年有功电能损耗(kW·h)；t_{op}为变压器全年投入电网的运行时间(h)；τ_{max}为年最大负荷损耗小时数(h)。其余参数同式(4-25)和式(4-27)。

4.5 无功功率补偿

无功功率是在电源与负荷之间来回交换的电功率，它是由电感性和(或)电容性电抗产生的。供配电系统中的用电设备以电感性居多，因此在大多数情况下，总是需要电源提供感性无功功率。

按电磁感应原理工作的设备需要建立电磁场才能正常工作，感性无功功率的作用正是用于建立这个电磁场，因此，无功功率不是无用的功率，对于很多设备没有无功功率就不能工作。尽管无功功率不在负荷中消耗，但它在负荷与电源之间交换时必然会通过电网，会造成网损增加、电压损失加大、电网设备和线缆利用率降低等不良后果。减少电网中的无功功率，对供配电系统具有多方面的重要意义，电力公司对此也有明确的要求。

减少电网中的无功功率首先应着眼于提高自然功率因数，即提高设备本身的功率因数，这包括合理选用电动机、变压器以达到较佳工况，合理选择变配电所位置以减小线路长度，合理调度运行等措施。在采取以上措施后若仍不能满足功率因数要求，则应进行人工补偿。

4.5.1　功率因数的工程计算

功率因数 $\cos\varphi$ 是反映有功或无功功率相对大小的一个参量，电工学中有明确的计算方法。在实际工程中，负荷是时刻变化着的，每一时刻都有一个瞬时功率因数值。瞬时功率因数对系统运行控制等是一个有用的参数，但不适合电力公司用于考核用户功率因数，因为不能仅凭某一个或某几个瞬时的量值来判断用户功率因数的长期情况。此处所谓功率因数的工程计算，就是在遵守电工学基本原理的基础上，针对电力公司考核电力用户长期功率因数情况这一具体工程任务所提出的应对方案。

1. 公共电网对用户供配电系统功率因数的要求

功率因数这一参量的本质是反映有功功率在视在功率中的相对大小。由于电力公司一般会定期抄表，读取有功和无功电能数据，因此可以将一定时期内有功电能的相对大小作为同期用户功率因数的考核指标，称为平均功率因数，记为 $\cos\varphi_{av}$，即

$$\cos\varphi_{av}=\frac{W_P}{\sqrt{W_P^2+W_Q^2}} \tag{4-31}$$

式中，$\cos\varphi_{av}$为月（日、年）平均功率因数；W_P为月（日、年）有功电能（kW・h）；W_Q为月（日、年）无功电能（kvar・h）。

电力公司对供配电系统平均功率因数的要求为 10kV 及以上用户不低于 0.90，0.38kV 用户不低于 0.85。对于达不到要求的用户，电力公司可以采取经济处罚措施，甚至停止供电。

2. 设计阶段功率因数计算

按式(4-31)所示，平均功率因数 $\cos\varphi_{av}$需要系统运行数据才能计算出来。但在设计阶段，尚无系统运行数据，如何求取平均功率因数呢？由于在设计阶段掌握着计算负荷等预测参数，希望根据这些参数来求取功率因数，且结果与系统投入运行后电力公司实际考核的功率因数一致，这就需要找出 P_C、Q_C与 $\cos\varphi_{av}$的关系。参照式(4-1)～(4-4)，请看以下推导。

$$\cos\varphi_{av}=\frac{W_P}{\sqrt{W_P^2+W_Q^2}}=\frac{P_{av}t}{\sqrt{(P_{av}t)^2+(Q_{av}t)^2}}=\frac{\alpha P_C}{\sqrt{(\alpha P_C)^2+(\beta Q_C)^2}} \tag{4-32}$$

式中，α、β 为有功、无功负荷系数；P_{av}、Q_{av} 为考核期平均有功功率（kW）、无功功率（kvar）；t 为考核期时长(s)。

可见，平均功率因数理论上完全可以用计算负荷来表达，其准确度主要取决于 α、β 取值与实际情况的差异。式(4-32)就是供配电工程设计中采用的功率因数计算公式。

4.5.2　无功功率补偿原理与计算

1. 无功功率补偿原理

当用户平均功率因数达不到要求时，需要进行功率因数的人工补偿。所谓补偿，并不是减少设备本身的无功功率需求，而是减少设备向电源索取的无功功率。这就需要就近向设备提供其所需的无功功率，或者说需要在设备附近设置一个无功电源，这个无功电源就称为补偿装置。图 4-9 示出了无功补偿的原理，补偿前，负荷向电源索取无功功率 Q_C，Q_C通过整个电网；补偿后，补偿装置向负荷提供一定量的无功功率 Q_{CC}，通过电网的无功功率因此减少为(Q_C-Q_{CC})。

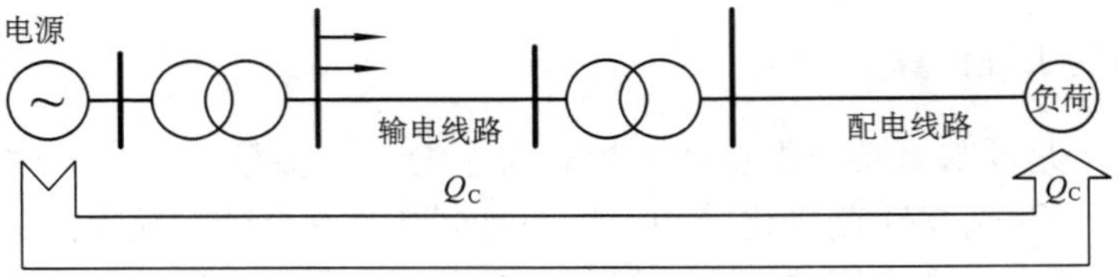

(a) 无补偿装置

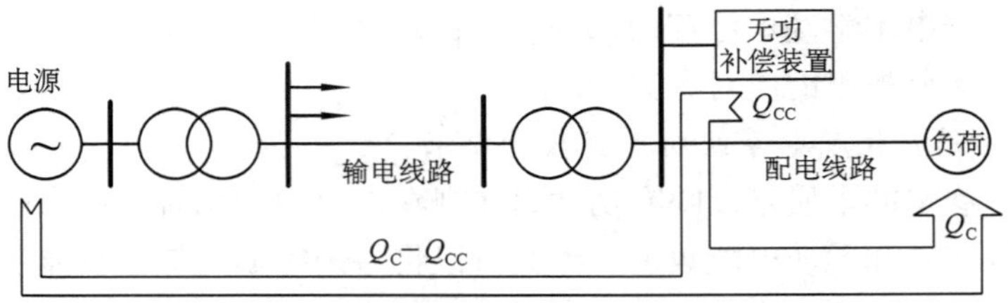

(b) 有补偿装置

图 4-9　无功补偿的原理

供配电系统多为感性负荷，因此无功补偿就是就近向负荷注入感性无功功率。这一工作常由消耗容性无功功率的装置实施，利用同一电压下容性无功与感性无功相位相反的特性，达到吸收容性无功等同于提供感性无功的效果。常用的补偿装置有同步发电机和电容器。同步发电机主要用于输变电系统的无功调节，供配电系统中则主要采用电容器补偿。近年来结合电力电子等新技术，出现了兼有无功补偿、谐波补偿、电压波动与闪变补偿等多种功能的综合补偿装置。本节主要介绍常规的电容器补偿。

2. 补偿容量计算

设用户补偿前的平均功率因数为 $\cos\varphi_1$，要求补偿后功率因数达到 $\cos\varphi_2$，则

补偿前：

$$\tan\varphi_1=\frac{Q_{av}}{P_{av}}=\frac{\beta Q_C}{\alpha P_C}$$

补偿后：

$$\tan\varphi_2=\frac{Q_{av}-Q_{CC}}{P_{av}}=\frac{\beta Q_C-Q_{CC}}{\alpha P_C}$$

式中，P_{av}、Q_{av}为补偿前的平均有功功率(kW)、无功功率(kvar)；P_C、Q_C为补偿前的计算有功功率(kW)、无功功率(kvar)；Q_{CC}为无功补偿容量(kvar)；α、β 为有功、无功负荷系数。

从上两式可求出无功补偿容量为

$$Q_{CC}=\alpha P_C(\tan\varphi_1-\tan\varphi_2) \tag{4-33}$$

3. 补偿电容器数量计算

补偿容量是靠多台电容器拼搭出来的。设单台电容器容量为 Q_r，则补偿所需电容器台数 n 为

$$n\geqslant\frac{Q_{CC}}{Q_r}$$

对于三相电容器，n 必须是整数；对于单相电容器，n 不仅必须是整数，还必须是 3 的

倍数，因为补偿是针对三相系统的。所以有时实际补偿量会大于计算补偿量，这时应对补偿后的实际功率因数重新校核。

4.5.3　补偿电容器的接线方式

补偿电容器的基本接线有三角形和星形两种。三角形接法时电容器直接接在线电压上，同等电容值下补偿容量是星形接法的3倍，但每相哪怕只有一只电容器发生贯穿性击穿，就会形成相间短路，故障电流很大，而星形接法发生同样故障时，非故障相电容器承受的电压由相电压升高为线电压，故障相电流仅为正常电容电流的3倍，远小于短路电流。因此，在较低电压等级的系统中才采用三角形接线，在高压系统中通常采用星形接线。就供配电系统而言，10kV以上系统采用星形或双星形接线，0.38kV系统采用三角形接线。

在采用星形接法时，为了充分利用电容器的容量，最好选择按相电压标定额定电压的电容器，如10kV系统可选用额定电压$11/\sqrt{3}$ kV的电容器进行星形连接，若选用额定电压11kV的电容器，因为工作时只承受相电压，其实际补偿容量仅为标称容量的1/3。

4.5.4　无功补偿的控制方式

因为负荷是时刻变化着的，为了避免过补偿的情况出现或为了避免轻载时电压偏高，可根据负荷变化情况对补偿容量进行调整。常用的方式有以下3种。

1. 固定无功补偿

即以恒定的补偿容量进行补偿，适用于负荷平稳的系统。

2. 手动投切的无功补偿

根据系统所需补偿量大小手动增加或减少补偿电容器的组数，以维持设定的功率因数范围。这种控制方式适用于自然功率因数变化较大，但变化不频繁且有一定规律性的系统。

3. 自动投切的无功补偿

根据补偿效果自动确定投、切电容器的组数。适用于自然功率因数变化较频繁或变化规律性不强的系统。

4.5.5　补偿装置的装设地点

理论上，补偿装置距负荷越近，电网受益补偿效果的范围越大，但受补偿的负荷范围越小。在供配电系统中，综合考虑造价、运行控制、维护管理等因素，一般有三种安装方式可供选择：就地补偿、低压集中补偿和中(高)压集中补偿。

1. 就地补偿

将补偿装置设置在用电设备附近，一般与设备一起投切。这种方式补偿效果作用范围最大，从用电设备至电源的整个电网都减少了无功功率，但投资大、维护管理不便，且存在合闸涌流冲击、与用电设备相互影响等诸多技术问题，一般较少采用。

2. 低压集中补偿

将补偿装置设置在变配电所低压侧母线上，补偿对象通常与变压器相对应，一般有手动或自动投切控制。这种方式不能减少低压母线与用电设备之间电网的无功功率，但可减少通过变压器的无功功率，运行、维护管理都比较方便，是目前较常用的一种方式，适合于大多数一次降压的供配电系统。

3. 中(高)压集中补偿

将补偿装置设置在变配电所中(高)压母线上，通常与电源进线相对应。这种方式不能减少通过变压器的无功功率，补偿效果作用范围小，但装设集中，受补偿的负荷范围大，一般用于二次降压的供配电系统中的次级变配电所。

4.6 负荷计算示例

负荷计算一般从负荷侧开始，逐点向电源侧推算。下面以一个典型的城区配电网为例，用需要系数法演示如何计算从用户配电箱至开闭所电源进线之间的计算负荷，如图 4-10 所示。

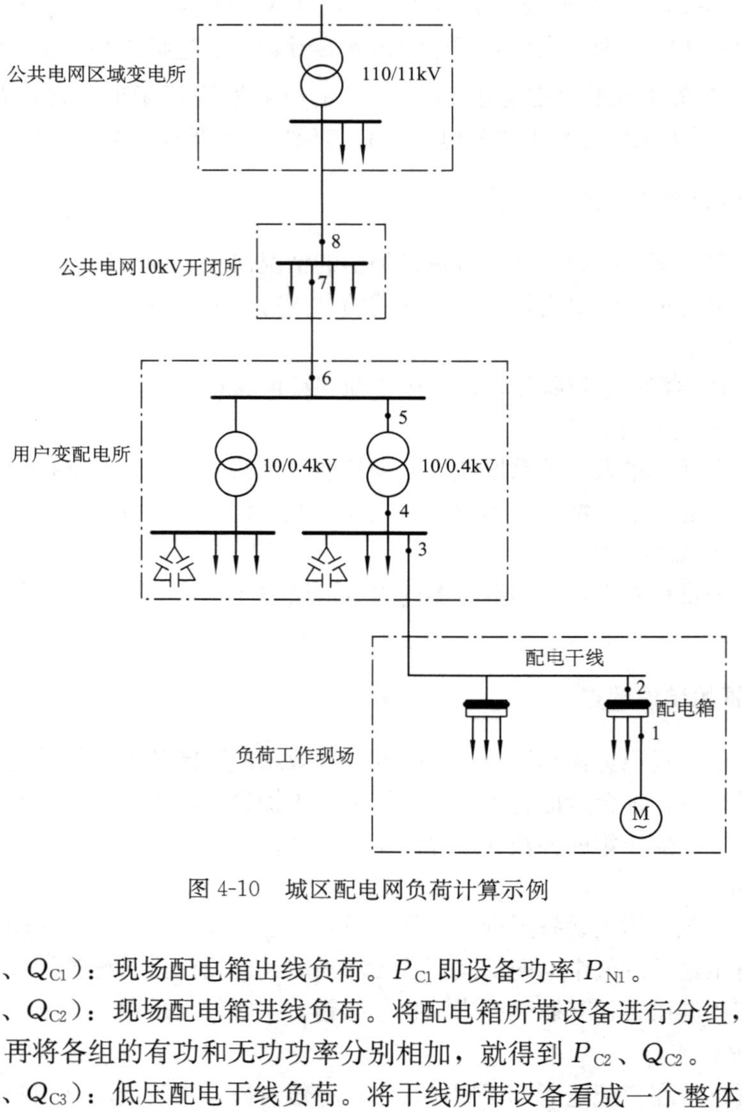

图 4-10　城区配电网负荷计算示例

负荷 1(P_{C1}、Q_{C1})：现场配电箱出线负荷。P_{C1} 即设备功率 P_{N1}。

负荷 2(P_{C2}、Q_{C2})：现场配电箱进线负荷。将配电箱所带设备进行分组，计算出每组设备的计算功率，再将各组的有功和无功功率分别相加，就得到 P_{C2}、Q_{C2}。

负荷 3(P_{C3}、Q_{C3})：低压配电干线负荷。将干线所带设备看成一个整体(即不考虑设备属于哪一只配电箱)进行分组，计算出每组设备的计算功率，然后将各组的有功和无功功率分别相加，再乘以配电干线同时系数 $K_{\Sigma P}$ 、$K_{\Sigma Q}$ ，就得到 P_{C3}、Q_{C3}。

负荷 4(P_{C4}、Q_{C4})：用户变压器低压侧负荷。将变压器所带设备看成一个整体(即不考虑设备属于哪一路干线或哪一只配电箱)进行分组，计算出每组设备的计算功率。将各组的有功功率相加，再乘以变配电所的同时系数 $K_{\Sigma P}$，就得到 P_{C4}；将各组无功功率相加，再乘以同时系数 $K_{\Sigma Q}$，并减去无功补偿容量 Q_{CC}，就得到 Q_{C4}。

负荷 5(P_{C5}、Q_{C5})：用户变压器高压侧负荷。负荷 4 加上变压器损耗，就是负荷 5，即

$$P_{C5}=P_{C4}+\Delta P_T$$
$$Q_{C5}=Q_{C4}+\Delta Q_T$$

式中，ΔP_T、ΔQ_T为变压器的有功和无功功率损耗。

负荷 6(P_{C6}、Q_{C6})：用户变配电所电源进线负荷，也是用户向电力公司申请的供电容量。直接将负荷 5 相加即可

$$P_{C6}=\sum P_{C5}$$
$$Q_{C6}=\sum Q_{C5}$$

负荷 7(P_{C7}、Q_{C7})：开闭所馈出线负荷。负荷 6 加上线路功率损耗，就得到负荷 7，即

$$P_{C7}=P_{C6}+\Delta P_L$$
$$Q_{C7}=Q_{C6}+\Delta Q_L$$

式中，ΔP_L、ΔQ_L为开闭所馈出线的有功和无功功率损耗。

负荷 8(P_{C8}、Q_{C8})：开闭所电源进线负荷。将开闭所各馈出线回路负荷相加，再乘以开闭所的同时系数，即

$$P_{C8}=K_{\Sigma P}\sum P_{C7}$$
$$Q_{C8}=K_{\Sigma Q}\sum Q_{C7}$$

至此，负荷计算的任务完成。负荷 1～4 还可以采用利用系数法和二项式法等方法进行计算；负荷 5～8 计算与选用的负荷计算方法无关。

思考与练习题

4-1 请判断以下说法是否正确。

(1) 日负荷曲线不一定都是半小时阶梯曲线。

(2) 年最大负荷持续曲线是数据统计曲线，而非原始记录曲线。

(3) 一个月中，每日日平均负荷的算术平均值等于月平均负荷。

(4) 有功负荷曲线与无功负荷曲线的峰、谷值通常不在同一时间出现。

(5) 日有功负荷曲线与时间轴所围合的面积，对应于一天内所消耗的电能。

4-2 某车间日有功负荷平均值为 231kW、峰值负荷为 302kW，试计算其有功负荷系数。

4-3 已知某单位日有功负荷曲线峰值为 516kW，有功负荷系数为 0.77，试计算其一天所消耗的电能。

4-4 某食品加工厂工作日典型有功日负荷曲线如图 4-11 所示。该企业全年生产天数为 236 天，非工作日负荷为冷藏冷冻等恒定负荷，量值为 60kW。

(1) 试绘制年最大负荷持续曲线。

(2) 试计算年最大负荷利用小时数 T_{max}。

4-5 某电力用户半小时有功日负荷曲线峰谷差为 271kW，谷值功率为 375kW。试确定该用户的计算有功功率。

4-6 某商场日用电量为 8700kW·h，有功负荷系数为 0.79，试求其计算有功功率。

4-7 某车间从事大批量冷加工生产，冷加工机床总功率为 235kW，其中大功率设备有 18.5kW 两台、15kW 一台、11kW 四台。试分别用需要系数法和二项式法求取该车间冷加工机床的计算负荷。

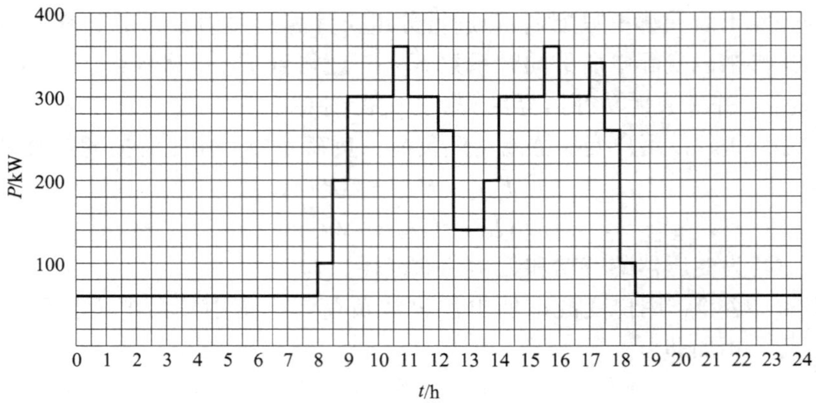

图 4-11　题 4-4 图

4-8　某 220/380V 低压配电线路上所接单相负荷如表 4-2 所示，试计算该线路的计算负荷。

表 4-2　题 4-8 表

设备额定电压/V	380			220		
接入相别	L1、L2	L2、L3	L3、L1	L1、N	L2、N	L3、N
计算功率/kW	21	25	22	15	11	12
功率因数	0.82	0.85	0.80	0.85	0.83	0.81

4-9　试判断以下说法是否正确。

(1) 电力线缆上损耗的电能绝大部分转化为热能。

(2) 用电设备消耗的电能绝大部分转化为热能。

(3) 用电设备无功功率是没有转化为电磁能量以外的其他形式能量的那一部分电功率。

(4) 变压器的功率损耗与变压器负载率平方成正比。

(5) 无功补偿就是要减少用电设备工作所需要的无功功率。

(6) 三相负荷不平衡时，三相功率因数也可能不相同，分相无功补偿效果更好。

(7) 用电负荷有功和无功功率同时增大或减小，只要其比例维持不变，功率因数基本不变，因此电容补偿容量不需要调整。

4-10　一路长 3km 的 10kV 电缆线路向一台 SC-1000/10、10/0.4kV 的变压器供电。电缆的电阻、电抗分别为 0.321Ω/km 和 0.093Ω/km；变压器以低压侧负荷计算的负载率为 85%，0.4kV 侧功率因数为 0.92，T_{max}=4200h，变压器的其他参数请查阅附表 7。试计算线路和变压器的功率损耗与年电能损耗。

4-11　条件同题 4-10，变压器二次侧负荷量值不变。试分别计算变压器为 SC-1250/10、10/0.4kV 和 SC-1600/10、10/0.4kV 时，变压器的负载率和功率损耗，并列表对比分析变压器负载率与功率损耗的关系。

4-12　某变压器型号为 SC-800/10、10/0.4，低压侧计算有功、无功功率分别为 620kW、465kvar。变压器相关参数请查阅附表 7。

(1) 若要求将变压器 10kV 侧功率因数补偿到 0.9，则变压器低压母线上应并联多大容量的电容器？

(2) 若选用额定电压 0.4kV、单台标称容量 16kvar 的单相电容器作补偿，按三角形接线，需要多少只电容器？

(3) 若选用额定电压 0.525kV、标称容量 30kvar 的三相电容器作补偿，又需要多少只电容器？

(4) 试分别计算补偿前、后变压器的负载率和功率损耗。

(5) 若补偿前后 T_{max}=4200h 不变，试计算通过无功补偿变压器每年减少了多少电能损耗？

第 5 章　短路电流计算

供配电系统不仅承载正常工作条件下的负荷功率，还可能经受各种故障情况下的能量冲击。供配电系统发生能量冲击的途径有很多，作用方式主要表现为过电流冲击和过电压冲击。电网元件上电流超过正常电流值的情况称为过电流，包括过负荷和短路，短路是最严重的过电流。本章主要分析远端三相短路特征，介绍三相短路电流计算方法，并概要介绍不对称短路及计算的主要概念。

5.1 短路概述

5.1.1 短路发生的原因与危害

所谓短路，是指系统带电导体之间或带电导体与其他可导电部分(包括外界可导电部分，如大地)之间发生了阻抗可忽略的非正常电气连接，导致电源与故障点之间形成阻抗量值远小于负载阻抗的回路。短路是电力系统的常见故障之一。

短路回路阻抗量值很小，因此短路的最大特征是故障电流很大，是系统自身能量所能提供的最大电流值。

1. 短路发生的原因

短路发生的根本原因是系统中某一部位正常的绝缘状态遭到破坏。绝缘遭到破坏的具体原因很多，根据长期的事故统计分析，主要有以下一些具体原因。

(1) 外加电压过高。电气设备的绝缘强度有一定限度，当外加电压超过绝缘的耐压时，绝缘可能被击穿，从而造成短路。外加电压过高的常见原因是雷击和高电位侵入，如雷电过电压造成的线路对杆塔闪络，就是一种常见的短路形式。

(2) 绝缘性状劣化。高分子绝缘材料老化、气体绝缘湿度增大、绝缘子表面污秽等都会导致绝缘材料绝缘性能降低。当绝缘性能降低达到一定程度时，在正常工作电压或允许过电压的作用下，绝缘可能被击穿。

(3) 外界机械损伤。开挖路面损伤电缆，塔吊吊臂打断架空线等，都可能导致短路。

(4) 误操作。最常见的是带负荷拉开隔离开关和未拆检修接地线合闸引起的短路。

(5) 动、植物危害。如小动物跨越带电导体，或藻类植物生长造成的带电导体间净距减小，或真菌等造成的绝缘性能下降，都可能引发短路。

(6) 其他意外情况。如风筝缠挂、蔬菜大棚被大风吹到架空线上形成跨线连搭、人员攀爬等。

2. 短路的危害

(1) 短路电流远大于正常工作电流，短路电流产生的力效应和热效应足以使设备受到破坏。

(2) 短路点附近母线电压严重下降，使接在母线上的其他回路电压严重低于正常工作电压，影响电气设备的正常工作，甚至可能造成电机烧毁等事故。

(3) 短路点处可能产生电弧，电弧高温对人身安全及环境安全带来危害。如误操作隔离开关产生的电弧短路常会使操作者严重灼伤，低压配电系统的不稳定电弧短路可能引发火灾等。

（4）不对称短路可能在系统中产生复杂的电磁过程，从而产生过电压等新的危害。

（5）不对称短路使三相磁场不平衡，造成空间电磁污染，影响通信系统和电子设备的正常工作。

5.1.2 短路类型

就我国工频交流系统现状来看，中、高压系统均为三相三线制系统，没有中性线，而低压系统有三相三线制、三相四线制和单相二线制等形式，有的有中性线，有的没有，且相导体接地是否形成短路与系统中性点接地方式和系统标称电压等有关，因此以下短路类型的划分，按中、高压系统和低压系统分别介绍，其中电源接地与不接地又有所不同。

1. 中、高压系统短路类型

中、高压系统均无中性线和保护线，其短路类型如下。

对中性点接地系统，可能发生的短路类型有：三相短路 k3、两相短路 k2、单相接地短路 k1(也可以表示为 kE1)，以及两相短路接地 k2E，它是指两相短路并在短路点接地，如两相导体通过绝缘子向同一接地的金属横担闪络。

对中性点不接地系统，可能发生的短路类型有：三相短路 k3 和两相短路 k2。另外，异相接地 kEE 也可以算作一种特殊类型的短路，它是指有两相分别接地、但接地点不在同一位置而形成的相间接地短路。中性点不接地系统单相接地 E 由于没有与电源构成小阻抗回路，所以不是一种短路。

中、高压系统各种类型的短路如图 5-1 所示。各种类型的短路中，三相短路又称为对称短路，其余的称为非对称短路。

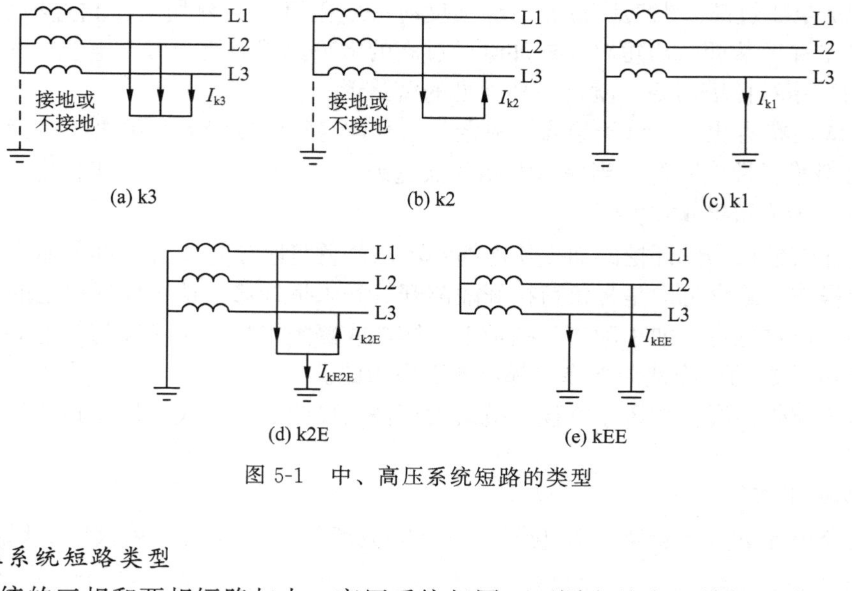

图 5-1 中、高压系统短路的类型

2. 低压系统短路类型

低压系统的三相和两相短路与中、高压系统相同，不同之处在于单相短路，主要原因是低压系统接地与单相短路的关系与中、高压系统有所不同，如表 5-1 所示。

表 5-1　低压系统接地故障与单相短路故障

<table>
<tr><td colspan="3">系统接地形式</td><td>TN-S</td><td>TN-C</td><td>TT</td><td>IT</td></tr>
<tr><td rowspan="3">故障类别</td><td rowspan="2">接地 d</td><td>构成单相短路 k1</td><td>L-PE</td><td>L-PEN</td><td></td><td></td></tr>
<tr><td>不构成单相短路</td><td colspan="4">L-E，N-E</td></tr>
<tr><td colspan="2">带电导体间单相短路 k1</td><td>L-N</td><td></td><td>L-N</td><td>L-N</td></tr>
</table>

注：表中字符“L”表示相导体，“N”表示中性导体，“PE”表示保护导体，“E”表示实体大地，“-”表示阻抗可忽略的直接电气连接。

与中高压系统略有不同的是，在低压系统中，“接地故障”是一个专门的故障类别而不仅仅是一种故障形式。接地故障除了指带电导体(含中性导体)直接与大地连接外，还包括带电导体与和大地有电气联系的其他导体的连接，如接地的设备外壳、接地的 PE 线、置于地上的外界可导电部分等。低压系统接地故障用字符“d”表示，它除了包括带电导体直接与大地连接的含义“E”外，还包括通过其他导体间接与大地电气连通的情况。以下对表 5-1 作两点解释。

1) 单相短路故障有可能是接地故障，也可能不是接地故障

有中性线的系统，不管中性点是否接地，都存在相导体 L 与中性导体 N 之间的单相短路 k1，又称为相中短路。这与中、高压中性点不接地系统不存在单相短路有所不同。

IT 系统由于中性点不接地，中性线与大地无电气联系，因此其相中短路不是接地故障。TT、TN-S 系统中性线均接地，相中短路符合接地故障的定义，但因为 N 线为带电导体，按惯例将相中短路划归为单相短路故障类别，而非接地故障类别。

TN-S 系统中，还存在相导体 L 与保护导体 PE 的单相短路，又称为相保短路。相保短路尽管也是单相短路，但 IEC 标准将其划归为接地故障类别，原因在于接地故障(包含 TN-S 系统相保短路及其他接地故障)除了危害系统自身外，还可能产生电击和电气火灾等更严重的环境危害，其危险性大于带电导体之间的短路。在故障名称上作出区别，就是为了明确区分这两类后果不同的故障形式。

相中和相保短路如图 5-2(a)、(b)、(c)所示。

应该指出，虽然 IT 系统大多数时候是不宜引出中性线的，但不是绝对不能引出中性线，因此其相中单相短路不能忽略不计。

2) 相地直接连接的接地故障都不是单相短路

IT 系统相导体直接接地不能形成故障回路，不是短路。中性点接地的 TN 和 TT 系统中，相地直接连接(即表 5-1 中的“L-E”)的接地故障也都不是短路故障，这与中、高压系统是不同的。以如图 5-2(d)所示 TT 系统为例，故障回路包含系统中性点接地电阻 R_N 和故障点接地电阻 R_F，接地电阻量值范围通常为几欧姆到几十欧姆，在单相 220V 电压作用下，故障回路上电流大则几十安培，小则几安培，与负荷电流同量级，一般不视为短路故障。实际上，低压系统因为电源电压低，毫欧姆量级的故障回路才可能成为短路回路；而中、高压系统电源电压高，欧姆量级的故障回路也能成为短路回路。

3. 横向短路与纵向短路

以上介绍的都是带不同电位导体之间的短路，又称为横向短路。还有一类短路，是同一带电导体不同点之间阻抗可忽略的非正常电气连接，称为纵向短路，如变压器的匝间短路

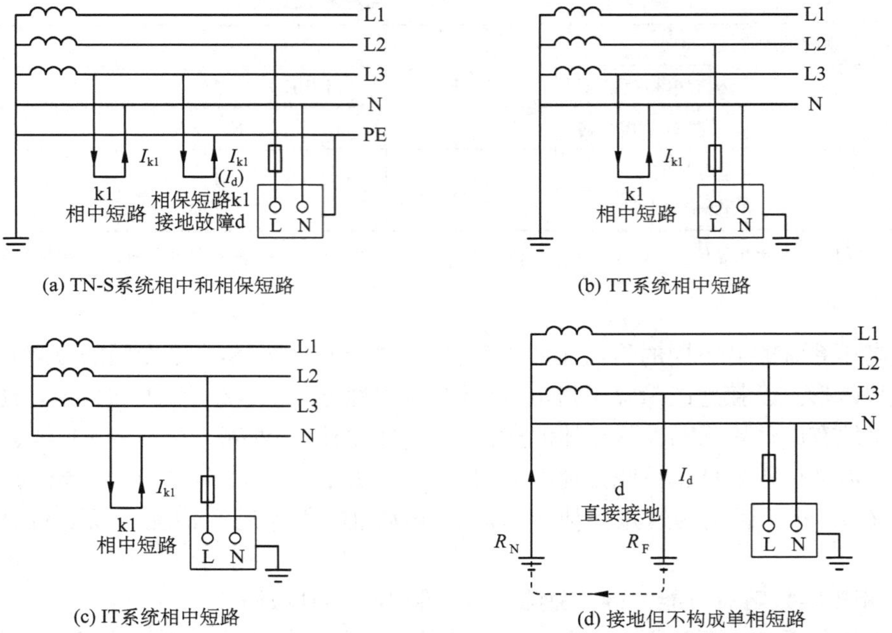

图 5-2　低压系统单相短路故障 k1 与接地故障 d

等。两者的差别在于：横向短路故障电流很大，且故障电流流过短路回路的其他非故障元件，对系统产生危害，而纵向短路因驱动电压很低，故障电流通常很小，对其他非故障元件几乎没有影响，但对故障元件有可能产生危害。

由于本章主要关注的是短路故障能量对系统的冲击问题，而纵向短路对系统非故障部分基本没有影响，故本章只讨论横向短路问题。

5.2　供配电系统三相短路暂态过程

5.2.1　远端短路及其电源模型

1. 近端短路与远端短路

一般将靠近发电机的短路称为近端短路，最严重的近端短路是发电机机端短路；将远离发电机的短路称为远端短路。这里的“远”、“近”主要取决于短路回路的阻抗大小和单台发电机提供了多大的短路电流。

近端短路的特点是短路电流会在发电机定子和转子绕组及铁心中产生复杂的电磁暂态过程，导致发电机运行状态发生变化，而发电机运行状态变化又会影响短路电流大小，两者互为因果，导致短路电流关联关系较为复杂。加之发电机还设置了励磁调节等自动控制环节，在短路发生后可能按不同预案实施自动控制，使短路电流变化更为复杂多样。

远端短路的短路点离发电机很远，其间有较大的阻抗，加之短路电流分布到电网的多台发电机中，每台发电机因短路而产生的电流变化较小，可以不考虑短路对发电机运行状态的影响，因此远端短路的特点是只涉及网络阻抗的变化，不涉及电源的变化。

供配电系统处于电力系统的最末端，所发生的短路都可以认为是远端短路，仅当系统有自备发电机时除外。

2. 远端短路的电源模型

远端短路时，短路电流是由整个电网提供的。这个电网如此庞大、复杂，以至于根本不可能对其作出全面的描述，且由于这个电网总体上起的是一个电源的作用，因此希望找到一种简洁的形式，只要将电网作为电源的作用表达出来即可，这就是此处所说的远端短路的电源模型。

分析远端短路时，通常将短路点电源侧电网的某一点选为电源点，将电源点电源侧的整个电力系统看成一个电源，称为系统电源；将电源点至短路点间的电气通路称为短路回路①。

短路电流是由系统电源在短路回路中驱动产生的。系统电源由理想电压源和系统阻抗(相当于电压源内阻抗)构成。理想电压源的电压取值要考虑电网电压调整等因素，还要考虑短路电流计算的目的，具体取值方法在5.4节介绍；系统电源的内阻抗是电源点电源侧整个网络及发电机共同形成的，与所选择的电源点位置有关。如图5-3(a)所示，低压干线F1点短路时，S1、S2、S3和S4等处均可选为电源点。图5-3(b)、(c)所示分别为选择S1和S3为电源点时，系统电源的情况，两者均为理想电压源串联系统阻抗。由于S1与S3点所处电网电压等级相同，这两种情况下理想电压源的电压相同，但串联的阻抗不同。若S1与S3点不在同一个电压等级，则理想电压源电压也不同。

若某一点系统电源内阻抗为零，则称该点电源侧系统为“无限大容量电源”系统，意指不论这一点负荷侧发生何种扰动，该点的电压幅值和频率都维持恒定。

供配电系统中常见的情况是：分析0.38kV系统的短路时，可近似认为10kV侧是无限大容量电源；分析10kV系统短路时，可近似认为110kV侧为无限大容量电源。当需要更精确的计算时，可将无限大容量电源点上推一个电压等级，或根据电源点的短路容量推算系统电源阻抗。以下的分析均以无限大容量电源为前提。

5.2.2 磁链守恒与电流的强制分量和自由分量

磁通 ϕ 与链着磁通的回路匝数 W 之积称为磁链 ψ，即 $\psi=W\phi$。磁链守恒定律可用以下两条定则来表述。

(1) 任何一个闭合回路中的磁链都不可能发生突变。

(2) 当有外力迫使一个闭合回路中的磁链发生突变时，回路中将产生一个感应电流来抵消这个突变。

磁链表明了磁场能量的大小，磁功率就是磁场能量对时间的变化率。若磁链发生突变，说明在某一瞬间有一个无穷大的磁功率产生，这显然是不可能的，磁链守恒定律的物理意义就在于此。

磁链守恒定律在电路中的具体表现是：电感电流不能突变。闭合回路中的电源总是会驱动产生一个电流，称这个由电源所驱动的电流为强制电流。当电源或电路发生突变时，强制电流都会有突变产生，而远端短路正好是一种电路突变。按电感中电流不能突变的原理，在强制电流突变的瞬间，回路中会产生一个抵消这种突变的电流，这个电流没有电源维持，称

① 工程上也常将短路计算等效电路中理想电压源输出端至短路点之间的整个电气通路称为短路回路，这两种含义通常不会导致混淆，可根据具体情况理解。

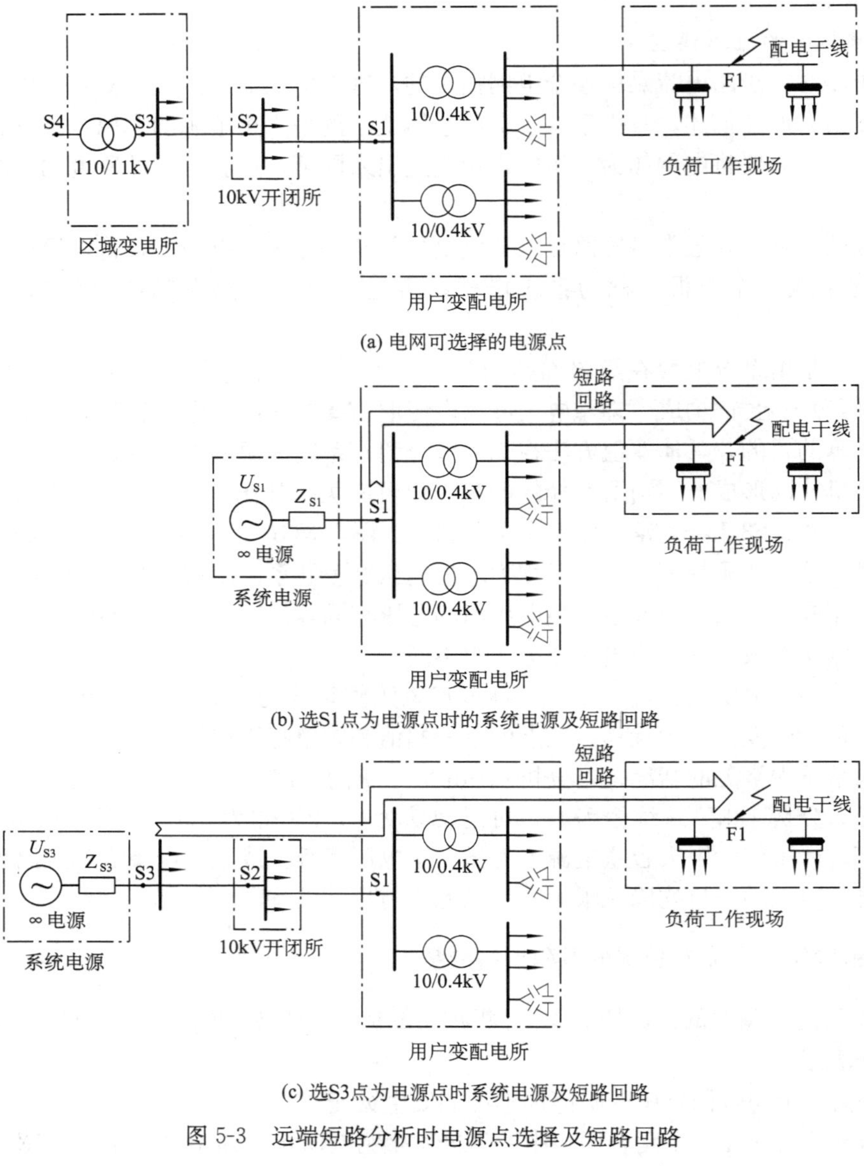

(a) 电网可选择的电源点

(b) 选S1点为电源点时的系统电源及短路回路

(c) 选S3点为电源点时系统电源及短路回路

图 5-3　远端短路分析时电源点选择及短路回路

为自由电流。自由电流由于没有电源持续提供能量，会因在回路电阻上的损耗而逐渐衰减。

若一个电流由强制电流和自由电流共同构成，则将强制电流称为这个电流的强制分量，自由电流则称为这个电流的自由分量。

5.2.3　三相短路过程分析

1. 短路前系统分析

短路前系统如图 5-4(a)所示，图中示出了短路点位置，但先考虑的是短路还未发生时的情况。由于短路前、后系统都是三相对称的，所以画出其单相等效电路如图 5-4(b)所示。

已知某相电源电压 $u_{\varphi}(t)=U_{\mathrm{m}}\sin(\omega t+\alpha)$，由于是无限大容量电源，故 $u_{\varphi}(t)$ 在短路前、后均保持不变。

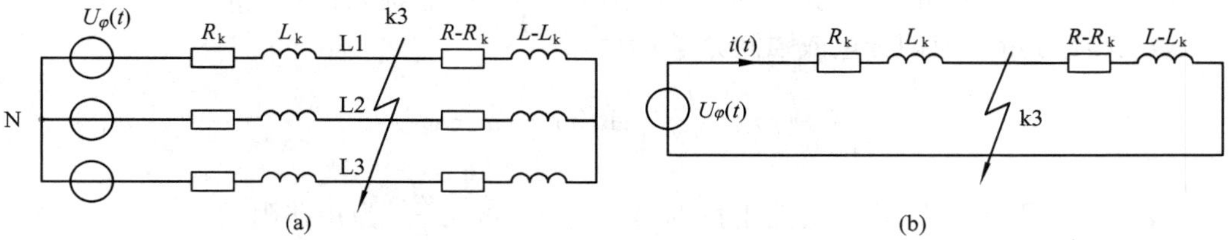

图 5-4　三相短路分析等效电路

R、L-回路总阻抗(电网与负载阻抗之和)；R_k、L_k-电源到短路点间的阻抗；$u_\varphi(t)$-相电压

以短路发生时刻为 $t=0$，规定短路发生前、后电流 $i(t)$的符号表示为

$$i(t)=\begin{cases} i_0(t), & t<0 \\ i_k(t), & t\geqslant 0 \end{cases}$$

则短路发生前

$$i_0(t)=I_{m0}\sin(\omega t+\alpha-\varphi_0) \tag{5-1}$$

式中，$I_{m0}=U_m/\sqrt{R^2+(\omega L)^2}=U_m/|Z|$，$|Z|=\sqrt{R^2+(\omega L)^2}$，$\varphi_0=\arctan\dfrac{\omega L}{R}$。

短路发生前的电压电流波形如图 5-5 中纵坐标轴左侧所示，图中电流的幅值取决于回路总阻抗大于，电流落后于电压的相角 φ_0 等于回路总阻抗的阻抗角。回路总阻抗由电网阻抗与负载阻抗共同构成，以负载阻抗为主。

2. 短路暂态过程分析

1）定性分析

(1) 由于短路回路的阻抗(简称短路阻抗)远小于正常工作回路的阻抗，在无限大容量电源的作用下，短路回路中将产生一个远大于正常工作电流的交流短路电流。这一电流为电源产生，故称为短路电流的强制分量；又因为这一电流为正弦交流电流，故又称为短路电流的周期分量或交流分量。

(2) 由于短路后正弦交流电流幅值与相位都发生了变化，与短路前的正弦交流电流在短路瞬间可能会有量值突变产生，也即磁链会有突变的趋势，根据磁链守恒定律，短路回路中将感应一个电流来抵消这一突变。这个电流没有电源维持，故称为短路电流的自由分量；又由于它不是交变的，因此又称为短路电流的非周期分量或直流分量。

2）定量分析

(1) 电路微分方程。用 KVL 分析图 5-4(b)所示电路，有

$$u_\varphi(t)=i_k(t)R_k+L_k\frac{di_k(t)}{dt}$$

将上式两边同时除以 L_k，并将 $u_\varphi(t)=U_m\sin(\omega t+\alpha)$代入，有

$$\frac{di_k(t)}{dt}+\frac{R_k}{L_k}i_k(t)=\frac{U_m}{L_k}\sin(\omega t+\alpha) \tag{5-2}$$

式(5-2)为一个线性常系数一阶非齐次微分方程，其解由通解与特解两部分构成。

通解(直流分量、非周期分量或自由分量)为

$$i_{DC}(t)=Ae^{-\frac{R_k}{L_k}t}$$

式中，A 为积分常数，待定；$i_{DC}(t)$为短路电流的非周期(直流)分量，为自由分量。

特解(交流分量、周期分量或强制分量)为

$$i_{AC}(t)=\frac{U_m}{|Z_k|}\sin(\omega t+\alpha-\varphi_k)$$

式中，$|Z_k|=\sqrt{R_k^2+(\omega L_k)^2}$为短路阻抗的模；$\varphi_k=\arctan\frac{\omega L_k}{R_k}$为短路阻抗角；$i_{AC}(t)$为短路电流的周期(交流)分量，为强制分量。

令$\frac{U_m}{|Z_k|}=I_{m\cdot AC}$，则

$$i_k(t)=i_{AC}(t)+i_{DC}(t)=I_{m\cdot AC}\sin(\omega t+\alpha-\varphi_k)+Ae^{-\frac{R_k}{L_k}t} \tag{5-3}$$

(2) 确定积分常数 A。考查 $t=0$(即短路发生瞬间)前后 $i(t)$的大小：

$t=0_-$时，由式(5-1)可知，$i(0_-)=i_0(0)=I_{m0}\sin(\alpha-\varphi_0)$

$t=0_+$时，由式(5-3)可知，$i(0_+)=i_k(0)=I_{m\cdot AC}\sin(\alpha-\varphi_k)+A$

根据磁链守恒定律，应有 $i_0(0)=i_k(0)$，故

$$A=I_{m0}\sin(\alpha-\varphi_0)-I_{m\cdot AC}\sin(\alpha-\varphi_k) \tag{5-4}$$

从式(5-4)可知，A 即短路前后电流周期分量突变量的大小，它作为非周期分量电流 $i_{DC}(t)$在 $t=0_+$时的量值，正是来抵消交流分量的突变量的。于是，短路发生后短路回路电流为

$$i_k(t)=I_{m\cdot AC}\sin(\omega t+\alpha-\varphi_k)+[I_{m0}\sin(\alpha-\varphi_0)-I_{m\cdot AC}\sin(\alpha-\varphi_k)]e^{-\frac{R_k}{L_k}t} \tag{5-5}$$

3) 波形及特点

短路发生前后，电压、电流的波形如图 5-5 所示。

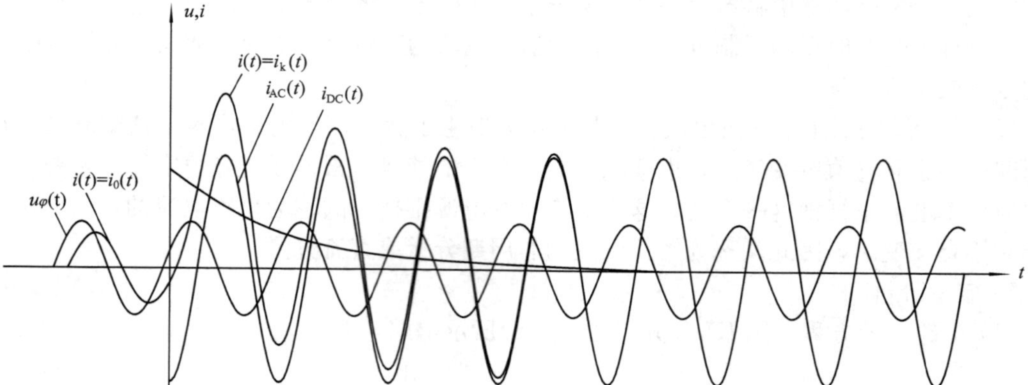

图 5-5　短路电流波形

从图 5-5 中可以看出，短路电流有以下特征。

(1) $i_k(t)$是周期分量与非周期分量的叠加。

(2) 周期分量由电源维持恒定，非周期分量因为在短路电阻 R_k上产生损耗而衰减，经过若干周期后，非周期分量衰减完毕，此后只剩下周期分量。

(3) 电流变化过程为：短路前交流稳态(小)→短路时瞬态冲击(最大)→短路后交流稳态(大)。

5.3 供配电系统三相短路全电流特征分析

5.3.1 三相短路全电流极大值条件分析

三相短路电流周期分量与非周期分量之和称为三相短路全电流。为了求得三相短路全电流的最大值，对图 5-5 中全电流波形作以下几点分析。

(1) 最大值出现在第一个峰值上，为周期分量幅值与非周期分量在该时刻的瞬时值之和。

(2) 周期分量大小只与短路阻抗有关，一旦短路点位置确定，周期分量的幅值大小也就确定了。

(3) 非周期分量大小，与短路瞬间电流周期分量"突变"量的大小和衰减时间常数有关。后者取决于系统参数，对一个给定的系统，衰减时间常数是确定的；而前者在短路点位置确定的情况下，与短路发生的时刻和短路前的电流大小有关。

从以上分析可知，对于一个给定系统在确定位置处发生的短路，要找出三相短路全电流的最大值，就是要分析何种条件下非周期分量会取得最大初始值。

在架空线为主的高压系统中，线路阻抗中电抗成分远大于电阻成分，即 $\omega L_k \gg R_k$，故 $\varphi_k = \arctan \dfrac{\omega L_k}{R_k} \approx 90°$，于是，式(5-5)变成

$$i_k(t) \approx -I_{m \cdot AC}\cos(\omega t+\alpha)+[I_{m0}\sin(\alpha-\varphi_0)+I_{m \cdot AC}\cos\alpha]e^{-\frac{R_k}{L_k}t} \tag{5-6}$$

根据以上的分析，现在就是要求取$[I_{m0}\sin(\alpha-\varphi_0)+I_{m \cdot AC}\cos\alpha]$的最大值。严格的分析，应该通过对 α 和 φ_0、I_{m0} 求导，并令导数等于零来求得极值条件，但求导所得为超越方程组，求解析解十分困难，数值解又不具备定性分析的价值，因此根据工程实际情况，按以下方法求解。

从式(5-6)可知，非周期分量初始值为两项之和，由于 $I_{m \cdot AC} \gg I_{m0}$，故第二项所占比重远大于第一项，因此可以先让第二项取得最大值，令 $\alpha=0$ 即可取得该最大值，量值为正值 $I_{m \cdot AC}$。$\alpha=0$ 意味着短路发生在相电压过零的时刻，于是第一项演变为 $I_{m0}\sin(\alpha-\varphi_0)=-I_{m0}\sin\varphi_0$。由于短路前系统负载一般是感性的，$0<\varphi_0<90°$，故第一项总是负值，它的作用总是使两项之和减小。为了使两相之和取得最大，只有令第一项 $-I_{m0}\sin\varphi_0=0$，由于 φ_0 主要取决于负载功率因数，$\sin\varphi_0 \neq 0$，故只有 $I_{m0}=0$ 才能使第二项为零，此即意味着短路前系统为空载。

逻辑上看，若令 α 不为零而为某一正值，这时虽然第二项不为最大，但第一项可能为正，有没有可能这时两项之和比 $\alpha=0$、$I_{m0}=0$ 时更大呢？理论上是有可能的，但实际上，因 $I_{m \cdot AC}$ 通常是 I_{m0} 的几倍至几百倍，增加 α 使第一项得到的增加量，远远抵不上增加 α 使第二项产生的减少量，故从实际情况看，$\alpha=0$、$I_{m0}=0$ 是使 $i_k(t)$ 峰值达到最大值的准确条件。

因此，对一个电抗远大于电阻的感性系统，当短路前为空载，且相电压过零时发生短路，其短路电流将达最大值，这个最大值为

$$i_{k \cdot max}(t) = -I_{m \cdot AC}\cos\omega t + I_{m \cdot AC}e^{-\frac{R_k}{L_k}t} \tag{5-7}$$

此时三相短路电流的波形如图 5-6 所示。

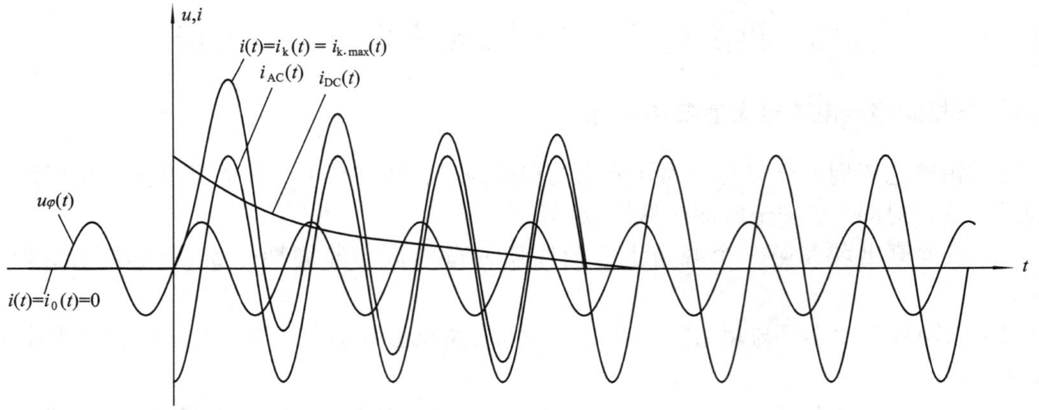

图 5-6 三相短路电流取得最大值时的波形图

对于以电缆为主的中、低压系统，线路阻抗中电抗成分与电阻成分相当，很多情况下甚至电阻成分还要大一些，即 $\omega L_k \gg R_k$ 条件不成立。但按照以上同样的思路，很容易得出类似的结论：对短路前为感性负载的系统，当 $|\alpha-\varphi_k|=90°$ 时短路，且短路前空载，短路电流取得最大值。

应当明确，以上讨论是针对某一相而言的。三相短路电流周期分量是三相对称电流，大小相等，但相位差 120°，因此短路时刻各相交流分量的突变量不等，导致三相短路电流的非周期分量不相等。某一相短路电流达到最大，但另两相并非最大。

5.3.2 三相短路全电流特征值

工程应用不仅需要对短路过程有明晰的认识，还需要根据工程任务提取短路过程中最有价值的信息，并以量值等形式表达出来，这就是所谓的特征值，有时又称为特征参数。

1. 三相短路全电流峰值 i_P

i_P 指短路全电流可能出现的最大瞬时值，从图 5-6 可知，$i_{k\cdot max}(t)$ 的瞬时最大值出现在短路后的 $\frac{1}{2}$ 周期（$t=\frac{1}{2}T=0.01s$）时刻，此时 $\omega t=2\pi\times50\times0.01=\pi$，代入式(5-7)有

$$i_{k\cdot max}(0.01)=I_{m\cdot AC}+I_{m\cdot AC}e^{-\frac{R_k}{L_k}\times0.01}=I_{m\cdot AC}(1+e^{-0.01R_k/L_k}) \tag{5-8}$$

令

$$K_p=1+e^{-0.01R_k/L_k}=1+e^{-0.01/T_k} \tag{5-9}$$

则有

$$i_p=i_{k\cdot max}(0.01)=I_{m\cdot AC}K_p=\sqrt{2}I_{AC}K_p \tag{5-10}$$

式中，i_p 为三相短路全电流峰值；K_p 为峰值系数；$T_k=\frac{L_k}{R_k}$ 为短路回路的时间常数；$I_{m\cdot AC}$ 为三相短路电流周期分量幅值；I_{AC} 为三相短路电流周期分量有效值；i_p 是短路全电流可能出现的最大瞬时值，简称短路电流峰值。

峰值系数 K_p 大小与衰减时间常数 T_k 有关，而 T_k 又与短路回路电阻与电抗的相对大小有关，图 5-7 示出了 K_p 与 X_k/R_k 的关系曲线。

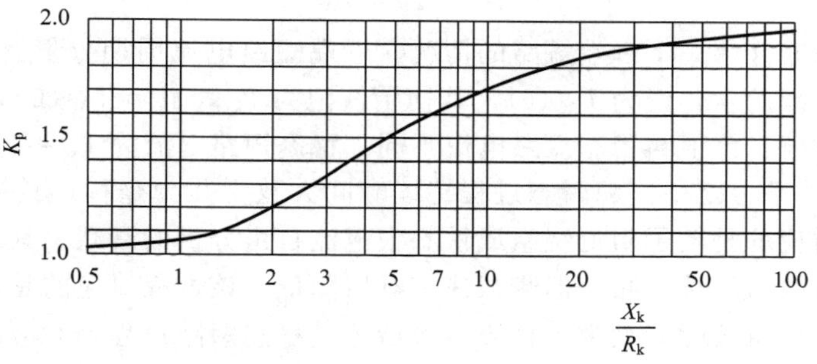

图 5-7　K_p的大小

从图 5-7 中可知，若 $R_k=0$，表明 $i_{DC}(t)$无处损耗，量值维持初始值，此时 $K_p=2$，即 i_p 是周期分量幅值的两倍，这种情况称为无衰减；若 $L_k=0$，因不存在磁链突变产生感应电流的条件，故 $i_{DC}(t)$应当为零，此时 $K_p=1$，即 i_p 就是周期分量的幅值，这种情况称为无冲击。以上是两种极端情况，实际情况总是介于这两者之间，因此 $1\leqslant K_p\leqslant 2$。

工程上通常对 K_p 按如下条件简化取值。

对感抗较大的中、高压架空线系统，取 $K_p=1.8$，则

$$i_p=2.55I_{AC}$$

对电阻较大的低压系统和电缆为主的中压系统，取 $K_p=1.3$，则

$$i_p=1.84I_{AC}$$

i_p 主要用来校验电气设备在短路电流冲击下的动稳定性。

2. 三相短路全电流最大有效值 I_p

三相短路全电流最大有效值是指在第一个周期内，三相短路全电流的有效值。根据谐波分析理论，n 次谐波的总有效值为

$$I_\Sigma=\sqrt{\sum_{j=0}^{n}I_j^2}$$

式中，I_Σ 为 n 次谐波的总有效值；I_j 为第 j 次谐波的有效值。

近似认为非周期分量 $i_{DC}(t)$在第一个周期内为一恒定值，其大小为半个周期时的瞬时值，即恒为 $i_{DC}\left(\frac{T}{2}\right)=i_{DC}(0.01)$，则三相短路全电流相当于一个恒定直流分量与一个基波的叠加，故 I_p 为

$$I_p=\sqrt{i_{DC}^2(0.01)+I_{AC}^2} \tag{5-11}$$

因 $i_p=\sqrt{2}I_{AC}+i_{DC}(0.01)=\sqrt{2}I_{AC}K_p$，故 $i_{DC}(0.01)=\sqrt{2}(K_p-1)I_{AC}$，代入式(5-11)，有

$$I_p=I_{AC}\sqrt{1+2(K_p-1)^2} \tag{5-12}$$

I_p 主要表征短路电流产生的热效应。

3. 三相稳态短路电流有效值 I_{k3}(或 I_k)

当短路发生很久(一般不超过 10 个工频周期)以后，短路电流的非周期分量 $i_{DC}(t)$已衰减完毕，剩下的只有短路电流的周期分量 $i_{AC}(t)$，这个周期分量的有效值 I_{AC}即这里所说的三相稳态短路有效值，简称三相短路电流，记为 I_{k3}或 I_k，即

$$I_{k3}=I_k=I_{AC} \tag{5-13}$$

作为对比，简略介绍一下近端短路的情况。近端短路电流周期分量有效值不是恒定的，而是一个随时间衰减的量，记为 $I_{AC}(t)$，其初始值记为 I''_{k3}，$I''_{k3}=I_{AC}(0)$，称为超瞬态短路电流周期分量有效值，该值与稳态短路电流不同。稳态短路电流为 $I_{k3}=I_{AC}(\infty)$，量值比I''_{k3}小，典型值为 I''_{k3}的几分之一。超瞬态过程持续时间大致为几十毫秒，具体取决于发电机的特性，这一过程对应的是转子阻尼绕组或铁心中电流自由分量的衰减。其后是瞬态过程，短路电流周期分量有效值继续衰减，但衰减速率有所降低，该过程对应的是转子励磁绕组中电流自由分量的衰减，持续时间大致为秒级。最后才是稳态短路过程，对应的电流称为稳态短路电流。

远端短路电流周期分量有效值是不随时间变化的，即 $I_{k3}=I''_{k3}=I_{AC}(0)=I_{AC}(\infty)$。国家标准 GB/T 15544—1995《三相交流系统短路电流计算》中介绍远端短路时出现了参量 I''_{k3}，实际上与稳态短路电流 I_{k3}相同，在远端短路电流计算中工程界更习惯用 I_{k3}或 I_k 来表示。

4. 短路容量

三相短路时短路容量定义为

$$S_k=\sqrt{3}U_{av}I_k \tag{5-14}$$

式中，S_k为系统中某一点的短路容量；I_k为该点的三相稳态短路电流；U_{av}为短路点所在电网平均电压。

1）短路容量的物理意义

三相短路时短路点电压已趋于零，理论上短路点并无功率消耗。对单电源电网，忽略电网并联参数时，短路容量的物理意义为：无限大容量电源向短路回路提供的视在功率，该功率全部消耗在短路回路各电网元件中。

2）短路容量的工程含义

从供配电工程的角度，可以从以下几个方面对短路容量的工程含义进行解读。

(1) 短路容量是位置的函数。电网的每一位置都对应有各自的短路容量，因此说到短路容量这一参量时，一定要明确指出是电网哪个位置处的短路容量。

(2) 短路容量表征了系统某一位置处的极限供电能力。系统电源具有电压源属性，其最大电流下的输出功率即为电压源的极限供电能力，而短路电流正是这个最大电流。尽管系统实际最大供电容量远小于短路容量，但两者总是呈正相关性的。当将电网某一点电源侧的整个系统看成一个电源时，该点短路容量越大，表明系统对该点的供电能力越强。

(3) 短路容量表征了系统电源内阻抗的大小。实际的电力系统不管多么复杂，按戴维南定理，总可以看成一个理想电压源与阻抗的串联。以图 5-8(a)所示为例，一个有三发台发电机的电力系统，若计划在 A 点接入供配电系统，那么从 A 点看，原系统戴维南等效电路如图 5-8(b)所示。

戴维南等效电路中，Z_{SA}相当于系统电源在 A 点呈现的内阻抗，由系统电网阻抗和发电机内阻抗综合构成。因为电力系统电压只能取规定的电压等级，故可认为 U_{SA}已知且等于该电压等级电网平均电压 U_{av}。设 A 点短路时的三相短路电流为 I_{kA}，则 A 点短路容量为 $S_{kA}=\sqrt{3}U_{av}I_{kA}$，按开路电压除以短路电流求取戴维南等效电路内阻抗的方法，系统电源内阻抗 Z_{SA}的大小为

$$|Z_{SA}|=\frac{U_{SA}}{\sqrt{3}I_{kA}}=\frac{U_{SA}U_{av}}{\sqrt{3}U_{av}I_{kA}}=U_{av}^2/S_{kA} \tag{5-15}$$

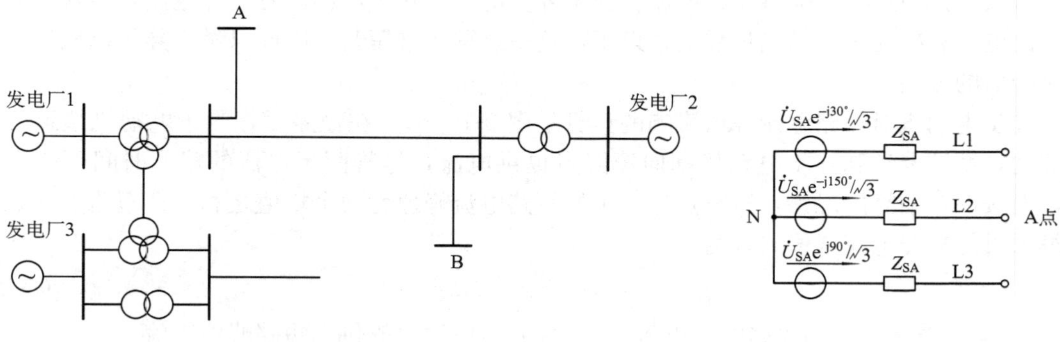

(a) (b)

图 5-8　戴维南等效电路与短路容量

由式(5-15)可知，系统电源内阻抗与短路容量成反比。电网中短路容量越大的点，与理想电压源的电气距离越近。

(4)短路容量随系统运行方式而变化。如图 5-9 所示，两台变压器 T1 与 T2 可以并列运行，也可以单独运行，这两种情况下，A 点短路容量 S_{kA} 是不同的，并列运行时 S_{kA} 大，单台运行时 S_{kA} 小。一个实际的电力系统，情况十分复杂，发电机、线路、变压器等设备的投入与退出是经常性事件，因此某一点的短路容量也是经常变化的。但在一定时期内，其变化的上、下限是确定的，将这个上、下限分别称为系统最大运行方式下的短路容量 $S_{k\cdot max}$ 和最小运行方式下的短路容量 $S_{k\cdot min}$，简称最大与最小短路容量。

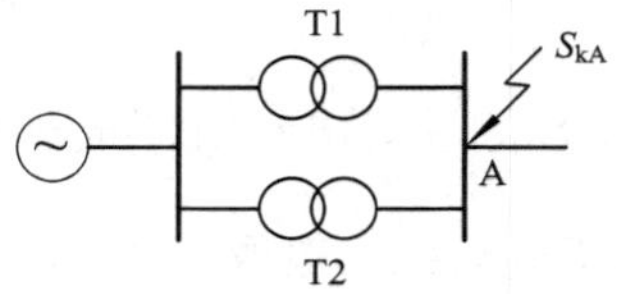

图 5-9　短路容量与运行方式的关系

3）短路容量的工程应用

工程实践中，短路容量通常有以下几方面的用途。

(1) 电力公司将 PCC 点的短路容量作为电源参数之一提供给电力用户。

(2) 作为系统规划的控制性指标使用。如 10kV 电网短路电流控制性指标为 16kA 或 20kA，对应的短路容量则分别近似为 300MV · A 和 350MV · A。

(3) 作为电气设备选择的依据性参数使用。

5.3.3　异步电动机对短路电流峰值的影响

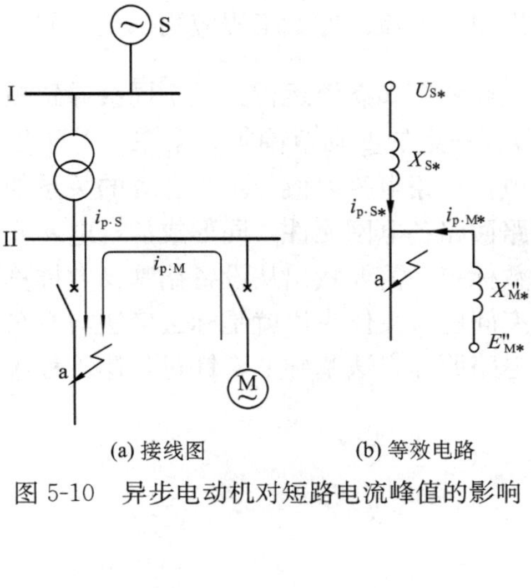

(a) 接线图　(b) 等效电路

图 5-10　异步电动机对短路电流峰值的影响

如图 5-10(a)所示，当线路上 a 点发生短路时，若 a 点距母线 II 很近，则母线 II 上的电压会大幅下降至接近于零。这时，接在母线 II 上的异步电动机定子和转子中的交流磁链都会发生突变。根据磁链守恒定律，异步电动机的定子和转子内部会产生自由电流分量来抵消这个突变；同时，由于机械惯性的作用，转子的转速不可能突变，所以转子和定子之间还维持相对运动，因而转子自由电流成为励磁电流，会在定子绕组中感应电动势，这时异步电动机就像一台发电机向短路点提供短路电流。由于异步电动机转子原本没有励磁电流，当转子绕组的自由电流衰减完毕，发电过程就结束了，这一过程非常短暂，因此只考虑异步电机对短路电流峰值的影响。

异步电动机对短路电流峰值影响的计算见图 5-10(b)，在短路后相当于电动机超瞬态过程期间，系统电源和异步电动机都向短路点提供电流，尽管两者电流的峰值时间不一定相同，但按保守估算的思路，短路点最大可能短路电流峰值为两个峰值之和，即短路点 a 处总的最大可能短路电流峰值 $i_{\mathrm{p}\cdot\Sigma}$ 为

$$i_{\mathrm{p}\cdot\Sigma}=i_{\mathrm{p}\cdot\mathrm{S}}+i_{\mathrm{p}\cdot\mathrm{M}} \tag{5-16}$$

式中，$i_{\mathrm{p}\cdot\mathrm{S}}$ 为系统提供的短路峰值电流；$i_{\mathrm{p}\cdot\mathrm{M}}$ 为异步电动机提供的短路峰值电流。

$i_{\mathrm{p}\cdot\mathrm{S}}$ 的计算已在前面介绍，$i_{\mathrm{p}\cdot\mathrm{M}}$ 可按下式计算

$$i_{\mathrm{p}\cdot\mathrm{M}}=\sqrt{2}\,\frac{E''_{\mathrm{M}*}}{x''_{\mathrm{M}*}}k_{\mathrm{p}\cdot\mathrm{M}}I_{\mathrm{r}\cdot\mathrm{M}} \tag{5-17}$$

式中，$E''_{\mathrm{M}*}$ 为电动机的超瞬态电势标幺值，一般为 0.9；$x''_{\mathrm{M}*}$ 为电动机的超瞬态电抗标幺值，$x''_{\mathrm{M}*}=\dfrac{1}{I_{\mathrm{st}\cdot\mathrm{M}*}}$，$I_{\mathrm{st}\cdot\mathrm{M}*}$ 为电动机起动电流标幺值，一般可取 5～7，故 $x''_{\mathrm{M}*}$ 一般为 0.14～0.20；$I_{\mathrm{r}\cdot\mathrm{M}}$ 为电动机额定电流，$I_{\mathrm{r}\cdot\mathrm{M}}=\dfrac{P_{\mathrm{r}\cdot\mathrm{M}}}{\sqrt{3}U_{\mathrm{r}\cdot\mathrm{M}}\eta\cos\varphi}$；$k_{\mathrm{p}\cdot\mathrm{M}}$ 为电动机的短路电流峰值系数，对高压电动机一般取 1.4～1.6，对低压电动机一般取 1.0。

注意，以上标幺值均以电动机的额定值为基值。

并不是在任何情况下都要考虑异步电动机对短路冲击电流的影响，一般在以下条件下才考虑。

（1）电动机安装位置距短路点很近，一般电气距离在几米到十几米时。

（2）电动机容量比较大时。

5.4 远端短路三相短路电流计算

本节介绍远端短路中三相稳态短路电流的工程计算方法。三相短路是对称短路，分析三相对称系统的单相等效电路法仍然适用。理论上只要确定无限大容量电源线电压 U_{S} 和短路回路总阻抗 Z_{k}，就可以通过公式 $I_{\mathrm{k}}=\dfrac{U_{\mathrm{S}}}{\sqrt{3}\,|Z_{\mathrm{k}}|}$ 计算出短路电流。但就工程应用来说，问题要复杂一些。第一，有很多因素对以上公式的取值产生影响，如系统运行方式不同会导致短路阻抗不同，短路电阻与温度有关，电压调整导致 U_{S} 有一定的变动范围等；第二，基于以上原因，实际的短路电流是一个范围而不是一个确定值，短路电流取值与工程任务的关系如何确定，需要有一定的规则；第三，短路阻抗是由短路回路各电网元件共同形成的，电网元件是电气设备和线缆等，它们并非都有直接的阻抗参数标定，需要找出从设备铭牌参数推算阻抗数据的计算方法；第四，工程计算要考虑工作效率问题，具体来说就是标幺值法与有名值法的选用问题。因此，短路电流工程计算方法是在电路原理方法基础上，针对具体工程应用提出的解决方案。

5.4.1 计算对象及计算条件

1. 短路电流与短路点电流

短路电流是由系统电源经过短路回路的各个电网元件流到短路点的，各元件上的短路电流可能相同也可能不同，而短路点电流则是特指短路故障位置处的短路电流，这两者在表述上通常不会明确区分，但其差异必须明确，尤其是变压器二次侧电网中发生不对称短路时，一次侧各相短路电流与短路点电流连标幺值都是不相同的。

如图 5-11 所示系统，380V 低压系统 F 点发生了三相短路，短路点短路电流为 12kA，而变压器 T1 低压绕组中流过的短路电流为 $I_{k\cdot 2\cdot T1}=\frac{1}{2}\times 12\text{kA}=6\text{kA}$，电缆 WB 中流过的短路电流则为 $I_{k\cdot WB}=\frac{12\text{kA}}{10\text{kV}/0.4\text{kV}}=0.48\text{kA}$。

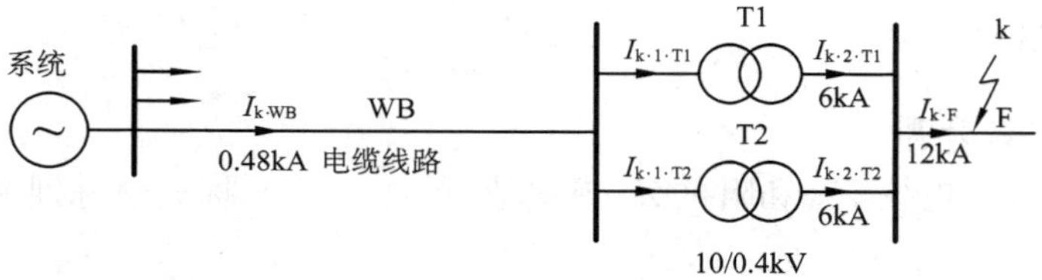

图 5-11　三相对称短路电流在电网中的分布

2. 等效电源电压

系统电源的戴维南等效电路中，理想电压源电压取值与系统标称电压相关。考虑系统电源侧运行电压通常高于标称电压，以弥补电网电压损失这一事实，工程实践中长期将短路计算中等效电源电压 U_S 取为系统平均电压 U_{av}，本书也按这一习惯做法展开后续内容。但国标 GB/T 15544—1995《三相交流系统短路电流计算》给出了符合 IEC 标准的更细致的取值方法，在此作一简介。

短路计算(不只是三相短路，也包括其他短路)中，系统等效电源电压取值为 cU_N，U_N 为系统标称电压，c 为电压系数，取值如表 5-2 所示。

表 5-2　电压系数 c 值

标称电压 U_N	计算最大短路电流的电压系数 c_{max}	计算最小短路电流的电压系数 c_{min}
220/380V	1.00	0.95
380/660V 和 1140V	1.05	1.00
3～35kV	1.10	1.00
35～220kV	1.10	1.00

注：电压系数 c 与标称电压 U_N 的积应不超过设备最高电压 U_m。

表 5-2 中 c 的取值综合考虑了系统电压调整、变压器二次额定电压和短路电流工程应用目的等多方面因素。计算最大短路电流的目的，一般是用于校核电网元件能否经受短路能量的冲击和开关电器的灭弧能力，以故障参量上限值为最不利条件，因此系数 c 充分考虑了电源端电压正偏差的程度；计算最小短路电流的目的，一般用于校核保护装置的灵敏性，以故

障参量下限值为最不利条件，因此系数 c 考虑了电源端没有进行电压调整的情况。

重复强调一下，根据工程应用现状，本书仍将 c 值统一取为 1.05，即 $U_S=1.05U_N=U_{av}$展开后续内容，唯一例外的是低压系统单相短路计算，c 值为 1.0。

3. 温度对短路电阻的影响

短路电流在电网元件上产生巨大的热量，导致温度急剧上升，导体电阻值随温度急剧变化，但在短路电流工程计算中忽略这一变化过程。根据短路电流的用途，按最不利条件考虑，原则上在计算最大短路电流时，电阻值按常温取值；计算最小短路电流时，电阻值按短路温度取值。

就工程现状来看，常温的温度有两种选择，一种是选为 20℃，另一种是选为线缆的长期最高允许温度，前者的计算值更保守一些。中、高压系统的最小两相短路电流计算，因为电阻在短路阻抗中所占比重一般不大，按惯例电阻值仍可按常温取值。低压系统最小单相短路电流计算，电阻值按 20℃时的 1.5 倍取值。

5.4.2 元件阻抗计算

1. 线路(W)阻抗计算

线路的电阻 R_W、电抗 X_W和阻抗 Z_W有名值(单位：Ω)与标幺值分别为

$$\begin{cases} R_W = r_0 l \\ X_W = x_0 l \\ |Z_W| = \sqrt{R_W^2 + X_W^2} = l\sqrt{r_0^2 + x_0^2} \end{cases} \tag{5-18}$$

$$\begin{cases} R_{W*} = r_0 l / \dfrac{U_B^2}{S_B} \\ X_{W*} = x_0 l / \dfrac{U_B^2}{S_B} \\ |Z_W|_* = l\sqrt{r_0^2 + x_0^2} / \dfrac{U_B^2}{S_B} \end{cases} \tag{5-19}$$

式中，r_0、x_0为线路单位长度电阻(Ω/km)、电抗(Ω/km)；l 为电缆长度(km)；U_B为电压基值(kV)；S_B为功率基值(MV・A)。

2. 变压器(T)阻抗计算

变压器铭牌上给出的与阻抗值有关的参数一般为短路电压 $u_k\%$或短路阻抗 $z_k\%$，这两个值都是以变压器额定值为基值的标幺值，详见第 3 章。短路电压 $u_k\%$的大小与短路阻抗 $z_k\%$在数值上相等，故可通用。

变压器短路阻抗有名值和在系统基值 S_B、U_B下的标幺值分别为

$$|Z_{k\cdot T}| = \frac{u_k\%}{100} \cdot \frac{U_{r\cdot T}^2}{S_{r\cdot T}} \tag{5-20}$$

$$|Z_{k\cdot T}|_* = \frac{u_k\%}{100} \cdot \frac{U_{r\cdot T}^2}{S_{r\cdot T}} / \frac{U_B^2}{S_B} \tag{5-21'}$$

式中，$|Z_{k\cdot T}|_*$为变压器短路阻抗在 S_B、U_B基值下的标幺值；$U_{r\cdot T}$为变压器额定电压(kV)；$S_{r\cdot T}$为变压器额定容量(MV・A)；$u_k\%$为变压器短路电压百分数。

式(5-20)和式(5-21′)在应用中都有一个问题，即变压器原、副边各有一个额定电压，

$U_{r\cdot T}$到底应该取哪一侧的额定电压呢？对有名值的式(5-20)，短路阻抗折合到哪一侧，$U_{r\cdot T}$就取那一侧的值；对标幺值的式(5-21′)，则取决于电压基值 U_B 的选取。如果 U_B 取为变压器一次侧所在电网的电压基值，则应取 $U_{r\cdot T}$等于变压器一次绕组额定电压 $U_{r1\cdot T}$，否则应取 $U_{r\cdot T}$为二次绕组额定电压 $U_{r2\cdot T}$。

根据式(3-34)，有 $U_B=U_{av}$，又由于 $U_{r\cdot T}\approx U_{av}$，故 $U_B\approx U_{r\cdot T}$。于是式(5-21′)可近似简化为

$$|Z_{k\cdot T}|_*=\frac{u_k\%}{100}\cdot\frac{S_B}{S_{r\cdot T}} \tag{5-21}$$

工程上常采用式(5-21)而非式(5-21′)计算变压器短路阻抗标幺值。

短路阻抗 $Z_{k\cdot T}$中的短路电阻 $R_{k\cdot T}$和短路电抗 $X_{k\cdot T}$计算方法如下

$$R_{k\cdot T}=\frac{\Delta P_k}{3I_{r\cdot T}^2}=\frac{\Delta P_k}{3\left[S_{r\cdot T}/(\sqrt{3}U_{r\cdot T})\right]^2}=\frac{\Delta P_k U_{r\cdot T}^2}{S_{r\cdot T}^2} \tag{5-22}$$

$$X_{k\cdot T}=\sqrt{|Z_{k\cdot T}|^2-R_{k\cdot T}^2} \tag{5-23}$$

式中，$R_{k\cdot T}$为变压器短路电阻(Ω)；$X_{k\cdot T}$为变压器短路电抗(Ω)；ΔP_k 为变压器短路损耗(kW)；$I_{r\cdot T}$为变压器额定电流(kA)，取短路电阻折算侧值；$U_{r\cdot T}$为变压器额定电压(kV)，取短路电阻折算侧值；$S_{r\cdot T}$为变压器额定容量(MV・A)。

以 S_B、U_B为基值的标幺值为

$$R_{k\cdot T*}=\frac{\Delta P_k U_{r\cdot T}^2}{S_{r\cdot T}^2}\bigg/\frac{U_B^2}{S_B}\approx\frac{\Delta P_k S_B}{S_{r\cdot T}^2} \tag{5-24}$$

$$X_{k\cdot T*}=\sqrt{|Z_{k\cdot T}|_*^2-R_{k\cdot T*}^2} \tag{5-25}$$

应用式(5-24)时要特别注意 3 个功率参量应取同一量级功率单位，如均取为 MV・A 或 kV・A。

3. 串联电抗器(R)阻抗计算

串联电抗器主要是为了限制短路电流大小，一般用混凝土构件固定，俗称水泥电抗，其铭牌上给出的参数为额定电压 $U_{r\cdot R}$、额定电流 $I_{r\cdot R}$和电抗百分数 $X_k\%$，$X_k\%$是以 $U_{r\cdot R}$、$I_{r\cdot R}$为基值的标幺值，以百分数分子(即放大 100 倍)表示，其有名值和以 S_B、U_B为基值的标幺值分别为

$$X_{k\cdot R}=\frac{X_k\%}{100}\cdot\frac{U_{r\cdot R}}{\sqrt{3}I_{r\cdot R}} \tag{5-26}$$

$$X_{k\cdot R*}=\frac{X_k\%}{100}\cdot\frac{U_{r\cdot R}}{\sqrt{3}I_{r\cdot R}}\bigg/\frac{U_B^2}{S_B} \tag{5-27}$$

4. 系统(S)电源阻抗

远端短路时，系统电源中电网元件阻抗和发电机阻抗综合形成了等效电源的内阻抗，工程上一般只给出电网中电源点的短路容量，如图 5-12 所示，母线 A 处短路容量为 S_{kA}，但没有直接的电源阻抗参数。等效电源内阻抗有名值可以用短路容量根据式(5-15)求出，其标幺值计算公式为

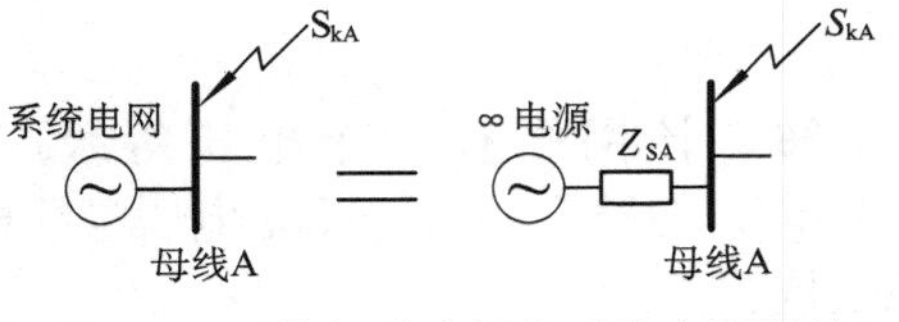

图 5-12　系统短路容量与系统电源阻抗

$$|Z_{SA}|_* = \frac{|Z_{SA}|}{|Z|_B} = \frac{U_{av}^2/S_{kA}}{U_B^2/S_B} = \frac{S_B}{S_{kA}} = \frac{1}{S_{kA*}} \tag{5-28}$$

对于中、高压系统，一般认为系统阻抗为纯电抗。

5.4.3 标幺值法计算短路电流

当所计算的电网有多个电压等级时，用标幺值法计算短路电流可以规避变压器折合计算带来的麻烦，因此标幺值法在短路电流计算中得到普遍应用。

标幺值法计算短路电流的步骤如下。

(1) 选基值。一般按如下方式选择

$$S_B = 100\text{MV}\cdot\text{A}$$

$$U_{Bi} = U_{av\cdot i}$$

式中，U_{Bi}为标称电压U_{Ni}电压等级电网的电压基值(kV)；$U_{av\cdot i}$为标称电压U_{Ni}电压等级电网平均电压(kV)。

(2) 绘制取消了变压器的短路回路标幺值阻抗网络图。

(3) 计算各元件阻抗标幺值。

(4) 简化网络，求出从无限大容量电源点到短路点之间的短路总阻抗$Z_{k\Sigma*}$，若短路电阻标幺值$R_{k\Sigma*}$小于短路电抗标幺值$X_{k\Sigma*}$的$\frac{1}{3}$，可忽略短路电阻，只计及短路电抗，这样造成的计算误差不超过5%。

(5) 由于电源电压U_S的标幺值为$U_{S*} = \frac{U_S}{U_{av}} = 1$，故短路电流标幺值为

$$I_{k*} = \frac{U_{S*}}{|Z_{k\Sigma}|_*} = \frac{1}{|Z_{k\Sigma}|_*} \tag{5-29}$$

例 5-1 试用标幺值法计算图 5-13 所示系统中 A 点的短路电流，以及该短路电流在各级电网中的分布。

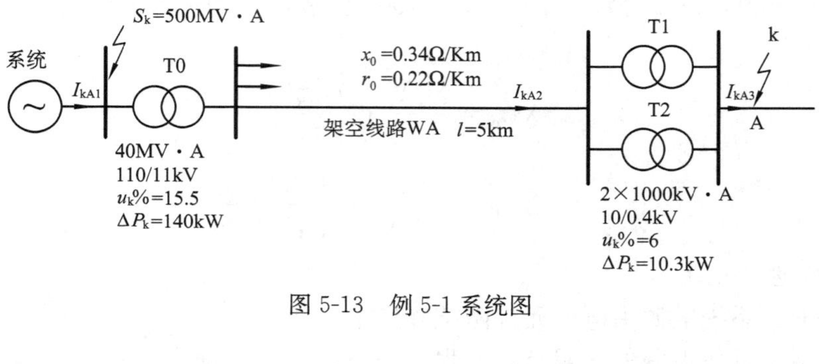

图 5-13 例 5-1 系统图

解 该网络有 3 个电压等级，标称电压分别为U_{N1}：110kV；U_{N2}：10kV；U_{N3}：0.38kV。短路点 A 位于U_{N3}电压等级电网。系统电源不是无限大容量电源，应计入系统电源阻抗。

(1) 选基值。选S_B=100MV·A，U_{B1}=115kV，U_{B2}=10.5kV，U_{B3}=0.4kV。

(2) 绘制取消了变压器的标幺值阻抗网络图，如图 5-14(a)所示。

(3) 计算各阻抗标幺值。

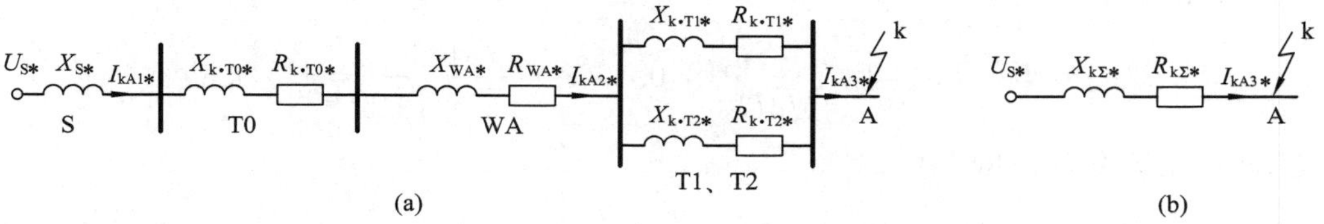

图 5-14　例 5-1 阻抗网络图

系统电网：$X_{S*}=\dfrac{1}{S_{k*}}=\dfrac{S_B}{S_k}=\dfrac{100}{500}=0.2000$

变压器 T0：$|Z_{k\cdot T0}|_*\approx\dfrac{u_k\%}{100}\cdot\dfrac{S_B}{S_{r\cdot T0}}=\dfrac{15.5}{100}\times\dfrac{100}{40}=0.3875$

$$R_{k\cdot T0*}\approx\frac{\Delta P_k S_B}{S_{r\cdot T0}^2}=\frac{140\times10^{-3}\times100}{40^2}=0.0088$$

$$X_{k\cdot T0*}=\sqrt{|Z_{k\cdot T0}|_*^2-R_{k\cdot T0*}^2}=\sqrt{0.3875^2-0.0088^2}=0.3849$$

架空线路：$X_{WA*}=x_0 l\Big/\dfrac{U_{B2}^2}{S_B}=0.34\times5\Big/\dfrac{10.5^2}{100}=1.5420$

$$R_{WA*}=r_0 l\Big/\frac{U_{B2}^2}{S_B}=0.22\times5\Big/\frac{10.5^2}{100}=0.9977$$

变压器 T1：$|Z_{k\cdot T1}|_*\approx\dfrac{u_k\%}{100}\cdot\dfrac{S_B}{S_{r\cdot T1}}=\dfrac{6}{100}\times\dfrac{100}{1000\times10^{-3}}=6.0000$

$$R_{k\cdot T1*}\approx\frac{\Delta P_k S_B}{S_{r\cdot T1}^2}=\frac{10.3\times10^{-3}\times100}{(1000\times10^{-3})^2}=1.0300$$

$$X_{k\cdot T1*}=\sqrt{|Z_{k\cdot T1}|_*^2-R_{k\cdot T1}^2}=\sqrt{6^2-1.03^2}=5.9109$$

变压器 T2：所有参数同变压器 T1。

(4) 简化网络，如图 5-14(b)所示，并联变压器 T1、T2 总阻抗为单台的二分之一。

总短路电抗为 $X_{k\Sigma*}=0.2000+0.3849+1.5420+\dfrac{1}{2}\times5.9109=5.0823$

总短路电阻为 $R_{k\Sigma*}=0.0088+0.9977+\dfrac{1}{2}\times1.0300=1.5215$

因为 $R_{k\Sigma*}<\dfrac{1}{3}X_{k\Sigma*}$，可忽略短路电阻，于是

$$|Z_{k\Sigma}|_*\approx X_{k\Sigma*}=5.0823$$

(5) 计算短路点短路电流标幺值 I_{kA*}。

$$I_{kA*}=\frac{1}{|Z_{k\Sigma}|_*}\approx\frac{1}{5.0823}=0.1968$$

(6) 计算短路电流有名值及其在各级电网的分布。

U_{N3}(0.38kV)等级电网

$$I_{kA3}=I_{kA*}I_{B3}=I_{kA*}\frac{S_B}{\sqrt{3}U_{B3}}=0.1968\times\frac{100}{\sqrt{3}\times0.4}=28.4(\text{kA})$$

U_{N2}(10kV)等级电网

$$I_{kA2}=I_{kA*}I_{B2}=I_{kA*}\frac{S_B}{\sqrt{3}U_{B2}}=0.1968\times\frac{100}{\sqrt{3}\times10.5}=1.1(\mathrm{kA})$$

U_{N1}(110kV)等级电网

$$I_{kA1}=I_{kA*}I_{B1}=I_{kA*}\frac{S_B}{\sqrt{3}U_{B1}}=0.1968\times\frac{100}{\sqrt{3}\times115}=0.10(\mathrm{kA})$$

从以上数据可知，380V 电网短路时，在本级电网上的短路电流高达 28.4kA，具有很强的破坏性，但此时在 110kV 电网上的短路电流只有 100A，而变压器 T0 在 110kV 侧的额定电流为$\frac{40\mathrm{MV\cdot A}\times10^3}{\sqrt{3}\times110\mathrm{kV}}=210\mathrm{A}$，可见短路电流量值已经与负荷电流同量级，因此 380V 电网短路对 110kV 电网产生的影响已可以忽略不计。

5.4.4 有名值法计算短路电流

有名值法就是直接用实际物理量值进行短路电流计算。当所计算的电网只有一个电压等级时，采用有名值法比较方便，它避免了标幺值与有名值之间的换算，又不存在由变压器带来的折合计算问题。在供配电工程中，低压系统短路电流计算一般采用有名值法。应该说明的是，有名值法同样可以计算多个电压等级电网的短路电流，只是因为需要折合计算，不如标幺值法方便。

5.5 不对称短路电流计算与对称分量法

在电力系统中，除了对称的三相短路外，还有两相短路、单相短路和两相短路接地等故障，这些都是不对称短路。运行经验和故障统计显示，电力系统发生不对称短路的概率远大于对称短路。因此，掌握不对称短路时短路电流的计算方法，是十分必要的。

由于不对称短路计算内容十分繁杂，本书仅介绍其中最基本的部分，目的在于建立不对称短路计算的基本概念，以使在工程实践中运用不对称短路计算的方法和结果时，有明确的原理性基础支持，避免产生盲目的技术判断。

5.5.1 不对称短路电流计算的难点

电路分析的方法，如回路法、节点法等，理论上可以分析计算任何集中参数电路，正如在三相对称短路分析时所看到的那样。那么，对于三相不对称短路，是否可以如法炮制呢？初看似乎是可以的，但如果仔细分析问题的每一个细节，就会发现问题并不那么简单。

用电路理论的方法分析一个电路时，有 3 个基本条件：①电路的拓扑结构是已知的；②元件或支路的性质(电阻、电感或电容)是已知的；③元件参数是已知的。分析供配电系统对称短路时，这 3 个基本条件都具备，所以用电路分析方法顺利地得到了结果。但是对于不对称短路，情况有所不同。

短路不会改变系统非故障部分的网络结构和元件性质，因此网络拓扑结构已知这一条件是满足的，元件或支路的性质已知这一条件也是满足的。但不对称短路会改变三相电磁参量的相互关系，而系统元件的有些参数正是与三相电磁参量的相互关系密切相关的，这主要涉及磁路变化。不对称短路电流计算的困难主要就在于此，具体举例分析如下。

变压器是一个含有磁路的设备，多数情况下其磁路是以三相对称为前提设计的。如三相三芯柱式变压器，对称运行时三相主磁通互为回路，都在铁心里形成主磁路。变压器的短路阻抗，是一个与磁路有关的等效阻抗，如励磁电抗 X_m，其含义为单位励磁电流所产生的绕组感应电动势，当磁通在铁心中形成主磁路时，因磁阻很小，单位励磁电流能产生很大的磁通，因而产生的感应电动势也大，X_m也就很大，这也就是在变压器的 T 型等效电路中，通常将励磁阻抗支路近似为开路，从而得出一字型等效电路的原因。漏电抗 X_k也与磁路有关，对称运行时绕组产生的磁通主要在铁心中，漏磁通很小，漏电抗 X_k也小。另外，励磁电阻和漏电阻中的一部分与铁心损耗有关，因而也与磁通及磁路有关。厂家或手册上给出的短路阻抗，都是按三相对称条件给出的，当三相电流不对称时，磁路会发生变化，这些参数也就会有所改变，改变的程度与铁心结构、绕组形式等有关。如三相三芯柱式变压器，三相不对称时，有一部分主磁通会被挤出铁心磁路而成为漏磁通，表明单位电流产生感应电动势能力的漏电抗 X_k变大，励磁电抗 X_m变小；但如果是三单相变压器或三相五芯柱式变压器，则主磁通基本不会被挤出铁心，漏电抗 X_k和励磁电抗 X_m的变化很小。要理论计算这些参数的变化，是十分困难的，一般只能通过测试获得。但更为麻烦的是，对每一种不对称情况，都有不同的参数变化，也就是说每次计算或测试出的参数都不具有普遍意义。因此，在不对称短路的情况下，要直接用电路分析的方法计算短路电流，碰到的第一个问题就是变压器的等效阻抗参数未知。

对于线路，其电抗大小除了有自感的成分外，还有互感的成分。三相对称时，两相电流相量之和等于第三相的负值，故线路中某两相在第三相上产生的互感电动势，可以等效为与第三相电流大小成正比的一个自感电动势。当三相不对称时，这一等效不再成立，在计算时需要自感和互感各自计算，给计算带来麻烦。

从以上分析可知，三相不对称短路时，因为三相磁路的变化，若直接用电路分析方法求解短路电流，会碰到某些电网元件的参数获取困难，或某些电网元件参数计算困难等问题。若将发电机考虑进来，问题会更为复杂。因此，工程上研究了一些不对称短路计算方法来解决这些困难。下面要介绍的就是其中最常用的一种——对称分量法。

5.5.2 对称分量的获取

1. 三组三相对称电压(电流)的叠加

以电压为例，如图 5-15(a)～(c)所示为三组对称的三相电压，图(a)中 $\dot{U}_U^+$、$\dot{U}_V^+$、$\dot{U}_W^+$ 的大小相等，相位关系为 $\dot{U}_V^+=\dot{U}_U^+e^{-j120^\circ}$，$\dot{U}_W^+=\dot{U}_V^+e^{-j120^\circ}$；图(b)中 $\dot{U}_U^-$、$\dot{U}_V^-$、$\dot{U}_W^-$ 大小相等，相位关系为 $\dot{U}_V^-=\dot{U}_U^-e^{j120^\circ}$，$\dot{U}_W^-=\dot{U}_V^-e^{j120^\circ}$；图(c)中 $\dot{U}_U^0$、$\dot{U}_V^0$、$\dot{U}_W^0$ 大小相等，且相位相同。若将这三组电压相量按相叠加，得到一组新的三相电压如图 5-15(d)所示，图中，$\dot{U}_U$、$\dot{U}_V$、$\dot{U}_W$ 是一组不对称的三相电压。

以上现象提示，肯定有某些不对称的三相电压，可以分解成类似于图 5-15(a)～(c)所示的三组对称的三相电压。现在的问题是，是不是任何一组不对称的三相电压都可以分解成如图 5-15(a)～(c)所示的三组对称三相电压？若能，结果是否唯一？

2. 三相不对称电压(电流)的分解

以电压为例，设有一组不对称的三相电压 $\dot{U}_U$、$\dot{U}_V$、$\dot{U}_W$，首先将每一个电压都分解成 3

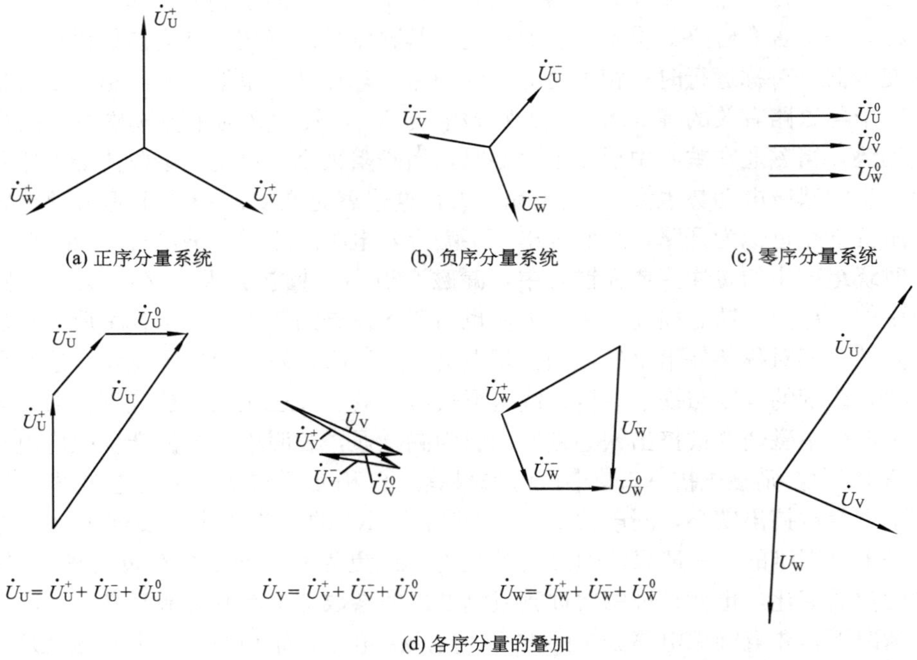

图 5-15　对称分量的叠加

个分量之和，这一点总是能做到的，且有无穷多种分解结果，即

$$\begin{cases}\dot{U}_U = \dot{U}_U^+ + \dot{U}_U^- + \dot{U}_U^0 \\ \dot{U}_V = \dot{U}_V^+ + \dot{U}_V^- + \dot{U}_V^0 \\ \dot{U}_W = \dot{U}_W^+ + \dot{U}_W^- + \dot{U}_W^0\end{cases} \tag{5-30}$$

式中，$\dot{U}_U^+$、$\dot{U}_U^-$、$\dot{U}_U^0$ 为电压 $\dot{U}_U$ 的 3 个分量，同样，$\dot{U}_V$、$\dot{U}_W$ 也有各自的 3 个分量。将每一个相量看成 3 个分量的之和，这并不是最终目的，最终目的是要看这些分量间的相互关系是否能够具有图 5-15(a)～(c)所示出的性质。令 $\alpha = e^{j120°}$，则 $\alpha^2 = e^{j240°} = e^{-j120°}$，将 α 称为旋转因子，因为将一个相量乘以 α，相当于将该相量逆时针旋转 120°。于是按图 5-15，希望式(5-30)中各分量间满足以下关系

$$\begin{cases}\dot{U}_V^+ = \alpha^2 \dot{U}_U^+ \\ \dot{U}_W^+ = \alpha \dot{U}_U^+\end{cases} \tag{5-31}$$

$$\begin{cases}\dot{U}_V^- = \alpha \dot{U}_U^- \\ \dot{U}_W^- = \alpha^2 \dot{U}_U^-\end{cases} \tag{5-32}$$

$$\begin{cases}\dot{U}_V^0 = \dot{U}_U^0 \\ \dot{U}_W^0 = \dot{U}_U^0\end{cases} \tag{5-33}$$

将式(5-31)～式(5-33)代入式(5-30)，有

$$
\begin{cases}
\dot{U}_{\mathrm{U}} = \dot{U}_{\mathrm{U}}^{+} + \dot{U}_{\mathrm{U}}^{-} + \dot{U}_{\mathrm{U}}^{0} \\
\dot{U}_{\mathrm{V}} = \alpha^2 \dot{U}_{\mathrm{U}}^{+} + \alpha \dot{U}_{\mathrm{U}}^{-} + \dot{U}_{\mathrm{U}}^{0} \\
\dot{U}_{\mathrm{W}} = \alpha \dot{U}_{\mathrm{U}}^{+} + \alpha^2 \dot{U}_{\mathrm{U}}^{-} + \dot{U}_{\mathrm{U}}^{0}
\end{cases}
\tag{5-34}
$$

式(5-34)为一个线性方程组，未知量为$\dot{U}_{\mathrm{U}}^{+}$、$\dot{U}_{\mathrm{U}}^{-}$、$\dot{U}_{\mathrm{U}}^{0}$，其系数行列式A为

$$
A = \begin{vmatrix} 1 & 1 & 1 \\ \alpha^2 & \alpha & 1 \\ \alpha & \alpha^2 & 1 \end{vmatrix} = 2\alpha(1-\alpha) \neq 0
$$

根据克莱姆法则，系数行列式不等于零，则方程组有且仅有一组解，这组解为

$$
\begin{cases}
\dot{U}_{\mathrm{U}}^{+} = \dfrac{1}{3}(\dot{U}_{\mathrm{U}} + \alpha \dot{U}_{\mathrm{V}} + \alpha^2 \dot{U}_{\mathrm{W}}) \\
\dot{U}_{\mathrm{U}}^{-} = \dfrac{1}{3}(\dot{U}_{\mathrm{U}} + \alpha^2 \dot{U}_{\mathrm{V}} + \alpha \dot{U}_{\mathrm{W}}) \\
\dot{U}_{\mathrm{U}}^{0} = \dfrac{1}{3}(\dot{U}_{\mathrm{U}} + \dot{U}_{\mathrm{V}} + \dot{U}_{\mathrm{W}})
\end{cases}
\tag{5-35}
$$

求出U相的3个电压分量后，根据式(5-31)～式(5-33)，可求出V相和W相的电压分量。

3. 对称分量及对称分量法

如上所述，以$\dot{U}_{\mathrm{U}}$、$\dot{U}_{\mathrm{V}}$、$\dot{U}_{\mathrm{W}}$为系统的三相不对称电压，称$\dot{U}_{\mathrm{U}}^{+}$、$\dot{U}_{\mathrm{V}}^{+}$、$\dot{U}_{\mathrm{W}}^{+}$三个分量为三相不对称电压的正序分量，$\dot{U}_{\mathrm{U}}^{-}$、$\dot{U}_{\mathrm{V}}^{-}$、$\dot{U}_{\mathrm{W}}^{-}$为负序分量，$\dot{U}_{\mathrm{U}}^{0}$、$\dot{U}_{\mathrm{V}}^{0}$、$\dot{U}_{\mathrm{W}}^{0}$为零序分量，并将正序、负序、零序这3组分量统称为不对称三相电压的对称分量或序分量。

将不对称的三相电气参量分解成正、负、零序三组对称的电气参量，并以此求解不对称三相系统的方法，称为对称分量法。

5.5.3 对称分量法原理与技术方法

对称分量法是建立在线性系统叠加原理基础上的一套分析计算方法，其基本思想是将任意多种不对称电压(或电流)表达为如前所示的3组对称分量的线性组合，若能分别求得电路在每一组对称分量作用下的电气参量，则通过线性叠加，不对称三相电源作用下系统中的电气参量便能求出。

对称分量法将无限多种不对称情况转化为有限的3种规定的对称情况的组合，这3种规定对称情况下与磁路相关的参数是可以计算或测量出来的，其结果可以被各种不对称情况的计算引用，这就解决了不对称短路计算中与磁路相关的参数有无限多种变化可能的问题。从工程实践角度看，也就是解决了不对称短路电流计算的可操作性问题。

按照这一思路求解不对称短路，有以下3个问题需要解决，其中前两个是技术问题，第三个是工程问题。

1. 叠加原理如何解决阻抗不平衡电路问题

如果是系统三相电源(以电压源为例)不对称，可以直接将电源电压分解为3组对称分量，将电源看成这3组对称分量电压源的串联，然后每一组分别求解，并将结果叠加即可。但不对称短路时，三相系统电源仍然是对称的，不对称的原因是因为短路而导致故障点三相

阻抗不平衡。比如两相短路，短路相之间阻抗为零，非短路相与短路相之间阻抗为无穷大(按短路前空载条件考虑)。叠加原理只是说明了线性系统激励与响应之间的叠加关系，而不是一个系统结构的分拆与重构，因此，不能将一个阻抗不平衡的电路看成 3 个阻抗平衡电路的叠加。对于阻抗不平衡的情况，叠加原理该如何应用呢?

电路理论中的替代定理可以帮助解决这一问题。从原理上讲，若电源对称而阻抗不平衡，则阻抗电压和阻抗电流都不对称，按替代定理，可以用电压等于阻抗电压的电压源或电流等于阻抗电流的电流源去取代阻抗，这样，叠加原理就可以用在这些替代阻抗的电源上了。此时，尽管这些替代电源的电压(或电流)大小并不一定知道，但已经可以将其作为一组电气参量列写在对称分量法的电路方程中，并结合其他已知条件求解。具体方法及过程见 5.6 节示例。

2. 序阻抗及其求取问题

作为线性系统叠加原理应用的一个直接结果，可以确认在三相对称线性系统中，正序电压只会产生正序电流，负序和零序电压也只会分别产生负序和零序电流，即正、负、零序电压只与同序的电流相关，无序间相互耦合关系。由此可以将各序分量电流电压之间的关系用阻抗来表达，分别称为正、负、零序阻抗，统称为序阻抗。正序阻抗就是三相对称运行时的阻抗。发电机的正、负、零序阻抗一般都是不相同的，变压器和线路的正、负序阻抗均相同，只是零序阻抗有所不同。下面对变压器和线路的零序阻抗进行简单介绍。发电机序阻抗问题可参阅电机学或电力系统的相关教材。

1）变压器零序阻抗

变压器的零序阻抗与绕组联结和铁心结构有关。例如，△形绕组中零序电流可以成环流流通，但引出线中不可能有零序电流，因为根据广义 KCL，流入任何一个封闭面的电流相量和等于零，对于大小相等、相位相同的三相零序电流，要使其和等于零，只可能每相电流均为零。同样，对于无中性线的 Y 形绕组，其绕组和引出线上均不可能有零序电流流通。以上情形就相当于零序阻抗无穷大，但对于有中性线引出的 Y 形绕组，零序电流能通过绕组及其引出线，且在中性线上有 3 倍零序电流流通。变压器的铁心结构也对零序阻抗有影响，例如，三相三芯柱式结构，如果绕组中有零序电流通过，则零序磁通肯定要走到铁心以外的空间才能形成闭环，而对于三单相变压器或三相五芯柱式变压器，绕组中零序电流所产生的零序磁通仍能在铁心中形成闭环。因磁路不同，磁阻就有差异，同样的零序电流会产生不同的零序磁通，零序励磁电抗和漏电抗也就不同，这就使变压器的零序阻抗会因铁心结构差异而有所不同。

2）线路的零序阻抗

三相线路的零序感抗是由自感抗与互感抗构成的。因三相电流的相位关系，线路的正、负序电抗为自感抗减去互感抗，而零序电抗为自感抗加上 2 倍的互感抗，因此线路的零序电抗总是比正、负序电抗大。线路的电阻，理论上若考虑邻近效应对电阻大小的影响，正、负序电阻与零序电阻也是不相同的，但这一差异很小，可忽略不计。

另外，对于有中性线引出的系统，线路零序阻抗必须计及中性线阻抗，且因流过中性线的零序电流是流过相线零序电流的 3 倍，在用单相等效电路计算时，中性线阻抗应以 3 倍数值代入。

3. 工程体系配合问题

对称分量法不仅可以用于不对称短路电流分析计算，还可以用于其他不对称情况分析，如不对称运行、断线等。在工程界普遍认可对称分量法的前提下，业界会通过工程标准等技术法规确立其在工程体系中的地位，并对工程实践各环节作出相应的要求，使这一方法能够方便实施。例如，对于变压器、发电机等设备制造厂家，按规定应该提供产品的正、负、零序阻抗参数；又如对于电能质量中三相不平衡指标，按规定用电压负序分量占比表达等。

5.6 不对称短路电流分析计算示例

5.6.1 两相短路电流求解示例

按照5.5节介绍的思路，此处示范用对称分量法求解两相短路电流的过程，目的除了展示对称分量法的具体运用方法以外，还希望读者能看到基础理论是如何用于解决工程实际问题的，以及解决问题过程中清晰的逻辑和正确的表达的重要性。

1. 用替代定理建立两相短路故障的对称分量电路模型

图5-16(a)所示为两相短路的电路模型，短路回路所有电网元件阻抗已经折合到短路点所在电压等级并综合为短路阻抗。由于三相磁路不对称，电网各相短路阻抗不再相等，因此用下标分相表达。电路模型中电压源输出端三相分别标记为大写的U、V、W端，故障点F处三相分别标记为小写的u、v、w端，电网三相分别标记为L1、L2、L3相。图5-16(b)中，旋转因子 $\alpha = e^{j120^\circ}$。

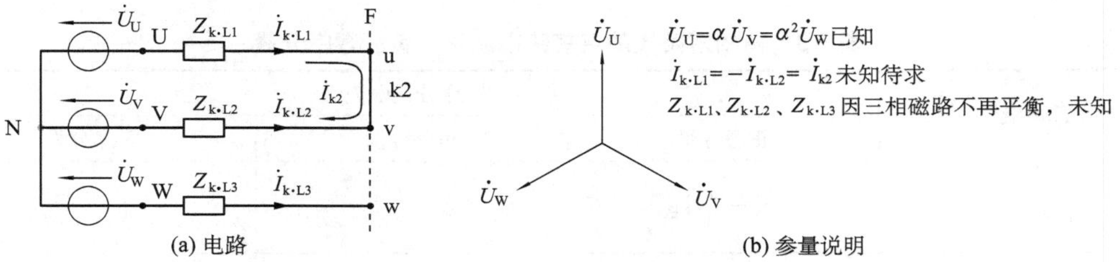

图5-16 两相短路电路模型

假设短路时系统空载，各相负载电流为零，则u、v相短路时，各相的故障参量描述为

$$\begin{cases}\dot{I}_{k\cdot L1}=\dot{I}_{k2}\\ \dot{I}_{k\cdot L2}=-\dot{I}_{k2}\\ \dot{I}_{k\cdot L3}=0\\ \dot{U}_{uv}=0\end{cases} \tag{5-36}$$

式中，$\dot{I}_{k2}$正是要求取的故障点两相短路电流参量。

根据式(5-36)和KCL，按替代定理，用电流值等于故障点电流的电流源替代故障点阻抗，将图5-16(a)电路模型转化为如图5-17所示电流源替代形式，各替代电流源电流如下

$$\begin{cases}\dot{I}_{uv}=\dot{I}_{k2}\\ \dot{I}_{vw}=0\\ \dot{I}_{wu}=0\end{cases} \tag{5-37}$$

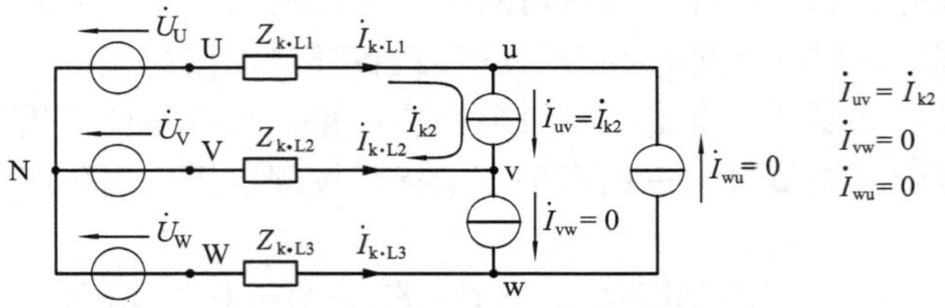

图 5-17 两相短路电流源替代电路模型

参照式(5-35)，求取图 5-17 中故障点 F 处三相不对称替代电流源 uv 相正、负、零序对称分量电流如下

$$\begin{cases}\dot I_{uv}^{+}=\dfrac{1}{3}(\dot I_{uv}+\alpha\dot I_{vw}+\alpha^2\dot I_{wu})=\dfrac{1}{3}(\dot I_{k2}+\alpha\times 0+\alpha^2\times 0)=\dfrac{1}{3}\dot I_{k2}\\ \dot I_{uv}^{-}=\dfrac{1}{3}(\dot I_{uv}+\alpha^2\dot I_{vw}+\alpha\dot I_{wu})=\dfrac{1}{3}(\dot I_{k2}+\alpha^2\times 0+\alpha\times 0)=\dfrac{1}{3}\dot I_{k2}\\ \dot I_{uv}^{0}=\dfrac{1}{3}(\dot I_{uv}+\dot I_{vw}+\dot I_{wu})=\dfrac{1}{3}(\dot I_{k2}+0+0)=\dfrac{1}{3}\dot I_{k2}\end{cases}$$

再参照式(5-31)～式(5-33)，可求得故障点 F 处三相不对称替代电流源的 3 组对称分量，结果列于表 5-3 中。

表 5-3 两相短路故障点短路电流正、负、零序分量

原电流	序分量电流		
	正序分量	负序分量	零序分量
$\dot I_{uv}$	$\dot I_{uv}^{+}=\frac{1}{3}\dot I_{k2}$	$\dot I_{uv}^{-}=\frac{1}{3}\dot I_{k2}$	$\dot I_{uv}^{0}=\frac{1}{3}\dot I_{k2}$
$\dot I_{vw}$	$\dot I_{vw}^{+}=\frac{1}{3}\alpha^2\dot I_{k2}$	$\dot I_{vw}^{-}=\frac{1}{3}\alpha\dot I_{k2}$	$\dot I_{vw}^{0}=\frac{1}{3}\dot I_{k2}$
$\dot I_{wu}$	$\dot I_{wu}^{+}=\frac{1}{3}\alpha\dot I_{k2}$	$\dot I_{wu}^{-}=\frac{1}{3}\alpha^2\dot I_{k2}$	$\dot I_{wu}^{0}=\frac{1}{3}\dot I_{k2}$

参照式(5-30)可知，故障点处每相电流均为其正、负、零序电流之和，这在电路上表现为电流源并联。于是图 5-17 所示电路模型可以表达成图 5-18 所示电流源并联形式。

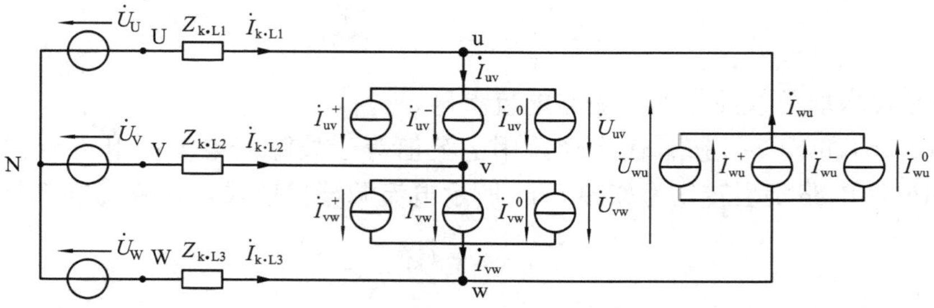

图 5-18 两相短路对称分量电路模型

2. 用叠加原理求解电路

1）激励与响应

运用叠加原理，首先应该明确谁是激励、谁是响应。图 5-18 中有 4 组激励，分别是①系统电压源；②替代电流源正序分量；③替代电流源负序分量；④替代电流源零序分量。响应可以有多种选择，考虑到求取两相短路电流 $\dot{I}_{k2}$ 这一目的，选择短路点处 u、v 相间电压 $\dot{U}_{uv}$ 为响应。激励与响应的对应关系见表 5-4，表中列出了与每一个激励单独对应的响应，并列出了总响应与各个单独响应之间的叠加关系。

表 5-4　叠加原理应用分析

激励		响应	叠加计算条件
系统(S)电压源 $\dot{U}_U$、$\dot{U}_V$、$\dot{U}_W$		$\dot{U}_{uv\cdot S}$	短路点处短路相 u、v 之间电压为零 $\dot{U}_{uv}=\dot{U}_{uv\cdot S}+\dot{U}^{+}_{uv\cdot F}+\dot{U}^{-}_{uv\cdot F}+\dot{U}^{0}_{uv\cdot F}=0$
故障点(F)替代电流源	正序 $\dot{I}^{+}_{uv}$、$\dot{I}^{+}_{vw}$、$\dot{I}^{+}_{wu}$	$\dot{U}^{+}_{uv\cdot F}$	
	负序 $\dot{I}^{-}_{uv}$、$\dot{I}^{-}_{vw}$、$\dot{I}^{-}_{wu}$	$\dot{U}^{-}_{uv\cdot F}$	
	零序 $\dot{I}^{0}_{uv}$、$\dot{I}^{0}_{vw}$、$\dot{I}^{0}_{wu}$	$\dot{U}^{0}_{uv\cdot F}$	

2）分别求解各单独激励下的响应

（1）系统电压源作用下的响应。按线性电路叠加原理的应用规则，单独考虑某一电源激励下的响应时，应将其他电压源短路，其他电流源开路，由此得到等效电路如图 5-19 所示。因为系统电压源是正常对称三相电源，因此电网短路阻抗应取正常状态阻抗，且因三相磁路对称，三相正序阻抗相等，统一用 Z_k 表示，不再用下标区分相别。

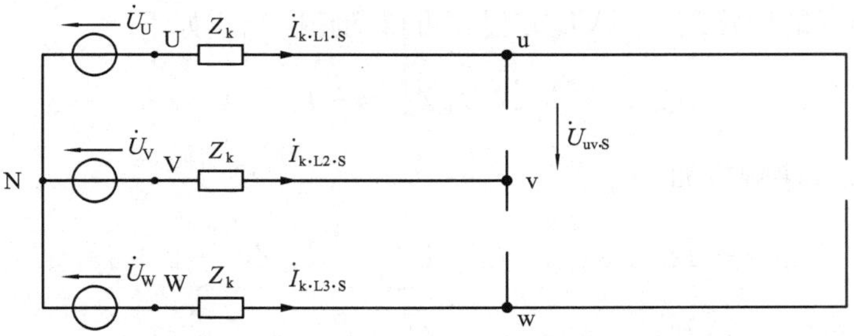

图 5-19　系统电源单独作用下的响应计算

图 5-19 电路中没有电流，所以很容易求得响应为

$$\dot{U}_{uv\cdot S}=\dot{U}_U-\dot{U}_V=\dot{U}_{UV} \tag{5-38}$$

即系统电源单独作用下，短路点处 u、v 相间电压等于电源 U、V 相间的线电压。

（2）替代电流源作用下的响应。如图 5-20(a)～(c)所示，分别为替代电流源正、负、零序分量单独作用下求取响应的等效电路。注意图中电网序阻抗应与相应的序分量电流源一致。

图 5-20(a)所示正序分量电路中，对 u、v 节点列写 KCL 方程，并根据表 5-3 列示的序分量替代电流源量值，有

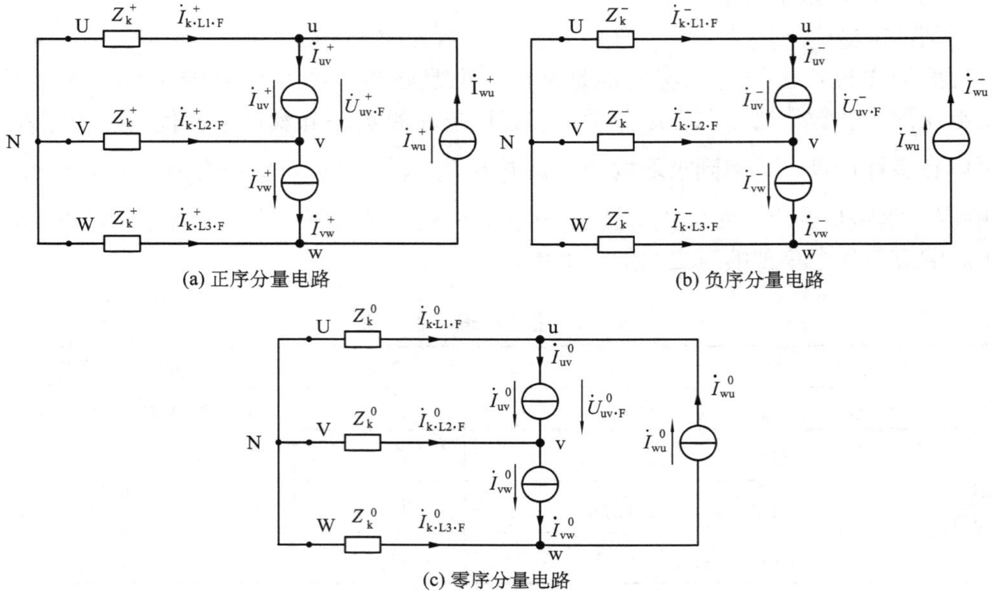

图 5-20 替代电流源各序分量单独作用下的响应计算

$$\dot{I}^{+}_{k\cdot L1\cdot F}=\dot{I}^{+}_{uv}-\dot{I}^{+}_{wu}=\frac{1}{3}\dot{I}_{k2}-\frac{1}{3}\alpha\dot{I}_{k2}=\frac{1}{3}\dot{I}_{k2}(1-\alpha)$$

$$\dot{I}^{+}_{k\cdot L2\cdot F}=-\dot{I}^{+}_{uv}+\dot{I}^{+}_{vw}=-\frac{1}{3}\dot{I}_{k2}+\frac{1}{3}\alpha^{2}\dot{I}_{k2}=\frac{1}{3}\dot{I}_{k2}(-1+\alpha^{2})$$

对由 L1、L2 相构成的回路列写 KVL 方程，可得到正序响应如下

$$\dot{U}^{+}_{uv\cdot F}=-\dot{I}^{+}_{k\cdot L1\cdot F}Z^{+}_{k}+\dot{I}^{+}_{k\cdot L2\cdot F}Z^{+}_{k}=\frac{1}{3}\dot{I}_{k2}Z^{+}_{k}(-2+\alpha+\alpha^{2}) \tag{5-39}$$

同理可求得负序和零序响应如下

$$\dot{U}^{-}_{uv\cdot F}=-\dot{I}^{-}_{k\cdot L1\cdot F}Z^{-}_{k}+\dot{I}^{-}_{k\cdot L2\cdot F}Z^{-}_{k}=\frac{1}{3}\dot{I}_{k2}Z^{-}_{k}(-2+\alpha+\alpha^{2}) \tag{5-40}$$

$$\dot{U}^{0}_{uv\cdot F}=-\dot{I}^{0}_{k\cdot L1\cdot F}Z^{0}_{k}+\dot{I}^{0}_{k\cdot L2\cdot F}Z^{0}_{k}=0 \tag{5-41}$$

3）按叠加原理求解。参照表 5-4 并引用式(5-38)～式(5-41)的结果，有

$$\begin{aligned}\dot{U}_{uv}&=\dot{U}_{uv\cdot S}+\dot{U}^{+}_{uv\cdot F}+\dot{U}^{-}_{uv\cdot F}+\dot{U}^{0}_{uv\cdot F}\\&=\dot{U}_{UV}+\frac{1}{3}\dot{I}_{k2}Z^{+}_{k}(-2+\alpha+\alpha^{2})+\frac{1}{3}\dot{I}_{k2}Z^{-}_{k}(-2+\alpha+\alpha^{2})\\&=0\end{aligned} \tag{5-42}$$

考虑到电网正、负序阻抗总相等且等于三相对称短路阻抗 Z_k，即

$$Z^{+}_{k}=Z^{-}_{k}=Z_{k}$$

解式(5-42)得

$$\dot{I}_{k2}=\frac{\dot{U}_{UV}}{2Z_{k}}=\frac{\sqrt{3}}{2}\times\frac{\dot{U}_{UV}}{\sqrt{3}Z_{k}}$$

已知$\frac{U_{UV}}{\sqrt{3}\,|Z_k|}=I_{k3}$，因此两相短路电流的通用计算公式为

$$I_{k2}=\frac{\sqrt{3}}{2}I_{k3} \tag{5-43}$$

即两相短路电流总是等于三相短路电流的$\frac{\sqrt{3}}{2}$倍。

5.6.2 正序等效定则

按照以上方法，对不同类型的短路故障进行分析，发现各种不对称短路电流正序分量的大小都与同一点发生的三相短路电流大小存在某种关系，把这种关系称为正序等效定则，表达如下

$$I_{kn}^{+}=\frac{U_S^{+}}{\sqrt{3}\,|Z_k^{+}+Z_{an}|} \tag{5-44}$$

式中，n为短路类型，见表5-5；I_{kn}^{+}为发生某种类型短路时短路电流正序分量大小；U_S^{+}为电源电压正序分量，对于远端短路，$U_S^{+}=U_S$，三相和两相短路时取电源点所在电网平均电压U_{av}，单相短路时取标称电压U_N；Z_k^{+}为故障回路总正序阻抗，等于三相对称短路时的短路阻抗Z_k，即$Z_k^{+}=Z_k$；Z_{an}为与短路类型有关的附加阻抗，见表5-5。

式(5-44)表明了这样一个概念：发生不对称短路时，短路点正序电流的大小与在短路点各相上串联一个附加阻抗Z_{an}后的三相短路电流大小相等，这就是正序等效定则。

求出I_{kn}^{+}后，短路点处的短路电流大小为

$$I_{kn}=m_n I_{kn}^{+} \tag{5-45}$$

式中，I_{kn}为发生某种类型短路时故障相短路电流大小；m_n为与短路类型有关的计算系数，见表5-5；I_{kn}^{+}同式(5-44)。

表5-5 各种类型短路时的Z_{an}和m_n

短路类型	类型符号n	Z_{an}	m_n
三相短路	3	0	1
两相短路	2	Z_k^{-}	$\sqrt{3}$
单相短路	1	$Z_k^{-}+Z_k^{0}$	3

注：表中Z_k^{-}、Z_k^{0}分别为负序和零序短路阻抗，若不考虑发电机的情况有$Z_k^{-}=Z_k^{+}$。

例5-2 试用正序等效定则求两相短路电流。

解 根据表5-5有$Z_{an}=Z_k^{-}$，$m_n=\sqrt{3}$。

根据式(5-44)且电源取平均相电压，有

$$I_{k2}^{+}=\frac{U_{av}}{\sqrt{3}\,|Z_k^{+}+Z_k^{-}|}=\frac{U_{av}}{2\sqrt{3}\,|Z_k|}$$

又根据式(5-45)有

$$I_{k2}=\sqrt{3}I_{k2}^{+}=\frac{\sqrt{3}}{2}\cdot\frac{U_{av}}{\sqrt{3}|Z_k|}=\frac{\sqrt{3}}{2}I_{k3}$$

结果与式(5-43)相同。

例 5-3 试用正序等效定则求单相短路电流。

解 根据表 5-5 有 $Z_{an}=Z_k^{-}+Z_k^{0}$，$m_n=3$。

根据式(5-44)且电源取标称电压，有

$$I_{k1}^{+}=\frac{U_N}{\sqrt{3}|Z_k^{+}+Z_k^{-}+Z_k^{0}|}$$

又根据式(5-45)有

$$I_{k1}=3I_{k1}^{+}=\frac{3U_N}{\sqrt{3}|Z_k^{+}+Z_k^{-}+Z_k^{0}|}=\frac{U_{N\cdot\varphi}}{\frac{|Z_k^{+}+Z_k^{-}+Z_k^{0}|}{3}} \tag{5-46}$$

式中，U_N 为标称线电压；$U_{N\cdot\varphi}$为标称相电压。

5.6.3 变压器短路穿越电流及分析

供配电系统中，变压器低压侧短路时，短路电流实际上是从电源通过变压器高压侧流到短路点的。对于三相对称短路，高压侧短路电流与低压侧短路电流只是相差一个变比的倍数，但对于不对称短路，短路电流在高压侧的分布很可能与低压侧不相同，这与短路类型和变压器连接组等有关。将变压器二次侧短路时，其一次侧流过的短路电流称为变压器的短路穿越电流，举例分析如下。

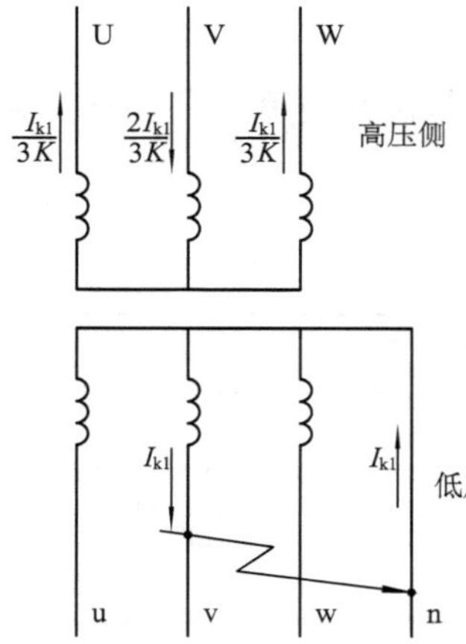

图 5-21 短路穿越电流及其分布

图 5-21 所示为一台 Yyn0 连接组的 10/0.4kV 变压器低压侧 V 相发生单相短路的情形，图中标出了短路电流在低压侧和高压侧的分布。从图中可以看出，低压侧只有 V 相(即故障相)和中性线上有短路电流，但高压侧三相上都有短路电流，且大小不相同，为什么会出现这种情况呢?

图 5-22 是对这一现象的分析，图中相量按标幺值比例画出。首先将低压侧的单相短路电流分解成序分量，再将每一组序分量变换到高压侧，因高压侧为 Y 接，根据 KCL，零序分量电流不可能流通，故高压侧无零序电流分量。再将高压侧的各序分量电流相加，就得到短路电流在高压侧的分布和大小。至于低压侧三组序分量的相对大小和相位关系的由来，读者可以用式(5-35)自行计算。

对于其他故障类型和变压器连接组，可以用以上方法逐一分析，将常用的分析结果列于表 5-6。变压器短路穿越电流在整定继电保护时会经常用到。

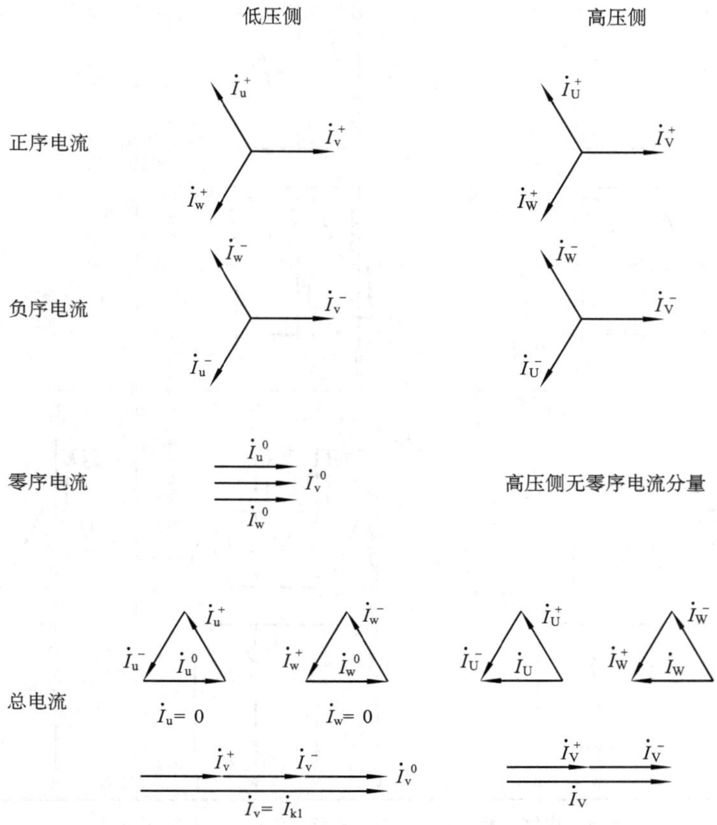

图 5-22　短路穿越电流的相量图分析

表 5-6　变压器低压侧短路时折合到高压侧的穿越电流

连接组	三相短路	两相短路	单相短路
Yyn0	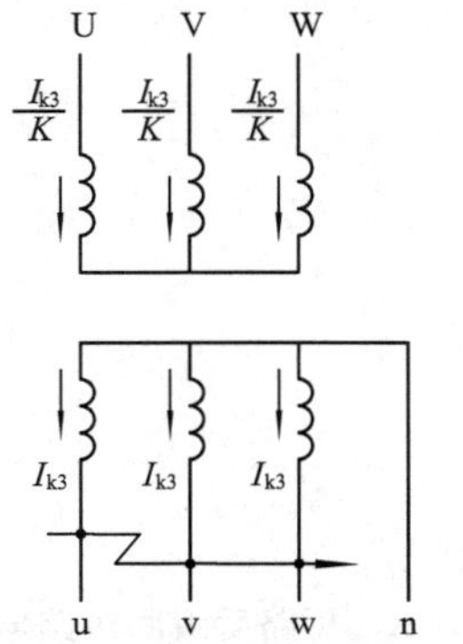	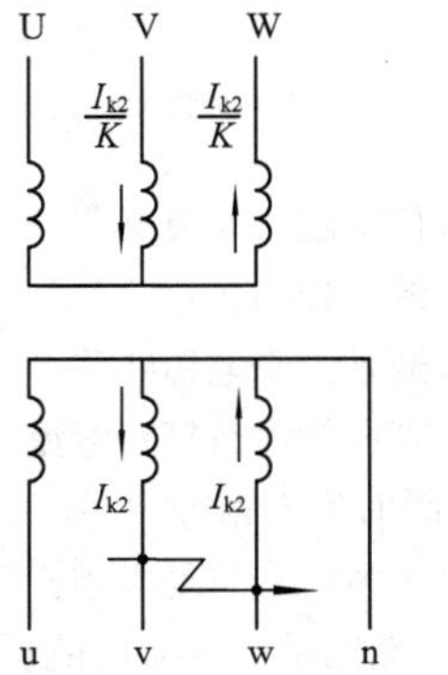	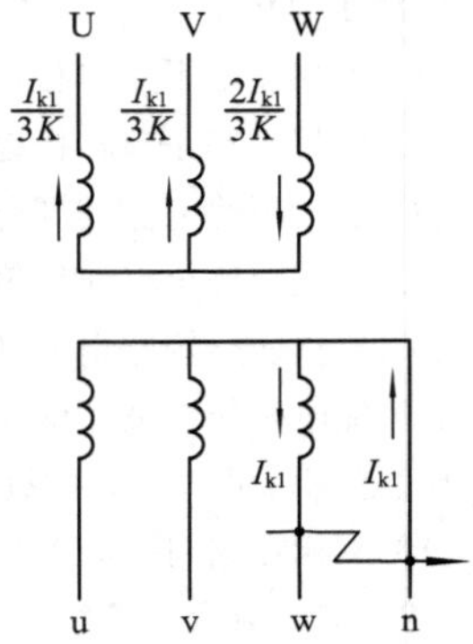

<table>
<tr><th>连接组</th><th>三相短路</th><th>两相短路</th><th>单相短路</th></tr>
<tr><td>Yd11</td><td>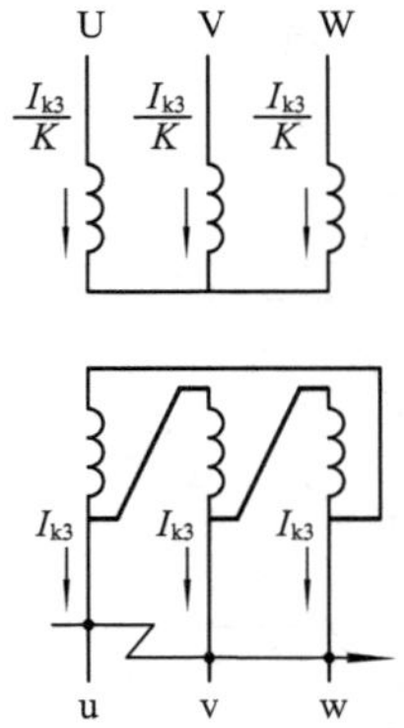
</td><td>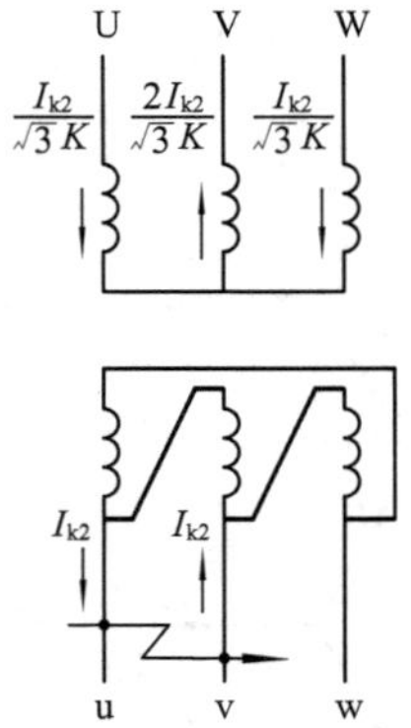
</td><td></td></tr>
<tr><td>Dyn11</td><td>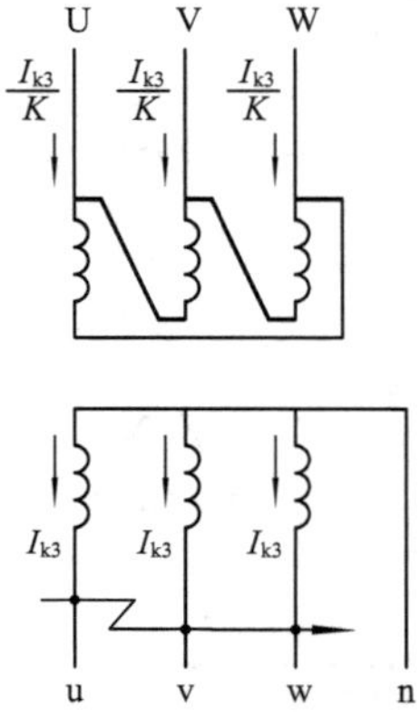
</td><td>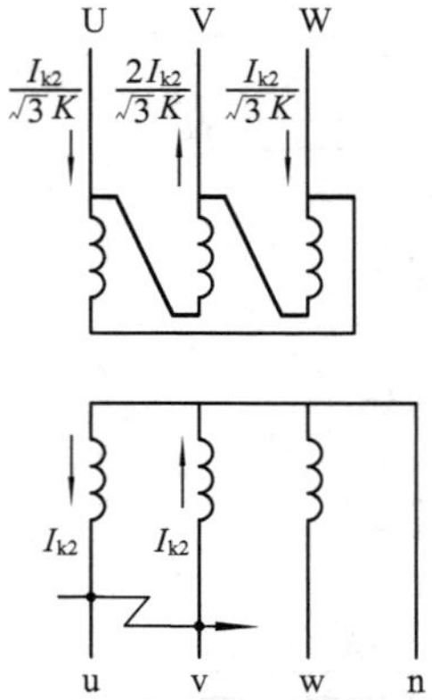
</td><td>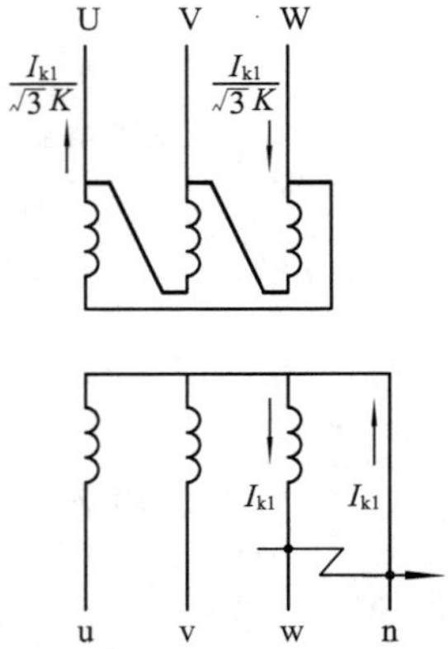
</td></tr>
</table>

注：I_{k3}、I_{k2}、I_{k1} 分别为变压器二次侧三相，两相和单相短路电流；K 为变压器变比。

思考与练习题

5-1　试判断以下说法哪些是正确的，哪些是错误的，哪些是含糊的，并对错误的说法予以订正，对含糊的说法予以澄清。

（1）单相接地不是单相短路。

（2）单相短路是单相接地。

（3）远端短路电流周期分量有效值不随时间衰减。

（4）三相短路全电流峰值出现在短路瞬间。

（5）架空线路短路电流峰值系数通常大于电缆线路。

（6）配电变压器低压侧短路时，高压侧没有短路电流。

（7）三相短路时，3 相故障电流瞬时值不相等。

（8）两相短路时，故障相短路电流瞬时值总是大小相等、方向相反。

5-2　某工频交流系统发生远端短路前瞬间负荷电流瞬时值为 110A，短路后瞬间短路电流周期分量瞬时值为－1.7kA，试计算短路电流非周期分量的初始值。

5-3　某 10kV 线路末端短路电流峰值为 13.7kA，无异步电动机运行，短路回路时间常数为 0.05s，试计算线路末端短路容量。

5-4　图 5-23 所示为有 3 台变压器的 110/10kV 区域变电所，变压器参数和 110kV 侧短路容量已标注在图中，所有阻抗近似按纯电抗处理，试计算每台变压器二次侧短路容量。

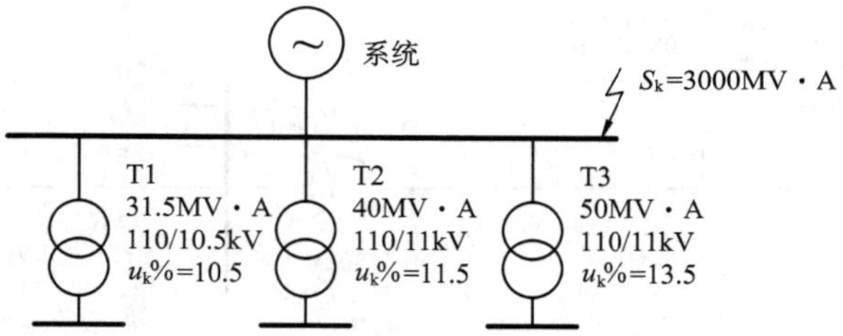

图 5-23 题 5-4 图

5-5 如图 5-24 所示系统，变压器 T2 为 Dyn11 连接组。

(1) 用标幺值法计算系统中 F1、F2、F3 点发生短路故障时，短路点处三相和两相稳态短路电流的大小。

(2) 若地区电网规划限制 10kV 电网短路容量不大于 300MV・A，试判断变压器 T11、T12 并联运行方式是否可行。若因短路容量过大而不可行，但并联运行又有必要性，你能否找出一些限制短路电流的措施?

(3) 计算 F3 点三相短路时，流过变压器 T2 高压侧的稳态短路电流大小，并与 F2 点短路时的短路电流进行比较。

(4) 参阅表 5-6，计算 F3 点 u、v 相两相短路时，变压器 T2 高压侧各相稳态短路电流大小。

(5) 若考虑电动机的影响，试计算 F2 点三相短路时短路电流峰值的大小。

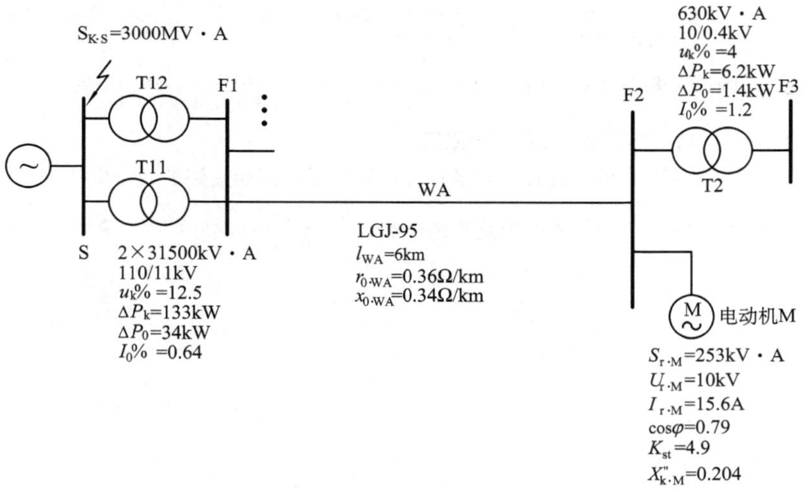

图 5-24 题 5-5 图

5-6 图 5-25 所示系统，线路 WA 上 AB、BC、CD 段长度相等，线路 WD 上 EF、FG、GH 段长度相等；D 点与 E 点间的空间距离约等于 0。

(1) 试用标幺值法计算系统最大运行方式下 A～H 点三相短路电流，以及最小运行方式下 A～H 点两相短路电流。

(2) 根据以上各点短路电流计算数据，以短路电流标幺值为纵坐标，以短路点距 A 点的距离为横坐标，绘制各短路点电流与短路点位置关系曲线，含最大三相短路电流与最小两相短路电流两条曲线。

(3) 条件同(2)，但纵坐标改为各点短路时流过线路 WA 首端的短路电流(A 点看成线路 WA 的首端)，绘制短路电流曲线并与(2)中所绘制的曲线对比。

(4) 将纵坐标改为短路电流有名值，重新绘制以上(2)、(3)所要求的曲线，并进行比较。

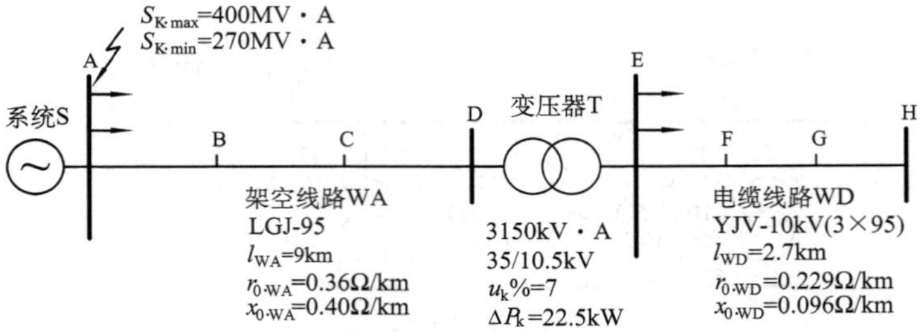

图 5-25　题 5-6 图

5-7　低压 TN-S 系统发生 W 相与 N 线的相中单相短路时，故障位置处电流条件为

$$\begin{cases}\dot{I}_{kU}=0\\ \dot{I}_{kV}=0\\ \dot{I}_{kW}=\dot{I}_{k1}\\ \dot{I}_{kN}=-\dot{I}_{k1}\end{cases}$$

试计算故障位置处故障电流的正、负、零序分量。

5-8　某技术论文计算变压器二次侧三相短路电流时，在假设变压器一次侧为无限大容量电源系统的前提下，使用的计算公式为 $I_{k3\cdot2\cdot T}=\dfrac{1}{U_k\%/100}\times\dfrac{S_{r\cdot T}}{\sqrt{3}U_{r2\cdot T}}$。例如，额定容量 800kV·A 的 10/0.4kV 变压器，短路电压百分数为 6，则二次侧三相短路电流为 $I_{k3\cdot2\cdot T}=\dfrac{1}{6/100}\times\dfrac{800}{\sqrt{3}\times0.4}=19245(\text{A})\approx19.3(\text{kA})$。请你对该公式的正确性作出判断，并明确给出判断的依据。

5-9　某 10/0.4kV 变压器，Dyn11 连接组，经计算可得低压侧两相短路的短路电流为 12kA。有人按变比关系计算出低压侧两相短路时 10kV 侧的短路穿越电流为 $12/\dfrac{10}{0.4}=0.48(\text{kA})$。请你对该计算方法的正确性作出评判。

第 6 章　供配电系统继电保护与自动装置

本章在明确继电保护在供配电工程体系中的地位与作用的前提下，以电力线路为主要对象，介绍继电保护的基本概念与整定计算方法。继电保护的内容非常丰富，不可能一一罗列，但其中最基本的概念、方法和评价指标等内容都会在本章涉及。对于微机保护、数字及网络保护等新技术，是保护技术实现手段的进步，保护的原理与继电保护无根本区别，限于篇幅不予介绍。本章还将介绍两种最常用的配电自动装置，并着重阐述它们与继电保护的配合关系。

6.1　故障与保护

6.1.1　供配电系统的故障与故障判别

供配电系统故障是指有立刻损坏系统或中断系统正常运行的事件出现，最常见也是最严重的故障之一是短路。供配电系统的异常运行状态是指已有中断系统工作或损坏系统的迹象出现，但还不至于立刻产生后果，系统仍可以继续工作一段时间，如系统过负荷运行、小接地系统单相接地等。

供配电系统的故障和异常运行本质上都与能量有关，或者是系统某处的能量传输被阻断，或者是系统的某一部分受到超出其长期或短时承受能力范围的能量作用，轻者导致系统元件寿命缩短、特性劣化并埋下事故隐患，重者立刻损坏系统元件或破坏系统运行。对于用户侧的中低压系统，还可能导致电击等人身伤害事故和电气火灾等环境灾害。这样的后果必须避免，应对的主要技术措施就是设置保护。

保护的核心在于故障(含异常运行)判别，只有判别出故障，才有可能实施保护。考虑到保护的时效性，故障判别需要由系统自动完成。

1. 故障判别的内容

故障判别的内容主要有 3 项：①是否发生了故障；②故障发生在什么位置；③故障的类型。这 3 项内容与保护的对应关系为是否需要实施保护；需要在系统哪些部分实施保护；需要实施何种保护。

2. 故障判别的依据

要使系统自动判别故障，需要有预设判据。供配电系统发生某种故障时，总会有某些电气或非电参量在大小、特征或组合特性上与正常运行状态有所差异，找出并监视这些差异是否出现，是判断某种故障是否发生的主要手段。

根据参数差异进行故障判别，应避免产生误判和漏判，这需要参数差异具有显著性和特异性。

所谓显著性，是指故障和正常条件下参数指标差别明显，不会有模糊的边界，更不能有重叠。如变压器发生相间短路时，故障电流与正常负荷电流及过负荷电流量值差异显著，根据电流量值判断短路一般不会产生误判；但变压器绕组匝间短路时，电流的变化几乎可以忽略，若以电流量值作为匝间短路判据，则几乎肯定漏判或误判。

所谓特异性，是指某种参数指标差异出现，一定对应着某种故障发生。例如，短路时短路点附近母线上的电压会降低，但如果以母线电压降低作为短路故障的判据，则停电也会被误判为短路，这是判据不具备特异性的一个例子。判据的特异性有时是很难达到的，需要采取其他技术措施，来降低误判的可能性。

图 6-1 是寻找故障判据的一个很好的例子，这种保护中继电器测量的是线路首、末端的电流差。正常运行时，该线路首、末端电流大小与方向总是一致的，其差值等于零；下级线路上发生短路时，尽管流过该线路的短路电流很大，但其首、末端电流差值仍等于零；只有当该线路本身发生短路时，首端有很大的短路电流，而末端没有电流通过，线路首、末端电流才可能有很大的差值。这里将线路首、末端电流之差作为本线路短路故障判据，这一判据不仅具有显著性、特异性，还能给出明确的故障位置判断。

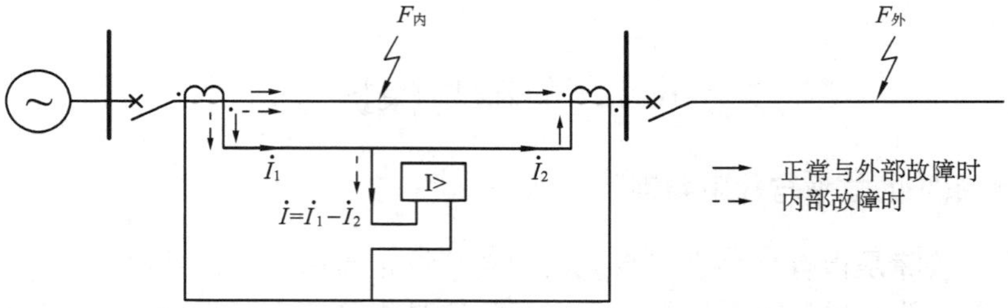

图 6-1　故障判别示例

3. 系统运行状态信息获取的方式与特点

除了判据以外，故障判别的另一个条件是必须获取系统的运行信息。由于电网地域分布广阔，线路敷设于野外或公共道路，传统的保护技术中，运行信息采集一般只能在变配电所或开关站等站所设施中进行，且由于通信的可靠性、时效性及站所的权属等原因，各站所采集的信息一般不能实时共享。因此，传统保护的信息获取有两个特点，第一是局部采集，第二是各站所信息孤立，无相互交流。

保护装置依靠站所中局部的、孤立的信息去判断整个电网的情况，必然含有推测的成分。当推测中有多种可能性时，由于缺少系统其他位置处相关信息的印证，有推测错误的可能。得益于现代信息技术的高度发展，网络保护等新技术较好地解决了这一问题。网络保护除了可以使相关站所信息实时共享以外，还可以在站所外设置更多的信息采集点并将信息传送至站所，信息的完整性有很大提高。但就工程现状而言，电力用户范围内的供配电系统仍然以传统信息获取方式为主，且传统方式下故障判别更具技术挑战性，因此本章仍主要以传统信息获取方式为依据介绍保护内容。

6.1.2　保护的种类与要求

1. 种类

每个保护都具有多方面的属性，例如，它保护的是哪个电网元件、针对的是哪种故障，以及保护装置采用的是哪种技术实现形式、有哪些主要技术特征等。因此，保护的分类有多种不同的标准，不同标准下所划分的类别之间不具有可比性，这一点在逻辑上一定要清晰。

工程上常用的保护分类标准和每一分类标准下的保护类别示例如表 6-1 所示。

表 6-1　保护分类

分类标准		类别示例
按被保护对象划分		线路保护、变压器保护、电动机保护、电力电容器保护等
按所保护故障种类划分		短路保护、过负荷保护、漏电保护、缺相保护、断线保护等
按保护地位划分		主保护、后备保护(含远后备和近后备两种形式)
按技术实现手段划分	一次保护	熔断器保护
	二次保护	继电器保护、晶体管电路保护、微机保护、网络保护等
按保护技术特征划分		无时限电流速断保护、差动保护、零序电压保护、方向保护等
按执行方式划分		动作于跳闸的保护、动作于信号的保护

表 6-1 中所谓的主保护是指满足系统稳定和设备安全要求，能以最快速度有选择性地切除故障元件的保护。后备保护是指主保护或断路器拒动时，用以切除故障的保护，又分为远后备和近后备两种方式。

远后备是当主保护或断路器拒动时，由相邻元件的保护来实现后备；近后备是当主保护拒动时，由本元件的另一套保护装置实现后备。

工程实践中常会用不同分类标准下的保护类别描述同一个保护，这时需要仔细领会其含义。例如，“用差动保护作变压器短路保护的主保护”，这句话实际上只描述了一个保护，该保护所保护的对象是变压器，所针对的故障是短路，所采用的技术原理是差动，是主保护而非后备保护。

特别提醒术语“过电流保护”的含义，工程上该术语有两种含义，其一是按所保护的故障类别划分的一种保护，凡是超过正常电流范围的电流都称为过电流，含过负荷和短路；其二是针对相间短路按保护技术特征划分的一种保护，包括定时限和反时限过电流保护。

2. 对保护的基本要求

供配电系统对保护有四方面的基本要求，归纳为可靠性、选择性、快速性和灵敏性，简称四性。

(1) 可靠性。可靠性是指保护应做到不误动、不拒动。选择可靠的保护元件、尽可能简单的保护方式，以及尽可能使调试、维护管理方便，是提高可靠性的基本手段，设置闭锁与后备等是提高可靠性的附加手段。

(2) 选择性。对动作于跳闸的保护，选择性是指只将故障元件从系统中切除，以避免扩大停电范围；对动作于信号的保护，选择性是指信号应明确指出是哪一个元件出现了故障或不正常运行状态，以提高故障排查的效率。

(3) 快速性。快速性指保护装置应尽可能快地切除故障元件，其目的是提高系统的稳定性，减轻故障元件的受损程度。实现快速性的关键在于正确判别故障位置。

(4) 灵敏性。灵敏性是指对被保护元件全范围内发生的故障，保护装置都要能敏锐地感知。在被保护元件上发生的强度最小的故障(如线路末端两相或单相短路)，是对保护灵敏性的最大考验。灵敏性一般用灵敏系数 K_S 表示，定义

$$K_S=\frac{\text{被保护对象上可能出现的最小强度故障参量}}{\text{与故障参量对应的保护装置动作值}} \tag{6-1}$$

应注意式(6-1)中“最小强度故障参量”并不一定是最小量值故障参量，如低电压保护中，电压高反而表明故障强度小。因此这里的“最小强度”指的是与正常条件相差最小的含义。

6.1.3 保护在供配电工程体系中的地位与作用

1. 保护在供配电系统运行中的作用

一个长期持续运行的供配电系统，出现异常运行状况和发生故障几乎是不可避免的。设置保护主要可以起到以下两方面作用。

(1) 自动将故障元件从系统中切除，一则保证系统非故障部分恢复正常工作，二则避免故障元件继续受到损坏。

(2) 反映系统运行状态，对异常运行状态发出警示，以避免其发展为故障，有些情况下也可以实施自动控制，如过载运行情况下实施自动减负荷控制等。

切除故障元件会造成开断点负荷侧电网停电，但相比损坏设备或瓦解系统，停电是损失最小的选择。

2. 保护在供配电系统工程设计和电气设备制造中的作用

供配电系统设计的重要工作之一是确定系统的故障承受能力。系统需要具备的故障承受能力不仅与故障能量大小有关，还与保护措施对故障能量的消减程度有关。以线缆为例，如果不设置短路保护，完全靠线缆自身的承受能力承受短路电流的冲击，那导体的截面积有可能达到平方分米以上的量级，这显然是不现实的。

由此推及电气设备制造环节，电气设备制造中考虑设备的故障承受力问题时，通常是以工程现状典型故障强度和主流保护配置为技术条件，确定出不同等级的电气设备故障承受能力，并规定相应的试验，给出相关的参数，形成系列，供工程设计选用。

不仅系统元件所需的故障承受力与保护设置有关，系统的结构形式也与保护有关。例如，某种系统结构形式有某些方面的优势，但非常不利于保护设置，则这种结构形式应尽量避免采用。

3. 保护的工程地位

从以上分析可知，无论是设备制造、系统构建，还是系统运行，保护都是必须计及的重要因素之一，它具有应用性和基础性双重地位。其中，保护对系统构建和设备技术条件的影响途径比较隐晦，但这种影响是客观存在的。因此，保护不是一个孤立的技术环节，也不只是对运行中的系统才产生作用。在此讨论保护在供配电工程体系中的地位与作用，而非仅仅是保护在供配电系统中的地位和作用，理由就源于此。

6.2 保护用继电器的保护特性

6.2.1 继电器的一般认识

继电保护的主要元件是继电器。与更早出现的熔断器不同，大多数保护用继电器都是二次元件。有关保护用继电器的术语，在国家标准 GB/T 2900.17—2009《电工术语 量度继电器》中有明确定义，但标准中有些术语还未得到广泛应用。本书在术语表达上兼顾现状主流习惯和国家标准。从以下几个方面来认识继电器的一般性质。

1. 从功能角度认识继电器

继电器是一种控制器件，当该器件的输入满足一定条件时，在其一个或多个输出回路中将产生预定的跃变。继电保护中常用到的继电器有以下两类。

1）量度继电器

量度继电器又称为测量继电器。探测电力系统及电气设备故障或异常情况的量度继电器称为保护继电器，常用的有电流电压继电器、阻抗继电器、差动继电器等。此处主要讨论量度继电器中的保护继电器。

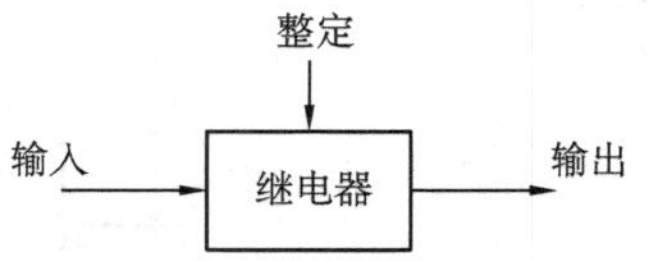

图 6-2 保护继电器的功能框图

保护继电器是一种测量和逻辑元件，它包含以下几个相互关联的方面，如图 6-2 所示。

（1）输入。它是被判断的对象，一般为模拟量。

（2）输出。它表达判断的结果，为数字量。

（3）整定值(Setting Value)。又称为动作值(Operating Value)，它是判断的依据，一般为模拟量，可以在一定范围内调整。

简单地说，保护继电器是按设定的条件对参量做出判断，并将判断结果按规定方式表达出来的元件。例如，过电流继电器对输入的模拟电流量值是否超过整定值做出判断，欠电压继电器对电压是否低于整定值做出判断。

动作于输入参量增大的继电器称为过量继电器，动作于输入参量减小的继电器称为欠量继电器。

2）有或无继电器

有或无继电器又称控制继电器，是一种逻辑元件，这种继电器预定由某一输入使输出回路产生跃变，该输入有一定的量值范围要求，该输入只要出现，其量值一定是在这个范围内，若没有这个范围内的参量出现，就相当于没有输入。

继电保护中常用的有或无继电器有中间继电器、时间继电器、信号继电器、重合闸继电器等。

2. 从电路角度认识继电器

最基本的继电器是一个二端口网络，如图 6-3(a)所示。就传统的电磁式和感应式等继电器而言，继电器的输入端口又称为继电器的线圈，输出端口又称为继电器的触点，如图 6-3(b)所示。多数继电器只有一个线圈，少数的有两个或多个，但多数继电器都有若干对触点，这些触点可以是相同的，也可以是不同的。继电器的线圈有高阻抗和低阻抗之分，高阻抗线圈一般称为电压线圈，低阻抗线圈则称为电流线圈。通常将线圈因通电导致的衔铁的动作称为“吸合”(而不论触点本身是闭合还是断开)，断电则称为“释放”。衔铁是带动输出触点改变状态的继电器的一个组件。

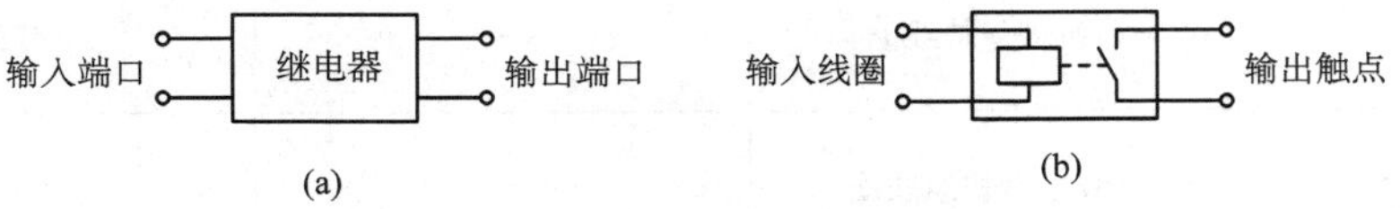

图 6-3 继电器的电路模型

图 6-4 是继电器的图形符号和文字符号。图形符号中输入和输出端口可以集中表示，也可以分开表示。分开表示时以参照代号表达输入与输出端口的对应关系。保护继电器按属性归属于测量器件，文字符号用 B 或 BB 表示，其中第 1 位字母代码 B(主类代码)表示将某一输入变量转换为供进一步处理的信号，第 2 位字母代码 B(子类代码)表示将输入变量转换用于保护用途。有或无继电器文字符号为 K，表示处理信号或信息的含义。继电器触点可以用

数字编号，按规定动断触点以第 2 位数字 1、2 表示，动合触点则以 3、4 表示，第 1 位数字表示该继电器同类触点序号。如图 6-4(a)中有 2 个动合触点，分别用 13、14 和 23、24 表示。

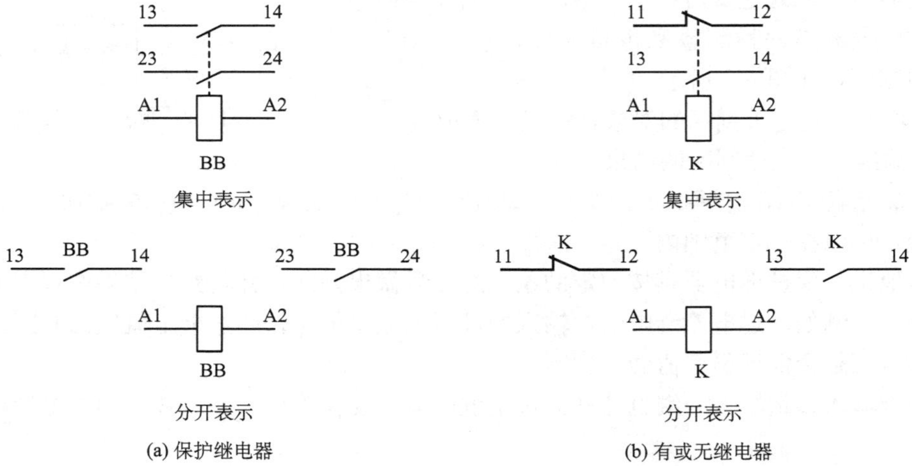

图 6-4　继电器的图形符号和文字符号

表 6-2 是一些继电保护常用继电器的名称和触点形式。

表 6-2　常见保护用继电器符号

线　　圈		限定符号	
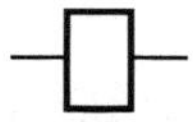	一般符号	I>	过电流
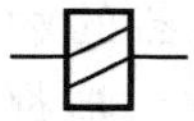	双绕组线圈	U>	过电压
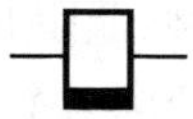	缓慢释放(缓放)线圈	U<	欠电压
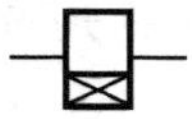	缓慢吸合(缓吸)线圈	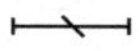	延时
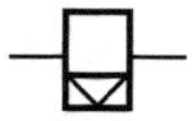	机械保持线圈		可调延时
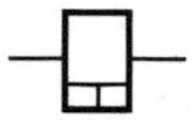	继电器快速线圈	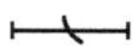	反时限延时
触　　点		**测量继电器示例**	
	动合触点	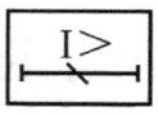	延时过电流继电器
	动断触点	I>5A	动作电流为 5A 的过电流继电器

触　点		测量继电器示例	
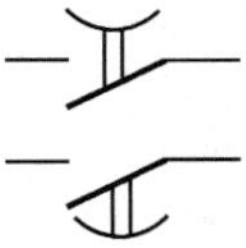	吸合时延时闭合的动合触点	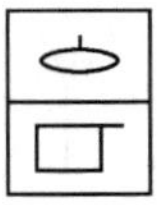	气体继电器
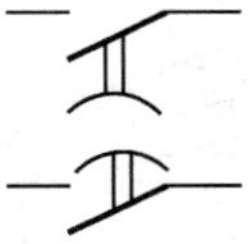	释放时延时断开的动合触点	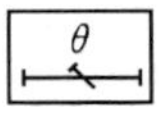	可调延时温度继电器
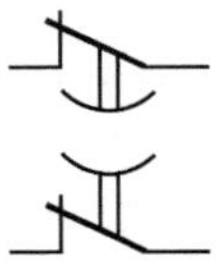	吸合时延时断开的动断触点	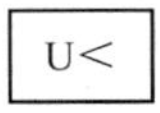	欠电压继电器
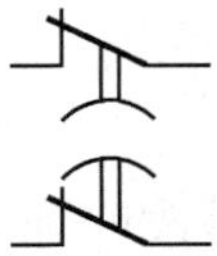	释放时延时闭合的动断触点	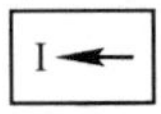	逆流继电器

有些继电器没有电气输入回路，其输入量是其他物理量，如瓦斯继电器、温度继电器等。

3. 保护用继电器的整定

继电器的输入是运行参量，会随运行状态变化。整定值是在继电器上设定的一个或一组参量，这些参量是对输入参量进行判断的判据，可以在一定范围内调整，但一旦调整确定，就不会随运行状态变化，因此属于本构参量。确定继电器整定值的行为称为继电器的整定。

6.2.2 电磁式继电器及特性

1. 继电器的结构与工作原理

图 6-5(a)是一只电磁式过电流继电器的原理结构，图 6-5(b)是其机械特性曲线。继电器通电后，衔铁受到电磁力矩与机械力矩(含弹簧机械力矩和转轴机械摩擦力矩)的相反作用。电磁力矩取决于电流大小和气隙长度 δ；弹簧机械力矩取决于弹簧拉伸长度，弹簧拉伸长度的增加正比于气隙长度的减小；转轴机械摩擦力矩是一个定值 M_m。当电流增大，使电磁力矩略微大于总机械力矩时，衔铁就会向吸合方向运动，导致气隙长度减小，弹簧拉伸长度加大。由于电磁力矩的增长与气隙长度 δ 减小的平方成正比，而机械力矩的增长与气隙长度 δ 减小的一次方成正比，因此衔铁一旦运动，电磁力矩的增长速率快于机械力矩，使衔铁加速到达吸合位置，且到达吸合位置后，由于电磁力矩增加更多及摩擦力矩消失，电磁力矩高出机械力矩一个量值 ΔM，这足以保证衔铁稳定地处于吸合状态。吸合后，若减小电流，电磁力矩曲线向下平移，下降幅度需要抵消掉($\Delta M + M_m$)力矩后，衔铁才会被释放，因此释放电流小于吸合电流。同样的道理，衔铁释放后，电磁力矩低于机械力矩一个量值，使其稳定地处于释放状态。

动作电流整定有 3 个途径，一是改变线圈的匝数，这只能有级调整；二是调整气隙的初

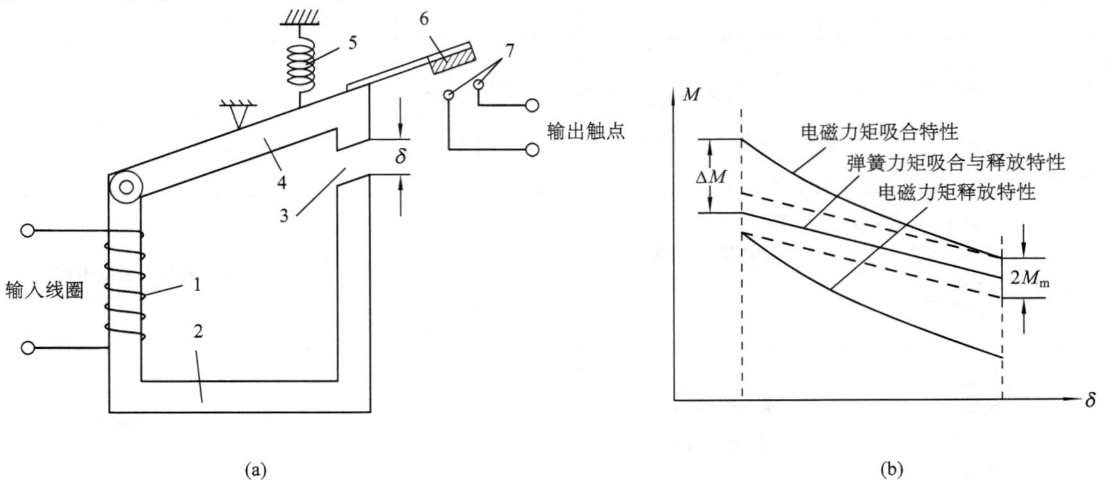

图 6-5 电磁式继电器原理结构与机械特性

1-线圈；2-铁心；3-气隙；4-衔铁；5-弹簧；6-动触头；7-静触头

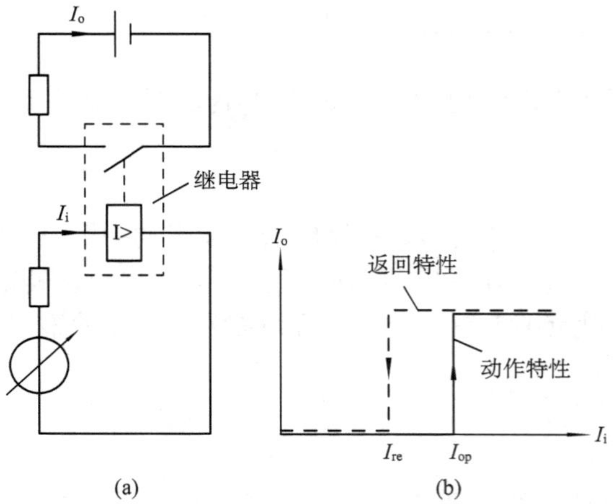

图 6-6 继电器传输特性

I_{op}-动作电流；I_{re}-返回电流

始长度，可连续调整；三是改变弹簧的初始拉伸度，可连续调整。有时将几者结合起来进行动作电流整定。

2. 继电器的特性参数

1）滞回特性

将继电器看成一个二端口网络时，特别关注其传输特性。图 6-6(a)所示为一只过电流继电器传输特性的试验电路，图 6-6(b)示出了其传输特性曲线。从图中看出，当电流由小到大升高到预先整定的动作值时，继电器输出触点闭合(称为动作)，但当电流由大到小降低到原动作值时，继电器触点并不释放，而是要等到电流比动作值小一定量值时，触点才断开(称为返回)。这是一个滞回特性，其原理已如上述。继电器返回电流与动作电流之比称为返回系数，记作 K_{re}，即

$$K_{re}=\frac{I_{re}}{I_{op}} \tag{6-2}$$

式中，I_{op}为继电器动作电流；I_{re}为继电器返回电流；K_{re}为继电器返回系数。

过量继电器的返回系数总是小于 1 的，典型值为 0.85 左右；欠量继电器返回系数则总大于 1，典型值为 1.15 左右。

2）主要参数

如表 6-3 所示，以广泛应用的 DL30 系列继电器为例，介绍保护用继电器的主要参数。

表 6-3 保护用继电器参数示例

型号	额定电流/A		电流整定范围/A	动作电流/A		触点数量	功率消耗/(V·A)
	线圈串联	线圈并联		线圈串联	线圈并联		
DL-32	5	10	0.6～2.4	0.6～1.2	1.2～2.4	1动合 1动断	电流为5A时线圈并联不大于15
	10	20	2.5～10	2.5～5	5～10		
	10	20	5～20	5～10	10～20		
	15	30	12.5～50	12.5～25	25～50		
	15	30	25～100	25～50	50～100		

注：1. 返回系数不小于0.80。

2. 触点断开容量：当电压不大于250V、电流不大于2A时，在直流有感电路中不大于50W；在 $\cos\varphi=0.3\sim0.5$ 的交流电路中为250V·A。

继电器的额定电流与动作电流是两个不同的参数。额定电流含义与其他电器相同，指能长期承载的电流；动作电流是继电器动作门槛值，有一个调整范围，可以人为地在这个范围内整定。电流整定范围可以超过额定电流，因为整定电流考虑的是故障条件下的测量判断，故障不会是长期状态，即使出现超过额定电流值的故障电流，其持续时间也较短，一般不会导致继电器烧毁。

继电器线圈串联和并联的情况如图 6-7 所示。输入继电器的电流作为被判断的对象，具有电流源特性，其量值不会随继电器线圈阻抗而变化。假设输入电流为 I，每一线圈的匝数为 W。当线圈串联时，铁心励磁磁势为 $(WI+WI)$，而当线圈并联时，励磁磁势为 $\left(\frac{1}{2}WI+\frac{1}{2}WI\right)$。即对同一输入电流，线圈并联情况下衔铁受到的电磁力矩只有串联时的一半，因此在同一机械力矩作用下，线圈并联情况下的动作电流值比串联时大一倍。这种双线圈串、并联结构，将继电器整定范围扩大了1倍。

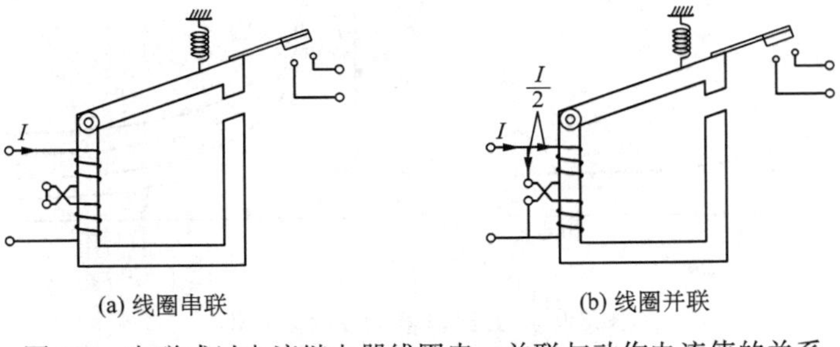

图 6-7 电磁式过电流继电器线圈串、并联与动作电流值的关系

6.2.3 感应式继电器及特性

35kV 及以下系统中大量使用感应式继电器，产品型号以 GL-XXX 表示。感应式继电器实际上是一只组合式继电器(又称为集成保护继电器)，它由反时限部分和速断部分组合而成，其原理框图如图 6-8 所示。

从图 6-8 中可以看出，输入电流同时作用于反时限部分和速断部分，这两部分各自独立

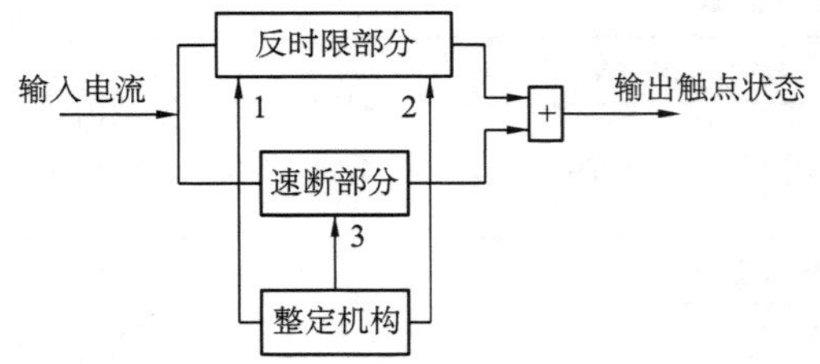

图 6-8　GL 感应式继电器的原理框图
1-继电器动作电流整定；2-反时限部分动作时间整定；3-速断动作电流整定

地对输入电流大小作出判断，并以判断结果的逻辑“或”作为继电器的输出。继电器的整定值有 3 个，分别是反时限部分动作电流(又称为继电器的动作电流)、反时限部分动作时间和速断部分动作电流。

1. 反时限部分的特性

反时限部分电流-时间特性如图 6-9(a)所示，输入继电器的电流越大，继电器动作时间越短，故称为“反时限”。将反时限部分的动作电流定义为继电器的动作电流，记为 $I_{op \cdot R}$。图 6-9(a)中 3 条曲线为 3 个不同整定值所对应的保护特性曲线。由于对每一个动作电流整定值，都对应有一条特性曲线，使用上甚为不便。通过数据分析发现，如果定义“动作电流倍数”n 为流经继电器的实际电流 I_R除以继电器动作电流 $I_{op \cdot R}$，即 $n=\dfrac{I_R}{I_{op \cdot R}}$，则动作电流倍数-时间曲线(即 n-t 曲线)与动作电流本身无关，只要一条曲线就可表达不同整定电流下的电流-时间特性，如图 6-9(b)所示，图 6-9(a)三条曲线在 n-t 坐标系中重叠为一条曲线。

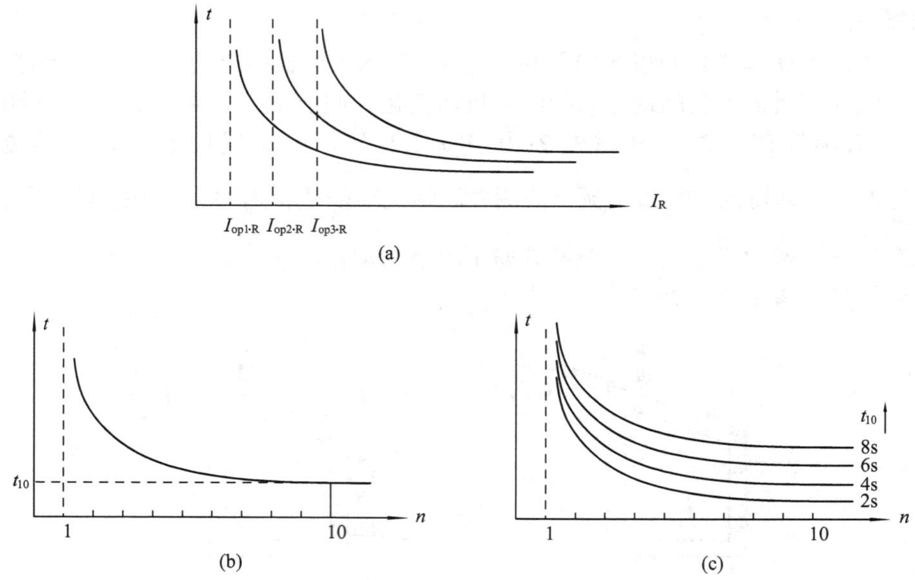

图 6-9　GL 继电器的反时限特性

图 6-9(b)所示曲线上每一个动作电流倍数都对应着一个动作时间，这给动作时间的表述带来麻烦。业界约定：取 $n=10$ 所对应的动作时间来表述反时限部分的时间特性，称为“10 倍动作电流时间”，记为 t_{10}，并将 t_{10}定义为反时限部分的动作时间整定值。

若改变动作时间整定值 t_{10}，则图 6-9(b)所示曲线会整条上下移动，如图 6-9(c)所示。

2. 速断部分特性

速断部分工作原理与电磁式继电器相同，只是在表述动作电流时，不以电流的有名值表示，而以速断部分动作电流 $I_{op \cdot 速}$相对于继电器动作电流 $I_{op \cdot R}$的倍数 $n_{速}$来表示，称为速断动作电流倍数，即 $n_{速}=\dfrac{I_{op\cdot 速}}{I_{op\cdot R}}$。

3. 综合特性

图 6-10 为感应式继电器的综合特性，是由其反时限部分与速断部分各自输出通过逻辑或运算得到的，动作时间短的输出优先实现。速断动作电流倍数 $n_{速}$ 和 10 倍动作时间 t_{10} 都可以在一定范围内调整。

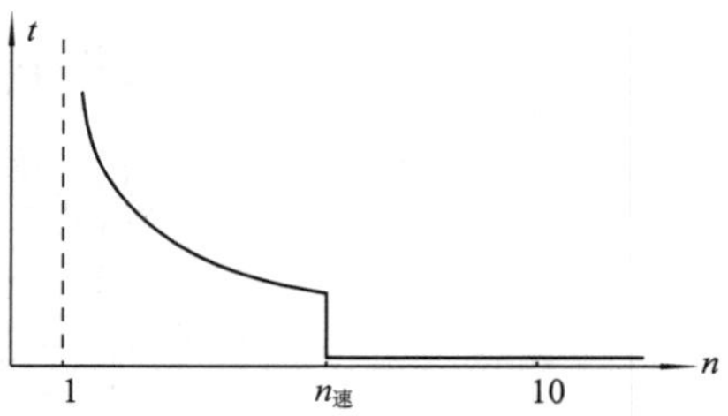

图 6-10　GL 继电器的综合特性

6.2.4　静态继电器简介

前面介绍的电磁式、感应式等继电器都有可动的机械触点，将传统的由机械部分运动产生预定响应的继电器统称为机电式继电器。

所谓静态继电器，原本是指使用固体器件(半导体器件、电阻、电容等)设计制造出的不以机械部分运动产生预定响应的继电器。但作为出口驱动的一个环节，机电式继电器可动金属触点具有容量大、阻抗低、耐压高等多方面优点，而静态继电器要做到这些的成本很高，因此很多现代静态继电器都与小尺寸的衔铁或机电式继电器相结合，能提供多对可动金属触点完成驱动执行任务，这类继电器现在也划归为静态继电器。为了区别，将这类继电器称为具有输出触点的静态继电器，过去曾称为半静态继电器；而输出端口无可动触点的静态继电器则称为没有输出触点的静态继电器，过去曾称为全静态继电器。

静态继电器有很多方面的优点。从功能角度看，静态继电器最大的优点在于很容易实现各种数学运算和函数关系。以距离保护为例，用于距离保护的传统器件主要为机电式阻抗继电器，依靠机电装置实施电压电流的除法运算以求取阻抗，虽然是简单复数运算，但设计制造已经比较复杂，如果有更复杂的运算，依靠机电装置则难以实现，而静态继电器可以轻易地实现阻抗的计算和比对。历史上静态继电器的实际应用就是在距离保护和差动保护中开始的。再如前面介绍的 GL 系列感应式反时限继电器，对应的静态继电器为 JGL 系列，其反时限特性(即电流与动作时间之间的函数关系)可以通过软件调整，性能明显强于传统的 GL 继电器。

静态继电器很容易发展为组合继电器和综合保护装置，它们之间并没有很严格的界限。静态继电器现在已经得到一定范围的应用。如果在电磁兼容性等方面有切实的进一步改善，其应用范围将会进一步扩大。

6.3　电流保护装置的接线方式与工作原理

6.3.1　变配电所二次系统简介

变配电所二次系统是对一次系统进行测量、监视、控制和保护的系统。针对不同的一次元件，二次系统的具体形式有所差别，但构成原则基本相同。图 6-11 所示为某 10kV 变配电所馈出线二次部分的原理框图，可作为二次系统构成与功能的典型示例。下面据此对二次系统进行简介。

1. 二次系统电源

二次系统电源又称操作电源，有直流和交流两类。电源类型一旦选定，相应的控制、保

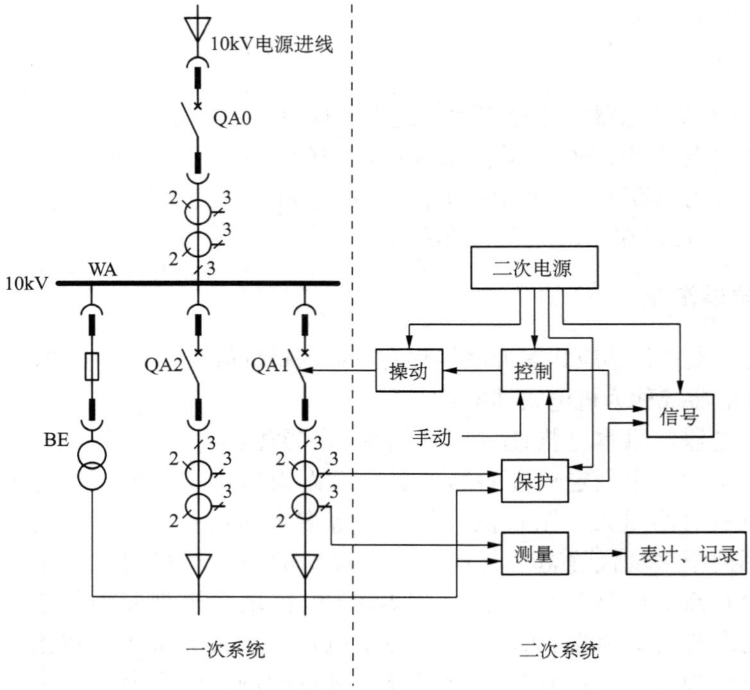

图 6-11　二次系统原理框图示例

护、信号等电路及器件就应选择对应的形式。

直流操作电源主要有蓄电池和硅整流带储能电容两种类型，蓄电池的充电电源、硅整流装置的交流电源可以取自所用变压器低压侧或电压互感器二次侧。直流电源常用电压为220V 和 110V。

交流操作电源可直接取自所用变压器、电压互感器或电流互感器，常用电压为 220V 和 110V。由于电压互感器二次电压一般为 100V，故通常在互感器二次侧安装 100/110V 或 100/220V 隔离变压器，以取得标准二次电压。由于交流操作电源直接取自一次系统，需要考虑故障时一次系统失压等情况下的供电可靠性问题。

由于二次系统需要供电的对象较多，供电要求又各有不同，因此将负荷按性质划分为若干类别，二次电源提供与负荷类型相对应的电源母线，供各类负荷分类连接，这些母线称为二次系统电源小母线，如控制电源小母线、信号电源小母线、合闸电源小母线等。但并非所有二次系统小母线都是电源小母线，有些小母线是提供或汇集信号的，如预告信号小母线等。

2. 断路器控制电路

控制电路又称控制回路，最重要的控制回路是断路器控制回路。断路器控制回路有手动和自动两种控制功能。自动控制功能除了满足诸如备用电源自动投入、自动重合闸等自动装置的要求以外，还有一项很重要的功能就是与保护装置配合，实现故障跳闸。

因此，断路器控制回路的输入信号有：手动合、跳闸信号，自动装置(图 6-11 中未示出)合、跳闸信号以及保护装置跳闸信号。控制回路输出除了有向断路器操动机构发出的合、跳闸信号外，还有向信号部分发出的断路器状态等信号。

3. 保护电路

保护电路又称保护回路，正是本章要讨论的对象。保护回路输入大多来自互感器二次侧，是反映一次系统运行状态的电气参量，图 6-9 所示是来自电流互感器二次侧的反映线路一次电流量值的信号，以及来自电压互感器的母线电压信号。保护回路的输出是保护装置测量判断后所作的决策，传送到断路器控制回路，同时将判断结果发送到信号部分进行显示。

若系统设置了自动装置，保护回路还可能需要与自动装置配合，相互之间会有信息交流。

4. 测量电路

测量电路主要是对电流、电压、功率等运行参量进行测量，并通过表计显示，还可以将参数记录留存。

因为互感器的测量准确度与所带二次负载有关，当二次负载过重导致测量准确度不满足要求时，通常设置两组互感器，一组用作保护，另一组用作测量。图 6-11 中电流互感器就是这样设置的。

6.3.2 电流保护互感器设置及其与继电器的接线方式

这部分内容关系着保护装置的信号输入问题。一次系统是三相系统，有 3 个电流参量。所谓互感器设置是指在一次系统哪几相上设置电流互感器，以及各相互感器如何相互连接。

电流继电器是通过电流互感器接受一次系统电流量的。所谓电流保护装置的接线方式，是指互感器二次绕组与继电器的连接方式。为表示实际流入继电器的电流 I_R 与互感器二次绕组电流 $I_{2 \cdot CT}$ 的相对大小，引入接线系数 K_ω，定义为

$$K_\omega = \frac{I_R}{I_{2 \cdot CT}} \tag{6-3}$$

接线系数是一个特殊的参数，它不仅取决于电路连接方式，有些情况下还取决于故障类型，是一个兼具本构参数与运行参数属性的参数。

有了接线系数概念后，一次系统电流 I_1 与继电器中测得的电流 I_R 就可用以下关系表示

$$I_R = K_\omega I_{2 \cdot CT} = K_\omega \frac{I_1}{K_i} \tag{6-4}$$

式中，K_ω 为继电器与电流互感器间接线系数；K_i 为电流互感器变流比(简称变比)。

1. 三相三继电器完全星形接线

如图 6-12 所示，一次系统三相上各设置一只电流互感器，互感器二次绕组和继电器都接成星形，继电器与互感器一一对应，继电器能单独监测一次系统每一相的电流，接线系数 $K_\omega = 1$，与故障类型无关。

2. 两相二继电器不完全星形接线

如图 6-13 所示，又称为两相二继电器 V 形接线，它是图 6-12 所示接线的简化，小接地系统中接线系数 $K_\omega = 1$，与故障类型无关。按规定，系统任何一级保护的这种接线，互感器必须接在 U 相和 W 相上，以减少越级跳闸的可能性。在小接地系统中发生 kE2 异相接地短路时，这种接线方式有可能造成越级跳闸，要完全消除越级跳闸，还需要采用完全的三相星形接线。

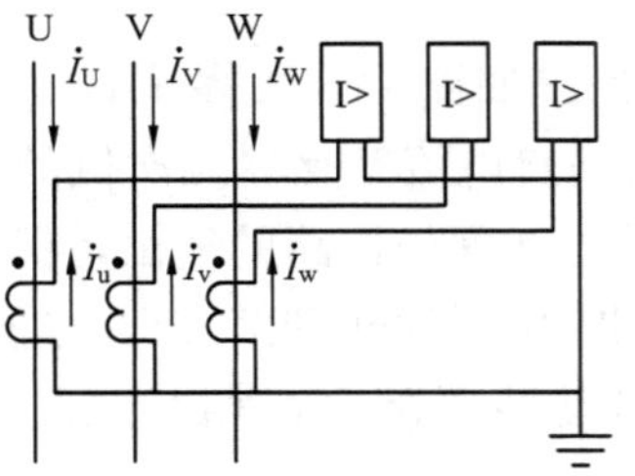

图 6-12　三相三继电器完全星形接线

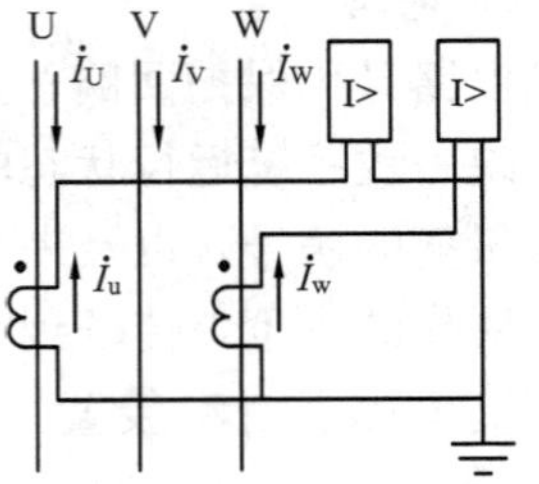

图 6-13　两相二继电器不完全星形接线

3. 两相电流差接线

如图 6-14(a)所示，只用了一只继电器来监测三相电流。下面分析各种故障情况下的接线系数。

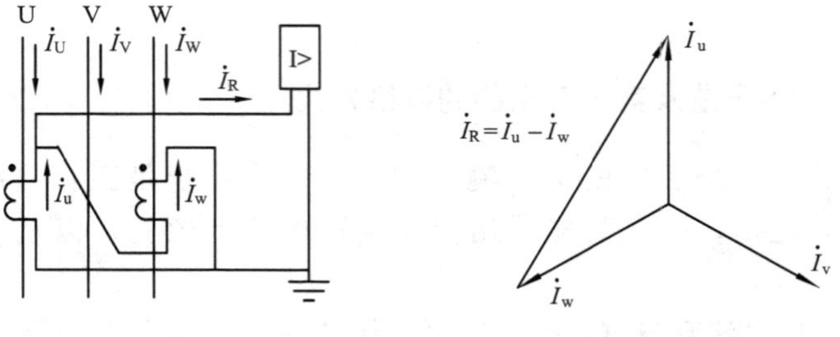

(a) 接线图　　(b) 三相短路相量图

图 6-14　两相电流差接线

(1) 正常运行或三相短路。电流相量关系见图 6-14(b)，接线系数为

$$K_{\omega(UVW)}=\left|\frac{\dot I_R}{\dot I_u}\right|=\left|\frac{\dot I_u-\dot I_w}{\dot I_u}\right|=\sqrt{3}$$

(2) U、W 两相短路。根据 KCL，U、W 相短路电流应该大小相等，方向相反，故接线系数为

$$K_{\omega(UW)}=\left|\frac{\dot I_R}{\dot I_u}\right|=\left|\frac{\dot I_u-\dot I_w}{\dot I_u}\right|=\left|\frac{\dot I_u-(-\dot I_u)}{\dot I_u}\right|=2$$

(3) U、V 或 V、W 相短路。这时只有 U 相或 W 相互感器能测得短路电流，以 U、V 相短路为例，接线系数为

$$K_{\omega(UV)}=K_{\omega(VW)}=\left|\frac{\dot I_R}{\dot I_u}\right|=\left|\frac{\dot I_u-\dot I_w}{\dot I_u}\right|$$

$$=\left|\frac{\dot I_u-0}{\dot I_u}\right|=1$$

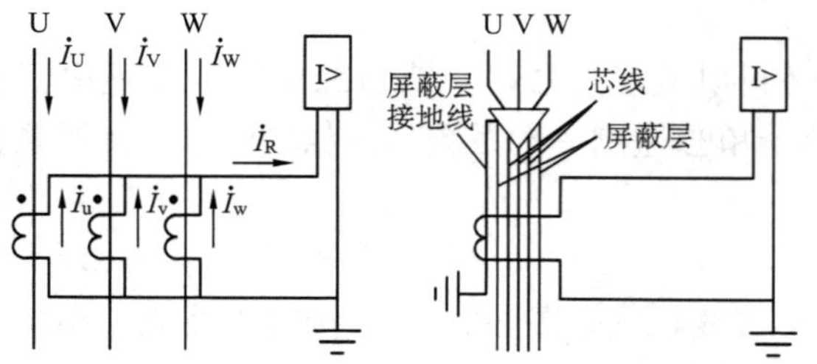

(a) 架空线路　　(b) 电缆线路

图 6-15　三相电流和接线

4. 三相电流和接线

如图 6-15 所示，流入继电器的电流等

于三相电流之和，这种接线又称为零序电流接线，因为按对称分量法分析，三相电流之和为零序电流的 3 倍。小接地的中压系统中，这种接线不用于短路保护，主要用于单相接地保护。

6.3.3 电流保护装置的工作原理

图 6-16 为直流操作的继电保护装置工作原理示例。保护装置通过接通断路器跳闸线圈 MB 使断路器跳闸，从而切除故障元件。正常运行时，电流未达到过电流继电器 BB1、BB2 的整定值，保护装置不动作。短路时，电流超过继电器的整定值，只要 BB1 或 BB2 任何一只动作，就称为保护启动，这时时间继电器 KF 被接通。KF 经过设定的延迟时间后触点闭合，接通信号继电器 KS 和中间继电器 K，K 触点闭合接通跳闸线圈 MB 所在回路，断路器跳闸。

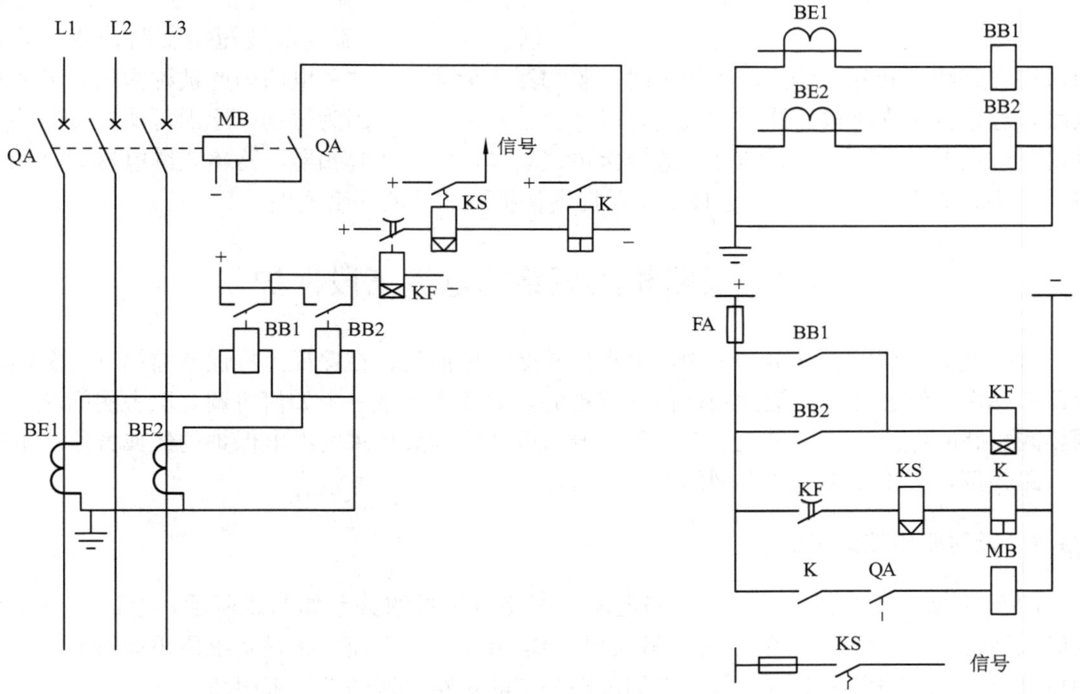

(a) 集中表示法（旧称原理图）　　(b) 分开表示法（旧称展开图）

图 6-16　直流操作的继电保护

时间继电器 KF 的作用是提供规定的动作时限。信号继电器 KS 的作用是给出保护出口动作信号。所谓保护出口，是指执行保护决策的那只继电器，本例中，中间继电器 K 就是出口继电器，其作用是提供大容量的触点，因为驱动 MB 需要比较大的电流，一般保护用继电器触点的容量达不到要求。若时间继电器 KF 触点容量满足要求，也可以不用 K 而直接将时间继电器 KF 作为出口继电器。断路器 QA 的辅助触点在断路器跳闸后断开，以切断跳闸回路，避免因跳闸回路长时间通电而烧毁跳闸线圈。

图 6-17 为交流操作的继电保护装置工作原理示例。图中 MB1、MB2 为断路器脱扣器，它们中任一只通电且电流达到规定值都会导致断路器跳闸。正常运行时，继电器 BB1、BB2

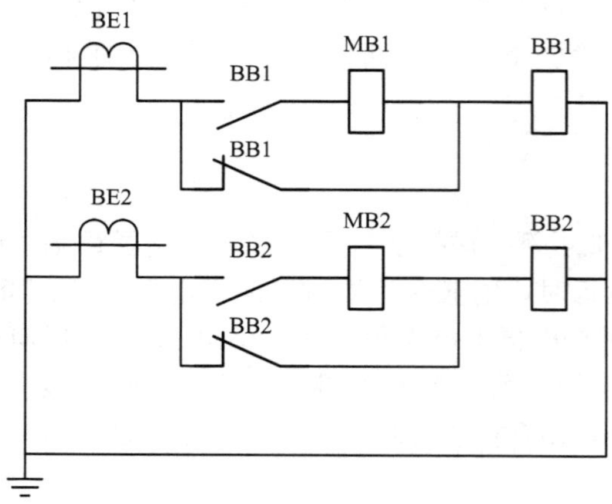

图 6-17　交流操作的继电保护

不动作，脱扣器 MB1、MB2 被 BB1、BB2 的动合触点断开，并一同被动断触点短接，脱扣器中没有电流通过，保护装置不动作。短路时，BB1 和(或)BB2 动作，动合触点接通脱扣器回路，动断触点断开短接回路，脱扣器通电，只要短路电流足够大，就能驱动脱扣器动作，使断路器跳闸。由于电流互感器二次回路不能开路(见第 7 章)，故一定要动合触点闭合后才能断开动断触点。

从原理上看，与脱扣器 MB1、MB2 串联的继电器动合触点 BB1、BB2 不是必须设置的，因为正常情况下脱扣器被继电器的动断触点短接，电流全部被短接支路分流，只有当短接支路触点断开、分流作用消失时，脱扣器才会动作，这种电路因此被称为去分流跳闸电路，意指分流支路被去掉后才跳闸。考虑到正常条件下，因为振动等原因可能导致短接支路动断触点 BB1、BB2 瞬间断开，造成保护误动作，因此在脱扣器回路串联继电器动合触点 BB1、BB2 进行闭锁。这是通过技术手段提高保护可靠性的一个实例。

6.4　线路相间短路的电流三段保护

对继电保护的四项基本要求中，可靠性是必须保证的。在保证可靠性的前提下，要同时保证选择性、快速性、灵敏性则往往是困难的，这就产生了一个如何协调与取舍的问题。电网相间短路的电流三段保护就是在这种协调与取舍中发展出来的继电保护的经典方法。下面以线路为例，讨论单端电源电网的电流三段保护。

6.4.1　无时限电流速断保护

图 6-18 所示为小接地系统，短路电流与短路点位置的关系如曲线所示，上面一条是系统最大运行方式下的三相短路(称为最大短路)电流曲线，下面一条是系统最小运行方式下两相短路(称为最小短路)电流曲线，它们分别是实际短路电流的上、下限值。

无时限电流速断保护首先考虑满足快速性要求，即动作时限 $\Delta t=0$。以线路 W1 为例，即使是末端 B 点发生短路，首端 A 点母线上电压也会大幅降低，为保证 W11、W12 等非故障线路上负荷的正常供电，断路器 QA1 处的保护 1 应尽快动作，使 QA1 跳闸以切除故障。要做到这一点很容易，只要使保护 1 的动作电流小于 B 点的最小短路电流即可。

但是，相邻下一级线路 W2 首端 G 点(即 QA2 出口处)与 W1 末端 B 点的电气距离几乎为零，即 B 点与 G 点的短路电流基本相等。G 点短路时，按选择性要求，应该由保护 2 动作于 QA2 跳闸来切除故障，但保护 1 既然在 B 点短路时会动作，那么在短路电流基本相等的 G 点短路时也理应动作。由于保护 1 和保护 2 都是无时限速断，因此会造成 QA1 与 QA2 竞争跳闸，跳闸的先后具有随机性，若 QA1 先跳闸，则非故障线路 W1 被切除，保护失去了选择性，导致母线 B 上 W21、W22 等原本可以继续运行的线路停电。

无时限电流速断保护在满足快速性的同时，还要求满足选择性。上面的例子中，选择性

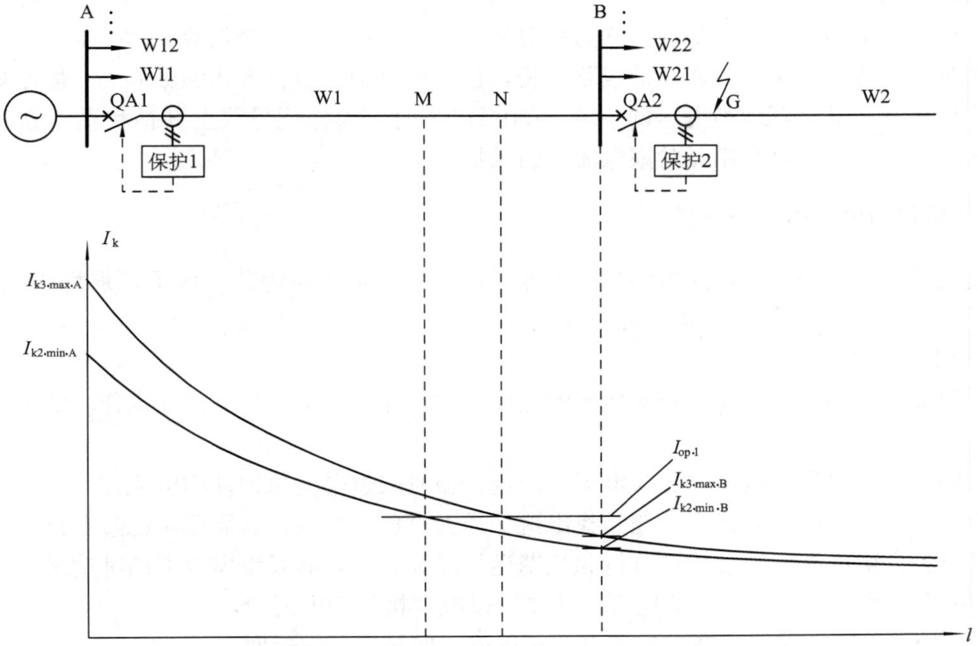

图 6-18　无时限电流速断保护

意味着即使在 W2 首端发生最大短路时，保护 1 也不能动作，这需要提高保护 1 的动作值。因此按选择性确定无时限电流速断保护动作电流的整定原则如下。

按躲过下一级电网首端(也就是本级电网末端)最大短路电流整定无时限电流速断动作电流，即 $I_{op\cdot 1}>I_{k3\cdot max\cdot B}$。引入可靠系数 K_{rel}，则保护 1 一次动作电流为

$$I_{op\cdot 1}=K_{rel}I_{k3\cdot max\cdot B} \tag{6-5}$$

式中，$I_{op\cdot 1}$为本级电网保护 1 无时限电流速断保护一次动作电流；$I_{k3\cdot max\cdot B}$为下级电网首端(也即本级电网末端)最大短路电流，取系统最大运行方式下三相短路电流；K_{rel}为可靠系数，电磁式继电器一般取 1.2，感应式继电器一般取 1.5。

动作电流最终是在继电器上实现的，根据式(6-4)，继电器的动作电流为

$$I_{op\cdot R\cdot 1}=\frac{K_{rel}K_{\omega}}{K_i}I_{k3\cdot max\cdot B} \tag{6-6}$$

式中，$I_{op\cdot R\cdot 1}$ 为本级电网保护 1 无时限电流速断保护继电器动作电流；K_{ω} 为保护 1 保护装置接线系数；K_i 为电流互感器变比。

从图 6-18 中可以看出，按以上原则整定保护 1 的无时限速电流断动作电流后，其动作值比线路 W1 末端最大短路电流 $I_{k3\cdot max\cdot B}$ 还要高出一个量值，比末端最小短路电流 $I_{k2\cdot min\cdot B}$ 高出更多。也就是说，在最有利情况下，无时限电流速断保护也不能保护线路全长。因此，速断保护是以牺牲灵敏性换取了快速性和选择性，其灵敏系数作以下特殊定义：

$$K_S=\frac{\text{被保护电网首端最小短路电流}}{\text{保护装置动作电流}}=\frac{I_{k2\cdot min\cdot A}}{I_{op\cdot 1}} \tag{6-7}$$

一般要求 K_S不小于 1.5，有的情况下要求不小于 2。

速断保护不能有效保护的范围称为保护“死区”，图 6-18 中线路 W1 上 NB 段在任何情

况下都得不到保护，称为绝对死区，一般可达线路全长的 50%以上；MN 段能否得到保护取决于短路类型和系统运行状态，称为相对死区，一般可达线路全长的 25%～35%。

无时限电流速断保护不能保护线路全长，且保护范围受运行方式的影响。一般当短路导致重要母线电压下降至标称电压的 50%～60%以下时，为保证母线上其他负荷正常工作而要求快速切除短路，可采用无时限电流速断保护。

6.4.2 定(反)时限过电流保护

过电流保护也是针对相间短路的一种保护，它的整定思路为首先保证可靠性中的“不误动”条件，再以动作时限配合来保证选择性。

1. 动作电流整定

要保证不误动，就是要在正常运行的任何情况下保护都不动作，因此动作电流整定原则如下。

按躲过可能出现的最大过负荷电流整定定(反)时限过电流保护动作电流。

原则确定后，关键的技术问题是找出这个最大过负荷电流，这需要考虑过负荷运行、电机启动等各方面因素。经过理论分析和长期运行经验验证，需要考虑以下两种情况。

(1) 不仅要躲过正常过负荷电流，还要躲过电动机启动电流。

(2) 外部故障切除后，在自启动电流作用下，保护应可靠返回。

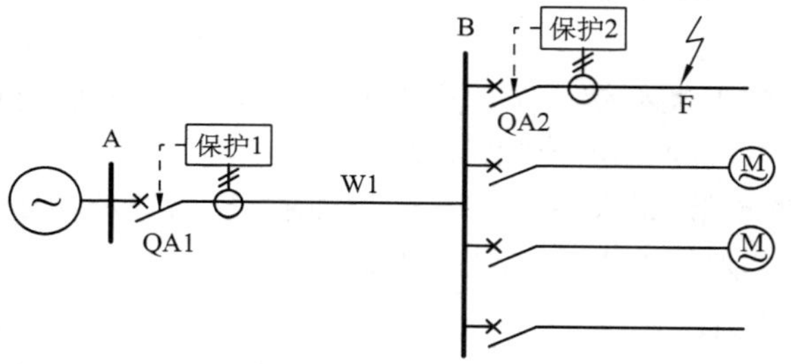

图 6-19　外部故障切除后自启动电流说明

以上第(1)条很好理解。关于第(2)条的说明如图 6-19 所示，图中保护 1、2 均设置过电流保护。当保护 1 保护范围以外的 F 点发生短路时，根据选择性原则，应该由保护 2 驱动 QA2 将故障切除。但由于过电流保护动作电流一般较小，F 点短路时，不仅保护 2 会启动，保护 1 通常也会启动。虽然只要整定保护 2 的动作时限比保护 1 短，QA2 就会先于 QA1 切除短路故障，但问题在于此时保护 1 仍处于启动状态，若不能及时返回，则经过设定的延时后，保护 1 仍会动作，从而导致 QA1 误跳闸。在短路电流已经被 QA2 切断的情况下，还有什么因素在阻碍着保护 1 的返回呢？原来，F 点短路时母线 B 上电压大幅降低，接在母线上的电动机转速下降，一旦短路切除，母线电压恢复，电动机转速又会上升，这一过程称为电动机的自启动，自启动电流往往远大于过负荷电流。根据过电流保护不误动的原则，保护 1 必须在叠加自启动电流的负荷电流作用下可靠返回，也就是说这个叠加了自启动电流的负荷电流不应大于保护的返回电流。

以上两种情况中，第二种往往更难满足，因此一般按第二种情况整定过电流保护动作电流值，要求

$$I_{re\cdot 1} > I_{OL\cdot W1}$$

引入可靠系数和返回系数，考虑到 $I_{re\cdot 1}=K_{re}I_{op\cdot 1}$，有

$$I_{op\cdot 1}=\frac{K_{rel}}{K_{re}}I_{OL\cdot W1} \tag{6-8}$$

$$I_{op\cdot R\cdot 1}=\frac{K_{rel}K_{\omega}}{K_{re}K_{i}}I_{OL\cdot W1} \tag{6-9}$$

式中，$I_{re\cdot 1}$ 为保护 1 中过电流保护的一次返回电流；$I_{op\cdot 1}$、$I_{op\cdot R\cdot 1}$ 为保护 1 过电流保护一次动作电流和继电器动作电流；$I_{OL\cdot W1}$ 为线路 W1 上最大可能的过负荷电流，一般为计算电流的 1.5～4 倍，取决于自启动电机数量、启动方式和启动控制方式；K_{re} 为继电器返回系数，按具体产品取值，缺数据时可取 0.85；K_{ω} 为保护装置接线系数；K_{i} 为电流互感器变比；K_{rel} 为可靠系数，电磁式继电器一般取 1.2，感应式继电器一般取 1.3。

2. 动作时间整定

工程上有定时限和反时限两种过电流保护。定时限过电流保护采用电磁式继电器，反时限过电流保护采用感应式继电器。两种保护时限的整定原则一致，都是在上、下级保护范围有所重叠的情况下，以动作时间差来保证选择性，但实施的技术方法略有差异，快速性效果也不相同，分述如下。

1）定时限过电流保护

如图 6-20(a)所示系统，图 6-20(b)为定时限过电流保护的时间特性。因为过电流保护动作电流只是躲过了最大可能的负荷电流，其量值一般远小于短路电流，因此在某一级电网发生短路时，相邻上一级电网的过电流保护通常也会在短路电流作用下启动，为避免上一级保护误动作，整定上级过电流保护的动作时间比相邻的下级保护动作时间高一个时限 Δt，一般取 $\Delta t=0.5s$，这样，越靠近电源侧发生短路，保护的动作时间越长，这是过电流保护的最大缺点。

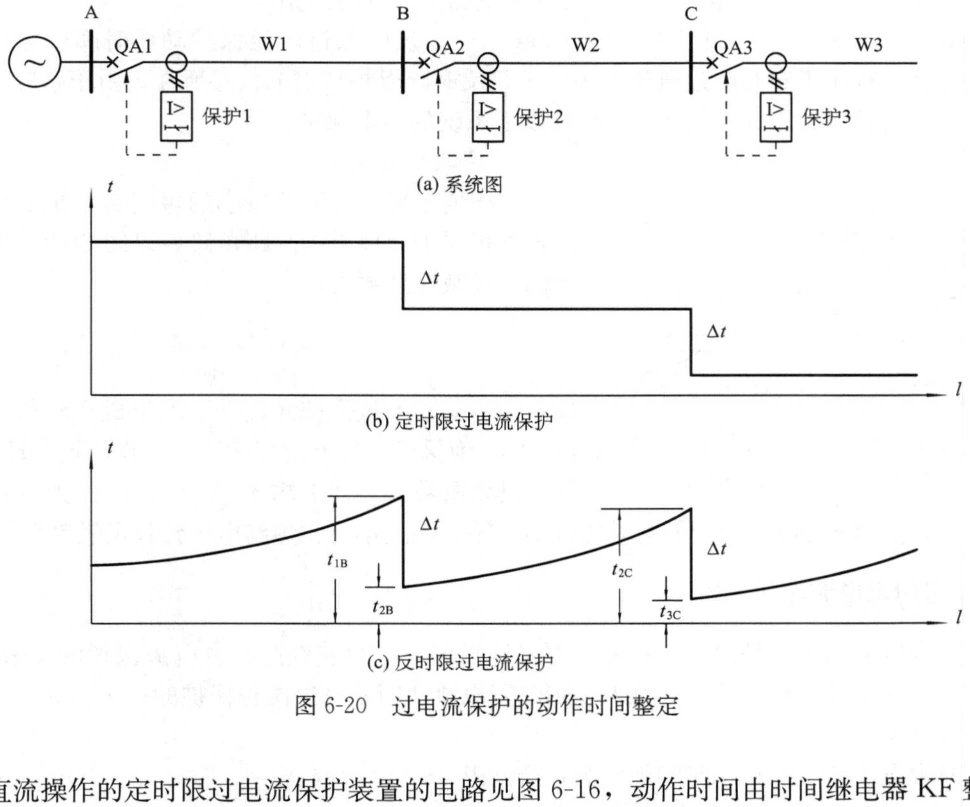

图 6-20　过电流保护的动作时间整定

直流操作的定时限过电流保护装置的电路见图 6-16，动作时间由时间继电器 KF 整定。

2）反时限过电流保护

保护的时间特性如图 6-20（c）所示，一般用 GL 型感应式继电器或 JGL 静态继电器实现，交流操作，电路见图 6-17，图中 BB1、BB2 为反时限继电器。对每一级线路，短路点越靠近线路末端，短路电流越小，根据反时限特性可知，继电器动作时间越长，所以保护动作时间曲线是一条上翘的曲线。从图中可明显看出，只要上一级保护在下级线路首端（亦即本级线路末端）短路时的动作时间比下一级保护动作时间高出规定时限 Δt，则上下级选择性就一定会得到保证，因为下级线路首端以后发生短路时，上、下两级保护动作时间差只会更大。下面以保护 1 和保护 2 在 B 点的配合为例，说明 GL 继电器的整定方法。

设保护 2 中继电器反时限特性曲线已确定，如图 6-21 中曲线 2 所示，且保护 1、2 的过电流保护继电器动作电流 $I_{op\cdot R\cdot 1}$、$I_{op\cdot R\cdot 2}$ 已经按式（6-9）计算得出。线路 W2 首端（亦即 W1 末端）短路时，短路电流 $I_{k\cdot B}$ 同时流过保护 1、2，保护 1、2 继电器中测得的短路电流分别为 $I_{R\cdot 1}$、$I_{R\cdot 2}$，则保护 1、2 中继电器动作电流倍数分别为

$$n_1=\frac{I_{R\cdot 1}}{I_{op\cdot R\cdot 1}}=K_{\omega 1}\frac{I_{k\cdot B}/K_{i1}}{I_{op\cdot R\cdot 1}}$$

$$n_2=\frac{I_{R\cdot 2}}{I_{op\cdot R\cdot 2}}=K_{\omega 2}\frac{I_{k\cdot B}/K_{i2}}{I_{op\cdot R\cdot 2}}$$

在曲线 2 上根据 n_2 查出线路 W2 首端短路时保护 2 的动作时间 t_{2B}，则保护 1 在线路 W1 末端短路时的动作电流应达到 $t_{1B}=t_{2B}+\Delta t$。于是，保护 1 继电器反时限特性上的一个点（n_1，t_{1B}）就确定出来了，通过该点的曲线只有一条，如图 6-21 中的曲线 1 所示。由曲线 1 查出保护 1 继电器的 10 倍动作电流时间，即可在继电器上实施时间整定。

感应式反时限继电器的时限 Δt 一般取 0.7s。反时限过电流保护动作时间也会逐级增大，但程度上远小于定时限过电流保护，这是反时限保护特性的优势所在。由于感应式继电器整定值误差较大，因此常用于 35kV 及以下系统的继电保护。

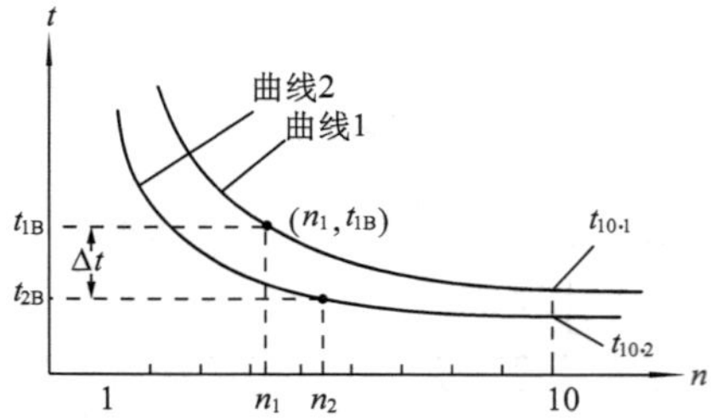

图 6-21 GL 继电器用于反时限过电流保护的动作时间整定

3. 灵敏系数校验

小接地系统中，强度最小的短路是系统最小运行方式下被保护元件末端两相短路。以图 6-20 中保护 1 为例，灵敏性系数为

$$K_{S1}=\frac{I_{k2\cdot min\cdot B}}{I_{op\cdot 1}} \tag{6-10}$$

式中，$I_{k2\cdot min\cdot B}$ 为被保护元件 W1 末端最小两相短路电流；$I_{op\cdot 1}$ 为保护 1 过电流保护一次动作电流；K_{S1} 为保护 1 灵敏系数，一般要求不小于 1.5，作为下一级后备保护时，要求不小于 1.2，但此时应以下一级末端最小两相短路电流计算灵敏系数。

6.4.3 带时限电流速断保护

无时限电流速断保护的灵敏性差，有保护死区，但快速性好；过电流保护的灵敏性好，但因动作时限逐级累积，故快速性差。带时限电流速断就是这两种保护的一个折中。

1. 动作时间整定

带时限电流速断的动作时间规定为一个时限 Δt，一般取 $\Delta t=0.5s$。

2. 动作电流整定

动作电流仍以保证选择性为原则整定。仍以图 6-18 保护 1 为例进行说明。带时限电流速断保护动作电流小于无时限电流速断保护，即保护 1 带时限电流速断保护的保护范围可能延伸到下级线路，与保护 2 的保护范围产生重叠，但由于其动作时间比下级无时限电流速断高出一个动作时限 Δt，下级无时限电流速断保护范围内发生短路时不会出现非选择性动作。但保护 1 带时限电流速断的保护范围不能延伸到下一级无时限电流速断保护死区范围内，因为死区内应该有下级保护 2 的带时限电流速断保护作短路保护，它们之间无法依靠时间差保证选择性。因此，带时限电流速断动作电流的整定原则如下。

按躲过下一级无时限电流速断动作电流整定带时限电流速断保护动作电流，即

$$I_{\text{op}\cdot\text{上}}=K_{\text{co}}I_{\text{op}\cdot\text{速}\cdot\text{下}} \tag{6-11}$$

$$I_{\text{op}\cdot\text{R}\cdot\text{上}}=K_{\text{co}}\frac{K_{\omega}}{K_{\text{i}}}I_{\text{op}\cdot\text{速}\cdot\text{下}} \tag{6-12}$$

式中，$I_{\text{op}\cdot\text{上}}$、$I_{\text{op}\cdot\text{R}\cdot\text{上}}$ 为上级带时限电流速断一次动作电流和继电器动作电流；$I_{\text{op}\cdot\text{速}\cdot\text{下}}$ 为下级无时限电流速断保护动作电流；K_{co}为上、下级配合系数，一般取 1.1～1.2；K_{ω} 为保护装置接线系数；K_{i} 为电流互感器变比。

3. 灵敏系数校验

由于带时限电流速断一般能全范围保护，当其作为主保护时灵敏系数按保护安装处最小短路电流计算，要求不小于 1.5；当作为无时限电流速断的近后备保护时，其灵敏系数按线路末端最小短路电流计算，要求不小于 1.3。

6.4.4 电流三段保护的综合应用

工程上将无时限电流速断、带时限电流速断和定(反)时限过电流保护分别称为电流 I、II、III 段保护。这三段保护一般按照以下原则配合使用。

一般必须装设 I、III 段保护。在速断保护范围内，I 段为主保护、III 段为后备保护；在速断保护死区，III 段为主保护。

当 I 段灵敏系数不满足要求时，加设 II 段保护。实际上，在 35kV 以下线路中很少会用到 II 段保护，但在电源进线处作为母线保护，为了不与馈出线保护产生选择性问题，可能设置 II 段保护；对于长度很短的线路，I 段保护基本没有保护范围的情况下，也可以考虑用 II 段作为主保护。

II 段保护可以作为 I 段保护的近后备；III 段保护不仅可以作为 I 段保护的近后备，还可以作为下级保护及断路器拒动的远后备。

若采用感应式继电器，则只设 I、III 段保护，由两只(只 U、W 相装设)或三只(三相均装设)GL 型继电器完成。

当一台断路器处装设有几种短路保护时，只要其中任一种保护动作，断路器都将跳闸。也就是说，几种保护的输出以逻辑“或”决定断路器是否跳闸。

6.5 线路异常运行状态保护

线路的异常运行状态主要有过负荷运行和小接地系统单相接地。异常运行状态的保护通常动作于信号，除对快速性没有特别的要求、对选择性要求可适当降低外，其他要求与故障

保护相同。

6.5.1 过负荷保护

线路过负荷会导致工作温度升高，除影响线路寿命外，对架空线路还会增大弧垂、降低机械强度。对于经常出现过负荷的线路(尤其是电缆线路)，可考虑装设过负荷保护，动作电流按躲过计算电流整定，动作时间一般为 10～15s。

$$I_{op\cdot R}=\frac{1.2\sim1.3}{K_i}I_C \tag{6-13}$$

式中，$I_{op\cdot R}$ 为过负荷保护继电器动作电流；I_C 为线路计算电流；K_i 为电流互感器变比。

过负荷状态是三相平衡的，只检测一相的电流即可，其保护装置电路如图 6-22 所示。

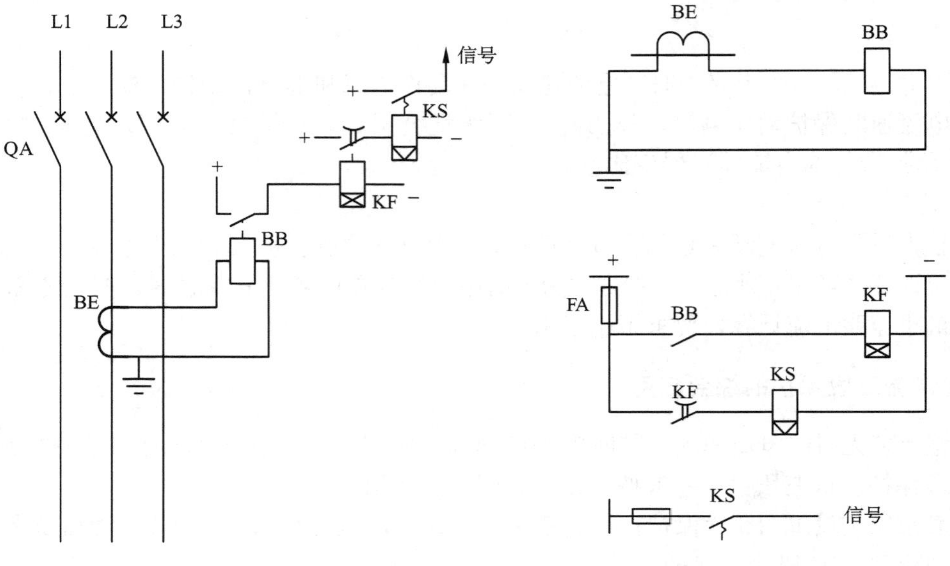

图 6-22　线路过负荷保护电路图

6.5.2 小接地系统单相接地保护

1. 单条线路系统单相接地电压电流分析

图 6-23 为单独一条线路发生单相接地前后的等效电路模型，根据讨论的目的，可以忽略线路的串联参数，且并联参数中电导远小于电纳，可忽略电导。系统中性点为 N，参考地电位点为 E。

正常运行时，系统中性点与大地等电位，即 $\dot{U}_{NE}=0$。这一结论证明如下：假设此时在 N 点和大地之间接一个电阻，由于三相对地电容电流平衡，电阻中肯定没有电流通过，电阻两端压降为零，说明 N、E 点等电位。于是，各相对地电压等于各相对中性点相电压，即

$$\dot{U}_{UE}=\dot{U}_U,\qquad \dot{U}_{VE}=\dot{U}_V,\qquad \dot{U}_{WE}=\dot{U}_W$$

各相线路对地电容电流为

$$\dot{I}_{CU}=\dot{I}_{CV}e^{j120^\circ}=\dot{I}_{CW}e^{j240^\circ}=j\omega C\dot{U}_{UE}=j\omega C\dot{U}_U$$

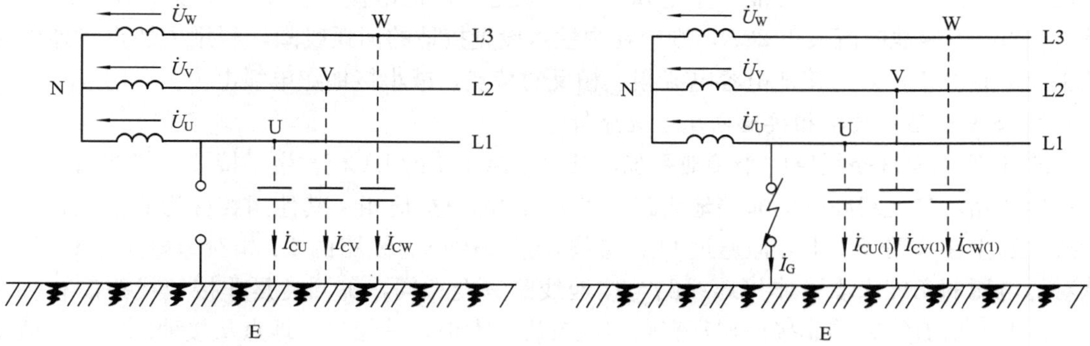

(a) 正常运行　　(b) 单相接地

图 6-23　单条线路小接地系统单相接地前后的电路模型

正常运行时的电压电流相量图如图 6-24(a)所示。可见，正常运行时，各相对地电压为相电压，中性点与大地等电位，各相对地电容电流之和等于零。

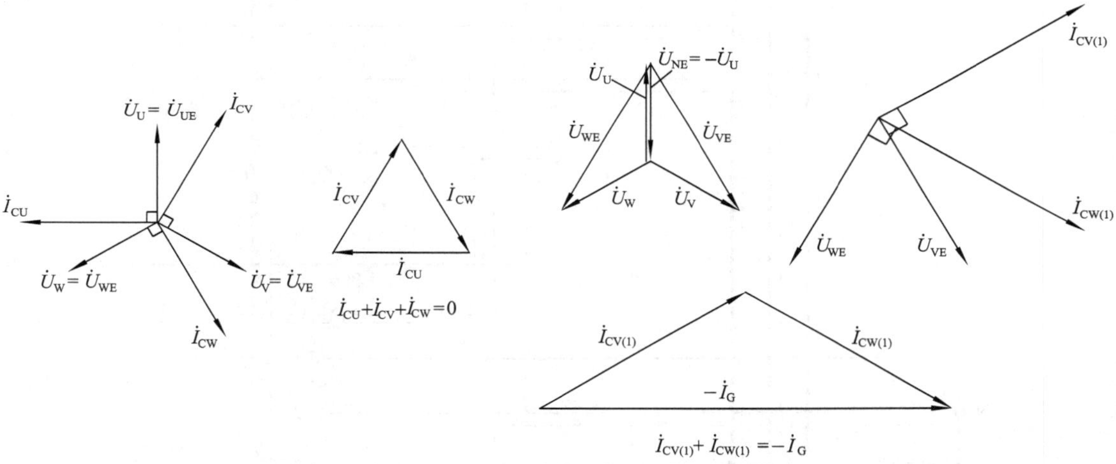

(a) 正常运行　　(b) 单相接地

图 6-24　单条线路接地前后的相量分析

设 U 相发生了接地，这意味着 $\dot{U}_{UE}=0$，即 U 相与大地等电位。根据 KVL 有

$$\dot{U}_{NE}=\dot{U}_{NU}=-\dot{U}_U$$

$$\dot{U}_{VE}=\dot{U}_{VN}+\dot{U}_{NE}=\dot{U}_V-\dot{U}_U=\sqrt{3}\dot{U}_U e^{-j150^\circ}$$

$$\dot{U}_{WE}=\dot{U}_{WN}+\dot{U}_{NE}=\dot{U}_W-\dot{U}_U=\sqrt{3}\dot{U}_U e^{j150^\circ}$$

相应的相量图见图 6-24(b)。可见，某一相发生接地时，接地相对地电压为零，中性点对地电压升高到相电压，非接地相对地电压升高到线电压。由于三相对地电容电流不再平衡，非接地相电容电流流入大地，经过接地点从接地相流回电源，这个电流就是 $\dot{I}_G$，称为单相接地电流。根据 KCL，$\dot{I}_G$ 量值为

$$\dot{I}_G=-(\dot{I}_{CV(1)}+\dot{I}_{CW(1)})=\sqrt{3}\dot{I}_{CV(1)}e^{j150^\circ}=\sqrt{3}(\sqrt{3}\dot{U}_U e^{-j150^\circ}\cdot j\omega C)e^{j150^\circ}=3\dot{I}_{CU}$$

接地点通常是不稳定的，可能产生电弧。规程规定，接地电流小于 20A 时，系统可继续运行 1～2h，若接地电流大于 20A，则应在中性点设置接地的消弧线圈，利用中性点对地电压产生的电感电流正好与接地电容电流相位相反的特点，减小接地点电弧电流。

2. 多条线路系统单相接地电压电流分析

图 6-25 为有 3 条线路的小接地系统，其中线路 W1 的 L1 相发生了接地。将线路 W1 称为接地线路，其他线路称为非接地线路；将 L1 相称为接地相，其他两相称为非接地相。尽管接地发生在线路 W1 上，但通过 U 相母线，系统中所有线路的 L1 相对地电压都等于零。从对地电压的角度来看，非接地线路与接地线路完全相同，不同的是非接地线路没有接地点。因此，所有线路的非接地相都有电容电流流入大地，并通过接地点从接地线路的接地相流回电源。将电流特征归纳如下。

(1) 不管是接地还是非接地线路，非接地相都有对地电容电流从电源流入大地，量值都等于只有各自单独一条线路时的单相接地电容电流。即图 6-25 中线路 W1～W3 的 L2、L3

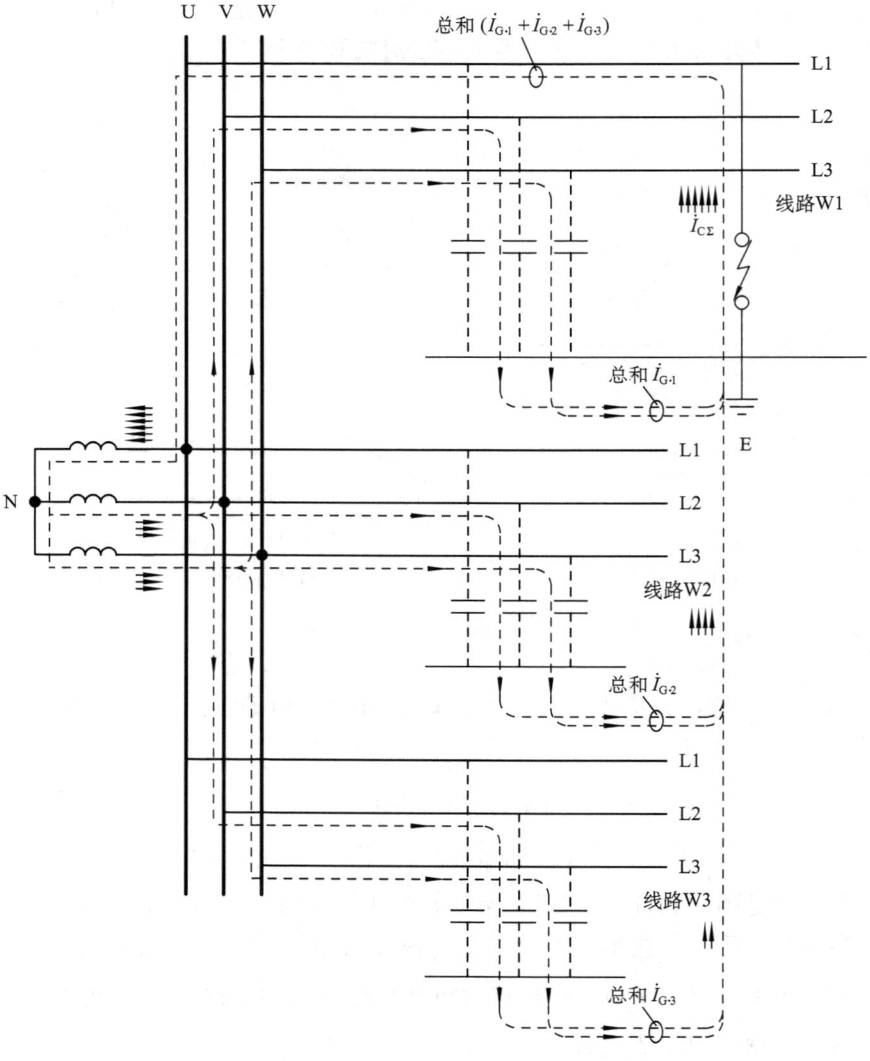

图 6-25　多条线路小接地系统接地电流分析

相都有对地电容电流流入大地。

(2) 非接地线路接地相没有对地电容电流。即图 6-25 中线路 W2、W3 的 L1 相没有对地电容电流。

(3) 接地线路接地相有电容电流通过。所有线路(含接地线路本身)非接地相的对地电容电流，通过接地线路的接地点，从接地线路接地相回流电源。即图 6-25 中线路 W1～W3 的 L2、L3 相对地电容电流都通过接地点从线路 W1 的 L1 相回流电源。

3. 单相接地零序电流保护整定及灵敏性校验

小接地系统单相接地的保护有两种：无选择性的对地绝缘监测和选择性的零序电流保护，前者将在第 7 章介绍，此处介绍后者。

在每一条线路上设置零序电流互感器，接线见图 6-15，注意电缆金属屏蔽层的接地线一定要穿过零序电流互感器铁心环再接地。零序电流互感器测量的是三相电流之和。由于没有中性线，不管正常负荷电流三相是否平衡，根据 KCL，三相负荷电流之和总等于零，因此零序电流互感器实际测得的就是三相对地电容电流之和。按以上分析，每一非接地线路各相电容电流之和等于本线路单独的接地电流，在这个电流作用下，保护显然不应动作；而接地线路各相电容电流之和等于所有非接地线路接地电流之和，因为接地线路自己的接地电流从非接地相流出，又从接地相流入，求和之后被相互抵消。因此，接地零序电流保护的整定原则如下。

按躲过本线路接地电流整定单相接地零序电流保护动作电流，即

$$I_{\mathrm{op}\cdot i}=K_{\mathrm{rel}}I_{\mathrm{G}\cdot i} \tag{6-14}$$

式中，$I_{\mathrm{op}\cdot i}$ 为第 i 条线路的接地零序电流保护动着值；$I_{\mathrm{G}\cdot i}$ 为第 i 条线路单独的接地电流；K_{rel}为可靠系数，与动作时间有关，若为瞬时动作，为防止电流暂态分量影响，则取 4～5；若保护为延时动作，则可取为 1.5～2.0。

接地线路零序电流互感器测得的电流是所有线路的接地电流减去本线路的接地电流(因本线路对地电容电流从非接地相流出，又从接地相流入，总和为零)，因此，第 i 条线路的保护的灵敏系数为

$$K_{\mathrm{S}\cdot i}=\frac{\sum_{j=1}^{n}I_{\mathrm{G}\cdot j}-I_{\mathrm{G}\cdot i}}{I_{\mathrm{op}\cdot i}} \tag{6-15}$$

式中，$K_{\mathrm{S}\cdot i}$ 为第 i 条线路接地零序电流保护的灵敏系数；$I_{\mathrm{op}\cdot i}$ 为第 i 条线路的接地零序电流保护动着值；$I_{\mathrm{G}\cdot i}$ 为第 i 条线路单独的接地电流；n 为本级电网总的线路条数。

4. 接地电流的经验计算

单条线路的单相接地电流可按如下公式近似计算

$$I_{\mathrm{G}}=\frac{U_{\mathrm{N}}(l_{\mathrm{A}}+35l_{\mathrm{B}})}{350} \tag{6-16}$$

式中，I_{G}为单条线路的单相接地电流(A)；l_{A}为线路中架空线的长度(km)；l_{B}为线路中电缆的长度(km)；U_{N}为线路所在电网的标称电压(kV)。

若同一电压等级电网中有多条线路，则该电压等级电网的总接地电流为各线路接地电流之和。

系统中电力设备与大地之间也存在电容。考虑设备的对地电容电流，实际接地电流还应

有所增加。对 6kV、10kV、35kV 系统，增加的百分数分别按 18%、16%和 13%估算。

6.6 配电变压器保护

配电变压器指供配电系统中的降压变压器，主要有干式和油浸式两类。变压器的故障可分为内部故障与外部故障。内部故障是指变压器器身发生的故障，如绕组匝间短路和相间短路、单相碰壳等；外部故障则指变压器接线端及连接母排等发生的故障，主要为相间短路和单相短路。变压器的不正常运行状态有过负荷、油面过低、温度过高等。

变压器按容量和类型应配置相应的保护，相关规范对此有明确规定。以下将介绍几种常用的变压器保护。特别说明，并不是每一台变压器都需要配置所有这些保护，而是应根据变压器的实际情况，以规范为依据选择其中的某几种实施。

6.6.1 相间短路的电流三段保护

保护的原理与线路电流三段保护相同，保护装置及信号采集点均在高压侧，而被保护元件(即变压器)末端为变压器低压侧，因此过电流保护灵敏系数校验时，需要考虑穿越电流问题。以图 6-26 装设有定时限过电流保护和无时限电流速断保护的 10/0.4kV 配电变压器为例，具体整定计算如下。请注意术语“变压器一次侧、二次侧”和“一次系统、二次系统”的区别。

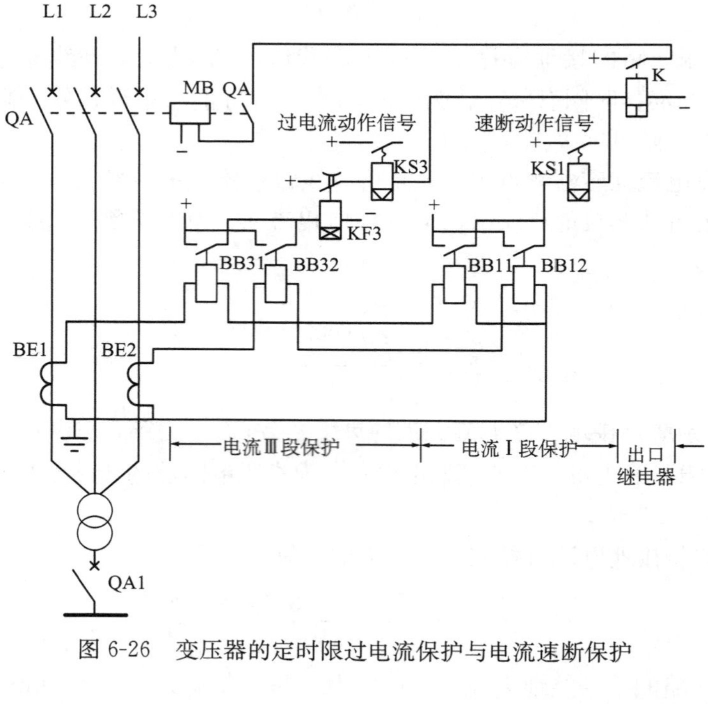

图 6-26 变压器的定时限过电流保护与电流速断保护

1. 定(反)时限过电流保护

1) 动作电流整定

保护装置装设在一次侧，动作电流整定原则与线路相同，躲过变压器一次侧可能出现的最大过负荷电流

$$I_{op}=\frac{K_{rel}}{K_{re}}K_{OL}I_{r1\cdot T} \tag{6-17}$$

$$I_{op\cdot R}=\frac{K_{rel}K_{\omega}}{K_{re}K_{i}}K_{OL}I_{r1\cdot T} \tag{6-18}$$

式中，I_{op}、$I_{op\cdot R}$ 为变压器过电流保护一次动作电流和继电器动作电流；$I_{r1\cdot T}$ 为变压器一次侧额定电流；K_{rel}为可靠系数，电磁式继电器一般取 1.2，感应式继电器一般取 1.3；K_{re}为继电器返回系数，一般取 0.85；K_{OL}为过负荷系数，一般取 2～3，无电动机自启动时取1.3～1.5；K_{ω} 为保护装置接线系数；K_{i} 为电流互感器变比。

不考虑将过电流保护用作二次侧单相接地保护时，灵敏系数按式(6-19)计算，否则按式(6-19)和式(6-20)中不利的一个计算。

$$K_{S}=\frac{I'_{k2\cdot min\cdot 2}}{I_{op}} \tag{6-19}$$

$$K_{S}=\frac{I'_{k1\cdot min\cdot 2}}{I_{op}} \tag{6-20}$$

式中，$I'_{k2\cdot min\cdot 2}$ 为变压器二次侧最小两相短路时，高压侧的短路穿越电流，与变压器连接组和保护装置接线方式有关，详见表 5-6；$I'_{k1\cdot min\cdot 2}$为变压器二次侧最小单相短路时，高压侧的短路穿越电流，与变压器连接组和保护装置接线方式有关，详见表 5-6；I_{op}为过电流保护一次动作电流；K_{S} 为灵敏系数，不小于 1.5。

2）动作时间整定

过电流保护范围延伸到二次侧低压电源断路器 QA1 的保护范围内，QA1 为了与低压馈出线断路器达成选择性配合，一般由短延时脱扣器作为短路保护，因此一次侧过电流保护应该比 QA1 短延时脱扣器动作时间高一个时限。现在有的低压限流型断路器瞬时脱扣器可以通过能量配合达到选择性，则 QA1 短路保护为瞬动，一次侧变压器过电流保护时限可以降低。

2. 无时限电流速断保护

保护装置装设在一次侧，动作电流整定原则与线路相同，躲过变压器二次侧最大三相短路电流，整定计算公示为

$$I_{op}=K_{rel}I'_{k3\cdot max\cdot 2},\qquad I_{op\cdot R}=\frac{K_{rel}K_{\omega}}{K_{i}}I'_{k3\cdot max\cdot 2}$$

式中，I_{op}、$I_{op\cdot R}$ 为无时限电流速断保护一次动作电流和继电器动作电流；$I'_{k3\cdot max\cdot 2}$为变压器二次侧最大三相短路时一次侧的短路穿越电流；K_{rel}为可靠系数，电磁式继电器一般取 1.3，感应式继电器一般取 1.5；K_{ω} 为保护装置接线系数；K_{i} 为电流互感器变比。

灵敏系数按下式计算

$$K_{S}=\frac{I_{k2\cdot min\cdot 1}}{I_{op}}$$

式中，$I_{k2\cdot min\cdot 1}$ 为变压器一次侧最小两相短路电流；I_{op}为无时限电流速断保护一次动作电流；K_{S} 为灵敏系数，不小于 2。

3. 带时限电流速断保护

配电变压器定时限过电流保护的延时时间一般不超过 1.0s。不考虑与低压总电源保护选择性配合时，延时一般为 0.5s，工程现状以 0.5s 最为常见。因此就快速性来看，过电流

保护与带时限电流速断保护相当，而过电流保护的灵敏性又好于带时限电流速断保护，因此一般不再设置带时限电流速断保护。

6.6.2 低压侧单相短路的零序电流保护

当过电流保护作 10/0.4kV 变压器低压侧单相短路保护灵敏系数不满足要求时，应在低压侧中性线上设置零序过电流保护，这种情况一般发生在 Yyn 连接组的变压器上，如图 6-27所示。这一保护的特点是保护装置设在变压器一次侧，信息采集点在二次侧。

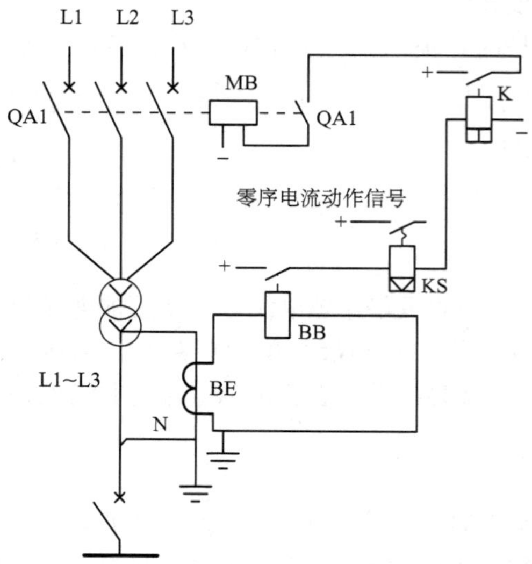

图 6-27 变压器的零序电流保护

按变压器运行规程规定，中性线上流过的最大不平衡电流不得超过额定电流的 25%，零序保护的整定原则如下。

按躲过中性线上最大不平衡电流整定变压器零序保护动作电流，即

$$I_{op}=0.25K_{rel}I_{r2\cdot T}$$

$$I_{op\cdot R}=\frac{0.25K_{rel}}{K_i}I_{r2\cdot T}$$

式中，I_{op}、$I_{op\cdot R}$ 为零序电流保护一次动作电流和继电器动作电流；$I_{r2\cdot T}$ 为变压器二次侧额定电流；K_{rel} 为可靠系数，一般取 1.2；K_i 为电流互感器变比。

灵敏系数按下式计算

$$K_S=\frac{I_{k1\cdot min\cdot 2}}{I_{op\cdot 1}}$$

式中，$I_{k1\cdot min\cdot 2}$ 为变压器二次侧母线最小单相短路电流；I_{op} 为零序电流保护一次动作电流；K_S 为灵敏系数，不小于 1.5。

工程现状表明，由于电力电子设备的广泛使用，中性线上含有量值较大的 3 的奇倍数次谐波电流，按躲过 25%额定电流整定的单相短路零序保护常发生误动作。解决办法之一是提高动作整定值，按满足灵敏系数要求整定动作电流；解决办法之二是选用 Dyn11 变压器，这种连接组变压器低压单相短路电流与三相短路电流基本相等，过电流保护灵敏性能得到满足，不用设置单相短路零序保护。

6.6.3 相间短路的电流差动保护

2000kV·A 及以上变压器需要考虑装设纵联差动保护。纵联差动保护的原理如图 6-28 所示。

差动保护主要用来保护变压器内部及出线端的相间短路，具有选择性好、灵敏系数高、动作迅速等优点，缺点是保护装置所用设备较多，整定计算和调试复杂。

差动保护是根据被保护元件两端电流差来判断故障的，其基本原理已在图 6-1 中进行了阐述。就变压器差动保护而言，主要需要解决以下几个特殊的技术问题。

(1) 电流互感器的接线与变压器连接组的配合。在变压器的很多连接组中，一、二次侧线电流的相位是不一致的，这使得即使在正常情况下，变压器两侧电流相量标幺值差值也不等于零。因此，各相电流互感器间应通过恰当的接线矫正这种相位差。

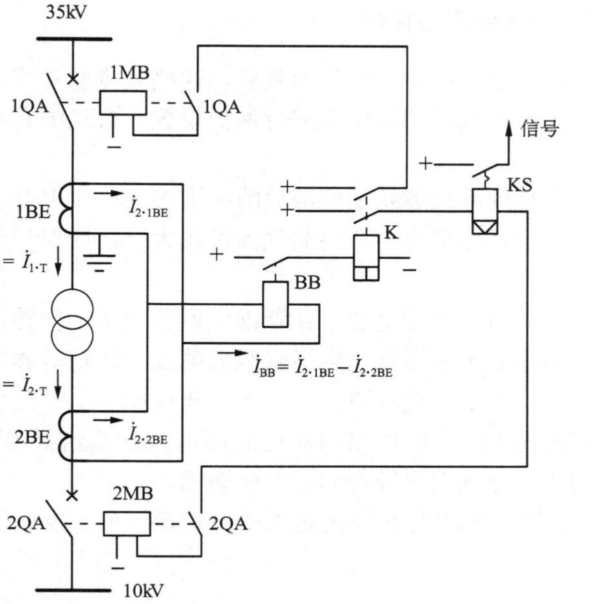

图 6-28　变压器的纵联差动保护

(2) 电流互感器变流比与变压器变比的配合。变压器一、二次线电流相差一个变比的倍数，选择电流互感器的变流比时，应结合互感器的接线，在互感器的副边消除变压器一、二次侧电流大小的差异。

(3) 不平衡电流问题。不平衡电流指未发生内部短路时，变压器一、二次侧电流互感器副边电流不能完全抵消的那一部分，其主要来源有三。一是互感器变流比的选择不能恰好抵消变压器一、二次侧电流的变比倍数；二是在变压器运行控制中产生，如空载合闸时的励磁涌流、调压变压器分接头的改变(相当于改变变比)、外部短路时因两侧互感器非线性特性不一致造成的电流增量不同等；三是保护装置自身故障，最严重的是变压器处于最大负荷状态下互感器二次侧断线。对不平衡电流，专用的差动继电器(如广泛使用的 BCH-2 差动继电器等)中有相应的补偿措施，如正确选用平衡线圈匝数，就能在一定程度上抵消不平衡电流的影响。另外，对影响严重的励磁涌流，可以在一次侧选用专门的速饱和互感器来降低其严重程度。

根据以上分析，在正确选择互感器及其接线方式的前提下，差动保护的整定原则为按躲过各种情况下可能出现的最大不平衡电流整定变压器差动保护动作电流。

工程中差动保护的具体整定方法与所选用的差动继电器有关，在此不进行具体介绍。有兴趣的读者可参考书后文献(中国航空工业规划设计研究院，2005)或其他相关资料。

6.6.4　过负荷保护

变压器过负荷保护动作电流整定与线路过负荷保护相同。一般来说，对并列运行的变压器、有可能作为其他变压器备用的变压器等可考虑设置过负荷保护。过负荷保护一般动作于信号，也可以根据变压器的过载-时间特性曲线动作于跳闸或减载。

6.6.5 根据故障非电效应设置的保护

故障或异常运行状态总会产生一些负面效应，这些效应通常可以用某些非电气物理参量来表达，可以根据这些物理参量的变化来进行保护设置，常见的有瓦斯保护和温度保护。

1. 瓦斯保护

油浸式变压器不管是内部故障还是外部故障，大多会产生温升或电弧，使变压器油或绝缘材料分解产生气体，故障越严重，产生的气体量越大。瓦斯保护就是根据气体的量值大小来判断故障的。

瓦斯保护的主要元件为瓦斯继电器。瓦斯继电器有两个动作挡位，分别为轻瓦斯动作和重瓦斯动作。轻瓦斯动作表示变压器发生了轻微故障或过负荷等异常运行状态，一般动作于信号；重瓦斯动作表示发生了严重故障，一般动作于跳闸。

瓦斯继电器的结构还可以反映油箱内油位的高低。当油箱漏油时，随着油面液位下降，轻、重瓦斯会相继动作，分别发出警报和动作于跳闸。

800kV·A 及以上普通场所的油浸式变压器和 315kV·A 及以上的车间变压器都应装设瓦斯保护。

2. 温度保护

变压器过载、匝间短路、相间短路、绝缘性能劣化、主动散热设备故障等都会引起温度升高。干式变压器无法装设瓦斯保护，必须装设温度保护；1000kV·A 及以上油浸式变压器也应装设温度保护。

温度保护通过低压绕组工作温度的采样值，判断是否需要采取措施，一般与温度控制装置共同工作。当温度升高到设定温控值时，开启散热风机；若温度继续升高到警戒值，则发出报警；当温度达到最高允许值时，动作于跳闸。

6.7 其他设备保护简介及保护整定计算示例

6.7.1 高压异步电动机、电力电容器、母线分段断路器保护设置

高压异步电动机的短路保护以 2000kW 为界，小于 2000kW 时装设无时限电流速断保护，若无时限速断保护灵敏系数不满足要求，则应装设纵差保护；大于 2000kW 时装设纵差保护。由于电动机是系统中最末一级，不存在与下一级元件的选择性配合问题，其无时限电流速断保护按躲过启动电流整定即可。高压异步电动机还应考虑装设单相接地保护、过负荷保护和低电压保护。过负荷保护除了保护电机的过载以外，还可以对启动超时的重载电机提供启动失败保护，以避免长时间通过启动电流烧毁电机。低电压保护主要不是保护设备本身，而是在于满足工艺要求，主要在以下几种情况下设置：①当电源电压短时降低或中断后又恢复时，为保证重要电动机自启动而需要断开的次要电动机；②当电源电压短时降低或中断后，工艺过程不允许或不需要自启动的电动机；③需要自启动，但为保证人身或设备安全，在电源长时间停电后需要从电网切除的电动机，这时一般带 5～10s 的动作时限。

电力电容器一般装设带时限电流速断和过电流保护作为相间短路保护，还可考虑装设过负荷、过电压、低电压及单相接地保护。并联电容器组中某一只电容器出现贯穿性故障时如何进行保护，是电容器保护的特殊问题。一般根据电容器组的接线形式，设置中性线不平衡电流保护、开口三角形电压保护、横联差动保护等。

不并列运行的分段母线在分段断路器处设置无时限电流速断保护和过电流保护，为与母线上馈出线的无时限速断保护配合，分段断路器速断保护只在分段断路器投入的瞬间起作用，以避免长时间投入短路母线上，投入成功后速断保护立即退出。

6.7.2 线路继电保护整定计算示例

例 6-1 如图 6-29 所示系统，线路 W1 为城网 110kV 区域变电所向 10kV 用户变配电所供电的线路，$I_{OL\cdot W1}$ 是考虑了电动机启动和自启动电流后线路 W1 上最大过负荷电流，变配电所 QA2、QA3、QA4 处保护 2、3、4(图中只示出了保护 2)均设置有无时限电流速断和定时限过电流保护，定时限过电流保护动作时间 $t=0.5$s。试整定电缆 W1 的无时限电流速断和定时限过电流保护。

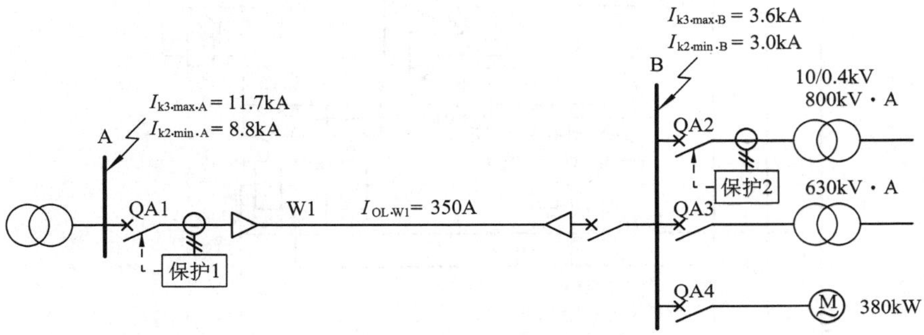

图 6-29 例 6-1 图

解 (1) 保护装置接线。采用两相二继电器不完全星形接线，互感器变流比取为 400/5，接线系数为 1。

(2) 无时限电流速断保护整定。按躲过线路 W1 末端(即 B 点)最大短路电流整定动作电流值

$$I_{op\cdot 速\cdot 1}=K_{rel}I_{k3\cdot max\cdot B}=1.2\times 3.6=4.32(\text{kA})$$

$$I_{op\cdot 速\cdot R\cdot 1}=\frac{K_{\omega}}{K_{i}}I_{op\cdot 速\cdot 1}=\frac{1}{400/5}\times 4.32\times 10^{3}=54(\text{A})$$

保护装置的灵敏系数为

$$K_{S\cdot 速\cdot 1}=\frac{I_{k2\cdot min\cdot A}}{I_{op\cdot 速\cdot 1}}=\frac{8.8}{4.32}=2.03>2$$

满足灵敏系数要求。

(3) 定时限过电流保护。按躲过最大可能过负荷电流整定动作电流值

$$I_{op\cdot 过\cdot 1}=\frac{K_{rel}}{K_{re}}I_{OL\cdot W1}=\frac{1.2}{0.85}\times 350=494(\text{A})$$

$$I_{op\cdot 过\cdot R\cdot 1}=\frac{K_{\omega}}{K_{i}}I_{op\cdot 过\cdot 1}=\frac{1}{400/5}\times 494=6.18(\text{A})$$

取为 7A，相应的一次动作电流为

$$I_{op\cdot 过\cdot 1}=\frac{K_{i}}{K_{\omega}}I_{op\cdot 过\cdot R\cdot 1}=\frac{400/5}{1}\times 7=560(\text{A})$$

定时限过电流保护的灵敏系数为

$$K_{S\cdot过\cdot1}=\frac{I_{k2\cdot min\cdot B}}{I_{op\cdot过\cdot1}}=\frac{3.0\times10^3}{560}=5.36>1.5$$

满足要求。

定时限过电流保护的动作时限 $t=0.5+0.5=1.0(s)$。

线路 W1 保护装置电路如图 6-30 所示。

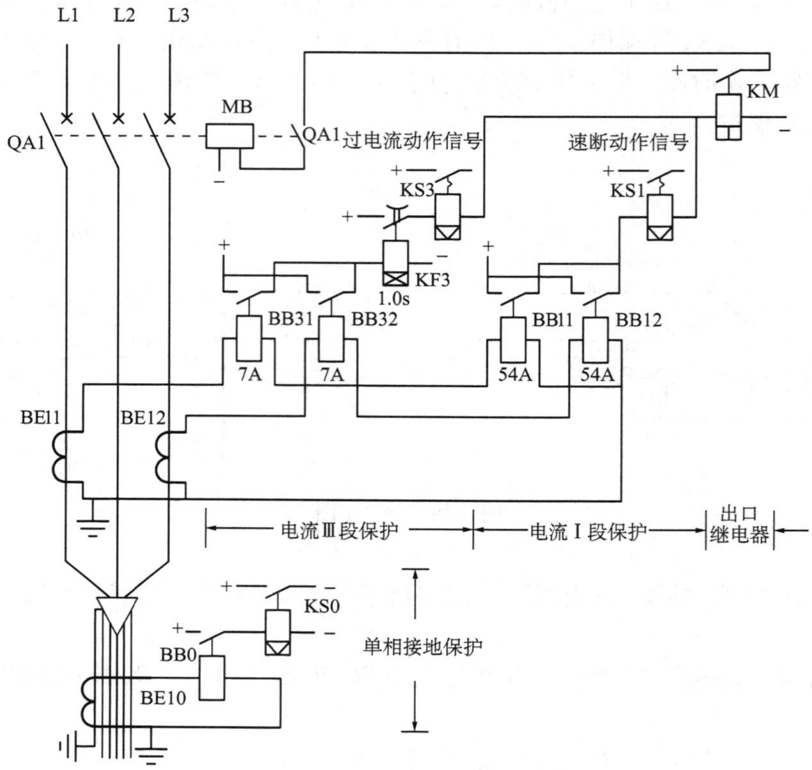

图 6-30　例 6-1 保护装置电路图

保护配置和整定不存在百分之百有效的普适规则。有些情况下按某种模式配置保护，其整定结果不存在满足保护要求的可能性。这种情况下或者需要采取补救措施，或者需要改用其他保护方式。请看下面的例题。

例 6-2　系统仍如图 6-29 所示，由于电网改造，线路 W1 改由附近新建的区域变电所供电，线路负荷情况和首端短路条件不变，但由于长度变短，末端短路电流有比较大的变化，具体数据为 $I_{k3\cdot max\cdot B}=9.9kA$，$I_{k2\cdot min\cdot B}=7.6kA$。试整定电缆 W1 的电流三段保护。

解　(1) 保护装置接线。采用两相二继电器不完全星形接线，互感器变流比取为 400/5，接线系数为 1。

(2) 无时限电流速断保护整定。按躲过线路 W1 末端(即 B 点)最大短路电流整定动作值

$$I_{op\cdot速\cdot1}=K_{rel}I_{k3\cdot max\cdot B}=1.2\times9.9=11.88(kA)$$

$$I_{op\cdot速\cdot R\cdot1}=\frac{K_{\omega}}{K_i}I_{op\cdot速\cdot1}=\frac{1}{400/5}\times11.88\times10^3=148.5(A)$$

保护装置的灵敏系数为

$$K_{S \cdot 速 \cdot 1}=\frac{I_{k2 \cdot min \cdot A}}{I_{op \cdot 速 \cdot 1}}=\frac{8.8}{11.88}=0.74<2$$

不满足灵敏系数要求。

实际上，线路首端最大三相短路电流才 11.7kA，而无时限电流速断保护的动作电流达到 11.88kA，显然该保护完全没有保护范围，保护配置失效。

(3) 定时限过电流保护。因为定时限过电流保护动作电流和时限整定都与短路电流无关，故整定结果与例 6-1 相同，动作电流为 560A，动作时间为 1.0s。且因末端短路电流增大，保护灵敏系数得以提高。

(4) 电流三段保护不满足要求的理由及补救办法。10kV 线路当过电流保护动作时间不大于 0.5～0.7 时，按规定可以不设置无时限速断保护，但本例中定时限过电流保护动作时间为 1.0s，无时限电流速断保护又完全无效，因此不满足要求。这种情况下可以考虑设置带时限电流速断保护，或者将定时限过电流保护改为反时限过电流保护。另外，在保护 1 处配以前加速自动重合闸装置，结合原来的定时限过电流保护，可以部分缓解保护 1 的快速性和选择性之间的矛盾，详见 6.8 节。

例 6-3 如图 6-31 所示的 10kV 小接地系统，各线路情况如表 6-4 所示，试整定保护 1 的单相接地零序电流保护。已知 BE10 的变流比为 1。

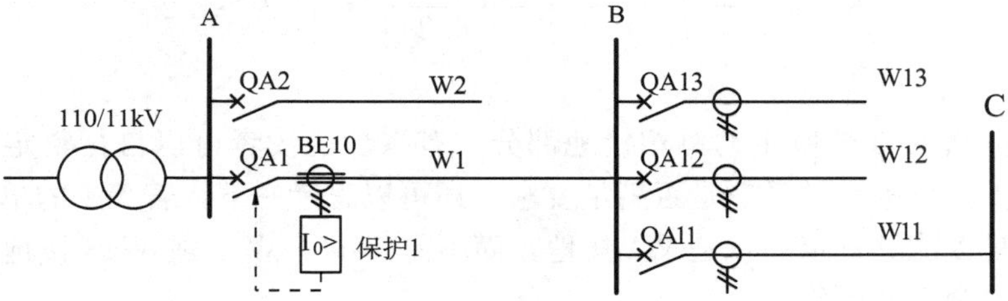

图 6-31　例 6-3 图

表 6-4　例 6-3 线路情况列示

线路名称	线路类型	线路长度/km	线路末端负载连接
W1	电缆	4.0	配电母线
W2	电缆	8.0	变压器
W11	架空线	2.0	变压器
W12	架空线	1.8	变压器
W13	架空线	1.2	变压器

解 线路 W11、W12、W13 是线路 W1 的下级线路，W11、W12、W13 的对地电容电流都会流通 W1，因此从单相接地电流计算来看，它们相当于是 W1 的长度延长，即 W1 的单相接地电流，等于 W1、W11、W12、W13 这 4 条线路各自长度上接地电流之和。除 W1 外，其他线路末端都连接的是变压器，因此该 10kV 电压等级电网的所有线路都在图中了。以下计算不考虑变压器及配电设备的对地电容电流。

(1) 接地电流计算。接地电容电流按式(6-16)估算。

W1 单相接地电流为

$$I_{G\cdot1}=\frac{U_N(l_{W11}+l_{W12}+l_{W13}+35l_{W1})}{350}$$

$$=\frac{10\times(2.0+1.8+1.2+35\times4)}{350}=4.1(A)$$

W2 单相接地电流为

$$I_{G\cdot2}=\frac{U_N\times35l_{W2}}{350}=\frac{10\times35\times8}{350}=8.0(A)$$

总接地电流为

$$I_{G\cdot\Sigma}=I_{G\cdot1}+I_{G\cdot2}=4.1+8.0=12.1(A)$$

(2) 动作时间及电流整定。

动作时间考虑为延时动作，延时时间 10s。因此可靠系数取 1.5～2.0。电流互感器变比取 1。

保护 1 零序电流接地保护动作电流为

$$I_{op\cdot R\cdot1}=I_{op\cdot1}=K_{rel}I_{G\cdot1}=1.5\times4.1=6.2(A)$$

(3) 灵敏度校验。

灵敏系数为

$$K_{S\cdot1}=\frac{I_{G\cdot\Sigma}-I_{G\cdot1}}{I_{op\cdot1}}=\frac{12.1-4.1}{6.2}=1.29>1.25$$

满足要求。

保护装置电路见图 6-30 中的单相接地部分。有兴趣的读者可以自行整定 W2 的单相接地零序电流保护，校验灵敏系数是否满足要求。还可以思考一下，若 W1 的单相接地零序电流保护动作，是否能够肯定一定是 W1 接地，而不是 W11、W12 或 W13 接地，并据此对保护的选择性做出全面的评价。

6.8 变配电所自动装置及其与保护的配合

从技术发展历程来看，配电系统的自动化是从变配电所自动装置开始的，其后范围向变配电所外延伸，出现了遥测、遥信、遥控(即所谓的“三遥”)技术，到 20 世纪 90 年代初，我国配电网综合自动化开始起步，结合现代信息通信技术、用户数据、数字地理信息等手段和资源，全方位地提高配电网的运行管理水平。本节要介绍的内容，是供配电工程中最常用的两个经典的变配电所自动装置——自动重合闸和备用电源自动投入装置，重点介绍它们的功能和它们与继电保护的配合关系。对于具体的电路形式，请参阅其他相关资料。

6.8.1 自动重合闸装置

自动重合闸装置(Auto-Reclosing Device，ARD)是供配电系统和输变电系统都广泛使用的一类自动装置，以下主要针对供配电系统单侧电源线路的 ARD 进行介绍。

1. 自动重合闸的作用

在单侧电源的供配电系统中，ARD 主要有以下作用。

(1) 消除瞬时性短路故障导致的停电。供配电系统的短路故障，有些是永久性的，如未拆检修接地线就合闸送电造成的短路；有的是瞬时性的，如雷击造成的闪络、大风导致的导线相碰等。瞬时性短路故障一经保护跳闸，故障即告消失，若能将断开的断路器重新合上，系统即可恢复正常供电。系统运行数据统计证实，架空线路自动重合闸成功的比例在60%以上。

(2) 纠正继电保护的误跳闸。继电保护中因继电器触点机械振动等原因导致的误跳闸，是由意外的瞬时性逻辑错误造成的，自动重合闸可以纠正这种错误。

(3) 与继电保护配合，补救为了快速性而丧失的保护选择性。

设置ARD也有不利的一面。如果遇到的是永久性短路故障，系统元件和断路器都会受到二次甚至多次短路故障能量冲击，因此对于短路容量过大的系统，使用ARD需要谨慎论证。

2. 对自动重合闸装置的基本要求

ARD装置是一个类别，针对不同电压等级、线路性质等技术条件，有多种形式可供选择，但有些基本要求是共同的，列示如下。

(1) 手动操作跳闸或手动合闸时保护跳闸，ARD不应动作。采用的技术措施为手动合、跳闸时，手动控制开关触点闭锁ARD。

(2) 除以上(1)以外的任何条件下断路器跳闸，ARD均应动作。采用的技术措施主要为不对应启动，即一旦发现断路器合、跳闸控制开关处于合闸后状态，而断路器处于开断状态，则启动ARD重合闸。

(3) 自动重合闸的次数应预先规定，供配电系统中一般只重合一次。据统计，一次重合的成功率达到60%～90%，但二次重合成功率只有15%左右，三次重合成功率更降低到3%左右。

(4) 重合闸的时间越快越好，但需要考虑故障点介质绝缘强度恢复时间和断路器灭弧室及操动和传动机构准备时间，一般整定为0.5～1.5s。

(5) 需要考虑与继电保护的配合。

3. 自动重合闸与保护的配合

ARD与继电保护都是系统的反事故装置，它们的配合是为了发挥各自的长处，弥补各自的不足。ARD主要有前加速和后加速两种方式，分述如下。

1) 前加速方式

这一方式主要是通过ARD改善保护的性能。如图6-32所示，断路器QA1、QA2、QA3都配置有定时限过电流保护，若对它们(尤其是QA1)的快速性不满意，则可以在QA1处设置前加速ARD以提高其快速性。工作原理如下。

保护1过电流保护的保护范围通常可以覆盖W1～W3。当保护1首次发现故障时，ARD前加速功能将保护1定时限过电流保护的延时环节取消，保护1无时限断开QA1，随即实施重合闸。若短路为W1～W3任一线路上的瞬时故障，重合闸都会成功，恢复供电；若短路为W1上的永久性故障，则相当于保护1第二次发现故障，ARD前加速功能已闭锁，保护1按规定的延时跳闸；若短路为W2或W3上的永久性故障，同样由于ARD前加速功能已锁定，由QA2或QA3经规定的延时后跳闸切除故障，线路W1或W1、W2恢复正常供电。

前加速方式提高了瞬时性故障条件下保护1、2、3的快速性，同时依靠重合闸的补救维持了保护1、2、3之间的选择性。但对于永久性故障，保护的快速性仍未得到改善，系统还

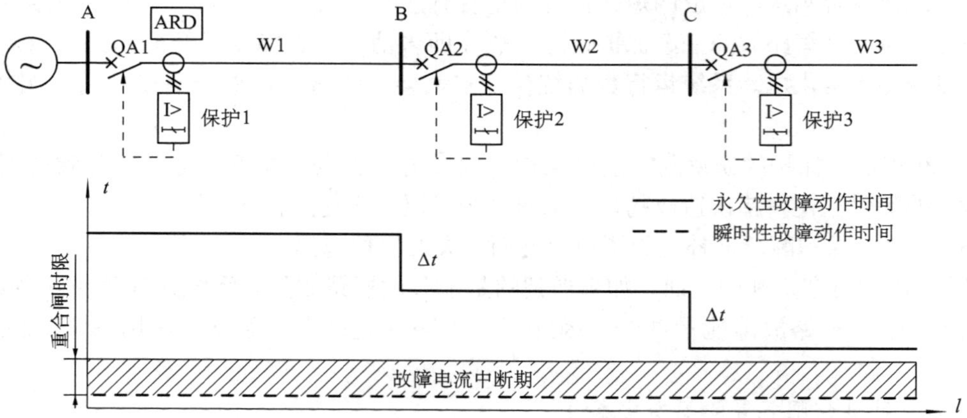

图 6-32　自动重合闸前加速方式改善保护快速性

多受到一次短路电流冲击。

2）后加速方式

这一方式主要是为了缩短 ARD 重合闸到永久性短路故障上时保护的动作时间，其工作原理如下。

当保护首次发现故障时，按原定的时限跳闸，然后自动重合闸。若重合闸到永久性短路故障上，发生第二次短路，则不管首次保护跳闸是否带有延时，第二次必须无延时跳闸。后加速方式必须在每一断路器处都设置 ARD，其优点才能全面体现。

前加速和后加速方式的优、缺点对比列于表 6-5。

表 6-5　前加速与后加速 ARD 对比

加速方式	优点	缺点	适用范围
前加速	（1）能快速切除瞬时性故障 （2）多条线路只需要一套 ARD （3）因首次故障被快速切除，其发展为永久性故障的概率降低	（1）ARD 安装处断路器动作频繁，工作条件恶劣 （2）对永久性故障切除时间慢的问题没有改善 （3）若 ARD 拒动，扩大了停电范围	3～110kV 架空线或电缆架空线混合线路，由几段串联线路构成的电力网，有补救速动保护无选择性动作的需要时。6～10kV 应用较多
后加速	（1）永久性故障导致的二次冲击时间短 （2）各断路器工作条件相当 （3）ARD 失效不会带来额外的后果	（1）必须在每台断路器出都设置一套 ARD （2）首次动作时间长，导致部分瞬时故障发展成永久性故障，使重合闸成功率降低	3～110kV 架空线或电缆架空线混合线路，装有带时限的保护时。35kV 以上应用较多

6.8.2　备用电源自动投入装置

1. 备用电源自动投入的作用

为提高供电可靠性，有些供配电系统拥有两个及以上的供电电源。备用电源自动投入装置（Auto Put-into Device，APD）就是要在工作电源停电后，能自动、快速地将备用电源投入工作，以保证用户供电的连续性。

图 6-33 所示为中压系统常用的两种备用电源的接线形式。图 6-33(a)接线电源备用方式只能采用双电源一用一备方式，即一个电源工作，一个电源备用。图 6-33(b)接线通常采用双电源同时工作、互为备用的方式，分段断路器 QA0 正常条件下是断开的，两路电源分别向各自母线供电；当一路电源停电时，QA0 闭合，由另一路正常电源向两段母线供电。但图 6-33(b)也可以采用双电源一用一备的方式，即正常条件下分段断路器是 QA0 闭合的，电源断路器 QA1 和 QA2 中只有工作电源的断路器闭合。

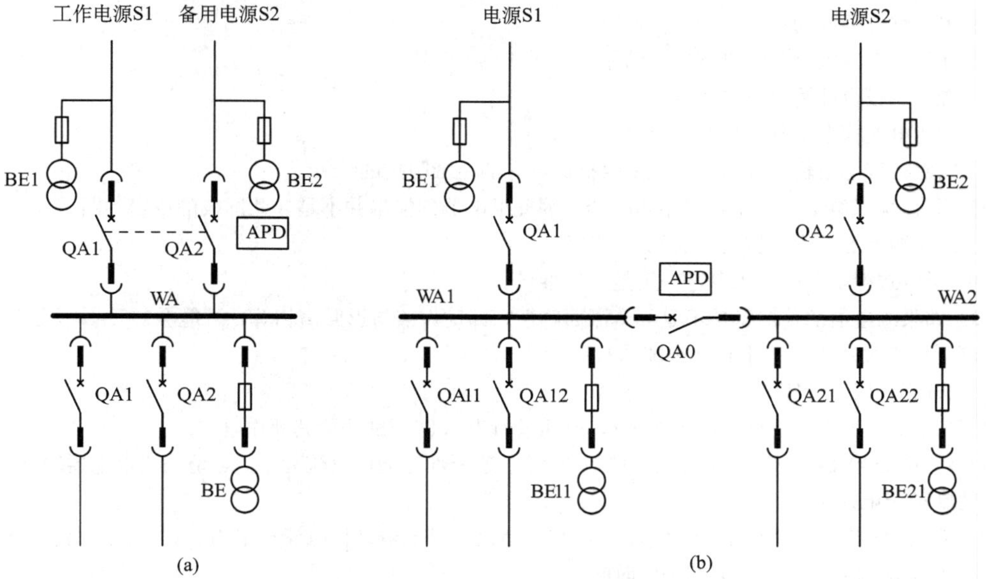

图 6-33　备用电源自动投入装置的配置

2. 备用电源自动投入装置的基本要求

对供配电系统的 APD 装置，有以下几点基本要求。

(1) 当手动断开工作电源断路器或电源进线开关(如图 6-33 中的 QA1)保护跳闸时，APD 不能动作。电源进线开关故障跳闸，意味着断路器负荷侧接线端或母线发生了短路，如果投入备用电源，会投入短路故障上。

(2) 应保证工作电源断路器开断后，才能投入备用电源。这主要是为了避免备用电源投入后，失电的工作电源又来电，造成双电源非同期并联。

(3) 采用工作电源电压消失信号启动 APD。但当获取电压信号的电压互感器因熔断器熔断发出错误的失压信号时，应避免误动作。

(4) 在备用电源电压正常的前提下，方可投入。

(5) 备用电源只投入一次。

(6) 若备用电源容量不足，APD 应与自动减载装置配合工作。

3. 备用电源自动投入装置与继电保护的配合

以图 6-33(b)为例，当电源 S1 失电、S2 通过 QA0 向母线 WA1 供电时，QA11、QA12 与 QA0、QA2 之间保护应有选择性，如果是定时限过电流保护，则保护时限应逐级提升。但 QA0 投入时，有可能母线 WA1 上存在永久性短路故障，为减小故障对电网元件的冲击和对正常工作电源的影响，通常在 QA0 处设置无时限电流速断保护，以快速切除短路故障。

但该无时限速断保护只在 APD 投入期间有效，一旦投入成功，无时限速断保护即刻退出，只保留定时限过电流保护，以保证保护的选择性。

思考与练习题

6-1 试判断以下说法是否正确。

(1) 供配电系统出现异常运行状态时应立刻停止运行。

(2) 继电保护的选择性指只对一部分故障实施保护，对另一些故障不实施保护。

(3) 欠量继电器的动作值总是大于返回值。

(4) 保护继电器吸合意味着继电器动作。

(5) 继电器吸合即输出触点闭合。

(6) 所有电磁式继电器都只有一个输入线圈。

(7) 电磁式继电器输入线圈有的是高阻抗的，有的是低阻抗的。

(8) GL 感应式继电器的整定值不止一个，因此继电器的输出并不是非此即彼的逻辑判断。

(9) 静态继电器不含机械运动的触点。

(10) 机电式继电器的输入参量一定是电气参量。

6-2 如果继电器的传输特性不是一个滞回特性，即动作值与返回值相等，可能会有什么不良后果？过量继电器返回系数过大或过小有什么弊端？

6-3 试完成以下计算。

(1) 某过电流继电器返回电流为 3.2A，返回系数为 0.87，试计算其动作电流。

(2) 某 GL 继电器，反时限部分动作电流为 4A，速断部分动作电流为 14A，请明确继电器的动作电流，并计算速断动作电流倍数。

(3) 某 GL 继电器反时限特性曲线如图 6-34(a)所示，继电器动作电流整定为 5A，试计算流过继电器的实际电流为 25A 时，反时限部分的动作时间。

(4) 某 GL 继电器反时限特性曲线族如图 6-34(b)所示，各条曲线右侧标注的时间为 10 倍动作时间，继电器动作电流整定为 8A。若要求流过继电器的故障电流为 32A 时，动作时间为 6s，试整定该继电器的 10 倍动作电流时间。

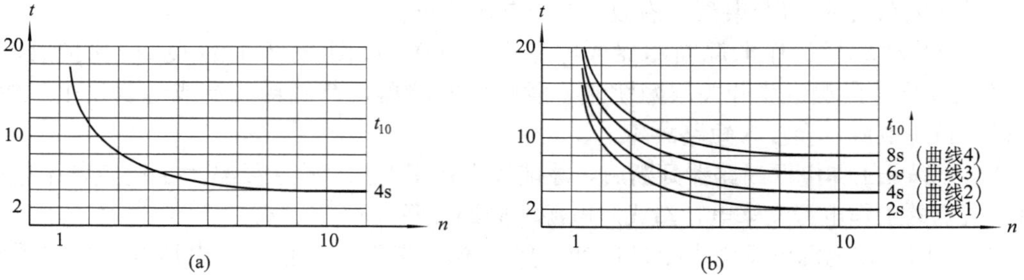

图 6-34 题 6-3 图

6-4 何谓保护的“死区”？如何应对“死区”发生的故障？

6-5 以线路短路故障电流三段保护为例，说明保护动作值大小与保护范围、保护可靠性、选择性、灵敏性之间的关系。

6-6 对图 6-18 所示系统，若保护 2 安装处电流、电压信息可以被保护 1 实时共享，你能否设计一个保护 1 的无时限电流速断保护方案，使得该保护既可以保护线路 W1 全长，又与保护 2 之间具有选择性？

6-7 如图 6-35 所示系统，B 点处母线上共 3 条线路，均设置了无时限电流速断和定时限过电流保护。已知保护 11、12、13 的无时限电流速断保护一次动作值分别为 3kA、2.8kA 和 2.1kA，定时限过电流保护动作时间分别为 0.5s 、0.5s 和 1.0s，线路 W1 上考虑电动机自启动的最大负荷电流为 670A，电流互感器 BE1 的变流比为 500/5A，采用两相二继电器不完全星形接线。试整定线路 W1 的电流三段保护。

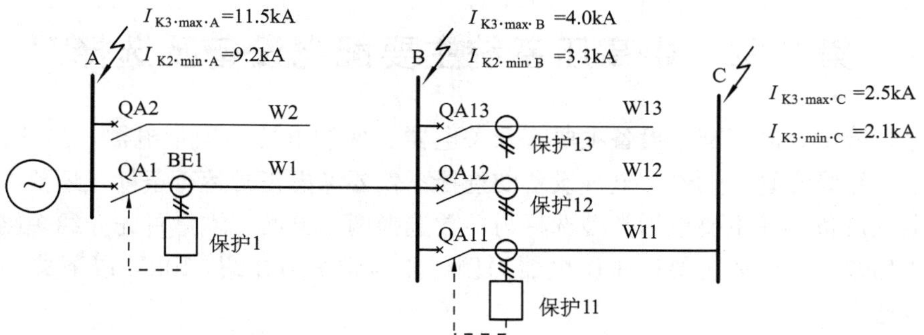

图 6-35　题 6-7 图

6-8　试将图 6-28 和图 6-30 所示的保护电路图用分开表示法绘制。

6-9　已知条件同本章正文例 6-3、图 6-31 和表 6-4，试整定线路 W11、W12 和 W13 的单相接地零序电流保护。

6-10　请查阅资料，掌握变压器励磁涌流产生的原因和典型量值。

6-11　变压器瓦斯保护可以对哪些类型的故障提供保护？

6-12　拓展学习。请查阅国家标准 GB/T 50062—2008《电力装置的继电保护和自动装置设计规范》和 GB/T 14285—2006《继电保护和安全自动装置技术规程》，归纳 10kV 线路和 10/0.4kV 配电变压器的保护配置规则。

第 7 章　中高压系统主要配电设备及选择

供配电系统中、高压配电设备主要有开关电器、保护电器和测量电器，另外还有母线、支撑绝缘子、绝缘套管等元件。电气设备的选择不仅要考虑正常运行条件，还要考虑故障能量冲击。电气设备选择主要包括类型选择与参数选择两个方面。本章首先介绍短路电流的电动力效应和热效应，然后主要以中压电器为例，较为详细地介绍 110kV 以下典型中、高压电器的参数选择。

7.1　短路电流的效应

短路能量冲击对系统元件的破坏性，主要是通过力的作用和温度的作用体现出来的，分别称为短路电流的力效应和热效应。短路(尤其是不对称短路)还可能以电磁效应的形式产生电磁兼容问题，以及瞬态过程震荡导致局部过电压或过电流等问题，这些内容不在此处讨论。

7.1.1　短路电流通过平行导体产生的电动力效应

当两根平行导体中分别有电流 i_1、i_2通过时，导体间相互的电磁作用力为

$$F = 0.2K_s i_1 i_2 \frac{l}{D} \tag{7-1}$$

式中，F 为导体间相互的电磁作用力(N)；i_1、i_2为两导体中电流瞬时值(kA)；l 为平行导体长度(m)；D 为导体中心间距(m)；K_s为矩形截面导体的形状系数，可根据与导体厚度 b、宽度 h 和中心间距 D 有关的系数$\frac{D-b}{h+b}$和$\frac{b}{h}$，从图 7-1 中查出。

若三相导体敷设在同一平面上，因任一时刻，总有一相电流与另两相电流方向相反，可以证明，中间相受力情况最为严重。三相短路时该作用力的最大值为

$$F_{k3} = 0.173K_s i_p^2 \frac{l}{D} \tag{7-2}$$

式中，i_p 为三相短路全电流峰值(kA)；其他参数同式(7-1)。

7.1.2　短路电流的热效应

短路电流热效应计算主要是确定短路后导体所达到的最高温度。若将短路后的热力学过程看成一个绝热过程，则最高温度与短路热脉冲有确定的单调正相关关系，因此，电气工程中一般将短路热脉冲作为短路电流热效应计算的结果。

短路热脉冲的工程计算方法有若干种，如假想时间法、假想电流法、近似数值积分法等，主要难点在于近端短路情况的计算。考虑到供配电工程的现状，以及本书只涉及远端短路热效应计算的实际，以下只介绍假想时间法。

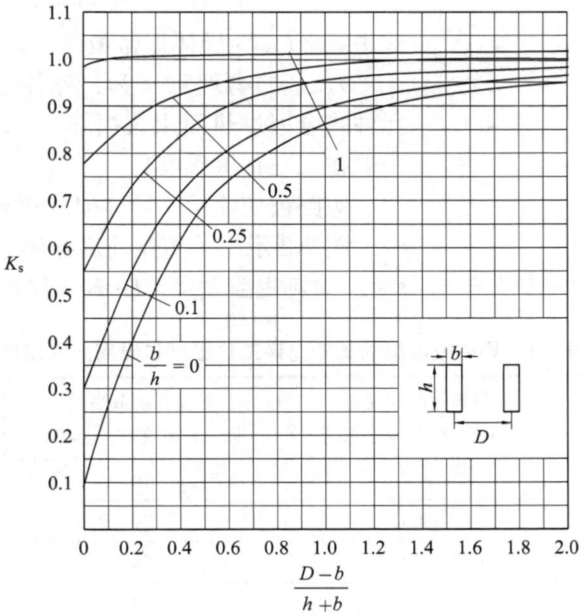

图 7-1　矩形截面导体的形状系数与$\dfrac{D-b}{h+b}$的关系曲线

1. 导体的发热过程

(1) 未通电时。当导体中没有电流通过时，根据热平衡原理，导体的温度等于周围环境温度，即

$$\theta=\theta_0$$

式中，θ 为导体温度；θ_0 为周围环境温度。

(2) 正常工作时。电气设备在正常工作时，电流会在导体电阻中产生损耗，将部分电能转化成热能。这些热能一部分使导体温度升高，另一部分散失在周围环境中，散失的速率与导体跟周围环境的温差正相关。当发热与散热达到平衡时，温度趋于稳定，此时

$$\theta=\theta_N$$

且要求

$$\theta_N \leqslant \theta_{N\cdot max} \tag{7-3}$$

式中，θ_N 为导体正常工作时的温度；$\theta_{N\cdot max}$为导体长期最高允许工作温度。

除架空裸导线和裸母线以外，$\theta_{N\cdot max}$主要取决于被覆在导体上的绝缘材料的热性能，$\theta_{N\cdot max}$的一些常见值见表 7-1。$\theta_{N\cdot max}$的物理意义为若电气设备的实际工作温度长期超过$\theta_{N\cdot max}$，则其寿命会缩短，一般为每超过 8℃，寿命缩短一半，这就是电工界所谓的“8℃定则”。其实，这个温度不一定全是 8℃，对不同耐热等级的绝缘材料，这个温度有所不同，有的是 10℃，有的是 12℃。

(3) 发生短路时。从短路发生时刻开始，由于短路电流 $I_k(t) \gg I_C$（I_C 为计算电流），导致发热量剧增，导体的温度也急剧上升，直到保护装置动作切断短路电流，这时导体温度达到短路后的最高值 θ_k。热稳定性要求

$$\theta_k \leqslant \theta_{k \cdot max} \tag{7-4}$$

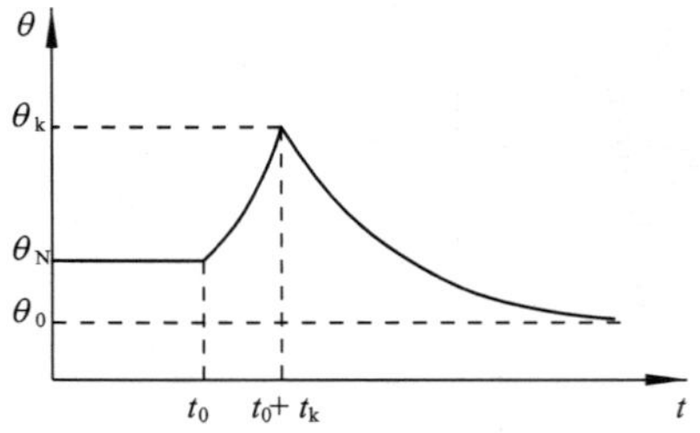

图 7-2 短路前后导体温度变化曲线

式中，$\theta_{k \cdot max}$为导体短路最高允许温度。

$\theta_{k \cdot max}$的物理意义为：导体温度一旦超过这个值，元件将会因过热而永久损坏。$\theta_{k \cdot max}$的常见值见表 7-1，一般在二三百摄氏度。

短路被切除后，导体温度逐渐下降至环境温度。

图 7-2 示出了短路前后导体温度的变化情况，图中$t=t_0$时刻短路发生，$t=t_0+t_k$时刻短路被切除。

表 7-1 导体或电缆的长期允许工作温度和最高允许温度

导体种类和材料		导体短路最高允许温度 $\theta_{k \cdot max}$/℃	导体长期最高允许工作温度 $\theta_{N \cdot max}$/℃	热稳定系数 C 值 /($A \cdot \sqrt{s} \cdot mm^{-2}$)
硬母线	铝	200	70	87
	铜	300	70	171
交联聚乙烯电缆	铝芯	200	90	94
	铜芯	250	90	143
聚氯乙烯绝缘电缆	铝芯	160(140)	70	76(68)
	铜芯	160(140)	70	115(103)

注：括号内的数值适用于截面积大于 $300mm^2$ 的聚氯乙烯绝缘导体。

2. 短路条件下导体最高温度 θ_k 的确定

一旦计算出短路后导体所达到的最高温度θ_k，若$\theta_k < \theta_{k \cdot max}$，导体在短路条件下就是热稳定的，否则是热不稳定的。

1）计算条件与特点

（1）由于短路持续时间很短，散热较少，可认为在短路持续时间内导体上的热力学过程为一绝热过程。

（2）由于温度上升速率快，幅度大，故导体电阻R、比热容C等都不是常数，而是温度θ的函数，记为$R(\theta)$，$C(\theta)$。

（3）实际短路电流的变化是很复杂的，尤其是发电机近端短路时，由于发电机励磁系统会有相应的调节动作，短路电流变化过程不易准确计算。由于供配电系统很少涉及近端短路，本书只介绍远端短路条件下的计算。

以上“绝热过程”的假定会给计算带来一定的误差，使计算结果偏于保守(即计算温度高于实际温度)，但这种计算至少给出了一个温度的上限值，至于这个上限值的准确度，可以通过试验和理论分析不断改善。

2）热力学过程分析

由于假定为绝热过程，导体发热全部用来使温度上升，热平衡方程为

$$I_k^2(t)R(\theta)\mathrm{d}t = C(\theta)m\mathrm{d}\theta \tag{7-5}$$

式中，$I_k(t)$为短路全电流有效值(A)，由周期分量与非周期分量构成；$R(\theta)=\rho_0(1+\alpha\theta)\dfrac{l}{s}$表示温度为$\theta$℃时导体的电阻(Ω)；$C(\theta)=C_0(1+\beta\theta)$表示温度为$\theta$℃时导体的比热容

[J/(kg·℃)]；$m=\rho_m Sl$ 为导体质量(kg)。其中，ρ_0 为 0℃时导体的电阻率($\Omega\cdot mm^2/m$)；α 为 ρ_0 的温度系数(/℃)；C_0 为 0℃时导体的比热容[J/(kg·℃)]；β 为 C_0 的温度系数(/℃)；l 为导体的长度(m)；S 为导体的截面积(mm^2)；ρ_m 为导体材料的比重[$kg/(mm^2\cdot m)$]。

式(7-5)左边为电流在 dt 时间内的发热量，右边为导体温度由 θ 升高到($\theta+d\theta$)所需要吸收的热量。将各参量表达式代入式(7-5)有

$$\frac{1}{S^2}I_k^2(t)dt=\frac{C_0\rho_m}{\rho_0}\left(\frac{1+\beta\theta}{1+\alpha\theta}\right)d\theta \tag{7-6}$$

对式(7-6)两边积分，得

$$\frac{1}{S^2}\int_0^{t_k}I_k^2(t)dt=\frac{C_0\rho_m}{\rho_0}\int_{\theta_N}^{\theta_k}\frac{1+\beta\theta}{1+\alpha\theta}d\theta \tag{7-7}$$

式中，定积分上限 θ_k 是未知量。

首先分析式(7-7)右边部分，设原函数为 $A(\theta)$，有

$$A(\theta)=\frac{C_0\rho_m}{\rho_0}\left[\frac{\alpha-\beta}{\alpha^2}\ln(1+\alpha\theta)+\frac{\beta}{\alpha}\theta\right] \tag{7-8}$$

则

$$\frac{1}{S^2}\int_0^{t_k}I_k^2(t)dt=A(\theta_k)-A(\theta_N) \tag{7-9}$$

由式(7-9)可知，$A(\theta_k)=\frac{1}{S^2}\int_0^{t_k}I_k^2(t)dt-A(\theta_N)$，根据 θ_N(若不能准确确定，可假设为长期允许工作温度)，可通过式(7-8)求出 $A(\theta_N)$，若能再求出 $\frac{1}{S^2}\int_0^{t_k}I_k^2(t)dt$，则可通过式(7-9)计算出 $A(\theta_k)$，再由式(7-8)就可求出 θ_k。将 θ_k 与 $\theta_{k\cdot max}$ 比较，就可知道是否满足热稳定要求。

现在关键的问题是如何求解 $\int_0^{t_k}I_k^2(t)dt$。下面用假想时间法求取该积分。

3. 短路热脉冲与假想时间

以下讨论就针对 $\int_0^{t_k}I_k^2(t)dt$ 的计算展开。图 7-3 给出了短路发生后 $I_k^2(t)$ 随时间变化的典型曲线。图 7-3(a)为发电机近端短路时的曲线，由于短路发生后发电机的超瞬态与瞬态过程，以及励磁控制装置的调节行为，使短路电流的变化十分复杂，需要设备相关特性和参数才能进行计算，对此本书不予详细讨论。图 7-3(b)为远端短路的情形，$I_k^2(t)$ 的变化规律在

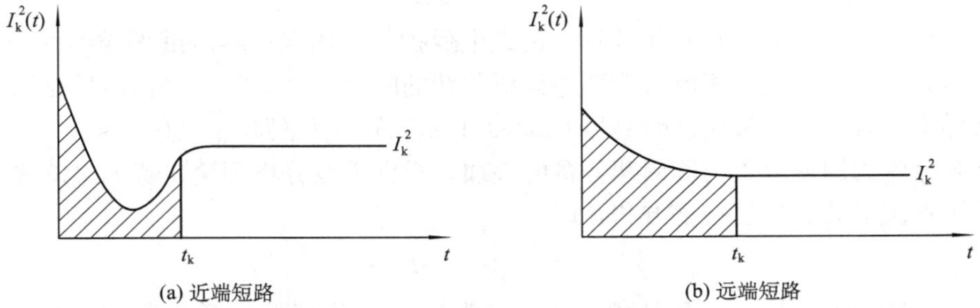

(a) 近端短路　　(b) 远端短路

图 7-3　$I_k^2(t)$ 随时间的变化曲线

第 5 章已经讨论过。不论哪一种情况，$\int_0^{t_k} I_k^2(t)\mathrm{d}t$ 都是图中阴影部分的面积。

1）短路热脉冲

定义

$$Q=\int_0^{t_k} I_k^2(t)\mathrm{d}t$$

为短路发生后的短路热脉冲，也就是图 7-3 中曲线下阴影部分的面积。应注意，短路热脉冲并不代表(或按一定比例代表)短路后实际的发热量，因为短路热脉冲只是等于短路电流在恒定的单位电阻上产生的热量，而实际情况中电阻是随温度变化的。但短路热脉冲与短路后的实际发热量呈正相关性。

2）假想时间 t_{im}

假设短路全电流有效值 $I_k(t)$一直等于稳态三相短路电流 I_k，要产生与实际短路热脉冲相等的热脉冲所需要的时间，称为假想时间，记为 t_{im}。如图 7-4 所示，若 ABCO 所围曲线面积和 DEOF 所围矩形面积相等，则 E 点所对应的时间就是假想时间 t_{im}。因此，假想时间是根据热脉冲相等而推算的一个时间，这就是“假想”(Imagining)一词的由来。根据假想时间的定义，有

$$\int_0^{t_k} I_k^2(t)\mathrm{d}t=I_k^2 t_{im} \tag{7-10}$$

式中，I_k 为三相稳态短路电流有效值，$I_k=I_{k3}$。

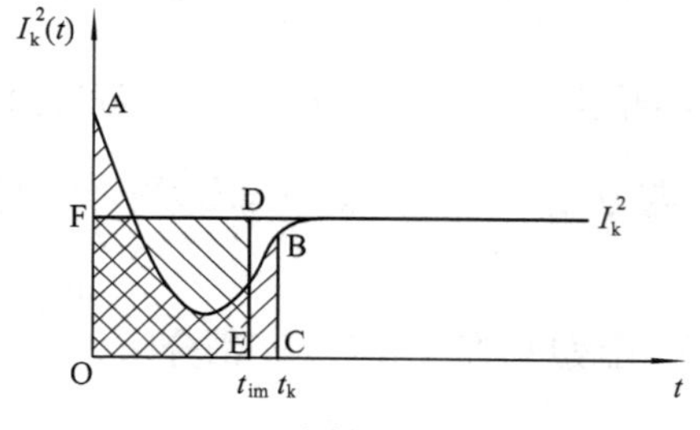

(a) 近端短路

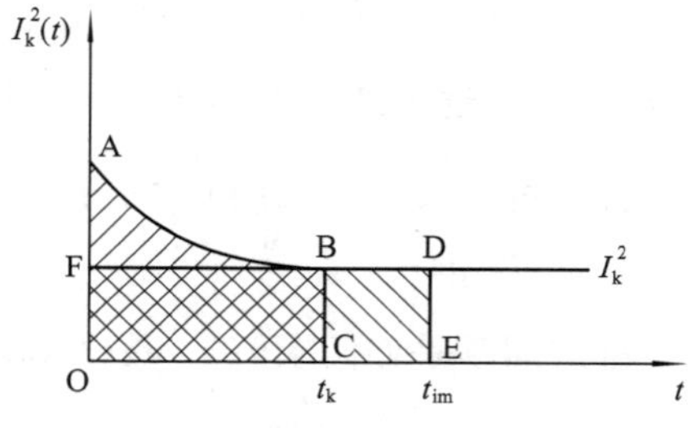

(b) 远端短路

图 7-4 假想时间的定义

3）远端短路假想时间计算

首先介绍短路电流持续时间 t_k 的计算。

$$t_k=t_{op}+t_{QA} \tag{7-11}$$

式中，t_{op}为保护动作时间，详见第 6 章，由继电保护整定确定；t_{QA}为断路器额定开断时间，指自断路器脱扣器接通至各相电弧全部熄灭所花费的时间，由分闸时间和燃弧时间构成，可以从产品样本中查得，一般快速断路器 $t_{QA}\leqslant 0.15\mathrm{s}$，普通断路器 $t_{QA}\leqslant 0.20\mathrm{s}$。

短路全电流为周期分量与非周期分量的叠加。根据谐波分析理论，若干次谐波总有效值的平方等于各次谐波有效值的平方和，即

$$I_k^2(t)=i_{DC}^2(t)+I_{AC}^2(t) \tag{7-12}$$

式中，$i_{DC}(t)$为短路电流非周期分量；$I_{AC}(t)$为短路电流周期分量有效值，对远端短路，$I_{AC}(t)$为一常数。

于是

$$\int_0^{t_k} I_k^2(t)\mathrm{d}t = \int_0^{t_k} i_{DC}^2(t)\mathrm{d}t + \int_0^{t_k} I_{AC}^2(t)\mathrm{d}t \tag{7-13}$$

令

$$\int_0^{t_k} i_{DC}^2(t)\mathrm{d}t = I_k^2 t_{im\cdot DC} \tag{7-14}$$

$$\int_0^{t_k} I_{AC}^2(t)\mathrm{d}t = I_k^2 t_{im\cdot AC} \tag{7-15}$$

则

$$t_{im} = t_{im\cdot DC} + t_{im\cdot AC} \tag{7-16}$$

式中，$t_{im\cdot DC}$ 为非周期分量的假想时间；$t_{im\cdot AC}$ 为周期分量的假想时间。

这样，将假想时间分解成了周期分量和非周期分量的假想时间之和。下面分别求取这两个假想时间。

（1）$t_{im\cdot AC}$ 的计算。对远端短路，$I_{AC}(t)=I_k$，即

$$\int_0^{t_k} I_{AC}^2(t)\mathrm{d}t = I_k^2 t_k = I_k^2 t_{im\cdot AC}$$

故

$$t_{im\cdot AC} = t_k \tag{7-17}$$

（2）$t_{im\cdot DC}$ 的计算。

① 当 $t_k \geqslant 1.0\mathrm{s}$ 时，导体发热主要由周期分量决定，可不计入非周期分量的影响，此时

$$t_{im\cdot DC} = 0 \tag{7-18}$$

② 当 $t_k < 1.0\mathrm{s}$ 时，因 $i_{DC}(t)=\sqrt{2} I_{AC}(0)\mathrm{e}^{-t/T_k}$，故

$$\int_0^{t_k} i_{DC}^2(t)\mathrm{d}t = T_k I_{AC}^2(0)(1-\mathrm{e}^{-2t_k/T_k}) = I_k^2 t_{im\cdot DC}$$

于是

$$t_{im\cdot DC} = T_k \frac{I_{AC}^2(0)}{I_k^2}(1-\mathrm{e}^{-2t_k/T_k}) = T_k(1-\mathrm{e}^{-2t_k/T_k}) \tag{7-19}$$

式中，T_k为短路回路时间常数，取决于短路回路电阻与电感之比，典型值为 0.05s 左右。当 $t_k > 0.1\mathrm{s}$ 时，e^{-2t_k/T_k}衰减已经过了 4 倍时间常数，可以认为约等于零，而 t_k 因断路器固有分闸时间的关系，在中、高压系统中通常总是不小于 0.1s 的，故

$$t_{im\cdot DC} \approx T_k = 0.05\mathrm{s} \tag{7-20}$$

将 $t_{im\cdot DC}$和 $t_{im\cdot AC}$代入式(7-16)，便可计算出远端短路总的假想时间为

$$t_{im} = t_{im\cdot AC} + t_{im\cdot DC} \approx t_k + T_k \approx t_k + 0.05 \tag{7-21}$$

7.2 电气设备选择的一般性问题

开关电器、保护电器、测量电器、母线、电瓷等功能各不相同，在选择时有各自的特殊问题需要考虑，但它们又都是安装在供配电系统上的电气设备，肯定在一些方面具有共性。本节主要介绍设备选择中的普遍性问题，对各种电器特有的问题将在本章后续部分分别介绍。

7.2.1　电气设备选择的基本原则

所谓选择电气设备，是指在已经确定要在系统某处设置某种设备的前提下，选择设备的恰当类型和参数，以满足工程要求。除了考虑经济、维护方便等实际因素外，从技术的角度看，电气设备选择的基本原则有以下两条。

（1）正常工作条件下，应符合使用要求和保证工作寿命。

符合使用要求是指所选设备功能要与工作任务相适应，设备参数要与系统参数相匹配，所选设备和与其相关的其他设备在参数、功能及工作程序等方面相互协调。保证使用寿命是指设备设计工况应符合设备安装处的实际工况。

（2）故障条件下，应尽可能保证设备不致损坏，并尽量不扩大故障范围。

在按规定设置了相应的故障保护措施后，所选设备应能承受不超过预期强度的故障能量冲击，如过电流和过电压冲击等。万一设备未能承受故障冲击而损坏，也应做到避免发生事故和尽量不扩大故障范围，以避免危及人身和环境安全，影响系统非故障部分的正常运行。

7.2.2　按正常工作条件选择设备参数

主要是选择设备额定电压和额定电流两个参数。

1. 额定电压选择

要求电气设备额定电压 U_r 不小于安装处系统标称电压 U_N，即

$$U_r \geqslant U_N \tag{7-22}$$

有些电器还会给出一个"设备最高电压"参数 U_{max}，它是指设备可长期承受的工作电压的上限值。考虑到系统电压调整等因素，设备安装处运行电压可能长期高于系统标称电压，设备最高电压表明了设备长期工作耐受电压的上限；对于电容器、变压器等损耗发热与电压密切相关的设备，设备最高电压还表明了设备温升不超过规定值所对应的电压上限值。

将设备安装处电网正常运行电压的最高值称为系统"最高运行电压"，记为 $U_{op \cdot max}$。确定了设备的额定电压后，还应对最高电压进行校验，要求

$$U_{max} \geqslant U_{op \cdot max} \tag{7-23}$$

若不确定设备安装处的最高运行电压，可参照标准电压（见本书 1.3 节）中的"系统最高电压"取值为 U_H。

2. 额定电流选择

要求设备的额定电流 I_r 不小于安装处可能出现的最大计算电流 $I_{C \cdot max}$，即

$$I_r \geqslant I_{C \cdot max} \tag{7-24}$$

对式(7-24)作以下两点说明。

（1）设备的额定电流是在规定环境温度下给出的，若设备安装处的实际环境温度与规定温度不一致，应对额定电流进行修正。

（2）最大可能的计算电流 $I_{C \cdot max}$ 不仅要考虑系统正常运行情况，还要考虑系统某一部分故障或停电后负荷转移的情况。如单母线分段接线的某一路电源进线断路器，就要考虑另一路电源进线停电、分段断路器投入的情况下，两段母线上所有未被切除负荷的总计算电流通过。

7.2.3 按环境条件选择设备类型并校验设备参数

电气设备所处环境对其性能的影响是一个很大的课题，首先必须规定环境的类型和环境因素的特征，此即所谓的环境条件；然后通过实验等手段确定环境条件与电气设备性能的关系，这需要所谓的环境试验。环境条件与环境试验共同构成环境技术。

IEC 标准中“外部条件”比我国的“环境条件”含义更广泛，主要是增加了场所中人员和建筑结构、材料等因素，更精细地考虑了人员安全问题。我国有关电工电子产品环境条件的国家标准主要有 GB/T 4796《电工电子产品环境参数分类及其严酷程度分级》、GB/T 4797《电工电子产品自然环境条件》和 GB/T 4798《电工电子产品应用环境条件》等，分别规定环境严酷度等级及参数分类、自然环境条件类型和应用环境条件类型。与各种环境条件相对应，电气产品有不同的环境适应类型，比如对应自然环境条件的有一般型、湿热型、高海拔型等，以及对应应用环境条件的有固定型、移动型和户内型、户外型等。

环境条件不仅对设备类型的选取有直接关系，还与设备的部分参数相关。举例如下。

环境温度和海拔高度都会影响电器的额定电流，总的趋势是：环境温度越高，或海拔高度越高，则散热条件越差，设备的额定载流量相应降低。电器的额定电流一般是以环境温度 40℃、海拔高度 1000m 以下给出的。实际环境温度在 40℃以上 每升高 1℃，额定载流量减少约 1.8%，而在 40℃以下每降低 1℃，额定电流增加约 0.5%，但总的增加量不得超过 20%；高海拔地区空气稀薄，散热能力差，但温度也低，综合环境温度和海拔高度两个因素，当实际海拔高度在 4000m 以下时，可不修正额定电流。

高海拔地区因空气稀薄还会导致空气的绝缘能力降低，一般在 1000～4000m，海拔高度每升高 100m，设备外绝缘降低 1%，但对内绝缘没有影响。因此对用于高海拔地区的电器，应选择加强绝缘的产品，或选择普通产品，但要加强过电压保护。

7.2.4 按短路动、热稳定校验设备参数

绝大多数中压电器都会经受系统短路时的电动力和热冲击。若设备没有被这种冲击损坏，就称设备是动(或热)稳定的，否则就是不稳定的。

1. *动稳定校验的工程方法*

1）电器的动稳定校验

从式(7-2)对短路电流电动力大小的表述中可以确认，电动力大小与短路全电流峰值 i_p 有确定的正相关性。据此，从工程体系相互配合的角度出发，要求设备生产厂家通过设备动稳定试验，给出设备所能承受的最大短路电流瞬时值，作为其承受电动力冲击能力的参数，称为电器的“动稳定电流”或“额定峰值耐受电流”，记为 i_{ms} 或 i_{pw}。这样，动稳定校验就完全用电气参数进行，要求

$$i_{ms} \geqslant i_p \tag{7-25}$$

式中，i_p 为设备安装处可能发生的最大三相短路全电流峰值。

2）导体的动稳定校验

主要涉及母线的动稳定性校验，将导体实际承受的最大应力与导体能够承受的最大应力相比，做出动稳定性的判别。

短路电流通过硬母线时，其应力为

$$\sigma_c=\frac{M}{W} \tag{7-26}$$

式中，M 为短路电流产生的力矩(N·m)，当跨数大于 2 时，$M=\frac{F_{k3}l}{10}$，当跨数等于 2 时，$M=\frac{F_{k3}l}{8}$，F_{k3} 为三相短路时母线最大电动力(N)，计算见式(7-2)；W 为母线截面系数(m^3)，与母线布置方式有关，对水平布置的三相母线，当母线平放时为 $0.167bh^2$，当母线立放时为 $0.167hb^2$，这里 b 为母线厚度(m)，h 为母线宽度(m)；l 为母线支撑绝缘子跨距(m)。

考虑到机械共振条件的影响，实际的母线应力应乘以振动系数 β，根据跨数不同分别计算。

当跨数大于 2 时，母线应力 σ_c(单位：Pa)为

$$\sigma_c=1.73K_s i_p^2 \frac{l^2}{DW}\beta\times10^{-2} \tag{7-27}$$

当跨数等于 2 时，母线应力 σ_c(单位：Pa)为

$$\sigma_c=2.16K_s i_p^2 \frac{l^2}{DW}\beta\times10^{-2} \tag{7-28}$$

β 的取值与母线共振频率有关，一般为 1～1.4。其他参数同式(7-2)。

导体的动稳定性要求为

$$\sigma_c\leqslant\sigma_{max} \tag{7-29}$$

式中，σ_c 为短路时母线可能承受的最大应力(Pa)；σ_{max} 为母线最大允许应力(Pa)，硬铝为 69MPa，硬铜为 137MPa。

2. *热稳定校验的工程方法*

1）电器的热稳定校验

从前面对短路电流热效应的分析中可知，短路后导体达到的最高温度与短路电流热脉冲有确定的正相关性，因此设备生产厂家通过试验给出产品所能够承受的最大热脉冲，短路热稳定性校验只需将短路时设备实际承受的热脉冲与其所能够承受的最大热脉冲相比较即可。要求

$$I_k^2 t_{im}\leqslant I_{th}^2 t_{th} \tag{7-30}$$

式中，I_k 为设备安装处的最大三相短路电流稳态值(kA)；t_{im} 为假想时间(s)；I_{th}、t_{th} 为产品样本给出的一对参数，指设备在 t_{th}(s)内的热稳定电流为 I_{th}(kA)，一般 t_{th} 为 1s、2s、4s。

现大多数产品样本称 I_{th} 为“额定短时耐受电流 I_{sw}”，称 t_{th} 为“额定短时耐受时间 t_{sw}”。下标“sw”的含义为“short time withstand”。

式(7-30)中，左边部分为电器实际承受的热脉冲，由设计者计算；右边部分为电器所能承受的最大热脉冲，由厂家通过试验给出。

2）导体的热稳定校验

热稳定意味着短路不能使导体温度超过其短路最高允许温度，结合式(7-9)和式(7-10)，热稳定条件为

$$\frac{1}{S^2}I_k^2 t_{im}\leqslant A(\theta_{k\cdot max})-A(\theta_N) \tag{7-31}$$

式中，I_k为设备安装处的最大三相短路电流稳态值(A)；$\theta_{k\cdot max}$ 为导体短路时的最高允许温度(℃)，见表 7-1；θ_N 为导体短路前的正常工作温度(℃)；S 为导体截面积(mm^2)。

将式(7-31)整理得

$$S \geqslant I_k \frac{\sqrt{t_{im}}}{C} \tag{7-32}$$

式中，C 为热稳定系数，按下式计算

$$C = \sqrt{A(\theta_{k\cdot max}) - A(\theta_N)} \tag{7-33}$$

C 的量值与 θ_N 的取值有关，按最不利情况，可取值为导体长期允许工作 $\theta_{N\cdot max}$，这种情况下常用线缆的 C 值见表 7-1，该值只与导体和绝缘的材料有关。但有的情况下 θ_N 取值可以低于 $\theta_{N\cdot max}$，这与线缆的类型、敷设条件和工作状况等因素有关。另外，参数 $\theta_{N\cdot max}$ 的确定需要大量长期的试验和分析，涉及多个学科，尤其是对新出现的材料，试验数据不断修正是常见的现象。

7.3 配电断路器选择

断路器是开关电器的典型代表，通过断路器选择，可举一反三，类推到隔离开关、负荷开关等开关电器的选择上。

7.3.1 开关电器的电弧与灭弧

1. 电弧的产生与维持

电弧是气体绝缘介质电离后形成的一个电流通道，其电导大、温度很高、形状与路径不稳定，常会损坏开关电器、引发短路或燃烧、爆炸。在制造和使用有开断电路功能的电器时，必须考虑电弧问题。

当电压大于 10～20V、电流大于 80～100mA 时开断电路，就可能产生电弧。电弧产生与维持的过程如图 7-5 所示。当开关触头分离的瞬间，由于触头间缝隙很小，有很高的电场强度。当电场强度大于 3×10^6 V/m 时，电场力会将电子从阴极金属触头中拉出，这一现象称为强电场发射。发射出的电子在电场力的作用下在介质中向阳极加速运动，途中可能与中性的介质粒子发生碰撞，若碰撞的动能足够大，可将介质粒子裂解成自由电子和正电离子，这一过程称为碰撞游离。游离出的电子和正电离子又在电场力的作用下加速运动，进而发生更多的碰撞游离。当触头间有足够多的电子和正电离子时，高电导通道形成，载流子在此通

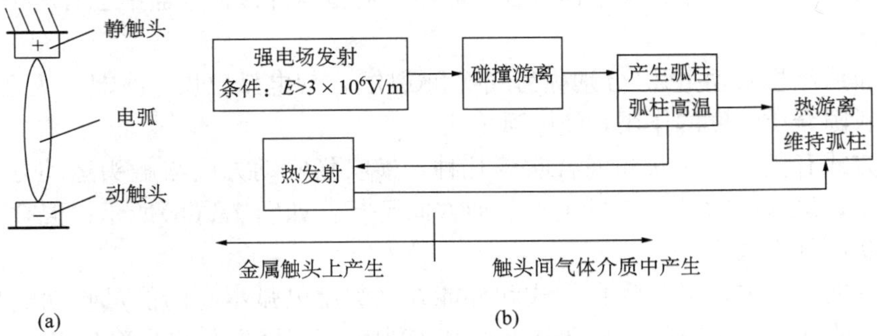

图 7-5　电弧产生与维持的过程

道中流动，形成电弧弧柱。

电弧弧柱温度很高，高温区可达5000℃以上。高温使介质粒子的布朗运动加剧，产生更多碰撞，又会使一些中性介质粒子裂解为电子和正电离子，这一过程称为热游离。在电弧稳定燃烧期间，电弧电压很低，弧柱主要靠热游离维持。另外，电弧高温还会使阴极触头表面发射电子，同时融化触头形成金属蒸气，称为热发射。热发射也增加了弧隙的导电性，是维持电弧的另一个因素。

2. 电弧的熄灭与重燃

与游离过程相反，电弧中还存在去游离现象。所谓去游离，是指电子和正电离子不断减少的过程。去游离主要有两个途径：一是复合，指异性载流子重新结合成中性粒子；二是扩散，指载流子散失到弧柱以外的空间。当游离和去游离达到动态平衡时，电弧稳定燃烧。若希望熄灭电弧，就必须使去游离过程强于游离过程。因此，灭弧的基本方法就是加强去游离。

根据对电弧特性的研究发现，交流电弧的燃弧电压总是高于熄弧电压，也就是说，一旦电弧产生，需要更低的电压才能使其熄灭。交流电流过零时，电源没有向电弧注入能量，是熄弧的最好时机，但电流过零时电压一般不为零，电流过零瞬间熄灭的电弧，还有可能在外加电压作用下重燃。重燃的机理主要有两种解释，即所谓的能量平衡理论和介质强度恢复理论，简单说就是弧隙因热击穿或电击穿重新燃起电弧。

电流过零瞬间熄弧时，断口上的外加电压称为恢复电压。热击穿理论认为在交流电流过零电弧暂时熄灭时，弧隙温度较高，热游离还未停止，断口仍是一个具有一定电导的通道而非绝缘介质，该通道在恢复电压作用下有一个弧后电流流通，电源通过该电流继续向断口输送能量，若该能量大于断口散失的能量，会导致温度升高，热游离加大，可能引起电弧的重燃。在弧隙温度较高的情况下，热击穿重燃较为常见。

但实验观察到有些电弧重燃并没有弧后电流，电弧熄灭后电流真实地中断了一小段时间，与热击穿理论不相符。电击穿理论对此做出的解释认为，电流过零电弧暂时熄灭时，断口已是绝缘介质，但绝缘强度较低，需要有一个恢复过程才能达到正常水平。若介质绝缘强度的恢复速率比恢复电压的上升速率慢，则一旦恢复电压上升到高于介质绝缘强度，断口就会被再次击穿，电弧还可能重燃。在弧隙温度较低的情况下，电击穿重燃较为常见。

电弧还有很多特性，比如近极效应，指在弧电流过零后0.1～1μs的短暂时间内，近阴极介质强度急剧升高到150～250V，若外加电压达不到这个数值，则电弧将会熄灭。

3. 开关电器的灭弧方法

以下灭弧方法不仅用于开关电器，在熔断器、避雷器等保护电器中也有所采用。

1）吹弧灭弧

利用气流或磁场吹动电弧(分别称为气吹和磁吹)，使电弧拉长、冷却，从而达到加强去游离、增大弧隙介质强度的作用，使电弧熄灭。

吹弧的方式有横吹、纵吹和混合吹等几种。横吹指吹动方向与触头运动方向垂直，如图7-6(a)所示；纵吹指吹动方向与触头运动方向平行，如图7-6(b)所示；混合吹指同时使用纵吹和横吹两种方式。

从吹弧的能源来看，可分为自能式和外能式。利用电弧本身的能量吹动电弧称为自能式，这种方式吹弧强度与电弧的强度直接相关；利用外加能源(如事先准备好的压缩空气)吹动电弧称为外能式，其吹弧强度与电弧强度无关。

2）短弧灭弧

如图 7-7 所示，用金属片(称为灭弧栅片)将长弧分割成若干段，根据电弧的近极效应，每两片栅片间都具有 150～250V 的介质恢复强度，外加电压由维持长弧时的一个近极恢复电压，变成维持短弧时的若干个近极恢复电压的总和，介质强度恢复速率超过外加电压的可能性大为提高，有利于灭弧。

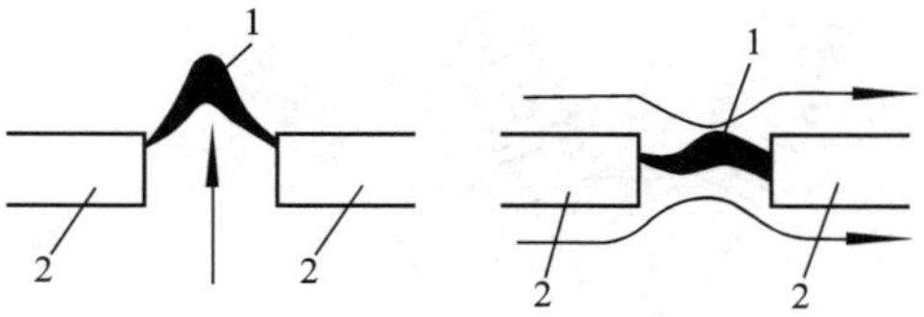

(a) 横吹　　(b) 纵吹

图 7-6　吹弧方式

1-电弧；2-触头

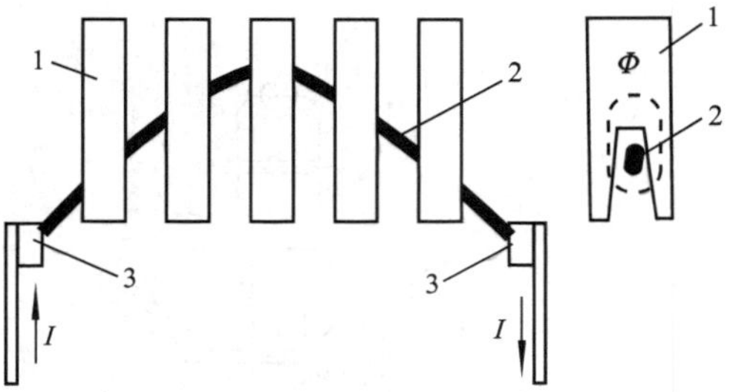

图 7-7　短弧灭弧

1-金属栅片；2-电弧；3-触头

3）多断口灭弧

将开关触头分成若干个触头的串联，称为多断口灭弧，如图 7-8 所示。多断口比单断口电弧段数增多，与短弧灭弧有同样的效果。同时，在触头行程相同的情况下，多断口开关触头分离速度加快，使电弧更快被拉长，弧阻抗迅速加大，增大了介质强度的恢复速率。

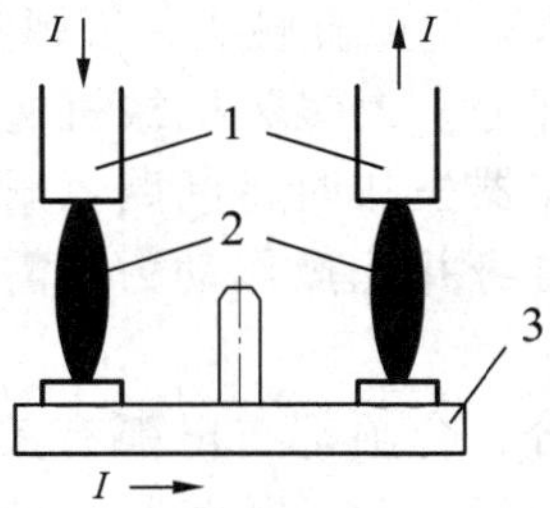

图 7-8　多断口灭弧

1-静触头；2-电弧；3-动触头

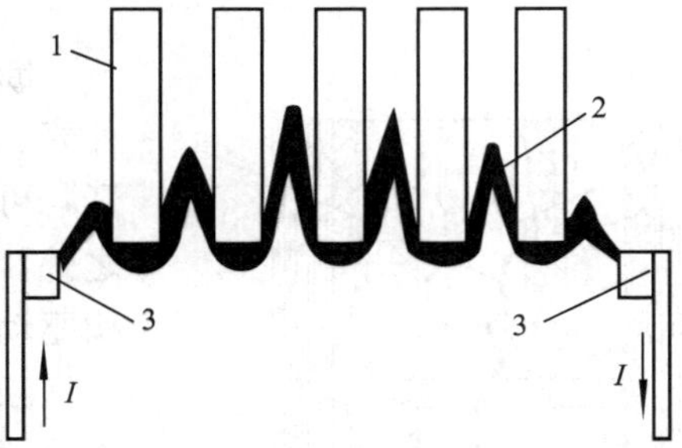

图 7-9　介质狭缝灭弧

1-介质栅片；2-电弧；3-触头

4）介质狭缝灭弧

用有机或无机绝缘材料按一定方式形成狭缝，将电弧引入狭缝中，如图 7-9 所示。电弧在被拉长的同时，又受到介质的冷却，有些介质还会在电弧高温作用下分解出气体，产生吹弧作用，从而有利于电弧熄灭。

7.3.2　断路器简介

断路器是控制电路通断的开关电器，它不仅可以开、合正常的负荷电流，还可以开断量值很大的短路电流，是供配电系统中最重要的配电设备之一。按开合的对象不同，断路器可分为发电机用断路器、输电断路器、配电断路器和控制断路器等类别。配电断路器是指 35(66)kV 及以下配电系统中使用的断路器。本节要介绍的就是 3kV 以上的配电断路器，低压断路器将在第 8 章介绍。

根据所使用的灭弧介质不同，断路器有油断路器、真空断路器、六氟化硫断路器、压缩空气断路器、磁吹断路器等形式，中压系统中用得最多的是前三种。图 7-10、图 7-11 分别为少油断路器外形和断路器灭弧室结构示意图，图 7-10(b)中 126kV 断路器用于标称电压 110kV 电网中，不属于配电断路器，但在区域变电所中较为常见，可作一般性了解。

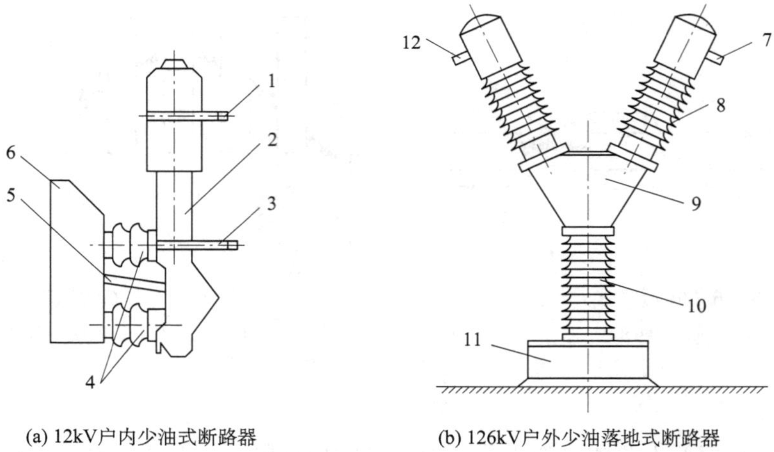

图 7-10　少油断路器

1-上接线端子；2、8-灭弧室绝缘筒；3-下接线端子；4、10-支柱瓷瓶；5-绝缘拉杆；6-支架；7、12-外接线端子；9-机构箱；11-底座

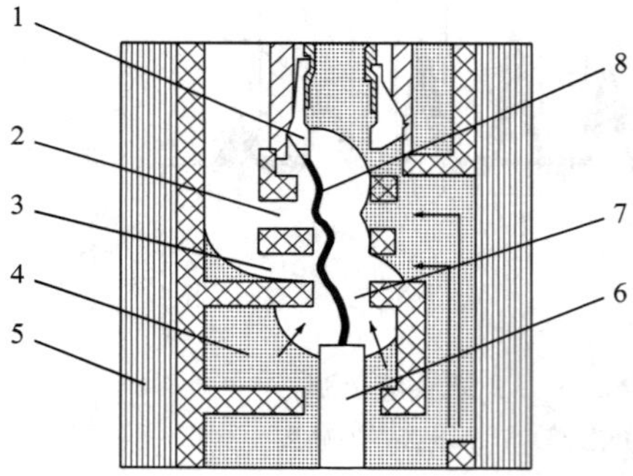

图 7-11　SN10-12 少油断路器灭弧室

1-静触头；2-第一吹弧道(横向喷口)；3-第二吹弧道(横向喷口)；4-断路器油；5-绝缘筒；6-动触头；7-纵向喷口；8-电弧

断路器的结构主要有触头、灭弧室、机械机构、外壳、支柱等部分。大多数机械机构中都有断路弹簧，可以在脱扣器失扣时将断路器触头分断。除此之外，断路器自身并无操作动力，需要配置操动机构驱动其动作。

断路器的分、合闸都与电弧有关。分闸时，当断路器接到分闸指令后，断路器机械机构中的断路弹簧驱动断路器触头运动，在触头分离的瞬间，三相动、静触头间先后有电弧产生，经过一段时间后，三相电弧先后熄灭，这时断路器才真正完全开断电路。合闸时，操动机构通过断路器机械机构驱动断路器触头运动，当动、静触头快要接触时，触头间断口会被击穿，称为预击穿，预击穿后断口间有电弧产生，直到触头完全闭合后，电弧消失，断路器才真正关合接通电路。

7.3.3　断路器参数选择

1. 一般参数选择

一般参数包括额定电压、额定电流选择，短路动、热稳定校验等。这些参数的选择方法已经在 7.2 节介绍。就断路器来说，有一些需要特别说明的情况。

(1) 额定电压U_r。该参量除了具有与其他设备同样的含义外，还与断路器开断能力有关。断路器运行电压越高，熄弧后恢复电压上升速率越快，电弧重燃可能性越大，灭弧开断能力越弱。断路器的额定短路开断电流是在额定电压条件下规定的，由于很多断路器都需要工作在电网电源侧，而电网电源侧运行电压通常高于系统标称电压，因此现在断路器额定电压一般依据标准电压中的“系统最高电压”制定，分别为3.6kV、7.2kV、12kV、40.5kV、72.5kV、126kV等。

(2) 额定峰值耐受电流i_{pw}。此即前面式(7-25)中的电器动稳定电流i_{ms}。

(3) 额定短时耐受电流I_{sw}及额定短时耐受时间t_{sw}。此即前面式(7-30)中的电器热稳定电流I_{th}和时间t_{th}。t_{sw}一般为1～4s，标准值为2s；I_{sw}在铭牌上若不给出，约定其量值为断路器额定短路开断电流I_{cr}。

2. 短路开、合电流及额定操作顺序

1) 额定短路开断电流I_{cr}

这是由断路器灭弧能力确定的一个参数，指断路器在规定条件下能保证开断的最大短路电流，一般以触头分离瞬间短路电流交流分量有效值和直流分量的百分数表示，如果直流分量不超过20%，额定短路开断电流仅由交流分量有效值来表征。配电断路器开断能力校验一般按交流分量考虑，要求

$$I_{cr} \geqslant I_{k\cdot max} \tag{7-34}$$

式中，I_{cr}为断路器的额定开断电流(kA)；$I_{k\cdot max}$为断路器安装处的最大三相短路电流有效值(kA)。

2) 额定短路关合电流

供配电系统中的设备或线路可能在投入运行前就存在绝缘故障，甚至可能已经处于短路状态，这种情况称为“预伏故障”。当断路器关合到预伏故障上时，可能触头尚未闭合，触头间隙就被击穿，产生短路电弧。短路电弧对触头产生排斥力，可能出现动触头合不到底的现象，使电弧持续存在，烧毁触头，甚至引起断路器爆炸。为避免这种情况出现，断路器应具有足够的关合短路故障电流的能力，标志这一能力的参数就是断路器的额定短路关合电流i_{sp}。i_{sp}是指断路器在规定条件下能关合的最大短路峰值电流，要求

$$i_{sp} \geqslant i_p \tag{7-35}$$

式中，i_{sp}为断路器的额定短路关合电流(kA)；i_p为断路器安装处的最大三相短路峰值电流(kA)。

断路器铭牌上一般不给出i_{sp}量值，GB 1984—2003《高压交流断路器》规定该量值等于断路器的额定峰值耐受电流i_{pw}。

3) 额定操作顺序

在设置了自动重合闸装置的系统中，断路器可能在短时间内多次合、跳闸，其短路开、合能力与单次开、合时会有比较大的下降。相关标准因此规定了标准的重合闸操作顺序，称为额定操作顺序，要求生产厂家通过试验给出在这些操作顺序下断路器最后一次开断时的开断能力参数 。断路器有以下两种额定操作顺序可以选择

$$\mathrm{O}-t-\mathrm{CO}$$

$$\mathrm{O}-t-\mathrm{CO}-t'-\mathrm{CO}$$

式中，O为分闸操作；CO为断路器合闸后无任何延时立即分闸；t、t'为无电流时间。

以上操作顺序第一行对应于故障跳闸后重合闸失败的情况，第二行对应于重合闸失败后人工强送电失败的情况。自动重合闸的无电流时间 t 取为 0.3s，自动重合闸失败后人工强送电的无电流时间取为 180s。

4）额定开断时间

额定开断时间指在规定条件下，从断路器接到分闸指令起，到各相电弧最终熄灭所花费的时间，由断路器分闸时间和燃弧时间相加而成。

分闸时间为断路器接到分闸指令瞬间起到所有相中弧触头分离瞬间的时间间隔。燃弧时间是指某相中首先起弧瞬间起到各相中电弧最终熄灭的时间间隔。

5）额定关合时间

额定关合时间指断路器接到合闸指令瞬间起到任意一相中首先通过电流瞬间的时间间隔。它是合闸时间与预击穿时间之差。

合闸时间是指断路器接到合闸指令瞬间起到所有相触头都接触瞬间的时间间隔；预击穿时间是指关合时，从任意一相中首先出现电流到所有相中触头都接触瞬间的时间间隔。

3. 开合特定的空载、负载电路

正常情况下，断路器除开合一般负荷外，还需要开合空载线路、空载变压器、电容器组、高压电动机等。除关合电容器组外，开合以上其他元件所碰到的主要问题是可能产生过电压，对断路器和其他设备产生危害。为将可能产生的过电压控制在安全范围内，必须对开合上述元件的电流大小给予一定的限制。这类参数常见的有额定架空线、电缆充电开断电流，额定空载变压器开断容量，额定电容器组开断电流等。

断路器关合电容器组时，由于电容电压不能突变，关合的瞬间可能产生很大的充电电流，称为电容器组关合涌流。断路器"额定电容器组关合涌流"是标志其关合电容器组能力的参数。

4. 断路器参数示例

以 ZN28-10I-1250 真空断路器为例，其主要参数如下。

额定电压：12kV；额定电流：1250A。

额定峰值耐受电流：50kA(峰值)；额定短时耐受电流：20kA(有效值)；额定短时耐受时间：4s。

额定短路开断电流：20kA(有效值)；额定短路关合电流：50kA(峰值)；额定操作顺序：O—0.3s—CO—180s—CO。

额定开合电容器组电流：630A；额定异相接地故障开断电流：17.3A。

额定雷电冲击耐受电压：75kV(相对地)、84kV(断口间)；1min 工频耐受电压：42kV(相对地)、48kV(断口间)。

合闸时间：不大于 0.1s；分闸时间：不大于 0.06s。

7.4 断路器的操作控制

7.4.1 断路器操动机构

1. 操动机构的作用及种类

断路器的分、合闸都可能面临正常工作电流和短路电流电弧的作用，工作条件严酷，因此对其分、合闸过程中的速度、力度等都有严格的规定；断路器处于分、合闸状态时，稳定地维持状态也需要可靠的技术手段。这些要求都有专门的设备来保证，这种设备称为断路器的操动机构。

操动机构的基本功能是驱动断路器合闸、分闸以及维持合闸状态。分闸状态大多由断路器本体中的断路弹簧维持，不需要操动机构参与。操动机构一般做成独立的产品，可以有选择地与断路器配套，但也有些断路器与操动机构做成整体产品，如压缩空气断路器和部分真空断路器等。

按动力的性质，操动机构可分为手力操动机构、电磁操动机构、弹簧操动机构、液压操动机构和压缩空气操动机构等类型。中压配电断路器常采用电磁和弹簧操动机构。

2. 操动机构的工作原理

电磁操动机构的主要元件为合闸线圈与分闸线圈。合闸时，合闸线圈的电磁力要克服断路器断路弹簧的拉力和动触头系统自身的惯性、重量和摩擦力才能使触头闭合，因此需要很大的电流，可达上百安培；分闸时，分闸线圈只需将保持合闸状态的闭锁机构脱扣，断路器的断路弹簧就会将触头分断，因此所需电流较小。

弹簧操动机构靠储存在弹簧中的机械能合闸，弹簧储能可以手动，也可以电动。电动储能是由电动机旋转压缩弹簧实现的，电动机功率一般为几百至几千瓦，因此所需电流较小，减轻了对操作电源容量的要求。弹簧操动机构的分闸与电磁操动机构基本相同。

不管动力是哪种形式，操动机构做功一定需要能量。大多数操动机构都是由二次电源提供能量的，只有少数操动机构完全依靠手动储能，还有部分操动机构将手动储能作为附带功能，以便在二次电源失电情况下操控断路器。与二次电源的形式相对应，操动机构有直流操作的，也有交流操作的。

7.4.2 断路器控制与信号回路

操动机构是一个执行机构，按输入指令工作，中间需要有控制环节的参与。断路器控制系统的功能框图如图 7-12 所示。

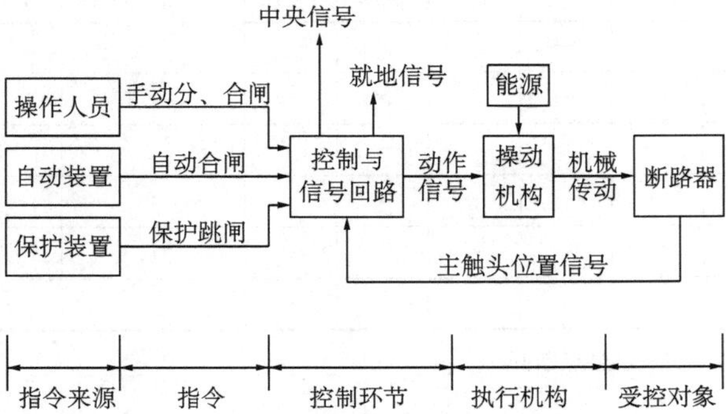

图 7-12　断路器控制系统功能框图

图 7-12 中，手动分、合闸指令可以来自断路器所在的配电柜(对成套配电装置)或断路器旁边的控制箱(对装配式配电装置)，也可以来自变电所集中控制控制屏，分别称为就地和远方手动信号。自动合闸指令来自自动装置，如自动重合闸装置 ARD 或备用电源自动投入装置 APD 等；保护跳闸指令来自继电保护装置。自动装置和保护装置可以集中设置在专门的控制及保护屏中，也可以设置在配电柜内。

断路器控制与信号回路不仅要向操动机构输出断路器的动作指令，还要记录和比对断路器主触头和控制开关的位置状态，并将结果用信号方式显示出来。断路器所在配电柜或近旁控制箱上有就地灯光信号显示，有的变电所还设有中央信号屏，该屏设置在值班室或中央控制室，除了有灯光信号外，还可以有音响和光字牌等信号，能及时通报值班人员事件信息。

断路器主触头位置与控制开关位置通常是一致的，但也可能不一致，称为位置不对应。位置不对应的原因除了控制系统本身故障外，一般都是自动或保护装置动作、或操作过程的中间环节造成的。

1. 控制开关与手动操作

由于按钮的功能太过单一，不能满足断路器控制信号回路的功能要求，断路器手动控制开关一般选用主令电器中的转换开关，如 LW5 或 LW12 等系列。转换开关的特点是一根转轴上机械联动若干对触点，转轴在手柄带动下每转动一个规定角度，所有触点的状态都发生一次规定的转换，该转换可能是触点断开与闭合的逻辑改变，也可能是维持原逻辑不变，但为下一次转换建立一个新的初始状态。转轴所联动的触点都装在模块化结构的触点盒内，每一盒内有 4 个固定位置的静触点和 1 个旋转式动触片。有很多种不同的触点盒可选，每种触点盒都有一个专门的形式编号，选中的触点盒层叠置于开关的转轴上，动触片与转轴机械同步。

以 LW12 转换开关为例，其用于弹簧操动机构直流操作的断路器控制回路中的一种典型触点组合如表 7-2 所示。该开关手柄有 4 个位置，表示 6 种状态，如表中文字和图 7-13 所示。手柄箭头向上表示“预备合闸”和“合闸后”状态，箭头向左表示“预备分闸”和“分闸后”状态，具体是哪一种状态取决于上一步的操作。箭头由上旋转至右上方 45°是合闸动作，由左旋转至左下方 45°是分闸动作，右上方 45°和左下方 45°这两个位置是手柄转动行程终端，手柄在这两个位置都不能自持，松手后手柄自动复归原位。

表 7-2　LW2-16D/49. 6781. 7 型转换开关触点通断表

触点号	1-2	3-4	5-6	7-8	9-10	11-12	13-14	15-16	17-18	19-20	21-22	23-24
分闸后	—	×	—	—	—	—	×		—	×	—	—
预备合闸	×	—	—		×	—	—		×	—	—	—
合闸	—	—	×	—	—	×	—		—	—	×	×
合闸后	×	—	—	—	×	—	—		—	—	×	×
预备分闸	—	×	—	—	—	—	×		×	—	—	—
分闸	—	—	—	×	—	—	×	×	—	×	—	—

注：“×”表示触点闭合；“—”表示触点断开。

2. 控制信号回路基本功能分析示例

图 7-14 所示为直流电源弹簧操动的断路器控制信号回路。图中小母线＋W1、－W1 构成直流控制电源，用于驱动继电器动作，还能点燃信号灯平光(长亮)；小母线＋W2、－W1 构成闪光信号电源，＋W2 上电压是周期性脉动的，用于点燃信号灯闪光；小母线＋W3、－W3构成储能回路电源，用于驱动直流电动机压缩合闸弹簧，存储合闸所需的机械能。BG 是压缩弹簧行程开关触点，弹簧压缩不到位时 BG 触点闭锁合闸回路，压缩到位时解除闭锁并断开电机储能回路，同时点亮白色信号灯 PGW 表示操动机构已可以用于合闸。

QA 是断路器的辅助触点，有若干对，装设在断路器上，通过外接端子用导线引至控制回路，其特点是与断路器动触头机械联动，真实对应断路器主触头位置状态。MB1 和 MB0 分别是合闸和跳闸线圈。手动合闸时，转换开关 SAC（见表 7-2 和图 7-13）处于“合闸”位置，触点 5-6 接通，由于合闸前断路器处于分断状态，其动断辅助触点 QA 是闭合的，因此合闸回路通电，在合闸线圈 MB1 驱动下储能的合闸弹簧释放，驱动断路器合闸。合闸成功后，断路器动断辅助触点 QA 断开合闸回路，自动解除合闸指令，同时动合辅助触点 QA 闭合，使分闸回路做好接受分闸指令的准备。SAC 在“合闸”位置处和“合闸后”位置处触点 21-22 都是闭合的，所以一旦合闸成功，不管 SAC 是否脱离“合闸”位置回到“合闸后”位置，红色信号灯 PGR 都点亮平光，显示断路器合闸运行信号，并表示分闸回路完好。此时尽管跳闸线圈 MB0 通电，但由于信号灯 PGR 电阻的分压作用，跳闸线圈电压达不到规定值，不会动作。

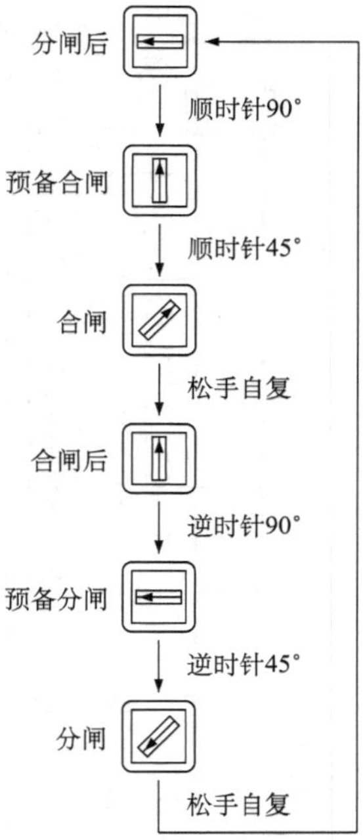

图 7-13　人工控制指令与转换开关手柄操作的对应关系

手动分闸工作原理与手动合闸类同，可参照分析。自动装置合闸原理为将自动合闸信号触点 K1 与手动合闸回路的 5-6 触点并联，达到逻辑“或”的效果。保护装置跳闸原理类同，将保护出口继电器触点 K0 回路并联在手动分闸回路的 7-8 触点上即可。

当断路器处于分断状态时，转换开关 SAC 处于“分闸后”位置，触点 19-20 接通，控制电源点亮绿色信号灯 PGG 平光，这时若将转换开关转到预合闸位置，触点 9-10 接通，闪光信号电源点亮绿色信号灯 PGG 闪光，提醒开关手柄处于“预合闸”位置，同时表明合闸线圈 MB1 完好；合闸成功后尽管触点 9-10 仍然闭合，但合闸回路上辅助触点 QA 已断开，绿色信号灯熄灭。同样，在“预分闸”时，红色信号灯闪光提醒，并表明分闸线圈完好，分闸成功后红色信号灯熄灭。

断路器合闸成功后，若保护跳闸，由于转换开关仍处于“合闸后”位置，触点 9-10 闭合，且合闸回路上动断触点 QA 因断路器跳闸而闭合，此时绿色信号灯 PGG 闪光，提醒转换开关手柄位置（合闸后）与断路器主触头位置（开断）不对应，表明断路器发生了非人工操作的故障跳闸。

3. 断路器的跳跃与防跳

当断路器合闸到永久性预伏故障上时，保护装置动作跳闸，但如果手动合闸的开关手柄仍在“合闸”位置未复归，或虽手柄复归但触点被卡住，或自动合闸情况下合闸触点 K1 尚未断开，则断路器又会重新合闸到短路故障上并又一次保护跳闸。这种反复合、跳闸现象称为断路器的跳跃。跳跃会严重威胁操作人员安全，危害断路器和系统运行，必须予以有效防止。

部分操动机构具有机械防跳功能，如配套 3～10kV 断路器的 CD-14 电磁操动机构等，但多数操动机构都不具备机械防跳功能，因此需要在控制回路中采取防跳措施，称为电气防跳。

图 7-14 中电气防跳的主要元件是防跳继电器 K，该继电器有 3 个输入线圈（有的型号只

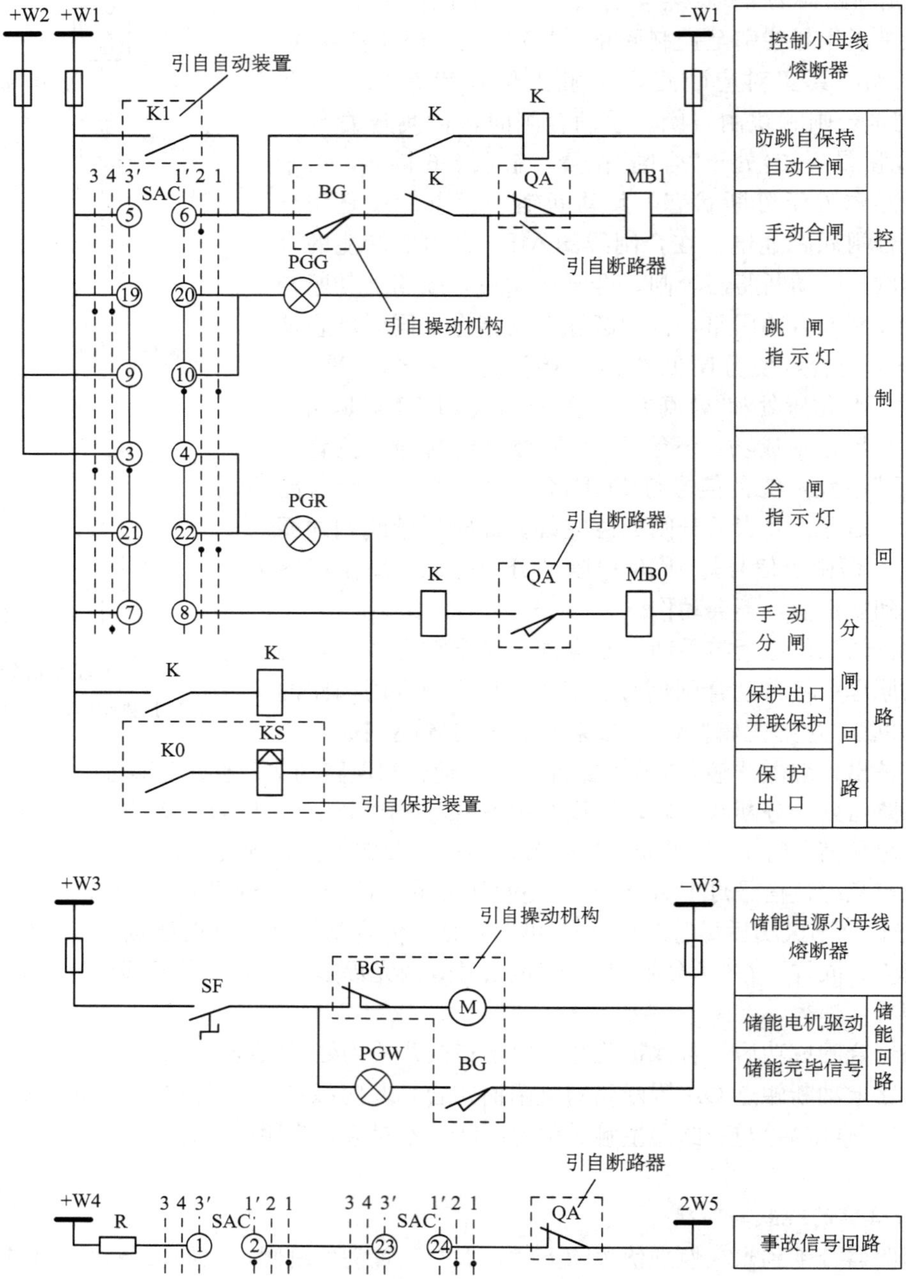

图 7-14　直流电源弹簧操动的断路器控制、信号回路

1-合闸后；2-合闸；1′-预合闸；3-分闸后；4-分闸；3′-预分闸

有两个），分别接在控制电路的 3 个不同回路中。其中最上面回路中的线圈是阻抗很大的电压线圈，下面两个依次是阻抗很小的第一和第二电流线圈。任何一个线圈通电都会导致触点动作。当断路器合闸到预伏故障上导致保护跳闸时，分闸回路接通防跳继电器 K 的第一电流线圈，防跳继电器 K 启动并通过电压线圈自锁，同时动断触点 K 切断合闸回路，防止再次合闸。

保护出口继电器触点 K0 通常和信号继电器 KS 串联，信号继电器线圈为电流线圈，阻抗很小，不影响保护出口的驱动能力。考虑到保护触点 K0 可能先于分闸回路上断路器辅助触点 QA 断开，K0 容量不大，可能被烧坏，因此用防跳继电器的动合触点 K 与其并联，将其开断时的部分电流转移到导通的并联回路上，可以起到防止触点 K0 烧坏的作用。但若只有动合触点 K 与其并联，相当于触点 K 将信号继电器线圈短路，可能使信号继电器不能可靠动作，因此防跳继电器动合触点 K 串联了其第二电流线圈，只要线圈阻抗与信号继电器线圈阻抗匹配，可确保信号继电器电流线圈的电流达到规定的激励量值，可靠动作，又不至于烧坏触点 K0。按这个道理，将第二电流线圈换成阻值合适的电阻也是可行的。可见防跳继电器第二电流线圈回路无关控制逻辑，是为了匹配电气特性而设置的。

4. 断路器的中央信号

信号回路小母线 2W5 是事故音响小母线，首位数字“2”对应的是变压器二次侧配电装置。为简化接线，若干台断路器共用一段事故音响小母线，一旦该母线与信号电源母线＋W4 接通，可触发中央信号屏上的事故音响装置启动。中央信号屏安装在人员值班处，通常与装设断路器的配电柜不在同一房间。事故音响起到故障报警作用，值班人员听到报警后，可到配电室现场查看，配电柜上有绿灯闪光者即为故障跳闸回路。

中央信号还有预告音响信号、直流系统事故音响信号等类别，还有灯光、光字牌等显示方式，由于本节主要分析断路器的控制与信号回路，对此不作进一步介绍。

7.5 熔断器及其选择

熔断器是出现最早且一度是唯一实际使用的过电流保护电器，它简单、可靠，具有理想的反时限保护特性。但由于产品特性分散性大、影响特性参数的因素多，在继电保护出现后，它的应用受到限制。近年来，随着对熔断器机理研究的进一步深入和制造水平的提升，熔断器性能有较大改善，在中压系统中的使用逐渐增多，与继电保护共同承担了供配电系统的过电流保护任务。

7.5.1 熔断器的工作原理

熔断器由熔体和熔断器座组成，核心部件是熔体。熔体在过电流作用下的温度和物态变化过程如图 7-15 所示，可分为以下几个过程。

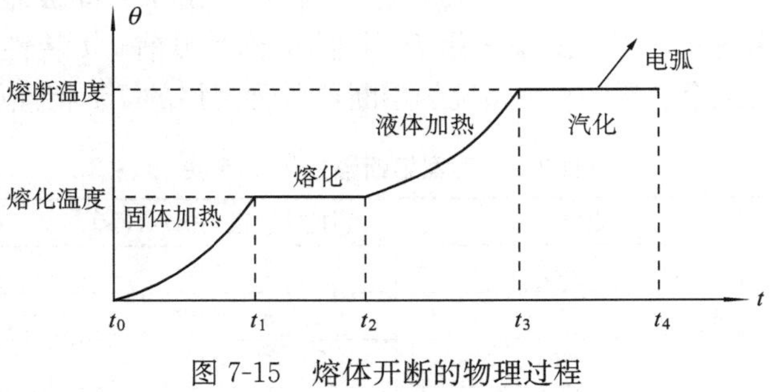

图 7-15　熔体开断的物理过程

(1) 固态温升过程。这一阶段，电流在熔体电阻上产生的损耗使熔体温度上升，直至熔体熔化温度，熔体开始熔化，即图中的 $t_0 \sim t_1$ 阶段。正常和轻度过电流时该段曲线是速率逐步减缓的指数上升，但短路大电流下该过程近似绝热过程，且熔体电阻随温度急剧上升，因此形成温度加速上升的曲线。

(2) 熔化过程。这一阶段电流发热全部用于熔化熔体，温度不再上升，即图中的 $t_1 \sim t_2$阶段。

(3) 液态温升过程。熔体完全熔化后，电流发热使熔溶的熔体材料温度上升，直至汽化温度，液态熔体开始变为金属蒸气逸出，熔体出现断口，产生电弧，即图中的 $t_2 \sim t_3$阶段。

(4) 燃弧过程。指自电弧产生至电弧熄灭的过程，即图中的 $t_3 \sim t_4$阶段。

从保护的角度看，一旦熔体“熔化”，便不可能逆转到正常状态，但要到达“熔断”，保护才得以生效。因此在上下级保护配合上，应做到下级熔断器熔断时，上级熔断器尚未开始熔化。

7.5.2 熔断器的保护特性

从过电流通过熔体开始，至熔体气化起弧为止，这段时间称为熔断器的弧前时间，即图 7-15中的 $t_0 \sim t_3$时间段，该段时间长短取决于熔断器特性和电流大小。自电弧出现始，至电弧熄灭为止，这段时间段称为燃弧时间，即图 7-15 中 $t_3 \sim t_4$时间段，该段时间取决于熄弧方式，通常为几毫秒至二十毫秒。

通常用时间-电流特性(俗称安-秒特性)表达熔断器的过电流保护特性，一般熔断时间0.1s 以上的熔断器可以用弧前时间-电流特性来表示，虽然熔断时间等于弧前时间加燃弧时间，但燃弧时间相比弧前时间很短，可忽略不计。典型的弧前时间-电流特性如图 7-16 所示，通过熔体的电流越大，熔体熔断时间越短，是一个反时限特性。由于产品特性的分散性，图中用实线表示平均值，虚线表示正、负偏差极限，早期产品这一偏差常在±20%以上，现在一般都控制在±10%以内。特性的分散性除了源于熔体本身的分散性以外，通电时刻交流电流的瞬时值大小也是一个因素。

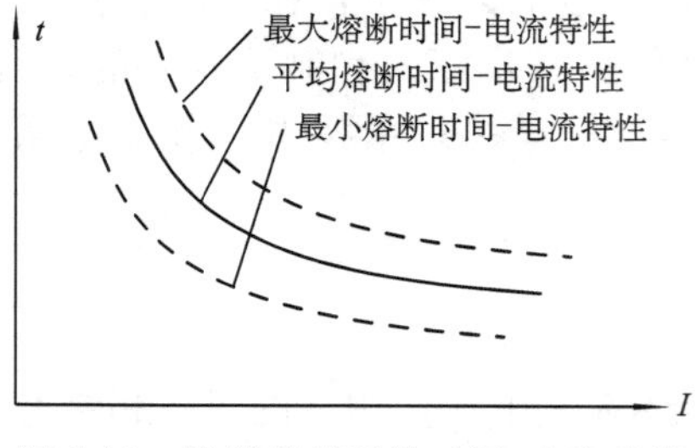

图 7-16 熔断器的弧前时间-电流特性

除了弧前时间-电流特性以外，熔断器还有熔化时间-电流特性，与图 7-16 类似，用于确定熔断器是否开始熔化，以判断是否有保护误动作发生。

对于熔体熔断时间极短(一般指小于 0.01s)的情况，熔体温升过程几乎为绝热过程，熔断器是否熔断几乎完全取决于发热能量的大小，熔断器的保护特性用热脉冲 I^2t 特性表征，称为弧前焦耳积分特性。I^2t 特性可用曲线或数据给出，分为最小融化 I^2t 特性和最大熔断 I^2t 特性。由于时间极短、电流又大，熔化与起弧几乎是同一时刻出现的，因此最小熔化 I^2t 特性又称为弧前 I^2t 特性。该特性可用于校验上、下级的保护选择性配合。某 10kV 系统的熔断器各种规格的 I^2t 特性如表 7-3 所示。

表 7-3 某型熔断器的 I^2t 特性

额定电压/kV	额定电流/A	弧前 I^2t 最小值/(A^2s)	熔断 I^2t 最大值/(A^2s)
12	10	2.2×10^2	4.7×10^3
12	16	3.4×10^2	6.1×10^3
12	20	7.7×10^2	1.1×10^4
12	25	1.3×10^3	1.5×10^4

7.5.3 熔断器的主要参数及选择

熔断器不需要校验短路动、热稳定性，只需按正常工作条件选择并校验电流分断能力和级间保护配合即可。

1. 熔体额定电流及选择

熔体额定电流指熔体在保证正常工作前提下所能长期承载的电流，但并不是熔断器保护动作的门限值。

熔体额定电流按被保护设备的正常工作电流选择。正常工作电流不一定是被保护设备的额定电流，要考虑设备允许的过载运行条件、启动等暂态过程的热冲击，以及设备容量和运行电压正偏差等因素。与其他电器选择不同的是，熔体额定电流选择过大不只是造成浪费，还会造成保护性能变坏，这是保护电器选择的特殊性。一般按以下公式选择熔体额定电流

$$I_{r\cdot FA} \geqslant KI_N \tag{7-36}$$

式中，$I_{r\cdot FA}$ 为熔断器熔体额定电流(A)；I_N 为被保护元件工作电流(A)，对于变压器，取最大工作电流；对于电容器(组)，取额定电流；K 为系数，变压器无电动机自启动时，取1.1～1.3，有电动机自启动时取1.5～2.0；电容器考虑到自身容量偏差和运行电压偏差，以及合闸涌流冲击，单台时取1.5～2.0，成组时取1.43～1.55。

变压器最大工作电流一般按120%～150%过负荷运行、调压抽头－5%计算，即额定电流的(1.20×1.05)～(1.50×1.05)倍。变压器还要考虑空载合闸励磁涌流问题，一般按额定电流的12倍考虑励磁涌流，持续时间为0.1s。只要该点在熔断器弧前时间-电流曲线的左下侧，则熔断器不会被合闸励磁涌流误熔。

2. 熔断器的熔化电流

(1) 最小熔化电流 $I_{m\cdot min}$。在规定条件下能使熔体熔化的最小电流值，称为熔断器的最小熔化电流，该电流比额定电流大，一般为额定电流的2倍以上。

(2) 1h熔化电流 $I_{m\cdot 1h}$。在规定条件下使熔断器在1h熔化的电流值。该电流量值大于最小熔化电流。

3. 熔断器的分断能力参数及校验

1) 额定开断电流 I_{cr}

与断路器类似，受制于熔断器灭弧能力，熔断器能够开断的电流有上限值，这就是熔断器的额定开断电流。额定开断电流按下式校验

$$I_{cr} \geqslant I_{k\cdot max} \tag{7-37}$$

式中，I_{cr} 为熔断器的额定开断电流(kA)；$I_{k\cdot max}$ 为熔断器安装处的最大三相短路电流有效值(kA)。

对于限流型熔断器，I_{cr} 和 $I_{k\cdot max}$ 都指预期电流，即如果没有熔断器限流，短路电流将会达到的量值。熔断器真正开断的电流要小于这一量值。图7-17所示为某限流型熔断器的限流特性，图中横坐标为预期短路电流有效值，纵坐标为限流后实际的短路电流峰值，也就是开断瞬间短路电流的瞬时值。从图中可以看出，只有当电流大到一定程度时熔断器才有限流作用，且限流程度是非线性的。

2) 熔断器的最小开断电流 $I_{c\cdot min}$ 与保护范围分类

与断路器不同的是，熔断器除了有最大开断能力限制外，还有最小开断能力限制，也就

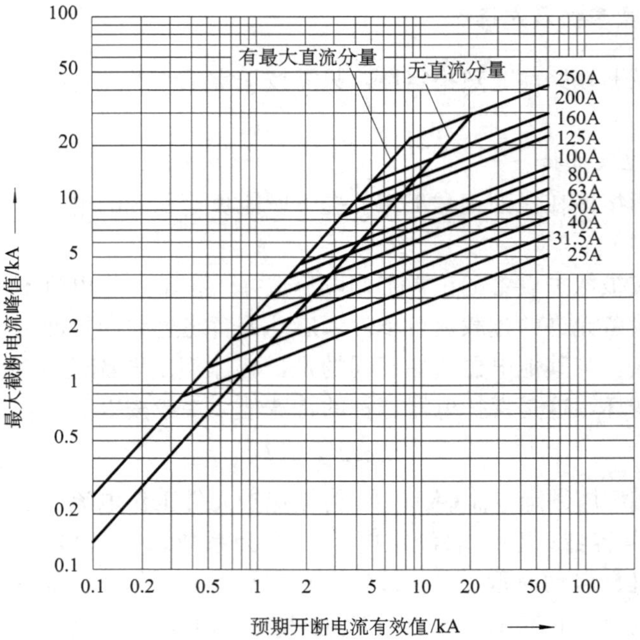

图 7-17　限流熔断器的限流作用

是说故障电流太小也可能使熔断器不能有效开断。最小熔化电流以上的电流都是能使熔断器动作的电流，将其中熔断器能有效开断的电流区间称为保护范围。按保护范围的不同，熔断器可以分为以下几种类型。

(1) 全范围型熔断器。该类熔断器最小开断电流 $I_{c\cdot min}$ 等于最小熔化电流 $I_{m\cdot min}$，即

$$I_{c\cdot min}=I_{m\cdot min}$$

此即意味着只要能使熔体熔化、又不超过额定开断电流 I_{cr} 的故障电流，都能被可靠开断。全范围型熔断器可以作过负荷和短路保护。

(2) 通用型熔断器。该类熔断器最小开断电流 $I_{c\cdot min}$ 等于 1h 熔化电流 $I_{m\cdot 1h}$，即

$$I_{c\cdot min}=I_{m\cdot 1h}$$

它的开断电流范围小于全范围型，只能作一定程度的过负荷保护和短路保护。

(3) 后备型熔断器。该类熔断器有一个参数称为额定最小开断电流 $I_{cr\cdot min}$，一般为额定电流的 3～6 倍。该型熔断器最小开断电流 $I_{c\cdot min}$ 等于最小额定开断电流，即

$$I_{c\cdot min}=I_{cr\cdot min}$$

从最小熔化电流 $I_{m\cdot min}$（一般为额定电流 2～3 倍）到额定最小开断电流 $I_{cr\cdot min}$（一般为额定电流 3～6 倍）之间的故障电流，这种熔断器都不能有效开断，因此不能用于过负荷保护，只能用于短路保护。当其作为下级元件的后备保护时，应特别注意校验其最小开断电流。

以上 3 种类型熔断器的开断电流范围如图 7-18 所示，阴影部分表示使熔断器动作(即熔化)但不能有效开断的电流区间。最小开断电流按下式校验

$$I_{c\cdot min}\leqslant I_{k\cdot min} \tag{7-38}$$

式中，$I_{c\cdot min}$ 为熔断器的最小开断电流(kA)，按所选熔断器类别分别取为最小熔化电流 $I_{m\cdot min}$

(全范围型)、1h 熔化电流 $I_{m\cdot 1h}$(通用型)和额定最小开断电流 $I_{cr\cdot min}$(后备型);$I_{k\cdot min}$ 为熔断器安装处的最小短路电流有效值(kA)。

4. 保护配合校验

熔断器的保护配合主要指上、下级之间的选择性配合，用于过负荷保护时也涉及与被保护元件特性的配合，此处只讨论前者。

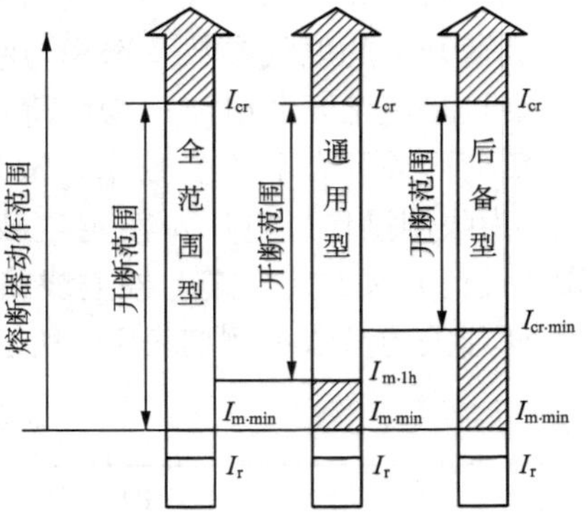

图 7-18　不同保护范围熔断器的有效开断电流区间示意图

当熔断时间大于 0.1s 时，用时间-电流特性曲线进行配合校验是最准确的一种方法，要求上级熔断器的最小熔化时间曲线应始终大于下级熔断器的最大熔断时间曲线，但这种方法实际应用起来不方便。有些熔断器会给出一个称为“保护配合比”的参数，只要上、下级熔体额定电流之比大于保护配合比，就能保证选择性动作，典型值如 1.6 倍、2.0 倍等。

对限流型快速熔断的熔断器，熔断时间小于 0.01s 时，可用前面介绍的焦耳积分 I^2t 特性校验选择性。选择性的要求是：当下级熔断器熔断时，上级熔断器应尚未开始熔化。考虑到产品的分散性，应给出最不利于配合的参数，即上级熔断器的最小熔化 I^2t 特性和下级熔断器的最大熔断 I^2t 特性。熔断器的最小熔化 I^2t 在产品样本中称为最小弧前 I^2t。

7.5.4　熔断器类型简介

按开断故障电流的方式，熔断器可分为非限流型和限流型两类。非限流熔断器是一种电流过零时灭弧开断的电器，主要的类型是喷射跌落式熔断器，一般用于杆上变压器保护。限流熔断器开断非常快，在电流尚达到最大值时就开断，不仅具有高分断能力，还因此具有限流作用，现广泛用于成套中压配电装置中，尤其是用于负荷开关-熔断器电气组合中。

按保护对象，中高压限流熔断器可以分为 T 型——保护变压器；M 型——保护电动机；P 型——保护电压互感器；C 型——保护电容器；G 型——不指定保护对象 5 种。

按保护范围，中高压限流熔断器可分为后备、通用和全范围三类，其特点和用途已如前述。

7.6　负荷开关-熔断器组合及其选择

负荷开关-熔断器组合是一种开关电器与保护电器的组合，由熔断器开断短路电流，负荷开关开合正常负荷电流并开断部分程度过负荷电流。这种电器组合在环网供电单元和箱式开关柜中得到了广泛应用。

7.6.1　负荷开关简介

负荷开关是用来开合正常负荷电流的开关电器，一般还可以开断一定程度的过负荷电流。由于只需要简单的灭弧装置，负荷开关处于开断状态时比较容易做到满足隔离电器的要求，因此中压负荷开关大多兼具隔离开关的功能。负荷开关的操动机构有的是与开关结合为一体的，有的需要另外选配。在过电流继电器或热脱扣器等保护元件的配合下，操动机构可以驱动负荷开关跳闸实现部分范围过负荷保护，但不能实施短路保护。

负荷开关的电气参数及选择与断路器基本相同，不同之处主要有以下两点。①负荷开关不需要校验短路开断电流；②负荷开关-熔断器组合需要校验转移电流和交接电流。

负荷开关开合电流参数中，额定短路关合电流等于其额定峰值耐受电流(即动稳定电流)；为限制操作过电压，额定空载变压器开断电流未标注时默认为开关额定电流的 1%；12kV 负荷开关额定电缆、架空线路充电开断电流未标注时分别默认为 10A 和 1A。某型中压负荷开关的参数示例如表 7-4 所示。

表 7-4　某型负荷开关主要参数

额定电压/kV		12		24
额定电流/A		630		
绝缘水平	额定短时工频耐压(相间及相对地/断口间)/kV	42/48		65/79
	额定雷电冲击耐压(相间及相对地/断口间)/kV	75/85		125/145
额定短时耐受电流/kA		20	25	20
额定短时耐受时间/s		4	2	4
额定峰值耐受电流/kA		50 或 63		50
额定短路关合电流/kA		50 或 63		50
额定空载变压器开断电流/A		16		
额定空载电缆开断电流/A		25		
额定转移电流/A		1750		1400
额定闭环开断电流/A		630		
机械寿命(主开关/接地开关)/次		5000/2000		
电气寿命		E3		
环境温度/℃		−15～40		
海拔高度/m		≤1000		

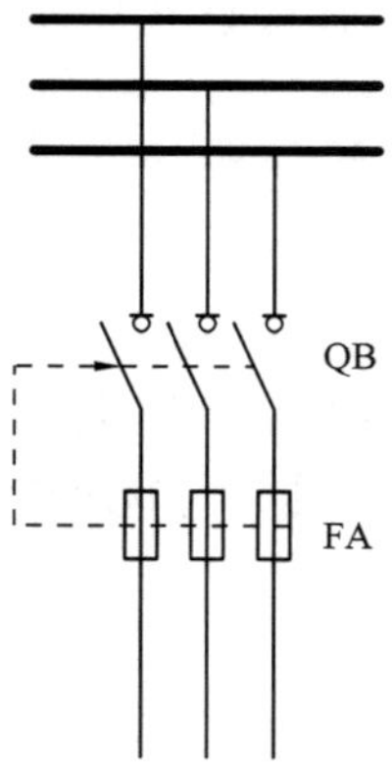

图 7-19　负荷开关-熔断器组合的联动

表 7-4 中额定转移电流实际上是负荷开关能开断的最大转移电流，记为 $I_{r.trf}$，是开断能力参数，以三相电流值给出；额定闭环开断电流考虑了开关两侧都带电条件下的开断能力；电气寿命 E3 指能够频繁开合较大电流，以及较高频率关合短路电流。其他参数与断路器类同。

7.6.2　负荷开关-熔断器电器组合中的转移电流与交接电流

1. 转移电流 I_{trf}

为防止熔断器单相熔断后系统缺相运行，负荷开关-熔断器组合在熔断器与负荷开关之间设置机械联动装置，使得只要有一相熔体熔断，就立即联动负荷开关跳闸，如图 7-19 所示。实现这一功能的常见做法是使用带撞击器的熔断器，当任一相熔体熔断时，都会撞击负荷开关开断。

当系统发生三相短路时，若短路电流足够大，理论上三相熔断器都会熔断，但短路瞬间各相电流瞬时值不同，加上熔断器特性的分散性，总有一相会先于其他两相熔断，称为首开相。首开相一旦熔断，便会撞击联动负荷开关跳闸。如果直到负荷开关跳闸时，其他两相熔断器都还未熔断，则出现了由负荷开关开断余下的两相短路电流的现象，也就是把本应由熔断器开断的短路电流转移到由负荷开关开断(首开相除外)，这就是电流转移现象。

电流转移现象是否发生，取决于短路电流量值、熔断器电流-时间特性和撞击器联动负荷开关开断所需时间。短路电流大或联动时间长，都有利于熔断器先于负荷开关开断，使电流转移现象不会出现。对于给定的负荷开关-熔断器组合，联动时间和熔断器特性是固定的，电流转移现象是否发生只取决于电流大小，电流越小，次开相熔断时间越长，越容易发生电流转移。将刚好使电流转移现象出现的三相短路电流称为转移电流，记为 I_{trf}。

对转移电流的理解如下：若实际短路电流大于转移电流，则短路电流全部由熔断器开断；若实际短路电流小于转移电流，则首开相由熔断器开断，其余两相由负荷开关开断。由于负荷开关开断时，故障已变为两相短路，实际开断电流为三相短路电流的 0.87 倍。

选择电器组合时，转移电流充分条件的校核包括以下两点内容。

(1) 当短路电流小于转移电流时，有两相短路电流是由负荷开关开断的，因此负荷开关的额定转移电流应大于电器组合的转移电流。

(2) 当短路电流大于转移电流时，三相短路电流全部由熔断器开断，因此熔断器的额定最小开断电流应不大于电器组合的转移电流的 0.87 倍。

2. 交接电流 I_{to}

因为熔断器最小开断电流的限制，它对程度不重的过负荷基本上不能保护，因此在负荷开关-熔断器组合中，负荷开关一般要承担轻中度过负荷保护的任务，这一任务通常由选配的热脱扣器配合实施。熔断器的保护特性与热脱扣器的保护特性相互配合，当过负荷电流较小时由热脱扣器驱动负荷开关动作，过负荷电流较大及短路时由熔断器动作，这两个动作电流的分界点就称为交接电流，反映在图形上，就是两个保护装置时间-电流特性的交叉点，如图 7-20(a)所示。由于产品的分散性，交接电流又可分为最大交接电流和最小交接电流，如图 7-20(b)所示，图中熔断器和脱扣器的保护特性都是一个时间-电流带，这两个带交叉部分就是最小和最大交接电流之间的电流，若过负荷电流出现在这个区间，则既可能由负荷开关开断，也可能由熔断器开断，是不确定性事件。

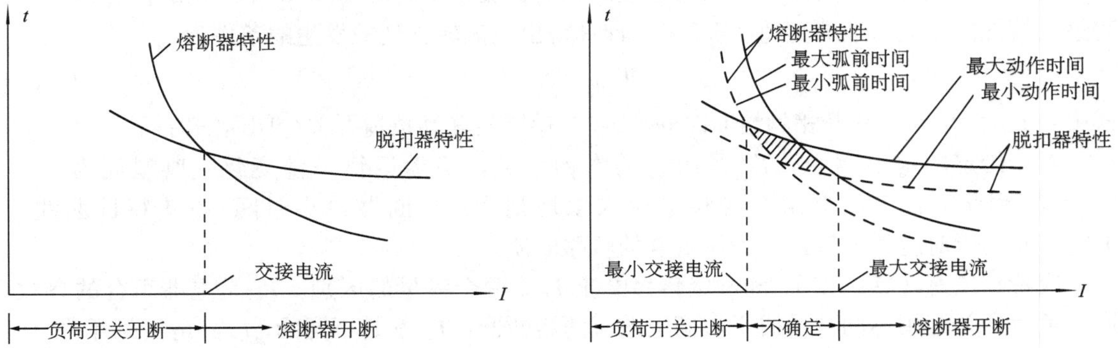

(a) 交接电流的原理　　(b) 最大与最小交接电流

图 7-20　交接电流的确定

选择电器组合时，对于时间-电流带交叉的部分，按最不利条件考虑。交接电流充分条件的校核包含以下两点内容。

(1) 最大交接电流以下的过电流都有可能由负荷开关开断，因此负荷开关的额定开断电流应大于最大交接电流。

(2) 最小交接电流以上的过电流都有可能由熔断器开断，因此熔断器的最小开断电流应小于最小交接电流。

3. 电器组合转移电流与交接电流数据的获取

工程应用中电器组合的转移电流和交接电流有时是产品样本给出的，但由于这两个参数不仅与负荷开关有关，还与搭配的熔断器或热脱扣器有关，而搭配对象有多种可能的选择，因此更多时候需要根据实际组合情况求取这两个电流，这涉及相关的产品特性和标准。此处对负荷开关-熔断器组合电器的转移电流求取方法作一介绍，交接电流的求取请参阅其他相关资料。

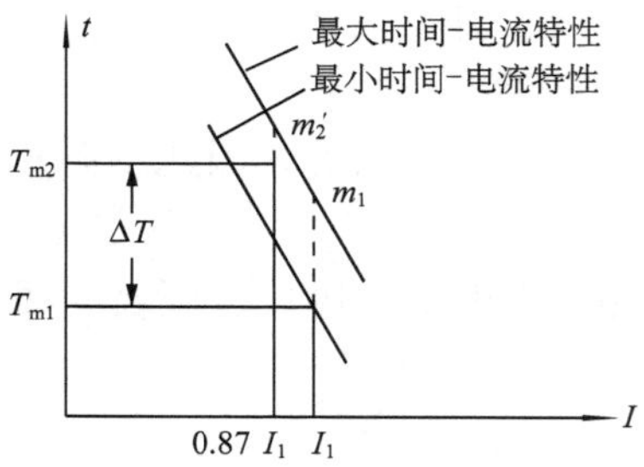

图 7-21　负荷开关-熔断器组合的转移电流计算

转移电流涉及熔断器首开相和次开相的时间差，从熔断器的时间-电流特性上看，最大时间差发生在首开相以最小时间-电流特性曲线熔断而次开相以最大时间-电流特性曲线熔断的情况下，如图 7-21 所示，图中坐标为对数坐标，特性曲线近似为直线。在三相短路电流 I_1 作用下，首开相以最短时间 T_{m1} 熔断，次开相在 T_{m1} 之前是三相短路电流 I_1 作用，之后是两相短路电流 $0.87I_1$ 作用，因此其最大熔断时间 T_{m2} 小于 m_2' 点所对应的时间，但大于 m_1 点所对应的时间。按前面的分析，当首开相与次开相的熔断时间差 $\Delta T = T_{m2} - T_{m1}$ 正好等于撞击器联动负荷开关分闸所需时间 T_0 时，电流转移临界点出现，此时所对应的电流 I_1 即为电器组合转移电流 I_{trf}。

从图 7-21 中可以看出，转移电流大小取决于最小与最大时间-电流特性曲线的宽度和斜率，以及熔断器联动负荷开关的动作时间，前者是熔断器的特性，后者由熔断器撞击器的行程、撞击力度和负荷开关机械机构的传动速度共同决定，因此转移电流是由两个电器共同决定的参数。国家标准 GB 16926—2009《高压交流负荷开关-熔断器组合电器》对熔断器特性曲线的斜率取典型值－4(对应于熔断器触发的负荷开关分闸时间为 0.05～0.3s 的情况)，最小和最大特性曲线偏差取典型值±6.5%，计算得出电流转移现象发生的条件为

$$T_{m1} = 0.9T_0 \tag{7-39}$$

式中，T_{m1} 为熔断器首开相的熔断时间；T_0 为熔断器联动负荷开关分闸所需时间。

对于给定的电器组合，T_0 是组合的本构参数，不随运行条件变化，典型值为 50～200ms。因此工程上电器组合转移电流求取规则为：熔断器最小时间-电流特性曲线上 $0.9T_0$ 时间所对应的电流，即为该组合的转移电流。

应特别注意转移电流 I_{trf} 和额定转移电流 $I_{r\cdot trf}$ 两个参量的区别。I_{trf} 是电器组合的参数，同一负荷开关配用不同型号或不同额定电流的熔断器，I_{trf} 都是不同的；$I_{r\cdot trf}$ 是负荷开关单一电器的参数，只取决于负荷开关本身，与配用的熔断器无关。

7.6.3 计算示例

例 7-1 图 7-22 所示为典型环网接线中配电单元的接线，变压器由负荷开关-熔断器电器组合控制和保护，负荷开关参数见表 7-4，熔断器为后备式，其时间-电流特性(平均特性)见图 7-23，额定最小开断电流以下的部分用虚线延伸到 600s。熔断器额定开断电流均为 63kA，额定电流序列为 63A、80A、100A、125A 等，对应的额定最小开断电流分别为 215A、280A、380A、650A。变压器 10kV 侧最大三相短路电流为 16kA，低压侧断路器 QA 为限流型，用瞬时脱扣器作短路保护。试选择熔断器 FA 额定电流。

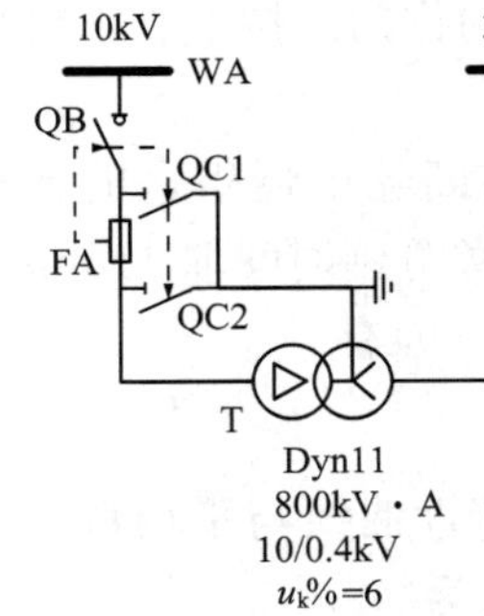

图 7-22 例 7-1 图

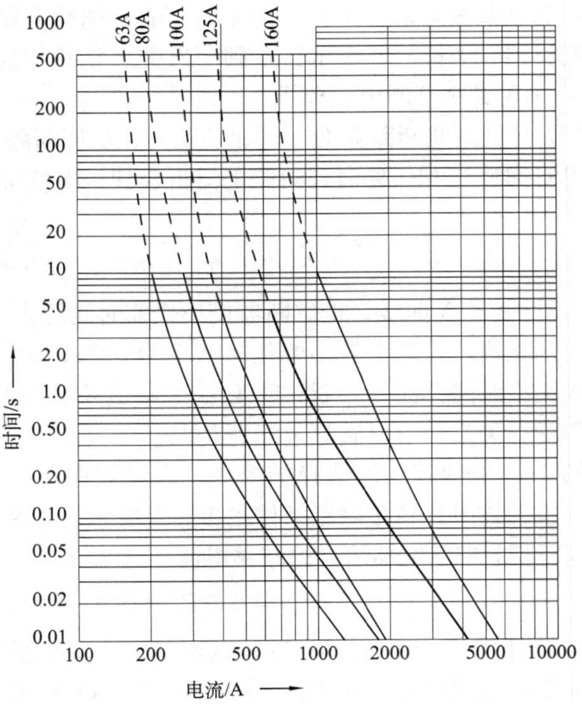

图 7-23 某型熔断器部分熔体时间-电流特性曲线

解 (1) 选取熔体额定电流。变压器一次侧额定电流为

$$I_{r1\cdot T}=\frac{S_{r\cdot T}}{\sqrt{3}U_{r1\cdot T}}=\frac{800}{\sqrt{3}\times 10}=46.2(A)$$

按允许过载 150%、变压器调压抽头−5%(即调压+5%)条件考虑最大工作电流。根据式(7-36)有

$$I_{r\cdot FA}=KI_N=1.1\times 1.5\times 1.05\times 46.2=80(A)$$

正好选取额定电流 80A 熔断器。

(2) 励磁涌流校验。变压器励磁涌流 $I_{sug\cdot T}$ 按额定电流的 12 倍计算，即

$$I_{sug\cdot T}=12I_{r1\cdot T}=12\times 46.2=554(A)$$

在图 7-23 中 80A 曲线上保守考虑−10%误差，查出 $t=0.1$s 所对应的最小熔化电流约为 680A，大于 $I_{sug\cdot T}$ 的 554A 量值，表明励磁涌流不会导致熔体误熔。

（3）最大开断能力校验。熔断器额定开断电流为 63kA，远大于一次侧最大短路电流 16kA，满足最大开断能力条件。

（4）最小开断能力校验。熔断器可能开断的最小短路电流为变压器二次侧两相短路时，一次侧的短路穿越电流。近似按一次侧为无限大容量电源系统估算，参照表 5-6 中 Dyn11 变压器二次侧两相短路时一次侧穿越电流计算公式，二次侧两相短路时一次侧最小电流相的短路穿越电流为(计算公式请通过习题 5-8 和习题 5-9 启发自行推导)

$$I'_{k2\cdot 2\cdot T}=\frac{1}{\sqrt{3}}\times\frac{\sqrt{3}}{2}\times\frac{1}{u_k\%/100}\times\frac{S_{r\cdot T}}{\sqrt{3}U_{r1\cdot T}}=\frac{1}{2}\times\frac{1}{0.06}\times\frac{800}{\sqrt{3}\times 10}=385(\text{A})$$

式中，电流参量 $I'_{k2\cdot 2\cdot T}$ 下标第一个“k2”表示两相短路，第二个“2”表示二次侧，第三个“T”表示变压器，上标“ ′ ”表示折合到一次侧。该参量量值大于 80A 熔断器额定最小开断电流 280A，满足最小开断电流要求。

（5）与低压侧断路器 QA 的保护配合。低压断路器 QA 用瞬时脱扣器做短路保护。低压母线 WC 最大三相短路时，短路电流折合到一次侧量值为

$$I'_{k3\cdot 2\cdot T}=\times\frac{1}{u_k\%/100}\times\frac{S_{r\cdot T}}{\sqrt{3}U_{r1\cdot T}}=\frac{1}{0.06}\times\frac{800}{\sqrt{3}\times 10}=770(\text{A})$$

查图 7-32 中 80A 曲线，得熔断器最小弧前时间约为 0.1s，因为是限流熔断器，弧前时间和熔化时间相当，可认为最小熔化时间也为 0.1s，而低压断路器 QA 瞬时脱扣器为 0s 动作，低压限流型断路器典型分断时间为 20ms，还有限制短路电流峰值的作用。按上、下级保护的时间配合关系，可以满足选择性要求。

例 7-2 按例 7-1 的选择结果，试求取题中负荷开关与 80A 熔断器电器组合的转移电流，并校验该组合转移电流条件是否满足要求。熔断器联动负荷开关分闸时间取 115ms。

解 (1) 求取电器组合的转移电流。已知 $T_0=0.115$s，按式(7-39)有

$$T_{m1}=0.9T_0=0.9\times 0.115=0.104(\text{s})$$

在图 7-23 上查 0.104s 时间所对应的电流，考虑到最小时间-电流特性曲线与平均特性曲线的负偏差，按国家标准规定条件取−6.5%，得电器组合的转移电流为

$$I_{trf}=700\text{A}$$

（2）转移电流校验。以下两种情况都表明转移电流校验合格：①若电器组合可能开断的最小三相短路电流大于电器组合的转移电流，则电流转移现象不会发生；②若电器组合可能开断的最小三相短路电流小于电器组合的转移电流，但负荷开关的额定转移电流 $I_{r\cdot trf}$ 不小于组合的转移电流 I_{trf}，则负荷开关有能力开断由熔断器转移过来的短路电流。

先看电器组合可能开断的最小三相短路电流 $I_{k3\cdot min}$，对该变压器而言就是二次侧出线端三相短路时一次侧的短路穿越电流。近似认为变压器一次侧为无限大容量电源系统，则二次侧三相短路电流折合到一次侧的量值为

$$I_{k3\cdot min}=I'_{k3\cdot 2\cdot T}=\frac{1}{u_k\%/100}\times\frac{S_{r\cdot T}}{\sqrt{3}U_{r1\cdot T}}=\frac{1}{0.06}\times\frac{800}{\sqrt{3}\times 10}=770(\text{A})$$

该电流大于电器组合的转移电流 700A，所以该组合不会有电流转移现象发生。校验通过，不再考虑以上第二种情况。

例 7-3 按例 7-1 和例 7-2 的方法，对短路电压均为 6% 的 800kV · A、1000kV · A、

1250kV·A 和 1600kV·A 的同型号变压器进行熔断器选择和电器组合转移电流校验计算，将结果列表列示，并对该负荷开关-熔断器组合所能配用的变压器容量做出结论。若某工程项目因订货条件限制，只能采用额定转移电流 1150A 的负荷开关，其他参数完全相同，请分析结果有何不同。

解 计算过程略，结果如表 7-5 所示。以 1250kV·A 变压器为例，电器组合可能开断的三相短路电流范围为 1203～16000A，其中 1203A 是变压器二次侧三相短路时一次侧的短路穿越电流量值，16000A 是一次侧的最大三相短路电流(见例 7-1 已知条件)，其余为变压器内部不同位置短路的短路电流量值。这个范围的短路电流中，量值大于电器组合转移电流 1690A 的部分全部被熔断器有效开断，量值小于 1690A 的有两相短路电流需要负荷开关开断。当负荷开关的最大转移电流开断能力为 1750A 时，负荷开关可以有效开断所有 1690A 以下的短路转移电流；当负荷开关的最大转移电流开断能力为 1150A 时，1203～1690A 的短路转移电流不能被有效开断，转移电流开断校验不能通过。

表 7-5 例 7-3 表

项目		数据及判断结果				备注
变压器额定容量 $S_{r\cdot T}$ /(kV·A)		800	1000	1250	1600	
负荷开关额定转移电流 $I_{r\cdot trf}$ /A		1750 或 1150				见表 7-4 和本题条件
熔断器额定电流 $I_{r\cdot FA}$ /A		80	100	125	160	参照例 7-1 选择
电器组合转移电流 I_{trf}/A		700	850	1690	2600	参照例 7-2 求取
电器组合可能开断的最小三相短路电流 $I_{k3\cdot min}$ /A		770	962	1203	1540	变压器二次侧最小三相短路电流折合到一次侧的量值
电流转移现象是否发生		否	否	是	是	“是”判据：$I_{k3\cdot min} \leqslant I_{trf}$
负荷开关能否开断全部转移电流	$I_{r\cdot trf}=1750A$	无	无	能	不能	“无”表示没有开断任务；
	$I_{r\cdot trf}=1150A$	无	无	不能	不能	“能”判据 $I_{r\cdot trf} \geqslant I_{trf}$

从表 7-5 中可以得出的结论是，选用题目中指定的负荷开关-熔断器组合，额定转移电流 1750A 负荷开关的组合最大只能配用 1250kV·A 变压器，额定转移电流 1150A 负荷开关的组合最大只能配用 1000kV·A 变压器。

如果变压器只考虑 120%以下的过载，1250kV·A 变压器可以配用 100A 熔断器，这时负荷开关-熔断器组合的转移电流为 $I_{trf}=850A$，小于可能开断的最小三相短路电流 $I_{k3\cdot min}=1203A$，不会有电流转移现象发生，这时额定转移电流 1150A 负荷开关的组合也可以用于 1250kV·A 变压器。

7.7 互感器及其选择

互感器属于测量电器，是联系一次系统与二次系统的关键设备，分为电流互感器和电压互感器两种。供配电系统中，电气参量测量、电能计量、继电保护、自动装置等都会用到互感器。使用互感器的理由主要有以下几点。

(1) 若直接在一次系统上测量电气参量，电压高、电流大，对测量仪表的绝缘和载流能力要求高，操作安全性差，且会降低一次系统的可靠性。使用互感器可以将一次系统的高电压(或大电流)转换成低电压(或小电流)，降低了对测量仪表的要求，改善了操作安全条件，并提高了一次系统的可靠性。

(2) 大多数互感器一、二次绕组靠磁场联系，在电气上隔离了一、二次系统，使二次系统设备和人员的安全性进一步增强，同时，二次系统的故障也不会直接影响到一次系统。

(3) 由于互感器二次电压和电流都实现了标准化，可以使二次系统的设备(如继电器、电压表等)电气参数标准化，从而极大地减少二次设备的规格。电流互感器的二次额定电流为 5A 或 1A，电压互感器二次额定电压为 100V、$100V/\sqrt{3}$或 100V/3。

出于安全的原因，互感器的二次绕组必须接地！

7.7.1 电流互感器

1. 工作原理

图 7-24(a)所示为一只单相电流互感器的原理接线图。互感器的铁心上有两个匝数不同的绕组，匝数少的绕组为一次绕组，串联在供配电系统的一次回路中，流过一次系统的电流；匝数多的绕组为二次绕组，与二次侧测量仪表等串联构成闭合的二次回路。

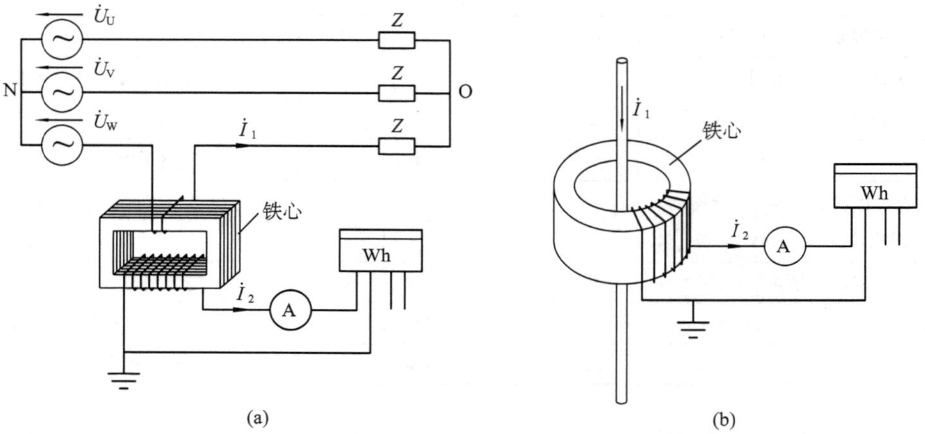

图 7-24　电流互感器的工作原理

因为一次绕组阻抗远小于负载阻抗，将其串入一次系统，对一次系统电流量值的扰动可忽略不计，可以认为互感器一次绕组中的电流是真实的一次系统电流。理想情况下，互感器二次绕组电流与一次绕组电流之比等于一、二次绕组的匝数比，据此，可以通过互感器二次绕组电流量值推算出一次系统电流大小。

电流互感器二次绕组的阻抗很大，但二次回路的负载阻抗很小，所以相当于一台接近于短路运行的变流器。

图 7-24(b)为电流互感器的另一种形式，称为母线式电流互感器，与其相对应，图 7-24(a)所示的互感器称为绕线式电流互感器。母线式电流互感器产品本身没有一次绕组，而是将一次系统的母线作为其一次绕组，根据电流在其周围产生的磁场测量一次电流。

2. 电流互感器的准确度等级

对于任何测量仪器，测量准确度都是最重要的技术指标之一，而准确度大小取决于测量误差。为讨论测量误差，先定义电流互感器的变流比为

$$K_i = \frac{I_{r1}}{I_{r2}} \approx \frac{N_2}{N_1} \tag{7-40}$$

式中，I_{r1}、I_{r2}为电流互感器一、二次额定电流；N_1、N_2为电流互感器一、二次绕组匝数；K_i为电流互感器变流比，也称为互感比，简称变比。

1）误差的定义

理想的情况是，不管一、二次电流多大，只要将二次电流 I_2乘以变比 K_i，就等于真实的一次电流 I_1，但实际情况总不是这样的。$K_i I_2$是测量出的一次电流，I_1是真实的一次电流，这两者总是有差异的，这个差异就是测量误差。定义电流互感器的相对测量值误差 $\Delta I\%$为

$$\Delta I\% = \frac{K_i I_2 - I_1}{I_1} \times 100 \tag{7-41}$$

除了值误差，还有测量角误差，是指将二次电流相量旋转 180°后与一次电流相量之间的夹角，并规定一次电流相量落后时为正值。当并不关心角误差时，常常将值误差简称为误差。

2）误差与准确度等级

根据误差的大小，将电流互感器按测量准确度要求分成若干等级，分别为 0.2 级（精密测量）、0.5 级（计量）、1 级（变配电所测量仪表）、3 级（指示仪表等供电）、B 级（继电保护用）。除 B 级外，其他准确度等级数字与一次绕组通过额定电流时的测量误差相等，如 0.5 级的互感器，当一次电流为额定值时，测量误差 $\Delta I\% \leqslant 0.5$。

应当注意，一台互感器的准确度并不是出厂时就固定的，因为测量误差与使用条件有关。将一台互感器用于某一准确度等级时，就要控制相关的使用条件，使测量误差不超过规定值。下面就对影响测量误差的因素进行分析。

3）误差分析

电流互感器一、二次绕组间的传变特性如图 7-25（a）所示，二端口等效电路如图 7-25（b）所示。从图 7-25（a）可知，传变特性是一个非线性特性，当一次电流越大时，实际传变特性与理想传变特性的偏差越大，误差因此越大，这与铁心的非线性特性有关。误差大小还与二次阻抗有关，这一点从图 7-25（b）可以清楚解释。电流互感器二次端口相当于一个有非线性内阻抗的受控电流源，电流源电流按变比比例表达真实的一次侧电流，但实际上，在二次侧只能测到经内阻抗分流后的电流 I_2。负载阻抗越大，按阻抗并联分流原理，内阻抗分

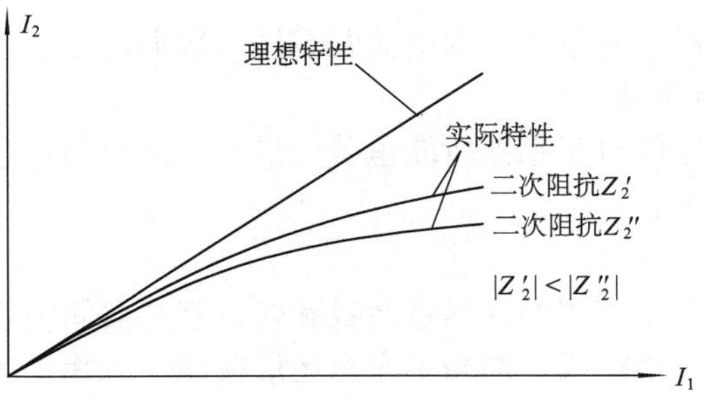

(a) 传变特性

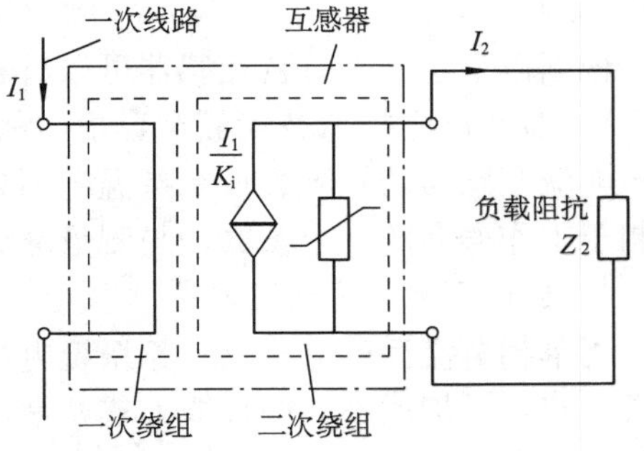

(b) 等效电路

图 7-25　电流互感器的测量误差分析

流所占比重越大，测量误差因此越大。

4）B级电流互感器的10%误差曲线

保护用电流互感器需要在短路时测量电流大小，短路时一次电流比额定电流大许多倍，测量误差急剧增大。继电保护装置允许的测量误差规定为10%，在测量误差的这一限制条件下，互感器一次电流和二次负载的最大取值组合，就构成了所谓的10%误差曲线，如图7-26(a)所示。

图7-26(b)所示为电流互感器10%误差曲线的测量电路。试验时，先将二次负载阻抗Z_2固定为某一量值，然后一边调节电源电压U_s，一边从电流表中读取I_1、I_2，同时按式(7-41)计算测量误差$\Delta I\%$。当$\Delta I\%$达到10%时，记下此时的I_1，并计算出一次电流倍数$n=I_1/I_{r1}$，I_{r1}为互感器一次绕组额定电流。这样就得到图7-26(a)中n-Z_2曲线上的一个点。改变Z_2的取值，重复以上过程，可测得任意多个点，将这些点进行曲线拟合，就得出了图7-26(a)所示的10%误差曲线。

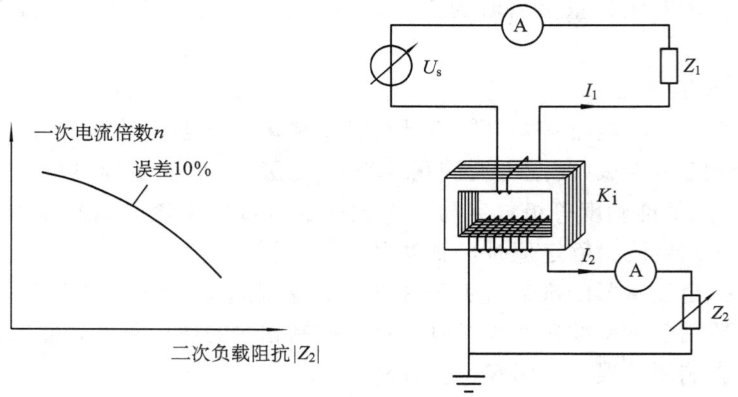

(a) 10%误差曲线　　(b) 测量电路

图7-26　B级电流互感器的10%误差曲线测绘

3. 电流互感器的额定容量与极限容量

由于电流互感器的测量误差与二次负载阻抗有关，因此规定：一次侧工作在额定状态下的电流互感器，在测量误差不超过其准确度等级所规定数值的前提下，二次侧所能承载的最大负荷，称为互感器在这一准确度等级下的额定容量，记为S_r(xx)，xx表示准确度等级，如0.2、0.5等。

根据以上定义，一台互感器可以有若干个额定容量。因为电流互感器二次额定电流一般为5A，有时以阻抗值替代额定容量，称为额定负载。

电流互感器的极限容量是指温升不超过规定值时互感器所能承载的最大二次负荷，它是受制于工作寿命的一个参数，与测量准确度无关。

4. 电流互感器的接线方式

用单相电流互感器测量三相系统电流时，根据使用的互感器台数和各台互感器间绕组的连接方式，可构成不同的接线方式，常用的有单相接线、两相不完全星形接线、三相星形接线等，分别如图7-27(a)～(c)所示。

5. 电流互感器二次回路严禁开路

正如电压源回路不能短路一样，电流源回路不能开路。电流互感器二次侧可等效为一个

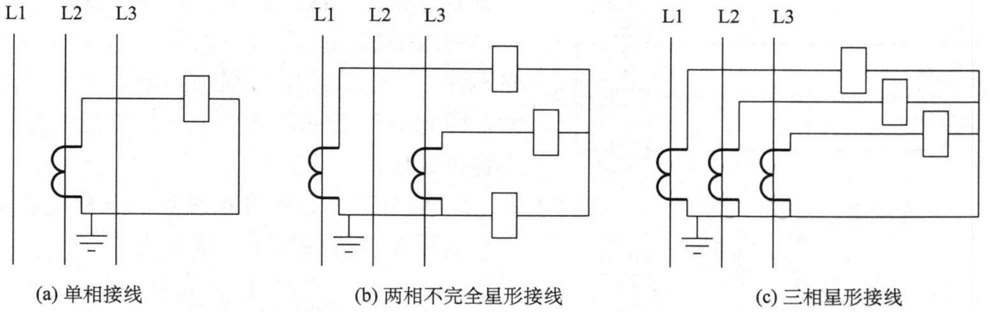

图 7-27　电流互感器的常用接线方式

电流源，若发生开路，开口处会产生很高的电压，并且铁心温度会急剧升高，其原理分析如下。

图 7-28 为铁心磁通与绕组电流的关系。互感器正常运行时，尽管一、二次绕组磁势都较大，但相互抵消，铁心中只有较小的励磁磁通，铁心工作在磁化曲线的线性区域内，电压为正常的正弦波。当二次绕组开路时，二次绕组对一次绕组的去磁效应消失，很大的一次绕组磁势使铁心磁通增大，工作点移到磁化曲线的饱和区域，这带来两个后果：一是铁心磁滞损耗与涡流损耗增大，发热剧增，可能烧坏铁心及绕组；二是铁心磁通变成平顶波，非平顶部分斜率加大，使二次绕组的感应电动势出现幅值很大的尖脉冲，可高达 1000V，这样高的电压会危及二次仪表或继电器的绝缘，并威胁人身安全。

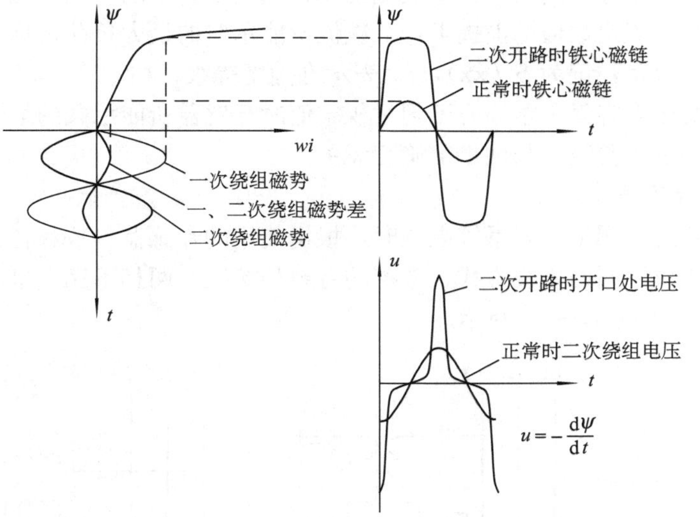

图 7-28　电流互感器二次绕组开路的磁通与电压

7.7.2　电压互感器

电压互感器与电流互感器是一种对偶的关系，各种特性和参数可相互比照。

1. 工作原理

图 7-29 为一只单相电压互感器的工作原理。其一次绕组并联在系统的 V、W 相上，二

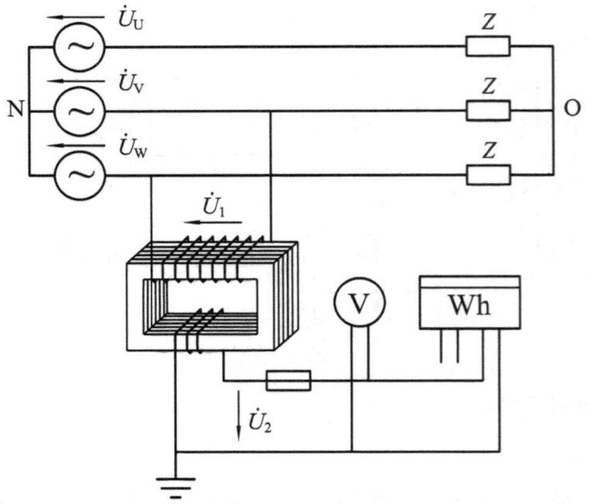

图 7-29　电压互感器的工作原理

次负载并联在二次绕组上。由于一次绕组阻抗很大，并入一次系统后对一次系统电压的影响可忽略不计；二次绕组阻抗很小，但二次负载阻抗很大，因此电压互感器相当于一台接近开路运行的小容量变压器。

2. 电压互感器的准确度等级与额定容量

电压互感器的变压比定义为

$$K_u = \frac{U_{r1}}{U_{r2}} \approx \frac{N_1}{N_2} \tag{7-42}$$

式中，U_{r1}、U_{r2}为电压互感器一、二次绕组额定电压；N_1、N_2为电压互感器一、二次绕组匝数；K_u为电压互感器变压比，也称为互感比，简称变比。

电压互感器的值误差(简称误差)$\Delta U\%$定义为

$$\Delta U\% = \frac{K_i U_2 - U_1}{U_1} \times 100 \tag{7-43}$$

根据$\Delta U\%$的大小，电压互感器的准确度等级有 0.2 级、0.5 级、1 级和 3 级，其用途和误差规定与电流互感器相应等级相同。供配电系统出现过电压时，由避雷器等保护元件实施保护，不会使用到电压互感器，因此电压互感器没有保护用的 B 级。

电压互感器的额定容量定义为：一次侧工作在额定状态下的电压互感器，在测量误差不超过其准确度等级所规定数值的前提下，二次侧所能承载的最大负荷，称为互感器在这一准确度等级下的额定容量，记为 S_r(xx)，xx 表示准确度等级，如 0.2、0.5 等。

电压互感器的极限容量是指温升不超过规定值时互感器所能承载的最大二次负荷，它是受制于工作寿命的一个参数，与测量准确度无关。

3. 电压互感器的接线方式

用单相电压互感器测量三相系统电压时，根据使用的互感器台数和各台互感器绕组之间的连接方式，可构成不同的接线方式，常用的有单相接线、两相不完全星形接线、三相星形接线等，分别如图 7-30(a)～(c)所示。

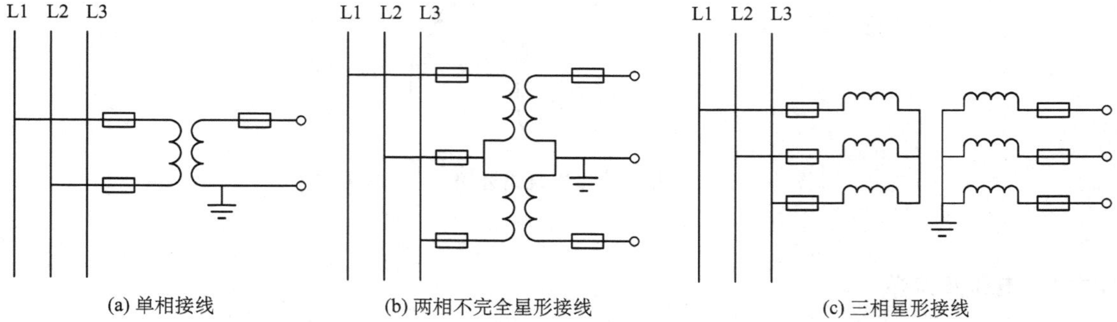

(a) 单相接线　(b) 两相不完全星形接线　(c) 三相星形接线

图 7-30　电压互感器的常用接线方式

4. 小接地系统对地绝缘监测用电压互感器

6.5 节中提到的小接地系统单相接地的无选择性绝缘监测保护，实际上是由专用的对地绝缘监测电压互感器实现的。这种互感器每台有一个一次绕组、一个二次绕组和一个辅助绕组，3 个绕组绕在同一个铁心上，如图 7-31(a)所示。选用 3 台这样的互感器，将 3 个一次绕组和 3 个二次绕组都接成接地星形，将 3 个辅助绕组接成三角形，但三角形不封闭，称为开口三角形，这种连接称为 Ynynd 开口接线。

图 7-31(b)表示一个 10kV 系统中采用了 3 台 JDZJ-10 型电压互感器作对地绝缘监测，这 3 台互感器接成 Ynynd 开口接线。图中只画出了星形连接的一次绕组和开口三角形连接的辅助绕组，二次绕组的作用与一般的三相星形接线相同，这里不再讨论。JDZJ-10 电压互感器的一次、二次及辅助绕组额定电压分别为 $10000\text{V}/\sqrt{3}$、$100\text{V}/\sqrt{3}$ 和 $100\text{V}/3$。

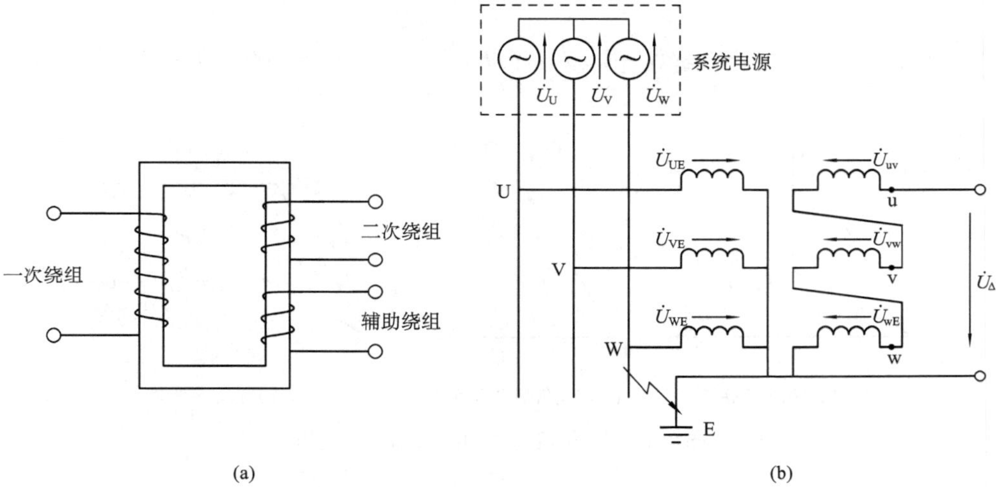

图 7-31　开口三角形电压分析用接线图

图 7-32(a)为正常运行时一次绕组的电压相量图(详见本书 6.5.2 节)；图 7-32(b)为辅助绕组的电压相量，它与对应的一次绕组电压只相差一个变比 $K(K=100\sqrt{3})$；图 7-32(c)为开口三角形开口电压，因为辅助绕组三相电压平衡，开口电压等于 0。

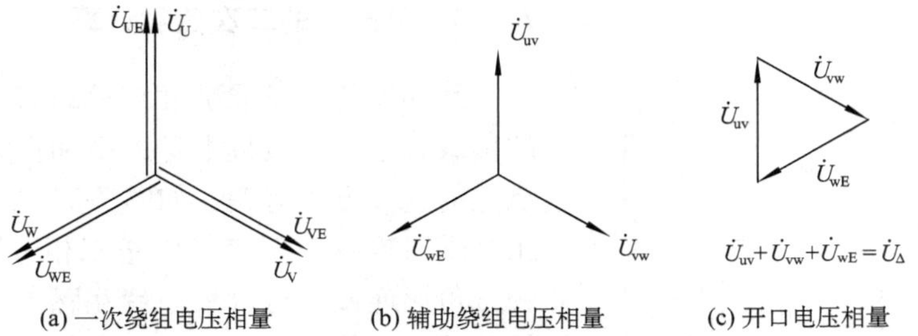

图 7-32　正常运行时的绕组和开口电压

图 7-33 为一次系统 W 相接地时各绕组与开口电压相量图。W 相接地时，$\dot{U}_{WE}=0$，但三相电源相电压不变。根据 KVL，一次绕组电压有以下关系

$$\dot{U}_{UE}=\dot{U}_{UW}=\dot{U}_U-\dot{U}_W=\sqrt{3}\dot{U}_U e^{-j30^\circ}$$

$$\dot{U}_{VE}=\dot{U}_{VW}=\dot{U}_V-\dot{U}_W=\sqrt{3}\dot{U}_V e^{j30^\circ}$$

$$\dot{U}_{WE}=0$$

一次绕组相量图如图 7-33(a)所示，对应的辅助绕组电压为

$$\dot{U}_{uv}=\dot{U}_{UE}/K,\quad \dot{U}_{vw}=\dot{U}_{VE}/K,\quad \dot{U}_{wE}=\dot{U}_{wE}/K=0$$

辅助绕组电压如图 7-33(b)所示。根据 KVL，三角形开口电压为

$$\dot{U}_\Delta=\dot{U}_{uv}+\dot{U}_{vw}+\dot{U}_{wE}=\dot{U}_{uv}+\dot{U}_{vw}$$

三角形开口电压相量如图 7-33(c)所示。从图中可求出开口电压大小为

$$U_\Delta=\sqrt{3}U_{uv}=\sqrt{3}U_{UE}/K=\sqrt{3}\sqrt{3}U_U/K=3\times\frac{10000}{\sqrt{3}}/(100\sqrt{3})=100(\text{V})$$

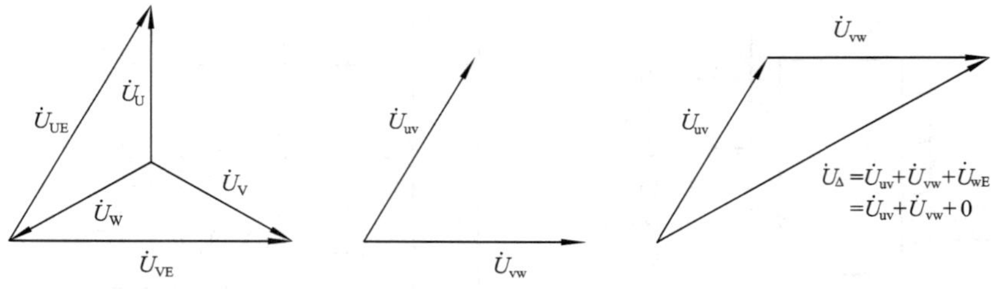

(a) 一次绕组电压相量　(b) 辅助绕组电压相量　(c) 开口电压相量

图 7-33　W 相接地时的绕组和开口电压

可见，三角形开口处的电压在正常时为 0V，发生单相接地时为 100V，这一显著差异可作为判断是否发生单相接地的依据。对地绝缘监测电压互感器一般接在变配电所母线上，三角形开口电压只能判断是否发生了单相接地，星形连接的二次绕组可以判断是哪一相发生了接地，但到底是哪一回线路发生了接地，是无法判断的，因此称为无选择性的单相接地保护，只动作于信号。

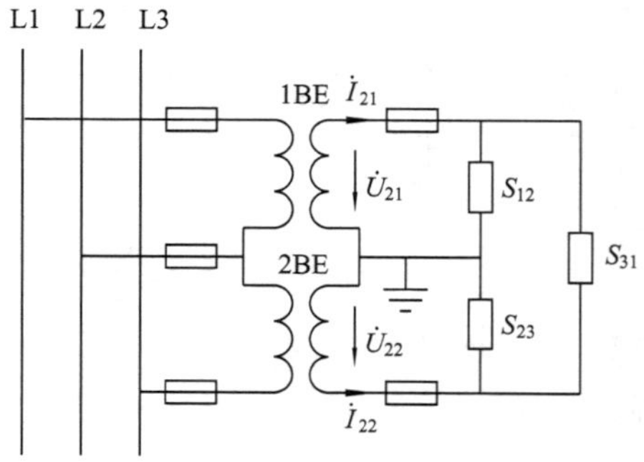

图 7-34　互感器的二次负载计算问题

7.7.3　互感器的二次负载计算

互感器的测量准确度与负载有关，每台互感器的负载大小又与负载本身大小和负载与互感器二次绕组的连接方式有关。如图 7-34 所示，两台单相电压互感器接成 V 型连接测量三相电压，但负载是三相三角形连接，这时每一台互感器到底承担了多大的负载呢？从原理上看，每台单相互感器承担的负载大小，等于互感器二次绕组电压乘以通过二次绕组的电流，如 1BE 所带二次负载就等于 $U_{21}I_{21}$。因此不管接线方式如何，只要用电路分析的方法求出

二次绕组电压和电流，就可以求出互感器负载大小。

为了方便，一些工程设计手册将互感器典型连接方式下的负载计算列成表格，可直接查阅。要注意的是，电流互感器二次负载阻抗很小，以致二次线路的阻抗和连接点的接触电阻都不能忽略，应一并作为负载阻抗加以考虑。

特别提示，电压与电流互感器负载阻抗与负载容量的关系是相反的。电压互感器二次侧为电压源，负载阻抗越小，负载容量越大；电流互感器二次侧为电流源，负载阻抗越大，负载容量越大。

7.7.4 互感器的选择

1. 一般性参数的选择

如 7.2 节所述，但有两点需要特别处理。第一，对于电压互感器来说，因为它并联在系统上，不会承受系统短路电流，因此不用校验短路动、热稳定，但互感器自身二次侧短路时，仍会有短路电动力和热冲击。如果选用专用于互感器的熔断器作保护，如 RN2-10 熔断器，其动、热稳定是满足要求的，可不作校验；第二，电流互感器一次额定电流的选择，考虑到仪表量程和测量准确度问题，一般选为计算电流的(1.25～1.5)倍。

2. 负载能力校验

对测量用互感器，按二次负载小于规定准确度等级下的额定容量校验即可。对于保护用电流互感器，需要按 10%误差曲线进行校验。对于供电用的电压互感器，应按二次负载小于极限容量进行校验。

思考与练习题

7-1 请判断以下说法是否正确。

(1) 短路电流产生的导体温升取决于三相短路全电流最大有效值 I_p。

(2) 远端短路假想时间不小于短路电流持续时间。

(3) 电气设备选择不仅要考虑正常工作条件，还要考虑故障条件。

(4) 断路器开断短路电流能力主要取决于其灭弧能力。

(5) 负荷开关不用于开断短路电流，所以不用考虑其短路动、热稳定性。

(6) 负荷开关不用于开断短路电流，所以不考虑其短路关合电流问题。

(7) 断路器操动机构与断路器的搭配不是任意的，但一般也不是唯一的。

(8) 熔断器是一种不能重复动作的保护电器。

(9) 负荷开关所在回路的过负荷电流，不一定是负荷开关的过负荷电流。

(10) 负荷开关-熔断器电器组合的额定电流取决于熔断器的额定电流。

(11) 电流互感器二次绕组不允许设置熔断器。

(12) 电压、电流互感器的准确度等级是产品出厂时就确定了的，与使用条件无关。

(13) 电压、电流互感器的额定容量是指其长期工作允许温升所限定的最大视在功率。

7-2 某 10kV 单母线分断主接线，母线 I 段负荷为 320kV·A，其中一级负荷为 170kV·A，其余为三级负荷；母线 II 段负荷为 470kV·A，其中一级负荷为 210 kV·A，其余为三级负荷。试计算母线 I 段电源进线断路器最小额定电流不得低于多少。

7-3 某电器铭牌给出其额定峰值耐受电流为 31.5kA。通过计算，该电器安装处的最大三相短路电流交流稳态有效值为 16kA，且峰值系数 $K_p=1.5$。试计算该电器能否满足动稳定性要求。

7-4 某导体截面积为 $S=120\text{mm}^2$，热稳定系数 $C=143\text{A}\cdot\sqrt{\text{s}}\cdot\text{mm}^{-2}$，流过的最大三相稳态短路电流为 25kA，假想时间为 0.6s。试校验其热稳定性。

7-5　某线路截面积为 $S=50\mathrm{mm}^2$，热稳定系数 $C=143\mathrm{A}\cdot\sqrt{\mathrm{s}}\cdot\mathrm{mm}^{-2}$。该线路设置了电流速断保护和定时限过电流保护，定时限过电流保护的动作时间为 1.5s，断路器开断时间为 0.15s。线路首端最大短路电流为 12kA，末端最大短路电流为 3.7kA。试分别按主保护和后备保护计算线路首端和末端短路时热稳定是否满足要求。

7-6　试说明断路器分闸时间、燃弧时间和开断时间之间的关系。

7-7　某断路器额定峰值耐受电流为 50kA，额定短路开断电流为 20kA，试确定其额定短路关合电流和 2s 额定短时耐受电流。

7-8　某 12kV 断路器额定短路开断电流为 25kA，额定峰值耐受电流为 50kA，额定短时耐受时间为 2s，额定开断时间为 0.1s。断路器安装处的最大短路容量为 300MV·A，短路电流峰值系数 1.3，主保护瞬时动作，后备保护动作时间 1.0s。试校验断路器短路开断和关合能力是否满足要求，并校验断路器的动、热稳定性是否合格。

7-9　参照图 7-14。若发现断路器手动控制转换开关处于“合闸后”位置，但红、绿灯都不亮，可能出现什么问题？若绿灯闪光，又可能是什么问题？

7-10　某 12kV 后备型熔断器额定最小开断电流为 380A，额定开断电流为 50kA，保护变压器用。安装位置处的最大短路容量为 104MV·A，最小短路容量为 96MV·A，所在电网为 10kV 不接地系统。某技术人员据此推算出该位置处最大三相短路电流为 $\dfrac{104\mathrm{MV\cdot A}}{\sqrt{3}\times 10.5\mathrm{kV\cdot A}}=5.7\mathrm{kA}$，最小两相短路电流为 $0.87\times\dfrac{96\mathrm{MV\cdot A}}{\sqrt{3}\times 10.5\mathrm{kV\cdot A}}=4.6\mathrm{kA}$，由此判断该熔断器满足短路开断电流要求。请你对该判断作出评价。

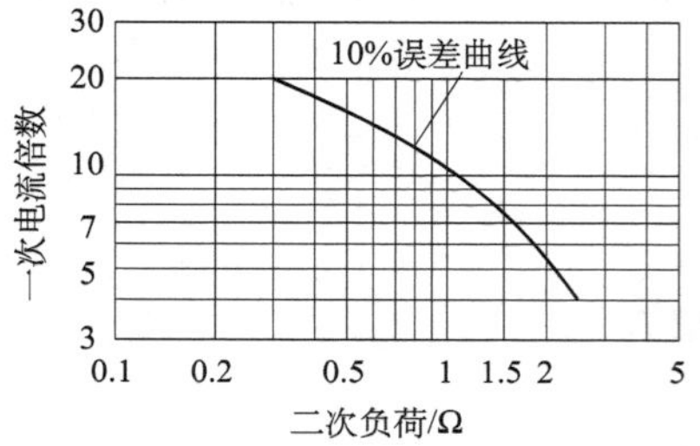

图 7-35　题 7-13 图

7-11　某用于变压器回路的负荷开关-熔断器组合，其转移电流为 880A，负荷开关的额定转移电流为 1150A（即最大能开断 1150A 的转移电流）。某技术人员分析，大于 880A 的短路电流都由熔断器开断，只有小于 880A 的短路转移电流才需要负荷开关开断，而负荷开关的转移电流开断能力为 1150A，恒大于 880A。该技术人员据此认为该负荷开关-熔断器电器组合可以配用任意容量的变压器。请你对这一分析和结论作出评述。

7-12　某台电压互感器准确度等级为 0.5 级，互感比为 100，二次侧电压表测量电压值为 99.3V，忽略电压表测量误差，试估算一次电压真实值的范围。

7-13　图 7-35 所示为某电流互感器的 10%误差曲线，该互感器额定电流比为 400/5，所带二次负载为 1.5Ω，一次系统短路电流为 3.3kA。试判断该互感器能否满足继电保护准确度要求。

7-14　互感器二次负荷计算。

(1) 某单相电压互感器二次绕组额定电压为 100V，二次负载阻抗为 300Ω，试计算其二次负荷大小。

(2) 某单相电流互感器二次绕组额定电流为 5A，二次负载阻抗为 1.5Ω，试计算其二次负荷大小。

(3) 如图 7-34 所示，S_{12}、S_{23}、S_{31} 分别为 17V·A、13V·A 和 14V·A，功率因数均为 0.8(感性)，一次侧三相对称，二次侧绕组额定电压均为 100V，2BE 二次侧电压落后于 1BE 二次侧电压 120°。试计算每台互感器(1BE 和 2BE)的二次负荷量值。

第 8 章　低压配电系统及设备选择

工频交流系统中，1000V 以下的系统称为低压配电系统。我国低压配电系统绝大多数为 220/380V 系统，在一些工矿企业等处有少量的 380/660V 系统。低压配电系统是电力系统的最末端，一般处于非电气专业场所，面向非电气专业人员，且分布广泛，环境状况复杂多样。这种工程背景使低压配电系统的安全问题显得特别突出，因此低压配电系统很多问题的出发点与中、高压系统有所不同，技术上有自己的特点。在学习方法上，既可以通过归纳低压系统与中、高压系统的共同点加深对基本概念的理解，又可以通过对比它们的不同之处体会工程方法中所蕴涵的思想和智慧，使分析和解决问题的能力得到提高，工程意识得以加强。

8.1　低压配电系统结构

低压配电系统的电源，一般是指其电源侧的 10/0.38kV、20/0.38kV 或 35/0.38kV 变配电所，或者是用户自备电源装置，如柴油发动机、蓄电池逆变 EPS 系统等。低压配电系统的负荷，一般指终端用电设备。大多数低压配电系统只有一个电压等级。低压配电系统的结构，既包括电源与负荷间的网络接线和实现方式，也包括不同电源间的相互联系与工作配合，还包括系统的接地形式等。

8.1.1　低压配电系统配电设施与装置

1. 低压配电设施

低压配电系统深入负荷现场，负荷现场通常是人工环境，如建筑物、广场、道路等。供配电设施是为这些环境实现其功能服务的，因此应尽可能减少供配电设施对所在环境的影响，这与输变电系统中以满足电力设施需求为功能定位的专属空间的情况有很大不同。低压系统配电设施主要有以下几种。

(1) 变配电所与自备电源机房。作为低压系统最主要的电源设施，负荷现场的变配电所有多种形式，典型的有与架空线路设施共享空间的杆上变配电所，可以灵活选择安装地点的预装式(又称为箱式)变配电所，拥有专属建筑物的独立变配电所，依附于建筑物外墙的附设式变配电所，以及在建筑物中划定专用房间的室内变配电所等。由于所处环境复杂多样，变配电所需要满足消防、安全、环保、景观、功能协调等多方面的要求。

柴油发动机房、EPS 蓄电池及控制机房等自备电源机房，除满足与变配电所相类似的要求以外，还应特别考虑送排风、排烟、储油、蓄电池防爆等问题。

变配电所和自备电源机房中都有低压配电装置，一般是成排布置的低压配电柜，低压电能在低压配电装置处进行集中与分配，并馈送出变配电所，这一环节被称为电源侧配电或一级配电。

(2) 电气小间(室)与电气竖井。变配电所低压侧馈出的电能，很多时候还需要进行再次分配，称为中间级配电或二级配电。出于安全、管理等方面的考虑，通常会在建筑物中划定一些单独的空间装设二级配电装置，这些单独的空间称为电气小间或配电小间。电气小间一般不考虑人员值班，可以没有窗户，门锁由专职人员管理。

在多层和高层建筑中，竖向敷设的低压线缆有时需要专用的敷设通道，电气竖井就是专门用来敷设竖向线缆的。工程实际中一般将电气竖井按层分隔，兼作电气小间。

(3) 室内线路设施。低压线路有的敷设在专属的土建设施中，如电缆沟和电缆竖井等，但多数情况下只能与建筑物中其他管线共用空间敷设，这需要配线构件的配合。在线路敷设中起容纳、承托及机械保护作用的配线构件主要有导管、槽盒、托盘、梯架、支架等。

2. 低压配电装置

低压配电设施中的核心部分为低压配电装置，主要有以下几种。

(1) 低压配电柜。又称为低压开关柜或低压配电屏，是成套配电装置，一般用于电源侧的一级配电，安装在变配电所、自备电源机房中，有多面柜时成排布置。

(2) 中间配电箱。简称配电箱，一般用作二级配电，也可以直接连接用电设备，安装在电气小间内或建筑物公共空间的恰当位置处，比低压配电柜更接近用电设备。按功能划分，有动力配电箱、照明配电箱、计量配电箱等类别；按服务范围划分，有多(高)层建筑的楼层配电箱、住宅小区的单元配电箱、公共低压电网的分支配电箱等。

(3) 终端配电箱。属于末端配电装置，直接连接用电设备及电具，如照明灯具、插座等，一般安装在各种功能房间内，如办公室、教室、演讲厅、宾馆客房、住宅客厅等。

图 8-1 所示为低压配电系统的直观示例，该系统变配电所设在建筑物内，有专用电气竖井兼作电气小间，楼层配电箱安装在电气小间中，终端配电箱安装在各房间内。

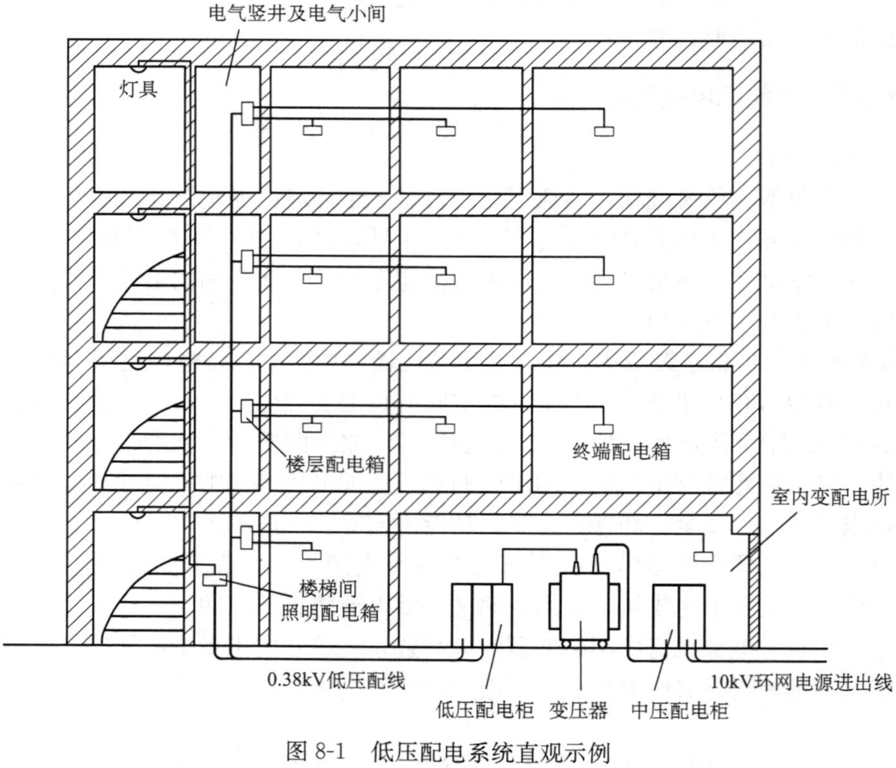

图 8-1　低压配电系统直观示例

8.1.2 低压配电系统接线

1. 低压配电系统接线需考虑的因素

低压配电系统接线的主要关联因素是负荷。由于处于供配电系统最末端，负荷即指用电设备。用电设备的属性一部分是设备本身固有的，还有一部分与设备所处环境和工作性质相关。与低压配电系统接线相关联的一些主要因素如下。

1）负荷等级

负荷等级的划分除依照一般原则外，就工程设计而言，通常还需要依照与设计对象相关的规范进行划分。比如对于汽车库用电设备，需按照 GB 50067《汽车库、修车库、停车场设计防火规范》划分，该规范明确规定，I 类汽车库的消防水泵、应急照明等设备属于一级负荷，II、III 类汽车库、I 类修车库的同类设备则为二级负荷。与此类似，其他各种专门用途的场所或建筑，如住宅、学校、医院、仓库等，大多数都有相关规范对负荷等级划分给出明确规定。

对于属于一级负荷的用电设备，要求有双电源供电，这里不仅指电力用户的供电电源需要双电源，还需要将两个电源独立地配送到用电设备的最末一级配电箱。因为对于用电设备，电源指的是为其配电的配电箱的进线。对于一级负荷中特别重要的负荷，还需要有专门的应急电源。对于二级负荷，只需要两个回路供电，不必一定要求双电源。

2）负荷类别

按负荷用途，民用建筑中有动力、照明、空调等负荷类别，工业建筑中有冷加工、热加工、起重运输、通风等负荷类别；按负荷的商业属性，有居民用电、商业用电、景观用电、市政用电等负荷类别。工程中还有其他一些负荷类别的划分方式。

不同类别的负荷一般由不同的回路供电，有时甚至需要由不同的变压器分别供电。电费费率不同的负荷，宜分类集中供电，以便计量。特定时段工作的负荷(如季节性负荷)最好由专用变压器供电，以便在非工作时段从一次侧退出变压器，减少变压器空载损耗，达到节能的目的。

3）负荷量值

负荷量值主要涉及配电方式问题。比如大功率的设备，为降低其启动或转换工作状态时对其他负荷的影响，并考虑到回路容量限制，一般采用放射式配电。再比如分级放射式或树干式配电，根据具体情况，每一线路的总计算负荷通常不宜超过某一范围，若实际负荷超过这一范围，可以考虑分区分级放射式或分区树干式配电。

4）负荷的空间分布

同一水平或竖向通道上的同类负荷，可以考虑树干式配电，如上下对齐的扶梯配电等。有些负荷集中在设备机房，可以考虑设置动力配电控制中心作为二级配电，如水泵房、制冷机房等。对一些均匀散布的小功率负荷，如大空间照明灯具等，可以按划定区域配电。

220/380V 低压配电系统的供电电气距离(又称供电半径，可理解为线缆长度)一般不超过 300m，负荷密度高的城市中心区供电半径一般控制在 150m 左右，但对部分小容量线形分布负荷，供电半径可以延长，如路灯线路等。

5）负荷工艺关联性

其一是用电设备与服务对象的关联性，如建筑物同一楼层不同防火分区的应急照明，需要划分为不同的配电区域，由各自的配电箱配电。其二是同一工艺流程中不同用电设备的关联性，如空调制冷机房的制冷机、冷冻泵、冷却泵及屋面冷却塔等设备，只要有一个环节设备不工作，整个系统都不能工作，因此应安排在同一供电单元，比如由同一变压器或同一母线段供电。

2. 低压配电系统接线示例

图 8-2 为一高层建筑 10/0.38kV 变配电所低压部分主接线。该供配电系统由一个 10kV 市电电源和一个 400V 柴油发电机自备电源作为供电电源，市电电源通过变压器变成 220/380V 低压供电电源，与柴油发电机电源间设置机械互锁以避免非同期并车和倒送电。三级负荷和一级负荷工作回路由正常母线段 WC 配出，一级负荷备用回路由应急母线段 WC0 配出。正常情况下，一级负荷工作回路故障，可以由备用回路供电，此时应急母线段电源取自变压器，不需要启动柴油发电机。只有当正常工作电源失电时，才需要启动柴油发电机。

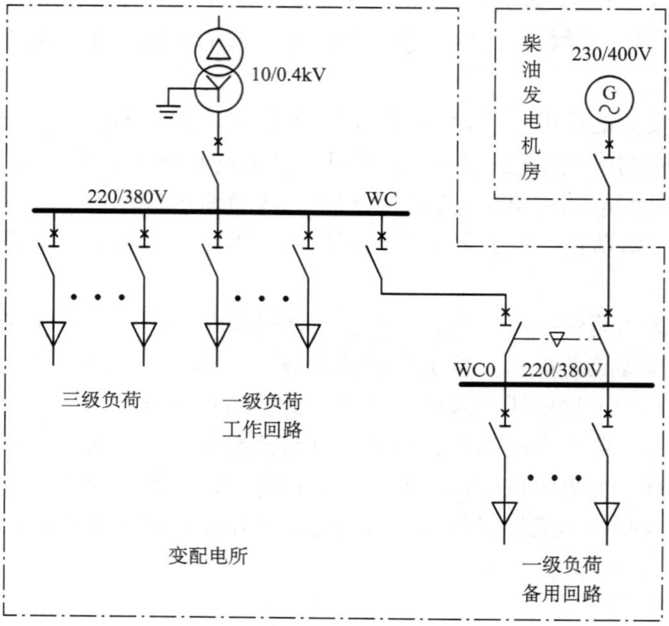

图 8-2　某高层建筑 10/0.38kV 变配电所简化低压主接线图

消防电梯、消防水泵、消防风机、应急照明等为一级负荷，各楼层一般照明、插座等用电为三级负荷。图 8-3 为该建筑配电干线系统。消防电梯采用双电源双回路放射式配电，末端配电箱处双电源切换。楼层应急照明属于均匀散布性负荷，采用双电源双回路树干式配电，按楼层设置双电源切换照明配电箱。消防水泵和生活水泵安装在水泵房中，属于集中布置的同类负荷，以动力配电中心形式作二级配电，采用双电源双回路分级放射式配电。负一层各消防风机位置分散，如果采用双电源双回路放射式配电，回路较多，考虑到单台风机功率都不大且属于同类负荷，故采用双电源双回路树干式配电。楼梯间属于专门的功能分区，服务于整栋建筑而不仅仅是某一楼层，其应急照明配电宜独立于各楼层应急照明，因此在负一层设置一只专用的楼梯间应急照明配电箱配电。各楼层的其他三级负荷考虑采用树干式配电，由于负荷容量较大，用一路干线供所有楼层负荷在技术上不合理，故采用分区树干式配电，按楼层设置配电箱作二级配电。

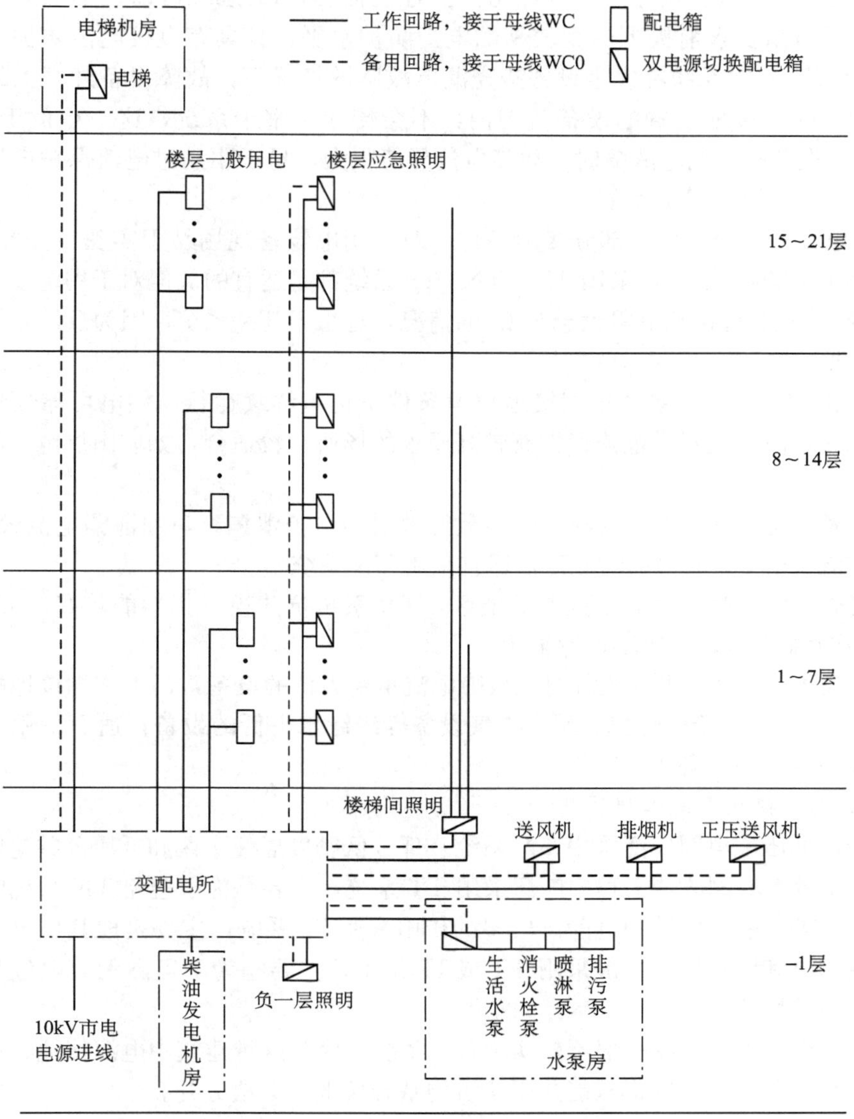

图 8-3　某高层建筑简化配电干线系统图

8.1.3　低压配电系统接地形式选择

如第 2 章所述，低压系统有 IT、TT、TN 等接地形式。与接地形式相关联的因素主要有安全性、供电连续性、工作条件、网络特征及负载类型等。尽管就技术法规而言，只要严格遵守相关条件，各种接地形式安全防护效果是相同的，但从技术原理的角度看，各种接地系统在安全防护原理、技术路径、适用范围等方面各有不同，因此安全性仍是考虑系统接地形式的主要因素之一。

1. 接地形式选择准则

接地形式选择是综合考虑多方面因素后的一种技术决策，结果并不一定具有唯一性。

(1) 电击防护性能。就系统自身电击防护性能而言，IT 系统可以在不考虑切断电源和很宽松的接地电阻要求前提下达到较高的电击防护水平，且具有直接电击防护功能，优于 TT 和 TN 系统。TT 系统在发生设备碰壳漏电故障的情况下，故障设备外壳上的危险电位被局限在使用同一接地装置的设备范围内，不会传导至整个系统，这一点优于 TN 系统。TN 系统发生设备碰壳漏电故障时，故障电流量值很大，易于驱动过电流保护电器动作，以切断电源，这一点优于 TT 系统。

(2) 用电设备外露可导电部分接地条件。对于用电设备现场易于实现良好接地(一般指接地电阻小于 10Ω)的情况，采用 TT、TN、IT 系统都是适宜的。但对于用电设备现场接地电阻很难降低(一般指接地电阻大于 30Ω)的情况，宜采用 TN 系统，因为 TN 系统不需要在设备现场接地。

(3) 供电连续性。IT 系统单相接地故障条件下仍可继续运行，供电可靠性较高，在易于发生单相接地故障又对供电连续性有较高要求的场所比较适合，如矿山供电、消防设备应急供电等。

(4) 电网对地泄漏电流。电网并联参数导致对地电流泄漏。对地泄漏电流较大(一般指对地泄漏电流大于 500mA)的情况下，适宜采用 TN 系统。

(5) 雷电干扰。对于雷电干扰严重地区，TN 系统抗共模干扰性能较好，可优先考虑；IT 系统抗干扰能力差，一般不推荐采用。

(6) 负载条件。对于电动机等对大故障电流承受力低的设备，适于选择接地故障电流小的 IT 或 TT 系统。对于电焊机、厨房电气设备等绝缘水平低的设备，适于采用故障电压上升小的 TN 系统，不推荐 IT 系统。

2. 低压系统接地形式工程现状

我国城市低压配电网广泛采用 TN 系统，部分低密度居住小区和低压公共电网供电的住宅采用 TT 系统。农网改造工程中广泛采用 TT 系统，主要是为了避免 TN 系统中局部故障电位随 PE 线向全系统传导的危险。较多的矿山采用 IT 系统，主要是取其供电连续性高的优点。景观用电和路灯照明一般采用 TT 或 IT 系统，主要是为了提高无等电位联结保护条件下的电击防护性能。

自带变配电所的建筑物一般不能实现 TT 系统，因为这种建筑中电源接地、设备外露可导电部分接地、防雷接地等都只能共用建筑物基础接地，无法分开。

3. 低压配电系统中局部另类接地系统

有些情况下，一个低压配电系统的服务范围内，大多数对象或场所适宜于某一种接地形式，但少数对象或局部场所可能更适合另一种接地形式。如医院低压配电一般适宜 TN 系统，但手术室等场所因为更苛刻的电击防护要求更适合采用 IT 系统；再比如自带变配电所采用 TN 系统的高层建筑，为了满足灭火时的供电连续性要求，消防用电更适合采用 IT 系统。这些都需要在某一接地形式的系统中构造局部另类接地形式系统。工程上通常采用1∶1变压器实现这种构造，取变压器通过铁心磁路电气隔离一、二次电网的特性。

图 8-4 所示为在 TN-S 系统中构造局部 IT 系统的接线，在医院配电系统中常用这种形式，局部 IT 系统用于手术室等场所。图 8-5 所示为在 IT 系统中构造局部 TN-S 系统的接线，在应急负荷比重较大的公共建筑中可采用这种形式。图 8-4 和图 8-5 中 IMD 为高阻抗对地绝缘监视装置，一旦 IT 系统电源对地绝缘被破坏，系统接地形式便成为 TT，这时 IMD 应发出报警信号。图 8-5 中 IT 系统变压器还设置了中性点对地放电间隙，正常情况下相当

于开路，不会破坏 IT 系统的条件，一旦因故障导致变压器高压侧对地高电位传导至低压侧(详见 10.7.2 节)，则间隙击穿放电，保护低压系统，同时 IMD 发出报警信号。

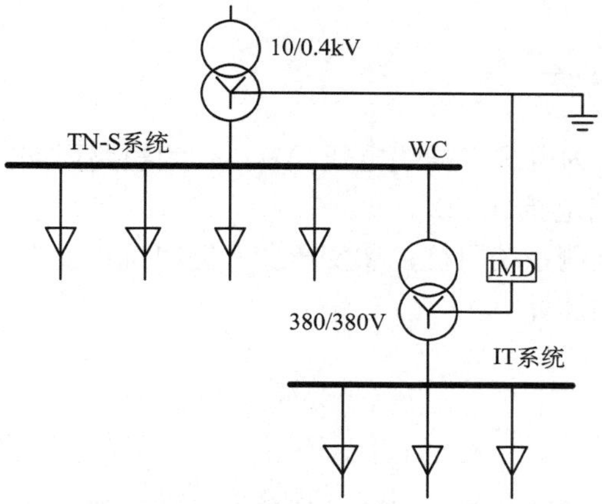

图 8-4　TN-S 系统内的局部 IT 系统

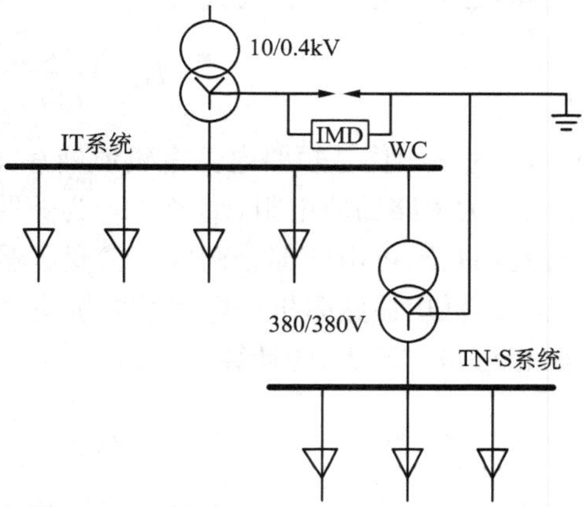

图 8-5　IT 系统内的局部 TN-S 系统

8.2　低压系统短路电流计算

与高压系统一样，短路电流对低压系统来说也是一个重要的参数，尤其是单相短路电流和接地故障电流，其重要性更甚于高压系统，因为它不仅涉及系统本身的安全，还涉及人身安全和环境安全，具有公共安全的属性。因此，掌握低压系统短路电流的工程计算方法，是低压配电系统分析设计的基本要求之一。

8.2.1　低压系统短路电流计算的特点

低压系统和中、高压系统短路电流计算在原理上并无差异，但在具体的工程计算方法上因对象的差别而有所不同。归纳起来，低压系统短路电流计算有以下特点。

(1) 低压系统一般只有一个电压等级，不具备发挥标幺值法优点的条件，采用有名值法计算更为直接方便。

(2) 低压系统线缆阻抗中电阻所占比重较大，因此应采用短路阻抗进行计算，不能像中、高压架空线系统那样忽略电阻成分。

(3) 因短路阻抗数值较小，需考虑计入包括母线在内的各种元件的阻抗值，但导线连接点接触电阻、开关触头接触电阻、短路点电弧阻抗等可忽略不计。

(4) 电阻计算要考虑温度的影响。计算元件首端(电源端)三相短路电流的目的，一般是为了校验线缆及设备的短路动、热稳定性和断路器、熔断器的开断能力，短路电流越大，条件越偏于严格，因此以保守的原则取常温(如 20℃)时的电阻值进行计算。而计算末端单相短路电流的目的，一般是为了校验保护的灵敏性，短路电流越小，条件越偏于严格，以保守的原则必须考虑温度对电阻值的影响，一般以 20℃时电阻值的 1.5 倍进行短路电流计算。

(5) 变压器一次侧系统阻抗可只以电抗计入，或按电阻等于电抗的 10％估算，这时电抗占系统阻抗的 99.5％。

(6) 计算 220/380V 系统的短路电流时，三相短路时计算电压取平均电压，即 230/400V，单相短路时取标称电压，即 220/380V。

8.2.2 三相与两相短路电流计算

三相短路电流的计算公式为

$$I_{k3}=\frac{U_{av}}{\sqrt{3}\,|z_k|}=\frac{U_{av}}{\sqrt{3}\sqrt{r_k^2+x_k^2}} \tag{8-1}$$

式中，I_{k3}为三相稳态短路电流有效值(kA)；U_{av}为电源平均线电压(V)；z_k为短路回路阻抗(mΩ)；r_k为短路回路电阻(mΩ)；x_k为短路回路电抗(mΩ)。

短路回路阻抗由四部分构成：①变压器一次侧系统阻抗；②变压器短路阻抗；③低压母线阻抗；④低压线路阻抗。电阻和电抗应分别相加计算。

两相短路电流 I_{k2}的计算公式为

$$I_{k2}=\frac{\sqrt{3}}{2}I_{k3}\approx 0.87I_{k3} \tag{8-2}$$

对电源接地的系统，还有可能发生两相短路接地故障，对这种故障电流的计算，此处不予介绍。

8.2.3 单相短路电流计算

1. 对称分量法与相中(或相保)阻抗

低压系统中，对于有中性线的系统，都有可能发生相线与中性线之间的单相短路，简称相中短路；对于 TN-S 系统，还可能发生相线与保护线间的单相短路，简称相保短路，详见表 5-1 和图 5-2(a)、图 5-2(b)。两种单相短路的计算方法相同。

用对称分量法的正序等效定则(详见式(5-46))推导出低压系统单相短路电流的计算公式如下

$$I_{k1}=\frac{U_N/\sqrt{3}}{\dfrac{|Z_k^+ + Z_k^- + Z_k^0|}{3}}=\frac{U_{N\cdot\varphi}}{\sqrt{\left(\dfrac{R_k^+ + R_k^- + R_k^0}{3}\right)^2+\left(\dfrac{X_k^+ + X_k^- + X_k^0}{3}\right)^2}} \tag{8-3}$$

式中，Z_k^+、Z_k^-、Z_k^0 为短路回路的正、负、零序阻抗(mΩ)；R_k^+、R_k^-、R_k^0 为短路回路的正、负、零序电阻(mΩ)；X_k^+、X_k^-、X_k^0 为短路回路的正、负、零序电抗(mΩ)；U_N 为低压系统标称线电压(V)；$U_{N\cdot\varphi}$为低压系统标称相电压(V)；I_{k1}为单相短路电流(kA)。

1) 相中(或相保)阻抗概念

与三相短路情况类同，式(8-3)中，正、负、零序阻抗包含 4 部分：变压器一次侧系统阻抗、变压器阻抗、低压母线阻抗、低压线路阻抗。供配电工程中较少直接采用式(8-3)进行计算，而是通过该式推导出一个称为“相中阻抗”(或相保阻抗)的参量，再用相中(相保)阻抗进行计算。以下推导以相中阻抗为例。为了更清楚地介绍相中阻抗的概念，先从一种最简单的情况入手：假设线路阻抗远大于其他部分阻抗，计算中忽略其他阻抗。

在只考虑线路阻抗的情况下，式(8-3)中正、负、零序阻抗由相线的正、负、零序阻抗和中性线(N 线)的正、负、零序阻抗构成。正序和负序三相电流平衡，不会流过 N 线，故正、负序阻抗只有相线阻抗；零序三相电流相位相同，有 3 倍零序电流通过 N 线，故零序阻抗不仅有相线零序阻抗，还有 N 线零序阻抗。又由于线路正、负序阻抗相等，线路的单相短路计算阻抗为

$$\frac{R_k^+ + R_k^- + R_k^0}{3} = \frac{R_L^+ + R_L^- + (R_L^0 + 3R_N^0)}{3} = \frac{2R_L^+ + R_L^0}{3} + R_N^0$$

令$\frac{2R_L^+ + R_L^0}{3} = R_\varphi$，$R_N^0 = R_N$，再令 $R_{\varphi N} = R_\varphi + R_N$，则

$$\frac{R_k^+ + R_k^- + R_k^0}{3} = R_{\varphi N}$$

同理，令$\frac{X_L^+ + X_L^- + X_L^0}{3} = \frac{2X_L^+ + X_L^0}{3} = X_\varphi$，$X_N^0 = X_N$，再令 $X_{\varphi N} = X_\varphi + X_N$，则

$$\frac{X_k^+ + X_k^- + X_k^0}{3} = X_{\varphi N}$$

式中，R_L^+、R_L^-、R_L^0 和 X_L^+、X_L^-、X_L^0 为相线的正、负、零序电阻和电抗(mΩ)；R_N^0、X_N^0 为 N 线的零序电阻和电抗(mΩ)；R_φ、X_φ 为只与相线有关的参量，称为相线的计算电阻和计算电抗(mΩ)；R_N、X_N 为只与 N 线有关的参量，称为 N 线的计算电阻和计算电抗(mΩ)；$R_{\varphi N}$、$X_{\varphi N}$为线路的相中电阻和相中电抗(mΩ)。

最后，令 $Z_{\varphi N} = R_{\varphi N} + jX_{\varphi N}$，称 $Z_{\varphi N}$为线路的相中阻抗。

请注意，相中阻抗 $Z_{\varphi N}$是通过公式推导出来的一个阻抗，因此也是一个计算阻抗。

2）短路回路各部分的相中阻抗

与线路类似，短路回路其他部分也可以导出相中阻抗参数，总的短路阻抗就是各部分相中阻抗之和。各部分参数的具体计算如下。

(1) 变压器一次侧系统(S)的相中阻抗。通过变压器一次侧短路容量和 8.2.1 节中的特点“(5)”，可计算出一次侧系统阻抗 R_S和 X_S。对于最常用的 Dyn11 和 Yyn0 配电变压器，一次侧线电流中都不可能有零序电流，故不计入一次侧零序阻抗；又因为一次侧本无 N 线，相中阻抗就等于相计算阻抗，即

$$\begin{cases} R_{\varphi N\cdot S} = \dfrac{R_S + R_S + 0}{3} = \dfrac{2R_S}{3} \\ X_{\varphi N\cdot S} = \dfrac{X_S + X_S + 0}{3} = \dfrac{2X_S}{3} \end{cases} \tag{8-4}$$

式中，$R_{\varphi N\cdot S}$、$X_{\varphi N\cdot S}$ 为变压器一次侧系统相中电阻、相中电抗(mΩ)；R_S、X_S 为变压器一次侧系统正序电阻、电抗(mΩ)。

(2) 变压器(T)的相中阻抗。忽略变压器绕组中性点引出至接线端的导体阻抗，变压器相中阻抗也只有相阻抗，因此

$$\begin{cases} R_{\varphi N\cdot T} = \dfrac{R_{k\cdot T}^+ + R_{k\cdot T}^- + R_{k\cdot T}^0}{3} = \dfrac{2R_{k\cdot T} + R_{k\cdot T}^0}{3} \\ X_{\varphi N\cdot T} = \dfrac{X_{k\cdot T}^+ + X_{k\cdot T}^- + X_{k\cdot T}^0}{3} = \dfrac{2X_{k\cdot T} + X_{k\cdot T}^0}{3} \end{cases} \tag{8-5}$$

式中，$R_{\varphi N\cdot T}$、$X_{\varphi N\cdot T}$ 为变压器相中电阻、相中电抗(mΩ)；$R_{k\cdot T}$、$X_{k\cdot T}$ 为变压器的短路电阻、电抗(mΩ)，计算方法见第 3 章；$R_{k\cdot T}^0$、$X_{k\cdot T}^0$ 为变压器零序短路电阻、电抗(mΩ)，与变压器连接组和铁心结构有关，对于 Dyn11 变压器，取其等于短路电阻和短路电抗，对于 Yyn0 变压器，一般为短路阻抗的若干倍，查变压器产品样本或设计手册可得，示例见附表 39 和附表 40。

(3) 低压母线(WC)的相中阻抗。概念与计算方法与线路相同。

$$\begin{cases} R_{\varphi N \cdot WC} = \dfrac{2R_{L \cdot WC}^{+} + R_{L \cdot WC}^{0}}{3} + R_{N \cdot WC}^{0} \\ X_{\varphi N \cdot WC} = \dfrac{2X_{L \cdot WC}^{+} + X_{L \cdot WC}^{0}}{3} + X_{N \cdot WC}^{0} \end{cases} \tag{8-6}$$

式中，$R_{\varphi N \cdot WC}$、$X_{\varphi N \cdot WC}$ 为低压母线相中电阻、相中电抗(mΩ)；$R_{L \cdot WC}^{+}$、$X_{L \cdot WC}^{+}$ 为低压相母线的正序电阻、电抗(mΩ)，查母线阻抗表(如附表 36)可得；$R_{L \cdot WC}^{0}$、$X_{L \cdot WC}^{0}$ 为低压相母线的零序电阻、电抗(mΩ)，查母线阻抗表(如附表 36)可得；$R_{N \cdot WC}^{0}$、$X_{N \cdot WC}^{0}$ 为低压 N 母线的零序电阻、电抗(mΩ)，查母线阻抗表(如附表 36)可得。

很多手册都直接给出了各种规格母线单位长度的相中电阻 $R_{\varphi N \cdot WC}$ 和相中电抗 $X_{\varphi N \cdot WC}$，直接引用即可，只是要特别注意给出 $R_{\varphi N \cdot WC}$ 的温度，若为 20℃，应乘以 1.5 进行修正。

(4) 低压线路(WD)的相保阻抗。已如前述，计算公式为

$$\begin{cases} R_{\varphi N \cdot WD} = \dfrac{2R_{L \cdot WD}^{+} + R_{L \cdot WD}^{0}}{3} + R_{N \cdot WD}^{0} \\ X_{\varphi N \cdot WD} = \dfrac{2X_{L \cdot WD}^{+} + X_{L \cdot WD}^{0}}{3} + X_{N \cdot WD}^{0} \end{cases} \tag{8-7}$$

式中，$R_{\varphi N \cdot WD}$、$X_{\varphi N \cdot WD}$ 为低压线路相中电阻、相中电抗(mΩ)；$R_{L \cdot WD}^{+}$、$X_{L \cdot WD}^{+}$ 为低压线路相线的正序电阻、电抗(mΩ)，查线路阻抗表(如附表 37 和附表 38)可得；$R_{L \cdot WD}^{0}$、$X_{L \cdot WD}^{0}$ 为低压线路相线的零序电阻、电抗(mΩ)，查线路阻抗表(如附表 37 和附表 38)可得；$R_{N \cdot WD}^{0}$、$X_{N \cdot WD}^{0}$ 为低压线路 N 线的零序电阻、电抗(mΩ)，查线路阻抗表(如附表 37 和附表 38)可得。

同样，若手册中给出电阻值的温度为 20℃，应乘以 1.5 进行修正。

2. 用相中阻抗计算相中单相短路电流

根据以上分析，式(8-3)可写成如下形式

$$\begin{aligned} I_{k1} &= \frac{U_N/\sqrt{3}}{|Z_{\varphi N}|} = \frac{U_{N \cdot \varphi}}{|Z_{\varphi N \cdot S} + Z_{\varphi N \cdot T} + Z_{\varphi N \cdot WC} + Z_{\varphi N \cdot WD}|} \\ &= \frac{U_{N \cdot \varphi}}{\sqrt{(R_{\varphi N \cdot S} + R_{\varphi N \cdot T} + R_{\varphi N \cdot WC} + R_{\varphi N \cdot WD})^2 + (X_{\varphi N \cdot S} + X_{\varphi N \cdot T} + X_{\varphi N \cdot WC} + X_{\varphi N \cdot WD})^2}} \end{aligned} \tag{8-8}$$

式中，$Z_{\varphi N}$ 为短路回路总相中阻抗(mΩ)；$R_{\varphi N \cdot S}$、$R_{\varphi N \cdot T}$、$R_{\varphi N \cdot WC}$、$R_{\varphi N \cdot WD}$ 为一次侧系统、变压器、低压母线、低压线路的相中电阻(mΩ)，查元件阻抗表可得；$X_{\varphi N \cdot S}$、$X_{\varphi N \cdot T}$、$X_{\varphi N \cdot WC}$、$X_{\varphi N \cdot WD}$ 为一次侧系统、变压器、低压母线、低压线路的相中电抗(mΩ)，查元件阻抗表可得；U_N 为系统标称线电压(V)，取 380V；$U_{N \cdot \varphi}$ 为系统标称相电压(V)，取 220V；I_{k1} 为单相短路电流(kA)。

式(8-8)就是工程上常用的计算低压系统单相短路电流的公式。有时在分析较长线路末端单相短路时，因为线路零序阻抗很大，常忽略高压侧系统和母线的相中阻抗，只考虑变压器和线路的相中阻抗。

8.2.4 计算示例

例 8-1 某 TN-S 低压系统如图 8-6 所示，求 F1 点的三相短路电流和相中单相短路

电流。

解 1) 计算(或查取)短路回路各部分阻抗(以下阻抗单位均为 mΩ)

(1) 变压器一次侧系统阻抗。

$$|Z_S| \approx \frac{U_{r2\cdot T}^2}{S_k} = \frac{0.4^2}{200} \times 10^3 = 0.8$$

根据 8.2.1 节第(5)条,有

$$R_S = 0.1|Z_S| = 0.1 \times 0.8 = 0.08$$

$$X_S = 0.995|Z_S| = 0.995 \times 0.8 = 0.796$$

根据式(8-4),变压器一次侧系统相中阻抗为

$$R_{\varphi N\cdot S} = \frac{2}{3}R_S = \frac{2}{3} \times 0.08 = 0.05$$

$$X_{\varphi N\cdot S} = \frac{2}{3}X_S = \frac{2}{3} \times 0.796 = 0.53$$

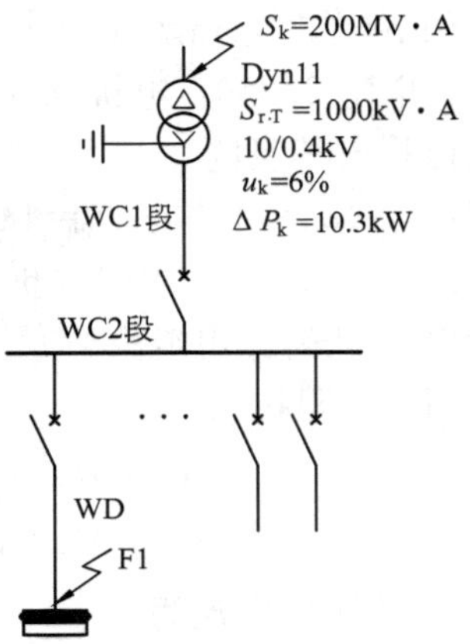

图 8-6 例 8-1 图

WC1 段母线:LMY—3(125×10)+80×8,长 5m

WC2 段母线:LMY—3(80×8)+2×50×5,长 7m

WD 段线路:VLV—3×120+2×70,长 60m

(2) 变压器阻抗。因为连接组为 Dyn11,变压器零序阻抗与正、负序阻抗相等,都等于短路阻抗。注意计算公式中功率单位均取 MV·A 或 MW,电压单位取 kV,计算所得阻抗单位为 Ω,再转化为 mΩ。

$$|Z_{k\cdot T}| = \frac{u_k\%}{100}\frac{U_{r2\cdot T}^2}{S_{r\cdot T}} \times 10^3 = \frac{6}{100} \times \frac{0.4^2}{1} \times 10^3 = 9.60$$

根据式(3-41),考虑到将阻抗折合到变压器二次侧,有

$$R_{k\cdot T} = \frac{\Delta P_k U_{r2\cdot T}^2}{S_{r\cdot T}^2} \times 10^3 = \frac{10.3 \times 10^{-3} \times 0.4^2}{1^2} \times 10^3 = 1.65$$

$$X_{k\cdot T} = \sqrt{|Z_{k\cdot T}|^2 - R_{k\cdot T}^2} = \sqrt{9.60^2 - 1.65^2} = 9.46$$

再根据式(8-5),由于零序阻抗等于正序阻抗,变压器相中阻抗为

$$R_{\varphi N\cdot T} = \frac{R_{k\cdot T} + R_{k\cdot T} + R_{k\cdot T}}{3} = 1.65, \quad X_{\varphi N\cdot T} = \frac{X_{k\cdot T} + X_{k\cdot T} + X_{k\cdot T}}{3} = 9.46$$

(3) WC1 段母线阻抗。根据其规格,查附表 36 母线数据,母线单位长度阻抗如下(单位:mΩ/m)。

正序:电阻 0.028,电抗 0.170;相保:电阻 0.078,电抗 0.369。

据此计算出其阻抗(表中相保电阻为 20℃时的数据,应乘以 1.5)

正序: $R_{WC1} = 0.028 \times 5 = 0.14$, $X_{WC1} = 0.17 \times 5 = 0.85$

相中: $R_{\varphi N\cdot WC1} = 1.5 \times 0.078 \times 5 = 0.59$, $X_{\varphi N\cdot WC1} = 0.369 \times 5 = 1.85$

(4) WC2 段母线阻抗。根据其规格,查附表 36 母线数据,其单位长度阻抗如下(单位:mΩ/m)。

正序:电阻 0.050,电抗 0.170;相保:电阻 0.169,电抗 0.394。

据此计算出其阻抗(表中相保电阻为 20℃时的数据,应乘以 1.5)

正序: $R_{WC2} = 0.05 \times 7 = 0.35$, $X_{WC2} = 0.17 \times 7 = 1.19$

相中: $R_{\varphi N\cdot WC2} = 1.5 \times 0.169 \times 7 = 1.77$, $X_{\varphi N\cdot WC2} = 0.394 \times 7 = 2.76$

(5) 线路 WD 阻抗。根据其规格,查附表 37 和附表 38 铝导体及全塑电缆数据,其单位

长度阻抗如下(单位：mΩ/m)。

正序：电阻0.240，电抗0.076；相保：电阻0.977，电抗0.161。

据此计算出其阻抗

正序： $R_{WD}=0.24\times60=14.40$， $X_{WD}=0.076\times60=4.56$

相中： $R_{\varphi N\cdot WD}=0.977\times60=58.62$， $X_{\varphi N\cdot WD}=0.161\times60=9.66$

2) 计算三相短路电流

短路回路总阻抗为

$$R_k=R_S+R_{k\cdot T}+R_{WC1}+R_{WC2}+R_{WD}=16.62$$

$$X_k=X_S+X_{k\cdot T}+X_{WC1}+X_{WC2}+X_{WD}=16.86$$

F1点三相短路电流为

$$I_{k3\cdot F1}=\frac{U_{av}}{\sqrt{3}\sqrt{R_k^2+X_k^2}}=\frac{400}{\sqrt{3}\sqrt{16.62^2+16.86^2}}=9.75(\mathrm{kA})$$

3) 计算单相短路电流

短路回路总相保阻抗为

$$R_{\varphi N}=R_{\varphi N\cdot S}+R_{\varphi N\cdot T}+R_{\varphi N\cdot WC1}+R_{\varphi N\cdot WC2}+R_{\varphi N\cdot WD}=62.68$$

$$X_{\varphi N}=X_{\varphi N\cdot S}+X_{\varphi N\cdot T}+X_{\varphi N\cdot WC1}+X_{\varphi N\cdot WC2}+X_{\varphi N\cdot WD}=24.26$$

F1点相中单相短路电流为

$$I_{k1\cdot F1}=\frac{U_{N\cdot\varphi}}{\sqrt{R_{\varphi N}^2+X_{\varphi N}^2}}=\frac{220}{\sqrt{62.68^2+24.26^2}}=3.27(\mathrm{kA})$$

8.3 低压配电电器

低压配电电器主要有隔离器、开关、熔断器、断路器、剩余电流保护电器、电涌保护器等。部分低压电器与中、高压电器在名称上存在名同实异的情况，这种差异的源头是中、高压系统与低压系统相关技术标准对术语的定义不一致，应特别注意，不要混淆。

8.3.1 低压开关、隔离器及熔断器组合电器

按照GB 14048.3—2008《低压开关设备和控制设备　第3部分：开关、隔离器、隔离开关及熔断器组合电器》规定，相关术语定义如下。

(1) 开关。指能承载、通断正常(含规定的过负荷)电流，并能在一定时间内承载短路等规定的非正常电流的机械电器。

按此定义，低压开关相当于中、高压系统的负荷开关。应当注意的是，定义中所谓承载短路等非正常电流，是指开关不会因为在规定的短时间内流过短路等非正常电流而丧失功能或损坏，并不是指能开断这些电流。

开关属于开关电器大类中的一种电器，除此之外，断路器、部分剩余电流保护电器等都具有开关电器的功能。

(2) 隔离器。指在断开状态符合规定隔离功能要求、能通断空载(含电流可忽略情况)电路、且能承载正常电流和一定时间内短路等规定的非正常电流的机械电器。

按此定义，低压隔离器相当于中、高压系统的隔离开关。

隔离器属于隔离电器大类中的一种电器，除此之外，插头插座、连接片、熔断器等都具有隔离电器的功能。

(3) 隔离开关。指在断开状态符合隔离器隔离要求的开关。

按此定义，低压隔离开关相当于中压系统有隔离功能的负荷开关。

(4)熔断器组合电器。指开关、隔离器及隔离开关与熔断器构成的组合电器，具有过电流保护功能，有 6 种基本形式。表 8-1 列示了以上各种低压电器功能及图形符号。

表 8-1　开关、隔离电器及熔断器组合电器功能与图形符号

类　型		功　能		
		接通、承载、分断正常电流；承载规定时间内的短路电流；可接通短路电流	隔离功能。断开距离、泄漏电流符合要求，有断开位置指示，可加锁	同时具有左侧两种功能
开关、隔离电器		开关 	隔离器 	隔离开关 
熔断器组合电器	熔断器串联	开关熔断器组 	隔离器熔断器组 	隔离开关熔断器组 
	熔断体动作触头	熔断器式开关 	熔断器式隔离器 	熔断器式隔离开关 

8.3.2　低压熔断器

低压熔断器的工作原理及特性和中压熔断器相同，工程应用中应注意以下几方面特点。

(1) 低压系统很可能处于非电气专业场所，面向非电气专业人员，熔断器因此按结构分为专职人员使用和非熟练人员使用两类，前者主要用于工业场所，后者用于家用及类似场所。这一类别划分是中压熔断器所没有的。

(2) 按分断能力，熔体分为“g”熔体和“a”熔体两类。“g”熔体有全范围分断能力，即能分断自熔化电流至额定分断电流之间的全部电流；“a”熔体仅有部分范围分断能力，其最小分断电流大于熔化电流，一般以最小分断电流为熔体额定电流的倍数来表示，相当于中压的后备型熔断器。

(3) 按使用类别，熔体可分为“G”类(一般用途，常用于线路保护)、“M”类(保护电动机用)和“Tr”类(保护变压器用)三类。

分断范围与使用类别可以有不同的组合，如“gG”、“aM”、“gTr”等。

(4) 约定时间的约定熔断/不熔断电流 I_f/I_{nf}。为表达熔断器保护特性的分散性，产品标准对分散性程度给予了若干规定，其中之一即所谓的约定时间内的约定熔断/不熔断电流，示例如表 8-2、表 8-3 所示。如刀型触头的 5A 熔体产品，按标准必须在通过电流不大于 1.5×5A 情况下，保证在 1h 内不动作；而在通过电流不小于 1.9×5A 情况下，保证在 1h 内动作。当通过电流在(1.5～1.9)×5A 时，熔体是否会在 1h 内动作，是不确定的。

表 8-2　16A 以下 gG(全范围通用型)熔体约定时间内的约定熔断/不熔断电流

熔体额定电流 I_r/A	刀型触头熔断器		螺栓连接熔断器		偏置触刀熔断器	
	I_{nf}/A	I_f/A	I_{nf}/A	I_f/A	I_{nf}/A	I_f/A
4～16(不含)	$1.5I_r$	$1.9I_r$	$1.25I_r$	$1.6I_r$	$1.25I_r$	$1.6I_r$
4 及以下	$1.5I_r$	$2.1I_r$	$1.25I_r$	$1.6I_r$	$1.25I_r$	$2.1I_r$

注：约定时间均为 1h，约定不熔断电流为 I_{nf}，约定熔断电流为 I_f。

表 8-3　16A 及以上 gG 和 gM 熔体约定时间内的约定熔断/不熔断电流

熔体额定电流 I_r/A	约定时间/h	约定电流/A	
	1	I_{nf}	I_f/A
$16 \leqslant I_r \leqslant 63$	2	$1.25I_r$	$1.6I_r$
$63 < I_r \leqslant 160$	3		
$160 < I_r \leqslant 400$	4		

注：约定不熔断电流为 I_{nf}，约定熔断电流为 I_f。

(5) 焦耳积分特性与允通能量。焦耳积分特性即熔断器的熔化 I^2t 特性和熔断 I^2t 特性，该特性主要是针对熔断时间极短(指 0.01s 及以下，即半个工频周期内分断)的限流型熔断器而言的，由于整个熔断过程几乎为绝热过程，因此熔断器是否熔断只与通过的能量有关，该能量用 I^2t 表征。如图 8-7 所示，限流熔断器在电流上升期量值尚未达到峰值时就切断短路电流，其焦耳积分能量为 $\int_0^{t_k} i^2(t)\mathrm{d}t$，$I^2t$ 特性实际是 $\int_0^{t_k} i^2(t)\mathrm{d}t$ 特性的简写。

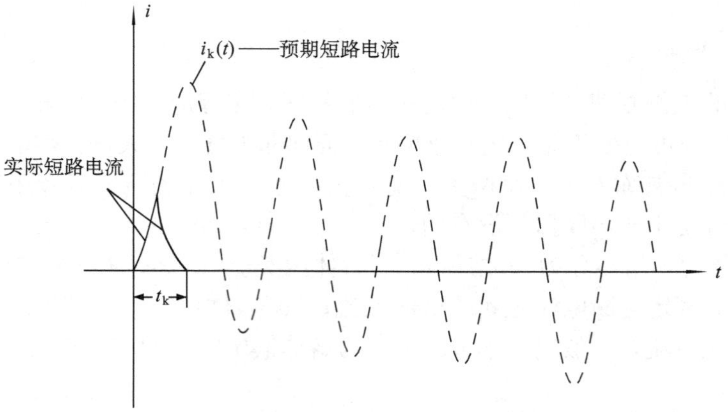

图 8-7　限流熔断器作用下的短路电流

I^2t 特性一般用数据给出，表 7-3 就是中压熔断器的一个示例。低压熔断器类同，表 8-4所示为 RT20 系列熔断器熔断时间 0.01s 及以下情况下的 I^2t 特性数据。事实上，熔断 I^2t 特性与预期短路电流大小是有关系的，只有当预期短路电流达到一定量值以后，I^2t 量值才基本不随预期短路电流而变。以上所谓预期短路电流，是指没有熔断器限流条件下的短路电流。

表 8-4　RT20 系列部分熔体 0.01s 时的 I^2t 值

熔体额定电流 I_r/A	10	16	20	25	32	40	50	63	80	100
最小弧前 $I^2t/(10^3\mathrm{A}^2\cdot\mathrm{s})$	0.10	0.3	0.5	1.0	1.8	3.0	5.0	9.0	16	27
最大熔断 $I^2t/(10^3\mathrm{A}^2\cdot\mathrm{s})$	0.58	1.0	1.8	3.0	5.0	9.0	16	27	46	86

熔断 I^2t 特性不仅表明了使熔断器熔断所需要的能量，也表明了短路期间不可能有超过该量值的能量作用于被熔断器保护的电网元件上，因此又被称为允通能量。该能量与被保护元件故障温升呈确定的正相关性，有些技术资料中又据此称其为热应力，可用于电网元件(主要是线缆)短路热稳定性的校验。

8.3.3　低压断路器

低压断路器是一种机械开关电器，它能接通、长期承载以及分断正常电路条件下的电流，并能接通、规定时间内承载以及分断非正常电路条件(如短路等)下的电流。借助过电流和欠电压脱扣器，低压断路器可以实现过电流保护和欠电压保护功能；配以分励脱扣器，低压断路器能实现远程控制功能。低压断路器还可以配置其他辅助单元实现诸如漏电保护、远程显示、故障报警等功能。

工程实际中，低压断路器绝大多数时候都配有某种脱扣器或辅助单元，最常见的情况是配有过电流脱扣器。因此若无特别说明，后面所说的低压断路器，都是至少配有过电流脱扣器的断路器，它是一种集开关和过电流保护功能于一体的组合电器。与中压系统相比，它相当于将继电保护、断路器、断路器操动机构等部分的功能组合在一起，实现对电路的通、断控制与故障保护。

1. 低压断路器的结构、工作原理与保护特性

低压断路器由断路器和装于断路器壳架内的脱扣器组成。脱扣器有若干类型，通常一定有过电流脱扣器，还可以选装欠电压脱扣器或分励脱扣器等。低压断路器的结构及各部分功能可归纳如下。

- 低压断路器
  - 纯断路器部分
    - 壳架
      - 外壳
      - 外接线端子
    - 主触头系统
    - 灭弧装置
    - 闭锁机构及机械传动机构
  - 脱扣器
    - 过电流脱扣器
      - 长延时脱扣器——过负荷保护
      - 短延时脱扣器、瞬时脱扣器——短路保护
    - 能量脱扣器——短路保护
    - 失压脱扣器——低电压保护
    - 分励脱扣器——远程控制

图 8-8 是装有热磁式脱扣器的低压断路器的原理结构。图中断路器的主触头是靠锁扣保持闭合状态的，只要锁扣向上运动(称为失扣)，主触头就会在分闸弹簧作用下分断。使锁扣失扣的机构称为脱扣器。图中分励脱扣器主要用于远程分闸，失压脱扣器用于低电压保护，它们分别应用电磁力增大和减小的原理脱扣；长延时过电流脱扣器用于过负荷保护，利用双

金属片热膨胀系数不一致的特点，使其在过负荷情况下弯曲上顶达到脱扣目的；瞬时脱扣器用于短路保护，也是应用电磁力增大的原理脱扣。如果需要，还可以加装短延时脱扣器，动作原理与瞬时脱扣器相同，延时可以靠机械钟表机构实现。

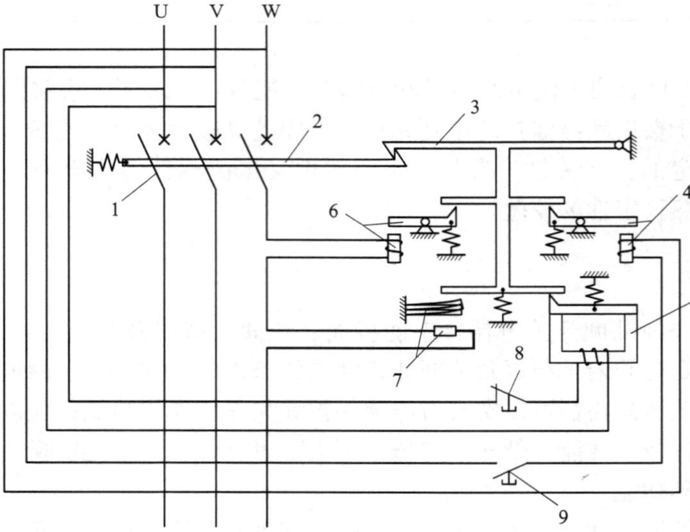

图 8-8　低压断路器的原理结构

1-主触头；2-跳钩；3-锁扣；4-分励脱扣器；5-失压脱扣器；6-过电流瞬时脱扣器；7-过电流长延时脱扣器(含电加热器)；8-失压脱扣试验按钮；9-分励脱扣按钮

除了热磁式脱扣器外，还有电子式脱扣器和微处理器式脱扣器等，它们的原理是相似的，不同之处在于技术实现形式，且后两者在性能上可以更为优异。低压断路器典型的过电流保护特性如图 8-9 所示。图中长延时、短延时和瞬时脱扣器的动作电流值有的是可以在一定范围内调整的，短延时脱扣器的延时时间和部分长延时脱扣器动作时间也可以在一定范围内调整。

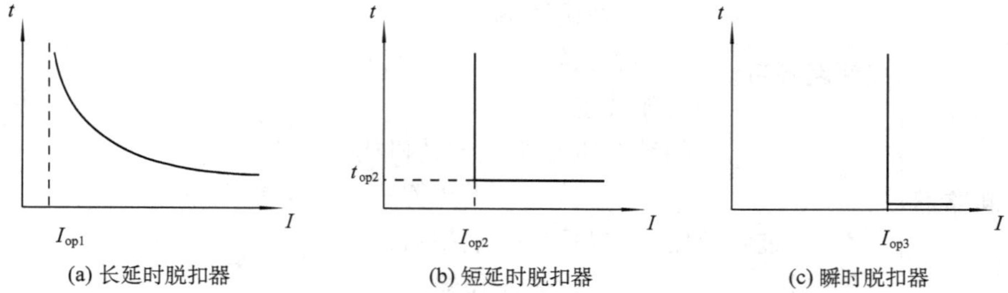

图 8-9　低压断路器过电流脱扣器保护特性

I_{op1}-长延时脱扣器动作电流；I_{op2}-短延时脱扣器动作电流；t_{op2}-短延时脱扣器动作时间；I_{op3}-瞬时脱扣器动作电流

从图 8-8 中可以看出，各种过电流脱扣器的动作与断路器跳闸是逻辑“或”的关系，因此动作时间短的脱扣器保护作用优先实现，但动作时间短的脱扣器动作电流更大，由此形成了图 8-10(a)中的两段式过电流保护特性，以及图 8-10(b)中的三段式过电流保护特性，两者的区别在于是否装设有短延时脱扣器。

能量脱扣器是部分限流型低压断路器中一种独立于传统过电流脱扣器的新型脱扣器，其原理为依靠短路电流所产生的能量驱动脱扣器脱扣，具体技术实现方式可各有不同。以应用比较广泛的某型断路器为例，短路时该型断路器在主触头分离但尚未分断时产生电弧，电弧使触头间空气急剧膨胀，产生强大的压力并作用于一个活塞机构。当能量足够大时，活塞机构驱动断路器脱扣跳闸；若能量不够大，则活塞机构不能够驱动脱扣跳闸。能量脱扣器能在几个毫秒内开断故障电流，由此带来限流特性和保护选择性等方面一系列好处。

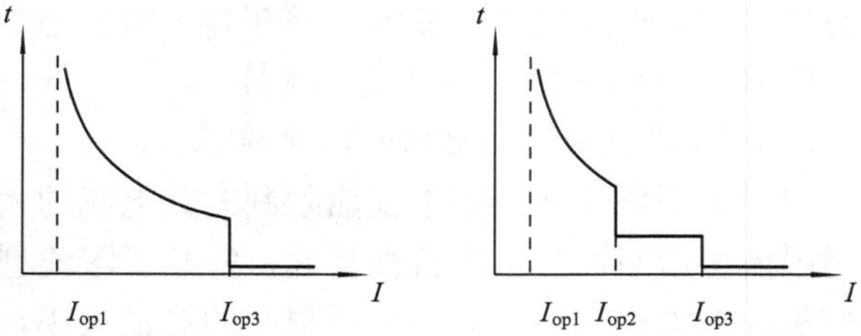

(a) 非选择性两段式 (b) 选择性三段式

图 8-10 过电流脱扣器综合保护特性

能量脱扣器需要在故障电流大到一定量值时才起作用，典型值如长延时脱扣器整定电流的 25 倍，因此它并不取代传统的过电流脱扣器的保护作用。

2. 低压断路器的类型

按不同的标准，低压断路器可分为不同的类型，常用的有以下几种分类。

（1）按断路器开断短路电流特征，可分为非限流型和限流型。

非限流型断路器为电流过零灭弧，分断能力较低，分断时间较长，典型值为 0.10～0.15s；限流型断路器在电流尚未达到最大值时分断电流，分断能力较高，分断时间很短，典型值为 20～50ms。

（2）按使用类别，可分为非选择型(A 型)与选择型(B 型)。

选择型断路器有长延时、短延时和(但不必须)瞬时脱扣器，可以通过短延时脱扣器与下级断路器在动作时间上的配合达到保护选择性。非选择型断路器只有长延时和瞬时脱扣器。

（3）按断电检修安全性，可分为有隔离功能的断路器和不适合隔离的断路器。

图 8-11 有隔离功能断路器的图形符号

有隔离功能的断路器指断路器在断开位置时，具有符合隔离功能安全要求的隔离距离，并提供一种或几种方法显示主触头的位置，如独立的机械式指示器、操动器位置指示、动触头可视等。有隔离功能断路器的图形符号如图 8-11 所示。

（4）按控制与保护对象，可分为电源断路器、配电用断路器、保护电动机用断路器、终端断路器等。

（5）按结构形式，可分为开启式断路器(Air Circuit Breaker，ACB，又称为框架式断路器)、模压外壳式断路器(Moulded Case Circuit Breaker，MCCB，又称为塑壳式断路器)和微型断路器(Micro Circuit Breaker 或 Miniature Circuit Breaker，MCB，又称为小型断路器)。

开启式断路器 ACB 各部件都安装在一个金属框架上，各部件不封闭，容量大，壳架电流通常为 630～2500A，高者可达 4000A 以上，一般为选择型，常用作低压电源总开关。模压外壳式断路器 MCCB 所有元件都被封闭在塑料外壳中，壳架电流通常在 630A 以下，常用作一、二级配电，一般为非选择型，现也有部分配以电子或微处理器式脱扣器的模压外壳式断路器是选择型的。微型断路器 MCB 大多做成模数化尺寸结构，额定电流通常在 63A 以下，一般用作终端断路器。

（6）按适用场所，可分为工业用(或称为配电装置用)和家用及类似场所用两类，它们所遵循的标准不同，前者的主要标准为 GB 14048.2《低压开关设备和控制设备 第 2 部分：断路器》，ACB 和 MCCB 基本上属于这一类；后者的主要标准为 GB 10963《家用及类似场所用过电流保护断路器》，主要是 MCB。

3. 限流型低压断路器的限流特性

限流型低压断路器不仅能限制短路电流的大小，还能够限制短路能量，如图 8-12 所示，与限流型熔断器的限流特性类同。安装了限流型断路器的低压电网，短路回路所受到的短路能量冲击大小取决于断路器所限制的能量大小，因此图 8-12(b) 中的焦耳积分能量又称为允通能量。

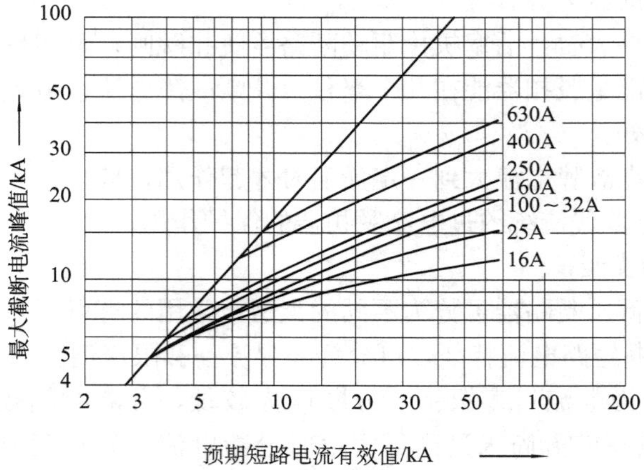

(a) 限制短路电流特性

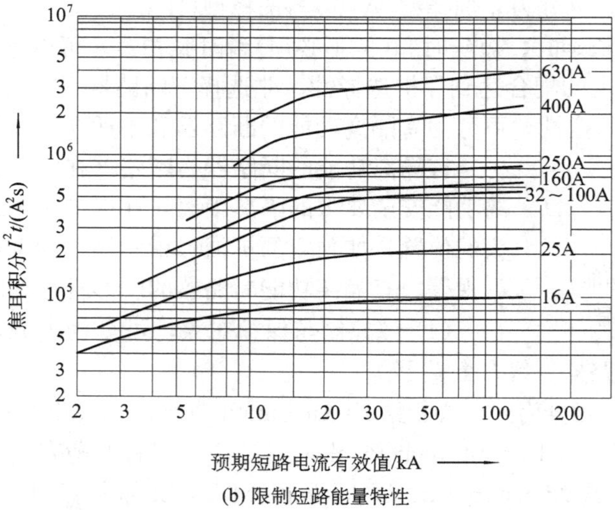

(b) 限制短路能量特性

图 8-12　某限流型断路器的限流特性

图 8-12 中横坐标"预期短路电流"若未特别注明，则指稳态短路交流分量有效值。因为按照 GB 14048.2—2008《低压开关设备和控制设备　第 2 部分：断路器》2.18 条之规定，焦耳积分 I^2t 特性对应的预期短路电流为交流预期对称电流有效值，而 GB 14048.1—2006《低压开关设备和控制设备　第 1 部分：总则》2.5.7 条对交流电路预期对称电流定义为在交流电路接通后瞬态现象消失瞬间起的预期电流。若厂家将预期短路电流定义为三相短路全电流第一周期最大有效值 I_p，则应有明确说明。

4. 低压断路器的主要参数

1）常规参数

低压断路器多数常规参数与中压断路器相同，注意以下几个特别之处。

（1）壳架等级额定电流 I_{rQ}。指低压断路器壳架部分的额定电流，产品样本中常标记为 I_{nm}。断路器不可能每种规格都设计一种外壳和接线端子，若干种不同规格的断路器可能会使用同样一种外形体积的外壳和接线端子，甚至使用同样规格的触头、灭弧系统和机械装置等，后者在 MCCB 中最为常见。

（2）过电流脱扣器额定电流 I_{rR}（或记为 I_{rT}）。指装于壳架内的过电流脱扣器（Release 或 Tripper）的额定电流，产品样本中常称为断路器额定电流，标记为 I_n。一个断路器壳架内虽然只能装设一只过电流脱扣器，但脱扣器规格可以有若干种选择，只是脱扣器额定电流 I_{rR} 最大不能超过壳架等级额定电流 I_{rQ}。

（3）额定短路分断能力 I_{cn}。它包含额定运行短路分断电流 I_{cs} 和极限短路分断电流 I_{cu}。I_{cs} 指按 o—t—co—t'—co 试验操作顺序分断后，断路器完好，能继续承载并通断额定电流；而 I_{cu} 则指虽保证分断，但分断后断路器可能已受到实质性损伤，必须维修或报废。当 $I_{cu}<$ 6kA 时，I_{cs} 与 I_{cu} 相等，只标注 I_{cn} 即可。

以上所谓试验的操作顺序与中压断路器相同，详见 7.3 节。

2）过电流脱扣器保护特性参数

（1）过电流脱扣器动作电流整定范围。长延时、短延时和瞬时脱扣器动作电流分别记为 I_{op1}、I_{op2}、I_{op3}，其整定范围都与脱扣器额定电流 I_{rR} 有关，有的为 I_{rR} 的某个固定倍数，有的则是在 I_{rR} 的给定范围内可调，给定范围视产品而定。

（2）过电流脱扣器形式分类。家用及类似场所用断路器 MCB，其长延时脱扣器动作电流固定为等于脱扣器额定电流。根据瞬时脱扣器动作电流整定范围与长延时脱扣器动作电流（亦即脱扣器额定电流）的关系，将脱扣器规定为 B、C、D 等几种类型，如表 8-5 所示。配电装置用断路器 MCCB 和 ACB 标准没有类似规定，但产品特性有类似划分。国外有的标准中还有 A、K 类型，因较少应用，此处不予介绍。

表 8-5　家用及类似场所用断路器脱扣器类型

脱扣器形式	瞬时脱扣器动作电流范围	适用条件
B	$(3\sim5)I_{rR}$	短路电流较低情况，如备用发电机线路，上级线路为长电缆等
C	$(3\sim10)I_{rR}$	一般情况，如一般照明线路等
D	$(10\sim20)I_{rR}$	高启动电流负载线路，如电动机、变压器等

（3）长延时脱扣器约定时间内的约定脱扣/不脱扣电流。与熔断器类似，这也是产品标准对产品特性分散性程度的一种约束，我国现行标准 GB 14048.2 对配电装置用断路器规定如下。

约定时间：$I_{rR}\leqslant$63A 时，1h；$I_{rR}>$63A 时，2h。

约定不脱扣电流：$1.05I_{rR}$。

约定脱扣电流：$1.30I_{rR}$。

以上数据表明，如果将长延时过电流动作值 I_{op1} 整定为 $I_{op1}=I_{rR}$，在断路器冷态情况下通过 $1.05I_{rR}$ 电流，脱扣器必须保证在 1h（或 2h，视脱扣器额定电流而定）之内不脱扣；在此状态下将通过电流调整为 1.30I_{rR}，则脱扣器必须保证在其后的 1h(或 2h)之内脱扣。当通过电流为 1.05I_{rR}～1.30I_{rR}时，脱扣器是否在 1h(或 2h)之内脱扣则是不确定的。

对于家用及类似场所用的 MCB 断路器，这两个值分别为 1.13I_{rR}和 1.45 I_{rR}。

特别应该注意的是，对于热磁式脱扣器中的长延时热脱扣器，其动作特性会受到环境温度的影响。有的热磁式脱扣器有环境温度补偿功能，在一定温度范围(如 5～40℃)内保护特性不随温度变化，但有的热磁脱扣器没有温度补偿功能，其保护特性应根据环境温度修正。附表 17 列示了 C65 系列 MCB 长延时脱扣器环境温度修正系数，可作为一个示例。

3）参数示例

以 MTE10N3F500 型断路器为例，该断路器为开启式选择型，主要用作电源总开关，主要参数如表 8-6 所示。

表 8-6　MTE10N3F500 型断路器主要参数

额定电压 U_r/V	400
壳架等级额定电流 I_{rQ}/A	1000
额定短路运行分断电流 I_{cs}/kA	65
极限短路分断电流 I_{cu}/kA	65
额定短时耐受电流 I_{sw}/kA	65
额定短时耐受时间 t_{sw}/s	1
额定峰值耐受电流 i_{pw}/kA	143
配用脱扣器型号	Micrologic 5.0(还可选配其他指定脱扣器型号)
配用脱扣器额定电流 I_{rR}/A	600、800、1000
长延时脱扣器整定电流范围 I_{op1}/I_{rR}	0.4～0.9，间隔 0.1；0.95、0.98、1.0
长延时脱扣器整定时间范围 t_{op1}/s	6 I_{op1}时：0.5、1、2、4、5、6、7、8、9、10
短延时脱扣器整定电流范围 I_{op2}/I_{op1}	1.5、2、2.5、3、4、5、6、7、8、9、10
短延时脱扣器整定时间范围 t_{op2}/s	0.1、0.2、0.3、0.4、关闭
瞬时脱扣器整定电流范围 I_{op3}/I_{rR}	2、3、4、6、8、10、12、15、关闭
最大分断时间/ms	50

该断路器配用的脱扣器中，长延时和瞬时脱扣器动作电流是以脱扣器额定电流为倍数基准整定的，短延时脱扣器动作电流是以长延时脱扣器整定电流为倍数基准整定的，短延时和瞬时脱扣器都可以关闭。长延时脱扣器动作时间曲线可以调整，厂家约定以 6 倍动作电流对应的时间为时间表述基准。

8.3.4　剩余电流保护电器 RCD

1. 工作原理

所谓剩余电流(Residual Current)，指系统电源产生的电流中，净流入非带电导体的那一部分电流。在熟知的 TT、TN 和 IT 系统中，带电导体为相导体(L1～L3)和中性导体(N)，而保护导体(PE)和大地等属于非带电导体。系统在正常工作时产生的剩余电流通常很小，可以忽略，只有在接地故障时才可能产生较大的剩余电流。

剩余电流保护电器的核心部分为剩余电流检测器件，其原理为通过求取所有带电导体电

流之和来检测非带电导体电流，理论依据为基尔霍夫电流定律(KCL)。图 8-13 所示为电磁型剩余电流检测器件，将所有带电导体(相线和中性线)穿过一只电流互感器的铁心环，根据针对封闭面的广义 KCL，正常工作时，封闭面上电流之和为零，它们各自所产生的磁通相互抵消，不会在铁心环中产生磁通，铁心环上的绕组中没有感应电流；当设备发生碰壳故障时，有接地故障电流从接地电阻 R_E 上流走，同样根据 KCL 有 $\dot{I}_U+\dot{I}_V+\dot{I}_W+\dot{I}_N=\dot{I}_{R_E}\neq 0$。电流($\dot{I}_U+\dot{I}_V+\dot{I}_W+\dot{I}_N$)在铁心中产生的磁场会在绕组中产生感应电流，这个电流就是碰壳故障发生的信号，其强度与电流 $|\dot{I}_{R_E}|$ 呈正相关性，$|\dot{I}_{R_E}|$ 即为剩余电流。

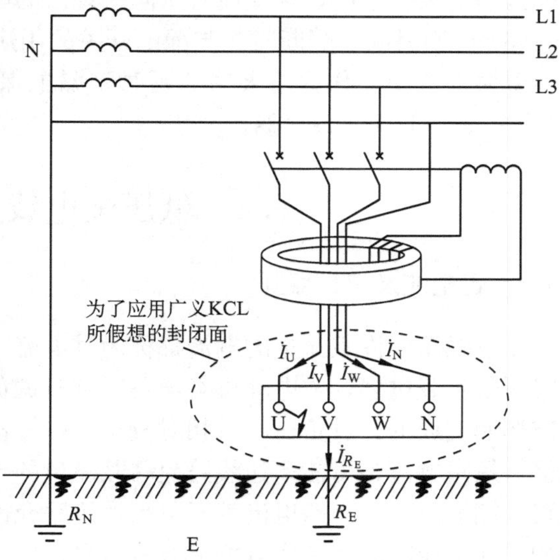

图 8-13　剩余电流检测

2. 分类

按不同的标准，可将剩余电流保护电器作不同的分类。RCD 按其有无切断电路的功能，分为以下两大类。

(1) 带切断触头的 RCD。又称为开关型漏电保护电器，它是指在漏电电流引起 RCD 动作时，能依靠电器本身的触头系统切断主电路，简称 RCD(C)。若 RCD(C)兼有低压断路器功能，则称为漏电断路器；若 RCD(C)只是专用于在漏电时切断电源，则称为漏电开关。

(2) 不带切断触头的 RCD。即保护装置本身没有切断主电路的触头系统。当漏电电流引起装置动作时，需要依靠其他保护装置的触头系统才能切断电源，或根本不切断电源，只发出信号。这类装置简称 RCD(O)，典型产品为漏电继电器。

按漏电保护装置剩余电流检测环节的形式，RCD 又分为电磁式和电子式，电子式 RCD 又可分为集成电路式和分立元件式。电磁式 RCD 因全部采用电磁元件，使其耐过电流和过电压冲击能力以及抗干扰能力都比较强，且无需辅助电源，可靠性较高，但其灵敏度不易提高，且工艺复杂，造价较高；而电子式 RCD 灵敏度高，动作电流和时间的调整都很方便，但需要辅助电源才能工作，且抗干扰和抗过电压能力较差。

另外，RCD 还可以按极数、安装方式等进行分类，详细情况可查阅相关的产品样本。

3. 特性参数

下面介绍剩余电流保护电器的主要保护参数，常规参数不再在此处介绍。

(1) 额定漏电动作电流 $I_{\Delta n}$。指在规定条件下，漏电开关必须动作的漏电电流值。

我国标准规定的额定漏电动作电流值范围为 6～20000mA，其中 30mA 及以下属于高灵敏度，主要用于电击防护；50～1000mA 属于中等灵敏度，用于电击防护和漏电火灾防护；1000mA 以上属于低灵敏度，用于漏电火灾防护和接地故障监视。

(2) 额定漏电不动作电流 $I_{\Delta no}$。指在规定条件下，漏电开关必须不动作的漏电电流值。

额定漏电不动作电流 $I_{\Delta no}$ 总是与额定漏电动作电流 $I_{\Delta n}$ 成对出现，标准推荐的优选值为 $I_{\Delta no}=0.5I_{\Delta n}$。因为产品的分散性，$I_{\Delta no}\sim I_{\Delta n}$ 的电流为不能确认动作的区间，即若试验电流为此区间的某一个值，则即使对于同一规格的产品，有些可能会动作，有些则不动作。

(3) 分断时间。分断时间与漏电开关的用途有关。作为电击防护的漏电开关最大分断时间不得大于 0.2s，作为防火用的延时型漏电保护器可以有延时，延时时间优选值为 0.2s、0.4s、0.8s、1s、1.5s、2s。

8.4 低压配电线路的过电流保护

8.4.1 过电流及保护原则

超过线路允许载流量的电流都称为过电流。过电流有两种情况，一种是过负荷，主要是线路所带负载过多，或电动机类设备所带机械负荷过重造成的；另一种是短路，主要是因绝缘破坏而造成的。过负荷电流相对较小，一般不超过线路允许载流量的百分之几十或很少的几倍，短路电流则可能高达线路允许载流量的十几至几十倍，大容量变压器低压侧的小截面线路首端短路时，短路电流甚至可高达线路允许载流量的数百倍。因此，对短路和过负荷的保护，在响应时间和动作方式上有所差异。

过负荷有两种不同的后果。对于轻度过负荷(如过负荷 20%)，长时间作用下，其后果是线缆和设备的绝缘寿命缩短，以及接头、端子等氧化加快，但并不会立刻产生故障；对于严重过负荷(如过载 100%或更高)，会在短时间内使绝缘软化，介损增大，耐压降低，从而导致短路，引发火灾或其他灾害。就轻度过负荷而言，工程上还未找到有效的保护办法，因此本节所介绍的过负荷保护，主要针对的是中、重度过负荷情况。

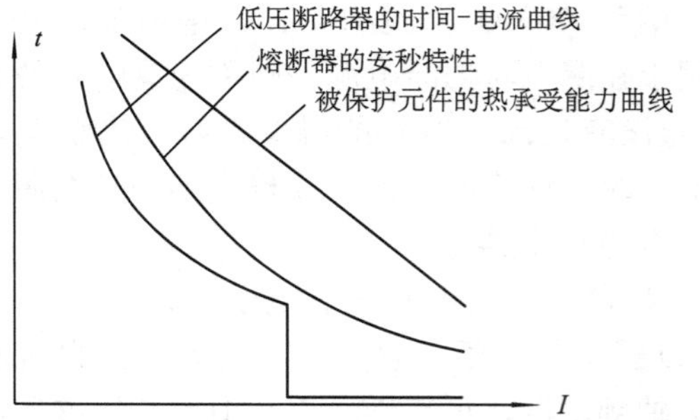

图 8-14 过电流保护电器与被保护元件的特性配合

线路及电气设备都有一定的过电流承受能力，其特点是过电流程度越轻，所能承受的时间越长。图 8-14 示出了线路过电流承受特性与保护装置保护特性之间的正确关系。过电流保护的原则是，保护装置应先于被保护元件被过电流效应损坏而动作。

低压系统过电流保护的目的，不仅要保证系统本身不受损坏，还应保证不能因系统故障而危及环境安全。在两者不能兼顾的情况下，应优先考虑后者。这是低压系统不同于中、高压系统之处。

8.4.2 低压配电线路的短路保护

1. 短路保护的基本要求

除了对保护的一般要求以外，低压线路的短路保护还应满足以下两个条件。

(1) 短路保护电器的开断电流应不小于其安装处的最大预期短路电流。

(2) 应保证被保护线路被短路电流热效应和力效应损坏前动作。力效应主要与短路峰值电流有关，按动稳定性校验即可。电缆、穿管(槽)敷设的绝缘电线等不需要校验动稳定性。热效应不仅与短路电流量值有关，还与短路电流持续时间有关。当短路电流持续时间大于 0.1s、小于 5s 时，根据式(7-32)，短路切断时间应满足

$$t_k \leqslant \frac{C^2S^2}{I_k^2} \tag{8-9}$$

式中，C 为线缆热稳定系数($A \cdot \sqrt{s} \cdot mm^{-2}$)，其值见表 7-1；$t_k$为短路电流持续时间(s)；$S$ 为线缆导体截面积(mm^2)；I_k为稳态短路电流有效值(A)。

式(8-9)与式(7-32)中时间的定义略有不同，前者是短路电流持续时间 t_k，后者是假想时间 t_{im}。因为低压系统短路电阻占短路阻抗的比重较大，非周期分量衰减很快，短路电流持续时间超过 0.1s 就可以不考虑非周期分量的影响，这种情况下假想时间约等于短路电流持续时间。当短路电流持续时间超过 5s 时，要计及散热作用，式(8-9)不再有效。

当短路电流持续时间小于 0.1s 时，应计入非周期分量的影响。能在小于 0.1s 时间内切断短路电流的电器，一般都是限流型断路器或熔断器，可根据保护电器的焦耳积分能量 I^2t(允通能量)进行热稳定校验，即

$$C^2S^2 \geqslant I^2t \tag{8-10}$$

当保护电器为低压断路器时，式(8-10)中 I^2t 可以从产品曲线中查出，如图 8-12(b)所示；当保护电器为限流型熔断器时，熔断时间一般在 0.01s(即半个周期)以下，可以直接引用类似表 8-4 所列的 I^2t 数值。

例 8-2 系统接线及部分参数如图 8-15 所示，断路器 QA1 壳架等级额定电流 $I_{rQ}=100A$，脱扣器额定电流 $I_{rR}=80A$，试分别计算以下两种情况下线缆 WD1 的短路热稳定性。

(1) QA1 为普通低压断路器，瞬时脱扣器作短路保护，全分断时间 0.15s。

(2) QA1 为限流型熔断器，限流特性见图 8-12，瞬时脱扣器作短路保护，全分断时间 50ms。

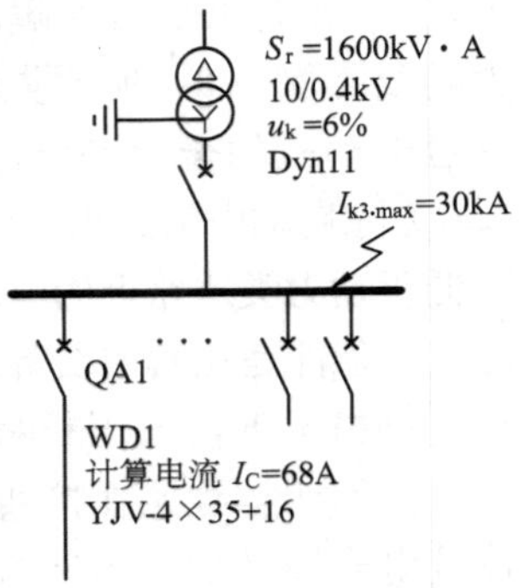

图 8-15 例 8-2 图

解 (1) 因为短路电流持续时间大于 0.1s，参照式(7-32)校验电缆截面积，电缆为交联聚乙烯绝缘铜芯电缆，查表 7-1 得 C 值为 $143A \cdot \sqrt{s} \cdot mm^{-2}$，满足热稳定条件所需最小截面积为

$$S \geqslant \frac{\sqrt{t_k}}{C} I_{k3\cdot max} = \frac{\sqrt{0.15}}{143} \times 30 \times 10^3 = 81.25(mm^2)$$

但实际电缆截面积只有 $35mm^2$，因此不满足短路热稳定要求。

从上面计算过程可知，从母线上引出的馈线不管计算电流多大，其最小截面积不得小于 81.25 mm^2，这对于小电流回路来说不仅是巨大的浪费，而且涉及工程可行性问题，比如从低压母线直接引出的变配电所照明回路，如此大截面积的电缆是无法与终端照明配电箱连接的。

(2) 因为短路电流全分断时间小于 0.1s，又是限流型断路器，应该按式(8-10)计算。查图 8-12(b)中脱扣器额定电流 80A 断路器允通能量曲线，预期短路电流 30kA 时对应的焦耳积分 I^2t 值为 $5\times10^5 A^2 \cdot s$。于是

$$C^2S^2 = 143^2 \times 35^2 = 2.5 \times 10^7 (A^2 \cdot s) > I^2t = 5 \times 10^5 (A^2 \cdot s)$$

因此满足热稳定要求。

分析以上两种情况，选用普通断路器时，低压馈线最小热稳定截面积取决于变压器二次侧短路电流和断路器分断时间，变压器容量越大，低压侧短路电流越大，线缆最小热稳定截

面积也越大，导致小容量馈线截面积严重偏大。而选用限流型断路器就很好地解决了这一问题，如本例中电缆满足短路热稳定条件的最小截面积为 $S_{\min}=\sqrt{\frac{I^2t}{C^2}}=\sqrt{\frac{5\times10^5}{143^2}}=4.9$ (mm^2)，这个量值显然不会导致电缆截面积超远远过其计算电流所需截面积的后果。限流断路器的好处由此可管窥一斑。

2. 低压断路器短路保护整定计算

低压断路器靠瞬时和(或)短延时脱扣器实施短路保护。因低压系统处于电力系统最末端，其保护整定直接受用电设备的影响，短路保护动作值整定方法如下。

1) 瞬时过电流脱扣器动作电流整定

只要有某一个瞬间电流超过整定值，瞬时脱扣器就会脱扣，因此瞬时脱扣器动作值应躲过任何正常情况下可能出现的电流量值。

(1) 按躲过配电线路的尖峰电流整定。这是为了保证不因启动电流等正常电流而误动所作的整定。

对动力类线路，动作电流整定公式为

$$I_{op3}\geqslant K_{rel3}[I'_{st\cdot M1}+I_{C(n-1)}] \tag{8-11}$$

照明类线路动作电流整定公式为

$$I_{op3}\geqslant K_{rel3}I_C \tag{8-12}$$

式中，I_{op3} 为低压断路器瞬时脱扣器动作值(A)；K_{rel3} 为低压断路器瞬时脱扣器可靠系数，动力类线路取 1.2，照明类线路取决于光源特性，具体见表 8-7；$I'_{st\cdot M1}$ 为线路上启动电流最大一台电动机的全启动电流(A)，包括周期分量与非周期分量，其值可取堵转电流的 2 倍；$I_{C(n-1)}$ 为除启动电流最大一台电动机以外的线路计算电流(A)；I_C 为照明线路的计算电流(A)。

低压动力类线路上的电动机一般不会全部同时启动，因此正常情况下与最大可能的尖峰电流对应的条件是在其他设备正常工作的情况下，启动电流最大的一台电动机启动。式(8-11)表明在这种情况下，低压断路器瞬时脱扣器也不能动作。

低压照明类线路在接通时，白炽灯类负荷冷态电阻较小，接通瞬间有较大的冲击电流；气体放电光源及配用镇流器也会在接通瞬间产生较大的冲击电流。因为瞬时脱扣器为无延时动作，因此必须躲过这个冲击电流。

(2) 按躲过下一级线路首端最大短路电流整定。这是为了满足上、下级保护选择性要求所作的整定，与中压系统的电流速断保护相同。

考虑选择性时，低压断路器瞬时脱扣器的动作值取值为以上两者中较大者。

2) 短延时过电流脱扣器动作电流与延时时间整定

短延时脱扣器主要是为了保证选择性而设置的，最末一级线路不会使用短延时脱扣器，因此其动作值整定不涉及最末级照明线路。

(1) 动作电流按躲过短时间尖峰电流整定，即

$$I_{op2}\geqslant K_{rel2}[I_{st\cdot M1}+I_{C(n-1)}] \tag{8-13}$$

式中，I_{op2} 为低压断路器短延时脱扣器动作值(A)；K_{rel2} 为低压断路器短延时脱扣器可靠系数，取 1.2；$I_{st\cdot M1}$ 为线路上启动电流最大一台电动机的启动电流(A)，只包括周期分量，可取值为堵转电流；$I_{C(n-1)}$ 为除启动电流最大一台电动机以外的线路计算电流(A)。

(2) 动作时间比下一级保护高出一个时限，该时限一般为 0.1s 或 0.2s，视具体产品而

定。若下级保护电器为熔断器，则下级保护动作时间应取为最大熔断时间。

3）灵敏系数校验

瞬时和短延时脱扣器短路保护的灵敏系数要求不小于 1.3。在同时配设了瞬时和短延时过电流脱扣器的情况下，可不校验瞬时脱扣器的灵敏系数。

3. 由熔断器实施的短路保护

1）动作电流整定

熔断器的保护整定就是确定熔体的额定电流。

(1) 按躲过配电线路的尖峰电流整定。

对动力类线路，熔体额定电流应满足

$$I_{r\cdot FA} \geqslant K_r[I_{r\cdot M1} + I_{C(n-1)}] \tag{8-14}$$

对照明类线路，熔体额定电流应满足

$$I_{r\cdot FA} \geqslant K_m I_C \tag{8-15}$$

式中，$I_{r\cdot FA}$ 为熔体额定电流(A)；K_r为动力配电线路熔断体选择计算系数，取决于启动电流最大一台电机的额定电流与线路计算电流的比值，见表 8-7，表中 $I_{r\cdot M1}$ 为线路上启动电流最大一台电动机的额定电流(A)；$I_{C(n-1)}$ 为除启动电流最大一台电动机以外的线路计算电流(A)；K_m为照明线路熔断体选择计算系数，取决于电光源类型和熔断体特性，取值见表 8-8；I_C为照明线路的计算电流(A)。

表 8-7　K_r值

$I_{r\cdot M1}/I_C$①	≤0.25	0.25～0.40	0.40～0.60	0.60～0.80
K_r	1.0	1.0～1.1	1.1～1.2	1.2～1.3

注：①I_C 为动力线路计算电流。

表 8-8　不同光源的照明线路保护电器选择计算系数

保护电器类型	计算系数	白炽灯、卤钨灯	荧光灯	高压钠灯、金卤灯	荧光高压汞灯
RL7、NT 熔断器①	K_m	1.0	1.0	1.2	1.1～1.5
RL6 熔断器①	K_m	1.0	1.0	1.5	1.3～1.7
低压断路器长延时过电流脱扣器	K_{rel1}	1.0	1.0	1.0	1.1
低压断路器瞬时过电流脱扣器	K_{rel3}	10～12	4～7	4～7	4～7

注：①熔断体额定电流小于 63A。

(2) 按选择性整定。上、下级熔体的额定电流之比不应小于熔体的过电流选择比(与中压熔断器的保护配合比含义相同)，过电流选择比因熔体类型而异，典型值如 1.6。

2）灵敏性校验

用熔断器实施短路保护时，灵敏性是否满足要求主要取决于熔体的熔断时间。若熔体的最大熔断时间小于式(8-9)所要求的时间，线路热稳定性得以满足，则认为保护有足够的灵敏性。对于限流型熔断器，可以按式(8-10)进行热稳定性校验。

8.4.3　低压配电线路的过负荷保护

1. 过负荷保护的基本要求

低压线路的过负荷保护应满足以下两个基本要求。

(1) 保护电器应在过负荷电流引起的导体温升对绝缘、接头、端子或导体周围物质造成损害之前分断电路。

(2) 对突然断电比过负荷造成的损失更大的线路，过负荷保护只动作于信号。

过负荷保护的难点在于上述(1)中所述的造成损害的时间的确定，这个时间不是一个固定值，而是过负荷程度的函数，见图 8-14 中“被保护回路热承受能力曲线”。保护电器的保护特性一般并不平行于这条曲线，因此要检验是否能在全过负荷范围内有效保护，需要将整条曲线画出来进行比较，应用甚为不便。工程上的做法是：以大量试验为基础确定产品标准，再通过标准之间的配合，以参数的形式进行保护有效性的判断。据此，对过负荷保护动作特性按以下条件进行整定和判断。

$$I_{op} \geqslant I_C \tag{8-16}$$

$$I_2 \leqslant 1.45 I_{con} \tag{8-17}$$

式中，I_{op}为保护电器过负荷保护动作值(A)，对低压断路器而言为长延时脱扣器整定值I_{op1}，对熔断器而言为熔体额定电流 $I_{r\cdot FA}$；I_C为线路计算电流(A)；I_2为保护电器约定时间内的约定动作的电流(A)；I_{con}为线路的允许载流量(A)。

式(8-16)的意义很明确，即保证正常条件下保护电器不误动作；式(8-17)即保证过负荷条件下保护电器先于线路被损坏而动作。在保护电器的标准中，考虑过负荷保护特性的分散性时，用 I_1曲线表示最小时间动作特性，I_2曲线表示最大时间动作特性，并通过试验确定一些与这两条曲线相关的坐标点，如熔断器约定时间的约定熔断及不熔断电流(见表 8-2 和表 8-3)，或低压断路器长延时脱扣器约定时间的约定脱扣及不脱扣电流，I_2就是最大时间动作特性曲线上约定时间所对应的电流，而约定时间是标准规定的。式(8-17)中系数 1.45 和参数 I_2都是通过试验及标准之间的配合得出的。系统设计的关键问题是要找出 I_2与保护动作整定值 I_{op}之间的关系。下面就断路器和熔断器作保护电器的情况分别讨论。

2. 低压断路器实施的过负荷保护

低压断路器由长延时过电流脱扣器实施过负荷保护。根据低压断路器的产品标准和试验方法，I_2为长延时脱扣器约定时间内的约定脱扣电流，对配电装置用断路器 ACB 和 MCCB，约定时间为 2h(额定电流小于等于 63A 时为 1h)，约定脱扣电流为 1.3 I_{op1}，因此 I_2与长延时脱扣器动作值 I_{op1}的关系为 $I_2 = 1.3 I_{op1}$。于是式(8-17)可表示为 $1.3 I_{op1} \leqslant 1.45 I_{con}$，即 $I_{op1} \leqslant 1.16 I_{con}$，取保守的估值，工程上校验长延时过电流脱扣器过负荷保护有效性的公式为

$$I_{op1} \leqslant I_{con} \tag{8-18}$$

式中，I_{op1}为低压断路器长延时过电流脱扣器动作电流(A)；I_{con}为线路的允许载流量(A)。

式(8-18)说明，只要低压断路器长延时脱扣器的动作电流值小于线路的允许载流量，就能保证断路器在线路绝缘软化前切断线路。

对于家用及类似场所用 MCB 断路器，标准规定 $I_2 = 1.45 I_{op1}$，推导出公式与式(8-18)相同。

应注意用热脱扣器做过负荷保护时，若脱扣器没有设置热补偿，脱扣器的动作特性与环境温度和散热条件有关。一般以环境温度 40℃(ACB 和 MCCB)或 30℃(MCB)为基准温度，环境温度不等于基准温度时需要对脱扣器电流进行修正；当断路器装设在封闭的箱、柜内且相邻有较多设备时，由于发热的相互影响，等效于提高了环境温度，也需要进行修正。修正数据一般由设备生产商提供。

3. 熔断器实施的过负荷保护

用式(8-17)校验熔断器过负荷保护的有效性时，I_2为熔断器约定时间内的约定熔断电流。校验方法与低压断路器类似，先根据相关试验和产品标准找出 I_2与熔断器额定电流 $I_{r \cdot FA}$的关系，再通过式(8-17)确定出 $I_{r \cdot FA}$ 和 I_{con}的关系。现将部分熔体的校验数据列于表 8-9中。

表 8-9 用熔断器作过负荷保护时熔体电流与线路允许载流量的关系

专职人员用熔断器类型	$I_{r \cdot FA}$ 值范围/A	$I_{r \cdot FA}$ 与 I_{con}应满足的关系
螺栓连接熔断器	全值范围	$I_{r \cdot FA} \leqslant I_{con}$
刀型触头熔断器和圆筒帽型熔断器	≥16	$I_{r \cdot FA} \leqslant I_{con}$
	$16 > I_{r \cdot FA} > 4$	$I_{r \cdot FA} \leqslant 0.85 I_{con}$
	$I_{r \cdot FA} \leqslant 4$	$I_{r \cdot FA} \leqslant 0.77 I_{con}$
偏置触刀熔断器	$I_{r \cdot FA} > 4$	$I_{r \cdot FA} \leqslant I_{con}$
	$I_{r \cdot FA} \leqslant 4$	$I_{r \cdot FA} \leqslant 0.77 I_{con}$

8.5 低压断路器过电流保护的级间配合

低压断路器级间配合主要指上、下级断路器分断能力配合和保护选择型配合，又称为级联断路器的配合。

8.5.1 上、下级断路器的分断能力配合

当下级断路器分断能力小于其需要分断的最大预期短路电流时，可以通过与上级断路器的配合进行补救，这就是上、下级断路器分断能力配合问题，主要有以下两种情况。

1. 上、下级断路器均为非限流型

上、下级断路器均为非限流型断路器，下级断路器的分断能力又小于下级被保护对象上的最大预期短路电流，按照 GB 50054—2011《低压配电设计规范》规定，可以由上级断路器替代下级断路器分断短路电流。这需要满足以下两个条件。

(1) 上级断路器分断能力大于下级被保护元件最大短路电流，且当下级短路电流大于下级断路器分断能力时，上级断路器应可靠动作，动作延时(如果有的话)不能长于下级断路器。

(2) 下级断路器应能承受上级断路器切断短路电流之前的故障电流冲击。

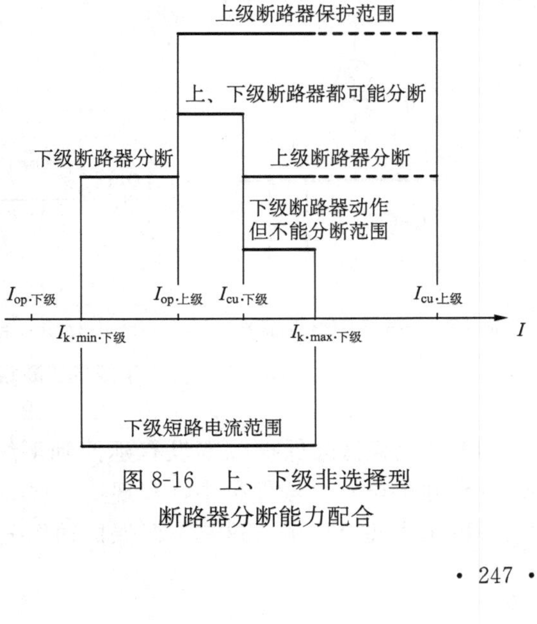

图 8-16 上、下级非选择型断路器分断能力配合

图 8-16 所示为达到以上第(1)条要求的示例，图中下方粗实线为下级被保护元件短路电流的范围，该范围内的短路电流有一部分超过了下级断路器的分断能力，涉及上、下级开断能力的配合问题；粗虚线是上级被

保护元件短路时的情况，不涉及配合问题。从图中可以看出，上级断路器保护范围延伸到下级，因此对于下级被保护元件部分范围内的短路，上、下级保护是失去选择性的。

2. 上级断路器为限流型、下级为非限流型

当上级断路器为限流型时，即使是下级被保护元件短路，短路电流也是通过上级断路器流到下级被保护元件故障点的，只要预期故障电流达到上级断路器的限流区间，上级断路器的限流功能就会起作用。如果预期故障电流小于上级断路器动作值，故障电流由下级断路器分断，这时下级断路器实际分断的是被上级断路器限流之后的故障电流，而非预期故障电流，这等同于提高了下级断路器能够分断的预期短路电流量值，至于提高了多少，需要由设备制造商通过测试才能确认。表 8-10 所示为某制造商对其低压断路器系列产品进行实验室测试后给出的数据。

表 8-10　限流断路器对下级断路器分断能力的影响

断路器分断能力		对应的断路器型号规格		
上级限流型断路器预期短路电流分断能力/A	150			NS250L
	50		NS250S	
	35	NS250N		
下级断路器受益于上级断路器限流后的预期短路电流分断能力/A	150			NG125L
	70		NG125L	
	36	NG125N	NG125N	
	30	C60H	C60L	C60N/H
	25	C60N	C120N/H	C120N/H

8.5.2　上、下级断路器基于电流和时间的选择性配合

基于电流和时间的选择性是中、高压系统过电流保护选择性实现的主要途径之一，低压系统也适用。图 8-17 所示为几种典型的上、下级配合情况，基于电流和时间的保护选择性配合可归纳为以下两条原则。

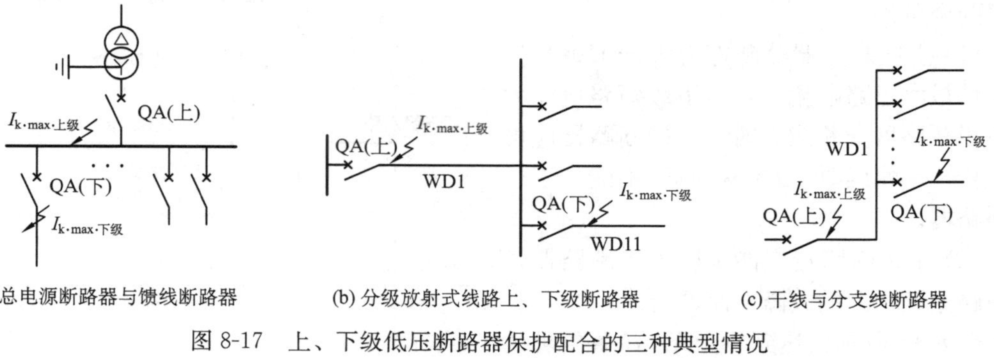

(a) 总电源断路器与馈线断路器　(b) 分级放射式线路上、下级断路器　(c) 干线与分支线断路器

图 8-17　上、下级低压断路器保护配合的三种典型情况

(1) 若上级低断保护范围没有延伸到下级被保护元件，则上、下级保护之间具有选择性。在经典的电流三段保护中，实现这一选择性的原理是上级保护的动作电流大于下级被保护元件的最大短路电流。这是上级保护动作电流与下级被保护元件短路电流满足了给定条件

而实现的选择性，因此被称为基于电流配合的选择性，简称电流选择性。

(2) 若上级低断保护范围延伸到下级被保护元件，即上级保护动作电流小于下级被保护元件部分或全部短路电流，则需要上级保护动作时间长于下级保护，才能在下级被保护元件短路时保证选择性，因此被称为基于时间配合的选择性，简称时间选择性。

1. 全选择性与部分选择性

所谓全选择性，指下级被保护元件从过载到最大短路电流的整个过电流范围内，上级保护都不会先于下级保护动作跳闸。图 8-18(a)所示为基于电流的全选择性，因为下级被保护元件的最大短路电流都未达到上级短路保护动作电流值，即 $I_{k\cdot max\cdot 下级} < I_{op3\cdot QA(上)}$；图 8-18(b)所示为基于电流和时间的全选择性，上、下级断路器瞬时脱扣器间具有电流选择，但上级瞬时脱扣器因此不能保护线路全长，故加设了短延时脱扣器以保护死区部分，上级短延时脱扣器保护范围因此延伸到下级线路。当下级被保护元件短路电流大于上级断路器短延时脱扣器动作电流时，上级短延时脱扣器启动，但因有延时，使得下级断路器瞬时脱扣器抢先动作，从而达成选择性。

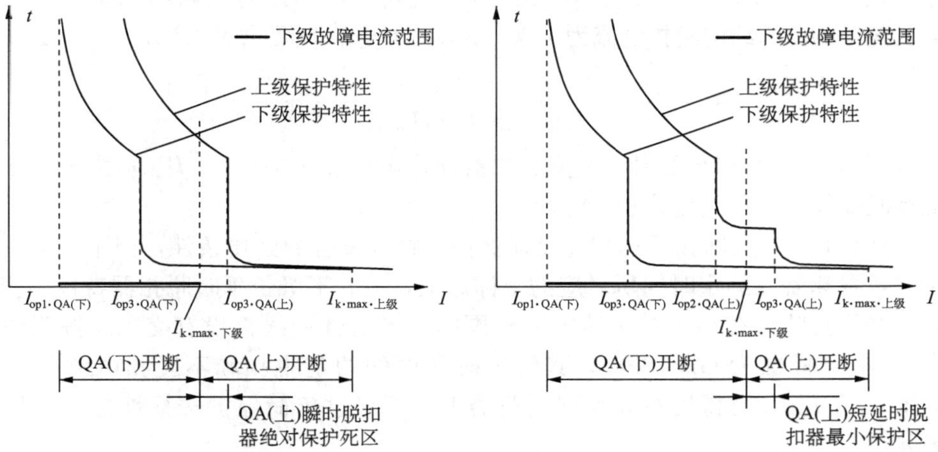

(a) (b)

图 8-18 上、下级低压断路器全选择性示例

所谓部分选择性，指下级被保护元件过电流不超过某一量值的条件下，上级保护不会先于下级保护动作，而过电流超过这一量值时，上、下级保护间将出现竞争跳闸等非选择性动作。图 8-19 所示为上、下级断路器瞬时脱扣器间具有部分选择性的示例。

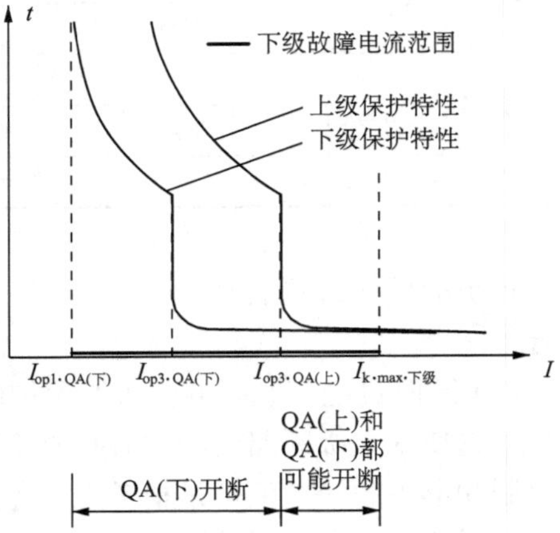

图 8-19 上、下级低压断路器部分选择性示例

2. 上、下级断路器保护选择性的技术实现及判断

低压断路器的上、下级保护选择性的实现，在遵循技术原理的基础上，还需要考虑脱扣器特性，包括脱扣器特性曲线形状、误差限值、分散性限值和限流特性等，这涉及相关的工程标准，主要有 GB 14048.2《低压开关设备和控制设备 第 2 部分：

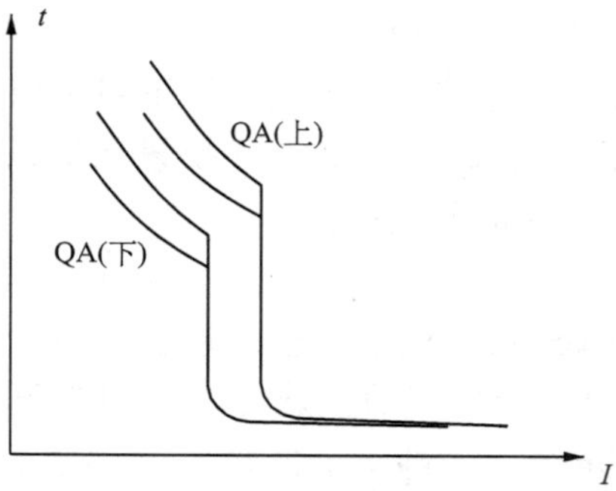

图 8-20　上、下级断路器长延时脱扣器过负荷保护选择性配合

断路器》和 GB 10963《家用及类似场所用过电流保护断路器》两部标准，前者适用于工业用(又称为配电装置用)断路器，主要类型为开启式断路器 ACB 和模压外壳式断路器 MCCB，后者适用于家用及类似场所用，类型为微型断路器 MCB。

(1) 长延时过电流脱扣器作过负荷保护的选择性配合。达到这种配合的上、下级断路器长延时脱扣器特性如图 8-20 所示，要求在整个过负荷范围内下级的最大时间特性与上级的最小时间特性都不得有交叉。有的设备生产商给出了上、下级长延时脱扣器的保护配合比，只要它们的动作电流之比大于配合比，就可直接判断达到选择性配合。

若没有脱扣器的特性曲线和配合比数据，可按下级长延时脱扣器约定时间内的约定脱扣电流小于上级长延时脱扣器约定时间内的约定不脱扣电流进行大致判断。例如，当长延时脱扣器动作电流整定为 I_{op1} 时，按照 GB 14048.2 规定，其约定时间内的约定不脱扣电流为 $1.05I_{op1}$，约定时间内的约定脱扣电流为 $1.30I_{op1}$，于是选择性要求为 $1.05I_{op1\cdot 上} > 1.30I_{op1\cdot 下}$，据此推导出如下关系

$$I_{op1\cdot 上} > 1.24I_{op1\cdot 下} \tag{8-19}$$

式中，$I_{op1\cdot 上}$ 为上级断路器长延时过电流脱扣器动作电流整定值(A)；$I_{op1\cdot 下}$ 为下级断路器长延时过电流脱扣器动作电流整定值(A)。

式(8-19)是上、下级断路器达到过负荷保护选择性配合的必要条件，但不充分。因为达到这一条件，意味着在约定时间所对应的坐标点上，上、下级长延时脱扣器特性不会有交叉或重叠，但并不意味着在整个过负荷电流范围内两者特性曲线都没有交叉。按照同样的思路，考虑到 MCB 标准为 GB 10963，其约定时间内的约定脱扣和不脱扣电流分别规定为 $1.13I_{op1}$ 和 $1.45I_{op1}$，可得出不同类型断路器上、下级过负荷保护选择性配合必要条件如表 8-11所示。

表 8-11　上下级断路器过负荷保护选择性配合必要条件

断路器类型	上级	ACB 或 MCCB	MCCB	MCB
	下级	MCCB	MCB	MCB
依据标准	上级	GB 14048.2	GB 14048.2	GB 10963
	下级	GB 14048.2	GB 10963.2	GB 10963
$I_{op1\cdot 上}/I_{op1\cdot 下}$		1.24	1.38	1.29

过负荷保护选择性配合本质上是一种时间选择性配合，但判断方法可能表现为电流配合。

(2) 瞬时过电流脱扣器作短路保护的选择性配合。要达到完全选择性，只能基于电流选择性，这要求上级断路器瞬时脱扣器不脱扣电流大于下级被保护元件的最大短路电流。所谓瞬时脱扣器不脱扣电流，是指考虑误差限值后瞬时脱扣器动作电流下限值。按 GB 14048.2 规定，瞬时脱扣器的误差限值为±20%。

就非限流型断路器而言，对于图 8-17(a)所示情况，上、下级断路器间瞬时脱扣器完全

选择性是不可能实现的，因为它们各自保护对象的最大短路电流相等。由于低压系统线路长度通常都很短，上、下级线路间短路电流相差不大，图 8-17(b)、(c)所示上、下级断路器间瞬时脱扣器完全选择性也是很难实现的。

(3) 上级短延时脱扣器作短路保护时的选择性配合。这是时间选择性配合。不管下级断路器是瞬时脱扣器还是短延时脱扣器作短路保护，只要上级短延时脱扣器动作时间比下级脱扣器高出规定的时限，就能保证上、下级之间的选择性。该规定时限视产品而定，典型值如 0.1s 或 0.2s。

8.5.3 上、下级断路器短路保护选择性配合的新技术

最近二三十年，低压断路器技术有一些新的进展，使得其多方面特性进一步优化，在保护选择性上也有所体现，出现了不同于中、高压系统继电保护选择性实现方式的新技术路径，这些新的技术进展有的已经体现在 IEC 标准中，国家标准也在持续跟进。

1. 限流特性与选择性

限流断路器的限流特性对过负荷保护特性基本没有影响，但对短路保护的选择性配合有比较大的正面作用。限流的技术实现方式有电动力限流、机械结构限流、灭弧限流等。以最常见的电动力限流为例，通常将触头处电流路径设计成 U 形，并确定恰当的触头臂长，使得短路电流还未达到预期峰值时，触头就被电动力斥开，产生电弧，电弧阻抗增大了短路阻抗，从而限制了短路电流量值。若其后电流仍然上升到脱扣器整定电流值，则脱扣器失扣，斥开的触头彻底分断；若其后电流在尚未达到脱扣器整定值时就消失，则斥开的触头又重新闭合。

根据以上原理，当上、下级断路器均为限流型断路器时，若下级被保护元件发生短路，则上、下级断路器瞬时脱扣器间实现选择性配合的可能途径如下。

(1) 下级断路器触头斥开，开始限流。

(2) 上级断路器触头斥开，由于上级断路器额定电流大，且电流已经被下级断路器限流，因此触头斥开程度小于下级断路器，但仍会进一步限流。

(3) 下级断路器瞬时脱扣器动作电流小，设计正确的情况下，在降低了的短路电流作用下也将脱扣，斥开的触头彻底分断，成功切除短路。

(4) 上级断路器瞬时脱扣器动作电流大，电流尚未上升到脱扣器动作值时，短路电流就被下级断路器切断，上级断路器斥开的触头又重新闭合。

当断路器瞬时脱扣器动作值为脱扣器额定电流的固定倍数时，上、下级限流断路器瞬时脱扣器间是否能达到选择性配合，取决于它们脱扣器额定电流的比值，两者相差越大，越容易达成选择性配合，具体数据需要设备制造商通过试验确定。现已经有厂家能够给出这个比值，但数量还比较少。

以上所述限流型断路器瞬时脱扣器作短路保护时的选择性配合，既未达到电流配合(即上级断路器保护范围延伸到了下级被保护元件)，也未达到时间配合(都是瞬动)，但仍然可以实现选择性，这在中、高压系统继电保护中是难以想象的，体现了低压系统不同于中、高压系统的技术特征。但事实上，以上选择性配合仍然是靠时间差达成的，只是这个时间差不是保护整定的时间差，而是触头由斥开到分断之间的时间差，因此有学者又将其命名为“准延时选择性”或“虚拟时间选择性”。

2. 能量选择性

当脱扣器动作与否取决于能量而非单纯的电流值、且断路器又具有限流能力时，可以通过能量配合获得选择性，如装有能量脱扣器的情况。通常能量脱扣器的动作电流倍数较高，它并不能在全故障电流范围内替代过电流脱扣器，只是在高短路电流下起作用。

能量脱扣器的工作原理已如 8.3.3 节所述。若下级被保护元件发生短路，上、下级断路器都参与了限流，由于下级断路器额定电流较小，所需脱扣能量较低，限流后的故障能量仍足以使其能量脱扣器跳闸，但上级断路器额定电流大，所需脱扣能量较高，限流后的故障能量已不足以使其能量脱扣器跳闸，上下级间因此实现了选择性配合。

需要明确的是，上级被保护元件末端与下级被保护元件首端的预期短路能量是相同的，要使上级末端短路时上级断路器能量脱扣器动作，而下级首端短路时上级断路器能量脱扣器不动作，原理上似乎是行不通的。但事实上，当下级首端短路时，上、下级断路器都参与了限能，且因下级断路器额定电流小，限能程度更大；而上级末端短路时，只有上级断路器限能，且因上级断路器额定电流大，限能程度小，因此实际的短路能量在上级末端和下级首端处有一个跳跃，该跳跃正是选择性得以实现的依凭。为确保选择性实现，要求这一跳跃达到一定量值，这需要上、下级断路器能量脱扣器额定电流之比不低于规定值，该规定值由设备制造商通过试验确定。

具有能量脱扣器的上、下级断路器达成选择性配合还可能有另一种情况，即当下级线路首端短路(预期短路电流等于上级末端短路)时，对于上级断路器该短路电流量值尚未达到能量脱扣器动作区段，需要由瞬时过电流脱扣器开断，而对于下级断路器该短路电流已经达到能量脱扣器动作区段，由能量脱扣器脱扣分断。由于能量脱扣器分断时间极短，在故障电流瞬时值还未达到使上级瞬时过电流脱扣器动作的量值时就分断了短路电流，上级瞬时过电流脱扣器不再动作。

3. 逻辑选择性

这是基于配电网智能化技术的一种选择性实现方式，它需要断路器具有故障识别和通信接口功能，同时需要通信系统配合。例如，图 8-17 所示各种接线中，断路器能识别负荷侧的短路故障，规定下级断路器 QA(下)必须将故障识别信息通过通信系统(如通信光纤)实时传送给上级断路器，且规定上级断路器应将下级断路器送来的故障识别信息作为动作条件之一。当 QA(上)识别出故障，同时又接收到 QA(下)发来的故障信息时，可判断为下级被保护对象故障，QA(上)据此锁定保护功能；若只有 QA(上)识别出故障，而 QA(下)没有发来故障信息，则肯定是上级被保护对象故障，QA(上)保护跳闸。

8.5.4 低压断路器过电流保护综合选择性的工程应用

按以上分析，保护选择性在不同过电流范围内是由不同脱扣器实现的，又有不同的技术实现途径，还与断路器的类型和脱扣器特性有关，工程应用显得非常烦琐。工程界对此做出了两方面的努力。其一，通过修订工程标准等措施约束设备制造商，要求他们提供尽可能完整的特性参数，同时通过专家工作，提出一些典型的解决方案，并提供相应的图表、数据等技术支持。其二，有部分设备制造商通过试验验证，对自己所生产的低压断路器保护选择性给出简化的配合方法。在掌握选择性配合原理和技术方法的基础上，此处简要介绍一种基于厂家工作的简化的选择性配合方法，即所谓的“综合选择性”。

综合选择性又称为“自然的”选择性，是针对全电流范围、依靠多种脱扣器实现选择性配合的一种简易判断方法，除时间选择性外，该方法通过试验规定了上、下级断路器脱扣器整定电流的比值，只要不低于该比值，上、下级断路器在从过载到额定分断电流的整个故障电流范围内保护都是有选择性的。对于脱扣器动作电流整定值为脱扣器额定电流固定倍数的断路器，这一比值又可被上下级断路器脱扣器额定电流比值取代。现已经有少数厂家能给出这一比值，典型值如2.5。这一方法对图8-17(b)和(c)所示的级间选择性配合特别方便，即MCCB与MCCB之间或MCCB与MCB之间的选择性配合。

除了断路器级间保护选择性配合以外，低压系统中还有断路器与熔断器的保护选择性配合、熔断器与熔断器的保护选择性配合等，本书不再一一列举论述，读者可参照断路器的情况自行分析，或参阅相关资料。

8.6 低压配电线路的接地故障保护

低压系统接地故障指相线与大地(或跟大地有联系的导体)之间的电气连接，包括相线与PE线、PEN线、设备金属外壳、建筑物金属构件、各种金属管线等的电气连接。接地故障不仅危及低压配电系统本身的安全，还会危及人身和环境安全，造成电击伤害或引发电气火灾。因此对接地故障的保护，主要是从电击防护和电气火灾预防的角度考虑的，这其中又以电击防护为考虑的重点。

8.6.1 电击防护概述

人、畜因接触带电的导体而受到伤害的事件称为电击。电击可分为直接电击和间接电击两类。接触到正常工作时带电的导体所产生的电击称为直接电击，接触到正常工作时不带电但因任何原因(主要是故障)而带电的导体所产生的电击称为间接电击。直接电击承受相电压或线电压电击强度，间接电击承受电压的大小具有随机性。

1. 电流通过人体的效应

研究发现，电流(而非电压)是造成人身伤害的直接原因。不同大小的电流通过人体时，人的生理反应可分为4种状态，这4种状态分界点所对应的电流称为阈值电流，分别为反应阈、感知阈、摆脱阈和室颤阈。其中反应阈是人体通电后使肌肉发生不自主收缩的最小电流，感知阈是使人产生触电感觉的最小电流，摆脱阈是使人不能自主脱离带电体的最小电流，室颤阈是使人发生心室纤维颤动的最小电流。一般认为，摆脱阈以上的电流就是危险的，室颤阈以上的电流是致命的。

以发生室颤概率为50%考虑，室颤阈为50mA，这一电流是指电击时间超过一个心搏周期的情况，若电击时间小于一个心搏周期，室颤电流会增大。

2. 人体阻抗与安全电压

人体阻抗是一个阻容性的非线性阻抗，由两层皮肤阻抗和人体内阻抗构成，阻抗值随电压值、接触面积和压力大小等而不同，且与皮肤潮湿情况关系密切。标准规定：在正常环境条件下，人体阻抗值按纯电阻$R_M=1000\Omega$取值。

根据室颤电流和人体阻抗取值，推算出人体所能承受的最高电压，称为安全电压U_L。正常环境条件下，安全电压$U_L=50V$；潮湿环境条件下，安全电压$U_L=25V$。

3. 电击防护、电气火灾预防与接地故障保护的关系

TN、TT、IT系统中Ⅰ类设备发生的碰壳(即设备漏电)故障，是产生间接电击的主要

途径。在以上系统中，碰壳故障就是接地故障，因为设备外壳都是接地的。因此，接地故障保护可作为Ⅰ类设备的间接电击防护。

低压系统中发生单相接地故障时，接地电流往往很小，接地点也不稳定，常有电弧产生。由于电流小，过电流保护很可能不动作，使得故障长时间存在，成为火灾隐患。因此，单相接地保护可消除接地故障所潜伏的火灾隐患。

8.6.2 TN 系统的接地故障保护

TN 系统发生接地故障的情况如图 8-21 所示，图中设备 1 发生了 U 相端子碰壳，这是一个接地故障，相线通过设备金属外壳和 PE 线与电源中性点接地直接连接起来。很明显，该接地故障电流是一个单相短路电流，相当于相线与 PE 线发生的短路。

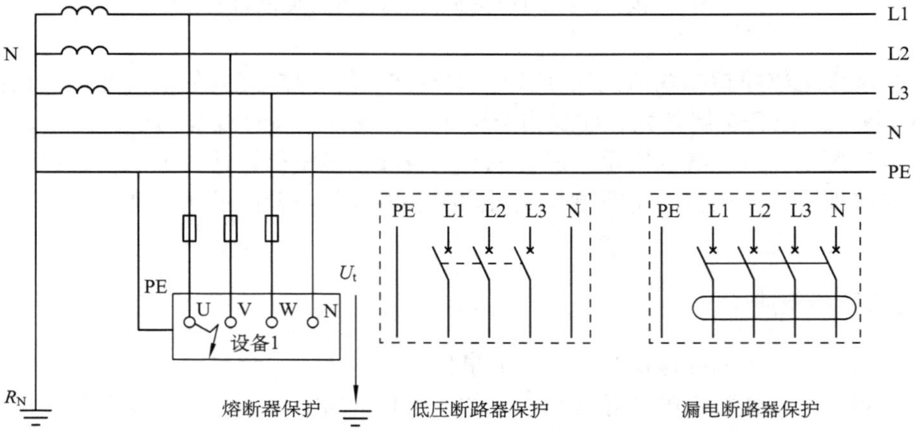

图 8-21 TN 系统的接地故障保护

TN 系统不能仅靠设备外壳接地来消除间接电击危险，因为此时设备外壳的预期接触电压 U_t 就是故障电流在 PE 线上的压降，这个压降是故障回路相阻抗和 PE 线阻抗对相电压分压后 PE 线所分得的部分。相阻抗包括高压侧系统计算阻抗、变压器计算阻抗和相线计算阻抗，PE 线阻抗包括系统 PE 线阻抗和设备 PE 线阻抗。由于 PE 线截面积不会大于相线截面积，而低压系统阻抗又以电阻为主，因此当线路较长(即线路阻抗在短路阻抗中所占比重较大)时，PE 线所分得的电压不会小于相电压的一半，即不小于 110V，远大于安全电压 50V 的要求。

TN 系统电击防护的另一技术路径是将碰壳故障转变成一个单相短路故障，依靠短路电流驱动过电流保护电器动作以切断电源，从而消除电击危险。因此，故障电流大，或过电流保护电器动作电流小，都有利于电击防护。据此，TN 系统接地故障保护动作电流应满足的条件为

$$Z_{\varphi P} I_a \leqslant U_{N\varphi} \tag{8-20}$$

式中，$Z_{\varphi P}$ 为故障回路相保阻抗；I_a 为保证保护电器在电击防护允许时间内自动切断故障回路的电流，可理解为保护电器的动作电流；$U_{N\varphi}$ 为标称相电压。

电击防护允许时间取决于故障设备性质。对手持或移动设备，要求切断时间小于 0.4s；对固定设备，要求切断时间小于 5s。

将式(8-20)变形为 $U_{N\varphi}/Z_{\varphi P}=I_d \geqslant I_a$ 可能更容易理解，此处 I_d 为接地故障电流，即要

求接地故障电流大于保护电器在电击防护允许时间内的动作电流，使电源在电击伤害发生之前就被断开。根据保护电器的类别，I_a的性质和大小有所不同，分述如下。

1. 低压断路器作保护电器

（1）低压断路器瞬时脱扣器本来是作短路保护之用的，理论上只要其动作电流 I_{op3}小于接地故障电流 I_d，则可用它兼作接地故障保护，其动作时间自动满足 0.4s 的要求。但考虑到产品标准允许瞬时脱扣器动作电流值有±20%的误差，再考虑 10%的计算误差等因素，瞬时脱扣器兼作接地故障保护的实际条件为 $I_d \geqslant 1.3 I_{op3}$，即 $I_a = 1.3 I_{op3}$。由于 TN 系统碰壳接地故障即为相保单相短路故障，只要短路保护灵敏系数满足要求，这一条件也满足要求。

（2）低压断路器短延时脱扣器兼作接地故障保护时，不仅动作电流要满足以上同样的要求，对于手持设备，其动作时间加上断路器燃弧时间还应小于 0.4s。

2. 熔断器作保护电器

对于熔断器，应根据切断时间要求确定出 I_a与 $I_{r \cdot FA}$ 的比值，这一工作不采用在电流-时间特性曲线上求取的方法，而是采用直接的比例系数配合。表 8-12 和表 8-13 分别为切断时间 5s、0.4s 时的比例系数。

表 8-12　切断接地故障回路时间小于或等于 5s 时的 $I_a/I_{r \cdot FA}$最小比值

熔体额定电流/A	4～10	12～63	80～200	250～500
$I_a/I_{r \cdot FA}$	4.5	5	6	7

表 8-13　切断接地故障回路时间小于或等于 0.4s 的 $I_a/I_{r \cdot FA}$最小比值

熔体额定电流/A	4～10	16～32	40～63	80～200
$I_a/I_{r \cdot FA}$	8	9	10	11

3. 剩余电流保护电器

用剩余电流保护电器作单相接地故障保护时，$I_a = I_{\Delta n}$。对用于电击防护的剩余电流保护，$I_{\Delta n}=30\text{mA}$；对于电气火灾预防的剩余电流保护，一般 $I_{\Delta n}=300～500\text{mA}$。在 TN 系统中，设备外壳与 PE 线的连接正好提供了剩余电流的通道，如图 8-21 所示，接地故障电流成为剩余电流，对于如此小的动作电流，接地故障电流总是能使其动作的。因此，TN 系统中剩余电流保护电器作接地故障保护有足够的灵敏度。

8.6.3　TT 系统的接地故障保护

TT 系统接地故障如图 8-22(a)所示，这时的等效电路如图 8-22(b)所示。图中 Z_T、Z_L为按对称分量法得出的变压器和线路(包括相线和 PE 线)的计算阻抗，因为 R_E、R_N远大于 Z_T和 Z_L，故忽略 Z_T、Z_L。这样，故障回路就相当于系统接地电阻 R_N和设备接地电阻 R_E对故障相相电压分压，人体预期接触电压 U_t为 R_E所分得的电压，即

$$U_t \approx \frac{R_E}{R_E + R_N} U_{N\varphi}$$

以预期接触电压 U_t不大于 50V 为安全条件，要求

$$U_t = \frac{R_E}{R_E + R_N} U_{N\varphi} \leqslant 50\text{V} \tag{8-21}$$

一般 $R_N = 4\Omega$，要满足式(8-21)，则至少要 $R_E \leqslant 1.18\Omega$，这么小的接地电阻值是很难实现的，即使能实现也不经济。因此在多数情况下，设备接地虽然能够有效降低接触电压，但要降低到安全限值以下十分困难。

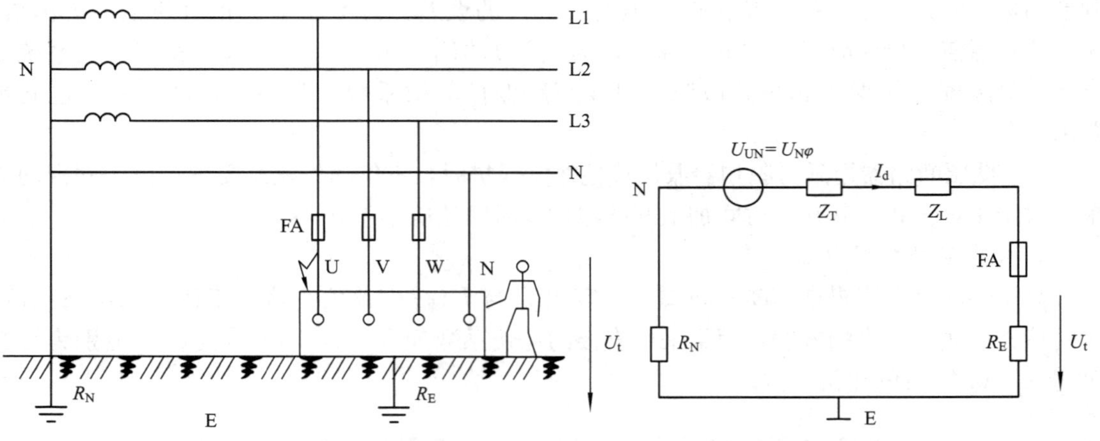

(a) 故障模型　　　　(b) 等效电路

图 8-22　TT 系统接地故障分析

TT 系统的接地故障电流能否像 TN 系统一样驱动过电流保护电器动作，从而切断电源呢？假设图 8-22(b)中设备接地电阻为 4Ω(这已经不容易了)，则 TT 系统的接地故障电流为

$$I_d \approx \frac{220}{(4+4)} = 27.5(\text{A})$$

这么小的电流在绝大多数情况下是不能使过电流保护电器在规定时间内动作的。

在实际工程中，因为接地故障电流小，接地点接触电阻或电弧阻抗的数值变化范围很大，准确计算接地故障电流 I_d 是比较困难的。因此，工程上对 TT 系统的安全条件作以下规定

$$R_E \cdot I_a \leqslant U_L \tag{8-22}$$

式中，U_L 为安全电压(V)，正常环境条件下为 50V；I_a 为保证保护电器在规定时间内自动切断故障回路的电流(A)；R_E 为设备接地电阻(Ω)。

式(8-22)体现了处理模糊事件中的工程智慧。只要式(8-22)成立，从逻辑上看，若实际接地故障电流 $I_d \leqslant I_a$，尽管保护电器不能(或不能在规定时间内)动作，但 $U_t = R_E I_d \leqslant U_L$ 是一定满足的，即预期接触电压低于安全电压，电击防护是有效的；若实际接地故障电流 $I_d > I_a$，尽管 $U_t = R_E I_d$ 可能大于安全电压 U_L，但保护电器肯定能在规定时间内切断电源，电击防护同样也是有效的。因此，式(8-22)避开了不易准确计算的接地故障电流 I_d，代之以可准确整定的 I_a，同样能明确地判断电击防护的有效性。

对于各种不同的保护电器，I_a 的确定与 TN 系统相同。由于故障电流小，过电流保护电器一般不能作有效的电击防护，因此规定 TT 系统必须设置剩余电流保护。图 8-22(a)中，设备外壳接地通道就是剩余电流通道，以 $I_{\Delta n} = 30\text{mA}$ 作电击防护动作电流，按式(8-22)，

在正常环境条件下，R_E只要小于1666Ω即可满足安全条件，这时尽管预期接触电压U_t已接近相电压，但漏电保护电器能在规定时间内切断电源。

8.6.4 IT系统的接地故障保护

1. 一次接地故障分析

IT系统某一相发生接地称为一次接地。IT系统一次接地故障如图8-23(a)所示，图中设备发生了U相碰壳。按6.5节的分析，此时系统所有非故障相的接地电容电流都要从接地点流过，接地故障电流即这个电容电流$I_{C\Sigma}$。只要系统的规模(主要指线路的总长度)控制得当，这个电流是很小的，它在接地电阻上产生的压降一般不足以造成人身伤害。当人体接触到带电设备外壳时，相当于设备接地电阻和人体电阻(含人体与地的接触电阻)对接地故障电流分流，流过人体的电流更小。如图8-23(b)所示，假设设备接地电阻为10Ω，人体电阻为1000Ω，忽略人体与地的接触电阻，则人体分得的电流为

$$I_M=\frac{R_E}{R_E+R_M}I_{C\Sigma}=\frac{10}{10+1000}I_{C\Sigma}\approx 0.01I_{C\Sigma}$$

可见，设备外壳接地使通过人体的电流进一步大幅降低。因此，IT系统的电击防护性能是十分优良的。

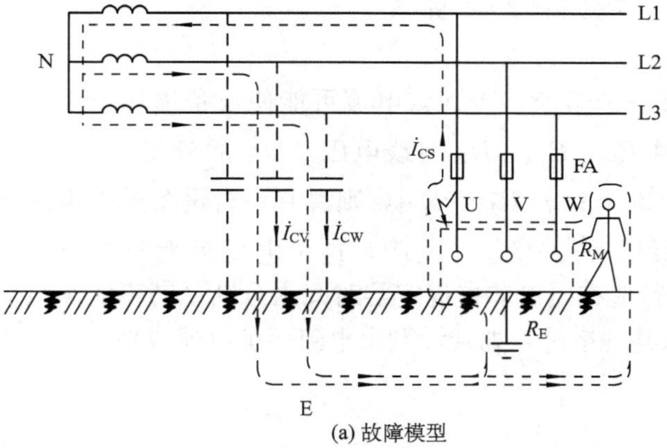

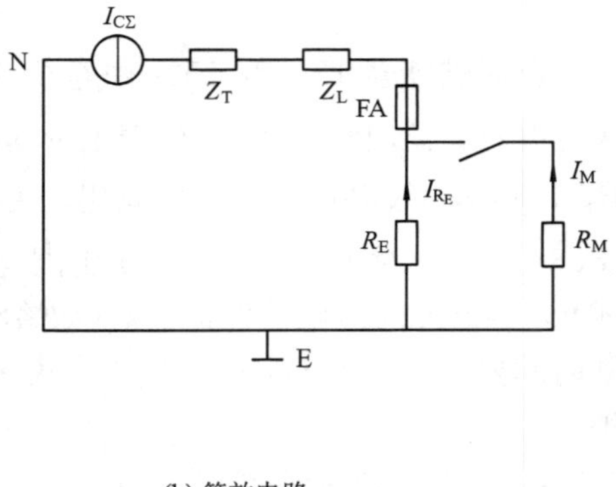

图8-23　IT系统单相接地分析

2. 异相接地故障分析

IT系统发生一次接地后，只要接地电容电流$I_{C\Sigma}$在设备外壳上产生的预期接触电压U_t小于50V，就可以认为无电击危险性，系统可继续运行。但若在以后的运行过程中，另一设备中与一次接地不同的相别上又发生了接地故障，则形成了类似相间短路的情形，这种情况称为接异相地，如图8-24(a)所示。图8-24(b)为此时的近似等效电路图，因为R_{E1}、R_{E2}远大于线路和变压器的计算阻抗，故等效电路中忽略了线路和变压器计算阻抗，于是

$$I_{E2}\approx\frac{\sqrt{3}U_{N\varphi}}{R_{E1}+R_{E2}}$$

式中，I_{E2}为异相接地故障电流(A)；$U_{N\varphi}$为电源标称相电压(V)；R_{E1}、R_{E2}为设备1、2的接地电阻(Ω)。

若 $R_{E1}=R_{E2}=R_E$，则

$$I_{E2}=\frac{\sqrt{3}}{2R_E}U_{N\varphi}$$

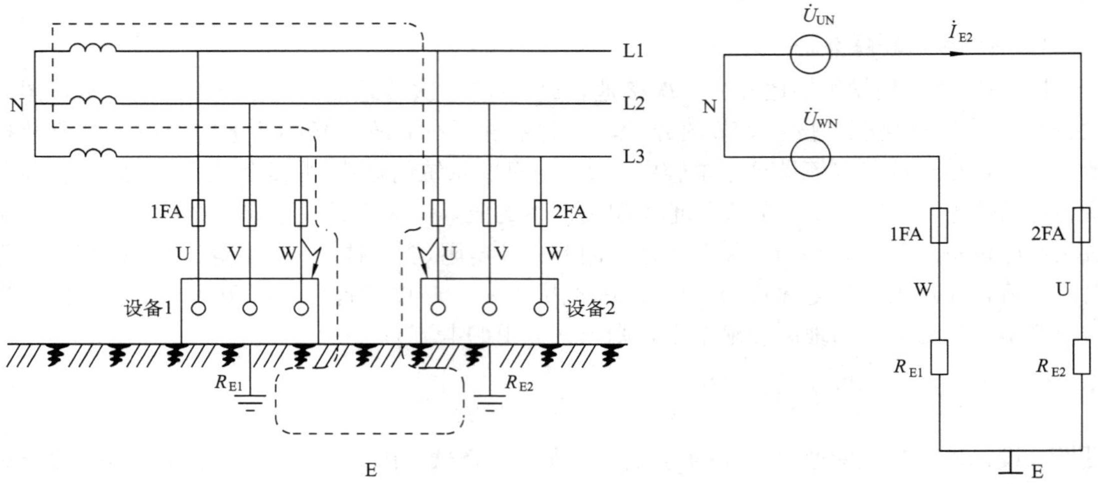

(a) 异相接地　　(b) 等效电路

图 8-24　IT 系统异相接地分析

此时熔断器 1FA 和 2FA 中至少应有一个熔断，否则该电流可能使设备损坏或引发火灾。并且，此时设备 1、2 外壳上的对地电压为 R_{E1}、R_{E2}对线电压$\sqrt{3}U_{N\varphi}$的分压。若 $R_{E1}=R_{E2}$，则两台设备的外壳对地电压均为$\sqrt{3}/2U_{N\varphi}$；若 $R_{E1}\neq R_{E2}$，则总有一台设备外壳电压高于$\sqrt{3}/2U_{N\varphi}$。对于 220/380V 低压配电系统，$\sqrt{3}/2U_{N\varphi}=190\text{V}$，这个电压远大于安全电压 50V，因此此时过电流保护电器(如熔断器)应在电击防护规定的时间内分断。若不能满足分断时间要求或根本不分断，则应考虑采取其他措施，如装设剩余电流保护电器或采用共同接地等。

3. 安全条件与保护

1）一次接地故障时的安全条件

当发生第一次接地故障时，不中断运行的条件为

$$R_E\cdot I_{C\Sigma}\leqslant 50\text{V} \tag{8-23}$$

式中，R_E为设备外露可导电部分的接地电阻(Ω)；$I_{C\Sigma}$为系统总的接地故障电容电流(A)。

式(8-23)一般情况下是比较容易满足的，如若 $R_E=10\Omega$，则只要 $I_{C\Sigma}\leqslant 50/10=5(\text{A})$就能满足。而 $I_{C\Sigma}$要达到 5A，对 220/380V 系统，至少需要十几千米的线缆总长度。因此只要合理控制系统规模，式(8-23)的要求是能够满足的。

据此，对 IT 系统一次接地故障可不设置切断电源的保护，需要时可装设对地绝缘监测保护，以信号方式告知故障。

2）异相接地故障时的安全条件

IT 系统发生二次异相接地故障时，应切除故障回路。因为此时总有至少一台故障设备的外壳对地电压达到或超过线电压的一半(对 220/380V 的系统来说为 190V)，这个电压对人体来说是危险的。切断故障回路可由过电流保护电器或剩余电流保护电器实施。

当用过电流保护电器来切除二次异相接地故障时，能否在规定的时间内切除故障，与故障电流的大小直接相关，而故障电流的大小又与故障设备间的接地方式有关。图 8-25(a)中两台设备采用分别接地，此时故障电流约为线电压在两个串联接地电阻上产生的电流，量值较小。图 8-25(b)中两台设备采用共同接地，此时相当于发生了相间短路，故障电流为两相短路电流。图 8-25(a)的情形与 TT 系统发生单台设备碰壳故障类似，只要将其中一台设备的接地电阻看成 TT 系统中电源中性点接地电阻，则两种情况就完全可以类比，因此对分别接地的情况，其故障回路的切断应符合 TT 系统接地故障保护要求；而图 8-25(b)与 TN 系统发生碰壳故障类同。因此对采用共同接地的情况，其故障回路的切断应符合 TN 系统接地故障保护要求。安全条件规定如下。

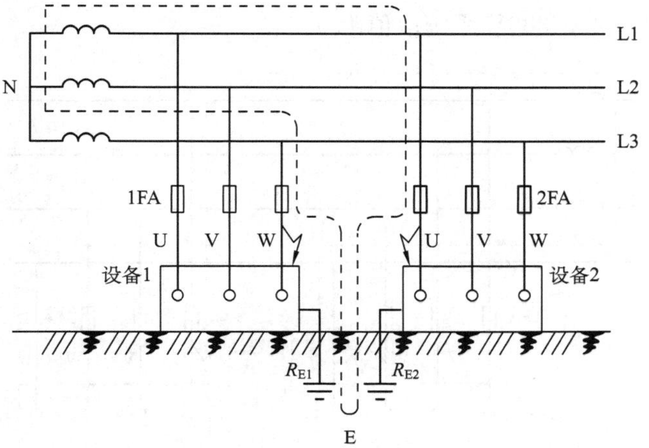

(a) 分别接地

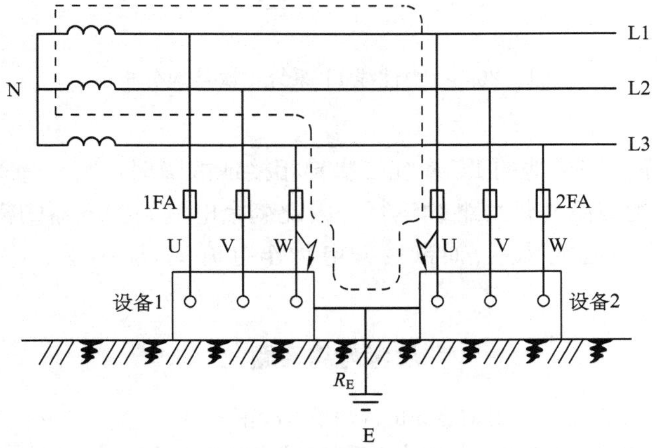

(b) 共同接地

图 8-25　不同接地方式的二次接地分析

在没有引出中性导体(即无 N 线)的情况下，对于采用共同接地的 IT 系统中的二次异相接地故障，其安全条件为

$$Z_S \leqslant \frac{\sqrt{3}U_{N\varphi}}{2I_a} \tag{8-24}$$

式中，$U_{N\varphi}$为电源标称相电压(V)；Z_S为包括相导体和保护导体在内的故障回路阻抗(Ω)；I_a为保证保护电器在规定时间内自动切断故障回路的电流(A)，对 220/380V 系统，规定时间为 0.4s。

对采用共同接地且引出中性导体(即 N 线)的 IT 系统，如图 8-26 所示。不利于保护动作的情况为：当一台设备发生相线碰壳时，另一台设备又发生中性线碰壳，这时总有一台设备外壳电压不低于$\frac{1}{2}U_{N\varphi}$，故规定有中性线引出的 IT 系统的安全条件为

$$Z_S \leqslant \frac{U_{N\varphi}}{2I_a} \tag{8-25}$$

式中，Z_S应包含中性导体阻抗，其他参量含义与式(8-24)相同，只是对切断时间规定，因外壳预期接触电压降低，220/380V 系统取值为 0.8s。

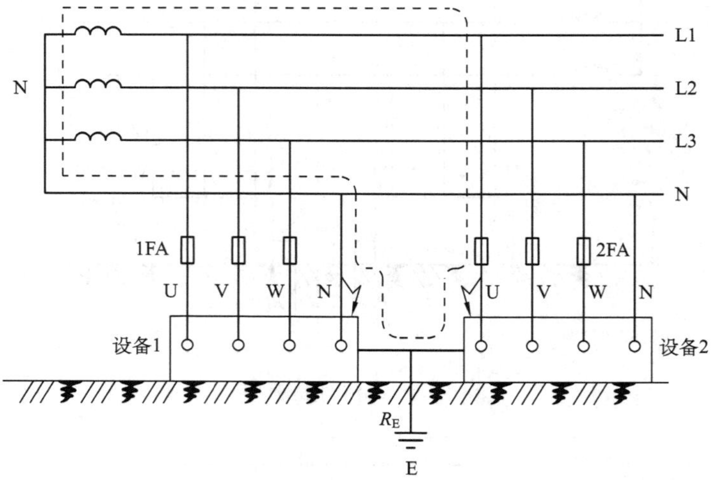

图 8-26 有中性线 IT 系统二次接地分析

当采用 RCD 切除分别接地的 IT 系统二次异相接地故障时，应注意采用 IT 系统的理由之一就是发生一次接地故障时仍可继续运行，因此剩余电流保护电器的额定漏电不动作电流 $I_{\Delta no}$应大于一次接地电容电流 $I_{C\Sigma}$，而额定漏电动作电流 $I_{\Delta n}$应小于二次异相故障时的故障电流。

思考与练习题

8-1 请判断以下说法是否正确，并对错误的说法予以改正。

(1) 我国现状低压配电系统主要是三相四线制系统和单相二线制系统。

(2) 我国现状 110kV 及以上高压系统中性点接地，因此是三相四线制系统。

(3) 一座 10/0.38kV 变配电所，变压器容量为 4×1600kV·A，所供地块计算负荷密度为 8MW/km²，补偿后负荷功率因数为 0.9。由以上数据推导出该变配电所供电面积最大可达$\frac{4\times1600}{8\times10^3/0.9}=0.72(\mathrm{km}^2)$。

(4) 电击防护 II 类设备间接电击防护措施与所在系统接地形式无关。

(5) 低压隔离开关只有在空载条件下才能断开或闭合电路。

(6) 低压隔离器不属于开关电器。

(7) 低压限流型熔断器分断大故障电流时间不大于半个工频周期(10ms)。

(8) 低压断路器可以不配用任何脱扣器。

(9) 短路是最严重的过电流。

(10) 短路电流作用下，限流型低压断路器只要触头斥开，一定会最终分断。

(11) 剩余电流保护电器不能对带电导体间的短路提供保护。

(12) 过电流保护电器不可能对漏电故障提供保护。

(13) 即使没有保护死区，上、下级限流型断路器瞬时脱扣器之间也可能达成选择性配合。

(14) 间接电击防护安全电压为 50V。

(15) 剩余电流保护电器只能用于电击防护。

8-2 为什么计算三相短路电流时不考虑温度对电阻值的影响，而计算单相短路电流时又必须考虑温度对电阻值的影响？温度对线路、变压器的电抗有影响吗？

8-3 请查阅附表 36～附表 38 和附表 40，分别查出以下元件单位长度的正序阻抗、相中阻抗和相保阻抗。

(1) 铜母线 TMY-3(100×10)＋80×8，连接 500kV・A 变压器 0.4kV 接线端。

(2) 交联聚乙烯绝缘聚氯乙烯护套电缆 YJV(4×185＋95)。这种电缆绝缘与护套都是塑料，故又称为全塑电缆。

(3) SC-800/10，10/0.4kV 变压器，连接组为 Dyn11。

8-4 低压断路器壳架等级电流与脱扣器额定电流之间有什么关系？

8-5 低压断路器长延时、短延时和瞬时过电流脱扣器分别用作什么保护？它们的动作值整定范围与脱扣器额定电流是否有关？它们的动作值整定是否与脱扣器额定电流有关？

8-6 低压断路器与低压开关有什么异同？从开关电路功能和过电流保护功能上看，低压开关熔断器组与低压断路器是否类同？

8-7 某交联聚乙烯绝缘电缆型号规格为 YJV-1kV(4×120＋70)，热稳定系数为 143 $A \cdot \sqrt{s} \cdot mm^{-2}$，该线路的最大短路电流为 18kA，短路电流持续时间为 0.15s，试校验该线路短路保护能否满足热稳定性要求。

8-8 某住宅小区供配电系统如图 8-27 所示，变压器 T1 为 SC 干式变压器，线路 WD1 为一号楼(9 层住宅)的配电干线。请完成以下计算，并将结果填写在表 8-14 中。计算所需其他参数请查阅附录。

(1) 忽略变压器一次侧系统阻抗，试按表 8-14 分别计算不同变压器容量条件下线路 WD1 首端 F0、第一分支点 F11 和末端 F19 处的三相短路电流，以及 F19 处的单相短路电流。线路阻抗参数请查阅附表 37 和附表 38，忽略低压母线阻抗；变压器阻抗参数请自行计算。

(2) 若断路器 QA1 脱扣器额定电流为 160A，试分别计算 QA1 为非限流型断路器(全分断时间为 0.12s)和特性如图 8-12 所示的限流型断路器时，为满足短路热稳定要求，WD1 所需达到的最小截面积。取首端 F0 处最大三相短路电流进行热稳定校验，电缆热稳定系数为 143 $A \cdot \sqrt{s} \cdot mm^{-2}$。

(3) 若 QA1 脱扣器额定电流为 160A，瞬时脱扣器动作电流为 1600A；QA11 脱扣器额定电流为 40A，瞬时脱扣器动作电流为 500A，且 QA1 和 QA11 都是非限流型 MCCB 断路器，请判断 QA1 与 QA11 间短路保护是否具有选择性。若 QA1 和 QA11 都是限流型断路器，保护选择性配合比为 2.5，则两者间选择性配合又如何？

(4) 试计算 QA1 瞬时脱扣器作 WD1 短路保护的灵敏系数。

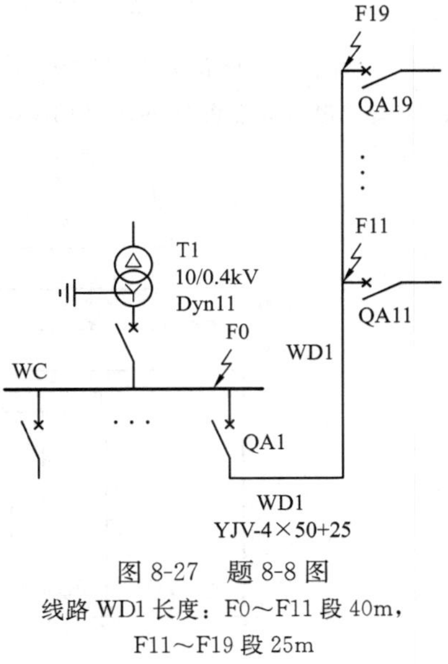

图 8-27 题 8-8 图

线路 WD1 长度：F0～F11 段 40m，F11～F19 段 25m

表 8-14　题 8-8 表

变压器容量/(kV·A)		500	630	800	1000	1250
u_k%		4	4	6	6	6
ΔP_k/kW		5.1	6.2	7.5	10.3	12.0
$I_{k3\cdot F0}$/kA						
$I_{k3\cdot F11}$/kA						
$I_{k3\cdot F19}$/kA						
$I_{k1\cdot F19}$/kA						
热稳定最小截面积/mm^2	非限流型低断					
	限流型低断					
QA1 短路保护灵敏系数						

8-9　图 8-28 所示为标称相电压 220V 的 TT 系统，试判断固定设备发生碰壳故障时，熔断器能否在 5s 内熔断(参阅表 8-12)。

8-10　图 8-29 所示为标称相电压 220V 的 TN 系统，手持设备处碰壳时，故障回路相保阻抗为 440mΩ，试计算熔断器能否在 0.4s 内动作(参阅表 8-13)。

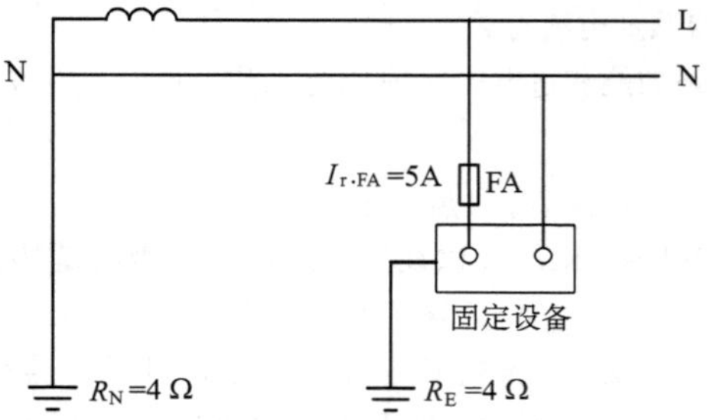

图 8-28　题 8-9 图

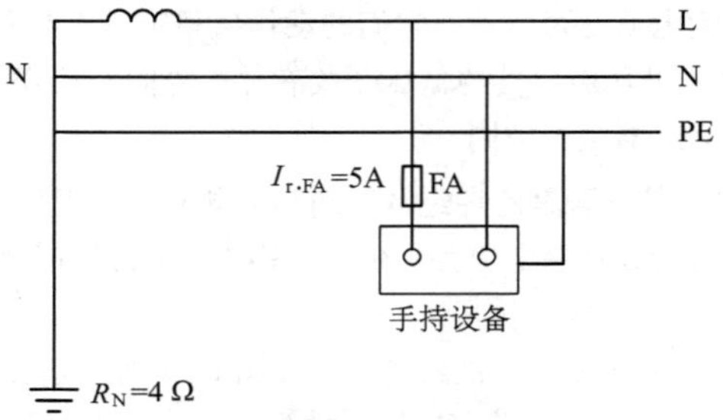

图 8-29　题 8-10 图

8-11　如图 8-30 所示系统，请判断系统的接地形式，并指出两台设备的额定电压。若固定设备发生碰壳故障，试判断故障能否在 5s 内被切断(参阅表 8-12)，并计算在故障被切断前，手持设备外壳上的预期接触电压大小。

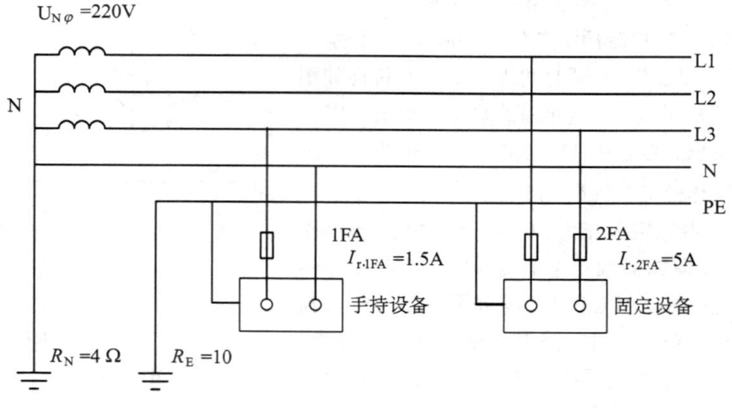

图 8-30　题 8-11 图

8-12　如图 8-31 所示系统，请判断系统的接地形式，并指出两台设备的额定电压。若手持设备回路总相保阻抗为 320mΩ，固定设备回路总相保阻抗为 1870mΩ，试判断间接电击防护设计是否满足要求(参阅表 8-12和表 8-13)。

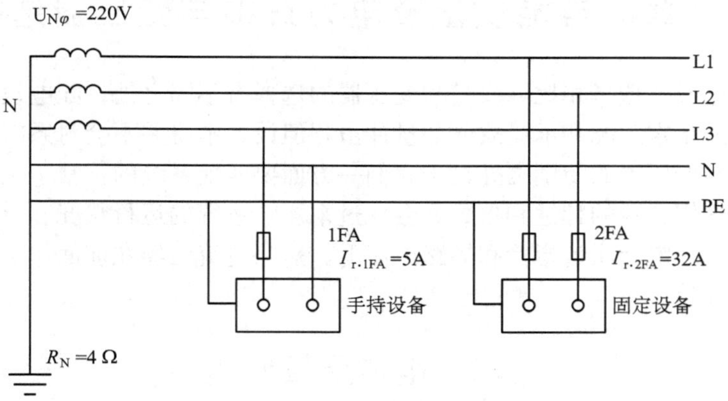

图 8-31　题 8-12 图

8-13　某路灯回路采用 TT 系统，灯具额定电压 $U_r=220V$，额定功率 $P_r=250W$，$\cos\varphi=0.6$，灯具外壳接地电阻为 10Ω，系统中性点接地电阻为 4Ω。试确定作每盏灯具短路保护用的熔断器熔体额定电流，并校验在单相碰壳故障发生时熔断器能否在规定时间 5s 内动作。

8-14　如图 8-32 所示，因施工错误，插座 N 线和 PE 线接反，相当于单相用电设备接到相线和 PE 线上供电，外壳接到 N 线，试分析可能出现哪些不良后果。

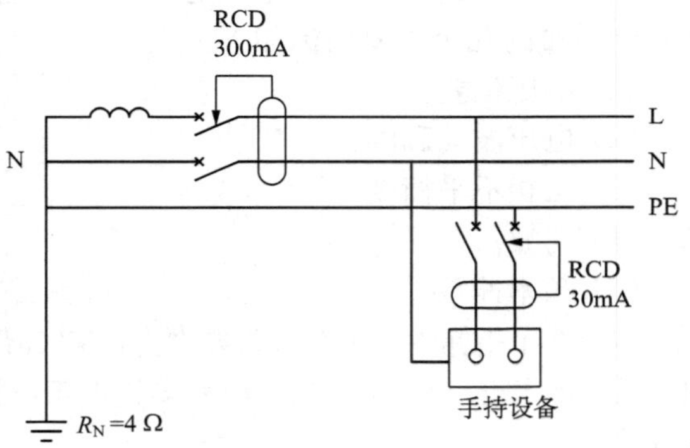

图 8-32　题 8-14 图

8-15　拓展学习。表 8-15 所示为配电装置用断路器 MCCB 与家用及类似场所用断路器 MCB 的差别列示，请查找产品样本，选出这两种类型的断路器各一个型号，以样本参数或样本技术条件为例，对该表进行逐行解释示例。对表中“过电压类别”、“污染等级”等指标，请查阅资料自学。

表 8-15　题 8-15 表

产品标准	GB/T 10963	GB/T 14048
使用范围	家用及类似场所用	配电装置用
使用对象	适用于非专业人员，无需维修	适用于专业人员，可维修
额定电压	440V 及以下	交流 1000V、直流 1500V 以下
额定电流	125A 以下，多为 63A 以下	无限定
过电压类别	过电压类别 III、II	过电压类别 IV、III
污染等级	2 级	3 级
短路分断能力	25kA 以下	无限定
过电流保护特性	建筑物线路设施保护特性	配电线路保护特性

第 9 章　电能质量及电力线缆与变压器选择

与前面的配电设备选择相比，线缆和变压器的选择有不同之处。配电设备选择主要考虑的是设备能否匹配正常工况和承受故障能量冲击，但设备本身并不会对系统的运行参数产生明显影响。线缆与变压器的特别之处在于它们一方面要匹配系统的正常工况并承受故障能量冲击，另一方面它们自身的特性和参数又会反过来影响系统的运行状况和故障参量，这种影响最显著之处反映在电能质量指标和短路电流上。短路电流已经在前面作了介绍，本章的介绍就从电能质量开始。

9.1　电能质量概述

所谓电能质量，是指电力系统实际生产的电能规格与标准电能规格之间的差异，差异越小，质量越好。电能的规格主要是以电压来规定的，因此电能质量也主要以电压来描述。描述电能质量的几个主要指标如下。

（1）电压偏差。

（2）电压波动和闪变。

（3）三相不平衡度。

（4）谐波。

（5）频率偏差。

以上几个指标中，频率偏差要求为：3000MV·A 以上的系统不大于±0.2Hz，3000MV·A 以下系统不大于±0.5Hz。频率由发输变电系统调节，与供配电系统无关，因此以下只讨论其他几个指标。

9.1.1　电压偏差

供配电系统的电压偏差是指正常运行状态下，系统各点的实际运行电压 U 对系统标称电压 U_N之差，以百分数表示，即

$$\delta U=\frac{U-U_N}{U_N}\times 100\% \tag{9-1}$$

电压偏差会对用电设备和供配电系统本身带来不利影响。例如，就用电设备而言，电动机电压偏低，会使温升增加，机械出力减小，转速降低，影响所加工的产品质量；照明设备对电压也很敏感，电压高低不仅直接影响照明设备输出光通量，还会显著地影响照明装置的使用寿命。就电网元件而言，电压高低最直接影响的是电容器无功补偿量和变压器铁心损耗。电压偏低，电容器无功补偿量减少，这又会使电压进一步偏低；电压偏高，变压器铁心损耗加大，温升增加，工作点更靠近铁心非线性区域，不仅影响使用寿命，降低电能效率，还会使电压波形发生畸变，产生谐波。

国家标准对电压偏差允许值的规定分为两部分，一部分为用电设备端子电压偏差允许值，另一部分为供电电压偏差允许值，分别见表 9-1 和表 9-2。所谓供电电压偏差，是指电力公司与电力用户产权分界点处的电压偏差值。

表 9-1　用电设备端子电压偏差允许值

名称		允许值/%
电动机	正常情况下	+5～−5
	少数远离变电所情况下	+5～−10
照明	一般工作场所	+5～−5
	远离变电所的小面积一般工作场所	+5～−10
	应急照明、安全特低电压供电的照明、道路照明	+5～−10

表 9-2　供电电压偏差允许值

系统标称电压/kV	允许值/%
>35kV 三相系统	正、负偏差绝对值之和≤10
≤10kV 三相系统	正、负偏差绝对值之和≤7
0.22kV 单相系统	+7，−10

9.1.2　电压波动和闪变

电压幅值随负荷波动而快速变化。为衡量这种变化，将每半个基波周期电压方均根值(即有效值)与时间的关系绘制成曲线，称为电压方均根值曲线 $U(t)$。所谓电压波动(Voltage Fluctuation)，是指电压半周期方均根值随时间的变动。

电压波动可以用电压变动 d 和电压变动频度 r 两个指标来衡量。电压变动 d 是指电压半周期方均根值曲线上相邻两个极值 U_{max}和 U_{min}之差对系统标称电压 U_N的百分数，即

$$d = \frac{U_{max} - U_{min}}{U_N} \times 100\% \tag{9-2}$$

电压方均根值曲线 $U(t)$由大到小或由小到大各算一次变动，电压变动频度 r 则是指单位时间内该曲线变动的次数，单位为 s^{-1}。如果同一方向若干次变动的间隔时间小于 30ms，则算成一次变动。

闪变是指灯光照度不稳定造成的视觉感受。电压闪变(Voltage Flicker)指因电压波动造成的电气照明灯光的闪变。闪变由专用的闪变仪测量。由于闪变涉及人的视觉感受，考虑到人的视觉记忆效应以及对闪变的忍受程度等心理因素，闪变的强弱由短时间闪变值 P_{st}和长时间闪变值 P_{lt}两个参数衡量。

P_{st}指若干分钟内人的视觉对每次瞬时闪变感觉水平的一个统计处理值，P_{lt}是由 P_{st}推算出来的反映若干小时闪变强弱的量值。通常 $P_{st}=1$ 就认为闪变产生了刺激感。

电压波动和闪变的允许值(称为限制)见表 9-3 和表 9-4。表中，低压指 1kV 及以下电压，中压指 1～35kV(不含)电压，高压指 35～220kV 电压。

表 9-3　电压变动限值

r/h^{-1}	$d/\%$		r/h^{-1}	$d/\%$	
	中、低压	高压		中、低压	高压
$r \leqslant 1$	4	3	$10 < r \leqslant 1$	2	1.5
$1 < r \leqslant 10$	3	2.5	$100 < r \leqslant 1000$	1.25	1

表 9-4　电压闪变限值

系统电压等级	低压	中压	高压
P_{st}	1.0	0.9(1.0)	0.8
P_{lt}	0.8	0.7(0.8)	0.6

9.1.3 三相不平衡度

供配电系统的三相不平衡程度常用三相电压不平衡度ε_u来表示。ε_u指三相系统电压负序分量U^-与正序分量U^+的相对大小，即

$$\varepsilon_u = \frac{U^-}{U^+} \times 100\% \tag{9-3}$$

三相不平衡会对变压器、电动机、变流装置、无功补偿装置等带来不利影响。在负荷端还会造成负载中性点位移等后果，因此对三相不平衡的程度必须加以限制。

三相电压不平衡度的允许值，对电力公司和电力用户分别有不同要求。电力公司在电力系统公共连接点 PCC 处三相供电电压不平衡度允许值为 2%，短时间不得超过 4%；电力用户在 PCC 处引起的三相电压不平衡度允许值一般为 1.3%。

9.1.4 谐波

供配电系统中理想的电压波形为 50Hz 正弦波，但因为非线性环节的作用，以及负序电压(电流)与旋转电机的相互作用等，会使电压波形发生畸变。用傅里叶级数对畸变的波形进行分析，发现除了有 50Hz 基波以外，还有若干与 50Hz 成整倍数的高次谐波，统称为谐波。电力系统谐波主要为奇次。谐波被称为电力系统的污染，对系统和用电设备都有很多不利的影响。

表征谐波严重程度的主要有以下几个指标。

(1) 谐波电压含有量U_h、谐波电流含有量I_h为

$$U_h = \sqrt{\sum_{n=2}^{\infty} (U_n)^2} \tag{9-4}$$

$$I_h = \sqrt{\sum_{n=2}^{\infty} (I_n)^2} \tag{9-5}$$

式中，U_n、I_n为第 n 次谐波电压、电流有效值。

U_h、I_h表明了除基波外所有谐波成分的总有效值。

(2) 第 n 次谐波电压含有率 HRU_n、第 n 次谐波电流含有率 HRI_n为

$$HRU_n = \frac{U_n}{U_1} \times 100\% \tag{9-6}$$

$$HRI_n = \frac{I_n}{I_1} \times 100\% \tag{9-7}$$

式中，U_1、I_1为基波电压、电流有效值。

谐波含有率表明了某次谐波与基波的相对大小

(3) 电压总谐波畸变率 THD_u、电流总谐波畸变率 THD_i为

$$THD_u = \frac{U_h}{U_1} \times 100\% \tag{9-8}$$

$$THD_i = \frac{I_h}{I_1} \times 100\% \tag{9-9}$$

总谐波畸变率又称为总谐波失真(Total Harmonic Distortion)，是表明谐波总有效值与

基波有效值相对大小的一个参数，是对谐波严重程度的一个总体评价。

电网的谐波管理分为两方面，对公共电网的谐波电压限值规定见表 9-5，对用户允许注入电网公共连接点 PCC 的谐波电流限值见表 9-6。

表 9-5　公共电网谐波电压限值

电网标称电压/kV	THD_u/%	各次谐波电压含有率 HRU/%	
0.38	5.0	4.0	2.0
6、10	4.0	3.2	1.6
35、66	3.0	2.4	1.2
110	2.0	1.6	0.8

表 9-6　电力用户允许注入 PCC 的谐波电流限值

标准电压/kV	基准短路容量/(MV·A)	谐波次数及谐波电流允许值/A											
		2	3	4	5	6	7	8	9	10	11	12	13
0.38	10	78	62	39	62	26	44	19	21	16	28	13	24
6	100	43	34	21	34	14	24	11	11	8.5	16	7.1	13
10	100	26	20	13	20	8.5	15	6.4	6.8	5.1	9.3	4.3	7.9
35	250	15	12	7.7	12	5.1	8.8	3.8	4.1	3.1	5.6	2.6	4.7
66	500	16	13	8.1	13	5.4	9.3	4.1	4.3	3.3	5.9	2.7	5
110	750	12	9.6	6	9.6	4	6.8	3	3.2	2.4	4.3	2	3.7

标准电压/kV	基准短路容量/(MV·A)	谐波次数及谐波电流允许值/A											
		14	15	16	17	18	19	20	21	22	23	24	25
0.38	10	11	12	9.7	18	8.6	16	7.8	8.9	7.1	14	6.5	12
6	100	6.1	6.8	5.3	10	4.7	9	4.3	4.9	3.9	7.4	3.6	6.8
10	100	3.7	4.1	3.2	6	2.8	5.4	2.6	2.9	2.3	4.5	2.1	4.1
35	250	2.2	2.5	1.9	3.6	1.7	3.2	1.5	1.8	1.4	2.7	1.3	2.5
66	500	2.3	2.6	2	3.8	1.8	3.4	1.6	1.9	1.5	2.8	1.4	2.6
110	750	1.7	1.9	1.5	2.8	1.3	2.5	1.2	1.4	1.1	2.1	1	1.9

9.2　线路和变压器电压损失计算

电压偏差的产生缘于电流在电网各元件阻抗上产生的压降，这其中又以线路和变压器所占比重最大。表征电流在元件阻抗上产生压降的参数有两个，分别为电压降落和电压损失，定义如下。

电压降落 $\Delta\dot{U}$：元件首端电压 $\dot{U}_1$ 与末端电压 $\dot{U}_2$ 的相量差，记为 $\Delta\dot{U}$，即

$$\Delta\dot{U}=\dot{U}_1-\dot{U}_2 \tag{9-10}$$

电压损失 $\Delta u\%$：元件首端电压 U_1 与末端电压 U_2 的代数差，记为 ΔU，一般以 ΔU 相对于系统标称电压的百分数表示，记为 $\Delta u\%$，即

$$\Delta u\% = \frac{\Delta U}{U_N} \times 100 = \frac{U_1 - U_2}{U_N} \times 100 \tag{9-11}$$

9.2.1 电力线路电压损失计算

1. 放射式供电线路的电压损失

如图 9-1(a)所示，线路 AB 所在电网标称电压为 U_N，线路首、末端线电压分别为 U_1 和 U_2，线路末端带有负荷 $P+jQ$，功率因数为 $\cos\varphi$，线路上的负荷电流为 I，忽略线路的并联参数，线路全长阻抗为 R、X。根据线路的单相等效电路，线路首、末端相电压关系为

$$\dot{U}_{1\varphi} = \dot{U}_{2\varphi} + \dot{I}(R + jX)$$

据此可画出首、末端电压关系的相量图如图 9-1(b)所示，从图中可以看出，线路首、末端相电压损失为线段 $\overline{ad}$ 的长度。但线段 $\overline{ed}$ 很短，可忽略不计，因此相电压损失近似为线段 $\overline{ae}$ 的长度，换算为线电压，即

$$\Delta U = \sqrt{3}\ \overline{ad} \approx \sqrt{3}\ \overline{ae} = \sqrt{3}(IR\cos\varphi + IX\sin\varphi)$$

$$= \frac{\sqrt{3}U_N(IR\cos\varphi + IX\sin\varphi)}{U_N} \approx \frac{PR + QX}{U_N}$$

线路电压损失百分数为

$$\Delta u\% = \frac{\Delta U}{U_N} \times 100 = \frac{PR + QX}{10U_N^2} \tag{9-12}$$

式中，$\Delta u\%$ 为线路电压损失百分数；P、Q 为负载有功功率(kW)和无功功率(kvar)；R、X 为线路的电阻和电抗(Ω)；U_N 为线路所在电网标称电压(kV)。

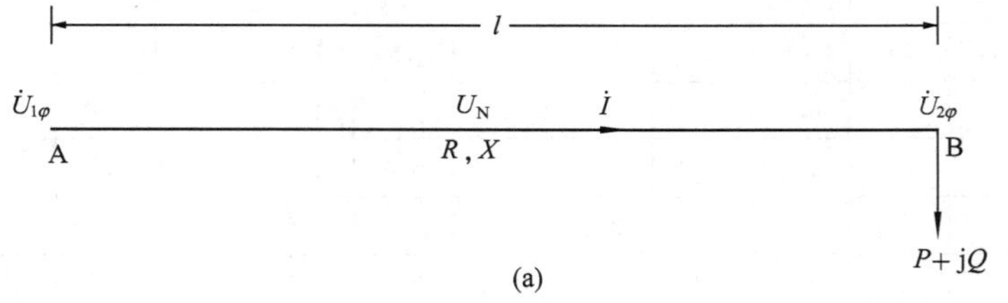

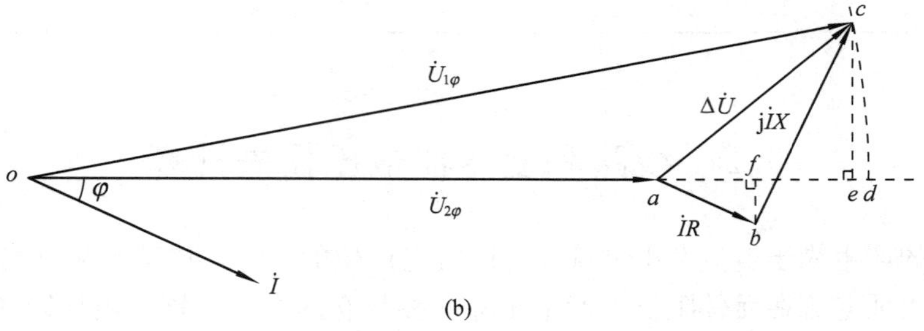

图 9-1 单个负荷电压损失计算

2. 树干式供电线路的电压损失

图 9-2(a)为带有两个负荷的树干式供电线路，图 9-2(b)为电压相量图，图中总的电压损失应为线段 $\overline{ae}$ 的长度，干线 BC 和 AB 段的电压损失分别近似为线段 $\overline{ab}$ 和 $\overline{cd}$ 的长度。工程

计算中，近似认为将两段干线的电压损失代数相加，就等于总的干线电压损失，即$\overline{ae} \approx \overline{ab} + \overline{cd}$。

计算每一段干线的功率时，应该是该段干线负荷侧的所有负载功率加上线路损耗功率，但供配电系统线路一般较短，线路损耗与负载功率相比可以忽略，因此近似计算时一般不考虑线路功率损耗。

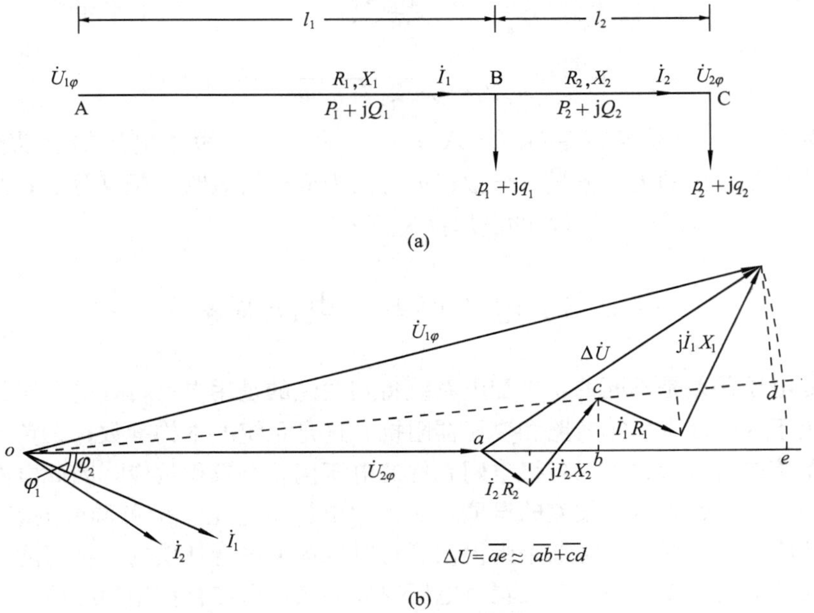

图 9-2　多个负荷电压损失计算

于是，若将线路首端至第一个负载之间的干线称为第一段干线，其后顺次称为第 2，3，…，m 段干线，则电压损失一般的计算公式为

$$\Delta u\% \approx \frac{1}{10U_N^2}\left[\sum_{i=1}^{m}(P_iR_i + Q_iX_i)\right] \tag{9-13}$$

且有

$$P_i = \sum_{k=i}^{m} p_k,\quad Q_i = \sum_{k=i}^{m} q_k \tag{9-14}$$

式中，$\Delta u\%$为干线电压损失百分数；P_i、Q_i为第 i 段干线上的有功功率(kW)和无功功率(kvar)；P_k、q_k为第 k 个负载的有功功率(kW)和无功功率(kvar)；R_i、X_i为第 i 段干线的电阻和电抗(Ω)；U_N为线路所在电网标称电压(kV)。

3. 单相线路的电压损失计算

三相平衡系统中性线上无电流或无中性线，因此只有相线产生电压损失；单相系统的负荷电流要通过相线和中性线两根导线，因此其电压损失应为一根相线电压损失的两倍。据此，单相系统电压损失的计算公式为

$$\Delta u\% \approx \frac{2}{10U_N^2}\left[\sum_{i=1}^{m}(P_iR_i + Q_iX_i)\right] \tag{9-15}$$

式中，各参数含义同上，只是若负荷接于相电压，则U_N应取值为标称相电压。

9.2.2 变压器电压损失计算

变压器电压损失计算原理与线路相同，按式(9-12)，推导出变压器电压损失计算公式为

$$\Delta u_{\mathrm{T}}\% = \frac{Pu_{\mathrm{a}}\% + Qu_{\mathrm{r}}\%}{S_{\mathrm{r\cdot T}}} \tag{9-16}$$

$$u_{\mathrm{a}}\% = \frac{100\Delta P_{\mathrm{k}}}{S_{\mathrm{r\cdot T}}} \tag{9-17}$$

$$u_{\mathrm{r}}\% = \sqrt{u_{\mathrm{k\cdot T}}^{2}\% - u_{\mathrm{a}}^{2}\%} \tag{9-18}$$

式中，$S_{\mathrm{r\cdot T}}$为变压器的额定容量(kV · A)；$u_{\mathrm{a}}\%$为变压器短路电压的有功分量百分数；$u_{\mathrm{r}}\%$为变压器短路电压的无功分量百分数；$u_{\mathrm{k\cdot T}}\%$为变压器短路电压百分数；ΔP_{k}为变压器的短路损耗(kW)；$\Delta u_{\mathrm{T}}\%$为变压器的电压损失百分数。

9.3 电压偏差及电压调整

电网各处电压偏差是不同的，供配电系统特别关注的是用电设备处的电压偏差。电压偏差的大小取决于 3 个因素：①线路和变压器阻抗，这是系统的本构参数；②负荷大小及功率因数，这是系统的运行参数；③各级电网元件的电压偏差有累积效应，因此电网任一部分的电压偏差，还取决于起始电压偏差的量值，而起始电压偏差是一个可调节的参量。以上①、②条的综合效应是电压损失，第③条则提供了对电压损失进行补偿的一种可能。所以，电压偏差是电网元件的电压损失与调节装置对电压损失补偿效果综合作用的结果。

将系统运行中对电压损失的补偿调节称为电压调整。

9.3.1 供电端电压调整的方式

尽管线路和变压器阻抗是一定的，但负荷总在变化，电压损失因此也处在变化之中。一般情况下，负荷越大，线路末端电压负偏差越大；而负荷越小，线路首端电压正偏差越大。为应对负荷变化所引起的电压偏差的变化，常在供电端对电压进行调整，供电端电压调整主要有以下 3 种方式。

(1) 不调压。当负荷在最大和最小之间变化时，系统首、末端电压偏差均未超过允许值，这种情况下可以采用这种方式，如图 9-3(a)所示。

(2) 稳压。不管负荷如何变化，总将电源端调压点电压维持在固定电压值(如系统标称电压)，这种方式称为稳压，如图 9-3(b)所示。稳压未能充分利用电压损失补偿调节空间，只有在线路较短及负荷配置比较理想的情况下才能有比较好的效果。

(3) 逆调压。负载重时将调压点电压升高，负载轻时将电压降低，如图 9-3(c)所示。这种方式对电压偏差的控制效果最好。

9.3.2 供电端变压器电压分接头调压

供配电系统中，供电端调压最常用的措施是利用变压器的电压分接头调压。

变压器电压分接头调压的原理如图 9-4 所示，一般在高压绕组上有若干连接端，每个连接端上都标有绕组匝数变化的百分数，应注意的是该百分数与电压升降方向相反。例如，将

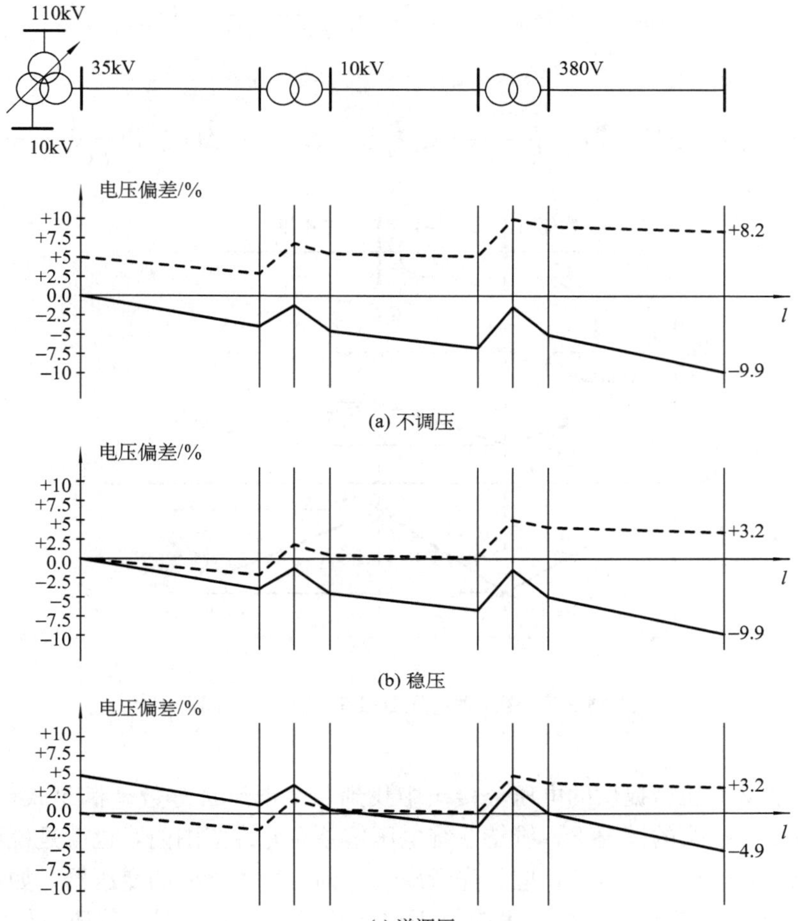

(a) 不调压

(b) 稳压

(c) 逆调压

图 9-3　供电端电压调整的几种方式

—— -重负载时；- - - - -轻负载时

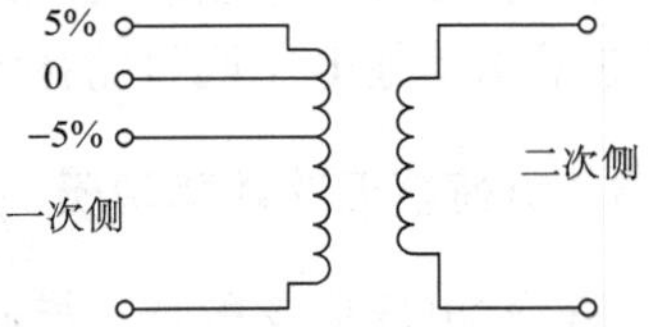

图 9-4　变压器电压分接头原理

高压系统连接到+5%端，说明变比(约等于匝数比)增大5%，低压绕组的空载电压会下降5%。有载调压变压器可以在不停电的情况下切换电压分接头，一般用在110kV及以上变电站中；无励磁调压变压器只有在变压器断电的情况下才能切换分接头。

下面以采用逆调压的情况为例，计算无励磁调压变压器的电压调整能力。图 9-5 为变压器一、二次侧电压分布示意。假设变压器的额定变比为 k，已选定分接头的百分数为 δ。负载最轻时一次电压为 $U_{\mathrm{max1\cdot T}}$，二次电压为 $U_{\mathrm{max2\cdot T}}$，变压器电压损失折合到一次侧为 $\Delta U_{\mathrm{min\cdot T}}$；负载最重时一次电压为 $U_{\mathrm{min1\cdot T}}$，二次电压为 $U_{\mathrm{min2\cdot T}}$，变压器电压损失折合到一次侧为 $\Delta U_{\mathrm{max\cdot T}}$。按电压偏差控制要求，已计算出二次侧母线最大允许电压为 U_{max2}、最小为 U_{min2}。电压调整的要求为 $U_{\mathrm{max2\cdot T}} \leqslant U_{\mathrm{max2}}$，$U_{\mathrm{min2\cdot T}} \geqslant U_{\mathrm{min2}}$。即

$$U_{\mathrm{max2\cdot T}} = (U_{\mathrm{max1\cdot T}} - \Delta U_{\mathrm{min\cdot T}})\frac{1}{k(1+\delta)} \leqslant U_{\mathrm{max2}} \tag{9-19}$$

$$U_{\min 2 \cdot T}=(U_{\min 1 \cdot T}-\Delta U_{\max \cdot T})\frac{1}{k(1+\delta)}\geqslant U_{\min 2} \tag{9-20}$$

解式(9-19)和式(9-20)得

$$(U_{\max 1 \cdot T}-\Delta U_{\min \cdot T})\frac{1}{kU_{\max 2}}-1\leqslant\delta\leqslant(U_{\min 1 \cdot T}-\Delta U_{\max \cdot T})\frac{1}{kU_{\min 2}}-1 \tag{9-21}$$

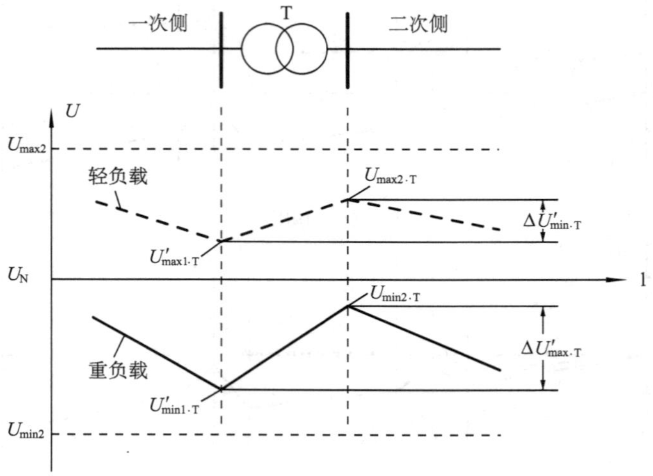

图 9-5　变压器电压分接头调压范围计算

可见，若能从变压器提供的电压分接头中找到一个电压百分数 δ 满足式(9-21)的端子，则可以在不改变分接头的情况下，维持系统电压偏差在允许范围内，也就是说可以进行无励磁调压。若找不到这样一个端子，应首先考虑选用调压档次更密的变压器，如选择分接头为±5%的变压器不满足要求时，可考虑选用 2×(±2.5%)的变压器。若还不能满足要求，可考虑有载无级调压。但供配电系统中，110kV 以下变压器应慎用有载调压方式，因为它不仅增加投入和维护工作量，还会影响系统可靠性。

对无励磁调压不满足要求，又不宜采用有载无级调压的系统，则应考虑重新选择电网元件，减小各部分的电压损失，以增大 U_{max2} 和 U_{min2} 之间的范围，使式(9-21)更容易满足。或者考虑采用其他电压调整的技术手段，如无功功率调节等。

9.3.3　负荷端无功功率调压

负荷端电压调整的技术措施主要有：通过调节无功功率调整电压，包括调整补偿电容器容量和调整同步发电机励磁；改变系统的运行方式，通过调节负荷配置调压。供配电系统较少采用负荷端调压方式，但一些供电半径较大的大型企业的二次降压供配电系统采用了中压负荷端调压方式，且一般都是采用无功功率调压。

根据电压损失公式 $\Delta u\%=\dfrac{PR+QX}{10U_N^2}$ 可知，在结构参数 R、X 确定的前提下，改变运行参数 P、Q 可以改变电压损失，达到调压的目的。通常有功功率 P 是负荷工作任务确定的，不能更改，而无功功率 Q 则可以通过调整无功补偿容量来改变。在负荷端电压负偏差过大的情况下，加大无功补偿量，等同于减少了负荷的无功功率 Q 值，可以降低电压负偏差，这就是无功功率调压的原理。当电网阻抗中电抗所占成分较大时，无功功率调压的效果比较明显。

改变无功功率的性质，甚至还可以使线路末端电压高于首端电压。如图 9-6 所示，线路负荷电流大小不变(即视在功率不变)，但功率因数逐渐从感性变为容性，根据 $\dot{U}_{2\varphi}=\dot{U}_{1\varphi}-\dot{I}(R+\mathrm{j}X)=\dot{U}_{1\varphi}+(-\dot{I}R)+(-\mathrm{j}\dot{I}X)$ 画相量图，可以看到末端电压从感性负荷时的低于首端电压，变为容性负荷时的高于首端电压。

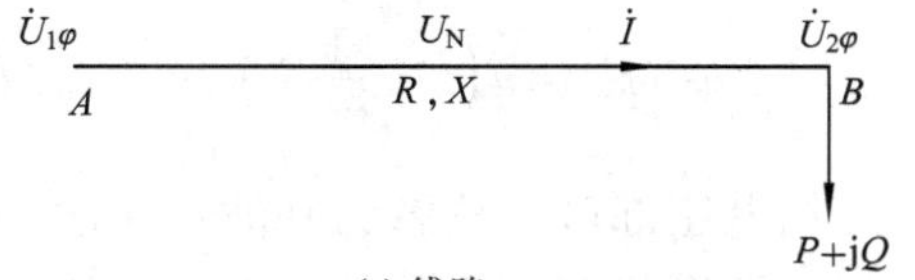

(a) 线路

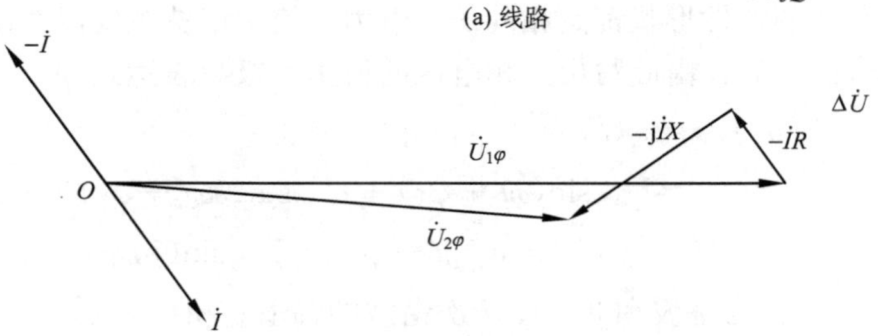

(b) 感性负载末端电压降低

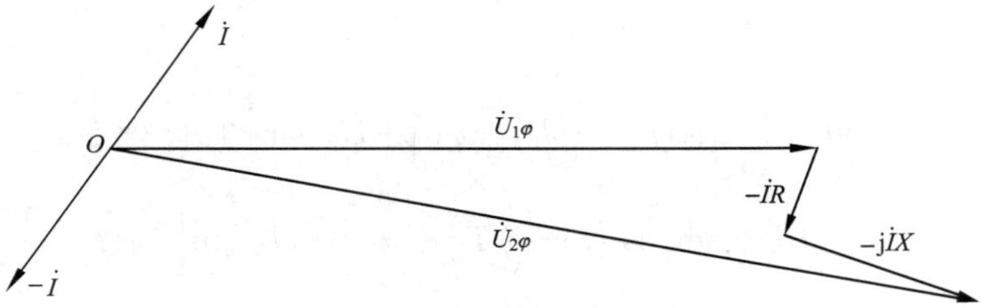

(c) 容性负载末端电压升高

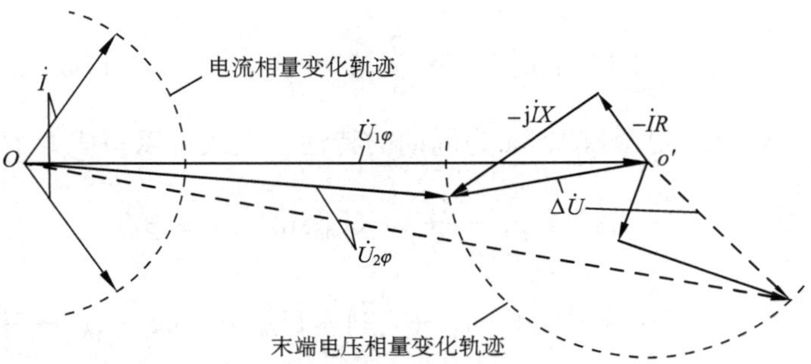

(d) 末端电压随负载功率因数角的变化轨迹

图 9-6　视在功率不变条件下无功功率与末端电压的关系

9.4　谐波及其治理

电力系统谐波及治理是一个很广泛的课题。本节旨在从原理上阐释三相对称系统谐波的主要特征，并简要介绍谐波的危害及供配电系统中谐波治理的思路。

9.4.1 对称三相系统谐波及特征分析

以电压为例，三相系统的三相电压通常不是完美的正弦波，但三相电压的周期性和三相对称性仍然成立。非正弦电压波形周期仍为 T，因此以时间延迟 $\frac{T}{3}$ 替代工频正弦波相位滞后 120°的三相电压相位关系特征，写出三相电压公式如下

$$u_{\mathrm{U}}(t)=u(t),\quad u_{\mathrm{V}}(t)=u\left(t-\frac{1}{3}T\right),\quad u_{\mathrm{W}}(t)=u\left(t-\frac{2}{3}T\right)$$

按傅里叶级数，以上三相电压都可以分解为基波和高次谐波的叠加。由于三相对称，各相基波及谐波的幅频和相频特性形状都是相同的。电力系统中谐波主要以奇次为主，为了简化分析，以下只考虑奇次谐波，由此写出三相电压的傅里叶级数表达式如下。

U 相：

$$\begin{aligned}u_{\mathrm{U}}(t)&=u(t)\\&=U_{1\mathrm{m}}\sin(\omega t+\varphi_1)+U_{3\mathrm{m}}\sin(3\omega t+\varphi_3)\\&\quad+U_{5\mathrm{m}}\sin(5\omega t+\varphi_5)+U_{7\mathrm{m}}\sin(7\omega t+\varphi_7)+\cdots\end{aligned}$$

式中，$U_{1\mathrm{m}}$、$U_{3\mathrm{m}}$、$U_{5\mathrm{m}}$、$U_{7\mathrm{m}}$ 为基波和 3、5、7 次谐波的幅值；φ_1、φ_3、φ_5、φ_7 为基波和 3、5、7 次谐波的初相角。

V 相：

$$\begin{aligned}u_{\mathrm{V}}(t)&=u\left(t-\frac{1}{3}T\right)\\&=U_{1\mathrm{m}}\sin\left[\omega\left(t-\frac{1}{3}T\right)+\varphi_1\right]+U_{3\mathrm{m}}\sin\left[3\omega\left(t-\frac{1}{3}T\right)+\varphi_3\right]\\&\quad+U_{5\mathrm{m}}\sin\left[5\omega\left(t-\frac{1}{3}T\right)+\varphi_5\right]+U_{7\mathrm{m}}\sin\left[7\omega\left(t-\frac{1}{3}T\right)+\varphi_7\right]+\cdots\\&=U_{1\mathrm{m}}\sin\left(\omega t-\frac{1}{3}\omega T+\varphi_1\right)+U_{3\mathrm{m}}\sin(3\omega t-\omega T+\varphi_3)\\&\quad+U_{5\mathrm{m}}\sin\left(5\omega t-\frac{5}{3}\omega T+\varphi_5\right)+U_{7\mathrm{m}}\sin\left(7\omega t-\frac{7}{3}\omega T+\varphi_7\right)+\cdots\end{aligned}$$

考虑到 $\omega T=2\pi$，以及三角函数以 2π 为周期的特性，上式可以写成如下形式

$$\begin{aligned}u_{\mathrm{V}}(t)&=U_{1\mathrm{m}}\sin\left(\omega t+\varphi_1-\frac{2\pi}{3}\right)+U_{3\mathrm{m}}\sin(3\omega t+\varphi_3)\\&\quad+U_{5\mathrm{m}}\sin\left(5\omega t+\varphi_5+\frac{2\pi}{3}\right)+U_{7\mathrm{m}}\sin\left(7\omega t+\varphi_7-\frac{2\pi}{3}\right)+\cdots\end{aligned}$$

同理，W 相的傅里叶级数表达如下：

$$\begin{aligned}u_{\mathrm{W}}(t)&=U_{1\mathrm{m}}\sin\left(\omega t+\varphi_1+\frac{2\pi}{3}\right)+U_{3\mathrm{m}}\sin(3\omega t+\varphi_3)\\&\quad+U_{5\mathrm{m}}\sin\left(5\omega t+\varphi_5-\frac{2\pi}{3}\right)+U_{7\mathrm{m}}\sin\left(7\omega t+\varphi_7+\frac{2\pi}{3}\right)+\cdots\end{aligned}$$

根据以上公式，将工频交流三相对称系统各次谐波的频率、量值和相位关系列于表 9-7 中，以便于对比分析。

表 9-7 对称三相系统基波及奇次谐波频率与相位关系

谐波次数		基波	3	5	7
频率/Hz		50	150	250	350
有效值(各相相同)		U_1	U_3	U_5	U_7
相位	U 相	φ_1	φ_3	φ_5	φ_7
	V 相	$\varphi_1-\frac{2\pi}{3}$	φ_3	$\varphi_5+\frac{2\pi}{3}$	$\varphi_7-\frac{2\pi}{3}$
	W 相	$\varphi_1+\frac{2\pi}{3}$	φ_3	$\varphi_5-\frac{2\pi}{3}$	$\varphi_7+\frac{2\pi}{3}$
相序关系		正序	零序	负序	正序

对称三相系统谐波电压的主要特征可以归纳如下。

(1) 同次数的三相谐波电压仍然是对称的。

(2) 三相 3 次谐波电压大小相等，相位相同，具有零序电压性质。类推可得，凡$(6k\pm3)$(即 3 的奇倍数)次谐波都具有零序性质。

(3) 三相 5 次谐波电压大小相等，V 相相位超前于 U 相 120°，W 相相位落后于 U 相 120°，即三相电压按 U、V、W 顺序顺次落后 120°，具有负序电压性质。类推可得，凡$(6k-1)$(即 5，11，17，…)次谐波都具有负序性质。

(4) 三相 7 次谐波电压大小相等，V 相相位落后于 U 相 120°，W 相相位超前于 U 相 120°，即三相电压按 U、V、W 顺序顺次超前 120°，具有正序电压性质。类推可得，凡$(6k+1)$(即 7，13，19，…)次谐波都具有正序性质。

以上结论是针对系统只有奇次谐波的情况而言的，若考虑偶次谐波，可按同样思路分析归纳。谐波电流的特征与谐波电压类同。

请注意，不要将具有正、负、零序性质的三相谐波分量与不对称条件下三相工频正、负零序分量混淆，两者频率不相同，前者为 50Hz 的不同倍数，后者固定为 50Hz，各自所对应的阻抗值也是不相同的。

9.4.2 对称三相电路中谐波的行为

只考虑奇次谐波的前提下，对称三相电路中$(6k+1)$次谐波为正序性质，$(6k-1)$次谐波为负序性质，只要不涉及发电机，正、负序电路序阻抗相等，各次谐波行为与正常条件下工频对称三相电路相同。只是需要特别注意，因频率不同，各次谐波的阻抗都是不一样的。

3 的奇倍数次谐波(即$(6k\pm3)$次谐波)具有零序性质，因此其行为与工频零序电压电流相同，求解时同样要考虑不同次谐波的频率对零序阻抗的影响。以下以 3 次谐波相电压为例，就 3 的奇倍数次谐波在三相电路中的行为特征作一简要归纳，旨在强化一些基本概念，以正确地理解谐波危害和治理原理。

(1) 无中性线星形接线的三相电压源和负载，其线电压和线电流中都不可能有 3 次谐波。以图 9-7 所示 Y 接电源为例，在节点 N 应用 KCL，三相 3 次谐波电流之和应等于 0，由于 3 次谐波电流大小相等、相位相同，因此唯一解是每相 3 次谐波电流都等于 0。同样，三相 3 次谐波相电压大小相等、相位相同，而线电压等于两相电压之差，因此 3 次谐波线电压等于 0。

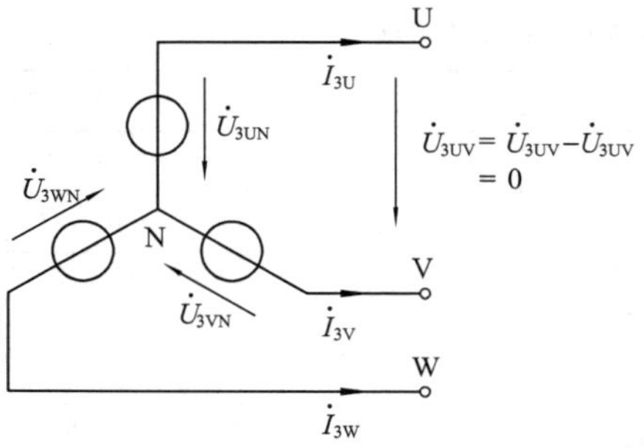

图 9-7 Y 接电源 3 次谐波

（2）三角形接线有内阻抗的三相电压源，其线电压和线电流中都不可能有 3 次谐波，但三角形接线电源内部有 3 次谐波电流环流。如图 9-8 所示，对虚线所示封闭面应用广义 KCL，可以证明不可能有 3 次谐波线电流，证明过程与(1)相同。由于三相 3 次谐波相电压大小相等、相位相同，因此△环路中有 3 倍的 3 次谐波相电动势，会在环路中驱动环路电流，环路电流在各相电源内阻抗上产生压降，该压降正好平衡每相电动势(请自行证明)，因此线电压中没有 3 次谐波电压。

发电机等电源设备内阻抗很小，因此很小的 3 次谐波电动势就能产生很大的三相 3 次谐波环流，造成严重发热，降低发电机的有效容量，因此发电机绕组一般不采用三角形接线。

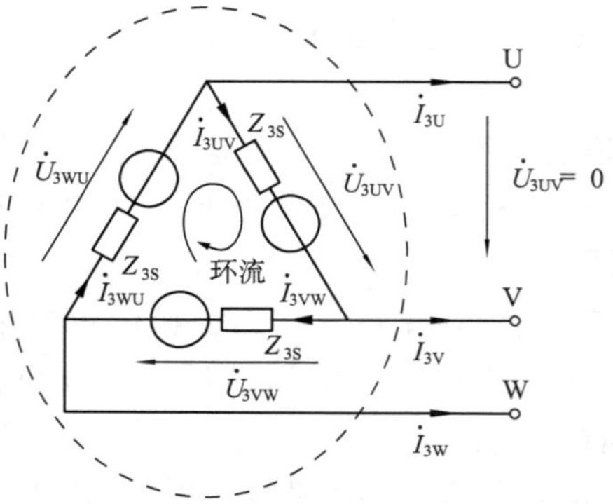

图 9-8 △接有内阻抗电源 3 次谐波

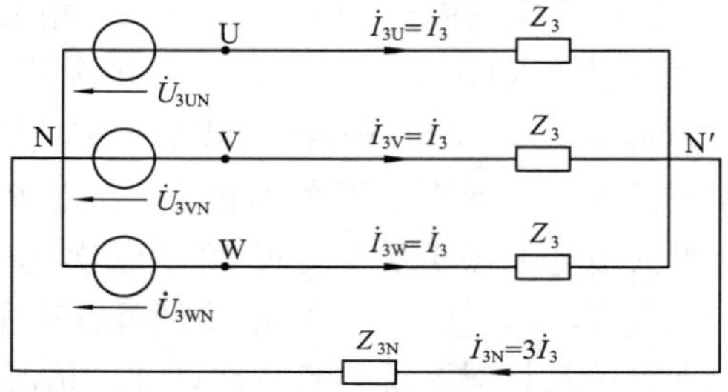

图 9-9 Y 接有中性线系统的 3 次谐波

（3）有中性线连接的星形接线的电源与负载，若电源有 3 次谐波相电压，则每相电源和负载中都有 3 次谐波电流，且中性线 3 次谐波电流是每相 3 次谐波电流的 3 倍。证明如图 9-9所示，由于 3 次谐波相电压都能通过 N 线形成回路，因此每相都有 3 次谐波电流产生，且大小相位都相同，等于 $\dot{I}_3$；在负荷中性点 N′点应用 KCL，可知 N 线 3 次谐波电流为 $3\dot{I}_3$。因此，当用单相等效电路计算时，中性线阻抗应以 $3Z_{3N}$ 计入。

低压三相四线制系统中有 3 的倍数次谐波电流时，N 线截面积的选择应该考虑谐波因素。

（4）有中性线连接的星形接线电源与负载，若负载因非线性等原因产生 3 次谐波电流，情况与(3)类同。

9.4.3 谐波产生的原因及危害

1. 谐波产生的原因

（1）非线性产生的谐波。电力系统中很多环节都具有非线性特性，如变压器和发电机铁心、电力电子装置、电弧工作设备等。举例来说，如果表示输入输出间关系的传递函数可以按泰勒公式近似用多次幂函数之和表示，则其中的高次方项作用于基波，就会产生谐波。如 3 次方项作用于输入基波 $\sin\omega t$，输出会有 $\sin^3\omega t$ 项出现，根据三角函数公式，$\sin^3\omega t$ 就会产生 3 次谐波 $\sin 3\omega t$。

(2) 发电机转子与旋转磁场相对运动产生的谐波。比如，同步发电机负载有三相不平衡的情况，发电机定子电流可能产生负序三相磁场，其旋转方向与转子相反，在转子绕组中感应 2 倍同步频率的电流，该电流在转子中产生的励磁磁场在定子绕组中会感应出谐波电动势。

(3) 发电机绕组排列不够均匀和平滑、铁心不完全均匀等原因，会使发出的电压波形不是精确的正弦波，含有谐波成分。

2. 主要的谐波源简介

(1) 发电环节。主要谐波源是发电机，谐波产生既有非线性原因，又有机电相对运动和设备本身的原因。该环节的谐波一般能够被很好地控制，对系统的影响不大，尤其对供配电系统几乎没有影响。

(2) 输变电环节。主要是变压器铁心的非线性产生谐波，基本为奇次谐波。若有直流输电，则换流站的谐波是另一重要谐波源。

(3) 用电环节。主要是电力电子设备、气体放电光源、电弧炉、电焊机等具有非线性特性的用电设备产生谐波，也有暂态过程产生的谐波等。该部分谐波是供配电系统谐波的主要来源。

3. 谐波的危害

谐波对系统的危害是广泛的，主要体现在以下几个方面。

(1) 增加损耗。谐波由于频率高，会在导体中增大集肤效应损耗，在铁心中增大涡流与磁滞损耗，在绝缘中增大介质损耗。损耗增加一则降低电能效率，二则降低配电设备的有效容量，三则使元件发热加重，缩短元件寿命，甚至损坏元件。

(2) 降低继电保护装置的可靠性。谐波主要对以负序分量为动作依据或闭锁条件的继电保护产生严重影响。如前所述，$(6k-1)$次谐波具有负序性质，基于负序分量的继电保护通常以负序参量量值为依据，不考虑参量频率，因此造成误判。

(3) 影响测量和计量的准确性。尤其是对于电能计量的影响较大。通常对产生谐波功率的用户，电能计量偏少，而对受到谐波污染的用户，电能计量偏多。

(4) 干扰信息通信系统，产生电磁兼容问题。

(5) 劣化开关电器或元件的开断性能。由于谐波造成波形畸变，使得电流或电压的局部斜率发生变化，可能降低断路器的开断能力，缩短晶闸管的寿命等。

9.4.4 谐波治理简介

谐波治理有 3 种技术方向，一是提高系统各环节对谐波的容忍度，二是抑制谐波的产生，三是消除已经产生的谐波。就供配电系统而言，前两者的技术实现主要落实在设备形式与规格、系统结构及运行方式等方面，而消除谐波的措施主要是滤波。常见的滤波措施可分为有源滤波和无源滤波两大类。

无源滤波器利用电感器、电容器构成谐振电路，只能针对特定频率的谐波滤波。

有源滤波又可称为谐波补偿，主要由大功率电力电子器件构成，可以动态地抵消系统的谐波。有源滤波针对的谐波频率范围宽、应对系统参数变化的能力强，应用也越来越广泛。

应该注意的是，滤波并未消除谐波源，而是改变了谐波源的负载条件，使得谐波电压或电流量值在滤波点处被控制在规定范围内。从能量角度看，谐波源输出的能量并不是固定的，它与谐波负载情况有关，滤波器作为谐波负载的一部分，不仅改变了谐波源总的输出功率，还使得谐波源的输出功率(含有功和无功功率)大部分被滤波器吸收。

除了谐波治理以外，供配电系统还有功率因数控制、电压波动与闪变控制等多种运行控制要求，将实现这些要求的装置综合在一起，就是所谓的综合补偿装置，综合补偿装置具有动态无功补偿、谐波补偿、电压波动与闪变补偿等多种功能，其学术研究逐渐成为新兴的柔性交流输电技术领域的方向之一。

9.5 变压器选择

变压器是供配电系统中最重要的设备之一。变压器选择涉及可靠性、运行方式、效率、电能质量、安全性、投资与运行费用等多方面的问题，需要综合考虑和平衡。下面对变压器选择中的一些主要问题作一介绍。

9.5.1 常用配电变压器类型及选择

常用配电变压器主要有油浸式、气体绝缘和干式 3 种类型，其性能比较见表 9-8。

表 9-8 各类变压器性能比较

类　别	油浸式变压器		气体绝缘变压器	干式变压器	
	矿物油	硅油变压器	六氟化硫	普通及非包封绕组	环氧树脂浇注
价格	低	中	高	高	较高
安装面积	中	中	中	大(小)	小
绝缘等级	A	A 或 H	E	B 或 H	B 或 F
爆炸性	有可能	可能性小	不爆	不爆	不爆
燃烧性	可燃	难燃	不燃	难燃	难燃
耐湿性	良好	良好	良好	弱	优
耐潮性	良好	良好	良好	弱	良好
损耗	大	大	稍小	大	小
噪声	低	低	低	高	低
重量	重	较重	中	重(轻)	轻

注：括号内文字指非包封绕组干式变压器。

一般情况下，工厂和城市公用变配电所多采用油浸式变压器，设置在民用建筑主体内的变配电所采用干式或气体绝缘变压器，火灾及爆炸危险性场所采用气体绝缘变压器。

变压器按绕组所用金属材料可分为铜芯和铝芯变压器，按冷却方式可分为自然冷却和强迫风冷变压器，按相数可分为单相和三相变压器等，可根据工程需要选取。

9.5.2 配电变压器参数选择

1. 额定电压选取

变压器一次绕组额定电压一般选为等于所在电网标称电压，但作为直接与发电机连接的升压变压器，其一次绕组额定电压应等于发电机输出电压，这一电压比系统标称电压高 5%。

变压器二次绕组额定电压一般选为比所在电网标称电压高 10%。但用电设备专用变压器(如电弧炉变压器)、向 220/380V 系统供电的配电变压器等，由于二次侧线路电压损失很小，二次绕组额定电压只需比所在电网标称电压高 5%即可。

2. 短路电压选取

短路电压 u_k%的选取，主要考虑以下两个因素。

(1) 应满足电压偏差和电压波动的要求。一般来说，选取较小的值是有利的。

(2) 对容量较大(≥1600kV・A)的变压器，应考虑限制低压系统短路电流的要求。选取较大的值对限制短路电流是有利的。

以上两个因素对 u_k%的要求是相互矛盾的，应通过计算找到一个两者都可接受的范围，再在这个范围内确定 u_k%的取值。若不能找到这个范围，则应考虑更改系统设计方案，如选用多台容量较小的变压器来取代一台大容量变压器等。

3. 额定容量选取

这里只讨论一台变压器所带负荷已确定的情况下，如何选取变压器的额定容量。这个问题主要涉及效率、运行费用与一次投资，关键的参数是变压器的负载率 β。下面介绍综合能效费用法(TOC 法)在变压器容量选取中的应用。

变压器的综合能效费用 TOC_{EFC}计算公式为

$$TOC_{EFC}=CI+P_{0EFC}+P_{kEFC}$$

式中，CI 为配电变压器一次费用(元)；P_{0EFC}为变压器空载损耗的等效费用(元)；P_{kEFC}为变压器负载损耗的等效费用(元)。

变压器容量选择就是要在变压器寿命期内使 TOC_{EFC}最小。以下对构成 TOC_{EFC}的几个分项费用进行分析。

(1) 一次费用 CI。它包括变压器设备购置费和为与更大容量变压器匹配所增加的配电设备费。例如，计算负荷为 850kV・A 时，选择 1000kV・A 和 1250kV・A 变压器都是可行的，1250kV・A 变压器不仅本身比 1000kV・A 变压器贵，为了与 1250kV・A 变压器匹配，相应的低压断路器、母线、电流互感器等都还要增加费用，这些应一并计入 CI 中。因此，选用更大容量的变压器对该项的贡献是增加费用。

(2) 变压器空载损耗的等效费用 P_{0EFC}。它取决于变压器的在网时间、资金利率和电价。在网时间一般考虑为一直在网，但对于一些为季节性负荷供电的变压器(如南方地区的空调专用变压器)，应采用实际在网时间。选用更大容量的变压器对该项的贡献是增加费用。

(3) 变压器负载损耗的等效费用 P_{kEFC}。与变压器负载率 β 有关。由于变压器的负荷是变化的，其损耗并不一直等于计算负荷产生的损耗，因此总的电能损耗与年最大负荷损耗小时数 τ_{max}有关，其计算见 4.4 节。损耗的等效费用分析与 P_{0EFC}相同。由于负载损耗与 β 平方成正比，因此选用更大容量的变压器对该项的贡献是减少费用。

综合能效费用法的出发点是全寿命费用最省，但该方法中有两个因素是不可控的，一个是资金利率，另一个是电价。因为变压器的寿命一般不低于 20 年，要预测长达 20 年以上的利率和电价走势基本上是不可能的，若考虑通货膨胀等因素，问题会更复杂。工程上常将以上方法进行变通，设定一个较短的周期(比如 3～5 年)，若在此期间内，减少电能损耗所节省的资金贴现，已足以抵消增大变压器容量所增加的费用，则认为变压器容量选择合理。

9.5.3 配电变压器连接组选择

连接组的选择也是一个涉及多方面因素的问题。下面就以 10/0.4kV 配电变压器常采用的 Yyn0 和 Dyn11 连接组为例，分析与连接组相关的一些因素。

1. 连接组与不平衡负荷

有中性线的 220/380V 低压配电系统三相负荷不平衡时，有不平衡电流从中性线流过，这个电流性质为零序电流，大小为零序电流的 3 倍，每相提供三分之一中性线电流。每相零序电流通过变压器低压相绕组，会通过铁心在高压绕组中感应零序电动势。对于 Yyn0 连接组变压器，因高压 Y 接绕组中不可能有零序电流，因此低压绕组的零序电流成为励磁电流，使高压绕组中有比较大的零序电压，造成高压绕组中性点位移，三相电动势不平衡，并使铁心发热加重，损耗增加；而对于 Dyn11 连接组变压器，高压绕组接成△，零序电动势产生的零序电流，正好在△中形成环流，在铁心中对低压绕组产生的零序磁通形成去磁效应，使铁心零序磁通变小，高压侧中性点位移减轻，零序磁通产生的铁损耗也大幅降低。因此，若中性线电流长期超过额定线电流的 10%，则不宜选用 Yyn0 连接组变压器；而对于 Dyn11 连接组变压器，中性线电流可放宽到额定线电流的 25%。

2. 连接组与谐波

如前所述，工频交流系统的 $3n$ 次谐波电流相位是相同的($120°\times3=360°$)，具有零序电流性质。当低压侧有 $3n$ 次谐波电流时，Yyn0 连接组变压器高压绕组不可能有 $3n$ 次谐波电流通过，使低压绕组 $3n$ 次谐波电流成为铁心的励磁电流，铁心 $3n$ 次谐波磁通成分大，并且形成铁心以外的磁路，产生附加损耗；而 Dyn11 连接组变压器高压绕组允许 $3n$ 次谐波电流形成环流，与低压绕组 $3n$ 次谐波电流在铁心中形成去磁效应，使铁心 $3n$ 次谐波磁通大幅度降低，改善了电压波形，并降低了损耗。因此，在谐波较重的系统中，应选用 Dyn11 连接组变压器。

3. 连接组与电击防护安全性

TN 系统的安全防护，基本的原理就是将碰壳故障转化为短路故障，靠短路电流驱动过电流保护装置动作，切断电源以保证安全。单相短路电流越大，对电击防护越有利。单相短路电流的计算阻抗中，就包含了变压器的零序阻抗(见 8.2 节)。Dyn11 变压器的零序阻抗如图 9-10(a)所示，因高压侧零序电流成环流，T 形等效电路中相当于短路，从低压侧看进去的零序阻抗 $Z_{0k\cdot T}$，就等于高压绕组零序漏阻抗 Z_{0k1} 与零序励磁阻抗 Z_{0m} 并联后，再与低压绕组零序漏阻抗 Z_{0k2} 串联。由于 Z_{0k1} 远小于 Z_{0m}，故 $Z_{0k\cdot T}$ 约等于 Z_{0k1} 与 Z_{0k2} 的串联，该值与变压器的短路阻抗近似相等。Yyn0 变压器的零序阻抗如图 9-10(b)所示，由于高压绕组不可能通过零序电流，T 形等效电路中相当于开路，从低压侧看进去的零序阻抗 $Z_{0k\cdot T}$ 等于 Z_{0k2} 与 Z_{0m} 的串联，因为 Z_{0m} 很大，使变压器零序阻抗为短路阻抗的若干倍，高者可达 10 倍左右。因此对采用 TN 接地形式的系统，从安全防护的角度出发，应优选 Dyn11 连接组变压器。

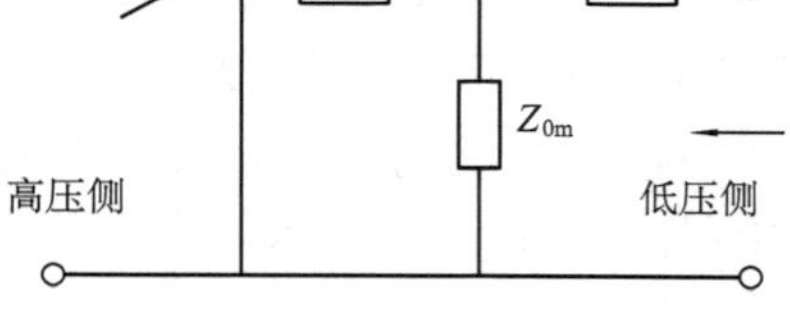

(a) Dyn11变压器

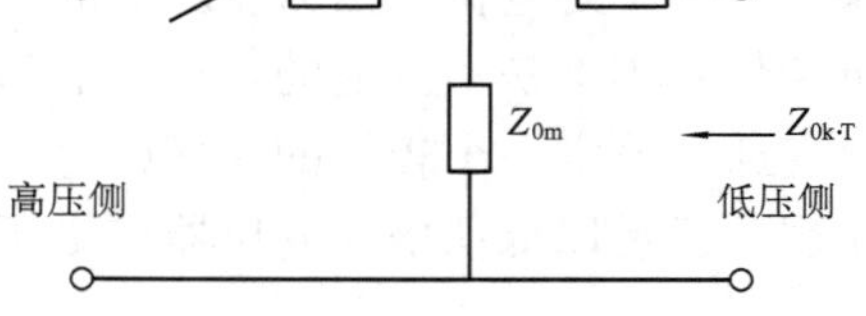

(b) Yyn0变压器

图 9-10　变压器的零序阻抗

4. 连接组与损耗和绝缘

正因为 Dyn11 变压器的 $3n$ 次谐波磁通损耗与工频零序磁通损耗小，因此其总的损耗要小于 Yyn0 变压器，一般可小 10%～20%。

由于 Dyn11 变压器高压绕组直接承受线电压，因此其绝缘要求高于 Yyn0 变压器，从而使 Dyn11 变压器的造价略高于 Yyn0 变压器。

综上所述，在 10/0.38kV 变配电所中，Dyn11 变压器有更多的技术优势，应优先考虑选用。

9.5.4 配电变压器调压方式与电压分接头选择

供配电系统中，110kV 变压器一般采用有载调压方式，35kV 变压器在电压偏差不满足要求时可采用有载调压方式，10kV 变压器一般只采用无励磁手动调压或不调压方式。

调压变压器电压分接头的选取方法见式(9-21)，关键是要计算出变压器二次侧的最高、最低允许电压 U_{max2} 和 U_{min2}，而这两个值的确定不仅与变压器有关，还与线路选择有关。

对于可能并列运行的变压器，采用调压方式时应特别注意：若采用有载调压，应同步调整；若采用无励磁调压，应具有相同的电压分接头挡，并接到同一种百分数的分接头上。

9.5.5 供配电系统设计中对变压器选择的考虑

1. 台数问题

在一个变配电所中，与变压器台数相关的因素主要是负荷总量和负荷对供电可靠性的要求，其次也应考虑运行灵活性及经济因素。

(1) 单台变压器最大容量。在现有技术条件下，对 10/0.4kV 变压器，单台容量一般不宜超过 1600kV·A，最大不超过 2500kV·A。这是因为变压器容量越大，短路电流越大，需要断路器具有更高的开断能力，低压线缆的热稳定性也更不易满足要求，这些都可能造成投资的增加；另外，单台变压器容量大，所带负荷就多，一旦故障或检修，影响的范围就大，不利于供电可靠性。

另外，若中压部分选用负荷开关+熔断器组合，根据其额定转移电流，变压器会有一个最大容量限制，示例见本书例 7-3。现状情况是大多数地方供电企业要求以 800kV·A 为上限，部分情况下可以放宽到 1000kV·A。

(2) 负荷等级对变压器台数的要求。一级负荷需要有双电源供至设备处。若两个供电电源都是 10kV 市电，则至少需要两台变压器，才能保证两条独立的供电路径；二级负荷要求在检修变压器时不停电，若没有设置低压备用电源，也需要至少两台变压器才能满足要求。

(3) 经济性与运行灵活性。例如，在很多公共建筑物中有大量的季节性负荷，如集中空调，大多只在夏秋季使用 4～6 个月。将季节性负荷接在单独的变压器上，不使用的季节里可将变压器从电网上退出，以减少空载损耗。再如，有些住宅小区，总负荷并不很大，但夏、冬季负荷很重，春、秋季较轻，这种情况可考虑选用两台变压器，负荷重时两台运行，负荷轻时单台运行，以降低损耗。

2. 工作方式问题

变配电所中有多台变压器时，各台变压器在运行中的协调，就是所谓的工作方式问题，一般有以下几种情况。

(1) 相互独立。即各台变压器各自独立工作，相互之间无工作任务的协调。这种情况下，对变压器的选择不作特别考虑。

（2）工作与备用。最基本的是两台变压器间的备用。一种方式是同时工作、互为备用，如低压单母线分段接线的两台变压器，这种工作方式下，对变压器的容量选择应仔细校核，应按一台变压器退出运行的情况考虑另一台变压器的容量；另一种方式是一用一备，这种工作方式下，备用变压器容量只需考虑需要备用的负荷大小。

（3）并列与分列运行。分列运行的变压器，在容量、连接组、短路电压、分接头等方面不需要考虑配合，但对并列运行的变压器，必须相序一致、变比和短路电压相等、连接组相同，最好做到容量相等，若有调压可能，还应做到同步调压。

3. 附属设备的配置问题

主要指散热风机、温控装置等的选配。对正常情况下负荷恰当、但系统故障时有可能短时过载的变压器，可配置冷却风机和温控装置，使变压器能短时间运行于过载状态，这样不至于为避免短时间的过载而加大变压器容量。

9.6 电力线缆载流量

电力电线和电力电缆统称为电力线缆，简称线缆。线缆的作用是传输电能，在电压一定的前提下，传输功率的大小与电流成正比。因此，载流量是线缆最重要的一个参数。线缆载流量受很多因素的影响，具体工程中某一线缆的允许载流量取值是一个比较复杂的问题。下面就对载流量问题进行讨论。

9.6.1 线缆允许载流量的概念

绝缘线缆的工作寿命取决于绝缘的老化速率，老化速率主要取决于工作温度。线缆的工作温度是在环境温度基础上叠加工作温升形成的，工作温升是发热和散热动态平衡的结果，其中发热主要取决于导体中的有功功率损耗。对于导体材料和截面积一定的线缆，有功功率损耗取决于工作电流大小。以上逻辑链条演绎的是线缆工作寿命与工作电流量值之间的关系，这一关系是线缆允许载流量概念的基础。

工程中实际使用的线缆都有一个设计寿命，设计寿命是业界在共识的基础上约定、并通过技术法规等途径固定下来的。根据约定的寿命期限，线缆的老化速率即被限定，由此可以确定线缆的长期允许工作温度，再根据环境温度确定线缆的允许温升，最后根据允许温升所对应的损耗确定出允许载流量。因此允许载流量又被称为约定载流量，是在约定工作寿命的前提下确定的一个电流量值，其定义如下。

在给定环境和敷设条件下，为使线缆工作温度不超过其长期允许工作温度，线缆所允许持续通过的最大电流，称为线缆在给定条件下的允许载流量，记为 I_{con}。

对裸导线，长期允许工作温度取决于接头处的发热氧化和因发热造成的机械性能劣化，允许载流量定义与绝缘线缆相同。常用导体和绝缘的长期最高允许工作温度见表 7-1。

从以上分析可知，约定寿命不同，线缆的允许载流量是不相同的，但上限是不得因温度过高导致绝缘出现不可逆的变化(如软化或碳化等)。另外，当与导线连接的配电设备或用电设备的端子有温度限制、且限制温度低于导线的长期允许工作温度时，线缆的允许载流量应按端子限制温度确定。如果线缆周围环境中有对温度产生制约的因素，如危险性物质安全要求等，则应按相应的温度确定允许载流量。

9.6.2 线缆允许载流量的关联因素

线缆的允许载流量受很多因素影响，归纳起来一是自身因素，二是外部因素，分析如下。

1. 线缆自身因素

(1) 与长期允许工作温度相关的因素。不同绝缘材料对温度的承受力不同，如聚氯乙烯(PVC)的长期允许工作温度为70℃，交联聚乙烯(XLPE)的长期允许工作温度为90℃，因此同样导体材料和截面积的PVC绝缘电缆(如型号为VV的电缆)，其允许载流量低于XLPE绝缘电缆(如型号为YJV的电缆)。

裸导线和母线的长期允许工作温度取决于导体材料。

(2) 与发热相关的因素。温升是由发热驱动的，在电流一定的前提下，发热主要取决于导体电阻，因此允许载流量与线缆的导体材料和截面积紧密相关。

绝缘材料也会产生损耗，称为介质损耗，该损耗也会导致发热。表征绝缘材料介质损耗大小的参数称为介损因数 $\tan\delta$，该量值越大，介质损耗越大。如PVC的介损因数典型量级为$10^{-2}\sim10^{-3}$，而XLPE的介损因数典型量级为10^{-4}。因此，线缆允许载流量也与绝缘材料的介损因数有关，但在中低压电缆中，该因素影响较小，基本可以忽略。

(3) 与散热相关的因素。除发热外，温升还与散热有关。线缆的材料和结构都会对散热产生影响。就材料而言，导热系数、比热容等不同会导致散热条件不同；就结构而言，线缆的尺寸和形状都可能影响散热，单芯电缆和多芯电缆、密集式母线和非密集式母线、电线与电缆等不同结构形式，散热条件都有可能不同。散热条件好者，允许载流量高。

2. 工程因素

散热条件除线缆本身外还取决于线缆周围的环境情况，这些都是由具体的工程条件决定的，将这些线缆以外的条件统称为工程条件或工程因素。影响线缆允许载流量的工程因素主要有环境温度、敷设方式、敷设部位、周围其他管线(热力管、其他线缆等)情况等。

(1) 环境温度。环境温度是指线缆无电流通过时周围物质(如空气、土壤等)的温度。线缆的工作温度等于环境温度(又称为初始温度)加工作温升，电流在线缆中产生的只是工作温升。在长期允许工作温度确定的情况下，允许温升随环境温度而不同，线缆允许载流量也因此随环境温度而不同。

(2) 敷设方式。这个因素影响的是散热条件。如穿线钢管散热优于塑料管、有开孔的电缆槽盒散热优于全封闭的电缆槽盒等。

(3) 敷设部位。这个因素既可能关系环境温度，又可能影响散热条件。如室外与室内敷设，环境温度相差甚大；又如埋地敷设在潮湿的土壤中与干燥的砾砂中，土壤与砾砂的导热系数相差甚大，散热能力明显不同。

(4) 多根线缆并敷。这个因素主要影响初始温度。多根线缆发热的相互影响，等同于提高了线缆周围的小环境温度，使得线缆允许载流量降低。但当多根电缆中有正常工作时不载流的导线(如PE线)时，其传热作用反倒会使散热条件略有改善，至少不会降低允许载流量。

线缆敷设路线附近有热力管线的情况类同于多根线缆并附。

9.6.3 确定线缆允许载流量的工程方法

1. 获取基础数据

由业界公认的或法定认可的研究机构、线缆生产厂家等通过试验得出特定条件下的线缆允许载流量数据，并将这些数据向业界发布。这些数据一般只能通过人工模拟试验得出，因为允许载流量与寿命相关联，自然暴露试验需要几十年的时间才能得出相关数据，尽管数据准确，但丧失了时效性。人工模拟试验是环境技术中环境试验的一种方法，其可信度取决于它与自然暴露试验的误差，因此，在积累了运行经验后，可能对发布的数据进行修正。

将发布的数据称为“表称允许载流量”，简称“表称载流量”，以区别于线缆在某一工程条件下的实际载流量；将给出表称载流量的工程条件称为“表称条件”。这些表称载流量和表称条件是确定线缆实际载流量的依据性基础数据。

2. 确定工程条件

工程中每一根线缆在施工安装完毕之后，其外部条件就确定下来了。线缆实际允许载流量与表称载流量的差异，就取决于实际工程条件与表称条件的差异。实际工程条件中，敷设方式、敷设部位及多路线缆并敷等情况都是明确的，其与表称条件的差异也是明确的，但环境温度的确定要复杂一些，以下作一简要讨论。

第一，一年四季、每天 24 小时环境温度都是变化的，相同温升条件下线缆的工作温度及老化速率因此也是变化的，需要找到一个等效的恒定环境温度值，使得以长的时间段来看，线缆在这个等效环境温度下的寿命损失，与在实际变化温度下的寿命损失是相同的。第二，地上与地下、室内与室外等温度不相同，需要有一个取值标准。第三，电缆沟、电缆隧道等处实际环境温度与通风条件相关。因此，业界在对环境温度问题进行研究之后，确定了工程上环境温度的取值规则，见表 9-9。

表 9-9 确定线缆实际允许载流量的环境温度

敷设部位	通风条件	择取的环境温度
直埋地		埋深处最热月平均地温
水下		最热月日最高水温平均值
有热源设备厂房		最热月的日最高温度月平均值另加 5℃，当隧道中电缆数量较多时，还应核算电缆发热影响
隧道、户内电缆沟	通风不良或无机械通风	
隧道、户内电缆沟或户外明敷有遮阳时	有机械通风或通风良好	最热月日最高温度平均值
无热源设备厂房		

3. 确定线缆的实际允许载流量

以表称允许载流量为基础，依据实际工程条件与表称条件的差别，对表称载流量进行“修正”，就能得出线缆实际的允许载流量。修正的方法是乘以校正系数，校正系数有些可以通过计算得出，有些则通过试验得出，并以表格或曲线的形式给出。

常用校正系数有温度校正系数、并敷校正(衰减)系数、敷设方式校正系数等。对于直埋地敷设，有土壤热阻校正系数；对室外敷设，有有无遮阳校正系数。

温度校正系数 K_t 的计算公式为

$$K_t = \sqrt{\frac{\theta_{N\cdot max} - \theta_0'}{\theta_{N\cdot max} - \theta_0}}$$

式中，$\theta_{N\cdot max}$ 为线缆长期允许工作温度(℃)；θ_0' 为线缆敷设处实际环境温度(℃)；θ_0 为表称环境温度(℃)。

多根并敷校正系数示例如图 9-11 曲线所示，可直接查阅。

线缆在电缆沟或电缆隧道中产生的温升，如图 9-12 所示，图中每一条曲线上的数字表示通道的周长。

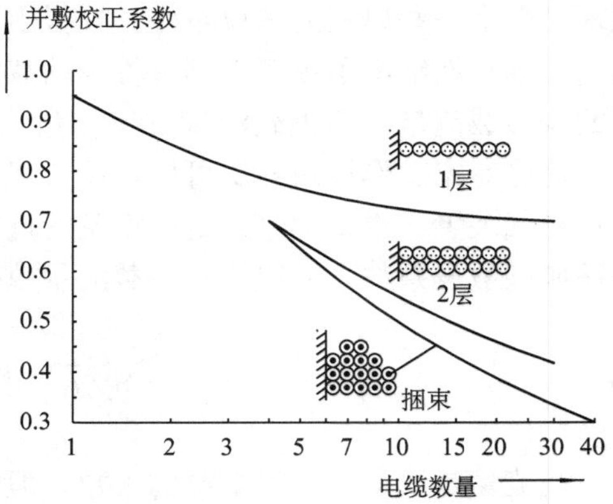

图 9-11　电缆桥架上多根线缆并敷的校正系数

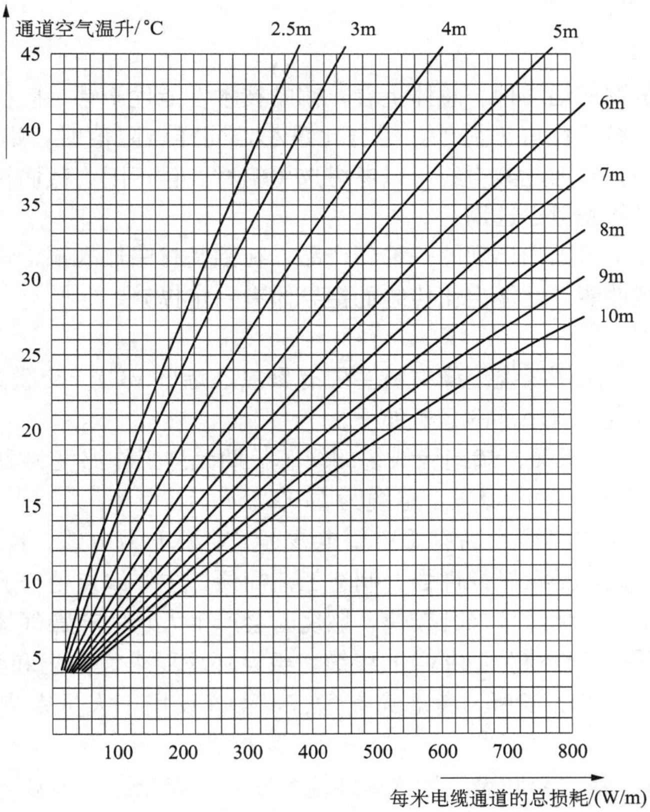

图 9-12　每米电缆损耗与通道空气温升的关系

其他校正系数可查阅有关设计手册。

所有校正系数本质上都是对散热条件或初始温度的校正。

4. 专家工作带来的效率提升

由于线缆实际载流量的确定需要考虑的因素较多，且有些因素涉及热力学、空气动力学等学科，需要多方人员参与并通过实验才能确定，因此给工程应用带来一定的困难。业界针对这种情况做了大量的工作，由各方专家参与，在基础数据的基础上对常见的工程因素进行梳理，得出一些典型的敷设条件，并得出了这些典型敷设条件下各类线缆的允许载流量，这相当于细化地给出了更多工程条件下的载流量基础数据，使得大多数实际工程条件都有相对应的表称载流量，修正载流量的工作量大为减少，对相关技术人员的工作效率有较大的提升。这些专家工作被业界认可后，部分已经体现在技术法规中。国家标准 GB 16895.15《建筑物电气装置　第 5 部分：电气设备的选择和安装　第 523 节：布线系统载流量》中就列有多种典型敷设条件下的线缆允许载流量数据，可供引用。

9.7　电力线缆选择

载流量是线缆一个很重要的参数，但不是线缆特性参数的全部。电力线缆选择除了考虑载流量以外，还必须考虑其他很多方面的因素，具体如下。

9.7.1　线缆材料与结构选择

1. 导体材料选择

导体材料主要是铜和铝两种。总体上看，铜的技术性能优于铝，应优先考虑。但铝材原料丰富，价格便宜，经济性好。另外，铝材比重小，同样电阻值时，铝导体尽管截面积更大，但总重量仍比铜轻，因此架空线可以考虑选用铝材。且正因为截面积大，在中频应用中电流集肤效应弱，可优先考虑选用。

铝合金导体是近年来国内出现的一种新产品，在铝基材中加入铜、铁、镁等元素，改善铝的导电性能和机械性能，性能上比传统的铝导体有一定提升。

2. 绝缘材料选择

供配电系统工程中所用线缆绝缘材料主要有聚氯乙烯(PVC)、交联聚乙烯(XLPE)和橡胶等几种，它们的特点和适用范围分析如下。

(1) 聚氯乙烯绝缘。聚氯乙烯绝缘线缆的线芯长期允许工作温度为 70℃，短路热稳定温度为 160℃，但导体截面 300mm^{2}以上电缆为 140℃。

聚氯乙烯绝缘线缆的典型产品有 BV 型电线、VV 型电力电缆、KVV 型控制电缆等。聚氯乙烯绝缘的主要优点是耐腐蚀性强、制造工艺简便，主要缺点是介质损耗较大，低温性能差，在阳光或高温下老化速率上升较快，燃烧时会产生大量的有毒气体。因此，聚氯乙烯绝缘适用于电压较低(一般不超过 6kV)的线缆，敷设环境要求无高温和强烈日照、无严寒，但可用于酸、碱腐蚀较重的场所，考虑火灾危害，不建议用于人员密集、疏散困难的建筑物中。

(2) 交联聚乙烯绝缘。交联聚乙烯绝缘线缆的线芯长期允许工作温度为 90℃，高于聚氯乙烯，因此同样导体截面的电缆，其允许载流量比聚氯乙烯绝缘电缆大；短路热稳定温度为 250℃，耐受短路热冲击的能力也高于聚氯乙烯电缆。

交联聚乙烯绝缘线缆的主要产品有 BYJ 型电线和 YJV 系列电力电缆等。这种材料的主要优点是可以提高线缆允许载流量、介质损耗小、防水性能好、燃烧时无有毒气体产生，主要缺点是价格较高。建筑物内部、水下线路等可考虑交联聚乙烯绝缘线缆。

(3) 橡胶绝缘。橡胶绝缘又称为橡皮绝缘。橡皮绝缘的长期允许工作温度为 60℃，低于聚氯乙烯和交联聚乙烯；短路热稳定温度为 200℃，高于聚氯乙烯，低于交联聚乙烯。

橡皮绝缘的最大特点是柔韧性和低温性能好，因此适合移动设备配线和严寒环境敷设。

但橡胶耐化学腐蚀性能较差，尤其不耐油，因此在有油污的场所，宜选用专门的耐油性橡皮线缆。

近年来，采用硅橡胶作为绝缘的线缆越来越多，硅橡胶的高、低温性能、耐腐蚀性能等突出，老化速率小，寿命长，是一种很好的绝缘材料。

3. 电缆芯数选择

电缆有单芯电缆和多芯电缆之分。一根多芯电缆就能构成一条单相或三相线路，有敷设工作量小、电抗小、对外界电磁干扰小、可铁磁材料铠装等优点，可优先考虑采用。但多芯电缆导体截面积不能做得太大，因此最大载流量较小，同样导体截面积情况下，多芯电缆直径大于单芯电缆，弯曲半径大，单根长度短，因此在大电流回路、水底敷设等情况下，可考虑采用单芯电缆组成电缆束替代多芯电缆。

另外，多芯电缆直接 T 接分支比较困难，对于有直接 T 接分支的干线回路，宜优先考虑单芯电缆。若选用多芯电缆，则宜设置专门的 T 接分支箱，或选用预分支电缆。

4. 电缆护套与铠装层选择

护套和铠装层主要用作机械防护，也可兼有防水、防腐蚀、防白蚁、防辐射等功效。中、低压电力电缆护套一般选用塑料，有一般防水要求时可增加覆塑铝膜层，需要防辐射时可以用铅护套。铠装层主要有钢丝和钢带铠装。钢丝铠装抗拉，钢带铠装抗压，主要提高电缆的机械强度，在运输、安装和运行中更有效地保护电缆内部的效用层。

应特别注意铁磁材料铠装层的应用。单根多芯三相或单相电缆由于各芯线电流和等于零，又紧密布置在缆芯内，在缆芯外部产生的磁场基本上相互抵消，在铁磁材料的铠装层中不会产生明显的铁磁损耗。但单芯交流电缆若有铁磁材料铠装层，电流产生的磁场会在铠装层中产生磁滞与涡流损耗，该损耗一来降低电能传输效率，二来产生发热和温升，过高的温度会很快损坏电缆。因此，若无特别理由，一般不选用单芯钢丝、钢带等铁磁材料铠装的交流电缆；若确需选用，需降低载流量量值，具体降低程度需有电缆生产厂家实验数据。

9.7.2 线缆额定电压选择

电缆和护套电线额定电压包括缆(线)芯对地额定电压 U_0 和缆(线)芯之间的额定电压 U_r，用 U_0/U_r 表示。U_r 总是等于或大于系统标称电压 U_N(线电压)，U_0 则分为两类：第 I 类 U_0 等于或大于相电压，用于大接地系统；第 II 类 U_0 大于第 I 类，用于小接地系统，可以在小接地系统发生单相接地故障、非故障相对地电压升高时安全运行。如 10kV 系统电缆额定电压第 I 类为 6/10kV，只能用于接地的 10kV 系统，第 II 类为 8.7/10kV，可用于不接地的 10kV 系统。

对 220/380V 低压系统的线缆，建筑物外(含建筑物电源进线)只能选 0.6/1kV 额定电压，建筑物内可选择 0.3/0.5kV 和 0.45/0.75kV 额定电压。

9.7.3 线缆相导体截面积选择

线缆相导体截面积选择关系到寿命、经济、电能质量、故障耐受能力、安全防护、机械强度等诸多方面问题，必须达到每一个方面的要求，导体截面积选择才算正确。因此，相导体截面积选择需要按以下步骤逐一进行。

1. 按长期温升条件选择

为保证线缆工作寿命，要求线缆的允许载流量 I_{con} 大于等于线路的计算电流 I_C，即

$$I_{con} \geqslant I_C$$

I_{con}与环境条件有关。一条线路的敷设路径上环境条件可能不同，应选择散热条件最差的那一段进行载流量修正。确定出 I_{con}后，就可以选出相对应的导体截面积。

2. 按电压损失校验

线缆单位长度的阻抗与导体截面积相关，因此线路电压损失也与导体截面积相关。根据电能质量对电压偏差的要求，可计算出一条线路的允许电压损失，再根据允许电压损失校验所选线缆是否满足要求。对于中、高压架空线路，线路阻抗以电抗为主，电抗与导体截面积关联性很小，因此改变导体截面积对电压损失的影响不是很明显，但电缆线路因电阻比重大，导体截面积与电压损失关联性较强。

有些情况下，还要根据电压闪变校验线缆截面积。

3. 按机械强度校验

按线缆形式和敷设方式，可以确定出满足机械强度的最小截面积，所选线缆导体最小截面不得小于该最小截面积，详细情况可参见附表 22 和附表 23。

4. 按经济电流密度校验

所谓经济电流密度，是指在线缆寿命期内，使投资和导体损耗费用之和最小时所对应的电流密度，其确定方法与变压器相似，也是采用 TOC 法。该条件主要用于输变电系统的大电流、长距离线路选择，供配电工程中较少采用。

5. 按短路热稳定性校验

要求线缆能经受短路电流的热冲击，即

$$S \geqslant S_{min} = \frac{I_{k3 \cdot max}}{C}\sqrt{t_{im}}$$

式中，S 为相导体截面积(mm^2)；S_{min}为短路热稳定所要求的最小截面积(mm^2)；$I_{k3 \cdot max}$ 为线缆可能承受的最大三相短路电流(A)；C 为热稳定系数($A \cdot \sqrt{s} \cdot mm^{-2}$)，见表 7-2；$t_{im}$为假想时间(s)。

6. 过负荷保护有效性校验

这一校验是为了保证保护电器在过负荷电流引起的导体温升对绝缘、接头、端子或导体周围物质造成损害之前分断电路。中、高压线缆过负荷保护动作时间一般整定为小于线缆的允许过载时间。低压线缆靠熔断器或低压断路器长延时脱扣器做过负荷保护时，需要保护的反时限特性与线路过载程度与允许过载时间的反时限特性配合，这种配合可以靠特性曲线比对完成。当没有特性曲线或希望用参数完成比对时，可用以下公式校验

$$I_{op} \geqslant I_C$$

$$I_2 \leqslant 1.45 I_{con}$$

式中，I_{op}为保护电器过负荷保护动作值(A)；I_C为线路计算电流(A)；I_2为保护电器约定时间内的约定动作的电流(A)，与 I_{op}有确定的关系，具体视保护电器类型而定，详见 8.4.3 节；I_{con}为线路的允许载流量(A)。

7. 按短路保护灵敏系数校验

在低压系统短路阻抗中电阻比重大，而电阻又与导体截面积强相关，因此当线路末端短路电流太小，保护灵敏系数不满足要求时，可考虑加大导线截面积以增大短路电流。对于电抗占主要成分的架空线路，加大导体截面积对改善保护灵敏性效果不显著。

9.7.4 中性线与保护线导体截面积选择

低压系统中N线(或PEN线)上通过的电流可能与相线不同，PE线上正常时不通过电流，但在发生接地故障时，PE线对安全保护有不可替代的重要作用。因此对N线和PE的截面积选择应专门考虑。

1. N线截面积选择

单相二线制系统中，N线电流总与相线相同，N线截面积与相线截面积恒相等。三相四线制系统中，N线上可能有三相不平衡电流和$3n$次谐波电流通过，其选择应遵循以下规则。

(1) 平衡三相四线制系统，不考虑谐波时，N线无电流，N线截面积可选为相线截面积的一半，但当相线截面积不大于16mm^2(铜)和25mm^2(铝)时，N线应与相线等截面。

(2) 不平衡三相四线制系统，N线上有三相不平衡电流，N线选择应考虑载流量不小于该电流。且由于发热导体增加了一根，相线载流量是否应作修正呢？答案是否定的。尽管多芯电缆和共管敷设的三相四线制电线，表称载流量是按三相平衡条件给出的，不考虑N线上电流发热，但工程实际中选择线缆时，都是按电流最大相选取的，因此电流小的相导体欠发热，这正好补偿N线的发热。换个角度考虑，若将一路多芯电缆或共管导线看成一个发热整体，其总的发热并未明显超过以最大电流相为基准的三相平衡线路，因此载流量不需要校正。

(3) 平衡的三相四线制系统，有$3n$次谐波电流时，N线选择应考虑谐波电流的影响。由于$3n$次谐波电流既流过相线，又流过N线，因此相线截面积也应考虑谐波影响，但N线$3n$次谐波电流是相线的3倍，因此对N线影响更大。

$3n$次谐波中以3次谐波所占比重最大，一般以3次谐波近似$3n$次谐波。当相线3次谐波电流超过相线工频电流的33.3%时，N线上3次谐波线电流已大于相线工频电流，这时，N线截面积有可能大于相线截面积。

对三相四线制多芯电缆和共管敷设的三相四线制电线，谐波除了在N线上增加发热外，还在相线上增加发热，与三相不平衡的情况不同，线路作为一个整体，其总的发热量是增加的。因此不仅要考虑N线的截面积选取，相线的载流量也应进行校正。表9-10给出了各种3次谐波含有率下的载流量校正系数。当3次谐波成分大于10%时，N线就应与相线等截面，但选择步骤仍为先选相线截面积。当3次谐波大于33%时，先选择N线截面，然后选相线与N线等截面。

表 9-10 谐波电流作用下共管电线或电缆载流量校正系数

相电流中3次谐波分量/%	校正系数		相电流中3次谐波分量/%	校正系数	
	按相线电流选择截面	按中性线电流选择截面		按相线电流选择截面	按中性线电流选择截面
0～15	1.0		33～45		0.86
15～33	0.86		45以上		1.0

(4) 既有三相不平衡电流，又有$3n$次谐波。这时中性线截面应以总的电流有效值选取。总的电流有效值等于基波和各次谐波的平方和开方。

2. PE 线截面积选择

此处只讨论低压配电系统的 PE 线，不包括场所中作等电位联结的 PE 线。PE 线在发生接地故障时，有接地故障电流通过。PE 线按以下条件选择。

(1) 承受故障电流的热冲击。在 TN-S 系统中，相导体与 PE 导体间的接地故障是单相短路故障；在共同接地的 TT 和 IT 系统中，不同设备异相碰壳故障是两相短路故障，均需要进行短路热稳定性的校验。

PE 线上正常条件下无电流通过，因此不与带电导体成束敷设的单独 PE 线，其初始温度 θ_N 低于带电导体，导致热稳定系数 C 值大于相导体，因此满足热稳定要求的最小截面积小于相导体。C 的量值可按式(7-33)计算，式中工作温度 θ_N 可取环境温度；导体最小热稳定截面积可按式(7-32)计算，短路电流取最不利条件下的接地故障电流，如对 TN-S 系统取最大相保短路电流，对有设备共用接地体的 IT 系统取设备处的两相短路电流等。

对于 PE 线与相导线或电缆贴邻敷设、或 PE 线本身就在电缆缆芯中、或利用电缆金属护层作为 PE 线的情况，PE 导体的初始温度高于环境温度，但低于相导体温度，计算 C 值时的初始温度 θ_N 取值可参照国家标准 GB 50054—2011《低压配电设计规范》附录 A。

如果作保守估算，PE 线热稳定校验可以与相线校验方法相同，即 C 值相等，但短路电流应取最大单相相保短路电流(TN-S 系统)或两相短路电流(共同接地的 TT 或 IT 系统)。

(2) 满足电击防护的要求。这主要是针对 TN 系统中依靠过电流保护电器切断电源进行间接电击防护的情况而言的，也包括 IT 和 TT 系统中共同接地设备异相碰壳的情况。PE 线截面积大，漏电碰壳故障电流就大，有利于过电流保护电器更灵敏(如低压断路器瞬时脱扣器)或更快(如熔断器)动作，以达到满足电击防护要求的目的。

(3) 满足机械强度要求。这主要是针对电缆外的单独 PE 导体或不与相导体处于同一防护物内的 PE 导体而言的。对单独敷设且有机械防护的 PE 线，铜导体不应小于 2.5mm²，铝导体不应小于 16mm²；对单独敷设且没有机械防护的 PE 线，铜导体不应小于 4mm²，铝导体不应小于 16mm²；

实际工程中一般按表 9-11 选取 PE 线，然后按以上条件逐一校核。

表 9-11 确定线缆实际允许载流量的环境温度

相导体截面积 S/mm²	保护导体截面积/mm²
≤16	S
>16，≤35	16
>35	$\frac{1}{2}S$

思考与练习题

9-1 试判断以下说法是否正确。

(1) 供配电系统无法对电压频率进行调节。

(2) 供电电压偏差限值是对供电企业提出的要求。

(3) 用电电压偏差限值是对供电企业提出的要求。

(4) 非正弦周期波形，一定含有谐波成分。

(5) 总谐波失真(THD)是谐波总功率与基波功率之比的百分数。

(6) 电压 $u(t)$ 在半个周期内的有效值计算公式为 $\frac{1}{T/2}\int_t^{t+\frac{T}{2}}u(t)\mathrm{d}t$。

(7) 电压 $u(t)$ 在半个周期内的有效值计算公式为 $\sqrt{\frac{1}{T/2}\int_t^{t+\frac{T}{2}}u^2(t)\mathrm{d}t}$。

(8) 三相系统正、负、零序分量既可以指三相工频电压、电流，也可以指各次谐波电压、电流。

(9) 闪变就是指电压闪变。

(10) 用电设备不是发电机，不可能向电网注入谐波电流。

(11) 电力用户谐波限值是指用户所能承受的最大谐波量值，供电企业提供的电能其谐波不能超过这一限值。

(12) 变压器高压侧电压分接头设置为±(2×2.5)%，实接于+2.5%处运行。若用电设备端电压负偏差过大，要求供电端提高电压，则应将变压器高压侧分接头改接至+5%处。

9-2 某10kV线路首端运行电压为10.7kV，末端运行电压为9.7kV，试计算其首、末端的电压偏差和线路电压损失。

9-3 一条10kV电缆线路长2km，线路单位长度电阻、电抗分别为$r_0=0.22\Omega/\text{km}$，$x_0=0.08\Omega/\text{km}$，仅末端带一个负荷，量值为2500kW+j2000kvar，试计算该线路的电压损失。

9-4 一条10kV架空线路长2km，线路单位长度电阻、电抗分别为$r_0=0.22\Omega/\text{km}$，$x_0=0.35\Omega/\text{km}$。

(1) 若该线路为放射式供电，仅末端带一个负荷，量值为2500kW+j2000kvar，试计算该线路的电压损失。

(2) 若该线路为树干式供电，带有两个负荷，末端负荷量值为1500kW+j1200kvar，线路中间位置处负荷为1000kW+j800kvar，试计算该线路的电压损失。

9-5 某220V单相线路，长250m，线路单位长度电阻、电抗分别为$r_0=0.22\Omega/\text{km}$，$x_0=0.08\Omega/\text{km}$，仅末端带一个负荷，量值为7kW+j4kvar，试计算该线路的电压损失。

9-6 某10/0.4kV变压器，额定容量1000kV·A，短路损耗10.3kW，短路电压百分数为6%，变压器负载率为80%，功率因数为0.9。试计算其折算到低压侧的电压损失绝对值。

9-7 10/0.4kV变压器高压侧分接头接于±0%处时，二次空载电压为410V，若将分接头改接在+5%处，则二次空载电压为多少？

9-8 某非线性电阻的伏安特性为$i(t)=f[u(t)]=k_1u(t)+k_2u^2(t)$，若将该电阻接在$u_s(t)=U_m\cos\omega t$的电压源上，试计算电阻中流过的电流，并指出电流中的谐波及次数。

9-9 试判断以下说法是否正确。

(1) 变压器额定容量是指规定环境和散热条件下，变压器各部分工作温升不超过规定值所允许通过的最大视在功率。

(2) 三相三芯柱式变压器，零序主磁通磁路只有部分路段在铁心中。

(3) 三台单相变压器组成的三相变压器，零序主磁通磁路只有部分路段在铁心中。

(4) Dyn11变压器，低压侧u、v相间线电压落后于高压侧U、V相间线电压15°。

(5) 10/0.4kV配电变压器，Dyn11连接组低压端子处单相短路电流小于Yyn0连接组。

(6) 电力电缆的允许载流量与约定工作寿命和敷设条件有关。

(7) 单相系统中，只要3的倍数次谐波小到可以忽略，N线截面积就可以选为相线的一半。

(8) 单相系统中，如果3的倍数次谐波很严重，N线截面积可能需要大于相线截面积。

(9) 三相系统中，只要三相平衡，中性线截面积就可选为相线截面积的一半。

(10) TN-S系统中，N线和PE线的短路热稳定性校验，短路电流应取单相短路电流。

(11) 钢丝铠装电缆抗拉，钢带铠装电缆抗压。

9-10 某城网110kV区域变电所，需要三绕组变压器提供10kV和35kV两个二次电压等级，其中35kV只向与变电站贴邻的一家工厂供电，10kV向公共电网若干开闭所供电。试选择该变电所主变压器的额定电压。

9-11 一台10/0.4kV配电变压器，额定容量为1000kV·A，要求不管10kV电网条件如何，低压侧三相短路电流都不大于25kA，变压器短路电压百分数u_k%可取值为4、4.5、5、5.5和6，试选取恰当的短路电压值。

9-12 某工厂供配电系统设计，计算负荷为540kV·A，以该负荷值下的最高效率为目标，设计人员通过正确计算选用了 1000kV·A 变压器。在设计计算与实际情况相符的前提下，你能确信这种选择一定能够取得实际的最大电能效率吗？

9-13 线缆相导体截面积选择有若干条件，这些条件相互之间是什么关系？它们与最终确定的相导体截面积之间又是什么关系？

9-14 某 10kV 电缆向 500kV·A 变压器供电，线缆相导体截面积为 35mm^2，实际允许载流量为 160A，热稳定系数为 143A·$\sqrt{s}$·mm^{-2}，该线路的最大短路电流为 16kA，短路保护动作时间为 0.5s，断路器的全分断时间取 0.15s。试证明该选择是不正确的。

9-15 图 9-13 所示为一三相四线制 220/380V 干线供电线路，线路为 YJV 预分支电缆，室内电缆沟敷设，通风良好，并敷校正系数为 0.8，线路全长 105m，线路允许电压损失为 5%，当地最热月日最高温度平均值为 35℃，干线计算负荷同时系数取 1，线路首端低压断路器 QA 长延时脱扣器整定值为 250A，试按正常工作条件选择电缆截面积，并校验 QA 过负荷保护的有效性。可查阅附录选取所需数据。

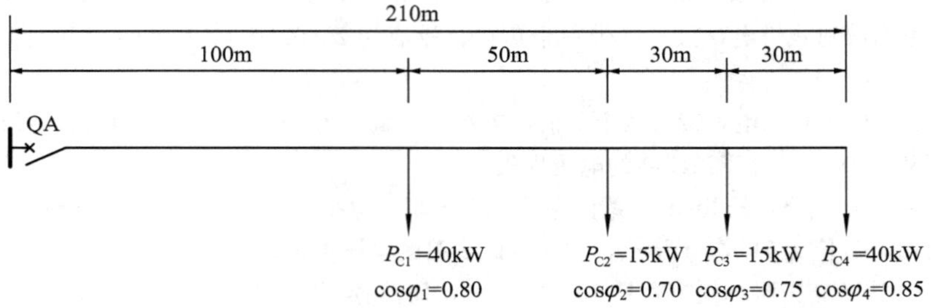

图 9-13 题 9-15 图

第 10 章　供配电系统过电压防护

10.1　过电压与设备耐压

供配电系统的过电压是指系统出现了超过正常电压范围的高电压值，它不仅指工频电压，也包括其他频率或波形的电压。过电压的形式主要有两种，一种是带电导体对地的过电压，称为相地过电压或共模过电压；另一种是带电导体之间的过电压，称为相间过电压或差模过电压。相地过电压威胁线路和电气设备的对地绝缘，相间过电压不仅威胁相间绝缘，还因为过电压直接作用于负载阻抗，会在负载阻抗上产生过电流，使负载发热增大，可能烧毁设备，甚至引发火灾。另外，开关电器断口间过电压也是一种过电压形式。

过电压与设备耐压是一对矛盾，如果将过电压看成加害者的破坏强度，则设备耐压就是受害者的承受能力，电气设备是否因过电压而损坏取决于这两者的相对强弱。在过电压强于设备耐压时，为了避免电气设备受到损坏，需要设置过电压保护。

10.1.1　过电压

1. 过电压的分类

1）按能量来源分类

本质上，电压是电路中电场能量的表征参数。根据产生过电压的能量来源，可将过电压分为外部过电压（又称为大气过电压）和内部过电压两类，列示如下。

- 过电压
  - 外部过电压
    - 感应雷过电压
    - 直击雷过电压
    - 侵入雷电波过电压
  - 内部过电压
    - 操作过电压
      - 操作电容性负荷
        - 开断电容器组
        - 开断空载长线
        - 关（重）合空载长线
      - 操作感性负荷
        - 开断空载变压器
        - 开断并联电抗器
        - 开断高压旋转电机
    - 谐振过电压
      - 线性谐振
        - 消弧线圈补偿网络谐振
        - 传递过电压
      - 非线性（铁磁）谐振
        - 线路断线
        - 电磁式电压互感器饱和
    - 工频过电压
      - 长线电容效应
      - 过补偿
      - 不对称故障
      - 甩负荷
      - 中性点位移
      - 高电压传导

外部过电压与内部过电压各自有以下一些特点。

(1) 外部过电压的能量来自雷电，过电压幅值与系统标称电压无关。中、低压系统绝缘水平较低，所受危害较大；高压和超高压系统绝缘水平本来就比较高，所受危害相对较小。

(2) 内部过电压的能量来源于电网自身，过电压幅值与系统标称电压密切相关。高压和超高压系统因绝缘裕度较小，所受危害最严重，而中、低压系统绝缘裕度较大，危害相对较轻。但从用电的角度看，中、低压系统的内部过电压可能导致电击、电气火灾或损坏用电设备等严重后果，必须予以高度重视。

(3) 产生外部过电压的雷电能量量值很大，但瞬间就可释放完毕；而内部过电压能量可以由系统源源不断地补充，持续时间较长。因此在防护方式上，两者有所区别。

2) 按持续时间分类

工程上，根据持续时间的长短，又可将过电压分为瞬态过电压和暂时过电压两类，列示如下。

- 过电压
  - 瞬态过电压
    - 大气过电压
    - 操作过电压
  - 暂时过电压
    - 谐振过电压
    - 工频过电压

2. 过电压量值的表示方法

1) 大气过电压

工程上一般直接用电压值表示大气过电压的大小，通常还要注明电压的波形。例如，某 1.2/50μs 雷电过电压，幅值为 370kV。

2) 内部过电压

工程上一般用过电压倍数表示内部过电压大小，基准值称为 p.u。又分以下两种情况。

(1) 相对地工频过电压。基准值为系统最高相电压的有效值，即

$$1.0\text{p.u} = U_m/\sqrt{3}$$

式中，U_m为系统最高电压(线电压有效值)，它是指正常运行条件下，系统中可能出现的最大电压值，但不包括瞬变电压。U_m的量值在国家标准 GB156《标准电压》中有明确规定，大致为系统标称电压 U_N的 1.2 倍，准确数据需要按标准取值。

(2) 相对地操作与谐振过电压。基准值为系统最高相电压幅值，即

$$1.0\text{p.u} = \sqrt{2}U_m/\sqrt{3}$$

10.1.2 电气设备的耐压

1. 作用电压与设备耐压

电气设备的耐压是指设备的绝缘对正常工频电压和故障过电压的承受能力。试验表明，绝缘的耐压是一个十分复杂的问题，它不仅取决于绝缘材料或绝缘结构本身的属性，还取决于外加电压的形式、量值、作用时间及作用次数等。例如，同一个绝缘结构，在直流电压和交流电压作用下，其耐压值就不相同，在不同频率交流电压作用下的耐压值也不相同。因此，绝缘的耐压参数一般与作用于其上的电压(称为作用电压)形式一同给出，这些参数是由专门的试验测定的。根据系统可能承受的作用电压形式，工程界规定了一些标准化的绝缘耐受试验，见表 10-1。

表 10-1　作用电压及相应的耐受试验

分　类	低频电压	
	持续(工频)	暂　时
电压波形	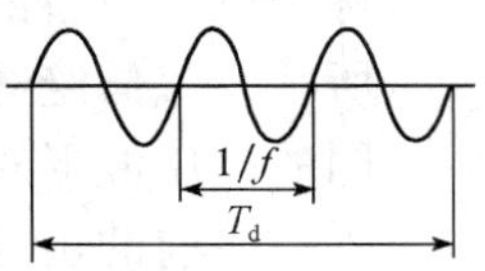	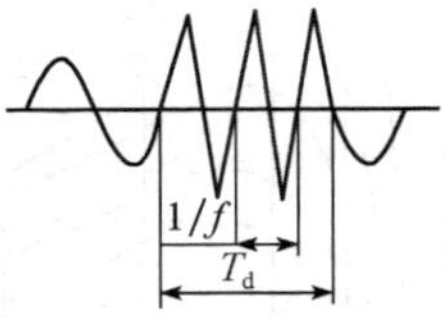
电压波形范围	f=50Hz，T_d≥1h	10Hz<f<500Hz，0.03s<T_d<3600s
标准电压波形	T_d 在有关设备标准中规定	48Hz<f<62Hz
标准耐受试验	在有关设备标准中规定	短时工频试验
分　类	瞬态电压	
	缓前波(操作过电压)	快前波(雷电过电压)
电压波形	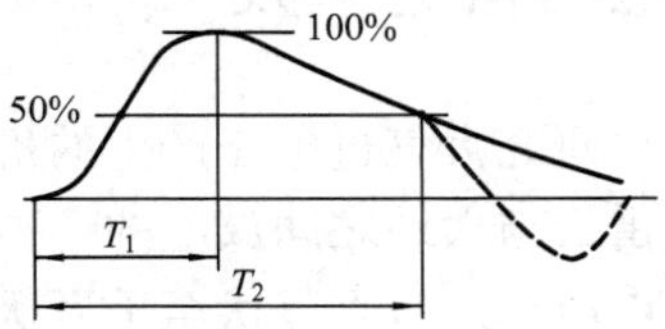	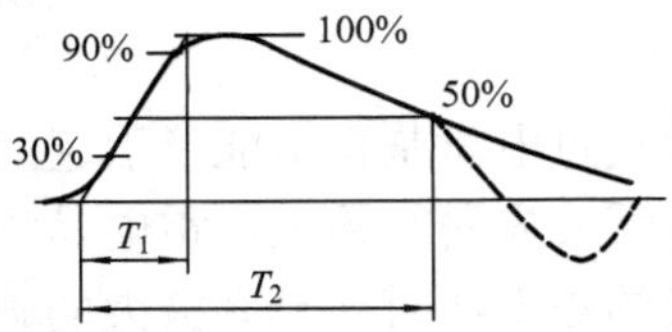
电压波形范围	20μs<T_1<5000μs，T_2<20ms	0.1μs<T_1<20μs，T_2<300μs
标准电压波形	T_1=250μs，T_2=2500μs	T_1=1.2μs，T_2=50μs
标准耐受试验	操作冲击试验	雷电冲击试验

2．电气设备耐压参数示例

工程上应用较多的参数为电气设备的最高工作电压、1min 短时工频耐受电压和 1.2μs/50μs 冲击耐受电压，它们分别由持续工频电压试验、短时工频耐压试验和雷电冲击耐压试验得出，用以考察电气设备在长期工作电压、暂时过电压和雷电冲击过电压作用下绝缘的耐受能力。表 10-2 给出了中压系统电气设备要求的耐受电压示例。

表 10-2　中压电气设备选用的耐受电压

系统标称电压/kV	设备最高电压/kV	设备类别	雷电冲击耐受电压/kV (1.2μs /50μs 波形)				短时(1min)工频耐受电压(有效值)/kV			
			相对地	相间	断口		相对地	相间	断口	
					断路器	隔离开关			断路器	隔离开关
6	7.2	变压器	60 (40)	60 (40)	—	—	25 (20)	25 (20)	—	—
		开关	60 (40)	60 (40)	60	70	30 (20)	30 (20)	30	34
10	12	变压器	75 (60)	75 (60)	—	—	35 (28)	35 (28)	—	—
		开关	75 (60)	75 (60)	75 (60)	85 (70)	42 (28)	42 (28)	42 (28)	49 (35)

注：括号内和外数据分别对应是和非低电阻接地系统；开关类设备将设备最高电压称为“额定电压”。

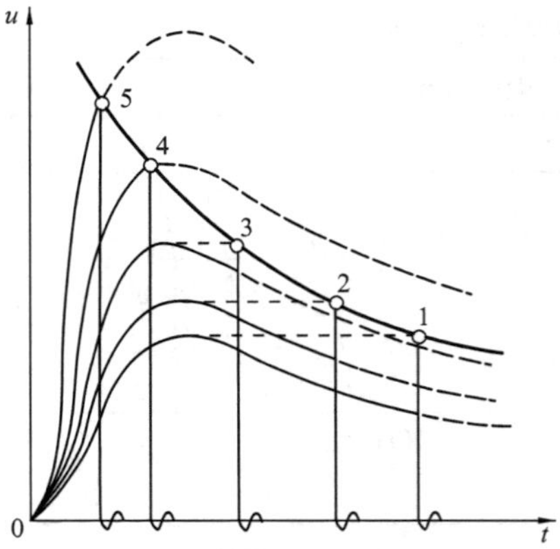

图 10-1　气体绝缘冲击耐压的伏秒特性

采用不同波前陡度的冲击电压对相同的试品进行耐压试验，还可得出电气设备冲击耐压与作用时间的关系曲线，称为电气设备的伏秒特性曲线。图 10-1 所示为气体绝缘的伏秒特性，图中用不同的电压波形对相同试品做试验，对发生在波前的击穿，取击穿时刻和击穿电压为曲线坐标点；对发生在波尾的击穿，取击穿时刻和电压峰值为曲线坐标点。波前越缓，所对应的绝缘击穿电压越低，击穿时间越长。

10.2　雷电与雷电参数

大气过电压是雷电能量引起的过电压，要研究大气过电压产生的机理、量值大小及防护措施，需要先研究雷电。雷电是雷云之间或雷云与大地之间放电的一种自然现象。雷电流通过地表的被击物时，具有极大的破坏性，其电压可达数百万伏至千万伏以上，电流可达几百千安培，造成人畜伤亡、建筑物损毁、线路停电、电气设备损坏及电子信息系统中断等严重事故。雷电危害源自其巨大的能量。以下将对雷电能量的形成、作用方式和特征参数等作一简要介绍。

10.2.1　雷电的形成与危害

1. 雷云及雷击形式

大气中带电荷的云团称为雷云，是产生雷电的先决条件。气象学和大气物理学对雷云产生过程的研究表明，首先是水蒸气在高空因冷凝等原因形成积云，积云因其中小水滴和冰晶的密度增大而形成乌云，乌云因小水滴破裂、结冰或吸收被宇宙射线电离的带电粒子而带上电荷，称为雷云。雷云以带负电荷居多，也有少数带正电荷的情况。

雷云中的电荷分布是不均匀的，有许多堆积中心，因而不论是云中或是云对地之间各处电场强度是不一样的。等到一定数量的电荷聚集到一个区域时，这个区域的电势逐渐上升，当它的电场强度达到足以使附近空气绝缘破坏的程度(25～30kV/cm)时，该处空气游离，开始了雷云放电。雷云之间的放电不是本章关注的问题，本章关注的是雷云对地面或大地附着物的放电，也就是本书中所说的雷击。按能量传递的途径，雷击主要有以下几种形式，以雷击建筑物为例说明。

1) 直接雷击

直接雷击简称直击雷。雷云对建筑物放电初期，只能将雷云附近的空气击穿，形成所谓的向下先导通道，如图 10-2(a)所示。由于先导通道内空气游离不够强烈，放电向下发展到一定距离后因其顶端场强衰减而暂时停歇下来，待电荷中心向通道补充电荷后再次放电，并继续向下发展。如此反复，形成了逐次发展的向下先导放电通道。

与此同时，因雷云接近建筑物，在建筑物上感应出大量正电荷，建筑物上的正电荷也会发展出向上的先导，称为向上(或迎面)先导，如图 10-2(a)所示。当向下先导和向上先导间的空气被击穿时，雷云电荷通过游离的放电通道向建筑物泄放，形成雷电主放电，如图 10-2(b)所示。主放电持续时间极短，约为 50～100μs，放电电流可高达数百千安培，伴以强烈的闪光和巨大的声响。主放电之后，雷云中的残余电荷还可能继续经过主放电通道向建筑物泄放，称为余辉放电。余辉放电电流较小，但持续时间可能较长，可长达数百毫秒。

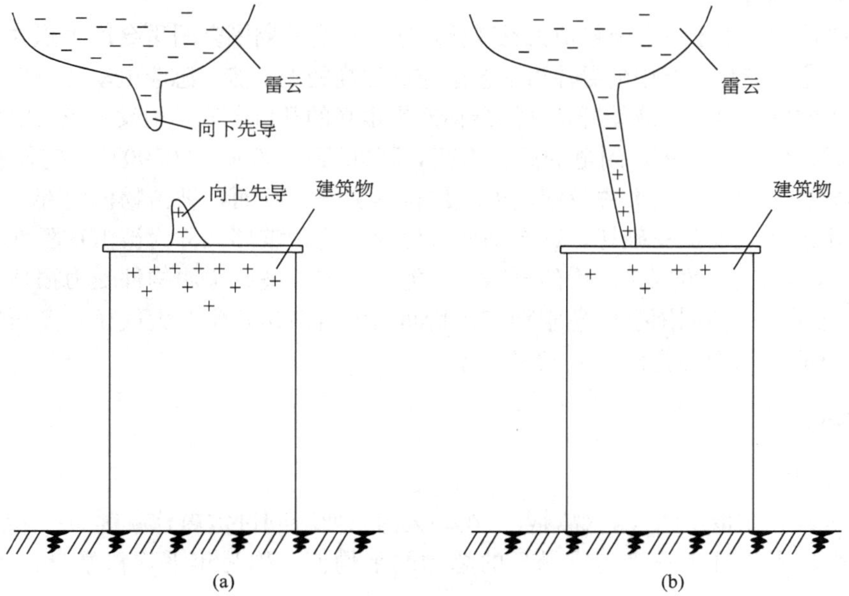

图 10-2　直击雷的形成

由于雷云中可能存在若干个电荷中心，所以在第一个电荷中心的上述放电完成之后，可能引起第二个、第三个中心通过第一个通道放电。因此雷击往往具有多重性，两次放电相隔 30～50ms，放电次数平均为(2～3)次，最多曾记录到有四十多次，但第二次以后的放电电流一般较小。

2）感应雷击

感应雷击简称感应雷。有两种形式的感应雷击，分述如下。

(1) 静电感应。当建筑物上空有雷云时，在附近所有建筑物上都会感应出与雷云异性的电荷。在雷云向大地或某一栋建筑放电后，雷云与大地间电场消失，积聚在其他建筑屋顶的电荷失去了异性电荷的束缚，会向地中泄放。这种电荷泄放与被击建筑中的电荷泄放类似，因此也称为雷击，但泄放的电荷不是雷云传递的电荷，而是建筑物上被雷云感应出的电荷，因此称为静电感应雷击。

(2) 电磁感应。雷击建筑物附近大地或建筑物时，放电产生的空间电磁场可能在建筑物内发生电磁耦合，在建筑物内的导体或电气电子系统中产生感应电动势，进而发生击穿放电或形成感应电流，这就是电磁感应雷击。

3）球形雷击

球形雷击简称球形雷。球形雷是一个被电离的空气团，以约每秒几米的速度在大气中漂浮运动，它常从烟囱、开着的门窗或缝隙进入建筑物内部，在室内来回滚动几次后，可能沿着原路出去，有时也会自行无声消失，但碰到人、畜后发出震耳的爆炸声，还会出现刺激性气体。球形雷的形成与特性，还没有确切的解释，本书不讨论对球形雷的防护问题。

2. 雷电的危害

(1) 热效应。强大的雷电流(几十至几百千安培)通过雷击点，并在极短时间内转换成热能，雷击点的发热量为500～20000MJ，容易造成燃烧或金属熔化，熔化的金属飞溅又容易引起火灾、爆炸等事故。

(2) 电磁效应。由于雷电流量值大且变化迅速，在它的周围空间里会产生强大且变化剧烈的磁场，处于这个变化磁场中的导体可能被感应出很高的电动势。感应电动势可使闭合的金属导体产生很大的感应电流，或使开口金属导体产生很高的开口电压，引发火花放电危险。

(3) 机械力效应。其一，闪电的温度很高，瞬间可达6000～20000℃，它使被击物体内部水分受热急剧气化，或缝隙中分解出的气体剧烈膨胀，因而在被击物体内部出现了巨大的压强，使树木或建筑物遭受破坏，甚至暴烈成碎片，这种破坏又称为被击物阻性热效应产生的机械力破坏。其二，雷电流产生的电磁力可能使电气设备或金属构件受力损坏。其三，雷电放电时，电弧高温使周围空气急剧膨胀，瞬间压强可高达几十个大气压，高压气体扩散形成冲击波，可能对周围的物体产生机械破坏。

10.2.2 雷电参数

1. 气象参数

(1) 雷暴日。在指定的气象观测点，在一天内只要听到过雷声，就称为一个雷暴日。

(2) 年平均雷暴日。一年内雷暴日的总和的平均值，称为年平均雷暴日，单位为d/a，简称年雷暴日。

我国一般将年平均雷暴日15以下的地区称为少雷区，将年平均雷暴日40～90的地区称为多雷区，将年平均雷暴日超过90的地区称为强雷区。年平均雷暴日根据当地气象台、站资料确定。

2. 电气参数

1) 雷击基本形式及其组合

雷电向大地或地表附着物的放电称为闪击，闪击过程中的每一次放电称为一次雷击，通常一个闪击过程包含若干次雷击。

始于雷云向下先导的放电过程称为向下闪击，始于建筑物向上先导的放电过程称为向上闪击，雷云放电按先后次序分为首次雷击和后续雷击，按放电的持续时间又分为短时雷击和长时间雷击。闪击中基本的雷击形式有3种，如图10-3所示。其中短时和长时间雷击大致以2ms为分界线，首次短时雷击和后续短时雷击波形类似，但特征参量不同。

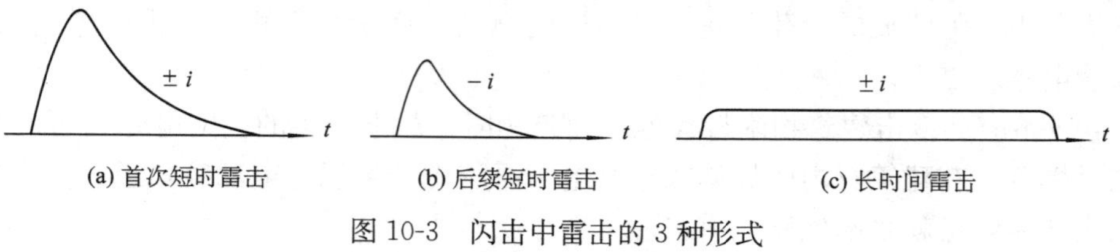

图10-3　闪击中雷击的3种形式

常见的闪击通常由以上三种基本雷击组合而成。图10-4和图10-5所示为向下闪击和向上闪击的一些典型组合示例。

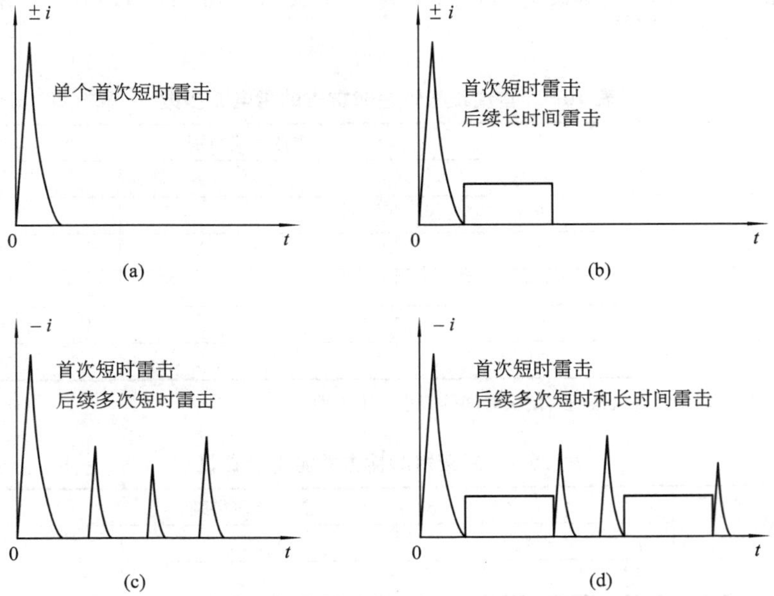

图 10-4　向下闪击可能的雷击组合示例(平原和低建筑物)

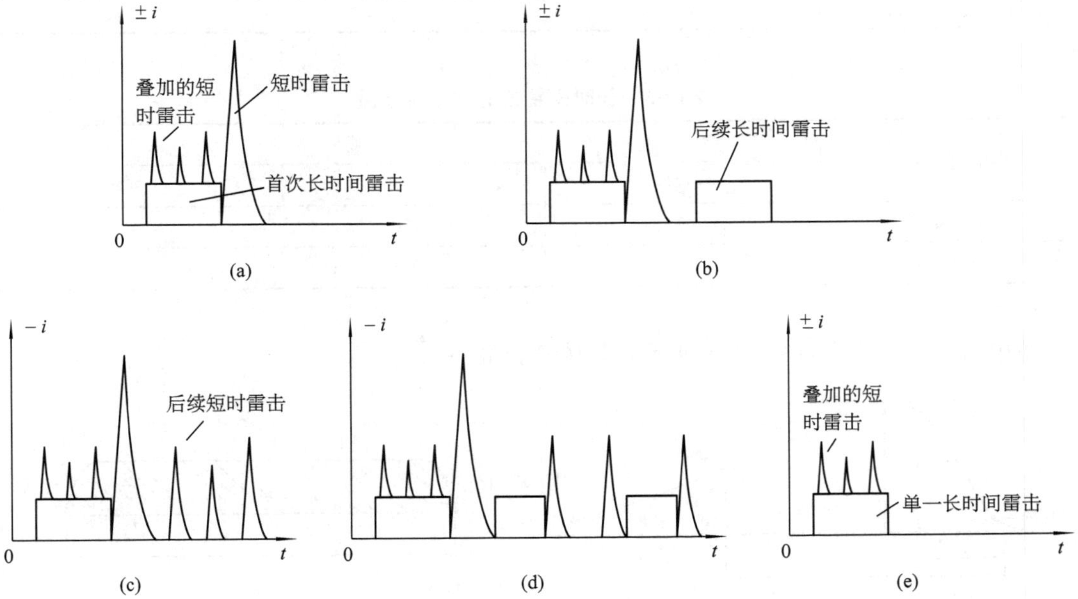

图 10-5　向上闪击可能的雷击组合(约高于 100m 的高层建筑物)

2）建筑物防雷工程中雷电电气参数取值

雷电本身的数据无疑是一个根本性的依据，但雷电放电是一种随机事件，其参量大小受诸多因素影响，各次放电的参数都可能有很大的不同。建筑防雷工程中更关心的是受雷击的对象(即建筑物)实际承受的雷击参量大小，这些参量按一定概率下最不利的情况考虑。因此防雷工程中所关心的雷电参量，不再只与雷电本身有关，还与受雷击对象的特性相关。

按以上思路，国家标准 GB 50057—2010《建筑物防雷设计规范》给出了建筑防雷工程中雷电参量的取值，见表 10-3～表 10-5。其中关于建筑物防雷类别的问题，请参阅附表 43，并将在第 11 章中介绍。

表 10-3　首次正极性短时雷击的雷电流参数

雷电流参数	防雷建筑类别		
	一类	二类	三类
I 幅值/kA	200	150	100
T_1波头时间/μs	10	10	10
T_2波头时间/μs	350	350	350
Q_s电荷量/C	100	75	50
W/R 单位能量/(MJ/Ω)	10	5.6	2.5

注：首次负极性短时雷击雷电流幅值、波头时间等都小于正极性。

表 10-4　后续短时雷击的雷电流参量

雷电流参数	防雷建筑类别		
	一类	二类	三类
I 幅值/kA	50	37.5	25
T_1波头时间/μs	0.25	0.25	0.25
T_2波头时间/μs	100	100	100
I/T_1平均陡度/(kA/μs)	200	150	100

表 10-5　长时间雷击的雷电流参量

雷电流参数	防雷建筑类别		
	一类	二类	三类
Q_1电荷量/C	200	150	100
T 时间/s	0.5	0.5	0.5

雷电流各参量定义如图 10-6 所示，具体解释如下。

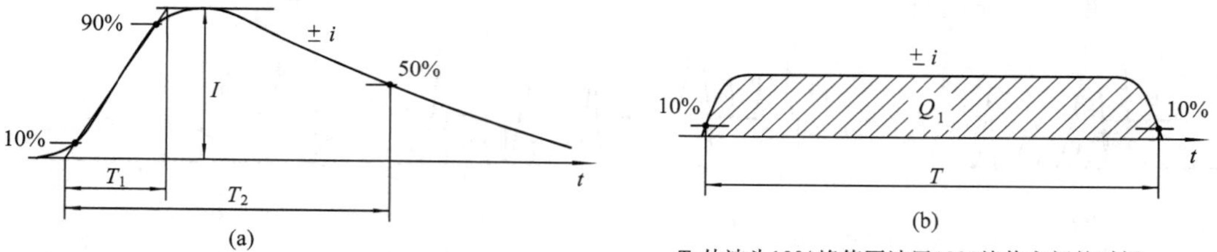

I-峰值电流（幅值）；T_1-波头时间；T_2-半峰时间

T-从波头10%峰值至波尾10%峰值之间的时间；Q_1-长时间雷击的电荷量

图 10-6　雷击参数定义

（1）雷电流幅值 I。即雷电流的瞬时最大值。根据我国各地实测结果，主放电雷电流幅值出现的概率用下式表达

$$\lg P = -\frac{I}{88}$$

式中，P 为雷电流幅值概率，用百分数表示；I 为雷电流幅值(kA)。

例如，对于超过 100kA 的雷电流幅值，按上式求得其概率为 7.3%，即每 100 次雷击中，大约有 7 次雷击的主放电雷电流幅值超过 100kA。表 10-3 中不同类别建筑该参量的取值不同，正是考虑了某个电流值出现的概率问题。

(2) T_1波头时间。又称为波前时间，理论上指雷电流从 0 升至幅值 I 的时间，工程标准定义为以连接 10%I、90%I 的直线与横坐标的交点为起点，与幅值水平线的交点为终点间的时长。

(3) T_2波头时间。又称为半峰时间，指以上述 T_1定义中的起点为起点，以雷电流下降到幅值 I 的一半为终点间的整个时长。

(4) I/T_1平均陡度。这是一个导出参量，它表明了雷电流上升的速率，又称为波头陡度。

(5) 雷电流的电荷量 Q_s。这是一个表明雷电流能量大小的量值，直观理解为雷电流波形下的面积，可按以下公式估算

$$Q_s = \frac{1}{0.7} I T_2$$

(6) 单位能量 W/R。$W/R = \int i^2(t)\mathrm{d}t$，$i(t)$是雷电流，$R$ 是被击对象的等效电阻。W/R 表明了雷电流在 1Ω 被击负载电阻上释放的能量。该参量可按下式估算

$$\frac{W}{R} = \frac{1}{2} \times \frac{1}{0.7} I^2 T_2$$

(7) 雷电波的表述。在以后的讨论中，常用到不同雷电波作用下设备或元件的耐压参数表述，或标准化试验所采用的试验电源波形的表述，这些表述都涉及工程标准所规定的雷电波形式，通常用 T_1/T_2波形表达，这里，符号“/”没有除法运算的含义，仅指雷电波波头时间与半峰时间的一种组合。例如，常用的试验波形有 10/350μs 电流波、8/20μs 电流波、1.2/50μs 电压波等。

3) 架空输电线路防雷工程中雷电电气参数取值

架空线路防雷工程中雷电参数取值原理与建筑防雷类同，但具体取值比较复杂，要考虑多方面因素，这方面课题属于高电压技术课程内容，此处不予详述。

10.3 雷电能量在导体上的传输

雷害的本质在于其所拥有的巨大能量，防雷的根本原则是让能量无害泄放。在雷害产生和防雷的环节，都存在着雷电能量的传递，其中能量在导体上的传输又是主要的传递方式之一，本节对这种传输进行介绍。

10.3.1 传输线

雷电击中具有良好导电性的被击对象后，泄放到被击对象上的雷电能量以行波的形式表现。为正确地理解和分析雷电在被击对象上的行为，必须对雷电能量的波过程有所了解。以下介绍的传输线，就是用于理解雷电波过程的一种理想模型。

1. 集中参数电路与分布参数电路

经典电路分析理论是建立在集中参数电路前提下的，它的基础是 KCL、KVL 两条定律

和电阻、电感、电容3种理想元件的支路关系。所谓集中参数电路是指电路的几何尺寸远小于工作于其上的电磁波波长，电路由支路构成，每一支路都有两个节点。电路中每一节点都有一个节点电压(相对于参考点)，支路电压等于两个节点电压之差；每一支路都有一个支路电流。任一回路中各支路电压和任一节点上各支路电流代数和分别满足KVL和KCL，每一支路上电压 u 和电流 i 的关系由支路元件的性质(电阻、电感还是电容)与特性参数决定。在分析集中参数电路时，关心的是网络拓扑结构和该结构中"节点"与"支路"上的电气参量，并不关心某一"节点"或"支路"的几何尺寸与空间位置。

当一个电路的几何尺寸与工作于其上的电磁波波长可以比拟时，这个电路就称为分布参数电路，在分布参数电路中，每一点(而非节点)都有各自的电压和电流，因此，"节点电压"、"支路电流"等概念已不存在，甚至连"节点"、"支路"等理想电路模型的网络拓扑基本元素都失去了产生它们的基础，KCL、KVL在分布参数电路中不再成立。在所碰到的分布参数电路中，"传输线"或称为"长线"就是最简单也是最常见的一种分布参数电路。

2. 传输线简介

当一条电气线路的长度与工作于其上的电磁波波长可比拟时，这条电气线路就称为传输线，也称为长线。传输线是一种典型且重要的分布参数电路。

1)"长线"与"短线"的区别

为什么电路的几何尺寸会如此重要呢？下面以同一线路为例，分别考虑工作于其上的电磁波波长远大于和小于其长度时的电压分布情况。

图10-7为一条长度600m的线路在不同频率正弦交流电源作用下的情形。图10-7(a)中，电源电压 u_a 的频率很低，为工频50Hz，这时电磁波波长约为 $\lambda \approx V_{光速}/f = (3\times 10^8\,\text{m/s})/$

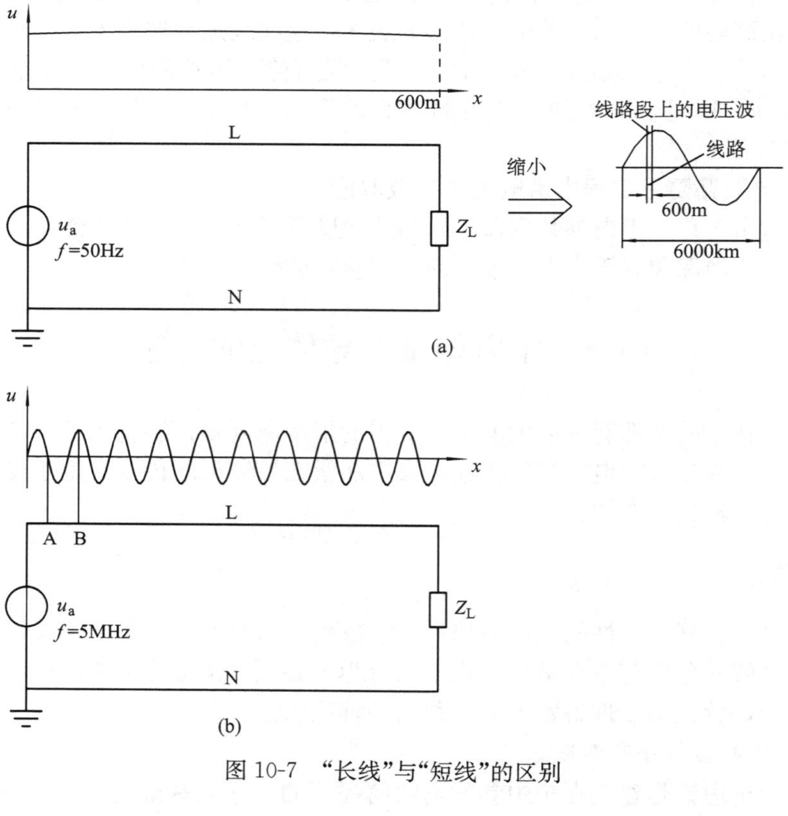

图10-7 "长线"与"短线"的区别

(50Hz)＝6×10^6m＝6000km，线路长度只占电压波长的万分之一，在这么短的长度内，电压正弦波的幅值变化很小，近似于一条水平线，每一时刻线路上各点对地电压都基本相等（忽略负荷电流在导线阻抗上的电压损失），因此可以说“相线的电压”，而不必指明到底是相线上哪一点的电压；图 10-7(b)中，电源电压 u_a 的频率高达 5MHz，此时电压波长为 $\lambda\approx V_{光速}/f=(3\times10^8\text{m/s})/(5\times10^6\text{Hz})=60\text{m}$，在 600m 长的线路上就分布有 10 个完整的电压正弦波，每一时刻相线上不同位置的对地电压都是不同的，如 A 点对地电压为零，而 B 点对地电压达到电压幅值，此时再笼统地说“相线对地电压”就是无意义的，而必须指明是相线上哪一点的对地电压。对于电流也可进行同样的分析。

从以上分析可知，在“短线”中，电压或电流只是时间的函数，即 $u=u(t)$，$i=i(t)$；而在“长线”中，电压或电流不仅是时间的函数，还是位置的函数，即 $u=u(x,t)$，$i=i(x,t)$，x 为线路上的坐标点。因此，对“长线”上电磁过程的分析，就涉及时间和位置(空间)两个因素，这是在分析“长线”时必须明确的一个基本概念。

2) 传输线的波阻抗

对于传输线上任意一点，在外界条件不变的情况下，该点处沿同一方向传输的电压与电流之比 $u(x,t)/i(x,t)$ 称为传输线上该点的波阻抗或特征阻抗，记为 $Z_C(x)$，即

$$Z_C(x)=\frac{u(x,t)}{i(x,t)} \tag{10-1}$$

若 $Z_C(x)$ 与电压和电流大小无关，则称该点的波阻抗是线性的。若一条传输线上各点波阻抗都相等，则称该传输线是均匀的，称这个相等的波阻抗为均匀传输线的波阻抗，简称传输线的波阻抗。以后若无特别说明，所讨论的传输线都是线性均匀传输线。

波阻抗也是一个位置的函数，如图 10-8 单相线路所示，线路中每一点都有各自的波阻抗。如 A 点的波阻抗 $Z_C(x_A)$ 就只与 A 点有关，它表明了 A 点电流 $i(x_A,t)$ 与 A 点相线与中性线间电压 $u(x_A,t)$ 之间的关系，即 $u(x_A,t)=Z_C(x_A)i(x_A,t)$。如果从线路中某一点 F 注入电流 $i(x_F,t)$，如图中虚线所示，这好比雷电击中 F 点的情形，则该电流单独在相线与中性线间产生的电压为 $u(x_F,t)=i(x_F,t)Z_C(x_F)$。

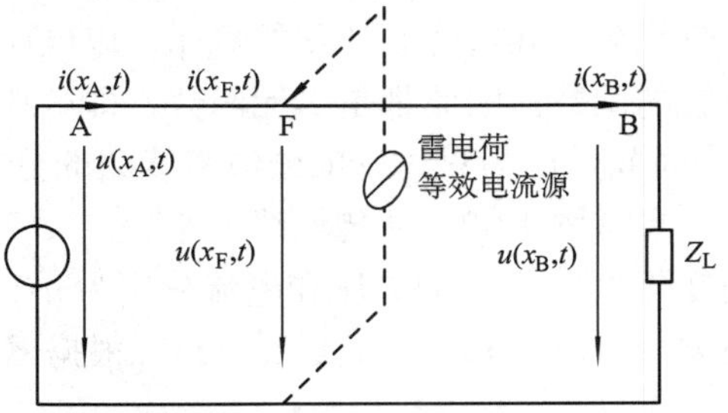

图 10-8　波阻抗概念性示意

传输线及波阻抗都是十分重要的概念，它们不仅对于理解雷电过电压及其防护措施有重要作用，而且对有线通信等高频线路也是极为重要的基本概念。

3) 传输线的等效电路

下面以水平单导体为例介绍传输线的等效电路。所谓单导体，就是由一根导体构成的传输线，与它相关的另一极为大地。导体呈水平状态，表明其上各点对地关系一致，可视为均匀传输线。

图 10-9 为水平单导体均匀传输线的等效电路图，图中 L_0、r_0、c_0、g_0 分别为导体单位长度的电感、电阻、对地电容和对地电导。前面已经说过，某一长度导体的阻抗(实际上也包括导纳)是集中参数电路的概念，那么在这里建立传输线的等效电路时为什么又用到这些概念呢？在这里使用了一种分析技巧，即将原本属于分布参数电路的长线看成很多段短导体的级联，每段短导体的长度都至少要短到比电磁波波长小很多，这样对于每一小段导线，它

们都是集中参数电路，可以用集中参数电路的方法对其进行分析。每段短导体的长度越短，分析结果就越准确，能分割出的最短的长度(但不能为零)是数学上所谓的“无穷小”$\mathrm{d}x$，对于每一段长度为 $\mathrm{d}x$ 的导体，因为它们都是集中参数电路，因此说这一段导体的阻抗或导纳是符合逻辑的。

近似认为 L_0、r_0、c_0、g_0均为常数，尽管实际上它们都是频率的函数，且在有电晕发生时还是电压的函数。作这种近似误差不大，但对简化分析过程、明晰物理概念却有很大的帮助，因此工程上容忍这种近似带来的误差。

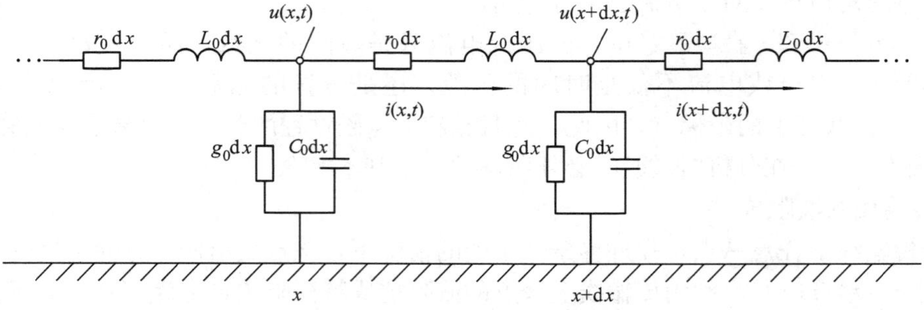

图 10-9　单导体均匀传输线的等效电路

10.3.2　传输线上的行波

1. *波动方程*

传输线上的电磁能量是以波的形式传输的，波动方程就是要用数学的形式表达电磁波沿传输线分布和随时间变化的规律。以电压或电流表达电磁波，它们不仅是时间的函数，还是位置的函数，因此都是二元函数，即电压 $u=u(x, t)$，电流 $i=i(x, t)$，x 为位置坐标，t 为时间。因为只讨论电磁波沿线路的分布，故三维空间的位置简化成一维空间的位置。

参考图 10-9，从传输线上某一点 x 开始，研究电压和电流从点 x 到点$(x+\mathrm{d}x)$所发生的变化。点 x 上的电压和电流分别为$u(x, t)$、$i(x, t)$，点$(x+\mathrm{d}x)$上的电压和电流分别为 $u(x+\mathrm{d}x, t)$、$i(x+\mathrm{d}x, t)$。根据 KVL 和 KCL 列电路方程并求解(过程略)，得

$$\begin{cases} u(x, t)=u_{\mathrm{f}}(x, t)+u_{\mathrm{b}}(x, t) \\ i(x, t)=i_{\mathrm{f}}(x, t)+i_{\mathrm{b}}(x, t) \\ u_{\mathrm{f}}(x, t)=\sqrt{L_0/C_0}\, i_{\mathrm{f}}(x, t) \\ u_{\mathrm{b}}(x, t)=-\sqrt{L_0/C_0}\, i_{\mathrm{b}}(x, t) \end{cases} \tag{10-2}$$

式中，$u_{\mathrm{f}}(x, t)$为电压前行波(forward)；$u_{\mathrm{b}}(x, t)$为电压反行波(backward)；$i_{\mathrm{f}}(x, t)$为电流前行波；$i_{\mathrm{b}}(x, t)$为电流反行波。

令 $v=1/\sqrt{L_0C_0}$，电压前行波和反行波可表示为(过程略)

$$\begin{cases} u_{\mathrm{f}}(x, t)=u_{\mathrm{f}}\left(t-\dfrac{x}{v}\right) \\ u_{\mathrm{b}}(x, t)=u_{\mathrm{b}}\left(t+\dfrac{x}{v}\right) \end{cases} \tag{10-3}$$

由式(10-2)后两式和式(10-3)，可得出 $i_{\mathrm{f}}(x, t)$和 $i_{\mathrm{b}}(x, t)$的表达式。

式(10-2)表明，传输线上电压和电流都是由一个前行波和一个反行波叠加而成，前行波电压只与前行波电流相关，反行波亦如此。前行波和反行波的波速相同，均为

$$v=1/\sqrt{L_0C_0} \tag{10-4}$$

式中，v 为行波波速；L_0为传输线单位长度的电感；C_0为传输线单位长度的对地电容。

根据波阻抗定义和式(10-2)的后两式，可知传输线的波阻抗 Z_C为

$$Z_C=\sqrt{L_0/C_0} \tag{10-5}$$

对于单根裸导线架空线，L_0和 C_0分别为

$$L_0=\frac{\mu_0}{2\pi}\ln\frac{2h_d}{r},\quad C_0=\frac{2\pi\varepsilon_0}{\ln\frac{2h_d}{r}}$$

式中，h_d 为导线对地高度；r 为导线半径；μ_0 为真空的导磁系数，其值为 $4\pi\times10^{-7}$ H/m；ε_0 为真空的介电常数，其值为$\frac{1}{36\pi}\times10^{-9}$F/m。

将以上公式分别代入式(10-4)和式(10-5)，则波速和波阻抗分别为

$$v=\frac{1}{\sqrt{L_0C_0}}=\frac{1}{\sqrt{\mu_0\varepsilon_0}}\approx3\times10^8(\text{m/s}),\quad Z_C=60\ln\frac{2h_d}{r}=138\lg\frac{2h_d}{r}$$

可见，架空裸导线上的行波波速约为光速。若架空线为绝缘导线或电缆，因绝缘材料的 ε 比空气大，波速会减小，一般为光速的1/3～1/2；架空裸导线的波阻抗 Z_C一般为500Ω左右，电缆的波阻抗为十几至几十欧姆。

行波在传输线上的运动过程也就是电磁场能量的传播过程。当传输线上有一前行波电压 u_f和前行波电流 i_f时，单位长度导体获得的电场能量和磁场能量分别为$\frac{1}{2}C_0u_f^2$ 和$\frac{1}{2}L_0i_f^2$，由式(10-2)第3式可知，$\frac{1}{2}C_0u_f^2=\frac{1}{2}L_0i_f^2$，即电场能与磁场能相等，单位长度导体获得的总能量为$\frac{1}{2}C_0u_f^2+\frac{1}{2}L_0i_f^2=C_0u_f^2=L_0i_f^2$，其所需时间为 $1/v$，故单位时间内行波传送的能量(亦即功率)为 $vC_0u_f^2=vL_0i_f^2=u_f^2/Z_C=i_f^2Z_C$。这说明从功率与电压、电流的关系式来看，波阻抗与同一数值的集中参数电阻是等效的，但在物理意义上则不相同，电阻要消耗能量，波阻抗只是表征电压和电流关系的一个系数，不是表征能量消耗的。

2. 行波的折射与反射

当行波运动到波阻抗发生变化的位置时，根据能量守恒原理，在变化点前后，单位长度导线上电场能和磁场能总和必定相等，而电场能和磁场能又分别与电压、电流量值有关。在总电磁能量不变的前提下，波阻抗的变化定会带来电压和电流比例的变化，这就是电压、电流折射和反射发生的原因。如图10-10所示(只示出电压)，两条具有不同波阻抗的线路在A点相连，设 u_{1f}是 Z_1线路中的前行波电压，常称为投射到结点A的入射波，u_{1b}为反行波电压，是由入射波在A点发生反射而产生的；在线路 Z_2中，u_{2f}是前行波电压，但追根溯源，它源自A点入射波，因此称为折射波电压。

折射波、反射波与入射波的关系为

$$u_{2f}=\frac{2Z_2}{Z_1+Z_2}u_{1f}=\alpha_u u_{1f} \tag{10-6}$$

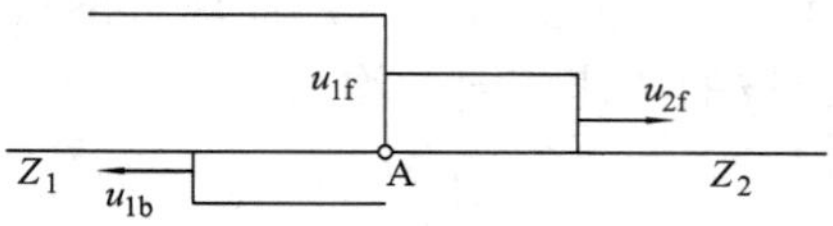

图 10-10　行波的折射与反射

$$u_{1b}=\frac{Z_2-Z_1}{Z_1+Z_2}u_{1f}=\beta_u u_{1f} \tag{10-7}$$

$$i_{2f}=\frac{2Z_1}{Z_1+Z_2}i_{1f}=\alpha_i i_{1f} \tag{10-8}$$

$$i_{1b}=\frac{Z_1-Z_2}{Z_1+Z_2}i_{1f}=\beta_i i_{1f} \tag{10-9}$$

式中，$\alpha_u=\frac{2Z_2}{Z_1+Z_2}$为电压折射系数，等于折射波电压与入射波电压幅值之比；$\beta_u=\frac{Z_2-Z_1}{Z_1+Z_2}$为电压反射系数，等于反射波电压与入射波电压幅值之比；$\alpha_i=\frac{2Z_1}{Z_1+Z_2}$为电流折射系数，等于折射波电流与入射波电流幅值之比；$\beta_i=\frac{Z_1-Z_2}{Z_1+Z_2}$为电流反射系数，等于反射波电流与入射波电流幅值之比。

下面举几个行波折射和反射的例子。

例 10-1　试分析图 10-11 所示波阻抗为 Z_1的线路末端开路和短路时波的行为。

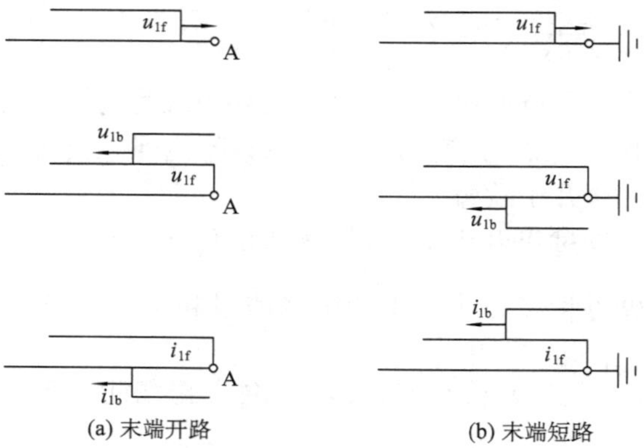

图 10-11　传输线末端开路和短路时波的行为

解　(1)末端开路时，$Z_2\to\infty$，相当于接有一根波阻抗无穷大、长度为零的传输线，有

$$\alpha_u=\frac{2Z_2}{Z_1+Z_2}=\frac{2}{Z_1/Z_2+1}=2,\quad \alpha_i=\frac{2Z_1}{Z_1+Z_2}=\frac{2Z_1/Z_2}{Z_1/Z_2+1}=0$$

$$\beta_u=\frac{Z_2-Z_1}{Z_1+Z_2}=\frac{1-Z_1/Z_2}{Z_1/Z_2+1}=1,\quad \beta_i=\frac{Z_1-Z_2}{Z_1+Z_2}=\frac{Z_1/Z_2-1}{Z_1/Z_2+1}=-1$$

于是有

$$u_{1b}=\beta_u u_{1f}=u_{1f},\quad i_{1b}=\beta_i i_{1f}=-i_{1f}$$

$$u_{2f}=\alpha_u u_{1f}=2u_{1f},\quad i_{2f}=\alpha_i i_{1f}=0$$

可见，因末端开路，电流折射波(即开路点电流)为零，电压折射波(即开路点电压)为入射波的两倍，在开路点处磁场能量全部转化成了电场能量。从反射波角度看，电流电压都发生了全反射，但电压为正的全反射，在线路上与入射波叠加，使线路上电场能量升高一倍；而电流为负全反射，在线路上与入射波抵消，使线路上磁场能量降为 0。

(2) 末端短路时，$Z_2\to 0$，相当于接有一根波阻抗为零、长度为零的传输线。同理可计

算出折射和反射系数如下

$$\alpha_u = 0, \quad \beta_u = -1$$
$$\alpha_i = 2, \quad \beta_i = 1$$

于是有

$$u_{1b} = \beta_u u_{1f} = -u_{1f}, \qquad i_{1b} = \beta_i i_{1f} = i_{1f}$$
$$u_{2f} = \alpha_u u_{1f} = 0, \qquad i_{2f} = \alpha_i i_{1f} = 2i_{2f}$$

与末端开路时的情况对偶，如图 10-11(b)所示，此时短路点电流全反射，电流将增加一倍，而电压为零，即行波到达短路点时，全部电场能量都转变成磁场能量而使电流上升了一倍。

10.3.3 导体上雷电能量传输与传输线的关系

雷电主放电波形是一个持续时间非常短(μs 级)的脉冲，通过傅里叶分析发现，其直流成分较大，还有大量的高次谐波，频率达 MHz 数量级，因此雷电电流电压的波长都很短，其频谱中一些能量不能忽略的谐波波长已达到可与一般公共建筑几何尺度相比拟的程度。按传输线的定义，建筑防雷工程中的导体，多数情况下都可看成长线，至于防雷工程中的电力线路，则肯定可以看成长线。

因此，雷电能量在导体上是以波的形式传输的，电压波表征了雷电的电场能量，电流波表征了雷电的磁场能量。当传输线波阻抗发生改变时，由于电压和电流比例的调整，会产生雷电电压、电流波的折射与反射现象。

有时为了方便，可将建筑防雷工程中几十米左右的导体近似为集中参数电路进行分析，但这并不改变这些导体实质上是分布参数电路的事实。

10.4 避 雷 器

10.4.1 避雷器工作原理

当过电压强度超过电气设备耐压水平时，电气设备可能遭到损坏，需要对电气设备进行保护。避雷器是中、高压系统最主要的过电压保护器件，在低压系统中使用的电涌保护器，其原理也与避雷器类似。理想避雷器的工作原理如图 10-12 所示，它连接在相导体和地之间，在工作电压和设备可承受的过电压作用下，避雷器相当于开路，阻抗无穷大，无电流通过；当超过设备承受能力的过电压到来时，避雷器先于设备击穿而导通，相当于对地短路，

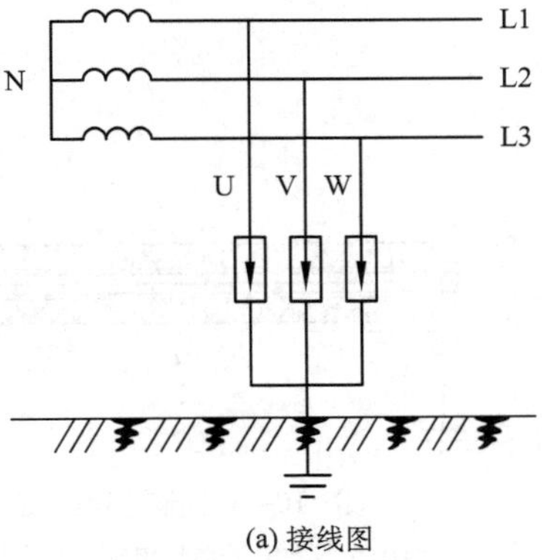

(a) 接线图

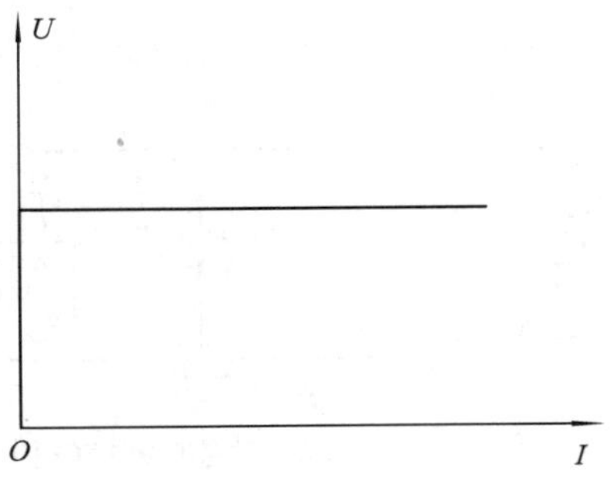

(b) 理想避雷器的伏安特性

图 10-12 理想避雷器的工作原理

阻抗为零，允许任意量值的电荷通过，泄放过电压能量。

雷电过电压在导体上是以行波的形式传输的，当作用在避雷器上的过电压行波通过后，若避雷器仍处于导通状态，这时在系统正常工频电压作用下，避雷器中有工频电流通过，称为工频续流。若三相避雷器都导通，则相当于三相导体通过避雷器短路，工频续流量值近似于三相短路电流。一般要求在工频续流第一次过零时就将其开断，否则会引发继电保护动作或烧毁避雷器等不良后果。

10.4.2 避雷器的类别与特性

常用的避雷器类别如下。

- 避雷器
  - 保护间隙
  - 排气管式避雷器(管式避雷器)
  - 阀式避雷器
    - SiC 阀式避雷器
      - 普通阀式避雷器
      - 磁吹阀式避雷器
    - 金属氧化物避雷器

SiC 阀式避雷器已处于逐步淘汰的过程中，但因其在系统中还有较大的保有量，且追溯历史，很多与避雷器和过电压保护有关的概念、术语及方法都来自它，因此本书仍将对其进行介绍。

1. 保护间隙与管式避雷器

图 10-13 和图 10-14 分别为保护间隙和管式避雷器的原理结构，它们都有两个间隙，分别为主(内)间隙和辅助(外)间隙，所不同的是管式避雷器的主间隙位于排气管中，而保护间隙的主间隙暴露在大气中。正常情况下，工作电压不足以使间隙击穿，避雷器相当于开路，对系统的正常工作没有任何影响，辅助间隙可防止主间隙被外物意外短接而导致相导体对地短路。当过电压到来时，主、辅间隙都被击穿，相导体通过间隙电弧接地，限制了相导体上的对地过电压值，同时将产生过电压的电荷向大地泄放。保护间隙的灭弧能力较差，雷电波过去后往往不能及时熄灭工频续流，引起继电保护跳闸。管式避雷器内间隙的电弧高温使排气管管壁上的产气材料产生大量气体，这些气体从环形电极的排气孔中冲出，对内间隙电弧形成吹弧作用，其灭弧能力比保护间隙有较大提高。外间隙的作用是防止正常工作时主间隙泄漏电流使管壁温度上升，影响使用寿命。

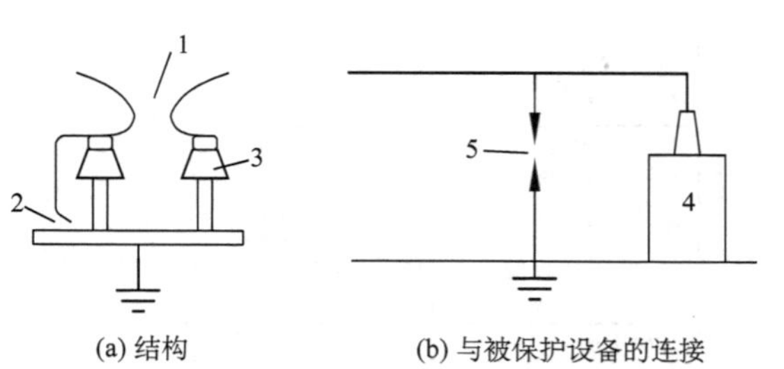

(a) 结构　　(b) 与被保护设备的连接

图 10-13　保护间隙及其与被保护设备的连接

1-主间隙；2-辅助间隙；3-绝缘子；
4-被保护设备；5-保护间隙

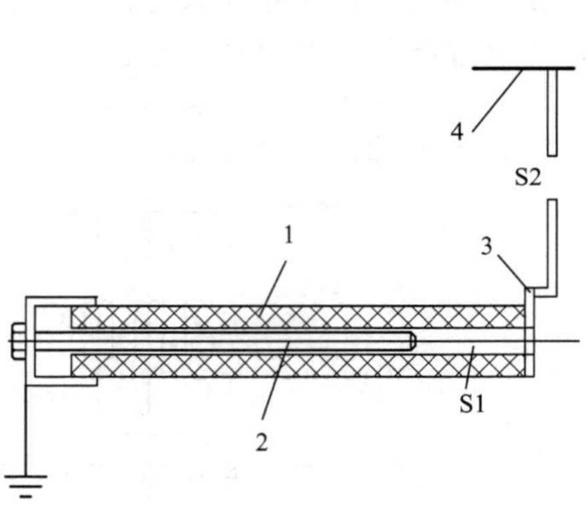

图 10-14　排气管式避雷器

1-产气管；2-棒形电极；3-环形电极；
4-相导体；S1-内间隙；S2-外间隙

管式避雷器的灭弧能力取决于产气量，产气量又取决于电弧电流(主要是工频续流)的大小，而工频续流又近似于该点短路电流。因此在使用管式避雷器时，对安装处的短路电流大小有要求。若短路电流过小，可能因产气量太少而不能熄弧，但短路电流过大造成产气过多，又会使管内气压过度增大而引起爆炸。管式避雷器产品会给出对安装处短路电流上、下限的要求，设计时应确认安装处实际短路电流在产品给出的允许范围之内，这一工作称为管式避雷器短路电流的校合。

保护间隙和管式避雷器的伏秒特性陡峭，不容易与被保护设备绝缘配合，动作后电压急剧下降，形成陡峭的截波，威胁被保护设备的纵绝缘，且它们的保护特性受气象条件的影响较大，因此一般用于线路的保护，以泄放过电压能量为主要任务。

2. 阀式避雷器

阀式避雷器的核心元件是阀片。阀片从电气特性上看是一种非线性电阻器，主要有 SiC 和 ZnO 两种，后者又称为金属氧化物阀片。两种阀片的伏安特性如图 10-15 所示，图中还示出了理想阀片的伏安特性。从图中看出，ZnO 阀片的特性更接近于理想特性，即在正常工作电压下电阻更大，在导通之后电阻更小。

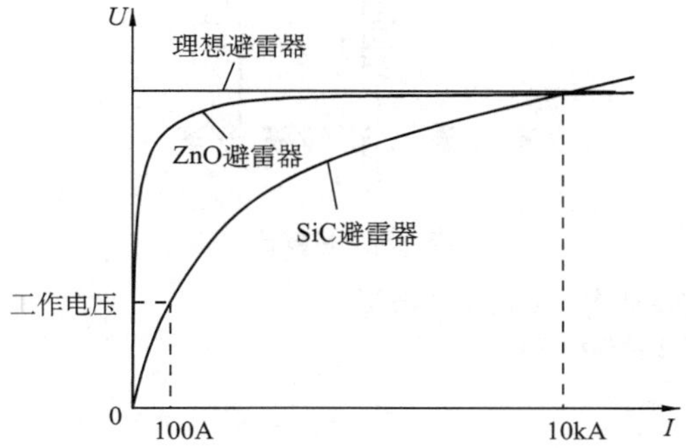

图 10-15　阀片的伏安特性

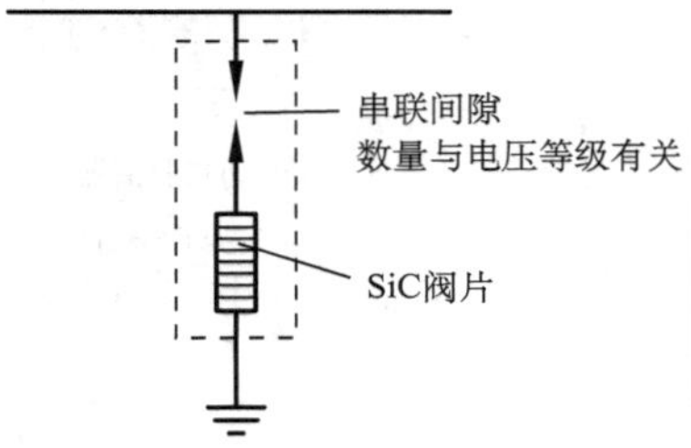

图 10-16　SiC 阀式避雷器原理结构

SiC 阀片关断性能较差，在正常工作电压作用下就会产生较大的泄漏电流，最大可达百安培以上。泄漏电流使阀片发热，特性变差，这又会进一步加大泄漏电流，使阀片在短时间内就被热损坏。因此，SiC 阀式避雷器都是由间隙与阀片串联构成的，用间隙来隔离正常工作条件下阀片上的泄漏电流，如图 10-16 所示。根据不同的电压等级，SiC 阀式避雷器串联的间隙数目不一，多者可达上百个。

ZnO 阀片关断性能非常好。在正常工作电压作用下泄漏电流小到毫安级以下，其发热可以忽略，不需要用间隙来隔离，因此仅由阀片就可以构成避雷器。由于在过电压波前上升过程中，阀片导通程度随电压上升而增大，不断地泄放过电压能量，因此它不是在完全导通后才限制过电压幅值，而是随着电压上升逐渐加大对过电压幅值的衰减。

SiC 阀式避雷器由于有串联间隙，间隙逐一击穿后才导通阀片，因此响应时间长，对陡波前过电压防护效果差，且通流容量较小，间隙还需要灭弧，这些都是它不及金属氧化物避雷器之处。由于阀片电阻的存在，其动作后无截波现象(指电压瞬间下降一个很大的数值)，且因阀片电阻与电流反相关，使得冲击电流过去后阀片电阻增大，限制了工频续流的量值，有利于工频续流的开断，这是它优于保护间隙和排气管式避雷器之处。

ZnO 避雷器由于无串联间隙，响应速度很快，可用于陡波保护，且无续流、通流容量大、耐重复动作，比 SiC 阀式避雷器有较大的优势，现已大规模取代 SiC 避雷器。

阀式避雷器保护特性比较平缓，可与被保护设备耐压特性较好配合，主要用于变配电所电气设备的保护。

图 10-17 示出了以上几种避雷器动作前后的电压波形，可资比较。

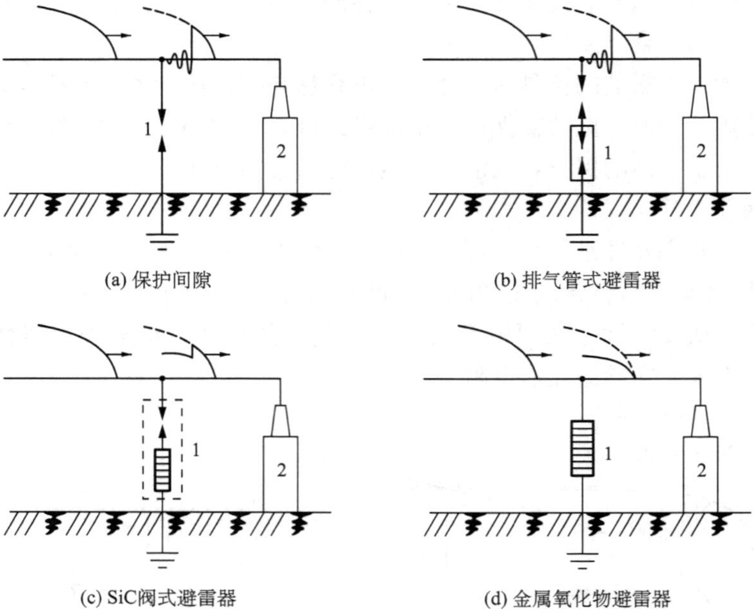

图 10-17　各种避雷器动作前后的电压波形

1-避雷器；2-被保护设备

10.4.3　阀式避雷器的主要参数

由于有间隙和无间隙的阀式避雷器其动作过程不尽相同，因此 SiC 与 ZnO 避雷器的参数有些是共同的，有些是各自特有的，分述如下。

1. SiC 避雷器的参数

(1) 额定电压。又称为灭弧电压，指为保证工频续流电弧在第一次过零时熄灭，所允许加在避雷器上的最高工频电压。

电弧在电流过零时刻熄灭后是否重燃，取决于介质绝缘强度恢复速率与外加电压上升速率的竞争，外加电压越高，电弧重燃的可能性越大。避雷器额定电压就是为保证电弧不重燃所允许的最高外加工频电压。因此，避雷器安装处相导体上可能出现的最高工频电压应小于避雷器的额定电压。在供配电系统中，最高工频电压主要是指系统单相接地时非故障相的对地电压。对小接地系统，该电压取系统标称线电压的 110％(中性点不接地)和 100％(中性点经消弧线圈接地)，对大接地系统，该电压取系统标称线电压的 80％。

(2) 工频放电电压。指在工频电压作用下，使避雷器发生放电的最低电压。由于间隙击穿特性的分散性，避雷器产品样本给出的工频放电电压数据为一个范围。

SiC 避雷器因负载能力低，不能在导通情况下承受持续的内部过电压能量，因此不能在内部过电压作用下动作，这要求避雷器工频放电电压下限应高于系统可能出现的内部工频过电压值。

（3）冲击放电电压。指在标准波形冲击电压作用下，使避雷器发生放电的最低电压幅值。考虑到产品特性的分散性，通常给出的是上限值。

由于供配电系统中操作过电压对绝缘的威胁低于雷电冲击过电压，因此冲击放电电压一般按雷电冲击电压波形给出。

（4）残压。指避雷器导通后，冲击放电电流在避雷器阀片上产生的电压降。

冲击放电电流在阀片上产生的压降，与阀片阻抗和电流大小有关，阀片阻抗为非线性特性，其量值本身也与电流大小有关，因此必须指定与残压相对应的电流大小。SiC 阀式避雷器主要用于变配电所保护，由于变配电所一般都设置了进线段保护，进入避雷器的雷电流远小于实测的直接雷击雷电流。根据运行统计数据，我国标准规定对 220kV 及以下系统的避雷器，与残压相对应的冲击电流取值为 5kA。

（5）通流容量。指避雷器通过电流的能力。我国规定普通型阀片通流容量要达到通过 20μs /40μs、峰值 5kA 冲击电流和 100A 工频半波电流各 20 次。

2. ZnO 避雷器的参数

（1）额定电压。指为保证保护特性有效性所允许施加在避雷器两端的最大工频电压的有效值。它是与避雷器热负载有关的电气参量，意指当等于避雷器额定电压的系统短时过电压加在避雷器阀片上时（这时避雷器的温度已高于正常工作温度），又有雷电过电压到来，避雷器仍能吸收规定的雷电过电压能量，且吸收后特性不劣化，不发生热崩溃。

（2）最大持续运行电压。指为保证工作寿命所允许持续作用在避雷器两端的最大工频电压的有效值，该电压通常高于同等级的系统标称电压，这是由避雷器长期老化特性所限定的一个参量。避雷器在不高于此电压的外加电压上长期运行，其泄漏电流产生的温升不会高于避雷器长期允许温升，因此避雷器老化速率不会大于设计值，且当避雷器动作后，能在此电压下正常冷却，不至于发生热崩溃。

（3）起始动作电压 U_{1mA}。指避雷器中泄漏电流为 1mA 时所对应的电压。由于无间隙 ZnO 避雷器无明确的导通点，1mA 电流大约正好位于 ZnO 避雷器伏安特性曲线的转折处，电压超过 U_{1mA} 后，电流急剧增大，阀片开始明显发挥限压作用，因此称 1mA 为起始动作电流，而非放电电流。

（4）残压。其物理意义与 SiC 阀式避雷器相同，只是 ZnO 避雷器不仅可用于雷电过电压保护，还可用于操作过电压和陡波保护，因此其残压为一组值，分别为如下几种。

①雷电冲击下的残压：波形 8μs/20μs、峰值 5kA 电流作用下的阀片电压。

②操作冲击下的残压：波形 30～100μs/60～200μs、峰值 0.5kA、1kA、2kA 电流作用下的阀片电压。

③陡波冲击下的残压：波形 1μs/5μs、峰值与雷电冲击相同的电流作用下的阀片电压。

（5）通流容量。概念与 SiC 避雷器相同，通常试验电流波形为冲击电流（4μs/10μs）与近似方波电流（2ms），电流峰值和通流次数由样本给出。

3. 阀式避雷器的参数示例

表 10-6 示出了用于 10kV 系统的几种不同型号 SiC 阀式避雷器的参数，表 10-7 示出了用于 0.22～35kV 系统的 Y 系列金属氧化物避雷器的参数。

表 10-6　SiC 阀式避雷器技术参数

型号	系统标称电压	避雷器额定电压	工频放电电压(有效值)/kV		1.2μs/50μs 冲击放电电压(峰值)/kV	8μs/20μs，5kA 标称电流下残压(峰值)/kV
	有效值/kV		不小于	不大于	不大于	不大于
配电用 FS3-10	10	12.7	26	31	50	50
电站用 FZ-10	10	12.7	26	31	45	45
旋转电机用磁吹式 FCD3-10	10	12.7	25	30	31	33

表 10-7　Y15W 系列金属氧化物避雷器

型号	系统标称电压	避雷器额定电压	避雷器持续运行电压	直流 1mA 参考电压/kV	工频 1mA 参考电压(有效值)/kV	陡波冲击电流下残压不大于	8/20μs，5kA 雷电冲击电流下残压不大于	操作冲击电流下残压不大于	2ms 方波冲击电流
	(有效值)/kV			不小于	不小于	(峰值)/kV		(峰值)/A	
—0.28/1.3	0.22	0.28	0.24	0.6			1.3		50
—0.5/2.6	0.38	0.5	0.42	1.2			2.6		50
—3.8/1.7	3	3.8	2	7.5	7	19.6	17	14.5	75
—7.6/30	6	7.6	4	15	14.5	34.5	30	25.5	75
—12.7/50	10	12.7	6.6	25	24.5	57.5	50	42.5	75
—42/134	35	42	23.4	73	72	154	134	114	

10.5　大气过电压防护

10.5.1　架空线路的雷电过电压及防护

1. 感应雷过电压

下面以架空输电线路为例，介绍架空线路感应雷过电压产生的原理。

1）雷击线路附近大地或建(构)筑物时在线路上产生的感应过电压

如图 10-18 所示，当有雷云存在于导线附近时，在雷云放电的初始阶段，存在着向大地发展的先导放电过程，线路处于雷云与先导通道的电场中，因静电感应，在电场强度 E 的水平分量 E_x 的作用下，与雷云所带电荷异性的电荷会沿导线向先导通道附近运动，形成束缚电荷，而与雷云所带电荷同性的电荷受 E_x 排斥，会远离先导放电通道，经线路的泄漏电导和系统中性点泄入大地，这样导线上便有净正电荷存在。由于先导通道发展缓慢，导线上的电荷运动也很缓慢，可近似看成静电荷。按静电场的原理，电场中的导体应是等位体，因若不为等位体，则导体中的电子会在电场力作用下重新分布，直至电位相等为止，因此这时先导通道附近的导线与其远端电压相同。当雷云终于发展到对附近大地或建筑物放电时，有两个途径会使线路产生对地过电压，分述如下。

(1) 感应过电压的静电分量。由于雷云中的负电荷向大地泄放，使导线上的正束缚电荷失去束缚，在电场力作用下会向导线两端运动形成行波电流。根据传输线理论，波阻抗一定的传输线，行波电流产生的行波电压幅值为电流幅值乘以波阻抗值，因此凡有释放电荷通过的地方，导线上都会产生对地电压，该对地电压与电流大小正相关。由于释放电荷产生的电流一般较大且波头较陡，因此过电压幅值也较大，波头也较陡。这种过电压是由于雷云中电荷突然消失、进而使静电场突然消失造成的，故称为感应过电压的静电分量。

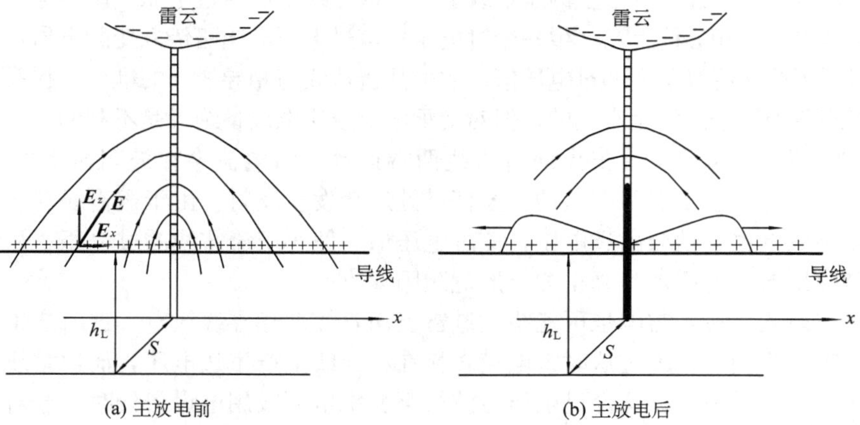

图 10-18　感应雷过电压形成原理示意

h_L-导线高度；S-雷云放电点与导线在地面投影的间距

（2）感应过电压的电磁分量。先导放电发展成对地主放电后，形成雷云与大地之间的雷电通道，雷电通道中的雷电流会在通道周围空间产生磁场，由于雷电流是变化的，因而磁场也是变化的。变化的磁场耦合到导线上，就会在导线中产生出感应电动势，由此引起的过电压称为感应过电压的电磁分量。

根据统计和理论分析，一般认为，当 $S>65$m 时，先导放电向地面发展成主放电的概率较大，这时感应过电压的最大值可按下式估算

$$U_{ov} \approx 25\frac{I \cdot h_L}{S} \tag{10-10}$$

式中，I 为雷电流幅值(kA)；h_L为导线悬挂平均高度(m)；S 为雷云放电点与导线在地面投影的距离(m)；U_{ov}为感应过电压最大值(kV)。

感应过电压极性(相对于大地)与雷电流极性相反，由于感应过电压同时存在于三相，故不存在相间电位差，过电压是相导体对于大地而言的，因此最容易引起对地闪络。由于雷击地面时雷击点的自然接地电阻较大，雷电流 I 的幅值一般不超过 100kA，感应过电压一般不超过 500kV，这主要会引起 35kV 及以下线路的闪络，而 35kV 及以下线路正好是供配电系统的主要供电线路。若有两相或三相同时对地闪络，就会形成相间短路。

若导线上方挂有避雷线，由于避雷线的屏蔽作用，会使感应过电压幅值降低。

2）雷击杆塔时产生的感应过电压

线路和杆塔具有引雷作用，因此当落雷距导线或杆塔较近时，会引雷击向自身。当雷击杆塔时，所产生的感应过电压与雷击附近大地时有所不同，但最终会产生感应雷过电压这一结果是相同的。

2. 直击雷过电压

直击雷过电压是指雷云直接向杆塔、避雷线或导线放电产生的过电压。

雷击杆塔时，雷电流沿杆塔入地，由于杆塔较短，可近似按集中参数电路处理，这时杆塔电阻、接地电阻以及杆塔电感都会因雷电流通过而产生电压，使得越近塔顶电位越高，而此时导线电位并不高，由此在杆塔和导线之间的绝缘子上产生过电压，可能引起闪络。如果有避雷线，雷电流还会分流到连在杆塔上的避雷线上，在避雷线上产生过电压，该过电压有一部分会耦合到相导体上，在相导线上又产生一个过电压。该过电压沿线路传入变配电所，威胁设备绝缘，但却降低了线路绝缘子上的过电压值。故加强避雷线与相导线间的耦合，提高相导线过电压水平，对避免绝缘子闪络是有利的，但对变配电所或用电设备绝缘是不利的。

雷击避雷线时，电荷从雷击点向避雷线两端运动，雷电流会在波阻抗上产生雷电过电压，雷电过电压也向雷击点两端运动，至杆塔处还会发生反射。由于避雷线与相导线的耦合关系，在相导线上也会耦合出过电压，该过电压值一般小于避雷线的过电压。从设备的角度看，这个耦合出的过电压才是真正关心的危险因素。

尽管有避雷线存在，雷电也可能绕过避雷线而直接向相导线放电。这时产生过电压的原理与雷击避雷线相同，只不过这时雷电流直接在相导线上产生过电压，而避雷线上的过电压是从相导线上耦合过去的。这个过电压行波行至变配电所或用电设备处时，会对电气设备造成威胁。

雷击相导线时，过电压幅值为

$$U_{\mathrm{L}}=I\,\frac{z_0 z_{\mathrm{L}}}{2z_0+z_{\mathrm{L}}} \tag{10-11}$$

式中，z_0为雷电流通道的波阻抗，一般认为$z_0=\frac{1}{2}z_{\mathrm{L}}$；$z_{\mathrm{L}}$为相导线的波阻抗；$I$为相导线上雷电流幅值；$U_{\mathrm{L}}$为相导线上直击雷过电压幅值。

雷击避雷线时，避雷线上雷电压幅值为

$$U_{\mathrm{Lp}}=I\,\frac{z_0 z_{\mathrm{Lp}}}{2z_0+z_{\mathrm{Lp}}} \tag{10-12}$$

式中，U_{Lp}为避雷线上的雷电压；z_{Lp}为避雷线的波阻抗，其余符号同上。

雷击避雷线时，由避雷线耦合到相导线上的过电压幅值为

$$U_{\mathrm{L}}=kU_{\mathrm{Lp}} \tag{10-13}$$

式中，k为耦合系数，其值不大于1。

3. 输电线路的防雷措施

架空线路上雷电过电压的最直接后果是发生闪络。闪络的高温本身就可能造成一些破坏，闪络过去后，因闪络形成的低阻抗通道中常会出现稳定的工频电流，从而形成短路。短路使继电保护动作，导致断电。如果系统有自动重合闸功能，断电后再送电时，若电弧已熄灭并且绝缘恢复良好，系统便得以继续正常运行，否则会造成停电事故。

输电线路雷电过电压的另一个后果是过电压会沿着线路传导至发电厂或变配电所，使站内设备绝缘受到过电压威胁。

输电线路雷电过电压的防护，首先是限制过电压水平以避免闪络发生；一旦闪络发生，应有措施尽量减小因闪络短路而引发跳闸断电的可能；一旦因电弧短路跳闸，应采取自动重合闸措施以避免长时间停电。归纳起来，有以下一些具体措施。

1）架设避雷线

避雷线可以减少雷电直击于导线的可能。对雷电直击于杆塔的情况，避雷线可对杆塔的雷电流分流以降低塔顶电位，从而降低杆塔电位反击于导线的概率。避雷线还可通过对导线的耦合作用，抬高导线电位，降低导线与杆塔的电位差，从而降低加在绝缘子上的过电压。

110kV 及以上架空输电线路，一般都要沿全线架设避雷线。110kV 以下架空输电线路，视情况或全线装设避雷线，或在进入变配电所前装设一定长度的避雷线，或不装设避雷线。

避雷线作架空电力线路保护时，其保护范围计算如图 10-19 所示，采用保护角的概念进行计算。保护角 α 的取值越小，相导线受雷击（绕击）的概率就越小。绕击率 P_a 的计算公式为

对平原地区 $$\lg P_a = \frac{\alpha\sqrt{h}}{86} - 3.9$$

对山区 $$\lg P'_a = \frac{\alpha\sqrt{h}}{86} - 3.35$$

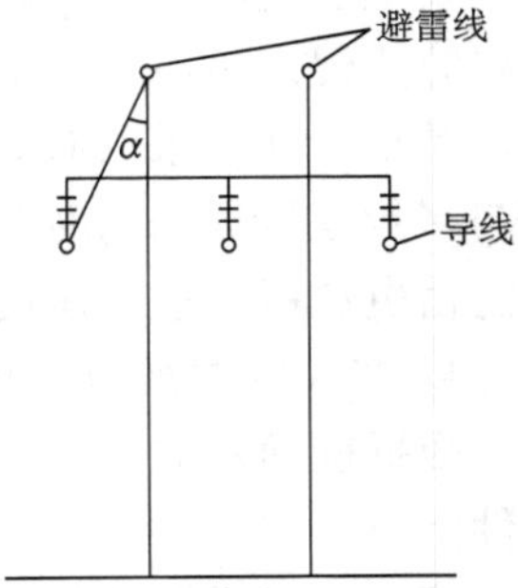

图 10-19　避雷线对导线的保护角

按照规程给定的允许绕击率，就可以确定出相应的保护角，一般为 20°～30°，220～330kV 双避雷线线路一般取 20°，500kV 线路一般不大于 15°。

2）降低杆塔接地电阻

这主要是为了降低雷击杆塔时塔顶电位，减小反击导线发生的概率。杆塔的工频接地电阻一般为 10～30Ω。具体来说，在雷季干燥时，一般不宜超过表 10-8 所列数值。

表 10-8　线路杆塔工频接地电阻

土壤电阻率/(Ω·m)	100 及以下	100～500	500～1000	1000～2000	2000 及以上
接地电阻/Ω	10	15	20	25	30

3）加强线路绝缘

由于加强线路绝缘的措施需要在全线采用才能有效，故实施较为困难，这些措施主要集中在绝缘子形式、数量和杆塔上。这些措施能提高线路的耐雷水平，降低建弧率，但不能降低过电压大小。

4）采用中性点不接地或经消弧线圈接地运行方式

绝大多数单相着雷闪络接地故障被消弧线圈消除，而在两相或三相着雷时，首先闪络的一相接地不会造成跳闸，闪络后相当于地线，增加了耦合作用，使未闪络相绝缘子串上的电压下降，从而提高了耐雷水平。

5）装设管式避雷器

一般仅在线路绝缘的薄弱点、线路交叉处或大跨距（如过江）处装设，用以限制过电压。只要避雷器的冲击放电电压低于绝缘子串的冲击放电电压，就可以避免绝缘子串上发生冲击闪络。另外，管式避雷器本身具有灭弧功能，可以以很大的概率保证不致因工频续流引起短路跳闸。

6）装设自动重合闸

由于雷击造成的闪络大多能在跳闸后自行恢复绝缘性能，故重合闸成功率较高，35kV

及以下线路成功率为50%～80%，而110kV及以上线路更高达75%～90%。这一项措施是直接针对过电压的后果而采取的补救措施，十分有效。

10.5.2 变配电所的雷电过电压及防护

变配电所的雷电过电压，主要是侵入雷电波过电压，也就是线路上的直击雷或感应雷过电压行波沿导线传导至变配电所。由于变配电所有大量的配、变电设备，侵入雷电波过电压对这些设备的绝缘构成了严重威胁。由于雷电过电压行波行至变配电所后，传输通道的特性发生了变化，最明显的变化就是电气设备的波阻抗与传输线路的波阻抗不一致，使波的行为复杂化，再由于避雷器动作前后对过电压行波产生的不同作用，更使问题变得复杂。因此，对变配电所过电压及其防护的精确计算是一个极为复杂的问题。好在从工程的角度看，目的是要防止侵入雷电波过电压产生的危害，尽管对一些细节和过程不能精确把握，但只要能把握住结果，就可采取有效措施进行防护。因此此处的分析，都是采用近似的模型，其结论经过与多年运行数据的对照并不断修正，逐步得到满意的防护效果。由于阀式避雷器是变配电所防雷电波侵入过电压的主要器件，故以下的讨论就从阀式避雷器的应用开始。

1. 阀式避雷器的保护作用

根据前面对避雷器的讨论，可以知道，为了使避雷器可靠保护电气设备，必须满足以下条件。

第一，避雷器的伏秒特性应能与被保护设备配合，在任何过电压波形下，避雷器伏秒特性都应在被保护绝缘的伏秒特性之下。

第二，避雷器的残压要低于被保护设备的冲击耐压。

在满足以上条件以后，是否一定能可靠地对电气设备进行保护呢？换句话说，以上两条必要条件也是充分条件吗？初看答案是肯定的，但仔细分析，发现这种肯定有一个前提，那就是避雷器与被保护设备所承受的电压是相同的，否则问题就较为复杂。下面就以带间隙的阀式避雷器保护变压器为例进行讨论。

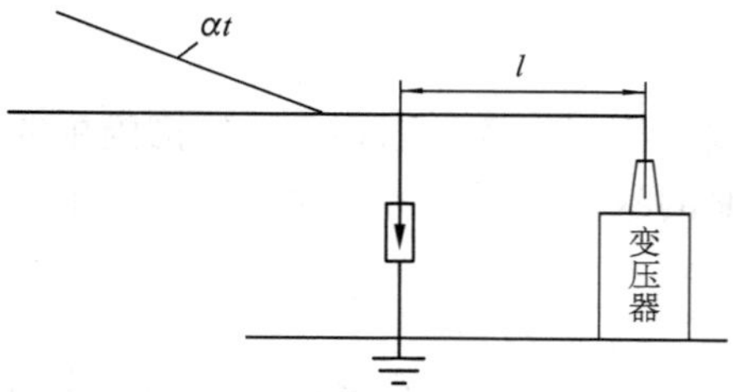

图 10-20 避雷器和变压器间距 l 安装

1）保护过程分析

如图10-20所示，假设避雷器与变压器间的电气距离为 l，过电压侵入波为斜角波 $u=\alpha t$，则过电压侵入波在避雷器和变压器上产生的电压分别如图10-21(a)和图10-21(b)所示。以侵入波到达避雷器的时刻为 $t=0$，此后避雷器上电压 $u_A(t)$ 按 α 速率上升，变压器上电压暂时为0。当 $t=T_0=l/v$（v 为侵入波波速）时，侵入波到达变压器。由于变压器上电感电流不能突变，在短时间内相当于开路，故侵入波会发生全反射，这时变压器上电压 $u_T(t)$ 为入射波与反射波的叠加，按 2α 速率上升，$u_T(t)=2\alpha(t-T_0)$。又经过 $T_0=l/v$ 时间后，反射波到达避雷器，与侵入波叠加，这时避雷器上电压也按 2α 速率上升，$u_A(t)=2\alpha(t-T_0)$，直到与避雷器伏秒特性相交，避雷器动作。避雷器动作后，其上电压为残压，但残压还要经过 $T_0=l/v$ 才能到达变压器。

因此可以将避雷器和变压器上的电压按以下几个阶段划分。

(1) $0\leqslant t<T_0$：行波已到达并通过避雷器，但尚未到达变压器。

$$u_A(t)=\alpha t,\quad u_T(t)=0$$

(2) $T_0 \leqslant t < 2T_0$：行波已到达变压器并发生反射，但反射波尚未到达避雷器。

$$u_A(t)=\alpha t,\quad u_T(t)=2\alpha(t-T_0)$$

(3) $2T_0 \leqslant t < t_{op}$：反射波已到达避雷器并与侵入波叠加，但避雷器尚未动作（t_{op}为避雷器动作时刻）。

$$u_A(t)=\alpha(t)+\alpha(t-2T_0)=2\alpha(t-T_0),$$
$$u_T(t)=2\alpha(t-T_0)$$

(4) $t_{op} \leqslant t < t_{op}+T_0$：避雷器已动作，但动作后的限压（即避雷器残压）还未到达变压器。

$$u_A(t)=U_{res},\quad u_T(t)=2\alpha(t-T_0)$$

(5) $t \geqslant t_{op}+T_0$：限压效果到达变压器，$u_T(t)$开始下降。

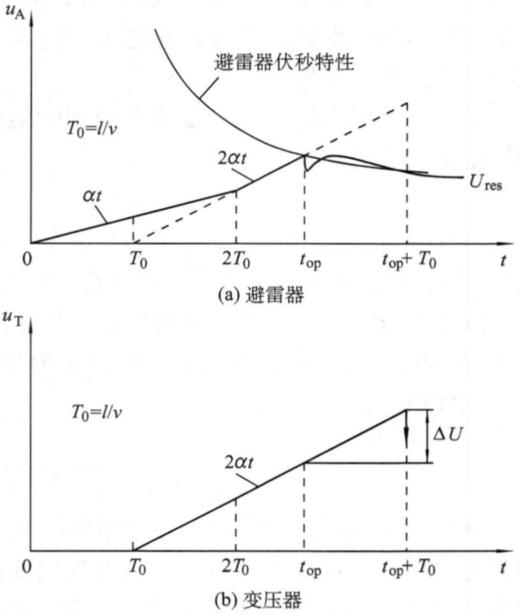

图 10-21　避雷器和变压器间距 l 时的电压波形

可见，当 $t=t_{op}$ 时避雷器上电压最高，之后由于避雷器动作，其上电压保持为残压 U_{res}，但变压器上电压继续上升；$t=t_{op}+T_0$ 时变压器上电压最高，之后由于避雷器残压到达而下降。故变压器和避雷器所承受的最大电压之差为

$$\Delta U=u_T(t_{op}+T_0)-u_A(t_{op})=2\alpha(t_{op}+T)-2\alpha t_{op}=2\alpha T_0=2\alpha\frac{l}{v} \tag{10-14}$$

当避雷器限压作用到达变压器时，变压器上电压为

$$U_T=U_{res}+\Delta U=U_{res}+2\alpha\frac{l}{v} \tag{10-15}$$

从式(10-14)可知，即使保护作用发挥，变压器上的最大电压也要比避雷器上残压高出 ΔU，且避雷器与变压器相距越远，侵入波波头越陡，这个高出部分就越大。因此，缩短变压器与避雷器间的间距，或降低波头陡度，对降低变压器上的过电压都是有利的。

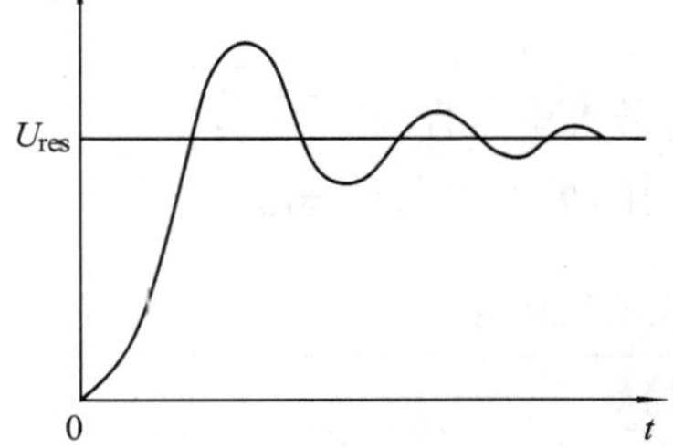

图 10-22　雷电波侵入时，变压器上电压的实际典型波形

2) 变压器耐受雷电过电压能力的校核

以上分析阐明了变压器上所受冲击电压的变化规律，但实际上，由于变配电所具体接线方式的复杂性及对地电容的存在，变压器上的电压与前面的推导结果是有出入的，变压器上实际承受的过电压为一振荡波形，如图10-22所示。

变压器对雷电过电压的耐受能力本应用变压器的雷电冲击耐压校核，但从图 10-22 可以看出，由于避雷器的参与，变压器实际承受的过电压波形与标准雷电冲击波形相差较大，因此再用雷电冲击耐压来校核变压器的过电压耐受能力是不合适的。分析和试验都表明，图 10-22 所示过电压对变压器绝缘的作用与截波的作用较为近似，因此常以变压器绝缘承受截波的能力来校核受避雷器保护的变压器承受雷电过电压的能力。变压器承受截波的能力称为多次截波耐压 U_{it}，根据试验和经验，图 10-22 波形与变压器三次截波冲击试验电压 $U_{it\cdot3}$ 有相关性，即 $U_{it}=U_{it\cdot3}/1.15$， 这一结论也可以推广至变配电所其他设备。

当雷电波侵入时，若变压器上受到的最大冲击电压小于设备本身的多次截波耐压 U_{it}，则设备是安全的，即要求

$$U_{res}+2\alpha\frac{l}{v}\leqslant U_{it} \tag{10-16}$$

式中，U_{res}为避雷器 5kA 冲击电流下的残压(kV)；U_{it}为变压器的多次截波耐压值(kV)；α 为雷电波陡度(kV/μs)；l 为变压器与避雷器间的电气距离(m)；v 为雷电波传播速度(m/μs)。

3）变配电所中变压器与避雷器间最大允许电气距离 l_m

从式(10-16)可推出

$$l\leqslant\frac{U_{it}-U_{res}}{2\alpha/v}=l_m \tag{10-17}$$

式(10-17)表明，避雷器的保护作用是有一定距离范围的。表 10-9 示出了变压器和避雷器的相关参数。从表中可知，U_{it}比普通阀式避雷器 5kA 残压 U_{res}高 40%左右，比磁吹阀式避雷器 5kA 残压 U_{res}高 80%左右，因此，若变配电所中采用磁吹阀式避雷器，则 l_m比使用普通阀式避雷器要大。另外，降低侵入波波头陡度也能使 l_m增大。

表 10-9　变压器多次截波耐压值 U_{it}与避雷器残压 U_{res}的比较

额定电压/kV	变压器三次截波耐压/kV	变压器多次截波耐压/kV	FZ 避雷器 5kA 残压/kV	FC 避雷器 5kA 残压/kV	变压器多次截波耐压与避雷器的残压比	
					FZ	FCZ
35	225	196	134	108	1.46	1.81
110	550	478	332	260	1.44	1.83
220	1090	949	664	515	1.43	1.85

4）变配电所内其他设备与避雷器间的最大允许距离 l'_m

变压器是变配电所中最重要但耐压水平最低的电力设备，因此对其他设备，最大允许距离比变压器大，一般可增大 35%左右，即

$$l'_m=1.35l_m \tag{10-18}$$

5）规程(DL/T620—1997)推荐的避雷器至主变压器间的最大电气距离

作为示例，表 10-10 示出了普通阀式避雷器至主变压器间的最大电气距离。

表 10-10　普通阀式避雷器至变压器间的最大电气距离　　(单位：m)

系统额定电压/kV	进线段长度/km	进线路数			
		1	2	3	≥4
35	1	25	45	50	55
	1.5	40	55	65	75
	2	50	75	90	105

续表

系统额定电压/kV	进线段长度/km	进线路数			
		1	2	3	≥4
66	1	45	65	80	90
	1.5	60	85	105	115
	2	80	105	130	145
110	1	45	70	80	90
	1.5	70	95	115	130
	2	100	135	160	180
220	2	105	165	195	220

注：全线架设有避雷线时，按进线段长度为 2km 选取；进线段长度为 1～2km 时，按补插法确定，35kV 也适用于有串联间隙金属氧化物避雷器。

6）无间隙金属氧化物避雷器的保护距离

无间隙金属氧化物避雷器是逐渐导通的，其波过程与有间隙避雷器略有不同，但变压器过电压高于避雷器过电压在原理上是一致的，保护距离可适当加长。详细的作图分析可参见高电压技术的相关书籍。

2. 变配电所电气设备的过电压保护

根据前面的讨论可知，一般采用阀式避雷器对变配电所设备进行保护。避雷器一般安装在母线上，应尽量靠近变压器和其他设备。避雷器与所有被保护设备的电气距离均不能超过其最大允许值，若不能满足要求，则应考虑调整系统结构。

变配电所中变压器通常是耐压最薄弱的设备，所以一般只要能对变压器实施有效保护，其他设备的过电压保护都是有效的。

3. 变配电所的进线段保护

所谓进线段保护，是指在进入变配电所前 1～2km 这一段架空线路上采取措施加强防雷。进线段保护的目的，一是要降低雷电流幅值，二是要降低雷电波陡度。因为阀式避雷器的通流容量是有限的，且残压与电流大小正相关，因此减小雷电流幅值很有必要；被保护设备上电压高出避雷器的部分与雷电波陡度成正比，或者说保护的最大允许距离与雷电波陡度成反比，因此降低雷电波陡度也是有好处的，另外，降低雷电波陡度对电气设备的匝间绝缘是有利的。

1）35kV 及以上变电所的进线段保护

对 35～110kV 全线无避雷线的线路，必须在进线段架设避雷线，且保护角 α 一般不宜超过 20°；对于全线有避雷线的架空线，在进线段处的耐雷水平和保护角也应符合进线段规定。进线段的耐雷水平见表 10-11。

表 10-11　进线段的耐雷水平

额定电压/kV	35	66	110	220	330
耐雷水平/kA	30	60	75	120	140

所谓线路的耐雷水平，是一个电流值。当雷电绕击线路时，导线上电压幅值 U_L 随雷电流幅值 I 的增加而增大，若超过绝缘子串冲击闪络电压，则绝缘子串将发生闪络。当导线上雷电压 U_L 达到使闪络发生概率为 50%时，称这个 U_L 为 $U_{50\%}$，与 $U_{50\%}$ 相对应的雷电流幅值就称为耐雷水平。

这样处理之后，在进线段内雷电绕击或反击产生侵入波的机会是非常小的，而在进线段以外落雷时，则由于进线段导线本身阻抗和导纳的作用使流经避雷器的雷电流受到限制，同时在进线段内导线上冲击电晕的影响将使侵入波陡度和幅值下降。

最不利的情况就是进线段首端落雷，这时流经避雷器的雷电流最大值可按下式计算

$$2U_{50\%}=I_{A}Z+U_{res}$$

式中，Z 为进线段导线波阻抗(Ω)；$U_{50\%}$为使绝缘子闪络概率为 50%的雷电冲击电压(kV)；I_{A}为流过避雷器的最大雷电冲击电流(kA)；U_{res}为避雷器残压(kV)。

不同电压等级的 I_{A}见表 10-12。从表中可知，1～2km 长的进线段已能够满足限制避雷器中雷电流不超过 5kA 的要求。

表 10-12　进线端首端落雷，流经单路进线变配电所避雷器的最大电流计算值

额定电压/kV	避雷器型号	线路绝缘 $U_{50\%}$/kV	I_{A}/kA
35	FZ-35	350	1.4
110	FZ-110	700	2.6
220	FZ-220	1200～1400	4.5～5.3

进入变电所的雷电波陡度 α 可按下式计算

$$\alpha=\frac{u}{\left(0.5+\dfrac{0.008u}{h_{L}}\right)l}$$

式中，α 为雷电波波前陡度(kV/μs)；u 为行波电压值(kV)，取为避雷器冲击放电电压或残压；h_{L}为进线段导线平均悬挂高度(m)；l 为进线段长度(km)。

35kV 及以上变配电所的进线段保护接线见图 10-23。图中避雷器 FE1 的设置，是因为 35～110kV 变配电所进线隔离开关或断路器可能经常处于断开状态，而线路侧又通常带电，

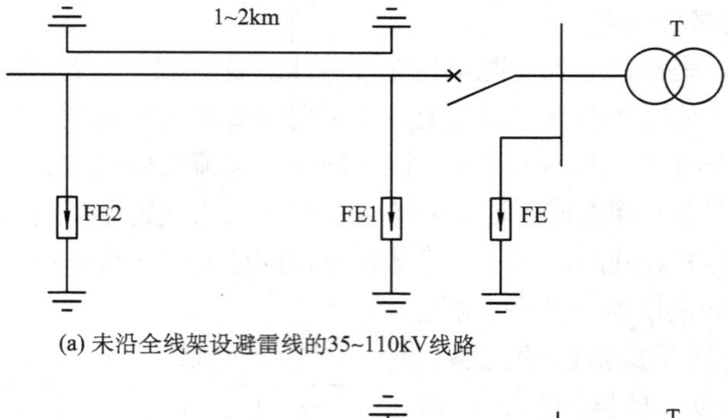

(a) 未沿全线架设避雷线的35~110kV线路

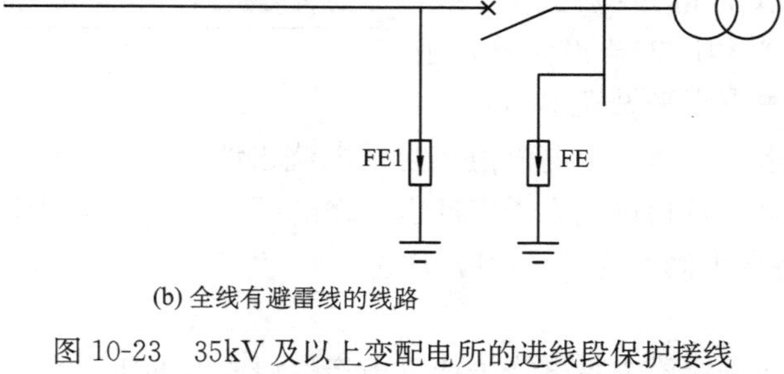

(b) 全线有避雷线的线路

图 10-23　35kV 及以上变配电所的进线段保护接线

FE-阀式避雷器，FE1、FE2-管式避雷器

此时若有雷电波侵入，则在断口处发生全反射使电压升高一倍，可能使开路的隔离开关或断路器对地闪络，又由于线路侧带电，对地闪络又将带来工频短路，因此必须在断路器电源侧设置管式避雷器。但当断路器闭合时，FE1 不应在侵入波作用下动作，因为管式避雷器动作后的截波可能严重危及变压器纵绝缘，即此时 FE1 又应作为阀式避雷器 FE 的保护对象之一。

图 10-23(a)中 FE2 的设置，主要是针对绝缘水平很高的木杆或木横担线路，因绝缘水平高会导致侵入波雷电流幅值增大，可能超过 5kA，因此装设 FE2 限制雷电流幅值。

2) 35kV 小容量变电所的简化进线段保护

对 35kV 小容量变电所，可根据情况来简化进线段保护。因 35kV 小容量变电所中避雷器距变压器的电气距离一般在 10m 以内，这样侵入波陡度可允许增大，故进线段长度可缩短到 500～600m，如图 10-24 所示。

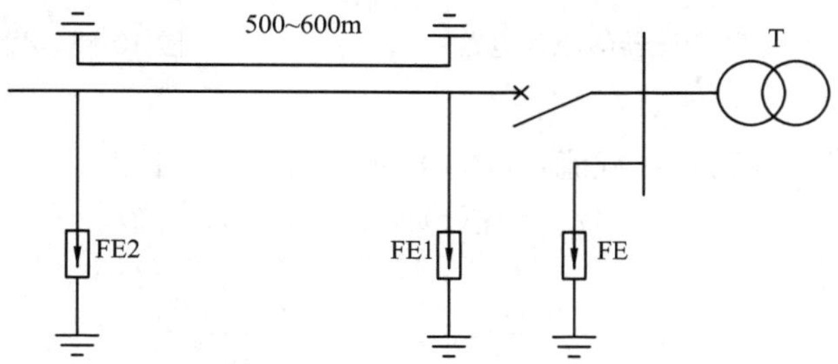

图 10-24　3150～5000kV・A、35kV 变配电所的简化保护接线

10.6　中、高压系统内部过电压示例

由于产生过电压的能量来自系统本身，电力系统内部过电压幅值与系统的标称电压有关，内部谐振和操作过电压最高可达 3.5～4p.u。对于电压等级较低的中压系统来说，较高的过电压倍数才会对系统绝缘带来破坏，因为其绝缘主要取决于雷电过电压，导致绝缘裕量较大；但对于高压及超高压系统，绝缘裕量较小，较低的过电压倍数就可能带来很大的破坏。由于内部过电压种类繁多，在不同的电压等级中其危害程度又各不相同，因此以下列示高、中压系统典型内部过电压各一例，以使读者对内部过电压有具体的了解。

10.6.1　切除空载变压器引起的过电压

切除空载变压器，以及切除电感性负荷如电抗器、空载电动机等，都有可能在两处设备上产生过电压，一处是在被切除的电气设备上，另一处是在实施切除的开关电器断口上。产生过电压的原因主要是电流被突然“切断”，因电流被突然“切断”时，电路中的磁场能量并未被完全释放，它势必会向电场能量转化，这一转化过程就产生了过电压。

1. 等效电路模型及其分析

开断空载变压器的等效电流如图 10-25 所示(不包括虚线部分)，图中 $u(l)$为电源电压，L_S为电源侧电感，L 为变压器空载时的电感，C 为变压器等效对地电容。当开关 QA 闭合时，变压器中有电流通过，电感 L 中储存磁场能量；当开关 QA 在电流未过零时断开且瞬时灭弧，这时的电流波形如图 10-26 所示。从图中可知，流过断路器的电流在开关开断瞬间从一定大小急剧下降至零，这种在正弦波电流未过零时断开电路从而造成电流急剧降低至零的现象称为电流截波或简称截流。截流出现时，电感中的磁场能转变为电场能向电容充电，$L\dfrac{\mathrm{d}i}{\mathrm{d}t}$会达到很大值，从而出现过电压，称为截流过电压。

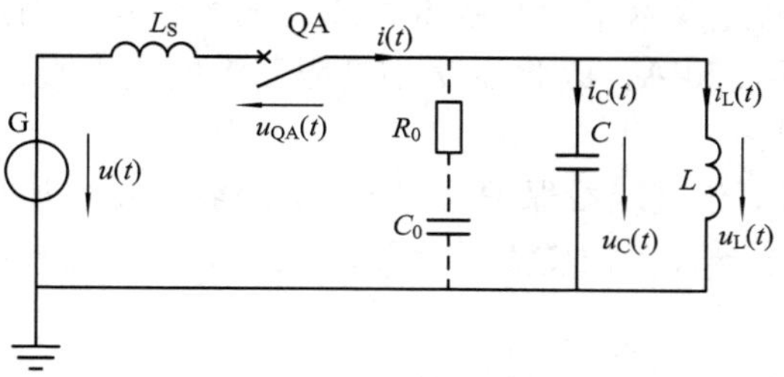

图 10-25　开断空载变压器的原理电路

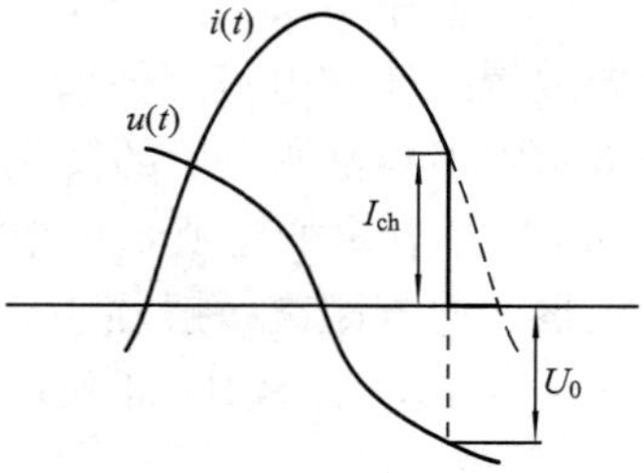

图 10-26　截流时的波形图

设 $t=0$ 时断路器中电流 $i(t)$截流，$i(0_+)=0$。由 KCL 可知

$$i(t)=i_L(t)+i_C(t)=0$$

故

$$i_L(t)=-i_C(t)=-C\frac{\mathrm{d}u_C(t)}{\mathrm{d}t} \tag{10-19}$$

由于 L 与 C 并联，所以

$$u_C(t)=u_L(t)=L\frac{\mathrm{d}i_L(t)}{\mathrm{d}t} \tag{10-20}$$

将式(10-19)代入式(10-20)，可得

$$LC\frac{\mathrm{d}^2u_C(t)}{\mathrm{d}t^2}+u_C=0 \tag{10-21}$$

解式(10-21)，有

$$u_C(t)=\alpha_1\sin\omega_0 t+\alpha_2\cos\omega_0 t \tag{10-22}$$

式中，α_1、α_2 为待定常数，由初始条件确定；$\omega_0=1/\sqrt{LC}$为振荡角频率。

初始条件为 $t=0$ 时，$i(0_-)=i_L(0)+i_C(0)=I_{ch}$，由于电容 C 很小，其工频容抗很大，故 $i_C(0_-)\ll i_L(0_-)$，因此 $t=0$ 时，$i(0_-)\approx i_L(0)\approx I_{ch}$，$u(0)=U_0$，如图 10-26 所示，代入求解，得

$$\begin{cases}\alpha_1=-I_{ch}\sqrt{L/C}\\ \alpha_2=U_0\end{cases} \tag{10-23}$$

将 α_1、α_2 代入式(10-22)得

$$\begin{aligned}u_C(t)=u_L(t)&=-I_{ch}\sqrt{L/C}\sin\omega_0 t+U_0\cos\omega_0 t\\&=-I_{ch}Z_C\sin\omega_0 t+U_0\cos\omega_0 t\end{aligned} \tag{10-24}$$

式中，Z_C 为空载变压器的特征阻抗或波阻抗，$Z_C=\sqrt{L/C}$。

$$i_L(t)=-i_C(t)=-C\frac{\mathrm{d}u_C(t)}{\mathrm{d}t}=I_{ch}\cos\omega_0 t+\frac{U_0}{Z_C}\sin\omega_0 t \tag{10-25}$$

由式(10-25)可得出电容电压最大值U_{Cm}及电感电压最大值U_{Lm}为

$$U_{Cm}=U_{Lm}=\sqrt{(I_{ch}Z_C)^2+U_0^2} \tag{10-26}$$

可见，被切除变压器上的过电压幅值大小与截流大小、截流时电压值和空载变压器特征阻抗正相关。考虑到磁场能量中总有一部分消耗在变压器的铁心和线圈中，转换成电场能量的只是磁场能量的一部分，比重为η_m，η_m称为磁能转换效率，这时式(10-26)可改写为

$$U_{Cm}=\sqrt{\eta_m(I_{ch}Z_C)^2+U_0^2} \tag{10-27}$$

当截流I_{ch}较大或U_0较小时，式(10-27)可简化为

$$U_{Cm}\approx\sqrt{\eta_m}I_{ch}Z_C \tag{10-28}$$

2. 截流出现的原因

断路器在切断较大的电流时，开关触头间的电弧是在工频电流自然过零时断弧，电流过零时电感中储存的磁场能为零，不会产生过电压。当切断小电流时，触头间去游离作用出现冲击性的不均匀变化，使弧道压降产生剧烈变化，当工频电流很小时，振荡的高频电流与工频电流叠加，在开关中会造成多次高频过零而导致电弧熄灭，这就是造成工频电流过零值前就发生强制熄弧的主要原因之一。

各种不同断路器在开断小电流时的灭弧性能不同。空气断路器的截流电流最大，可达几十安培，油断路器次之，SF_6和真空断路器截流电流最小，一般在几安培以下。

3. 限制变压器过电压措施

尽管高性能的现代变压器因受截流过电压作用而发生损坏的情况极少，但这并不意味着截流过电压可以忽视，因为这种极少是建立在采取了有效防护措施基础上的。据统计，开断空载变压器产生的截流过电压通常为2～3p.u，10%左右可超过3.5p.u，极少数更可高达4.5～5.0p.u。因此，对这种过电压必须采取限制措施。

在高压和超高压系统中常用的措施是加阻容吸收器，其原理如图10-25中虚线所示。由式(10-28)可知，U_{Cm}与Z_C正相关，而$Z_C=\sqrt{L/C}$，因此并联电容C_0可降低Z_C，但电容增大会导致I_{ch}增大，故单纯增大电容并不能有效减小截流过电压，因此在并联电容C_0回路上串入电阻R_0，一般$R_0=50\sim200\Omega$，这样在增大电容的同时能保证截流基本不变，从而有效地降低了截流过电压。

在中压系统中现已大量采用了真空断路器，可将对变压器的过电压保护与对断路器的过电压保护共同设置。对真空断路器的过电压保护有阻容吸收、交流无间隙MOA(金属氧化物避雷器)和交流有间隙MOA等方式。阻容吸收装置成本高，一般采用不多；现在采用较多的是串联了并联电阻复合间隙的金属氧化物避雷器，工程上又称为三功能避雷器，其MOA阀片为一功能，串联间隙为二功能，在串联间隙上并联电阻为三功能。将三功能MOA安装在断路器的负荷侧，即可具有防护变压器过电压的作用。另外，在变压器处装设阀式避雷器也可作截流过电压保护，因为截流过电压虽然幅值可能较高，但能量小，通常比雷电流的能量小一个数量级，故尽管它是内部过电压，用阀式避雷器保护也是可行的。

4. 断路器断口过电压

由图10-25可知，开断空载变压器时，断路器QA断口上的电压为

$$u_{QA}(t)=u_L(t)-u(t)=-I_{ch}Z_C\sin\omega_0 t+U_0 a\cos\omega_0 t-u(t) \tag{10-29}$$

由式(10-29)可知，断路器断口上也会承受一个振荡的过电压，由于振荡频率较高，故

在介质强度恢复的初期，过电压可能又将断路器触头间介质击穿，介质击穿会限制变压器上电压的上升，同时泄放一部分能量，当振荡电压瞬时值下降时，触头间介质又恢复绝缘，由此若干次重复以后，介质强度恢复到不再被 u_{QA}击穿的程度。由于每次击穿都要泄放一定的能量，故变压器实际的过电压幅值通常比预期值 U_{Cm}小得多。

10.6.2 间歇电弧接地过电压

在中性点不接地系统中发生金属性单相接地时，非接地相(又称为健全相)的对地电压会由相电压升高到线电压，这在前面作过介绍。但如果接地是通过不稳定的电弧形成的，则在健全相和故障相上都会有过电压产生，一般将这种过电压称为间歇电弧接地过电压，或简称电弧接地过电压。

电弧接地过电压的发展与电弧熄灭的时间有关，通常认为电弧的熄灭可能在两种情况下发生：①空气中的开放性电弧大多在工频电流过零时刻熄灭；②油中电弧则常常是在过渡过程中高频振荡电流过零时刻熄灭。考虑到大多数电弧接地发生在空气中，采用“工频熄弧”理论来分析，能解释大多数的电弧接地过电压。

1. 电弧接地过电压的产生和发展过程

中性点不接地系统如图 10-27 所示，因为电弧接地过电压为暂态过电压，故用瞬时值进行分析。图中 u_U、u_V、u_W分别为三相电源电压，C_1、C_2、C_3分别为线路 L1、L2、L3 相的对地电容(忽略对地电导)，u_1、u_2、u_3分别为电容 C_1、C_2、C_3上的电压，亦即三相线路对地电压。图中用间隙 G 的导通和截止来表示电弧的产生和熄灭。

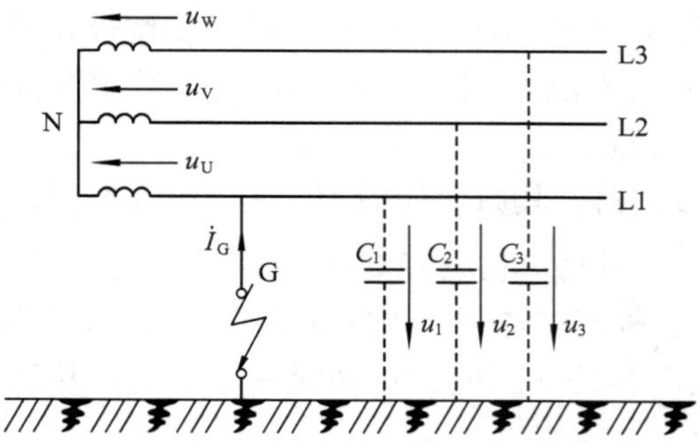

图 10-27 中性点不接地系统的电弧性接地

图 10-28 示出了接地时电压波形的变化过程，具体分析如下。

(1) 假设 $t=t_1$ 时刻，U 相(故障相)对地电压达到最大值 U_φ 并产生对地电弧，则在产弧前的一瞬间(记为 $t=t_{1-}$)，线路电容上的初始电压值为

$$\begin{cases} u_1(t_{1-})=U_\varphi \\ u_2(t_{1-})=-0.5U_\varphi \\ u_3(t_{1-})=-0.5U_\varphi \end{cases} \tag{10-30}$$

式中，U_φ 为电源相电压幅值。从电弧建立的时刻(记为 t_{1+})起，故障相 U 相被对地短路，对地电压降为零(实际上，电容电压不能突变，但由于弧阻抗很小，以致过渡过程时间常数很小，C_1上电压快速下降为零)，而健全相 V、W 相对地电容 C_2、C_3承受的电压，由原来的相电压变成了线电压(请读者自行用 KVL 验证)，从 t_1时刻的线电压曲线上可查知，C_2上的线电压在 t_1时刻的值为$-1.5U_\varphi$，C_3也为$-1.5U_\varphi$，即在 t_1时刻，C_2、C_3上外加电压瞬时值发生了从$-0.5U_\varphi$ 到$-1.5U_\varphi$的跳变，因电容电压不可能跳变，因此这个跳变并不是真正发生在 C_2、C_3上，只是在建立电路模型时忽略了一些次要因素，才导致这样的结论。实际的情况是：这时电源和线路的电阻、电感与线路的电容、电导共同承担了这个跳变，如图 10-29 所示。对于这个二阶系统，相当于输入了一个阶跃激励，在欠阻尼的情况下，会发生超调。因此这时电容电压会发生一个短时(相对于工频周期而言)振荡，这就是图 10-28 中 u_2、u_3从 $t_1\sim t_1'$期间内波形的由来，当这个过渡过程快速完成后，C_2、C_3上的电压回复到

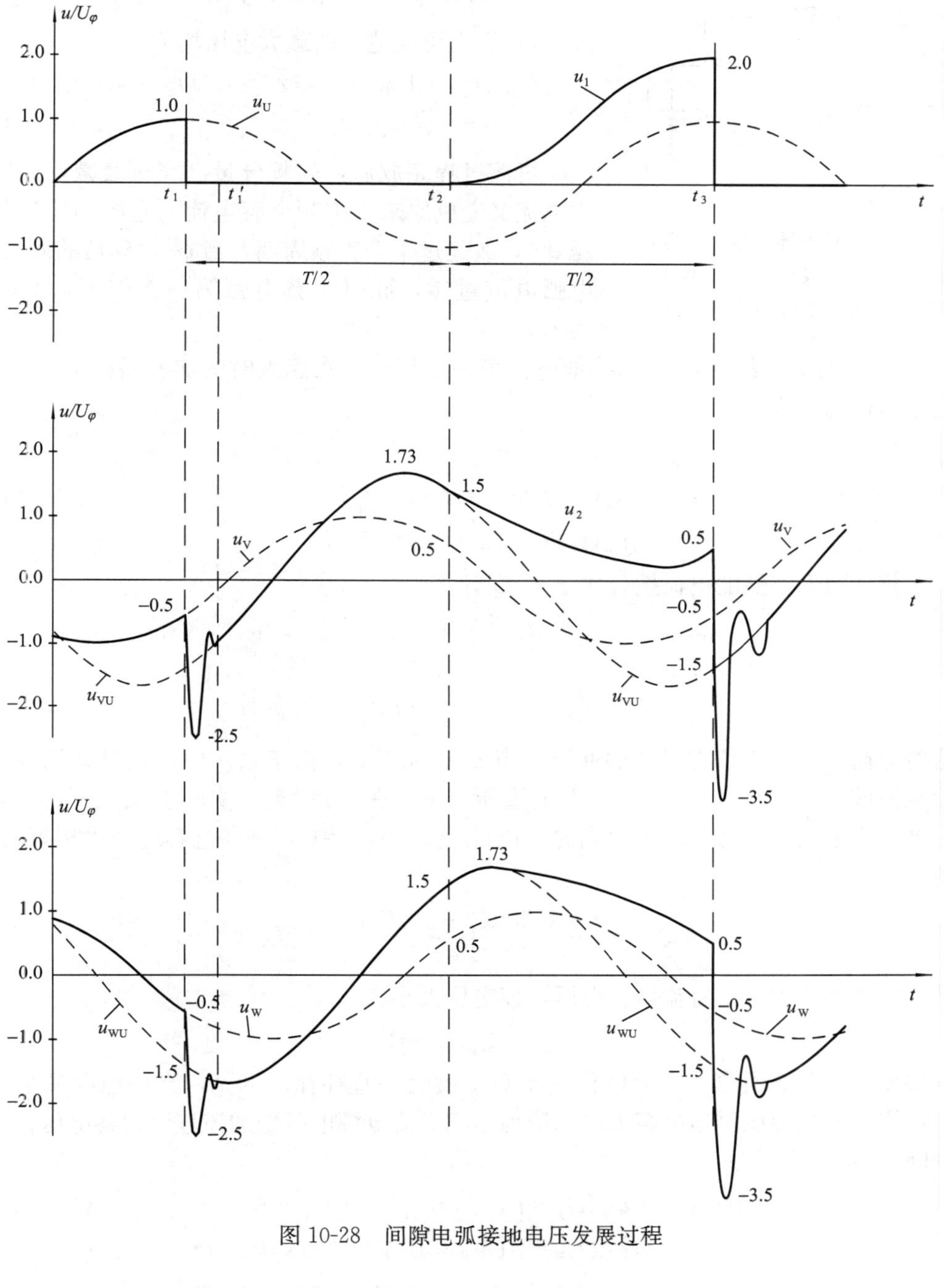

图 10-28 间隙电弧接地电压发展过程

稳态的线电压 u_{VU}、u_{WU}，因此三相对地电压的稳态值为

$$\begin{cases} u_1(t_{1+})=0 \\ u_2(t_{1+})=-1.5U_\varphi \\ u_3(t_{1+})=-1.5U_\varphi \end{cases} \tag{10-31}$$

由于阶跃响应超调量的上限为阶跃幅值，故在 t_{1+} 时刻高频振荡的最大幅值 u_{max} 为电压初始值加上跳变值，即

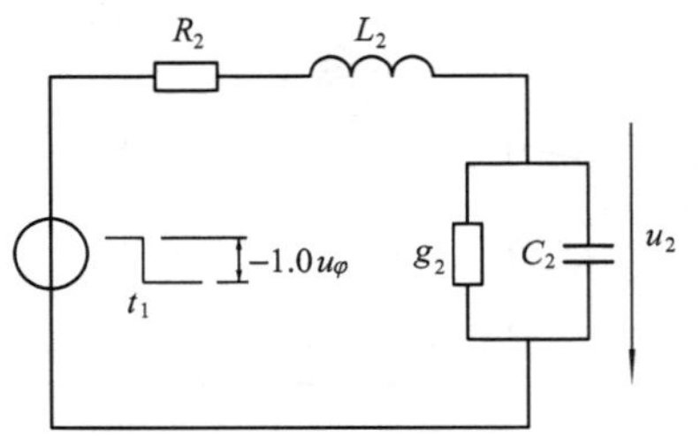

图 10-29　t_1时刻健全相等效电路
R_2、L_2-电源与线路的电阻、电感；
g_2、C_2-线路的对地电导和电容

$$u_{\max}=U_{稳态}+(U_{稳态}-U_{初始})=2U_{稳态}-U_{初始}$$

故 C_2、C_3上可能达到的最大电压均为

$$U_{2m}(t_1)=U_{3m}(t_1)=2(-1.5U_\varphi)-(-0.5U_\varphi)=-2.5U_\varphi \tag{10-32}$$

过渡过程完成后，高频分量已完全衰减，此后电弧中电流又变成原来的工频电容电流，它的相位超前于电压 90°，故经过半个工频周期，当 u_U达到负的最大值时，电弧电流过零，此时工频电弧第一次熄灭，此时刻记为 t_2。

(2) $t=t_2$ 时刻，故障相 U 相接地电弧第一次熄灭，在熄灭时的前一瞬间 t_{2-}，三相电容上的电压初始值为

$$\begin{cases}u_1(t_{2-})=0\\ u_2(t_{2-})=u_{VU}(t_{2-})=1.5U_\varphi\\ u_3(t_{2-})=u_{WU}(t_{2-})=1.5U_\varphi\end{cases} \tag{10-33}$$

同时，三相导线上存储的电荷按公式 $q=CU$ 计算为

$$\begin{cases}q_1(t_{2-})=0\\ q_2(t_{2-})=1.5U_\varphi C_2\\ q_3(t_{2-})=1.5U_\varphi C_3\end{cases} \tag{10-34}$$

这些电荷的泄放必须有对地的通道。当 U 相熄弧后，由于系统中性点对地绝缘，这些电荷无从泄放，因此会在 C_1、C_2、C_3上重新分配，在 t_{2+}时刻，实际上就是 C_2、C_3向 C_1充电，这一充电回路是通过电源形成的，若 $C_1=C_2=C_3=C$，则各电容应分得相等的电荷，该电荷为

$$Q_{av}=\frac{0+1.5U_\varphi C+1.5U_\varphi C}{3}=U_\varphi C \tag{10-35}$$

因此系统中性点产生一个直流偏移电压，该电压大小为

$$U_{N点}=Q_{av}/C=U_\varphi \tag{10-36}$$

只要无对地泄放通道，直流偏移电压 $U_{N点}$就会一直存在。可见，当接地电弧第一次熄灭后，作用在三相导线对地电容上的电压为三相交流电源电压叠加该直流偏移电压，故在熄弧后瞬间 t_{2+}有如下关系

$$\begin{cases}u_1(t_{2+})=u_U(t_{2+})+U_{N点}=-U_\varphi+U_\varphi=0\\ u_2(t_{2+})=u_V(t_{2+})+U_{N点}=0.5U_\varphi+U_\varphi=1.5U_\varphi\\ u_3(t_{2+})=u_W(t_{2+})+U_{N点}=0.5U_\varphi+U_\varphi=1.5U_\varphi\end{cases} \tag{10-37}$$

比较式(10-33)和式(10-37)可知，在熄弧前后电容电压无跳变，故不会出现过渡过程。

t_2时刻后，C_1、C_2、C_3上的电压除了正常的交流电源相电压以外，还叠加上了一个直流偏移电压，这个直流偏移电压是由于熄弧时三相总电荷不为零并且不能被泄放形成的，线路对地电压曲线如图 10-28 中 $t_2\sim t_3$段所示。再经过半个工频周期后，到达时刻 $t_3=t_2+\frac{T}{2}$，这时 U 相对地电压幅值高达 $2U_\varphi$，若此时再次发生电弧(称为重燃)，u_1又将下降为零。

(3) $t=t_3$ 时刻，电弧重燃。在重燃前一瞬间 t_{3-} 时刻，三相电压分别为

$$\begin{cases}u_1(t_{3-})=2.0U_\varphi\\ u_2(t_{3-})=u_V(t_{3-})+U_{N点}=-0.5U_\varphi+U_\varphi=0.5U_\varphi\\ u_3(t_{3-})=u_W(t_{3-})+U_{N点}=-0.5U_\varphi+U_\varphi=0.5U_\varphi\end{cases}\tag{10-38}$$

电弧重燃后，健全相电压的稳态值又应为线电压在 t_3时刻的瞬时值

$$\begin{cases}u_1(t_{3+})=0\\ u_2(t_{3+})=u_{VU}(t_{3+})=-1.5U_\varphi\\ u_3(t_{3+})=u_{WU}(t_{3+})=-1.5U_\varphi\end{cases}\tag{10-39}$$

比较式(10-38)和式(10-39)可知，在 t_3时刻，u_2、u_3都发生了高达 $-2.0U_\varphi$ 的跳变，这时的情况与 t_1时刻相似，又将有一过渡过程，参照式(10-32)，振荡过程电压幅值最大可达

$$U_{2m}(t_3)=U_{3m}(t_3)=2(-1.5U_\varphi)-(0.5U_\varphi)=-3.5U_\varphi\tag{10-40}$$

振荡结束后，由于产生直流偏压的电荷已通过电弧通道对地泄放，情况又与 t_1时刻后相同，以后若电弧过程继续存在，则产生周期性的循环。

(4) 结论。对中性点不接地系统发生间歇性电弧接地时，若考虑工频过零熄弧，则故障相最大过电压为 2.0p.u，健全相最大过电压倍数为 3.5p.u。但若考虑的是高频熄弧，则情况有很大不同，这时健全相上的过电压可达 7.5p.u，故障相过电压可达 6.0p.u，中性点偏移电压可达约 5.0p.u，这些都是理论推算值。

根据运行数据和实测波形，在 6～10kV 电网中，故障相过电压一般为$(2\sim2.4)U_\varphi$，而健全相的过电压最大为$(3\sim3.4)U_\varphi$。

2. 中性点经消弧线圈接地的作用

通常，中性点不接地系统的电弧性接地过电压不会损坏符合标准的良好的绝缘，但在系统中常会存在一些弱绝缘的电器，且即使是良好的绝缘也会随着运行时间的加长而降低性能，甚至会有某些潜伏性缺陷。在这种情况下，电弧接地过电压就可能造成破坏，当然也有极少数情况过电压会达到危及正常绝缘的程度。由于单相接地故障发生的概率高达 65%以上，且不少接地是电弧性的，因此过电压发生的概率相当大。这种过电压一旦发生，持续时间很长，规程允许中性点不接地系统单相接地运行 0.5～2.0h，长时间危及所在电压等级电网的所有设备，因此对电弧接地过电压的危害不容忽视。

根据运行经验和规程规定，在 3～10kV 系统中电容电流大于 20A 时，或 20kV 及以上系统中电容电流大于 10A 时，接地电弧就不易熄灭，这时应采用中性点经消弧线圈接地的运行方式，这种电网称为补偿电网。

中性点经消弧线圈接地减小接地电弧电流的原理如图 10-30 所示。因接地电弧电流是容性的，故若能注入一个感性电流，利用感性电流与容性电流相位相差 180°的原理，可将电弧电容电流部分或全部抵消，从而不会形成间歇性电弧。由于在正常工作时，中性点对地电压为零，而单相接地时，系统中性点对地电压上升为故障相相电压，正好可以利用这个电压来产生感性电流，这就是在中性点接消弧线圈的理由。

除以上两种内部过电压外，中、高压系统内部过电压的种类还有很多种，如开、合空载线路的过电压、单相短路产生的过电压、铁磁谐振过电压、耦合传递导致的线性谐振过电压等，在此不再一一举例。

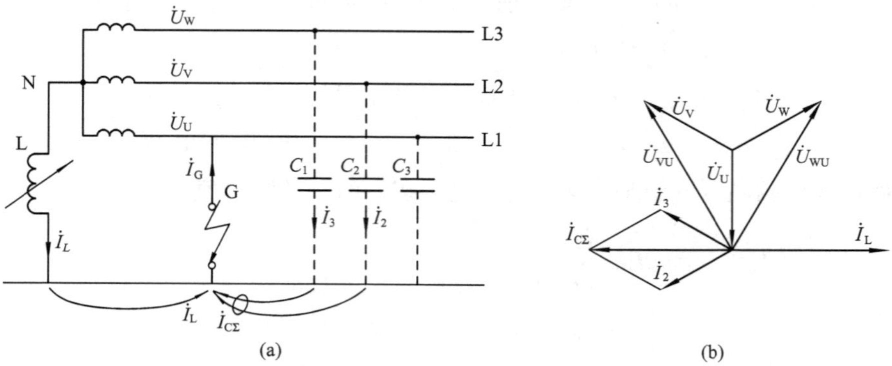

图 10-30　消弧线圈接地系统的单相接地

10.7　低压系统工频电压异常示例

传统的过电压问题通常不涉及低压系统，但低压系统确实存在过电压问题。低压系统过电压损坏设备和造成停电等事件影响面小，因而被电力行业长期忽视。但低压系统的过电压更多的是造成人身伤害和环境灾害，其后果从社会角度来看更为严重，它涉及公共安全问题。对于以末端用户技术为基本特征之一的供配电系统，理应对低压系统过电压给予高度重视。本节介绍的电压异常都是内部工频过电压，低压系统的大气过电压防护属于电涌保护的内容，将在第 11 章介绍。

10.7.1　中性点位移

在最熟悉、量大面广的 220/380V 低压配电系统中，中性点位移产生的工频过电压是一种常见的危害面很大的电气故障，它主要危及广大用户的用电设备和人身安全，同时也是电气火灾的原因之一。

1. 中性点位移的概念

按 2.6.2 节中对电气中性点和电路中性点的定义，就低压系统负载端而言，当负载接成 Y 形时，若负荷三相平衡，则电气中性点就在 Y 形接线的星接点上，即电气上的中性点与电路上的星接点重合；若三相负荷不平衡，但有中性线连接电源中性点与负载中性点，在中性线阻抗忽略不计的情况下，负载电气中性点被电源强制钳制在 Y 形接线的星接点；若三相负荷不平衡，且无中性线或中性线阻抗大，或中性线断线，则负载 Y 形接线的星接点不再是电气中性点，也就是电气上的中性点从电路接线的星接点移走了，这种现象就称为中性点位移。

应当注意，这里所说的中性点位移与中性点对地电压偏移是两个完全不同的概念，如图 10-31所示。图 10-31(a)为中性点不接地系统发生单相接地时，系统中性点 N、负载中性点 N′对地电压都由零上升为相电压，但对系统接线端 U、V、W 和负载接线端 U′、V′、W′来说，N 和 N′点仍然是各自的中性点，并未发生中性点位移。图 10-31(b)所示三相负荷不平衡的 TN-S 系统，中性线完好时，N′点为负载中性点，因为此时 N′点至 U′、V′、W′点电压绝对值相等，相位各差 120°。但当中性线断线后，N′点与 U′、V′、W′点电压大小不再相等，相位差也不再平衡，N′点不再是负载电气上的中性点，这才称为中性点位移。但此时电源星接点 N 仍是电气中性点。

用“位势图”的方法对图 10-31(b)负载部分画相量图，如图 10-32 所示，在平面上等边三角形 3 个顶点上定出 U′、V′、W′三个几何点，几何平面上的这 3 点与系统中负载端子 U′、V′、W′相对应，因端子 U′、V′、W′相对于电源 N 点的电压由电压源确定(忽略电源内阻抗和线路上电压损失)，故其电压恒定，因此位势图中几何点 U′、V′、W′的几何位置固定不变。当中性线完好时，N′端子与 N 端子等电位，为负载电气中性点，因此在等边三角形中心定出几何点 N′，与系统中 N′端子对应，由此可画出各相相电压和线电压；当中性线断线后，电压 $\dot{U}_{U'N'}$、$\dot{U}_{V'N'}$、$\dot{U}_{W'N'}$ 因负荷不平衡而发生变化，N′端子的电位也发生了变化，故位势图平面上几何点 N′点位置也发生了变化，移到了 N_1' 点。从 N′点到 N_1' 点的电压相量表明了电路中 N′端子在中性线断线前后电位的变化量。因此，也可将位势图中表明 N′端子电位的几何点位置从 N′点移至 N_1' 点称为中性点位移。

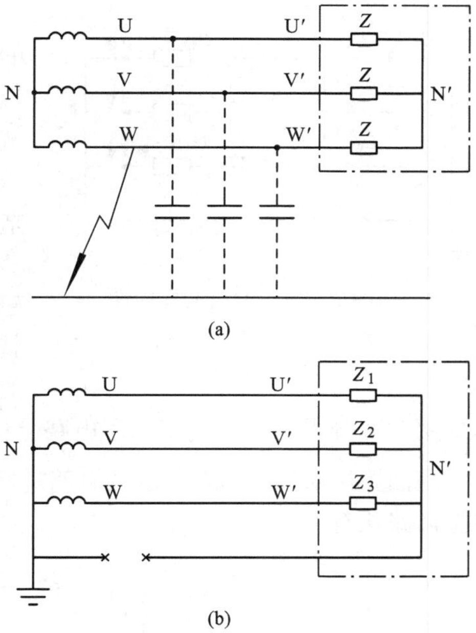

图 10-31　中性点对地电压偏移与中性点位移

$Z_1 \neq Z_2 \neq Z_3$

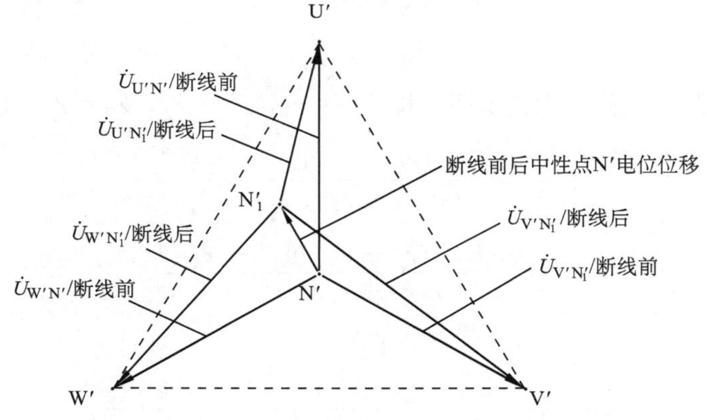

图 10-32　位势图中的中性点位移

$\dot{U}_{U'N'}$、$\dot{U}_{V'N'}$、$\dot{U}_{W'N'}$-中性线断线前各相负荷电压；$\dot{U}_{U'N_1'}$、$\dot{U}_{V'N_1'}$、$\dot{U}_{W'N_1'}$-中性线断线后各相负荷电压；N′与 N_1' 点间相量-中性点位移电压

位势图是将平面几何位置与电路节点电位相对应进行电压关系分析的一种经典方法，它技巧性较强，不是一种程序化的分析问题的方法，但在很多情况下可以得出多因素关联问题的图形表达，常具有直观性和整体性的优点，在电力系统分析中时有采用。

2. 中性点位移产生的原因及大小分析

在 220/380V 低压配电系统中，中性点位移的必要条件之一是三相负荷不平衡，另一必要条件是中性线阻抗较大或断线。

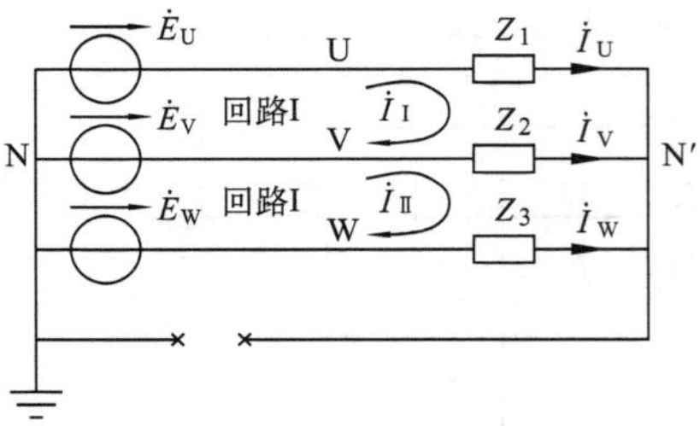

图 10-33　不对称负荷在中性线断线时的计算分析
$Z_1 \neq Z_2 \neq Z_3$

图 10-33 所示为中性线断线的情况。对这种情况的分析，严格地讲要用对称分量法进行，但由于现在专注于因负荷不平衡造成的过电压，因而可以忽略一些次要因素，从而使问题得到简化。第一，不考虑变压器阻抗，在不对称电流作用下因变压器磁路改变而造成的阻抗参数变化这一因素便可忽略；第二，假设负荷中没有三相电机或三相三芯柱变压器一类带三相磁路的设备，即使有也应是三相磁路相互独立，这样就不必考虑因不对称而带来的与磁路有关的负载阻抗的变化；第三，忽略线路阻抗。在这些前提下，可以不采用对称分量法，而直接采用电路分析方法进行分析计算。

用回路法对图 10-33 所示的电路进行计算，$\dot{I}_I$、$\dot{I}_{II}$分别为回路 I 和回路 II 的回路电流，根据回路法有

$$\begin{cases}\dot{E}_U-\dot{E}_V=(Z_1+Z_2)\dot{I}_I-Z_2\dot{I}_{II}\\ E_V-\dot{E}_W=-Z_2\dot{I}_I+(Z_2+Z_3)\dot{I}_{II}\end{cases}$$

且

$$\begin{cases}\dot{I}_U=\dot{I}_I\\ \dot{I}_V=\dot{I}_{II}-\dot{I}_I\\ \dot{I}_W=-\dot{I}_{II}\end{cases}$$

为方便分析，假设负荷均为纯电阻，即 $Z_1=r_1$，$Z_2=r_2$，$Z_3=r_3$，解方程得

$$\dot{I}_I=\frac{\sqrt{3}\dot{E}_U[(r_2+r_3)e^{j30^\circ}+r_2e^{-j90^\circ}]}{r_1r_2+r_2r_3+r_3r_1}$$

$$\dot{I}_{II}=\frac{\sqrt{3}\dot{E}_U[(r_1+r_2)e^{-j90^\circ}+r_2e^{j30^\circ}]}{r_1r_2+r_2r_3+r_3r_1}$$

于是

$$\dot{I}_U=\dot{I}_I=\frac{\sqrt{3}\dot{E}_U[(r_2+r_3)e^{j30^\circ}+r_2e^{-j90^\circ}]}{r_1r_2+r_2r_3+r_3r_1}$$

$$\dot{I}_V=\dot{I}_{II}-\dot{I}_I=\frac{\sqrt{3}\dot{E}_U[r_1e^{-j90^\circ}+r_3e^{j30^\circ}]}{r_1r_2+r_2r_3+r_3r_1}$$

$$\dot{I}_W=\dot{I}_{II}=\frac{\sqrt{3}\dot{E}_U[(r_1+r_2)e^{-j90^\circ}+r_2e^{j30^\circ}]}{r_1r_2+r_2r_3+r_3r_1}$$

考虑到 U、V、W 相负荷额定功率分别为 $P_1=E^2/r_1$，$P_2=E^2/r_2$，$P_3=E^2/r_3$，于是有

$$U_{UN'}=I_Ur_1=\frac{\sqrt{3(P_2^2+P_3^2+P_2P_3)}}{P_1+P_2+P_3}E$$

$$U_{VN'}=I_Vr_2=\frac{\sqrt{3(P_1^2+P_3^2+P_1P_3)}}{P_1+P_2+P_3}E$$

$$U_{WN'}=I_W r_3=\frac{\sqrt{3(P_1^2+P_2^2+P_1P_2)}}{P_1+P_2+P_3}E$$

$$U_{NN'}=|-\dot{E}_U+r_1\dot{I}_U|=\frac{\sqrt{P_1^2+P_2^2+P_3^2-P_1P_2-P_2P_3-P_3P_1}}{P_1+P_2+P_3}E$$

式中，E 为电源相电压，$E=|\dot{E}_U|=|\dot{E}_V|=|\dot{E}_W|$，取为 220V。

若假设 $P_2=\alpha P_1$，$P_3=\beta P_1$，即 $P_1:P_2:P_3=1:\alpha:\beta$，代入以上各电压表达式，$P_1$、$P_2$、$P_3$将被约掉，只剩下 α、β 和 E。可见，各相电压大小只与各相负荷功率比值有关，而与具体的功率大小无关。表 10-13 计算了在一些三相负荷功率比例下的三相电压大小。

表 10-13　三相负荷不平衡且中性线断线时，各相电压变化情况

$P_1:P_2:P_3$	$U_{UN'}$	$U_{VN'}$	$U_{WN'}$	$U_{NN'}$
1∶1∶1	220	220	220	0
1∶1∶0.75	210	210	240	20
1∶0.75∶0.75	198	231	231	22
1∶0.5∶0.75	184	257	224	42
1∶0.25∶0.75	172	290	218	73
1∶0.05∶0.75	164	322	217	104
1∶0∶0.75	163	331	218	113
1∶0∶0	0	380	380	220

从表 10-13 可知，中性点位移造成的工频过电压倍数极限为$\sqrt{3}$，这时过电压相负荷的实际功率为额定功率的 3 倍，烧坏设备几乎是肯定的，还可能引发火灾。另外，中性点对地电压最高可升至接近 220V，TN 系统中该电压沿 PE 或 PEN 线传导至所有设备外壳，有极大的电击危险性。

三相负荷不平衡且中性线阻抗大的情况与中性线断线类似，只是程度稍轻。

3. 中性点位移过电压的防护

与其他类型的过电压一样，中性点位移的防护也可分为主动防护和被动防护两类。

所谓主动防护，是指尽可能减少甚至消除产生中性点位移的原因，主要包括在设计时应尽量平衡三相负荷，正确选用中性线截面，尽可能不使用能断开中性线的四极开关等，在安装施工时应将中性线接头连接牢固等。

所谓被动防护，是指在中性点位移发生时采取措施，避免造成破坏。与高压系统中的操作过电压和大气过电压不同的是，中性点位移产生的过电压幅度很小，一般不会在短时间内造成绝缘损坏，但这种过电压属于相间差模过电压，会使用电设备产生过电流，加剧发热，发热产生的高温使绝缘性能下降，最终导致绝缘破坏引发短路。因为过电压是持续的，用限制过电压幅值的办法是不可行的。在工程上现在还少有对中性点位移进行保护的实例，但频繁的大面积损坏用户家用电器、电击及火灾，以及由此引发的各种纠纷，已引起业界对这一问题的重视，并提出了一些解决方案，这些方案因还没有经过大规模、长时间的运行的检验，其有效性还需要进一步验证，此处不予介绍。

10.7.2 高电位传导

1. 直接高电位传导

如图 10-34(a)所示的 10/0.4kV 变压器，低压侧为 IT 系统，10kV 侧为中性点不接地系统。若因故障原因使高压某相与低压中性点短接，由于 10kV 侧每相对地电压均为相电压，故低压侧中性点对地电压也上升为 10kV 侧的相电压，约 5800V。由于中性点对地电压升高，其他各相的对地电压也相应升高，略高或略低于 5800V。如此高的对地电压会给低压系统的相地绝缘和人身安全带来极大的威胁。图 10-34(b)是电压相量图，假设变压器为 Dyn11 连接组，高压侧电气量用大写下标表示，低压侧用小写下标表示，N 为系统中性点，E 为大地参考电位点，用位势图的方法作图，从 $\dot{U}_{NE}=\dot{U}_{UE}$ 入手找关系即可。为作图方便，电压相量幅值未按比例画出。

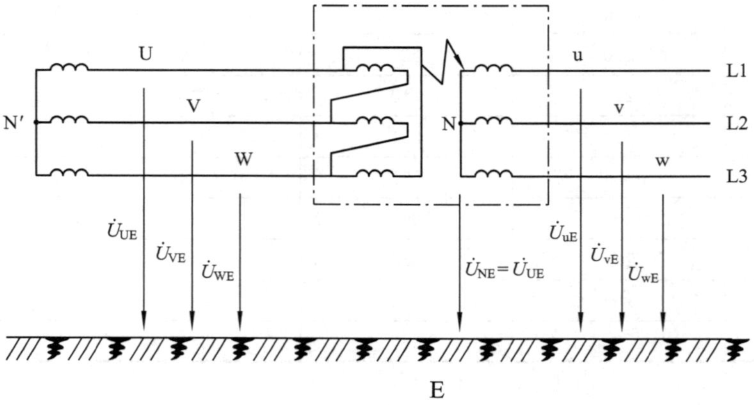

(a)

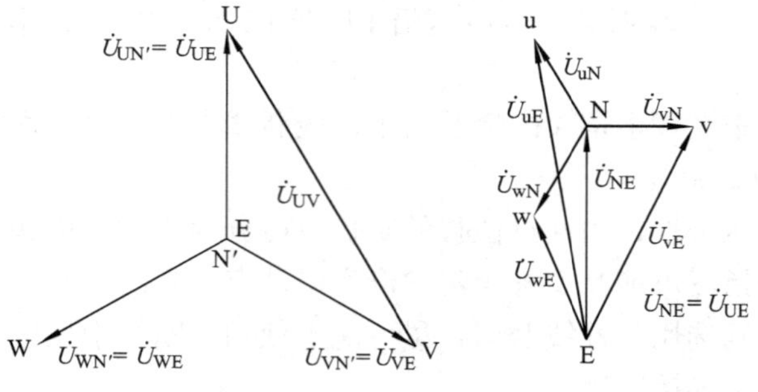

(b)

图 10-34 直接高电压传导

对于这种过电压，常用的保护措施是在中性点装设击穿保险器，并对击穿保险器的状态进行监视，如图 10-35 所示。正常运行时，两只电压表读数各为相电压的一半左右，若保险器击穿或内部短路，则其中一只电压表读数降为零，另一只上升为相电压。对保险器间隙进行绝缘监测的目的，是防止在正常运行时，保险器间隙短路，使系统由 IT 系统变成 TT 系统，影响系统的供电连续性和电击防护性能。另外，也可将电压表换成声光报警器或继电器等元件，以便能及时发出警报。

2. 接地体上的高电位传导

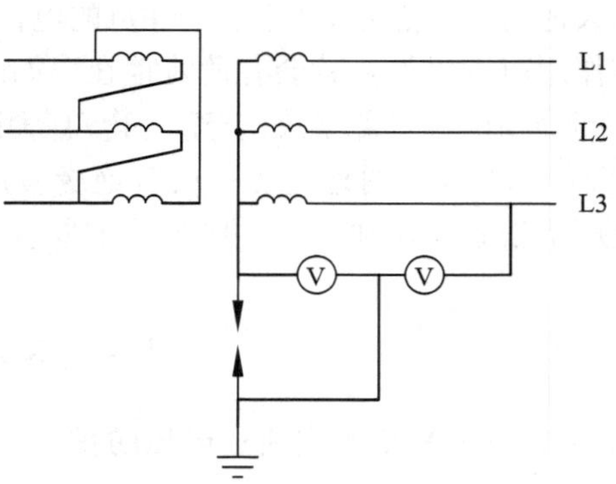

图 10-35　中性点过电压保护与绝缘监视

如图 10-36（a）所示，Dyn11 连接组的 10/0.4kV 变压器外壳保护接地与低压侧系统中性点接地共用接地体 R_E，按规程规定，$R_E \leqslant 4\Omega$。若 10kV 侧发生单相接地故障，从前面的讨论可知，接地电容电流对 10kV 系统来说允许达到 20A，此时流过接地电阻的电容电流会在 R_E 上产生 $20A \times 4\Omega = 80V$ 的电压，这个电压是工频电压（不考虑电弧性接地），也是低压侧中性点的对地电压，这时低压侧各相和 N 线、PE 线对地电压相量如图 10-36(b)所示，相对地电压在低压侧 v 相上可达

$$U_{vE} = \sqrt{U_{vN}^2 + U_{NE}^2 - 2U_{vN}U_{NE}\cos 120^\circ}$$
$$= \sqrt{220^2 + 80^2 - 2 \times 220 \times 80\cos 120^\circ} = 269(\text{V})$$

在 w 相上也是如此。若低压系统全部处于建筑物的等电位联结范围内，则这一电压和中性点对地电压无论对设备绝缘还是对电击防护均无有害作用，因为此时建筑物的电位（以无穷

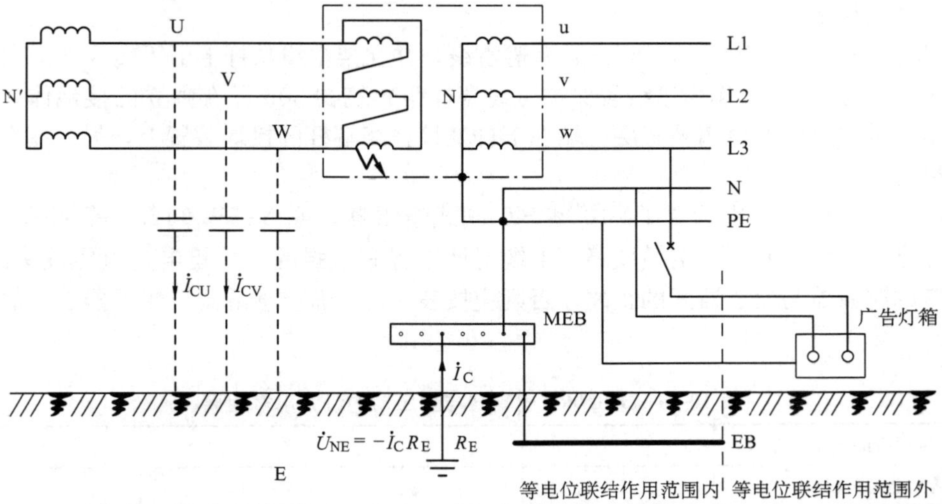

(a)

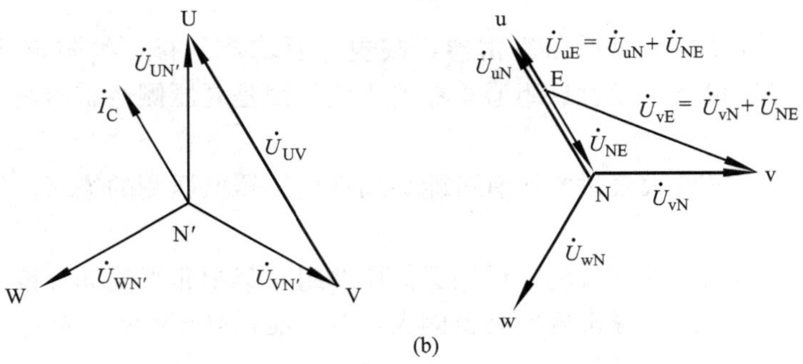

(b)

图 10-36　接地体上的高电位传导

远大地为参考点)总是等于中性点的电位。但如果低压设备有外露可导电部分处在等电位联结作用范围以外，就会有危险存在。如图 10-36(a)所示的室外广告灯箱供电回路，回路的室外部分和广告灯箱就处于建筑物总等电位联结作用范围以外，此时 PE 线对地电压已为 80V，如此高的对地电压不仅对绝缘有危害，对人身安全更是有危险。另外，PE 线在这个电压下很容易对地打火，成为一个危险的火灾隐患。

10.8 过电压保护应用示例

10.8.1 10kV 变配电所过电压防护

10/0.38kV 变配电所是供配电系统中最常见的变配电所。城网中这类变配电所一般是电缆进出线，农网和部分厂矿企业一般是架空进出线。

1. 电气主接线

某 10kV 变配电所的电气主接线如图 10-37 所示。该变配电所有一路 10kV 架空进线，三路馈出线，其中两路经电缆馈给所内两台 10/0.4kV 变压器，另一路经电缆馈出后上杆改成架空线至另一 10kV 变配电所。所内两台变压器容量均为 630kV·A，其中，T1 为 Dyn11 连接组，低压侧为 TN-S 接地形式，T2 为 Dy11 连接组，低压侧为 IT 接地形式。

该变配电所位于一栋作为工厂研发试验大楼的二类高层建筑物内，变配电所工作与保护接地采用共用接地体。

10kV 架空进线前 500～600m 设置有避雷线，并在架空线从杆上引下转为电缆敷设处设置 FS3-10 阀式避雷器，作为进线段保护。终端杆距建筑物 30m，有独立的接地体，接地电阻为 10Ω。进线电缆的金属屏蔽层一端在下杆处接在终端杆的接地装置上，另一端在进入开关柜处接地。

在母线上 AK04 柜中设置 FZ-10 型 SiC 阀式避雷器，或 Y15WZ-12.7 等 ZnO 避雷器，由于架空进、出线都有一段电缆线路，电缆对地电容有较强的平缓雷电过电压波头的作用，故不必考虑避雷器与变压器间的距离，否则应按表 10-14 确定避雷器与变压器之间的最大允许距离。

表 10-14 3～10kV 避雷器与变压器的最大电气距离

雷季经常运行的进出线路数	1	2	3	4 及以上
最大电气距离/m	15	23	27	30

在变压器 T1 低压侧设置 3 只低压避雷器，按规范要求，只有一类防雷建筑才必须设置，但非一类建筑也可以设置。设置这组避雷器的主要原因是高压侧避雷器尚不能可靠保护变压器，理由如下。

第一，由低压线路引入的大气过电压有可能会损坏变压器低压侧的绝缘，但高压侧避雷器对此无能为力。

第二，由低压线路引入的大气过电压作用于低压绕组，其中非直流部分按变压器变比耦合到高压绕组，由于低压侧的绝缘裕度比高压侧大，有可能在高压侧先引起绝缘击穿，这一过程称为正变换过程。

第三，高压侧避雷器动作时，雷电流经接地体泄入大地，由于采用的是共用接地体，雷

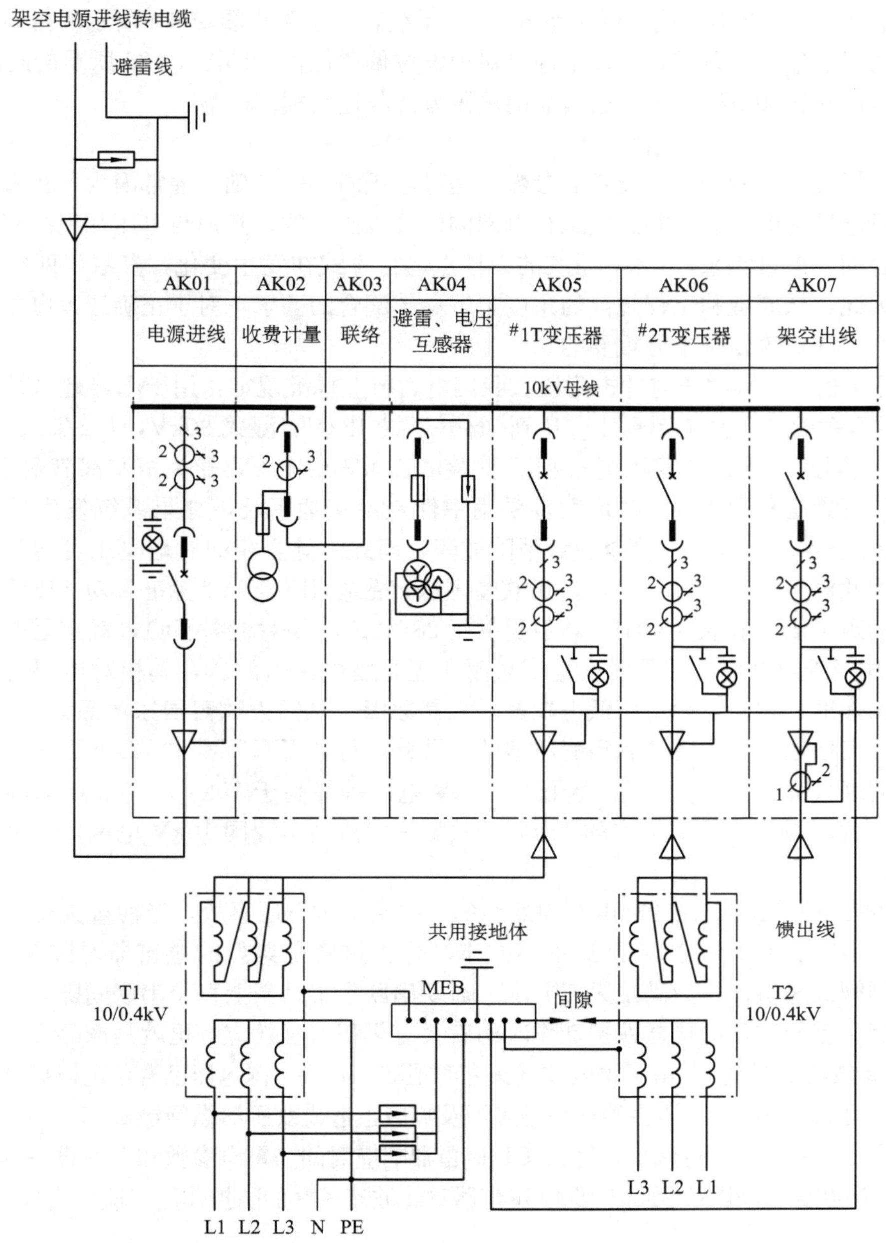

图 10-37　10/0.38kV 变配电所电气主接线

电流在接地体上产生的对地电压直接加在低压侧中性点上，而此时低压侧的出线端相当于经波阻抗接地，于是在低压绕组上就有一个很大的电压，这个电压除了其中的直流成分外，其余的都会通过铁心在高压绕组中按变比感应电压，而此时高压绕组的出线端已被避雷器的残压钳位，故高压绕组上将承受很大的电压，可能导致绝缘破坏。这种由高压侧避雷器动作在低压绕组产生高电压，再通过电磁耦合变换到高压侧的过程称为反变换过程。

因此，在低压侧设置避雷器，既能够限制低压侧出现的过电压，又能有效抑制正、反变换过程在高压侧产生的过电压，对变压器的保护作用是明确的。

变压器T2中性点不接地，低压系统为IT系统，为了防止图10-34所示的由高压系统传导至低压系统的过电压，需要装设中性点对地电位偏移保护，即图10-35所示的间隙。

馈出线电缆转架空线上杆处避雷器的设置方法与进线相同。

2. 参数配合

正确选择变配电所中电气设备的参数，是过电压防护的基础。通常因为各相关标准的配合，只要所选择的电气设备额定电压与电网的标称电压一致，其他与电压和绝缘有关的参数是自动配合的。但近年来，10kV系统的中性点运行方式在发生变化，参数不匹配的情况可能出现。因此，从原理和工程规范的角度了解参数配合的要求，对于正确选择电气设备，防止过电压产生的危害，是十分重要的。

(1) 开关柜的工频耐压与冲击耐压。我国电力行业标准规定，用于小接地系统的额定电压10kV的开关设备，其工频耐压应达到1min干式42kV、湿式30kV，1.2/50μs雷电冲击耐压75kV。因此只要是在我国通过型式试验的10kV或12kV开关柜，都满足上述条件。这一规定的背景是我国10kV系统大多采用中性点不接地系统，如果系统发生单相接地故障，可继续运行0.5～2h，以便查找和消除故障，而此时健全相的对地电压可达到线电压甚至更高，因此对工频耐压要求较高。而欧盟国家产品按IEC60694标准，对12kV电压等级电气设备的耐压值一般取为额定工频耐受电压28/42KV(相对地/相间)，额定雷电冲击耐压60/75kV(相对地/相间)。可见无论是工频耐压还是雷电冲击耐压，其相对地间的耐压要求均低于我国标准，尤以工频耐压低得较多。究其原因，是因为欧盟国家产品大多是按12kV系统为中性点接地运行系统来制定耐压值的。因此，符合IEC标准的12kV开关柜不一定能用于我国的绝大部分10kV系统。若仅以12kV电压等级高于10kV，且IEC标准是先进的国际标准，就认为符合IEC标准的12kV开关柜一定能用于我国10kV电网，就会出现参数配合的错误。

(2) 陡波保护问题。在变配电所中发生的一些雷电过电压事故，经检查为变压器匝间绝缘被破坏，但安装的FS或FZ型避雷器并未动作，这就是典型的避雷器对陡波电压失防。串联间隙的阀式避雷器，为满足灭弧要求，需要串联数十乃至上百个串联间隙，而每个间隙的动作都有一定的时延，这样保护动作时间就会有累积时延效应，也就是产品样本中的所谓“1.5～20μs预放电时间”，由于雷电波波头有时很陡，在1μs内电压已升至足以破坏绝缘的程度，而串联间隙的SiC阀式避雷器往往还来不及响应，造成变压器纵绝缘破坏，因此应选择有陡波保护能力的避雷器进行保护，这其实是避雷器响应时间与雷电参数和电气设备耐压特性的配合问题。串联少量间隙或无间隙ZnO避雷器对陡波有较好的防护作用，应优先选用。

10.8.2 高压电动机的过电压防护

在一些工业场所如水厂、化工厂等，常有一些6kV或10kV高压电动机，一些大型民用建筑中，由于空调负荷极大，制冷机单机容量也很大，有时会选用高压10kV电机作为制冷机的动力。电动机的绝缘比变压器弱，其绝缘耐压与避雷器的残压间裕量较小，因此对过电压比较敏感。

与架空电力线路直接连接(包括经过电缆段、电抗器等与架空线相连)的电动机称为直配电机，通过变压器与架空线相连或全程为电缆线路的电机为非直配电机。非直配电机一般不需要过电压保护，因为变压器高压侧的过电压保护加上变压器已足以使过电压降低到电动机可以承受的程度。直配电机在城区建筑中已很少见，但在一些工厂里还大量存在。直配电机的过压保护包括主绝缘保护、匝间绝缘保护和中性点绝缘保护，如图 10-38 所示。

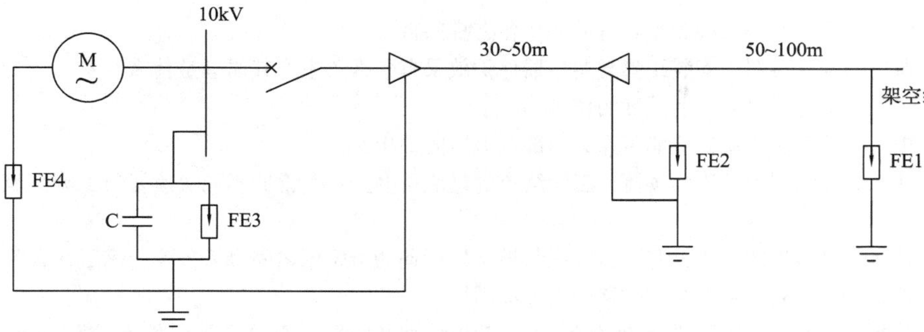

图 10-38　10kV 直配电动机保护

图 10-38 中，一路架空线经过一段 30～50m 的电缆后直馈电机，电机功率可为 300～1500kW，额定电压为 10kV。在架空线转为电缆处和距此处 50～100m 的架空线上各设一管型避雷器，分别为 FE2 和 FE1，主要泄放架空线上的雷电流。在 10kV 母线上设置 FCD3-10 型磁吹阀式避器 FE3，作主绝缘的保护，其 8/20μs、3kA 下的残压为 31kV，5kA 下残压为 33kV，而电机的冲击耐压为 34kV，可知保护裕量很小，因此一般要将雷电流限制在 3kA 以下。在母线上还设置了电容器 C，其作用既可降低雷电波陡度，又可降低感应过电压，因此它对电动机的匝间绝缘和中性点绝缘是有利的。在电动机的中性点装设磁吹阀式避雷器 FE4，型号为 FCD3-6，因为中性点对地电压正常时为零，单相接地时为相电压，故应选择 6kV 级的避雷器。

思考与练习题

10-1　什么是过电压？过电压按能量来源分为哪些类型？各类型有哪些特点？

10-2　过电压按其持续时间可分为哪些类型？

10-3　试分类说明工程上对过电压量值的表达方式。

10-4　什么是作用电压？电气设备耐压与作用电压有什么关系？

10-5　有一份产品检测报告，上面有该设备“绝缘耐压为 75kV”的检测结论，你对这一表述如何评判？

10-6　雷击建筑物有哪些形式？雷击建筑物造成灾害的途径有哪些？

10-7　试判断以下说法是否正确。

(1) 雷击主放电能量大，持续时间长。

(2) 一次向下闪击必定包含一次主放电，并可能有多次余辉放电。

(3) 内部过电压能量小、持续时间短。

(4) 内部过电压都是暂时过电压。

(5) 外部过电压都是瞬态过电压。

(6) 相间过电压又称为差模过电压，相对地过电压又称为共模过电压。

(7) 暂时过电压量值一般用标幺值表示。

(8) 若雷电冲击过电压在峰值时刻未能击穿设备绝缘，则设备绝缘不再会被击穿。

10-8　少雷区、多雷区、强雷区是依据什么划分的？

10-9　雷电是一种自然现象，但防雷工程中雷电参数为什么与人为划分的建筑物防雷类别相关？

10-10　如何区分一个电路是集中参数电路还是分布参数电路？

10-11　传输线波阻抗与集中参数电路的阻抗有什么不同？

10-12　传输线上电压、电流行波的折射和反射是如何产生的？末端开路和短路的传输线其电压、电流行波行为是怎样的？

10-13　常用避雷器有哪几种类型？每种类型各有哪些特点？

10-14　避雷器与变压器间安装距离与避雷器保护效果有什么关系？其原理是什么？

10-15　试分析降低雷电波波前陡度的作用。

10-16　中、高压系统中避雷器能否作为内部过电压防护用？

10-17　什么是避雷器中的工频续流？工频续流的量值是多少？避雷器不能快速切断工频续流有哪些不良后果？

10-18　什么是避雷器的残压？避雷器残压与被保护设备冲击耐压之间最低限度应满足什么关系？

10-19　试尽可能罗列发生中性点位移的具体原因。

10-20　某额定电压 220V 阻性电热设备，额定功率为 1500W。若因系统中性点位移使电压升高为 260V，试计算其输出功率为多少。

10-21　如图 10-39 所示，变压器 T 为路灯变压器，其高压侧为小接地系统，低压侧为 TN-S 系统，变压器外壳接地和中性点接地采用共同接地方式。在每一路灯杆塔中都设置了漏电断路器，作单只路灯的过电流保护和接地故障保护；每一路灯配电干线也设置了可靠的过电流保护。试分析这种系统设计方案对间接电击危险是否有失防之处。

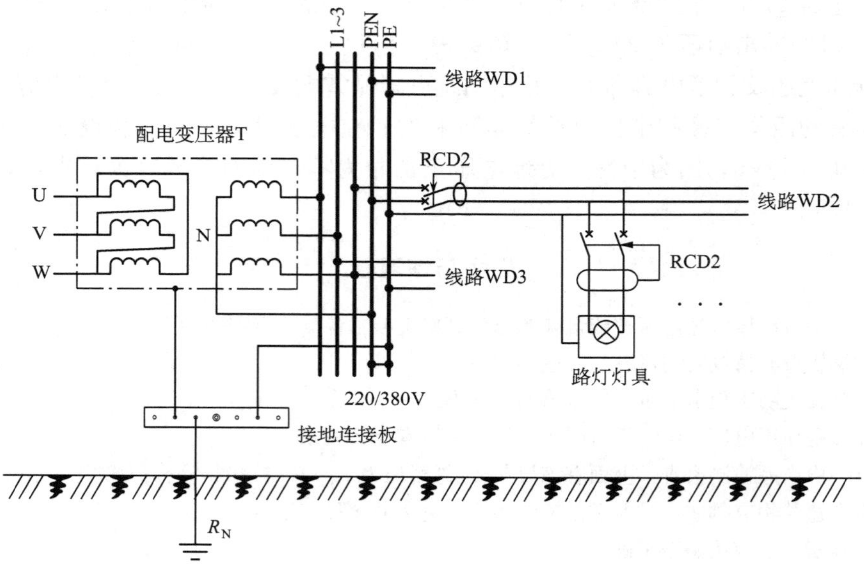

图 10-39　题 10-21 图

10-22　接上题，若低压侧改为 TT 系统，情况有何不同？

第 11 章　建筑物防雷、工程接地装置及低压系统电涌保护

建筑物不属于低压配电系统的组成部分，但其防雷与低压系统密切相关，尤其是与低压系统电涌保护有密切的关联性。按工程现状和惯例，建筑物防雷可归属于供配电系统讨论的课题。

工程接地装置是接地技术得以实施的前提条件，接地装置用于但不仅限于建筑物防雷，供配电系统、电子信息系统等都需要有接地装置作工作接地、保护接地或电磁兼容接地。本章主要介绍接地装置本身的有关问题，不展开接地技术的讨论。

低压系统电涌保护是将低压系统看成建筑物内的一个特殊的被保护对象实施的技术措施，是近二十余年才出现的一个新的技术领域，它与传统的中、高压系统过电压保护有部分类似，但也有较多的不同。

11.1　建筑工程防雷体系及建筑物防雷类别

11.1.1　工程防雷体系

1. 工程防雷标准简述

防雷标准是近 20 余年来电气工程领域变化较大、较频繁的标准之一，IEC 的 TC81① 技术委员会是制定防雷相关标准的权威性国际组织，与其相关的还有 TC64②、TC37③ 等技术委员会。回溯近 20 余年标准的变化，始自 1990 年的 IEC-61024 防雷系列标准在实施了十多年以后，从 2003 年起陆续被 IEC-62305 系列所取代。我国国家标准 GB 50057—94《建筑防雷设计规范》于 1994 年年末开始实施，并于 2000 年做了修订，该标准主体上采纳了 IEC-61024 的规定。十多年后，GB 50057—2010《建筑防雷设计规范》颁布，该标准主体上跟进了 IEC-62305。具体到工程实施层面，新旧标准交替有一个过渡阶段。

标准的变化源于认识的深入、技术的发展和新问题的出现。防雷工程的现状与最新技术标准有所差异，这在一定时期可能产生一些混乱，因此特别说明，本书对工程防雷体系的梳理，主要以最新的 IEC-62305 和 GB 50057—2010《建筑防雷设计规范》为依据。

2. 工程防雷体系结构

建筑防雷不只是某一项或若干项技术的独立应用，而是一系列技术措施的相互配合与协作，由此形成的有机整体称为工程防雷体系。按实施部位分类，现状工程防雷体系可归纳如下。

---

① IEC/TC81——国际电工委员会雷电防护技术委员会。

② IEC/TC64——国际电工委员会建筑物电气装置和电击防护技术委员会。

③ IEC/TC37——国际电工委员会避雷器和电涌保护器技术委员会。

- 防雷对象
  - 建(构)筑物防雷
    - 外部防雷
      - 防直击雷
      - 防反击
    - 内部防雷
      - 防雷电感应
      - 防侵入雷电波
        - 通信线
        - 电源线
        - 管道线
  - 建筑内低压电气系统防雷
  - 建筑内电子信息系统防雷
- 电涌保护：建筑内低压电气系统防雷、建筑内电子信息系统防雷
- 雷击电磁脉冲防护：防雷电感应、防侵入雷电波（通信线、电源线、管道线）、建筑内低压电气系统防雷、建筑内电子信息系统防雷

这个体系中，建筑物内部防雷、电涌保护、雷击电磁脉冲防护这三者之间的关系将在11.3节中详细解释；防反击部分在有些工程标准中被划分为内部防雷。

以上所列的防雷措施中，电子信息系统的电涌保护本书不专门介绍。

按照雷害后果，防雷目标可作如下分类。

- 防雷目标
  - 防实体损坏
    - 建(构)筑物及其室内空间
    - 室内电气设备
    - 室内电子信息设备
    - 公共设施(电力、通信、燃气、自来水等)
  - 防生命伤害——接触电压与跨步电压

以上所列的雷害中，直击雷是原生危害，其他都是因直击雷而产生的次生危害。

11.1.2 建筑物防雷类别

1. 建筑防雷类别划分的目的与结果

建筑物上即使安装了防雷装置，也不能确保不会遭受雷击，只是能减少雷击建筑物的概率和减轻雷击所造成的生命伤害与财产损失。因此，需要将雷击损失减少到什么程度，就与建筑物的重要性、使用性质、受雷击可能性的大小和一旦发生雷击事故可能造成的后果有关。据此可将建筑物按防雷要求分为3类：一类防雷建筑对防雷装置的要求最高，二类次之，三类最低。应特别说明的是，并不是所有的建筑都一定属于这三类防雷建筑中的某一类，对于不属于任何一类防雷建筑的建筑物，可不设置人工防雷装置。各类防雷建筑的具体划分方法，在国标GB 50057—2010中有明确规定，或参见附表43，此处不再赘述。

2. 建筑物年预计雷击次数计算

很多时候，建筑防雷类别划分需要一个重要的参数，称为建筑物年预计雷击次数，该参数表明了建筑物受雷击的概率。矩形建筑的年预计雷击次数计算公式为

$$N = kN_gA_e \tag{11-1}$$

式中，N 为建筑物年预计雷击次数(次/a)；k 为校正系数，取决于所在地的地理气象条件、建筑物结构特征等；N_g 为建筑物所处地区雷击大地的年平均密度(次/(km^2 · a))；A_e 为与建筑物截收相同雷击次数的地面等效面积(km^2)。

(1) k 的取值。在一般情况下取1；位于湖边、河边、山坡下或山地中土壤电阻率较小处、地下水露头处、土山顶部、山谷风口等处的建筑物，以及特别潮湿的建筑物取1.5；金属屋面的砖木结构建筑物取1.7，位于旷野的孤立建筑物取2。

(2) N_g 的取值。应按当地气象部门的资料确定。若无资料，可按下式估算

$$N_g = 0.1 T_d \tag{11-2}$$

式中，T_d 为年平均雷暴日(d/a)，根据当地气象部门资料取值。

(3) A_e 的取值。A_e 是根据建筑物水平面积和高度确定的一个等效落雷地面面积，它是将建筑物因高度因素增加的落雷概率等效为建筑物地面每边增加了长度和宽度，在增加了长度和宽度的地面面积上计算雷击概率，如图 11-1 所示。具体计算方法如下。

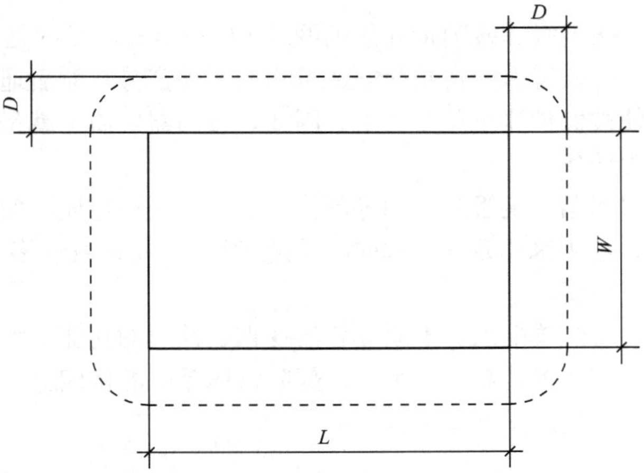

图 11-1　建筑物等效落雷面积

建筑物高度 $H<100\text{m}$ 时，每边增加的长度和宽度为 $D=\sqrt{H(200-H)}$，相应的等效面积为

$$A_e = [LW + 2(L+W)\sqrt{H(200-H)} + \pi H(200-H)] \times 10^{-6} \tag{11-3}$$

建筑物高度 $H\geqslant 100\text{m}$ 时，每边增加的长度和宽度为 $D=H$，相应的等效面积为

$$A_e = [LW + 2H(L+W) + \pi H^2] \times 10^{-6} \tag{11-4}$$

式(11-3)和式(11-4)中，L、H、W 分别为建筑物的长、宽、高(m)。

若建筑物周边还有其他建筑物，A_e 的计算应进行修正，具体的修正方法请参见 GB 50057—2010《建筑防雷设计规范》附录 A。

若建筑物各部分高度不一致，如有裙楼和塔楼或高低不一的塔楼等，可沿建筑物周边逐点算出最大扩展宽度求取等效面积。若建筑物不是标准的矩形，则可按近似等效的原则转化成矩形计算，一般按保守的原则估算。

11.2　建筑物外部防雷系统

建筑物外部防雷系统主要防直击雷，含顶击和侧击的情况，也包括由外部防雷系统导致的次生雷害——反击。外部防雷系统是建筑防雷体系中的第一道防线，是内部防雷的基础，是预防性体系。

外部防雷系统通过引导和控制雷电能量的通行路径，力图无害地泄放雷电能量。长期的防雷实践表明，这一思路及相应的措施是有效的，但尚不能达到 100%有效，且在泄放雷电能量的过程中可能引发次生雷害，如反击、电磁感应、跨步电压等，这些次生雷害需要进一步的防雷措施进行防护。

11.2.1 建筑物外部防雷系统的构成

建筑物的外部防雷系统由接闪器、引下线和接地装置构成，其构成的基本思路是引导雷电能量通过防雷装置向大地泄放，从而避免雷电能量损坏建筑物。建筑物外部防雷系统各组成部分的功能分述如下。

1. 接闪器

接闪器有接闪杆、接闪线、接闪带和接闪网等①几种形式，目的是利用它高出被保护物的突出地位，将雷云放电通道引向自身而非建筑物的其他部分，然后通过引下线和接地装置将雷电流泄入大地，使被保护建筑免受雷击。因此，接闪器实质上就是“引雷器”，以截获通向建筑物的向下闪击为任务。

接闪器一般由镀锌圆钢、钢管或扁钢等制作，也可以利用金属屋面等作自然接闪器，但必须满足一定的条件。近年来出现了一些新型的接闪器，其有效性多未经过长期的运行验证，对其使用应持谨慎态度。

接闪器只是控制雷云的放电点，不应具备改变雷云性质的功能，如中和雷云电荷等。凡具有改变雷云性质的防雷装置，都不应视作外部防雷体系中的接闪器，接闪器的设置和保护范围的确定等技术条件不适用于这些装置。

2. 引下线

引下线是连接接闪器与防雷接地装置的金属导体，其作用是构建雷电流向大地泄放的通道。引下线一般由镀锌圆钢或扁钢制作，应满足机械强度、热稳定及耐腐蚀等要求。对于钢筋混凝土结构的建筑，可利用结构钢筋作引下线。在电磁兼容要求高的建筑物中，还可以采用同轴屏蔽电缆作为引下线。

3. 防雷接地装置

防雷接地装置是防雷系统与大地的交界面，可以使雷电流更有效率地向大地中泄放，并降低这一过程所产生的次生危害的严重程度。

图 11-2 是一个建筑物外部防雷系统的示例，该建筑采用了接闪带作接闪器，用镀锌圆钢作人工引下线，利用建筑基础中的钢筋构成自然接地体。图中引下线上设有断接卡，是为了测试接地引线的导通性而设置的。

图 11-2 所示系统称为未与建筑物分离的外部防雷系统，与之对应，还有与建筑物分离的外部防雷系统，如独立的接闪杆等。

11.2.2 接闪器的保护范围

确定接闪器的保护范围，是外部防雷设计中的一项重要工作，也是雷击电磁脉冲防护中划分防雷区的重要依据之一。

接闪器保护范围是一个三维空间，确定这个范围的方法是以雷击人工模拟实验为依据，通过数据统计分析建立模型，并不断修正完善得来的。由于建立的模型不同，导致最终的方法不同，所确定的保护范围也不相同。常用的方法有折线法、保护角法、滚球法和网格尺寸法。前两种方法常用于输电线路避雷线的保护范围计算，建筑物雷电防护则主要采用后两种方法。

---

① 国内工程界的长期习惯称谓是避雷针、避雷线、避雷带和避雷网等，电力工程中现仍然采用这些称谓。但本书遵守 GB 50057—2010《建筑防雷设计规范》规定，在建筑防雷工程中采用规范规定的术语。

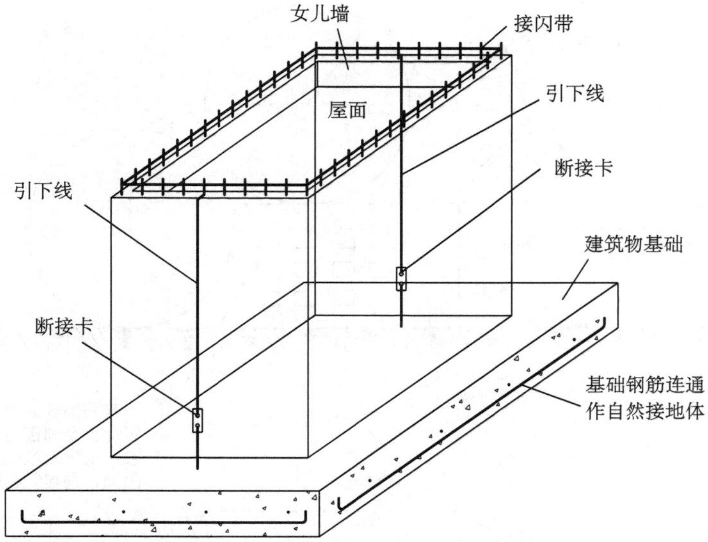

图 11-2　建筑物外部防雷系统示例

1. 滚球法

滚球法不仅可用于计算接闪器的保护范围，还可用于计算较高建(构)筑物对邻近较低建筑物的保护范围。滚球法的理论依据为雷电闪击距离理论。该理论认为，当雷击先导达到接闪器的放电距离以前，其雷击点有一定的选择范围，由于被保护建筑上的接闪器会有若干上行先导，最终在最容易击穿的路径上达到放电距离，形成向接闪器的主放电。

(1) 滚球法原理。滚球法是设立以 h_r 为半径的一个假想硬壳球体(称为滚球)，沿需要防直击雷的部位滚动，当球体只能触及接闪器(包括被利用作为接闪器的金属物)或只触及接闪器和地面(包括与大地接触并能承受雷击的金属物)，而不能触及被保护建筑物时，则建筑物各部位就得到接闪器的保护，否则需要对建筑物上被滚球触及的区域进一步设置保护，如图 11-3 所示。

(2) 滚球半径的确定。应用滚球法的关键问题在于确定滚球的大小。按雷击距离理论，滚球半径 h_r 就是地面目标的雷击距离，根据模拟雷击实验的结果和相应的推算，工程上按照建筑物防雷类别确定滚球半径，如表 11-1 所示。

表 11-1　滚球半径及网格尺寸的取值

建筑物防雷类别	滚球半径 h_r/m	接闪网网格尺寸/m
第一类防雷建筑物	30	≤5×5 或≤6×4
第二类防雷建筑物	45	≤10×10 或≤12×8
第三类防雷建筑物	60	≤20×20 或≤24×16

2. 网格尺寸法

在建筑物上设置接闪网作接闪器时，一般应在建筑物的边沿和突出位置装设，接闪网的网格尺寸按表 11-1 确定即可，不必用滚球法对其保护范围进行校核。当然也可以按滚球法的原则对接闪网的保护范围进行确定。

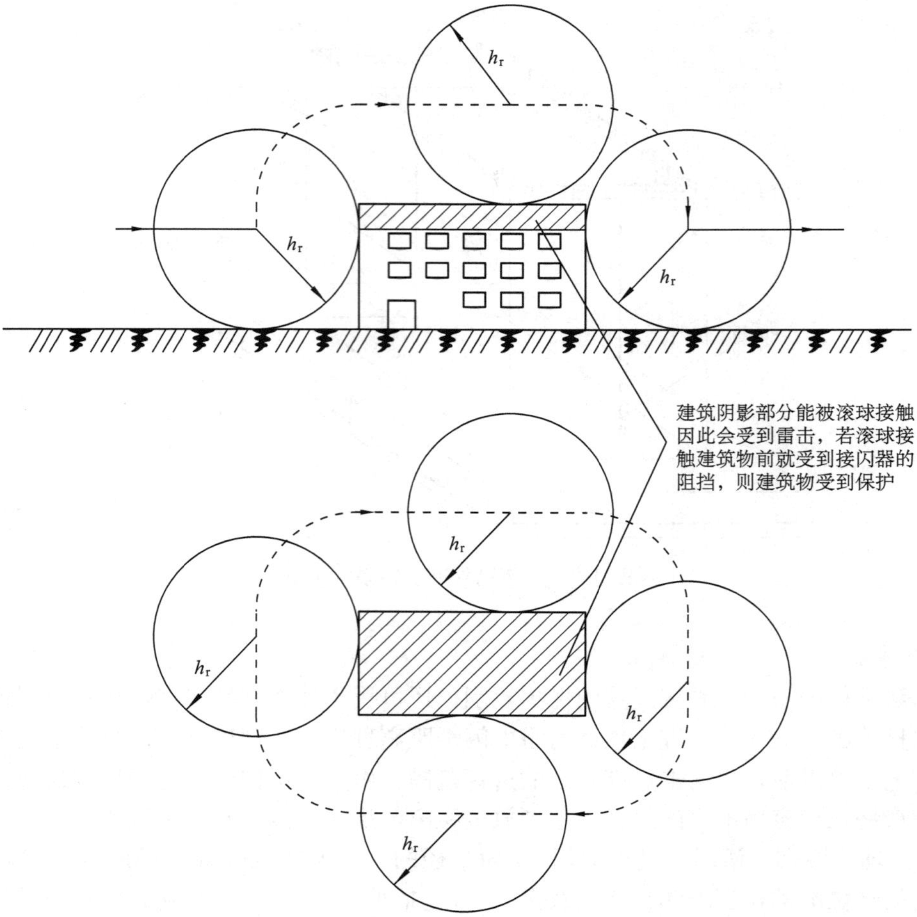

图 11-3　滚球法确定雷击部位的原理

网格尺寸法和滚球法是两种相互独立的确定保护范围的方法，它们所确定的保护范围可能出现差别，但只要满足其中任一种，就可认为建筑物得到保护。网格尺寸法相对来说更简单一些，但只能用于接闪网，无普遍性，而滚球法适用于所有的情况。

11.2.3　典型接闪器保护范围计算

典型的接闪器有接闪杆、接闪线、接闪带、接闪网等。以下对接闪杆、接闪线的情况进行介绍。

1. 接闪杆的保护范围

1）单支接闪杆的保护范围

单支接闪杆保护范围是以接闪杆为轴心的一个空间椎体，锥面为弧形，锥底为平面。

（1）当接闪杆高度 $h \leqslant h_r$ 时，单支接闪杆的保护范围可按下列步骤通过作图确定，如图 11-4所示。

① 距地面 h_r 处作一平行于地面的平行线。

② 以接闪杆顶尖为圆心，h_r 为半径，作弧线交于平行线的 A、B 两点。

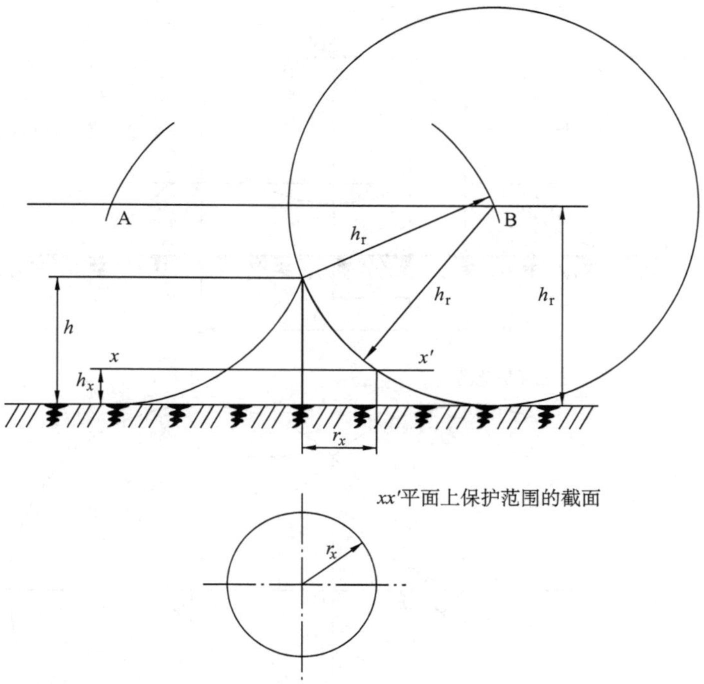

图 11-4　单支接闪杆的保护范围

③ 以 A、B 为圆心，h_r 为半径作弧线，该弧线与接闪杆顶尖相交并与地面相切。此弧线以接闪杆为轴的 360°旋转弧面与地面间的空间就是保护范围。

④ 接闪杆在 h_x 高度的 xx' 平面上保护半径 r_x 可按下列计算式确定

$$r_x=\sqrt{h(2h_r-h)}-\sqrt{h_x(2h_r-h_x)} \tag{11-5}$$

式中 r_x 为接闪杆在 h_x 高度的 xx' 平面上的保护半径(m)；h_r 为滚球半径，按表 4-4 确定(m)；h_x 为被保护物的高度(m)；h 为接闪杆的高度(m)。

(2) 当接闪杆高度 $h>h_r$ 时，接闪杆高出滚球半径的部分无效，在接闪杆上取高度 h_r 的一点代替单支接闪杆针尖作为圆心。其余的作法同(1)，但式(11-5)中的 h 用 h_r 代替。

2) 双支等高接闪杆的保护范围

有多支接闪杆时，各接闪杆之间保护范围的确定是难点，应注意一定要到将滚球滚到任意可能的位置，才能确定出有效的保护范围。就双支等高接闪杆而言，滚球沿地面滚动至被两杆卡住时，就达到极限位置。

(1) 接闪杆高度 $h\leqslant h_r$ 的情况。当两支接闪杆的距离 D 满足 $D\geqslant 2\sqrt{h(2h_r-h)}$ 时，应各按单支接闪杆所规定的方法确定其保护范围，当 $D<2\sqrt{h(2h_r-h)}$ 时，其保护范围确定如图 11-5 所示。

① AEBC 外侧的保护范围，按照单支接闪杆的方法确定。

② C、E 点位于两针间的垂直平分线上。在地面每侧的最大保护宽度 b_0 按下式计算

$$b_0=\overline{CO}=\overline{EO}=\sqrt{h(2h_r-h)-\left(\frac{D}{2}\right)^2} \tag{11-6}$$

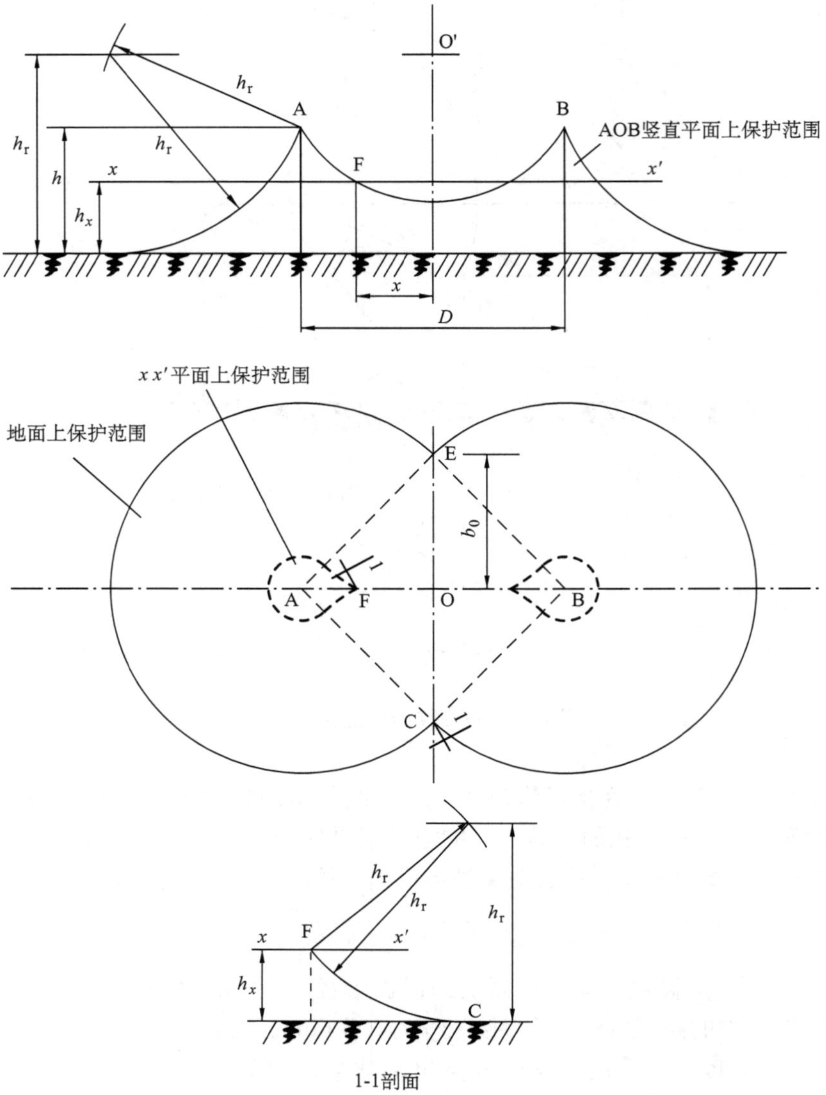

图 11-5　双支等高接闪杆的保护范围

在 AOB 轴线上，距中心线任一距离 x 处，其在保护范围上边线上的保护高度 h_x 按下式确定

$$h_x = h_r - \sqrt{(h_r - h)^2 + \left(\frac{D}{2}\right)^2 - x^2} \tag{11-7}$$

该保护范围上边线是以中心线距地面 h_r 的一点 O' 为圆心，以 $\sqrt{(h_r - h)^2 + \left(\frac{D}{2}\right)^2}$ 为半径所作的圆弧 AB。

③ 两针间 AEBC 内的保护范围按以下方法确定。在任一保护高度 h_x 和 C 点所处的垂直平面上，以 h_x 作为假想接闪杆，按单支接闪杆的方法逐点确定图 11-5 的 1-1 剖面图。确

定 BCO、AEO、BEO 部分的保护范围的方法与 ACO 部分的相同。

④ 确定 xx'平面上保护范围截面的方法。以单支接闪杆的保护半径 r_x 为半径，以 A、B 为圆心作弧线与四边形 AEBC 相交；以单支接闪杆的(r_0-r_x)为半径，以 E、C 为圆心作弧线与上述弧线相接，见图 11-5 中的粗虚线。以上 r_0 为单支接闪杆在地面上的保护半径。

(2) 接闪杆高度 $h>h_r$ 的情况。此时以高度为 h_r 接闪杆取代原接闪杆，按上面同样的方法求取即可，各公式中 h 以 h_r 取代。

3) 其他接闪杆配置组合的保护范围

接闪器还有很多种组合形式，包括不同空间布置组合和不同参数组合，如两只不等高接闪杆，三只等高或不等高接闪杆任意布置，四只等高接闪杆矩形布置等，其计算原理和上面一样，都归属于立体几何的计算，不再一一罗列。

2. 接闪线的保护范围

以等高杆塔单根接闪线为例进行介绍，其保护范围在两端为半弧面圆锥体，沿线为一弧面三角形廊道，如图 11-6 所示。保护范围具体确定方法如下。

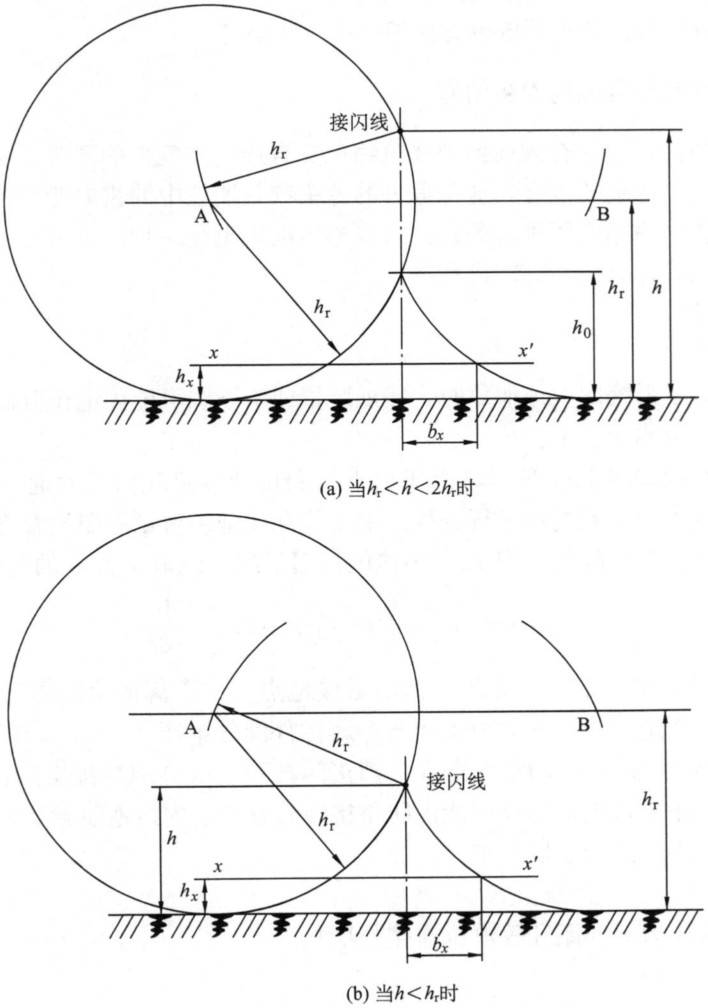

图 11-6　单根架空接闪线的保护范围

当接闪线的高度 $h \geqslant 2h_r$ 时，无保护范围；当接闪线的高度 $h<2h_r$ 时，应按下列方法确定保护范围。确定架空接闪线的高度时应计及弧垂的影响。在无法确定弧垂的情况下，当等高杆塔间的距离小于 120m 时，架空接闪线中点的弧垂宜采用 2m，距离为 120～150m 时宜采用 3m。

（1）距地面 h_r 处作一平行于地面的水平线。

（2）以接闪线为圆心，h_r 为半径，作弧线交于平行线的 A、B 两点。

（3）以 A、B 为圆心，h_r 为半径作弧线。该两弧线相交或相切并与地面相切。该弧线沿接闪线滑动所形成的弧面与地面所夹的空间就是保护范围。

（4）当 $h_r<h<2h_r$ 时，保护范围最高点的高度 h_0 按下式计算

$$h_0=2h_r-h \tag{11-8}$$

（5）接闪线在被保护物高度 h_x 的 xx' 平面上的保护宽度 b_x 按下式计算

$$b_x=\sqrt{h(2h_r-h)}-\sqrt{h_x(2h_r-h_x)} \tag{11-9}$$

式中，b_x 为接闪线在 h_x 高度的 xx' 平面上的保护宽度(m)；h 为接闪线的高度(m)；h_r 为滚球半径(m)；h_x 为被保护物的高度(m)。

（6）接闪线两端的保护范围按单支接闪杆的方法确定。

11.2.4　外部防雷系统导致的次生雷害

建筑物外部防雷系统在有效地保护建筑物免受直接雷击危害的同时，又会在其泄放雷电能量的过程中产生一些新的危害，这些危害的源头都是泄放中的雷电能量，因此称为次生雷害，主要有反击和电磁感应两种。另外，跨步电压电击也是一种次生雷害，但跨步电压电击不只在雷击时发生，详见 11.4.3 节。

1. *反击及防护*

1）反击原理

雷电流通过防雷系统向大地泄放时，接地装置或引下线可能因电位升高而对附近的物体发生放电，这种现象称为反击。

反击发生的原理如图 11-7 所示，由于引下线和接地装置几何尺寸通常为几十米至一百多米，可以近似按集中参数电路进行分析。引下线和接地装置都有阻抗存在，雷电流下泄时会在这些阻抗上产生电压降落。图 11-7 中接闪杆引下线上距地 x 高处的对地电位为

$$u(x)=[R_i+R(x)]i_L+L(x)\frac{\mathrm{d}i_L}{\mathrm{d}t} \tag{11-10}$$

式中，R_i 为接地装置的冲击接地电阻。距防雷接地点一定距离的变配电所金属构件，其电位还基本上等于参考地电位，这时引下线与金属构件间的电压为 $u(x)$，视高度而不同。若 $u(x)$大到足以使尺寸为 $S(x)$的空气击穿，则接闪杆引下线会向变配电所的金属构件放电，这就是反击。在地中，雷电流同样可能由防雷接地装置向室内接地装置反击。反击可能造成多种不良的后果，因此必须予以防护。

2）反击防护

防反击的措施主要有间距和等电位连接[①]两种。

---

① 英文“Equipotential Bonding”，在电击防护技术体系中被称为“等电位联结”，在防雷技术体系中被称为“等电位连接”，这是国内工程界的现状。本书遵从工程界惯例，特此说明。

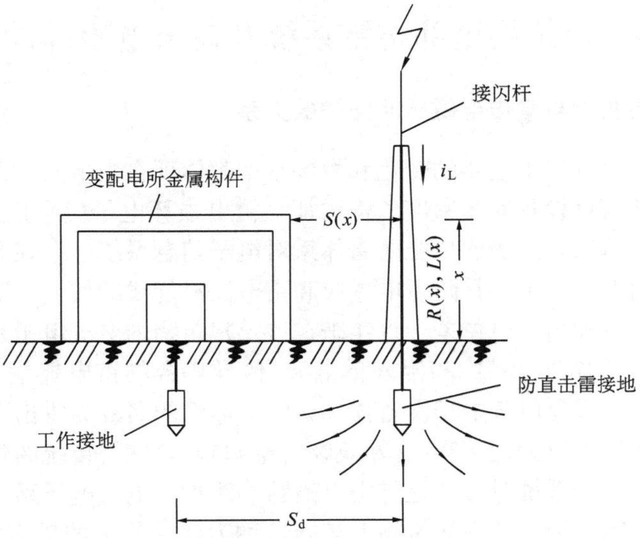

图 11-7　反击与防反击距离

(1) 间距。最常用的防止反击的措施是维持安全距离。在空气中，如果取空气的抗电强度为 500kV/m，则安全距离必须满足

$$S(x) > 0.2R_i + 0.1x \tag{11-11}$$

在土壤中，假设土壤的抗电强度为 300 kV/m，则安全距离必须满足

$$S_d > 0.3R_i \tag{11-12}$$

式中，$S(x)$、S_d 为距地 x 高度处和土壤中为避免发生反击所需的距离(m)；R_i 为防雷接地装置冲击接地电阻(Ω)；x 为反击点距地高度(m)。

一般 $S(x)$ 不小于 5m，S_d 不小于 3m。

(2) 等电位连接。当现场没有足够的空间维持防反击间距时，可采用等电位连接措施，即将防雷引下线或接地体与可能被反击的金属构件电气连通，强制消除其间电位差，防止反击发生。但这一做法使金属构件分走雷电流，对于那些对电流敏感的金属构件，应谨慎应用，并采取相应的防护措施。

2. 雷电流电磁感应现象

雷电流通过建筑物外部防雷装置时，会在周围空间产生磁场。雷电流本身及其所产生的磁场都是急剧变化的。该变化的磁场会在建筑物内的金属环路中产生电磁感应。若金属环路是闭合的，会在环路中产生感应电流；若金属回路是开路的，会在环路开口处产生感应电压。

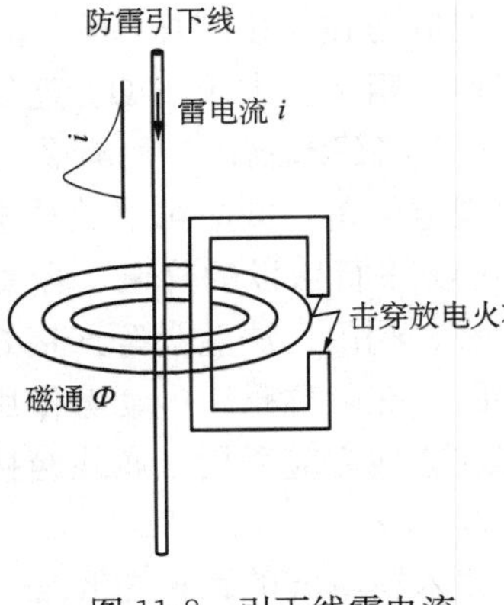

图 11-8　引下线雷电流导致的火花放电

图 11-8 所示为防雷引下线中雷电流在金属环路开口上产生感应电压的示例，若感应电压足够大，可击穿环路开口发生火花放电，引发燃烧、爆炸等灾害。电磁感应现象的防护属于内部防雷的范围，最常见的做法是封闭环路开口，详细的做法将在 11.3 节介绍。

11.3 建筑物内部防雷系统及雷击电磁脉冲防护

11.3.1 传统建筑物防雷与雷击电磁脉冲防护的关系

建筑防雷工程在最近二十余年的变化和发展基本都体现在内部防雷系统上，主要的工程背景是建筑物内电子信息设备安装密度急剧增加，雷电损坏电子信息设备的情况大量出现，并带来一系列严重的后果，这表明传统防雷体系对电子信息系统已存在着不可忽略的失防。

传统的建筑物内部防雷主要是防雷电感应和雷电波沿管线的侵入，防护的目标是避免在建筑物内引起火花放电和出现电位差。近年来在涉及建筑物内电气电子系统防雷问题时，又将雷电感应(辐射耦合的雷电能量)和侵入雷电波(传导耦合的雷电能量)统称为雷击电磁脉冲，防护的主要目标是避免电气电子设备损坏，防护体系的名称为雷击电磁脉冲防护。

概括地说，当保护对象为建筑物(含建筑物内空间)时，就是传统的建筑物防雷；当保护对象是建筑物内电气电子系统时，就是雷击电磁脉冲防护。电气电子系统的雷击电磁脉冲防护分两个环节实施：第一个环节在建筑物上实施，称为建筑物上的雷击电磁脉冲防护措施，目的是衰减进入室内空间的雷电能量；第二个环节在电气电子系统内部实施，称为电涌保护，目的是泄放耦合进入电气电子系统的雷电能量，以避免对设备造成损坏。

应特别注意的是，在建筑物这一环节，雷击电磁脉冲防护措施与传统的建筑物内部防雷措施有很多的重叠，因此常会造成理解上的混淆。以下介绍的这两方面的措施，若实施在同一建筑上，当它们有重叠时，只实施一次就满足要求。

11.3.2 传统建筑物内部防雷措施

1. *感应雷及其防护*

感应雷有静电感应和电磁感应两种，其原理已如前述，仅一类防雷建筑和少数特定的具有爆炸危险性场所的二类建筑必须采取防感应雷的措施。在已经设置了外部防雷系统的前提下，感应雷的防护措施主要有以下几项。

(1) 设置防感应雷的接地装置。防感应雷的接地装置应和电气电子系统的接地装置共用，但应与独立接闪杆(线、带、网)的接地装置相隔足够的距离，以防止反击。接地装置工频接地电阻不宜大于 10Ω。建筑物总等电位联结与防感应雷接地装置的连接不应少于两处。

(2) 将建筑物内的所有金属体都接到防感应雷接地装置上，这是为了避免不同金属构件间出现电位差，同时可泄放静电荷。

(3) 平行敷设的管道、金属构件等应作横向金属跨接，以减小金属环路的面积；金属物的弯头、阀门、法兰盘等连接处，因可能出现电气连接不良甚至中断的情况，形成开口的金属环路，在电磁感应电动势作用下环路开口可能被击穿，产生电火花，引起燃烧或爆炸，因此在这些地方应采用金属线跨接，使可能出现的金属环路均为闭合回路。

2. *侵入雷电波的防护*

侵入雷电波的路径主要是进、出建筑物的各种金属管道和电力线路。对电力线路，宜采用电缆埋地敷设，并在进入建筑物处将电缆金属外皮与防感应雷的接地装置电气连接；对其他金属管道，也应在进入建筑物处与防感应雷的接地装置电气连接。这样做的目的是在进入建筑物处就消除各管线间的电位差，起到等电位的作用，同时通过接地泄放雷电能量。电击防护的总等电位联结其实已经做到了这一点。

11.3.3 雷击电磁脉冲防护的防雷区及划分

雷击电磁脉冲防护需要对室内空间进行划分，以便有针对性地采取措施，这种划分的结果就是防雷区。

1. 雷击电磁脉冲

雷击电磁脉冲(Lightning Eletromagnetic Impulse，LEMP)是指作为骚扰源的电闪电流和电闪电磁场。LEMP 的干扰主要指以下 3 种情况。

(1) 自然界天空中雷电波电磁辐射对建筑物内部的电磁干扰。

(2) 当建筑物的防雷装置接闪后，流经防雷装置的雷电流对建筑物内部的电磁干扰。

(3) 由外部的各种管线引来的雷电电磁波对建筑物内部的干扰。

闪电是一种能量很高的骚扰源，雷击能释放出数百兆焦耳以上的能量，而电子设备可承受的能量多为毫焦耳级，差别悬殊。传统的防雷方式，常常对微电子设备起不到保护作用。

防雷击电磁脉冲本身属于内部防雷的范畴，但外部防雷措施对防雷击电磁脉冲也有很大作用。我国现代的平顶建筑大多采用接闪带(网)作接闪器，而较少使用接闪杆，是因为接闪带有利于敷设多根引下线，有利于形成等电位连接和笼式金属网，这对屏蔽雷电电磁波和均衡电位都有很大好处。

2. 防雷区及划分

根据被保护空间可能遭受 LEMP 的严重程度及被保护系统(设备)所要求的电磁环境，可将被保护空间划分为若干不同的区域，称为防雷区。在相邻防雷区交界面的两侧，区内承受和传导的雷电干扰有明显变化，造成这种变化的原因有外部防雷系统的作用、建筑物自然屏蔽的作用、人为的屏蔽措施及自然或人为的分流作用等。可以肯定，不同防雷区的电磁环境有显著差异。

下面以图 11-9 为例，说明不同防雷区的划分原则与方法。

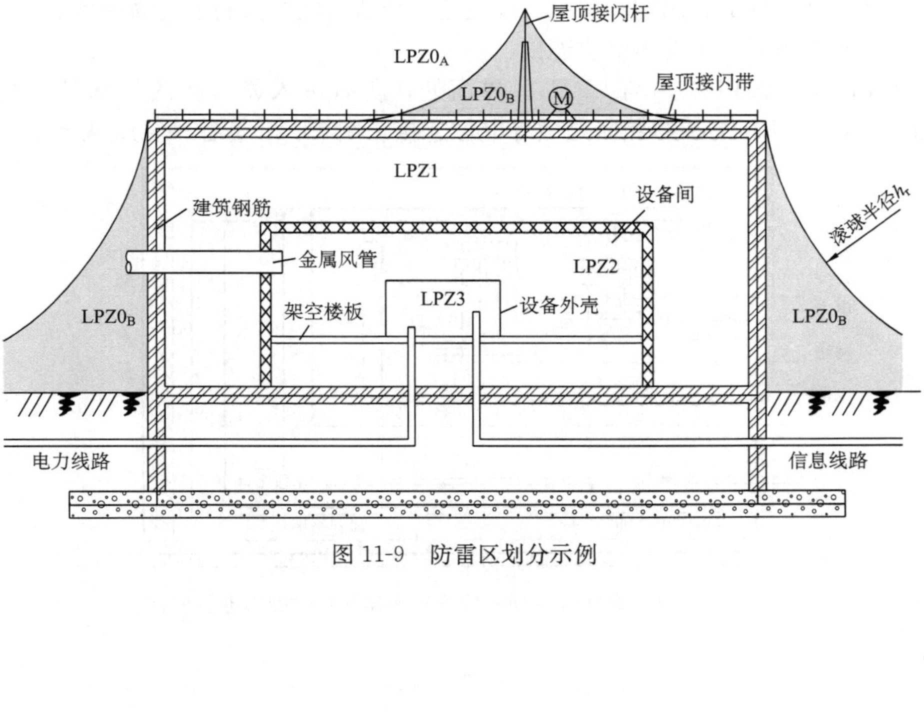

图 11-9 防雷区划分示例

(1) $LPZ0_A$ 区。本区内的各物体都可能遭到直接雷击，因此各物体都有可能导走全部雷电流，本区的电磁场没有衰减。图 11-9 中接闪器保护范围以外的室外空间都属于 $LPZ0_A$ 区，图中建筑物接闪器除了采用接闪带以外，还专为屋顶高出接闪带的一台电动机设置了接闪杆保护。

(2) $LPZ0_B$ 区。本区内的各物体不可能遭到直接雷击，但本区内的电磁场没有衰减。图 11-9中接闪器保护范围以内、建筑物墙(屋面)以外的空间就是 $LPZ0_B$ 区。

(3) LPZ1 区。本区内的各物体不可能遭到直接雷击，流经各导体的电流比 $LPZ0_B$ 区进一步减小。本区内的电磁场可能有衰减，这取决于屏蔽措施。图 11-9 中建筑物以内、信息设备间以外的空间就是 LPZ1 区。$LPZ0_B$ 区与 LPZ1 区的交界面是建筑物的墙体和屋面，由于建筑构件的自然屏蔽和钢筋的分流作用，使得这两个区域的电磁环境有显著差异。

(4) 随后的防雷区(LPZ2，LPZ3 等)。如果需要进一步减小所导引的电流和(或)电磁场，应引入随后的防雷区。应根据被保护系统所要求的环境去选择随后防雷区的要求条件。图 11-9 中信息设备房以内、设备外壳以外的空间就是 LPZ2 区，设备外壳以内的空间为 LPZ3 区，这是根据设备对电磁环境的要求确定的防雷区。

通常，防雷区的数字越高，电磁环境的参数越低。

11.3.4 实施在建筑物上的雷击电磁脉冲防护措施

在建筑物上实施防雷击电磁脉冲措施的基础是外部防雷系统，在此基础上主要有屏蔽、等电位连接、接地、间距等专门措施。这些措施不仅可直接衰减 LEMP 的强度，还构成电气电子系统电涌保护的基础。

1. 等电位连接

用于 LEMP 防护的等电位连接(Equipotential Bonding，EB)，就是人为地将原本分开的装置、诸导电物体等用导体连接起来，其目的在于减小雷电流在它们之间产生的电位差，并可能分走部分雷电流。

1) 在防雷区界面处实施的 EB

穿越各防雷区界面的金属物和系统，以及在一个防雷区内部的金属物和系统，均应在防雷区界面处作符合下列要求的等电位连接。

(1) 在 $LPZ0_A$(或 $LPZ0_B$)与 LPZ1 区界面处，所有进入建筑物的外来导电物均应在 $LPZ0_A$ 或 $LPZ0_B$ 与 LPZ1 区的界面处做等电位连接。图 11-10 是各种管线从同一位置进入

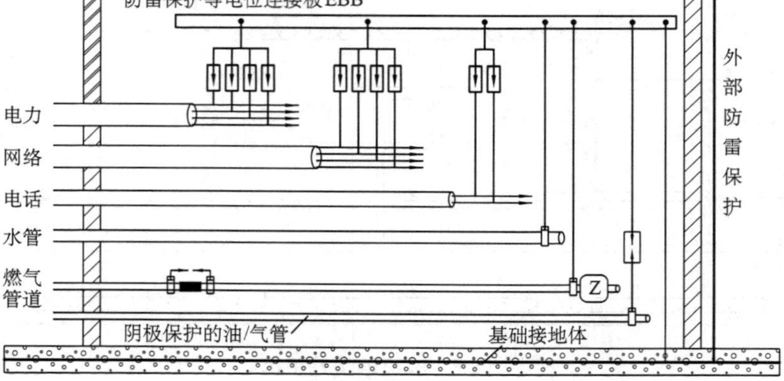

图 11-10　外来金属管线同一位置进入建筑物时的等电位连接

建筑物时等电位连接方法。当外来的导电物、电力线、通信线等是在不同地点进入建筑物时，宜沿分界面设若干等电位连接带，并将其就近连到内部环形接地连接带或兼有此类功能的钢筋上，它们在电气上是导通的，并应连通到接地体(含基础接地体)上，如图 11-11所示。

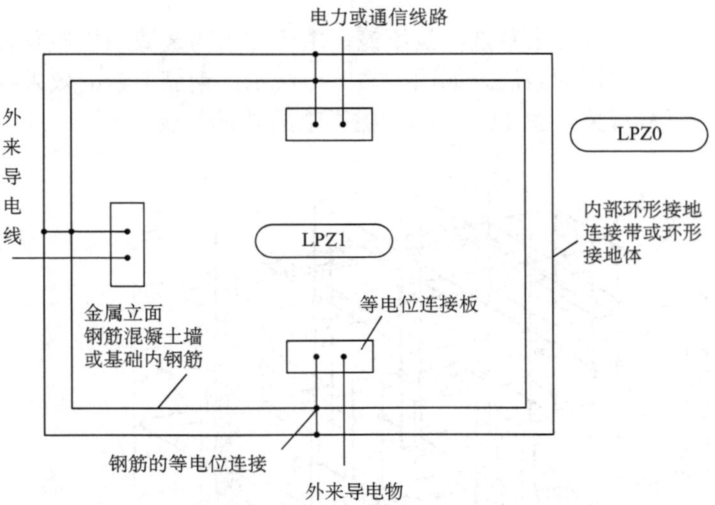

图 11-11　外来金属管线多点进入建筑物时的等电位连接

环形接地体和内部环形导体应连到钢筋或其他屏蔽构件上，如金属立面，宜每隔 5m 连接一次。

(2) 在各后续防雷区界面处的等电位连接，与在 LPZ0 与 LPZ1 区界面处等电位连接原则相同。

进入防雷区界面处的所有导电物以及电力、通信线路，均应在界面处做等电位连接。具体方式为采用一局部等电位连接带做等电位连接，所谓局部等电位连接带是指设在 LPZ0 与 LPZ1 区以后各防雷区交界处的等电位连接带。各种屏蔽结构或其他局部金属物，如设备的外壳，也连到该局部等电位连接带做等电位连接。

2) 在防雷区内部实施的 EB

某一防雷区内所有电梯轨道、吊车、金属地板、金属门框架、设施管道、电缆桥架等大尺寸的内部导电物，其等电位连接应以最短路径连到最近的等电位连接带或其他已做了等电位连接的金属物体上。平行敷设的长金属管线，各管线之间宜附加多次相互连接。

2. 屏蔽

1) 屏蔽的目的

屏蔽是衰减辐射耦合电磁干扰的基本措施。由于雷电流的电磁辐射可以影响到 1km 以外的微电子设备，所以无论是本建筑物遭到雷击，还是远处的建筑物或空中发生雷击，都会有闪电电磁脉冲侵入建筑物。因此，有必要对安装有大量电子设备的房间采取屏蔽措施，保证电子设备工作所需的电磁环境。

屏蔽的有效性不仅与房间加装的屏蔽网和设备外壳屏蔽本身有关，还与电子设备电源线和信号线接口的过电压防护、等电位连接及接地措施等有关，这一系列的措施都需要专门的设计和施工，有关技术正处于发展过程中。

2）屏蔽的工程方法

（1）利用建筑物的金属构件作屏蔽。根据法拉弟笼原理，封闭的金属笼内电场强度接近于零，因此对外部电磁干扰有较大的衰减作用，同时由于屏蔽作用的存在，笼内信号也不易辐射到笼外，这有利于保密。可以采用低电阻的金属材料或磁性材料做成六面封闭体。

理想的建筑物防雷设计方案首选法拉第笼。由于建筑物金属结构遍及各处，利用结构钢筋构成法拉第笼就是最常用的做法，如图 11-12(a)所示。钢筋屏蔽的效果与钢筋直径、钢筋网格尺寸及钢筋的层数有关，图 11-12(b)为磁屏蔽的效果曲线。

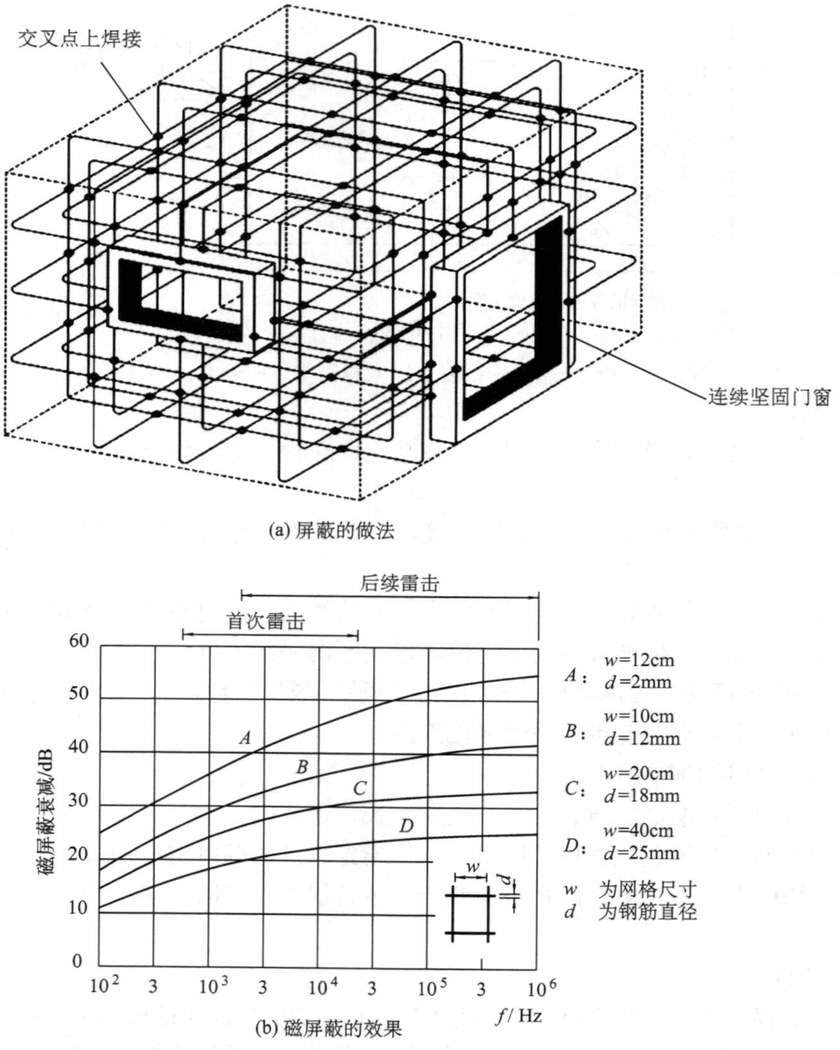

(a) 屏蔽的做法

(b) 磁屏蔽的效果

图 11-12　利用结构钢筋屏蔽房间

（2）人工屏蔽方法。当自然屏蔽不能满足要求时，应进行人工屏蔽。人工屏蔽室的种类见表 11-2。

表 11-2　屏蔽的种类

分类形式	屏蔽的种类	作用说明	是否接地	备注
按屏蔽目的分类	被动屏蔽室	防止外电磁场干扰室内灵敏电子设备或计算机正常工作而设置的屏蔽室	不需接地	①接地电阻≤4Ω ②一般屏蔽多指电磁屏蔽
	主动屏蔽室	为了防止室内设备辐射电磁干扰影响环境及泄漏信息而设置的屏蔽室	接地	
按屏蔽原理分类	静电屏蔽室	防止静电场影响，消除两个电路之间因分布电容耦合产生的干扰，屏蔽体采用金属材料	接地	
	电磁屏蔽室	为防止高频电磁场的影响而设置的屏蔽室，屏蔽体采用金属材料	必须接地	
	磁屏蔽室	为防止磁场干扰而设置屏蔽室，屏蔽体采用高磁导率的磁性材料	接地	
按屏蔽材料分类	板式屏蔽室	屏蔽体采用镀锌铜板，铜板或坡膜合金等板式金属材料	不需接地	
	网式屏蔽室	屏蔽体采用铜网组成屏蔽室，用在音频，超高频等范围	接地	经济但是永久性差
	薄膜式屏蔽室	屏蔽体采用塑料制品上镀一层金属，或由金属及塑料组成的塑料制品	接地	逐渐代替金属材料
按施工方法分类	建筑式屏蔽室	将屏蔽体，金属材料埋入墙体中，由建筑专业现场施工	—	
	装配式屏蔽室	屏蔽体由产品生产厂家生产产品在现场组装	—	

3）综合示例

图 11-9 所示的建筑物，在实施了屏蔽和等电位连接措施后的情形如图 11-13 所示。

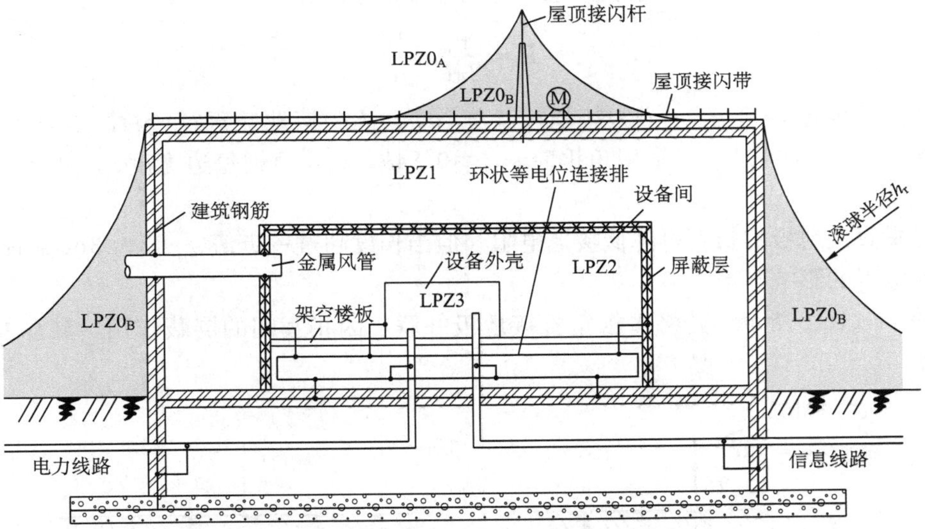

图 11-13　实施在建筑物上的防雷击电磁脉冲措施示例

3．接地

建筑物内做了等电位连接的各种金属体均应接地，进、出建筑物的金属管线在等电位连接处也应接到同一接地装置上，该接地装置应与电气装置接地共用，若外部建筑防雷系统是与建筑物分离的，则该接地装置还应与外部防雷接地有足够的间距，以避免发生反击。

11.4 工程接地装置

接地装置是接地技术得以实施的前提条件，但接地技术并不仅仅涉及接地装置，不能混淆接地技术与接地装置这两个概念。本节所介绍的接地装置，不仅可用于防雷接地，还可用于其他用途的接地。

工程实用的接地装置分为两类，一类是专为接地目的构建的，称为人工接地装置；另一类是利用建筑结构中本来就有的金属构件构建的，称为自然接地装置。

接地装置由接地体、接地引线、接地连接板、接地连接线等构成，各部分功能和相互关系如下。

接地装置
- 接地体——埋在地中的金属结构
- 接地引线——连接接地体与接地连接板的金属导体，将接地由地下引至地上
- 接地连接板——地面上固定装设的金属导体，供接地连接用，可配连接端子
- 接地连接线——连接需接地对象与接地连接板的金属导体

接地装置的核心部分是接地体，以下重点介绍接地体。

11.4.1 人工接地体

人工接地体由单个或若干个接地极构成，接地极分为垂直接地极和水平接地极两种形式。垂直接地极一般用角钢或钢管制作，水平接地极一般由扁钢或圆钢制作。

1. 垂直接地体接地电阻

如图 11-14(a)所示，单根垂直接地体的工频接地电阻为

$$R=\frac{\rho}{2\pi l}\ln\frac{4l}{d} \tag{11-13}$$

式中，R 为接地电阻值(Ω)；l 为接地极长度(m)；d 为接地极直径(m)，当采用扁钢时，$d=0.5b$，b 为扁钢宽度，当采用角钢时，$d=0.84b$，b 为角钢每边宽度；ρ 为土壤电阻率(Ω·m)。

增加垂直接地极的长度可降低接地电阻，但当长度超过一定值(一般为 3m 左右)后，长度对接地电阻的影响已不明显。

如图 11-14(b)所示，若将多根垂直接地极并联，因相互间的屏蔽作用，其总的接地电阻 R_Σ 为

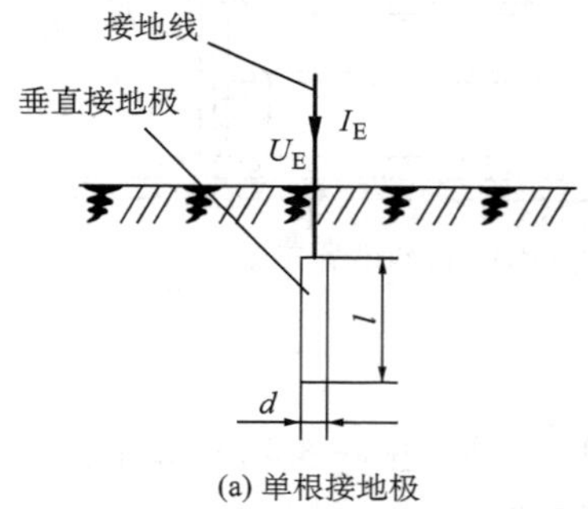

(a) 单根接地极

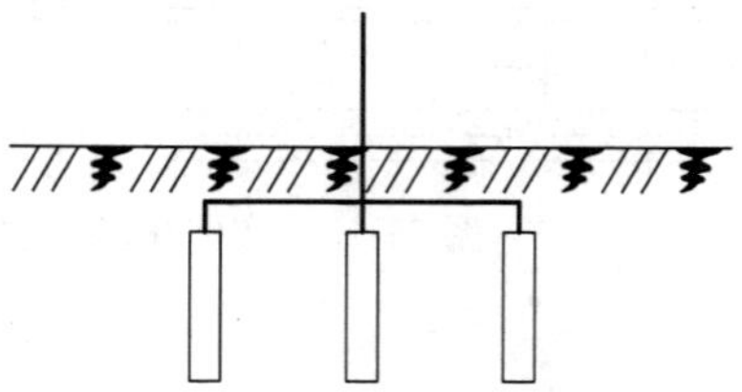
(b) 多根接地极

图 11-14　垂直接地体

$$R_{\Sigma}=\frac{R}{\eta n} \tag{11-14}$$

式中，R 为单根接地极的接地电阻，按式(11-13)计算；η 为利用系数，一般为 0.65～0.8，具体数据可查阅相关手册。

2. 水平接地体接地电阻

水平接地体的工频接地电阻可按下式计算

$$R=\frac{\rho}{2\pi L}\left(\ln\frac{L^2}{dh}+A\right) \tag{11-15}$$

式中，R 为接地电阻值(Ω)；ρ 为土壤电阻率(Ω·m)；L 为接地极总长度(m)；d 为接地极直径(m)，当采用扁钢时，$d=0.5b$，b 为扁钢宽度，当采用圆钢时，d 为圆钢直径；h 为接地极埋设深度(m)；A 为水平接地体的形状系数，也称为屏蔽系数，见表 11-3。

其他参数同式(11-13)。

表 11-3　水平接地体接地电阻的形状系数值

形状							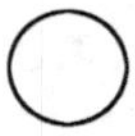
A 值①	−0.6	−0.18	0	0.89	3.03	1	0.48

注：①A 值表示不同形状接地极因相互屏蔽散流通道而增加的接地电阻，数据摘引自 GB/T 50065—2011《交流电气装置的接地设计规范》附录 A。

3. 接地网接地电阻

如图 11-15 所示，由水平接地极构成了边界闭合的接地网。这种接地网常用于变电站接地，其接地电阻近似计算公式为

$$R=\frac{0.44\rho}{\sqrt{S}}+\frac{\rho}{L} \tag{11-16}$$

式中，R 为接地电阻(Ω)；ρ 为土壤电阻率(Ω·m)；L 为水平接地极总长度(m)；S 为接地网面积(m^2)。

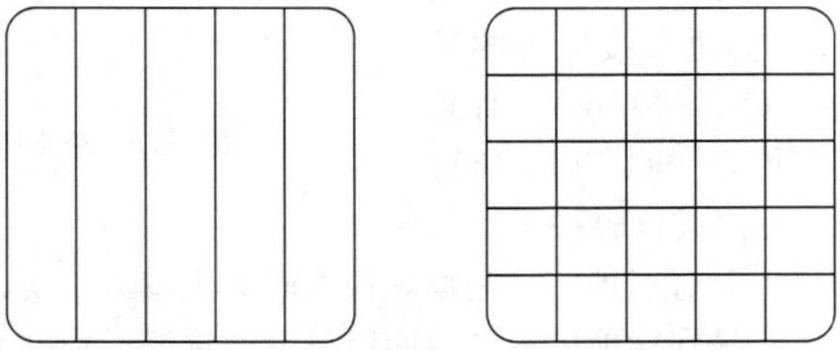

(a) 长孔　　(b) 方孔

图 11-15　接地网

以上计算的接地电阻均为工频接地电阻，冲击接地电阻可通过换算得到。

11.4.2　自然接地体

自然接地体主要有建筑物基础构成的接地体、金属管道构成的接地体和电缆金属外

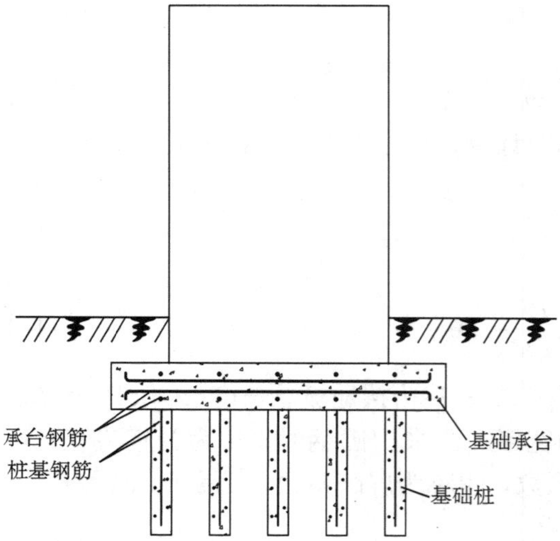

图 11-16　建筑物基础结构体作自然接地体

皮构成的接地体等。建筑物防雷接地采用自然接地体最常见。自然接地体在若干方面具有优点，在建筑电气工程中可考虑优先采用。

如图 11-16 所示，利用建筑物基础金属构件构成自然接地体，其接地电阻可按以下式估算

$$R=\frac{\rho}{\sqrt{2\pi S}} \tag{11-17}$$

式中，R 为接地电阻(Ω)；ρ 为土壤电阻率(Ω・m)；S 为结构体地下部分与土壤接触的总表面积(m^2)，按建筑地下部分结构体底面积与侧面积之和计算，可忽略基础桩与土壤的接触面积。

11.4.3　跨步电压

图 11-17 为接地装置在地面产生跨步电压的原理。电流泄入大地时在地面产生电位梯度，若人的两腿站立在不同的等位面上，两腿之间就会有电位差，该电位差称为跨步电压。

跨步电压计算是一个非常复杂的问题，它与接地体形式、埋深、土壤电阻率均匀性及人所处位置、人的身高等因素有关。就单根垂直接地极而言，其最大跨步电压可按下式计算

$$U_{t\cdot\max}=\frac{IR}{\ln\frac{4l}{d}}\ln\left(1+\frac{2T}{d}\right) \tag{11-18}$$

式中，$U_{t\cdot\max}$ 为垂直接地极最大跨步电压(V)；I 为通过接地极的电流(A)；R 为垂直接地极的接地电阻(Ω)；l 为垂直接地极的长度(m)；d 为垂直接地极等效直径(m)，对非圆棒形垂直接地极，其取值方法同式(11-13)；T 为人的跨步距离(m)，国内设计时一般取 0.8m。

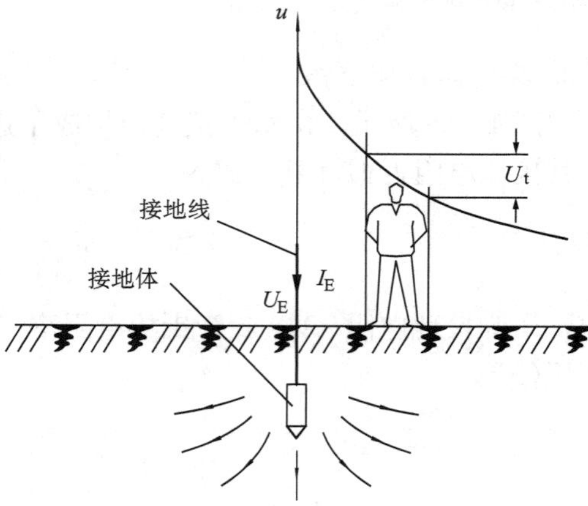

图 11-17　跨步电压产生的原理

跨步电压防护的方法主要有三种，一是换填低电阻率土壤以平缓电位梯度，二是设置均压带(环)平缓电位梯度，三是在接地体上方地面以下覆盖绝缘材料。对于建筑物防雷接地装置而言，引下线的根数达到一定的数量，跨步电压的危险也能消除。

11.4.4　接地电阻测量

1. *两电极法及其所存在的问题*

理论上，只要测出电阻的端电压和流过的电流，就能求出电阻阻值的大小。图 11-18(a)就是一种测量接地电阻的方法，称为两电极法。这种方法通过一个接地的辅助电流极 C 与

被测接地体 E 构成回路，接地电阻按 $R=\frac{U_G}{I}$ 计算，式中 U_G 为测试电源电压，I 为电流表上读数。

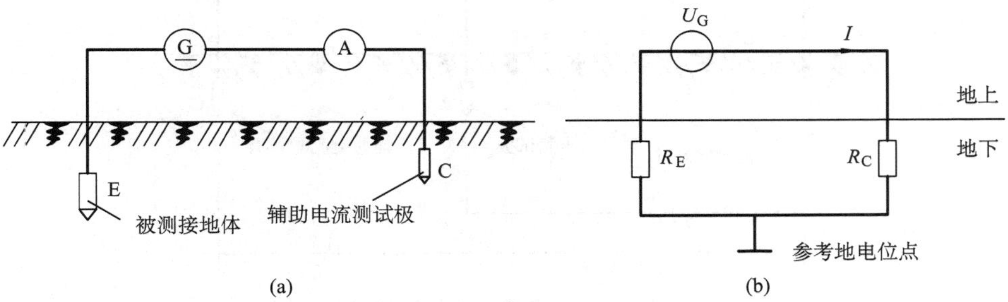

图 11-18　两电极法测量接地电阻

上述测量方法有一个根本的缺陷，即所测出的接地电阻中，既包含接地体 E 的接地电阻，又包含辅助电流极 C 的接地电阻，如图 11-18(b)所示。通常情况下，辅助电流极 C 的尺寸小且埋深浅，其接地电阻阻值显著大于接地体 E 的接地电阻，因此测量误差常超过 100%，这显然不是一个工程实践可以接受的误差量级。

两电极法测量误差的根本原因，在于不能分离接地体 E 和辅助电流极 C 的接地电阻阻值。接地电阻是一个分布参数电阻，是由以接地点为起点、以大地无穷远处为终点的整个土壤所构成的，除非辅助电流极 C 与被测接地体 E 完全相同，或辅助电流极 C 本身的接地电阻可忽略不计(如利用金属水管管网作辅助电流极的情况)，否则不能直接用两电极法进行接地电阻测量。

2. 三电极法

三电极法是英国物理学家泰格(Tagg)于 1964 年提出来的，其理论推导立足于尺寸可忽略的半球形接地体，基本方法是设立两个辅助测试电极，分别为辅助电流测试极 C 和辅助电压测试极 P，以下简称电流、电压极。通过测量被测接地体与电流极间电流和与电压极间电压，运算得出接地电阻值。

三电极法的基本想法是在两表法已测出被测接地体 E 的电流的基础上，再单独测出被测接地体 E 对参考地的电压，由此准确计算出 E 的接地电阻。从图 11-18 中可知，被测接地体 E 和辅助电流极 C 上通过的是同一个直流电流，但方向相反，因此两者对参考地的电压一定为一正一负。由于两个接地体上电压实际上是连续分布在土壤电阻中的，因此两个接地体间的土壤中应该有一个电压由负变正(或由正变负)的界线，该界线上电压为零，即与无穷远大地一样为参考地电位。如果能够找到这个界线，在界线上任何一处打下一个电压极 P，则可用电压表测得接地体 E 对参考地的电压，且因为电压表阻抗很大，电压极 P 上基本没有电流，不会影响电流测量的准确度。

三电极法的关键问题在于如何找到这个参考地电位的位置。工程上有多种测试电极位置的选取方法。下面介绍最常用的一种方法，即被测接地体与电压、电流测试极同在一条直线上的方法。

如图 11-19 所示，被测接地体 E、电压极 P 和电流极 C 在一条直线上，且电压极 P 在靠近被测接地体 E 的一侧(称为内侧)。理论分析表明，对小尺寸的半球形接地体，当测试电极与被测接地体距离足够远时，要达到尽可能高的测量精度，各电极间距离应满足

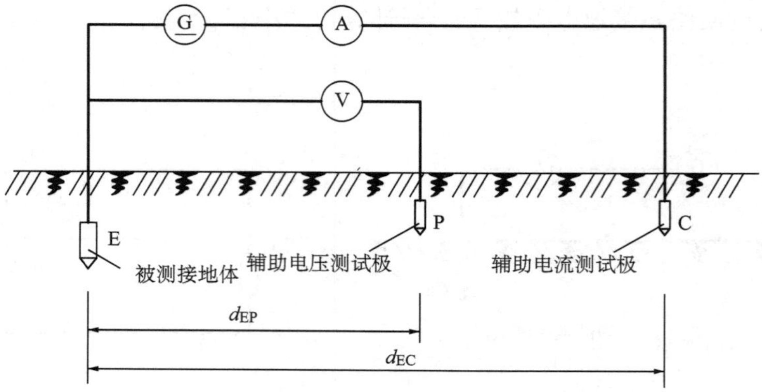

图 11-19　三电极法测量接地电阻

E-被测接地体；P-辅助电压测试极；C-辅助电流测试极

$$d_{EP}=0.618d_{EC} \tag{11-19}$$

也就是说，先在距 E 很远的地方(如 60m)打下电流极 C，再按 0.618 比例距离(比如 37m)打下电压极 P，则测试时 P 所在位置大致为参考地电位点，电压表所测电压为被测接地体 E 的对地电压。

3. 工程实用接地电阻测量方法

电气工程中通常采用三电极法测量接地电阻。很多情况下，工程接地装置是以接地网的形式构成的，其尺寸不能忽略，且土壤电阻率的均匀性是不可保证的，因此在测量时具体作法与前面介绍的稍有不同。如图 11-20 所示，以接地网边缘为测量连接点，示出了地面电位沿测试电极直线上的分布情况。从图中可以看出，当测试电极距被测接地体较远时，地中电位有一个平缓的接近于零电位的区域，即这个区域电位等于大地无穷远处的参考地电位，测试电压极 P 就应该设置在这个区域。

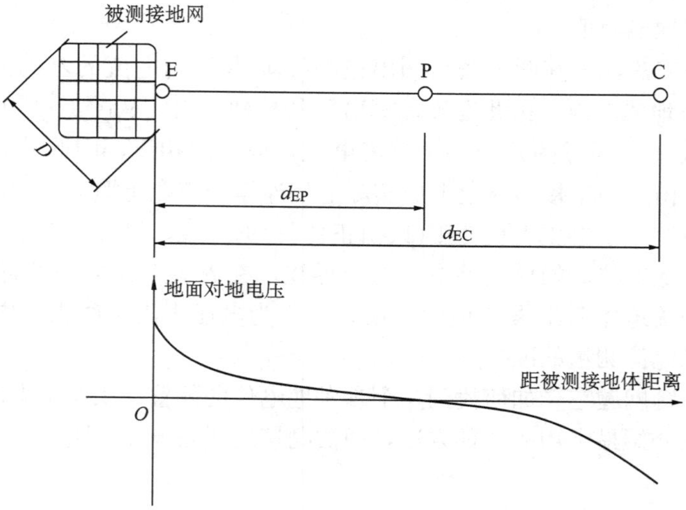

图 11-20　三电极法测量接地网接地电阻

问题的关键在于如何知道这个零电位区域的位置。一般取 $d_{EC}=(4\sim5)D$，再在 $d_{EP}=(0.5\sim0.6)d_{EC}$ 范围内确定出一个电极 P 的测试点，然后以该点为基准，在电极连线上移动两次，每次移动距离约为 d_{EC} 的 5%，由此确定出 3 个电极 P 的实际测试点，并进行三次测试。若三次测试结果相差不超过 5%，则可认为中间位置为零电位点。

工程中一般用接地电阻测试仪测量接地电阻。接地电阻测试仪集电源、电流表和电压表的功能于一体，并能将电压除以电流的运算结果直接显示出来，非常方便。

11.5 电　　涌

电涌保护(Surge Protection)是最近二三十年发展起来的一个新的技术领域。它是在建筑物传统防雷体系对建筑物内电子信息系统失防的背景下产生的，但其设防对象已不只局限于雷电，还包括操作过电压等其他来源的能量冲击。

从加害者的角度来看，雷电是电涌保护最主要的设防对象，因此它属于防雷技术体系的一部分；而从受害者的角度来看，电子信息设备是电涌保护的主要保护对象，目的是防止各种电磁骚扰能量对电子信息设备的破坏，因此它又属于电磁兼容(EMC)技术体系的一部分。低压配电系统作为电子信息系统的电源，也被纳入电涌保护的范围。本节将对电涌的定义、来源及强度计算等问题进行介绍。

11.5.1　电涌及来源

1. 什么是电涌

低压电气系统中的电涌是按瞬态过电压的一种类别来考虑的，IEC-TC64 技术委员会制定了相关的标准。电子信息系统中的电涌属于电磁兼容中的电磁骚范畴，关于电涌与电涌保护的很多概念、术语和方法需要用 EMC 的观点才能理解，因此本节用 EMC 的观点来介绍电涌。

电磁兼容学科是由骚扰源(发射器)、耦合机制(耦合路径)及敏感设备(感受器)组成的干扰模型发展而来的，如图 11-21 所示。

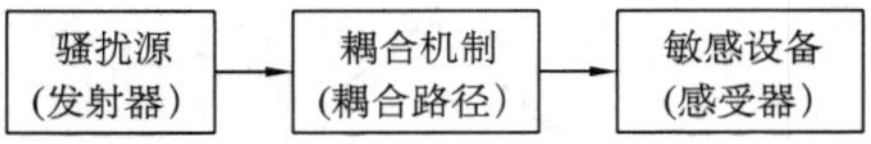

图 11-21　电磁兼容模型

就电涌问题而言，在以上这个模型中，各部分的具体内容如下。

(1) 骚扰源。主要来源有以下几种：雷电(雷击电磁脉冲，LEMP)、电力系统开关操作(操作电磁脉冲，SEMP)、电力系统的扰动、静电放电、低频和高频发射机、核爆炸等。本书只讨论 LEMP 和 SEMP 这两种骚扰源，其中又以 LEMP 为重点。

(2) 耦合机制。主要有传导耦合和辐射耦合两类，辐射耦合又分为电场耦合和磁场耦合。在电磁兼容的等效电路上，又将传导耦合称为电阻耦合，电场和磁场耦合分别称为电容耦合和电感耦合。

(3) 感受器。指建筑物中或建筑群间的电气电子系统。在本书的讨论中，感受器主要是指接有电子设备的低压配电系统，不讨论电子信息系统的电涌保护问题。

综上所述，定义电涌是以雷击电磁脉冲和(或)操作电磁脉冲为骚扰源，在电气电子系统中耦合的能量脉冲。图 11-22 所示为低压配电线路中工频电压叠加了电涌电压时的波形。从图中可见，雷击电磁脉冲产生的电涌电压幅值远大于工频电压，但持续时间很短。操作电磁脉冲产生的电涌幅值相对较小，持续时间长一些。

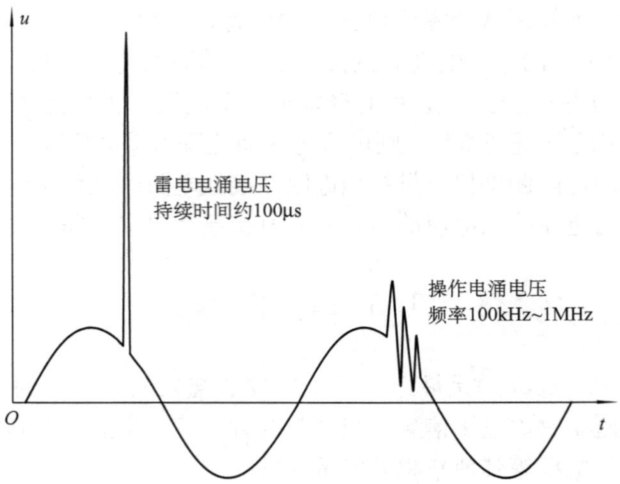

图 11-22 电涌波形示例

2. 电涌的来源

1) 雷电耦合的电涌

下面以几个实例来说明雷电耦合电涌的途径。

(1) 传导(阻性)耦合。除了直击雷放电到线路上造成的电涌外，阻性耦合还可能有其他的途径。如图 11-23 所示，雷击建筑 1 的外部防雷系统时，在接地电阻 R_{i1} 上产生了很高的电压，而建筑 2 的接地电阻 R_{i2} 仍为参考地电位。由于两个接地电阻间通过 PE 线和信号线的屏蔽层电气连通，雷电流会流向接地电阻 R_{i2}，从而在信号线中形成电涌电流，并以波阻抗的比例在信号线中产生电涌电压。

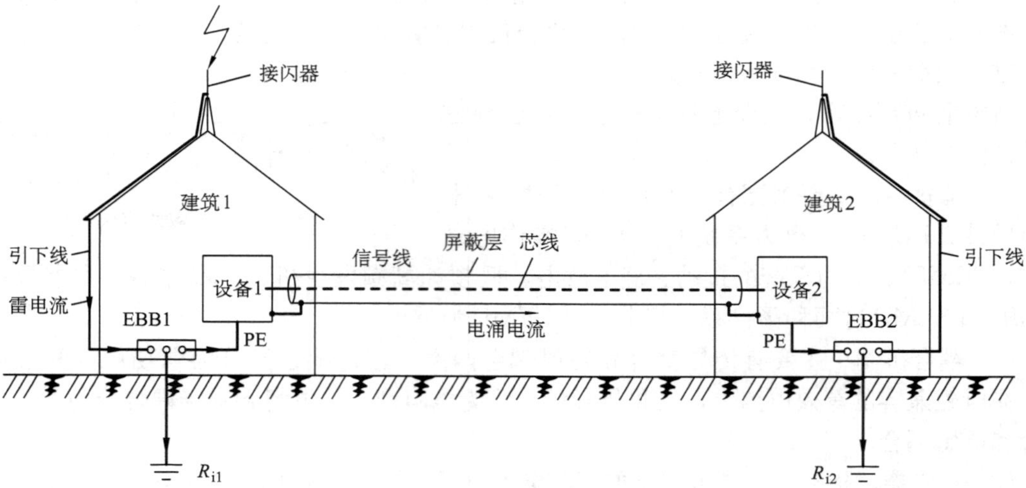

图 11-23 阻性(传导)耦合的电涌

EBB-等电位连接板

(2) 感性辐射耦合。雷电流产生的磁场会在金属环路中感应电动势。若环路是闭合的，则在环路中产生电涌电流；若环路有开口，则在开口上产生电涌电压。图 11-24(a)所示为电源线和信号线形成开口环路的例子。当有雷电电磁场时，设备内电源线与信号线端头之间就会产生开口电涌电压。图 11-24(b)为两芯电缆的例子，雷电电磁场在芯线环路中感应电涌电流，该电流直接流过负载阻抗。

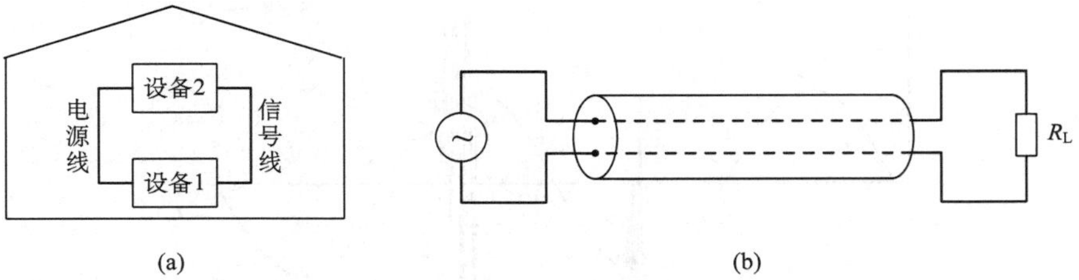

图 11-24　感性(电磁场)耦合的电涌

(3) 容性辐射耦合的电涌。如图 11-25 所示，雷击接闪器时，雷电流在引下线和接地装置阻抗上产生压降，使接闪器处有很高的对地电压。接闪器与远方信号线导体间有耦合电容效应存在，接闪器上电位的快速上升，相当于电容充电过程，信号线导体作为电容的另一极也有电荷注入，形成电涌电流。

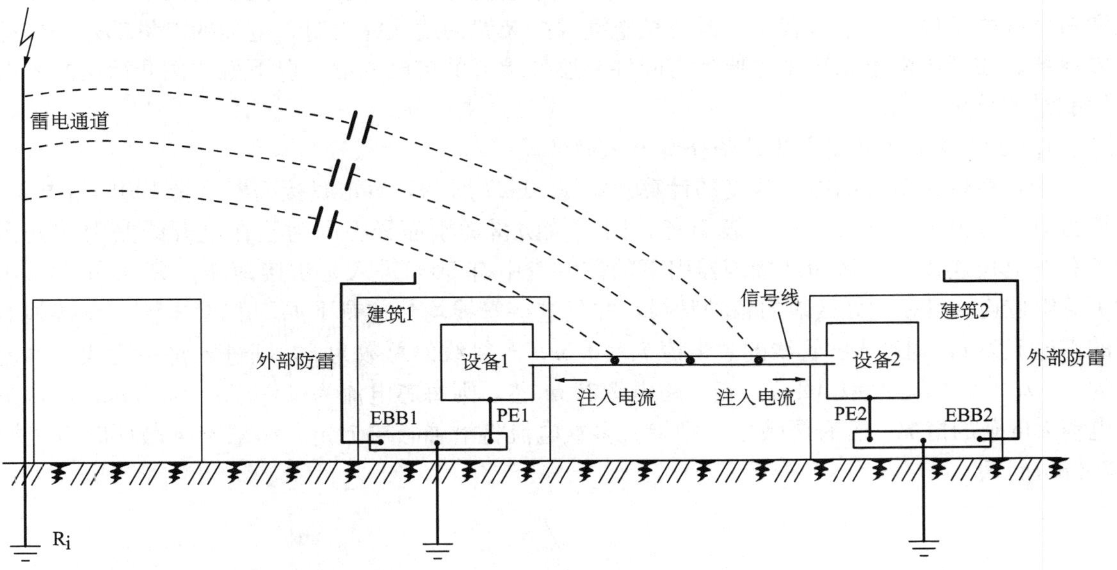

图 11-25　容性(电场)耦合的电涌

一般认为，在距雷击点 2km 的范围内，电子信息系统都可能被传导或辐射耦合的电涌所破坏，因此称 2km 为电涌危害的“危险半径”。

2) 电力系统操作耦合的电涌

电力系统操作产生的电磁干扰比雷电干扰更频繁，因此对低压系统和二次系统的影响也不能忽视。这种影响主要缘于操作引起的能量分布调整，如切除电容时可能出现的高频振荡过电压，就是一种电场能量的调整过程，如图 11-26 所示。

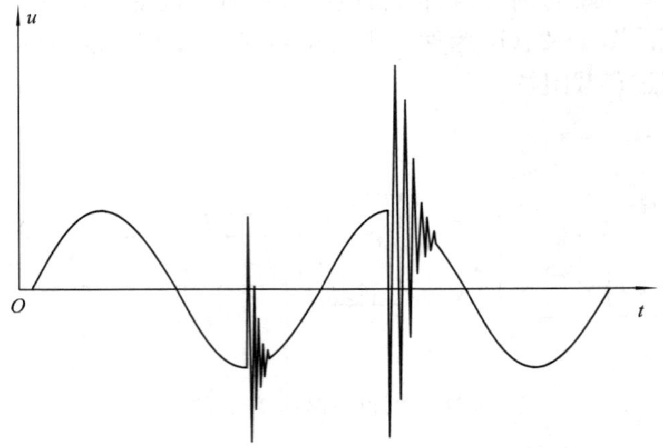

图 11-26　切除电容器时的操作电涌过电压

11.5.2　电涌强度计算

电涌强度本质上是电涌的能量大小。该能量量值通常以电压或电流参量表征。在评估电涌对电气电子设备的危害程度以及校核电涌保护装置的通流能力时，电涌的能量都是一个重要参数。在低压配电系统中主要考虑阻性和感性耦合的雷电电涌。以下就举例介绍这两种电涌能量的计算方法。

1. 电源线上来自被击建筑物分雷电流的估算

这是对传导耦合的电涌强度的计算。如图 11-27 所示，雷击时接闪器承受 100％雷电流。该雷电流幅值大小见表 10-3～表 10-5，因建筑防雷类别而异。因为已在电源线路引入处作了总等电位连接，故认为从接闪器引下的雷电流中有 50％进入防雷接地体，另 50％进入作了等电位连接且在远处接地的各种管线，并且这些管线均分这剩下的 50％雷电流。设接闪器的雷电流为 i，则进入各管线的总电流 $i_s=0.5i$；若管线的总数为 n，则进入每一管线的电流为 $i_i=i_s/n=0.5i/n=i/(2n)$；若一路电缆有 m 芯，则每芯电流为$i_v=i_i/m=i/(2mn)$，这是电缆无屏蔽的情况。若有屏蔽层，则绝大多数电流将沿屏蔽层流走，一般有屏蔽层时电流按 $30\%i_v$ 计算。

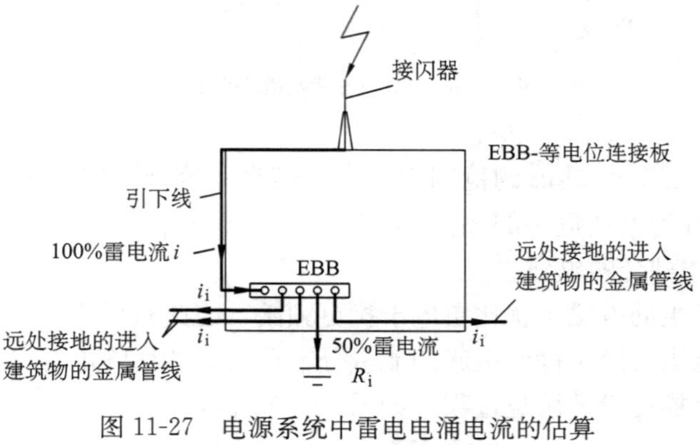

图 11-27　电源系统中雷电电涌电流的估算

2. 线路中预期感应电压和能量的估算

这是对感性辐射耦合的电涌强度的计算。当雷击建筑物的防雷装置时，在电气电子线路中预期最大感应电压和能量的近似估算见图 11-28 和表 11-4。

表 11-4 闪电击中安装在一类防雷建筑上的防雷装置时所感应的电压和能量的近似计算

外部防雷装置的形式			引下线(至少四根)间距 10～20m	钢构架或钢筋混凝土柱	有窗的金属立面	无窗的钢筋混凝土结构
图 11-28(a)	开路环中感应的峰值电压	$\frac{U_i}{l}$/(kV/m)	$100\sqrt{\frac{a}{h}}$	$40\sqrt{\frac{a}{h}}$	$10\frac{1}{\sqrt{h}}$	$2\frac{1}{\sqrt{h}}$
图 11-28(b)		$\frac{U_i}{l}$/(kV/m)	$2\sqrt{\frac{a}{h}}$	$2\sqrt{\frac{a}{h}}$	$0.4\frac{1}{h}$	$0.1\frac{1}{h}$
图 11-28(c)		$\frac{U_i}{l}$/(kV/m)	$4\sqrt{\frac{a}{h}}$	$4\sqrt{\frac{a}{h}}$	$0.4\frac{1}{\sqrt{h}}$	$0.1\frac{1}{\sqrt{h}}$
图 11-28(d)		$\frac{U_i}{l}$/(kV/m)	≈0	≈0	≈0	≈0
图 11-28(e)		$\frac{U_k}{R_M}$/(kV/Ω)	$100\sqrt{\frac{a}{h}}$	$100\sqrt{\frac{a}{h}}$	$10\frac{1}{\sqrt{h}}$	$2\frac{1}{\sqrt{h}}$
图 11-28(f)		$\frac{U_q}{l}$/(kV/m)	≈0	≈0	≈0	≈0
图 11-28(a)	短路环中感应的最大能量	$\frac{W}{l}$/(J/m)	$2000\frac{a}{h}$	$500\frac{a}{h}$	$30\frac{1}{h}$	$1.5\frac{1}{h}$
图 11-28(b)		$\frac{W}{l}$/(J/m)	$\frac{a}{h}$	$\frac{a}{h}$	$0.03\frac{1}{h^2}$	$0.002\frac{1}{h^2}$
图 11-28(c)		$\frac{W}{l}$/(J/m)	$10\frac{a}{h}$	$10\frac{a}{h}$	$0.1\frac{1}{h}$	$0.005\frac{1}{h}$
图 11-28(d)		$\frac{W}{l}$/(J/m)	≈0	≈0	≈0	≈0

注：表中各参量含义如下：U_i 为采用首次以后的雷击电流参量(见表 10-4)时，预期的最大感应电压；U_k 为采用首次雷击电流参量(见表 10-3)时，在电缆内导体与屏蔽层之间的预期最大感应电压，其值与 R_M 有关，一般取 $R_M/l<0.1$ Ω/m；U_q 为屏蔽电缆内导体之间的最大差模电压；W 为当采用首次雷击电流参量(见表 10-3)及环路由于产生电火花放电而成闭合环路时，预期产生于环路内的最大能量；l 为与引下线平行的电气装置的长度(m)；R_M 为电缆总长的电缆屏蔽层电阻(Ω)；a 为引下线之间的平均间距(m)；h 为防雷装置接闪器的高度(m)。该表适用于第一类防雷建筑物的雷电流参量。对第二类防雷建筑物，表中的感应电压计算式应乘以 0.75，能量计算式应乘以 0.56(即 0.75^2)。对第三类防雷建筑物，表中的感应电压计算式应乘以 0.5，能量计算式应乘以 0.25(即 0.5^2)。

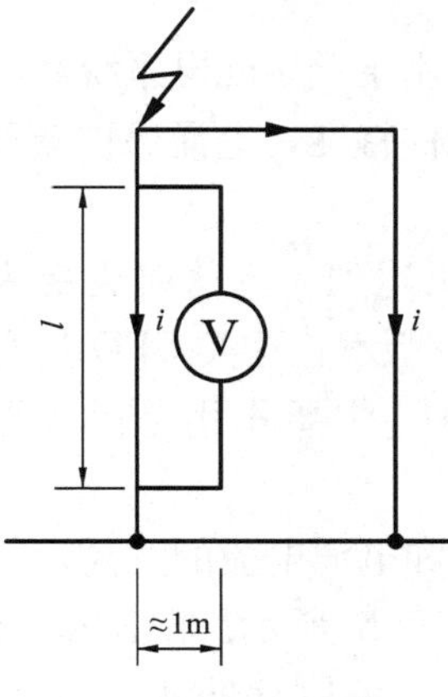

(a) 包围一大面积并与引下线不绝缘的环路

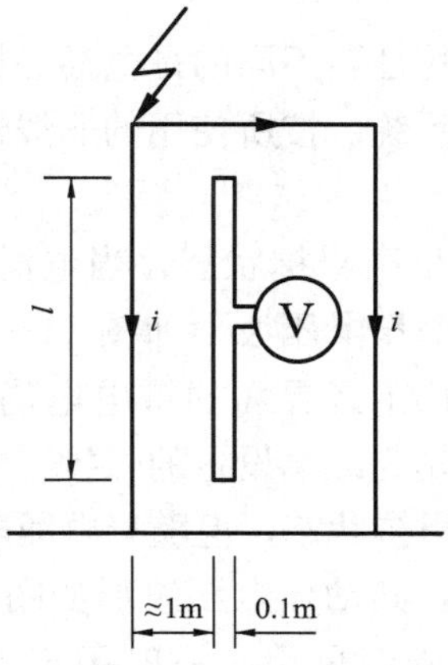

(b) 包围一小面积并与引下线绝缘的环路

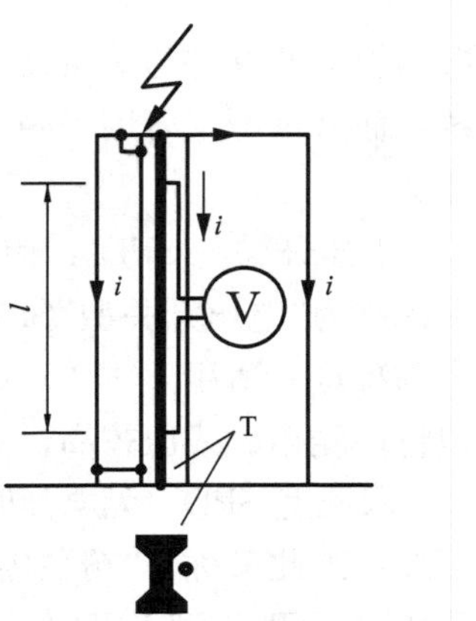

(c) 布置相似于(a)但环路包围的面积是小的，装置极靠近引下线并与其接触

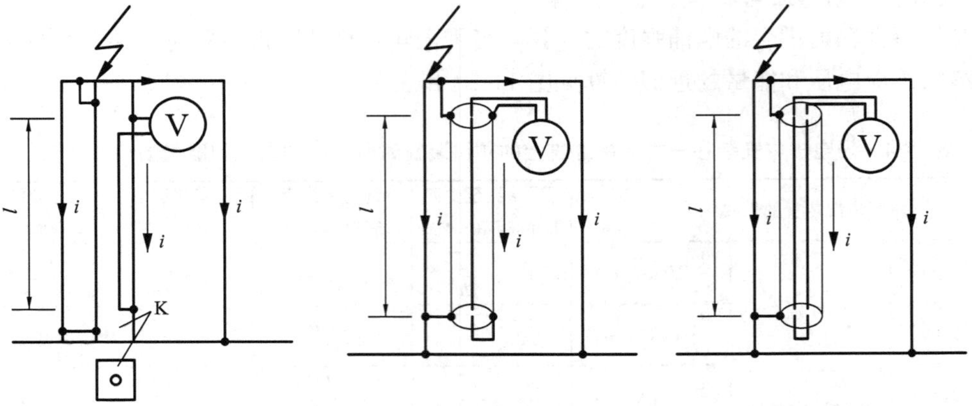

(d) 布置相似于(a)但环路安装在封闭型金属电缆管内

(e) 布置相似于(a)，线路由屏蔽电缆组成，屏蔽线是引下线的一部分

(f) 布置相似于(b)，线路由两芯线的屏蔽电缆组成，电缆屏蔽层是引下线的一部分，所考虑的环路与防雷装置绝缘

图 11-28　应用于表 11-4 的环路布置

i-流经引下线的分雷电流；T-作为引下线用的金属结构立柱；K-作为自然引下线用的金属电缆管道；*l*-电气装置平行于引下线的长度

11.6　电涌保护器

电涌保护器(Surge Protective Device，SPD)是一种用于带电系统中限制瞬态过电压并泄放电涌能量的非线性保护器件，用以保护电气电子系统免遭雷电或操作过电压及涌流的损害。

电涌保护器分为低压配电系统用和电子信息系统用两大类，相关的要求主要由 IEC/TC37 技术委员会 SC37A 分委会的标准系列规定。本书主要介绍低压配电系统用的电涌保护器。

11.6.1　电涌保护器的原理与类别

电涌保护器具有与避雷器类似的特性，不同的是电涌保护器用于低压配电系统和电子信息系统，而避雷器主要用于中、高压系统。按所使用的非线性元件特性，电涌保护器可分为以下几类。

(1) 电压开关型 SPD。无电涌时呈高阻抗状态，当电涌电压达到一定值时突变为低阻抗，因此称为“电压开关型”SPD，其动作电压波形如图 11-29(a)所示。这类 SPD 具有通流容量大的特点，适用于 LPZ0 区与 LPZ1 区界面的雷电电涌保护，主要作用是泄放雷电能量，但特性陡峭、残压较高，不适合作为终端设备的保护。

(2) 限压型 SPD。无电涌时呈高阻抗状态，但随着电涌电压和电涌电流的升高，其阻抗持续下降，因此又称为“箝位型”SPD，其动作电压波形如图 11-29(b)所示。限压型 SPD 箝位电压比电压开关型 SPD 低，但通流容量小，一般用于 $LPZ0_B$ 及以后防雷区内的电涌保护。

(3) 混合型 SPD。其是将电压开关型和限压型元件组合在一起的一种 SPD，随其承受的冲击电压不同而分别呈现电压开关型特性、限压型特性，或同时呈现两种特性，其动作电压波形如图 11-29(c)所示。

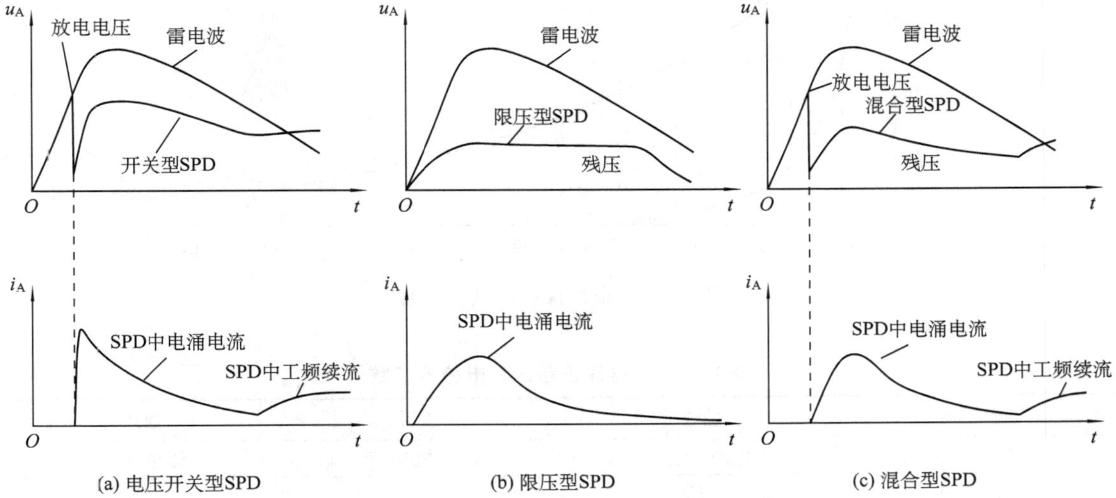

图 11-29　各类型电涌保护器的保护特性

11.6.2　电涌保护器的冲击分类试验

从工程应用的角度看，SPD 产品的合格性检验、参数标定等都依赖于一系列配套的标准化试验。这些试验现在主要有 3 种，称为冲击分类试验，它们是各自独立的。针对电涌保护器的不同应用条件，生产厂家可选择其中一种或几种进行试验。

所谓电涌保护器的应用条件，主要指其在系统中的安装位置和保护作用。在建筑物中，可能遭受直接雷击的区域(如 $LPZ0_A$ 区)或雷电能量几乎未衰减的区域(如 $LPZ0_B$ 区)称为高暴露或自然暴露区，装置于该区域的 SPD 的主要作用是泄放雷电能量，因其特性很难与被保护设备相配合，一般不能直接保护设备；在远离高暴露区的区域，系统中的雷电能量已经被衰减，波形也发生了变化，装置于这些区域的 SPD 的主要作用是进一步泄放能量，并以合适的特性可靠地保护被保护设备。

因此，应用于高暴露区和低暴露区的 SPD，其工作条件、保护要求都有不同，相应地对其特性参数的要求就会有所差异。设立 3 种冲击分类试验，正是为了体现这种差异。

1. 试验用电流电压波形与参数

SPD 的冲击分类试验是在规定的标准化电流、电压波形下进行的。这些标准化波形大体上类似特定防雷区的实际雷电波形。

(1) 电涌保护器的试验电流。图 11-30 示出了用于电涌保护器试验的 3 种电流波形，其中曲线①、③是 IEC61643-1 标准推荐的，曲线②是德国 E DIN VDE0675 标准曾经推荐的。表 11-5 给出了这些曲线的推荐参数。以下只介绍曲线①和③。

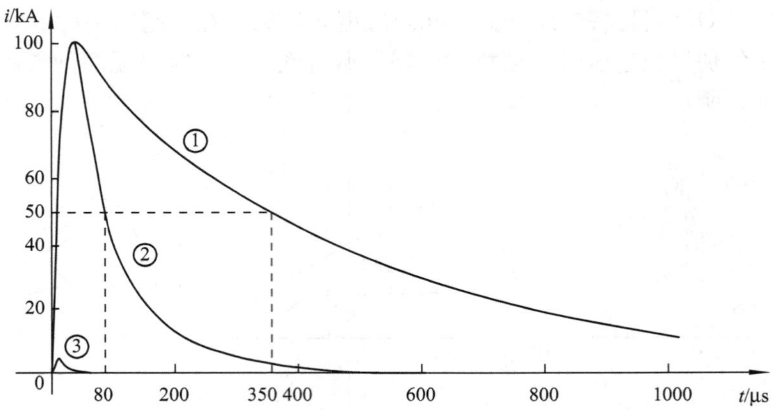

图 11-30　电涌保护器试验电流

表 11-5　电涌保护器试验电流的参数

曲线名称	曲线①	曲线②	曲线③
电流名称	雷电冲击电流 i_{imp}	雷电冲击电流 i_{imp}	电涌冲击电流 i_{sn}
峰值/kA	100	100	5
Q/(As)	50	10	0.1
W/R/(J/Ω)	2.5×10^6	5×10^5	0.4×10^3
波形/μs	10/350	8/80	8/20

图 11-30 中曲线①又称为雷电冲击电流 i_{imp}，其波头时间为 10μs、半峰时间为 350μs，是最接近自然雷电首次放电的电流波形，一般用于安装于高暴露地点、直接泄放雷电能量的 SPD 的试验，试验时电流峰值不一定拘泥于表中所给定的量值。i_{imp}包括以下几个参数：峰值 I_p、电荷量 Q(即曲线下的面积)和单位负载能量 W/R。

图 11-30 中曲线③又称为电涌冲击电流 i_{sn}，其波头时间为 8μs、半峰时间为 20μs，较为接近离自然暴露点较远处电气电子系统中的电涌电流，一般用于保护设备的 SPD 的试验。i_{sn}的参数与 i_{imp}类同。

(2) 电涌保护器的试验电压。一般采用 1.2/50μs 的冲击电压作为试验电压。

2. 3 种冲击分类试验

以下 3 种冲击分类试验中所提及的作为试验结果的参数将在后面介绍。

Ⅰ类试验。用 1.2/50μs 的冲击电压、8/20μs 的电涌冲击电流和 10/350μs 的雷电冲击电流作的试验，用以确定 SPD 的标称放电电流 I_n(8/20μs)和最大冲击电流 I_{imp}(10/350μs)。Ⅰ类试验模拟了部分导入雷击冲击电流的情况，通过Ⅰ类试验的 SPD 通常推荐用于高暴露地点，如安装在 LPZ0 与 LPZ1 区界面的电压开关型 SPD 就应进行该项试验。

Ⅱ类试验。用 1.2/50μs 的冲击电压和 8/20μs 的电涌冲击电流作的试验，用以确定 SPD 的标称放电电流 I_n(8/20μs)和最大放电电流 I_{max}(8/20μs)。通过Ⅱ类试验的 SPD 用于安装于较低暴露地点、主要任务为保护设备的电涌保护器，对限压型 SPD 应进行该项试验。

Ⅲ类试验。开路时施加 1.2/50μs 的冲击电压、短路时施加 8/20μs 的电涌冲击电流所作的试验。开路电压峰值与短路电流峰值之比取为 2Ω。用于电子信息系统电源端的电涌保护器常采用这项试验。

11.6.3 电涌保护器的主要参数

(1) 最大持续工作电压 U_c。指允许持续施加在 SPD 端子间的最大工频电压有效值。在给定的系统中，U_c 与 SPD 的长期工作可靠性、泄漏电流、发热与老化等密切相关。U_c 不应低于线路中可能出现的最大持续运行电压，按现有制造水平估计，除工作电压外，持续时间超过 5s 的暂时过电压就可认为是持续电压。

(2) 标称放电电流 I_n。指 SPD 多次通过 i_{sn}(8/20μs 电涌冲击电流)的能力，一般要求 SPD 通过峰值为 I_n 的电流波 i_{sn}15 次后，其特性变化不得超过规定的允许范围。它是表征电压开关型和限压型 SPD 通流容量的参数之一，表明 SPD 能起正常保护作用次数下所允许的最大电流量值，通常由Ⅰ或Ⅱ类试验测定。

(3) 最大放电电流 I_{max}。指 SPD 能单次通过的最大 i_{sn}(8/20μs 电涌冲击电流)峰值，即在通过峰值为 I_{max}的电流波 i_{sn}1 次后，SPD 不会发生实质性损坏。它也是表征电压开关型和限压型 SPD 通流容量的参数，通常由Ⅱ类试验测定。

同一 SPD 的 I_{max}一般为 I_n 的 2～2.5 倍。

(4) 冲击电流 I_{imp}。指 SPD 能单次通过的最大 i_{imp}(10/350μs 雷电冲击电流)峰值，即在通过峰值 $I_p=I_{imp}$的电流波 i_{imp}1 次后，SPD 不会发生实质性损坏。它是表征电压开关型 SPD 通流容量的参数，由Ⅰ类试验测定。

(5) 动作电压 U_{op}。指电压开关型或混合型 SPD 的冲击放电电压，或限压型 SPD 的导通电压。

(6) 电压保护水平 U_P。表征 SPD 动作后，其将电涌过电压限制到什么样的程度的参数。对电压开关型 SPD，它等于规定陡度电压波形下的最大放电电压；对限压型 SPD，则等于规定电流波形下的最大残压，见图 11-29。

保护水平应低于设备的耐压，因此保护水平低对设备是有利的。但保护水平 U_P 与最大持续工作电压 U_c 正相关，U_c 过低，容易在正常工作时产生过大的泄漏电流，影响使用寿命。

(7) 响应时间。指从暂态过电压开始作用于 SPD 的时刻到 SPD 实际导通放电时刻之间的延迟时间，一般小于 25ns。

(8) 额定开断续流 I_f。指 SPD 本身能断开的预期工频短路电流。

作为示例，某同时通过Ⅰ、Ⅱ类试验的 SPD 主要参数如下。

最大持续工作电压 U_c：350V。

标称放电电流 I_n：20kA(15 个 8/20μs 波形冲击电流)。

最大放电电流 I_{max}：40kA(1 个 8/20μs 波形冲击电流)。

冲击电流 I_{imp}：115kA(1 个 10/350μs 波形冲击电流)。

电压保护水平 U_P：小于 600V。

符合标准：IEC61643-1，VDE0675-6，GB 18802.1。

11.7 低压系统电涌保护配置

在电涌保护技术出现之前，低压系统也有传统的雷电过电压保护，其原理、方法与中、高压系统相同。但传统雷电过电压保护措施不仅不能阻止过大的雷电能量通过低压系统进入电子信息设备，而且对低压系统本身的设备也存在失防之处。就建筑物内的低压系统而言，电涌保护不仅将低压系统传统防雷措施纳入其体系，还弥补了传统防雷措施的不足。因此，对于建筑物内的低压系统，电涌保护已完全涵盖了传统雷电过电压保护的功能。

11.7.1 电涌保护对象防护等级

电涌防护等级是以建筑物中电子信息系统为对象划分的，电气系统的防护级别与电子信息系统的防护级别等同，因此有时也可统称为建筑物的电涌防护等级，应注意不要将其与建筑物的防雷类别混淆。

电涌防护分级有两种依据，一种是按雷击风险，另一种是按电子信息系统的重要性和使用性质。前者需要计算一个名为“防雷装置拦截效率”的参数，根据参数量值大小分级。两种依据的具体划分方法，在国家标准 GB 50343—2012《建筑物电子信息系统防雷技术规范》中都有明确规定。按重要性和使用性质的等级划分可参见本书附表 44。

不论根据哪一种依据，电涌防护都分为 A、B、C、D 四个等级，其中 A 级要求最高，D 级最低。对一般建筑，按两种依据中任一种进行分级即可，但对特殊的重要建筑，应取两种分级中较高的一个等级。

11.7.2 电涌保护的目的及在综合防雷体系中的地位

电涌保护的目的，是通过在电气电子设备的电源侧限制雷电过电压(兼限制大部分操作过电压)并泄放雷电能量，以保护设备的绝缘及硬件不致损坏。

电涌保护是建筑物内部防雷的重要组成部分，是综合防雷体系的末端环节，是在采取了建筑防雷措施的前提下，专门针对耦合到低压配电系统中的雷电能量进行的防护。与建筑防雷措施相比较，电涌保护中的雷电能量相对较小，但被保护设备所能承受的雷电能量也小，且对保护的响应时间要求高。考虑到低压系统一般处于非电气专业场所，面向非电气专业人员，对人身安全和环境安全要求极高，电涌保护必须兼顾这些方面的因素。所以，电涌保护与中、高压系统防雷保护既有相似之处，又有一些自身的特点，且与建筑物的其他防雷措施相互关联，这是在理解电涌保护时必须明确的工程背景。

电涌保护主要涉及 3 个方面的问题：①低压配电系统可能遭受的雷电能量冲击的形式和强度；②电气设备承受雷电能量冲击的能力；③如何将雷电能量降低到电气设备的承受能力范围以内，这包括保护的设置、保护器件的选择、保护的配合、保护效果的评估以及电涌保护与系统其他部分的关系与协调等。以上问题①已在前面作了介绍，下面主要对问题②和③进行讨论。

11.7.3 电涌保护主要对象的耐受水平

低压配电系统电涌保护的对象为配电设备和用电设备。国标 GB/T 16935.1—2008《低压系统内设备的绝缘配合》将低压系统设备分为四类过电压(安装)类别，就我国现状交流低压系统标称电压而言，各类设备的冲击耐压见表 11-6。

表 11-6 低压系统各类设备的额定冲击电压耐受值 (单位：V)

系统标称电压	从交流标称电压导出线对中性点的电压(不大于)	设备的额定冲击耐压 过电压(安装)类别			
		Ⅰ	Ⅱ	Ⅲ	Ⅳ
220/380	300	1500	2500	4000	6000
380/660	600	2500	4000	6000	8000
1000	1000	4000	6000	8000	12000

过电压类别Ⅰ。需要将过电压限制到特定低水平的设备，如电子电路或电子设备，如电视、音响、计算机等。这一类别设备的冲击耐压为 1.5kV。

过电压类别Ⅱ。由末级配电装置供电的设备，如家用电器、可移动式电动工具或类似负荷。这一类别设备的冲击耐压为 2.5kV。

过电压类别Ⅲ。安装于配电装置中的设备，如配电箱及安装于配电箱中的开关电器、电缆、母线等，以及永久连接至配电装置的工业用电设备，如电动机等。这一类别设备的冲击耐压为 4kV。

过电压类别Ⅳ。使用在配电装置电源端的设备，如主配电屏中的电气仪表和前级过流保护设备、纹波控制设备、稳压设备等。这一类别设备的冲击耐压为 6kV。

各类过电压(安装)类别设备在系统中的位置及耐压如图 11-31 所示。

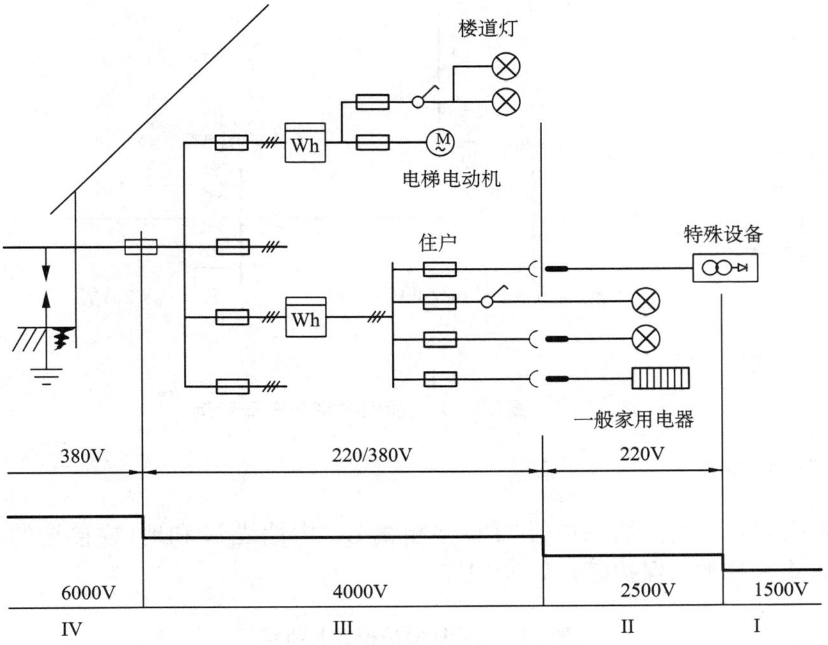

图 11-31　低压系统中各类过电压(安装)类别设备的位置

11.7.4　电涌保护的布局

所谓布局，是指低压电网中电涌保护的设置位置和保护针对性。由于在同一个电压等级电网中有多种冲击耐压水平的电气设备，且这些设备分布在电网不同的位置处，电涌保护基本上都采用了分散、多级的布局来应对。该布局要求在系统恰当的位置处设置恰当的电涌保护器。所谓恰当，至少应遵循以下两条原则。

(1) 电涌保护器的电压保护水平应与被保护设备的冲击耐压相配合。这一原则要求在冲击耐压不同的设备处设置不同电压保护水平的电涌保护器。

(2) 在任何两个防雷区的交界面处，应设置电涌保护器。一般在 LPZ0 区和 LPZ1 区的界面处设置通过Ⅰ类试验的 SPD，其他界面设置通过Ⅱ类或Ⅲ类试验的 SPD。这一要求的目的是避免将前一个防雷区中较高的雷电能量引入后一个防雷区。

电涌保护布局中的“级”，是按其所保护对象的过电压(安装)类别划分的，按从电源到负荷的方向，称为第一、二、三、四级保护，分别保护过电压(安装)类别Ⅳ、Ⅲ、Ⅱ、Ⅰ类的设备。注意不要将电涌保护布局中的分级与前面介绍的电涌保护对象的防护等级相混淆。

图 11-32 为电涌保护系统布局的一个概念性示例。图中最末一级 SPD 安装在插座中，其他都安装在各级配电箱(屏)中。各级电涌保护器的电压保护水平 U_P 为必要条件要求，实际工程中电压保护水平要比该值低。

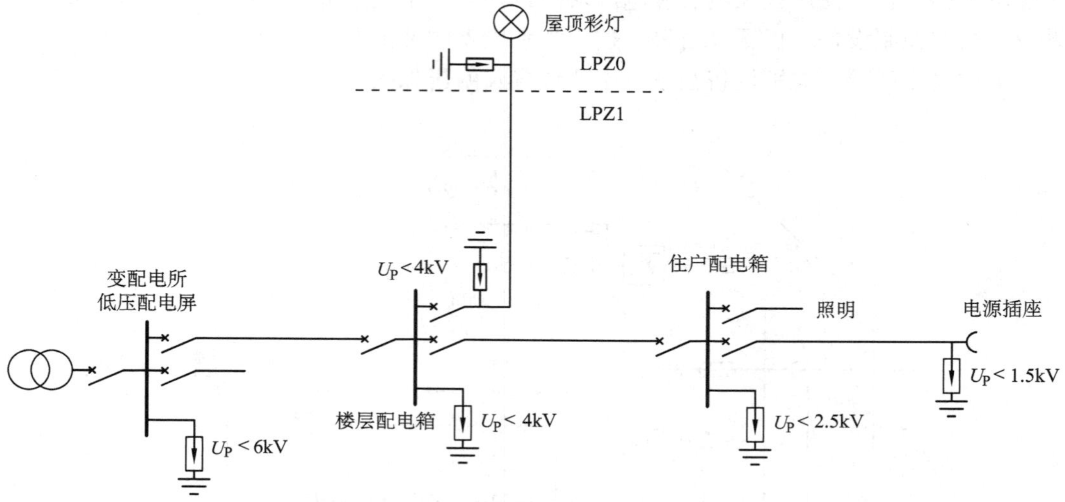

图 11-32　高层住宅电涌保护系统布局示例

11.7.5　电压保护模式

所谓保护模式，是指电涌保护器 SPD 在相线 L、中性线 N 和地(或接地的 PE 线)之间的电气接线方式。基本的保护模式见表 11-7。

表 11-7　SPD 保护模式及特点

保护模式	SPD 连接的导体	保护的对象
共模保护模式	相-地、中-地	载流导体对地绝缘
差模保护模式	相-中	相绝缘、绕组匝间绝缘、负载电路或元件
	相-相	相间绝缘、绕组匝间绝缘、负载电路或元件
全模保护模式	共模＋差模	

低压系统中还常采用一种所谓的“3＋1”接法，即在三相导体与中性线之间以及中性线与地(通常为 PE 线)之间各接一只 SPD，实际上是一种不完全的差模与共模混合保护模式。各种保护模式的示例如图 11-33 所示。

以上电涌保护的差模与共模模式，与过电压模式是相对应的。在中、高压系统的过电压中，一般多涉及共模过电压，这种过电压指各带电导体对地出现过电压，但带电导体之间没有过电压，因此只威胁设备对地绝缘。低压配电系统电涌保护中的差模过电压，指的是带电导体之间的过电压，因为已经是系统最末端，差模过电压直接作用在负载阻抗上，不仅威胁

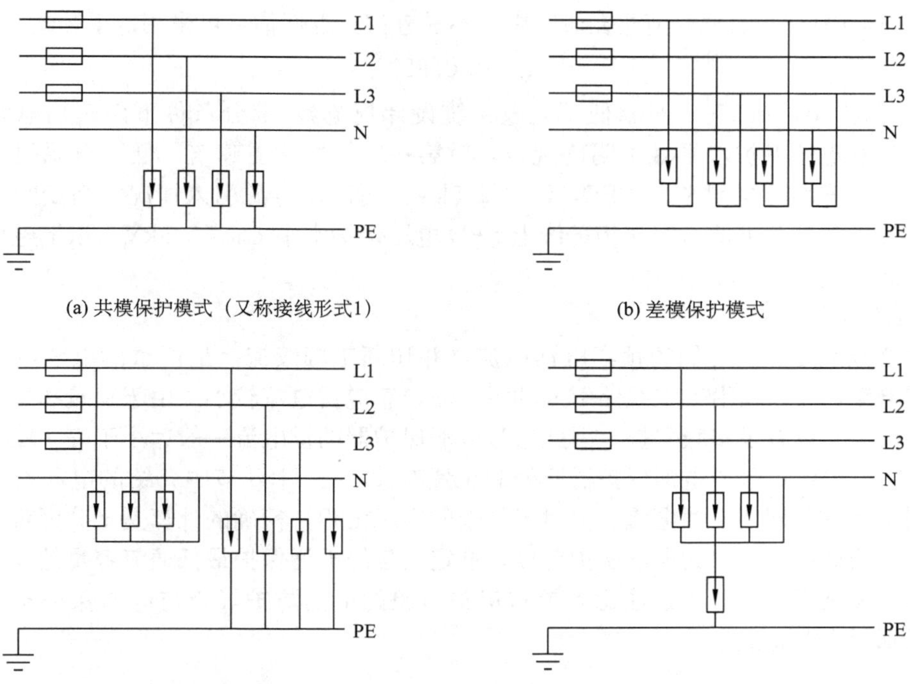

(a) 共模保护模式（又称接线形式1）　(b) 差模保护模式

(c) 全模保护模式　(d) “3＋1”模式（又称接线形式2）

图 11-33　电压保护模式

相间绝缘，还可能因负载阻抗上发热增加而导致热损坏，甚至引发火灾、爆炸等事故。因此，电涌保护中差模保护的重要性是不能忽视的。

在 IEC 和一些国家标准中，又将图 11-33(a)电压保护模式所对应的接线称为“接线形式 1”，而图 11-33(d)则称为“接线形式 2”。它们的共同点是相间差模过电压都加在两只 SPD 上，中地过电压都加在单只 SPD 上。不同之处有两点，一是对于相地共模过电压，接线形式 1 加在单只 SPD 上，接线形式 2 加在两只 SPD 上；二是对于相中差模过电压，接线形式 1 加在两只 SPD 上，接线形式 2 加在单只 SPD 上。两只 SPD 串联后的导通电压和电压保护水平与单只 SPD 同类参数的关系比较复杂，需要试验确定。

11.7.6　电涌保护器主要参数及类型选择

1. 电压保护水平 U_P 选择

电压保护水平应小于被保护设备的冲击耐压。如图 11-34 所示，考虑连接电涌保护器的引线阻抗压降、波过程和器件老化等因素，原理上按下式计算 SPD 的电压保护水平。

$$K_1\left(U_P+L_0 l\frac{\mathrm{d}i}{\mathrm{d}t}\right)\leqslant K_2U_w \tag{11-20}$$

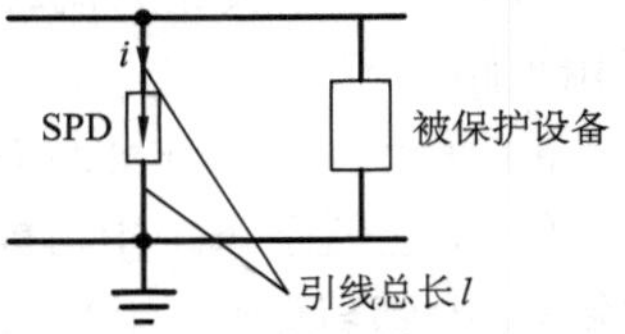

图 11-34　电涌保护器电压保护水平确定

式中，U_P 为电涌保护器的电压保护水平(kV)；U_w 为被保护设备的冲击耐压(kV)，可按表 11-6 选取；L_0 为电涌保护器引线单位长度电感(H/m)；l 为电涌保护器的引线总长度(m)；i 为通过电涌保护器的雷电流(kA)；K_1 为考虑 SPD 和被保护设备之间波过程的系数；K_2 为配合裕度系数。

式(11-20)中有些数据取值还在研究中或不易查找，近似估算可采用以下公式

$$U_{\mathrm{P}} \leqslant 0.8U_{\mathrm{w}} \tag{11-21}$$

国家标准 GB 50057—2010《低压配电系统设计规范》对部分条件下建筑物电源引入处 SPD 的类型和电压保护水平做了明确规定，对第一、二类防雷建筑，低压电源引入处配电装置母线上应安装Ⅰ类试验的 SPD，$U_{\mathrm{P}} \leqslant 2.5\mathrm{kV}$。对高压电源引入情况，当变配电所为室内式或附设式时，要求低压配电柜母线上 SPD 电压保护水平 $U_{\mathrm{P}} \leqslant 2.5\mathrm{kV}$。以上电压保护水平规定值低于式(11-21)计算值。

2. 通流容量选择

SPD 必须承受通过它们的预期电涌电流，并切断工频续流。最严重的电涌电流为直击或反击雷电流，其次是沿架空线路引入的雷电流，感应雷电流较小。由于建筑物采取了防雷措施，系统上又设置了多级保护，因此通过电涌保护器的雷电流一般远小于表 10-3～表10-5 中的雷击放电电流，且与电涌保护器所处的位置有关。在 11.5 节中介绍的电涌能量的计算方法可用于计算预期的电涌电流。但对于复杂的实际工程，精确的计算是十分困难的。工程上的做法是按被保护对象的电涌防护等级，规定出各级电涌保护最低通流容量的要求，这一做法的数据参见表 11-8。再请注意不要将保护对象的电涌防护等级与电涌保护器在布局中所处的级别两个概念混淆。

表 11-8　电源系统电涌保护器通流容量参数参考值

电涌防护分级	LPZ0 与 LPZ1 区交界处		LPZ1 与 LPZ2、LPZ2 与 LPZ3 区交界处		
	第一级保护放电电流/kA		第二级标称放电电流/kA	第三级标称放电电流/kA	第四级标称放电电流/kA
	$I_{\mathrm{imp}}(10/350\mu\mathrm{s})$	$I_{\mathrm{n}}(8/20\mu\mathrm{s})$	$I_{\mathrm{n}}(8/20\mu\mathrm{s})$	$I_{\mathrm{n}}(8/20\mu\mathrm{s})$	$I_{\mathrm{n}}(8/20\mu\mathrm{s})$
A 级	⩾20	⩾80	⩾40	⩾20	⩾10
B 级	⩾15	⩾60	⩾40	⩾20	
C 级	⩾12.5	⩾50	⩾20		
D 级	⩾12.5	⩾50	⩾10		

从表 11-8 中至少可以看出两个现象。第一，电涌保护器所处位置保护级别越高，因其承受的雷电能量越大，所需要的通流容量就越大；第二，只有处于第一级的电涌保护器有对 10/350μs 波形电流的通流容量要求，这种波形是典型的直接雷击雷电流波形(见表 10-3)，第二～四级电涌保护所处位置已逐渐远离高暴露地点，雷电流已被第一级电涌保护衰减，并因线路阻抗和导纳等因素发生波形改变，它们几乎不再可能承受原始的雷电流波形，因此不再考察它们对 10/350μs 波形电流的通流能力。因此，工程中有时又将用于第一级电涌保护的 SPD 称为避雷器，用于第二～四级电涌保护的 SPD 称为电涌保护器。

SPD 中工频续流的概念与避雷器相同，要求 SPD 的额定开断续流 I_{f} 大于安装处的最大三相短路电流。

3. 最大持续工作电压 U_{c} 的选择

U_{c} 不能低于系统中可能出现的最大持续运行电压，以保证 SPD 不被热损坏，或因过热缩短寿命及降低保护性能。系统最大持续运行电压应考虑以下几个因素。

(1) 系统标称电压及正常运行时的电压偏差。按 10%的偏差考虑，U_{c} 至少应高于系统标称电压 10%。

（2）低压系统的接地形式。TT、TN 及 IT 系统在故障情况下，可能会出现不同的暂时或持续过电压，暂时或持续过电压也应作为选取 U_c 的条件之一。例如，如图 11-35 所示的 TT 系统，当线路 L1 相断线并跌落大地时，系统中性点对地电压上升，但 SPD 接地体仍为地电位，因此 L2、L3 相上的 SPD 对地电压会超过相电压。由于故障电流小，系统的过电流保护装置一般不会动作，该电压较长时间存在，应考虑为持续运行电压。但若装设有瞬时动作的剩余电流保护，则可不考虑该电压。

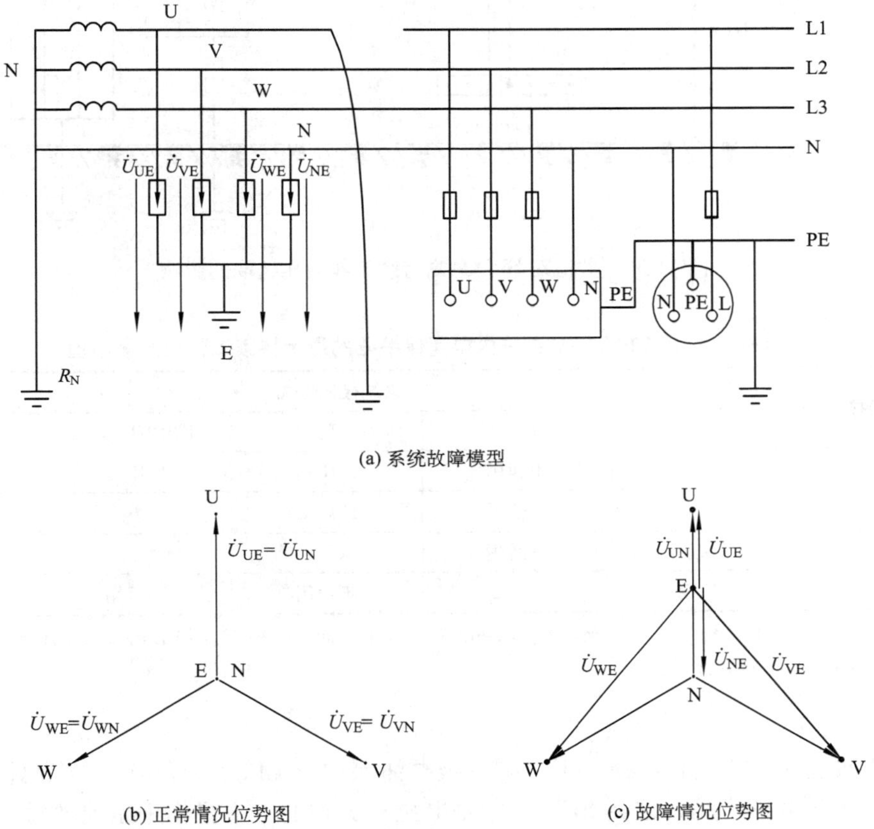

(a) 系统故障模型

(b) 正常情况位势图

(c) 故障情况位势图

图 11-35　TT 系统中 SPD 上的故障过电压

（3）配电变压器两侧接地状况。图 11-36 所示系统变压器高压侧不接地，低压侧为 TT 系统，变压器外壳保护接地与变压器中性点接地共用接地体。当变压器高压侧发生碰壳故障时，故障电容电流从接地体上流过，使中性点对地电压发生变化，接于各相及中性线与地之间的 SPD 上的电压都会变化，有的会高于相电压。由于高压侧故障可持续 1～2h，应考虑为持续运行电压。

在考虑的各种因素中，“需要考虑”的因素不一定对结果产生明显改变，这主要取决于影响程度的大小。例如，如图 11-36 所示的情况，影响程度与变压器一次侧接地故障电流大小和接地电阻大小有关，需要针对具体情况分析计算，暂时过电压已经考虑在 SPD 参数 U_T 中。在综合考虑各种因素的基础上，SPD 的最大持续工作电压可按表 11-9 选取。

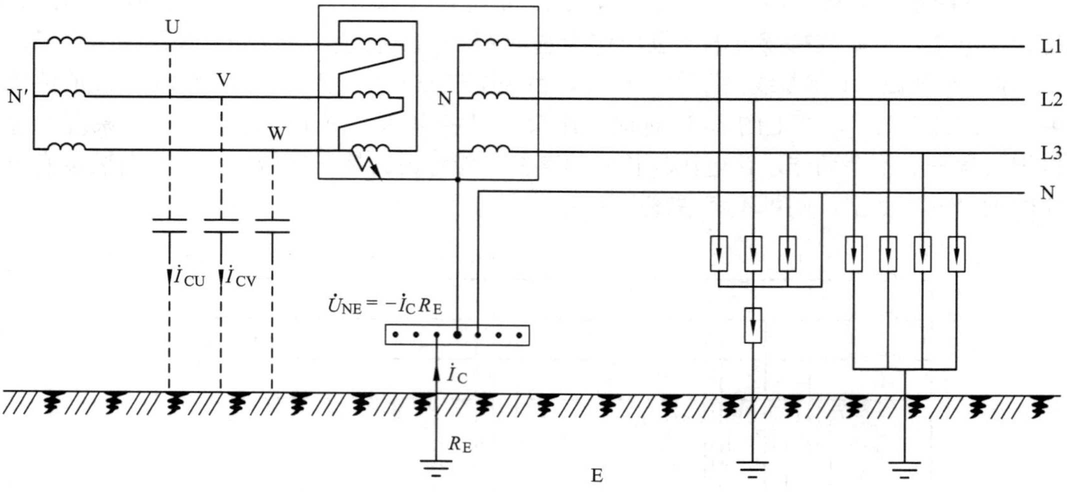

图 11-36 共地对 SPD 最高持续工作电压选取的影响

表 11-9 低压 220/380V 系统中电涌保护器的最大持续工作电压最小值

电涌保护器接于	系统接地形式				
	TN-S	TN-C	TT	引出中性线 IT	不引出中性线 IT
L-N	$1.1U_{N\varphi}$	不适用	$1.1U_{N\varphi}$	$1.1U_{N\varphi}$	不适用
L-PE	$1.1U_{N\varphi}$	不适用	$1.1U_{N\varphi}$	U_N	U_N
N-PE	$U_{N\varphi}$	不适用	$U_{N\varphi}$	$U_{N\varphi}$	不适用
L-PEN	不适用	$1.1U_{N\varphi}$	不适用	不适用	不适用

注：表中 $U_{N\varphi}$ 为系统标称相电压，U_N 为系统标称线电压。N-PE 之间，以及 IT 系统 L-PE 之间的值对应于最严重的故障情况，不再考虑 10%的允许误差。

4. 类型选择

(1) 所通过的分类试验选择。用于第一级电涌保护及 LPZ0、LPZ1 区交界处的 SPD 应选用通过Ⅰ类试验的产品，这类 SPD 一般是电压开关型的，主要作用是泄放雷电能量。用于第四级电涌保护的 SPD 一般选用通过Ⅲ类试验的产品，这类 SPD 一般是以 ZnO 或半导体器件为非线性元件构成的，以限制电压幅值为主要任务。用于第二、三级电涌保护的 SPD 一般选用通过Ⅱ类试验的 SPD，这类 SPD 一般是限压型或混合型的，非线性元件一般为 ZnO 或 SiC，以限值过电压和进一步泄放能量为主要任务。

(2) 自身保护功能选择。SPD 自身保护功能主要有热保护和过电流保护。热保护主要在 SPD 过热损坏时自动脱扣，从而将已失效的 SPD 退出系统；过电流保护主要用于限制 SPD 导通后通过的冲击电流量值，当通过的冲击电流大于 SPD 通流能力时切断 SPD 放电通道，并在工频续流未能被 SPD 及时开断时作后备保护。

并非所有的 SPD 都具有自身保护功能。在选择 SPD 时，应根据系统的保护设置情况恰当取舍。

(3) 信息显示功能选择。所关心的 SPD 的信息主要是动作次数和是否失效，因此有的 SPD 具有动作次数显示和失效警告显示，有的还具有就地或远传信号功能，可将失效信号、动作次数等信息传至远方值班员处。

11.8 电涌保护的级间配合

如前所述，低压配电系统电涌保护采用的是多级、分散的布局，各级电涌保护必须与本级被保护设备达到保护配合要求，这主要是通过SPD类型和参数选择来达到的。除此之外，某一级电涌保护都与其上或(和)下级电涌保护有联系，上、下级电涌保护之间也需满足一系列的关系，这就是电涌保护的级间配合问题。

11.8.1 电涌保护级间配合的原则

在设置了电涌保护的系统中，根据防雷区划分和被保护对象特性设置多级SPD，本质上是为了逐级削减瞬态过电压幅值和泄放电涌能量。各级电涌保护器本身能够承受的能量也是有限制的，通常电源侧电涌保护器所能承受的能量最大，按照由电源至负荷的方向逐级降低，因此，下级电涌保护器既是一种保护器件，又是上级电涌保护的保护对象。若上级电涌保护泄放能量不充分，下级电涌保护器就可能被损坏，或不能在其规定的条件下实现保护作用。

据此得出电涌保护级间配合的原则为：上级电涌保护应能可靠保证下级电涌保护器不受到电涌损坏。为了达到这一要求，需要在系统和器件两方面进行协调，分述如下。

11.8.2 安装间距的配合

1. *原理*

如图11-37所示，同一线路上装设有两级电涌保护，上级SPD1为电压开关型，下级SPD2为限压型，SPD2的导通电压(基本上等于残压)低于SPD1的放电电压。电涌电压的波前近似为斜角波，当行走到图中位置时，如果u_B已达到SPD2的导通电压，而u_A尚未达到SPD1的放电电压，则出现下级SPD2先于上级SPD1动作的情况，这意味着SPD2在泄放本应由SPD1泄放的能量。由于SPD2通流容量小，不能泄放高暴露点量级的雷电能量，因此有可能被过大的雷电能量损坏。

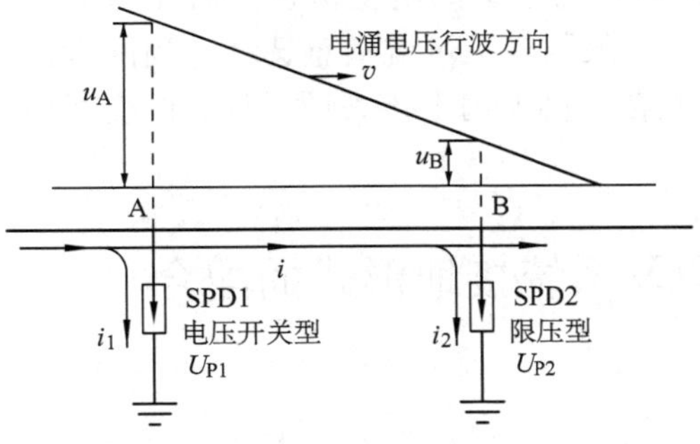

图11-37 上、下级电涌保护器动作顺序颠倒

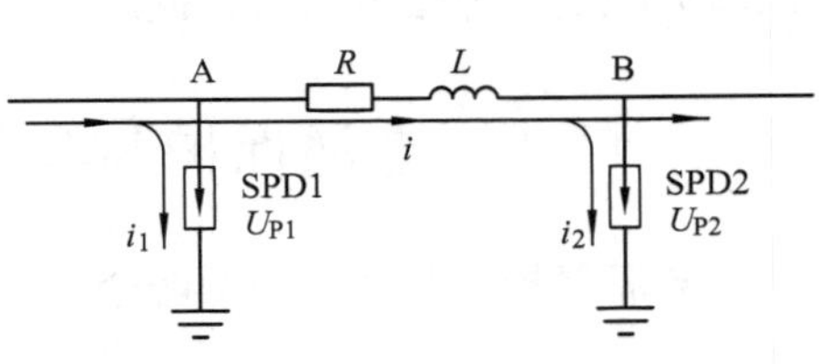

图11-38 两级电涌保护器间的电压耦合

为避免以上情况发生，必须满足这样一个条件，即：若下级电涌保护器都已导通，则上级电涌保护器必须已经动作。若近似将两级电涌保护间的线路看成集中参数电路，如图11-38所示，SPD2导通后，SPD1上的电压等于SPD2的残压加上电涌电流在连接两者的线路上的压降，考虑到SPD2的电压保护水平U_{P2}就是其最大残压值，上述条件意味着SPD1的动作电压应满足以下关系

$$U_{op1} \leqslant U_{res2} + Ri + L\frac{di}{dt} \approx U_{P2} + Ri + L\frac{di}{dt} \tag{11-22}$$

式中，U_{op1}为 SPD1 的放电电压(kV)；U_{res2}为 SPD2 导通后的残压(kV)；U_{P2}为 SPD2 的电压保护水平(kV)，即最大残压；L 为两级 SPD 连接线的线路电感(H)；R 为两级 SPD 连接线的线路电阻(Ω)；i 为两级 SPD 连接线上的电涌电流(kA)。

以上讨论的问题是上级电涌保护对下级电涌保护器的保护问题，按电磁兼容(EMC)模型，可将 SPD2 看成感受器，电涌电压是从 SPD1 处通过线路传导耦合到 SPD2 上去的，耦合量越小，SPD2 越不易被损坏。从式(11-22)可知，线路阻抗越大，不等式越容易满足，即耦合量大小与线路阻抗 R、L 反相关。换句话说，线路阻抗具有减小耦合的作用，因此将两级 SPD 间的阻抗称为去(解)耦阻抗。

2. 安装间距与去耦阻抗配置

两级电涌保护间的去耦阻抗大小与线路长度正相关，因此要求两级 SPD 间距离足够远，这一距离一般不低于 10m。若线路阻抗的去耦作用不能满足要求，安装间距又不能再增加，可在两级电涌保护间串接专门的集中参数阻抗元件以增大去耦作用，这种阻抗元件称为去耦元件。

一般情况下，电压开关型和限压型 SPD 间的去耦元件采用电感，限压型 SPD 之间的去耦元件采用电阻。去耦元件的阻抗值选取有专门的计算方法，此处不作介绍。

去耦阻抗的加入会改变系统正常运行的状况，如损耗、电压损失、功率因数等都可能发生变化，应校核确定这些变化量的大小在允许范围以内。

11.8.3 通流容量及电压保护水平的配合

1. 通流容量的配合

由于雷电能量逐级减小，电涌保护的通流容量要求逐级降低，因此以标称放电电流表征的通流容量应逐级减小，便于逐级降低电压保护水平。

2. 电压保护水平的配合

按式(11-22)，下级电压保护水平 U_P 量值大对其与上级间电涌保护配合是有利的，但 U_P 的量值上限受到本级被保护设备冲击耐压水平的限制，不可能随意选择。当两者出现冲突时，应首先确保 U_P 与被保护设备耐压水平的配合，再采用串接去耦元件、改变线路敷设方式以增大阻抗等方法解决去耦问题。

11.9 电涌保护与其他保护及系统接地形式的配合

11.9.1 电涌保护与其他保护的配合

1. 低压系统其他保护及其与电涌保护的关系

电涌保护属于系统诸多保护中的一种，除了电涌保护之外，系统中常见的还有以下一些保护。

TN 系统中：过电流保护，剩余电流保护。

TT 系统中：过电流保护，剩余电流保护，故障电压动作保护(较少采用)。

IT 系统中：过电流保护，剩余电流保护，绝缘监视，故障电压动作保护(较少采用)。

在所有这些保护中，人身安全保护措施是最优先的，不能因为设置其他保护措施而使人身安全保护措施失效。另外，就电涌保护本身而言，还必须考虑 SPD 失效对其他保护措施的影响。因此，电涌保护与其他保护的协调与配合是必须细致考虑的问题。

2. 电涌保护与系统剩余电流保护的配合

SPD 与 RCD 的配合应考虑以下几个方面的问题：SPD 的保护模式、SPD 与 RCD 的安装位置、系统的接地形式。

(1) 电涌保护动作造成 RCD 误动作问题。如图 11-39 所示，共模保护模式的 SPD 安装在 RCD 的负荷侧，SPD 泄放电涌电流时，电涌电流从 PE 线流走，因而被 RCD 判读为剩余电流，可能使 RCD 误动作。

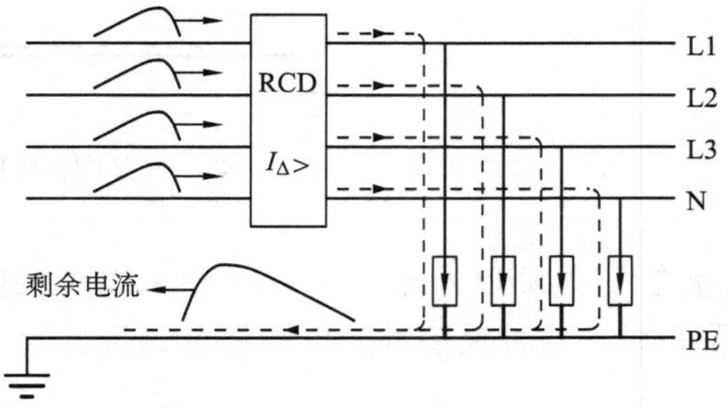

图 11-39 导通的 SPD 中电涌电流成为剩余电流

对这种情况，可采用防电涌的 RCD 来应对，防电涌的 RCD 允许通过一定量值的性质为剩余电流的电涌电流而不动作。就产品现状来看，非选择型漏电断路器该电流量值最大为 250A(8/20μs 波形)，选择型漏电断路器为 3kA(8/20μs 波形)，虽然这个电流值远小于 SPD 的通流容量(见表 11-8)，但 SPD 通流容量是按最不利情况考虑的，实际泄放电流多数情况下都小于通流容量，因此这种 RCD 能降低因电涌电流通过而误动作的概率。

若将 SPD 安装在 RCD 的电源侧，以上误动作问题会从根本上消除。

(2) RCD 对电涌保护器失效的保护。如图 11-40 所示，共模保护模式下相导体与 PE 线间 SPD 失效(相当于导通，一般只对限压型 SPD 考虑这种故障)时，流过失效 SPD 的工频电流成为剩余电流，RCD 因此动作切除故障；差模保护模式下相导体与 N 导体间 SPD 失效时，失效元件上的工频电流不是剩余电流，RCD 无法实施保护。

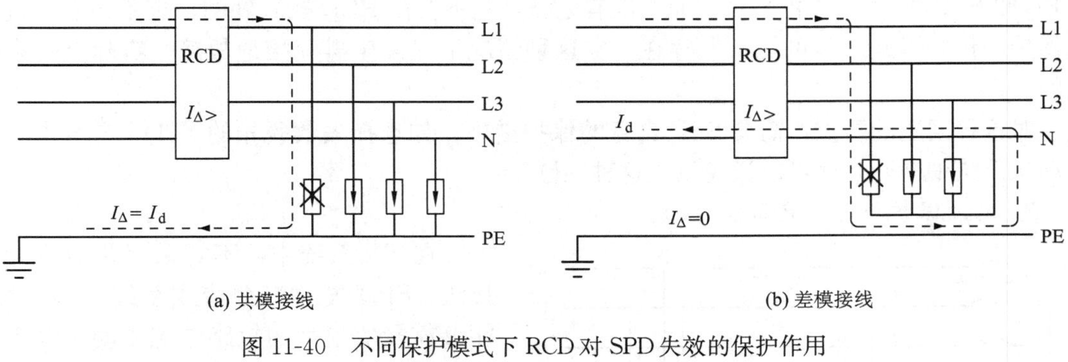

图 11-40 不同保护模式下 RCD 对 SPD 失效的保护作用

对共模保护模式，应特别注意 N-PE 间 SPD 的失效问题。如图 11-41 所示，当 N-PE 间 SPD 失效时，若 N 线上原本没有电流，则 RCD 中无剩余电流产生，RCD 无法对失效 SPD 实施保护；当 N 线上原本就有电流时，该电流会从失效 SPD 处流入 PE 线，成为剩余电流，此时 RCD 是否动作取决于 PE 线上电流量值与 RCD 动作值的相对大小。也就是说，RCD 对 N-PE 间 SPD 失效的保护是不确切的。

(3) N-PE 间 SPD 失效造成 RCD 保护灵敏性降低问题。如图 11-42 所示，设备发生碰壳接地故障时，接地电流 I_d 原本全部成为剩余电流，但由于 N-PE 间 SPD 失效，一部分电击

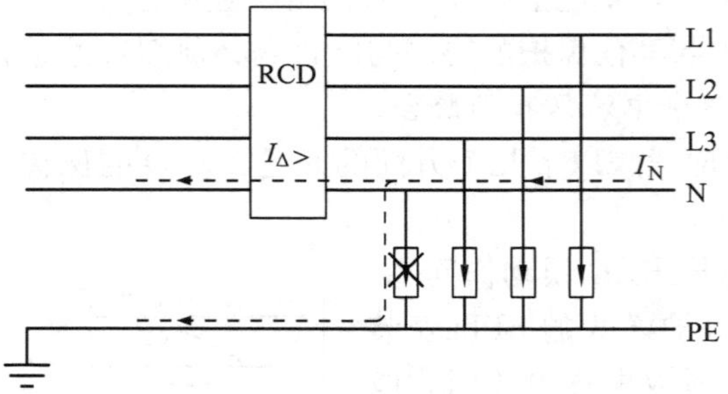

图 11-41　RCD 对 N-PE 间 SPD 失效的保护问题

电流在失效 SPD 处流向 N 线，使 RCD 中的剩余电流减小，从而降低了保护灵敏性。对于 TT 系统，这种灵敏性降低的幅度是很大的。

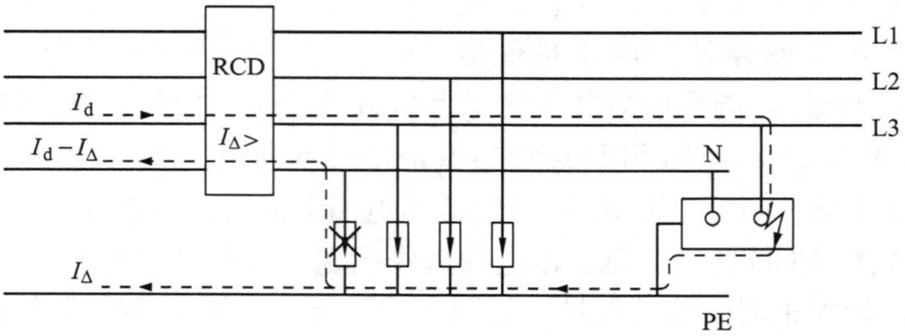

图 11-42　RCD 电击防护灵敏性因 SPD 失效而降低

以上问题是两种故障叠加发生的，这种情况发生的概率是否小到可以忽略不计呢？对 N-PE 间 SPD 失效，如果 N 线上原本没有电流，是不会被 RCD 探测到的，更不会引起过电流保护动作，因此故障可能长期存在。在这种情况下又发生碰壳接地故障，实际上是有可能的。

对这种问题的防护，需要 SPD 自身的保护措施，如选择失效脱扣的 SPD，自身击穿时自动从系统中断开，就可以避免发生这种问题。

3. 电涌保护与过电流保护的配合

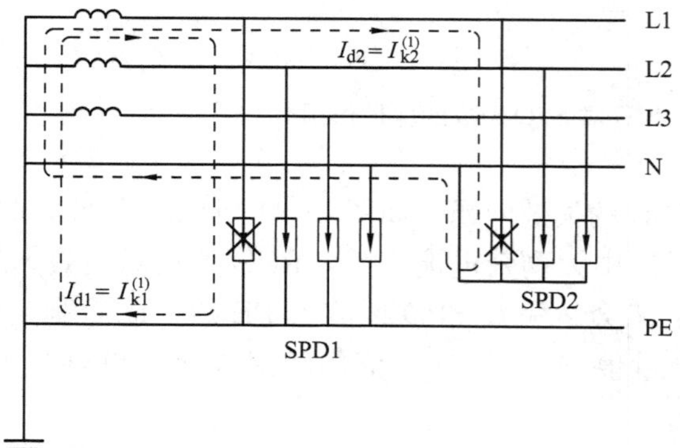

图 11-43　TN 系统中 SPD 失效时的故障回路

在 TN 系统中，不管采用差模或共模接法，SPD 失效都会造成系统短路故障，能够靠量值很大的短路电流驱动过电流保护电器动作切除失效 SPD，如图 11-43 所示。

在 TT 系统中，采用共模接法时，SPD 失效时的故障回路上有两个接地电阻，故障电流很小，不足以使过电流保护电器动作，如图 11-44 中 SPD1 所示。TT 系统中常采用所谓的“3＋1”接法，就能与过电流保护良好配合，如图 11-44 中 SPD2 所示，接于相线的 3 只 SPD 中任一只失效，都会产生系统单相短路的结果，N-PE 间 SPD 为电压开关型，非线性元件为放电管，不考虑其失效问题。"3＋1"接法中，对接于 N-PE 间的 SPD 要求很高，要考虑三相 SPD 的涌流同时通过的情况。这种接法的缺点是共模过电压时，放电电压和残压都较高。

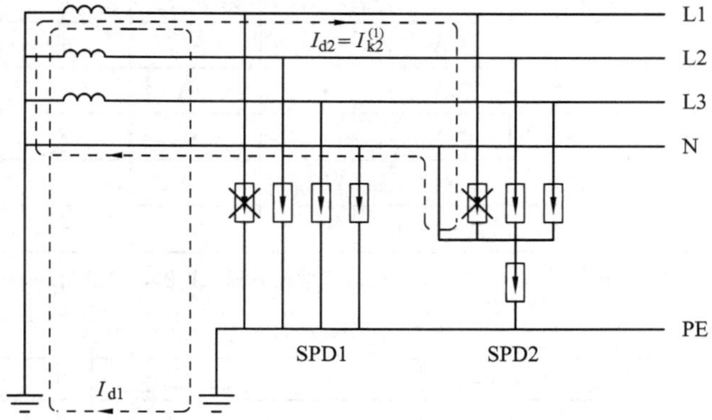

图 11-44　TT 系统中 SPD 失效时的故障回路

另外，如图 11-45 所示，是应该专门为 SPD 设置失效短路保护还是利用系统本身的过电流保护电器兼作 SPD 失效短路保护呢？一般来说，为 SPD 设置过电流保护，除了作 SPD 失效短路保护外，还兼作电涌电流超过其通流容量时的保护。若系统过流保护电器动作电流过大，不能在通过 SPD 的电涌电流过大时有效动作，则需要专门为 SPD 设置过电流保护电器。IEC61343-1 中对熔断器作过流保护电器时，采用上述哪一种过电流保护作了规定。当然，若考虑系统供电连续性，则应优先考虑为 SPD 单独设置过电流保护。

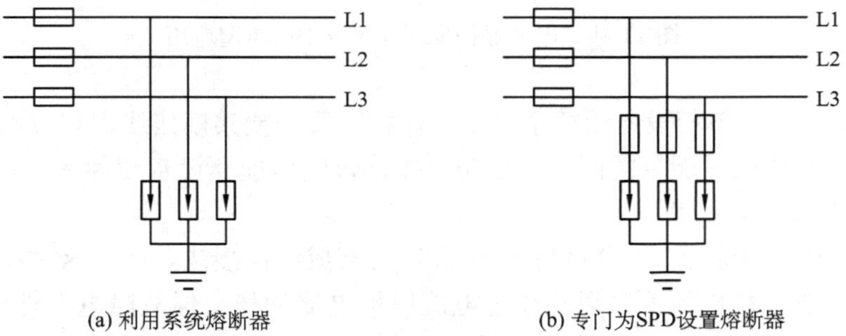

图 11-45　SPD 的过电流保护

11.9.2　电涌保护在各接地形式系统中的应用

低压系统中各导体间 SPD 的装设，可按表 11-10 确定。

1. *在 TN 系统中的应用*

TN 系统中，不论共模还是差模接线，SPD 失效都会产生短路电流，驱动过电流保护切除失效元件，因此一般将 SPD 装设在 RCD 的电源侧，既可以避免 SPD 动作造成的 RCD 误动作，又可以使 RCD 也受到电涌保护。电涌保护在 TN 系统中的典型应用如图 11-46 所示。

表 11-10　按系统特征确定的电涌保护器的连接

电涌保护器接于	电涌保护器安装点的系统特征							
	TT 系统		TN-C 系统	TN-S 系统		引出中性线的 IT 系统		不引出中性线的 IT 系统
	装设依据			装设依据		装设依据		
	接线形式 1	接线形式 2		接线形式 1	接线形式 2	接线形式 1	接线形式 2	
每一相线和中性线间	+	•	NA	+	•	+	•	NA
每一相线和 PE 线间	•	NA	NA	•	NA	•	NA	•
中性线和 PE 线间	•	•	NA	•	•	•	•	NA
每一相线和 PEN 线间	NA	NA	•	NA	NA	NA	NA	NA
相线间	+	+	+	+	+	+	+	+

注：“•”表示强制规定装设电涌保护器，“+”表示需要时可增设电涌保护器，“NA”表示不适用。

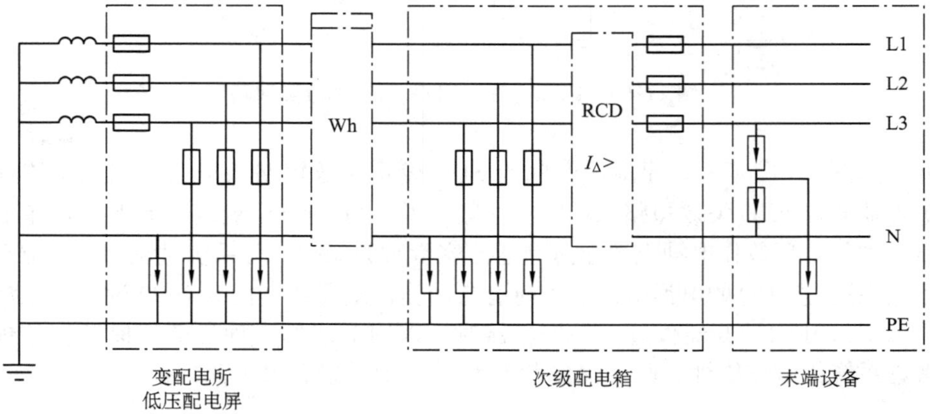

图 11-46　电涌保护在 TN 系统中的典型应用

图 11-46 中对末端单相设备设置了“2+1”保护，属于差共模接线，与三相系统中的“3+1”保护类似，在泄放电涌能量的同时，还防止差模过电压损坏设备硬件。

2. 在 TT 系统中的应用

在 TT 系统中，安装在 RCD 负荷侧的 SPD 可接成共模接法，因为这种接法中，当一只 SPD 失效时，尽管故障电流不足以驱动过电流保护电器动作，但故障电流性质为剩余电流，足以驱动 RCD 动作，切除故障元件。因此，在 SPD 处不设置熔断器做失效保护。如图 11-47(a)所示。

在 TT 系统中，当安装在 RCD 负荷侧的 SPD 接成差模接法时，任一只 SPD 失效，都会造成系统短路，此时，尽管 RCD 检测不到剩余电流，但过电流保护电器能可靠切除故障，因此也是可行的。如图 11-47(b)的“3+1”接线中差模部分所示。

在 TT 系统中，若将 SPD 安装在 RCD 的电源侧，则必须考虑差模或“3+1”方式，因为这时对失效 SPD 只能靠过电流保护切除，其前提条件是 SPD 失效必须产生短路电流，而 TT 系统中 SPD 共模接法时，SPD 失效是不会产生短路电流的，理由如前述，见图 11-44。

图 11-48 为电涌保护在 TT 系统中的典型应用示例。

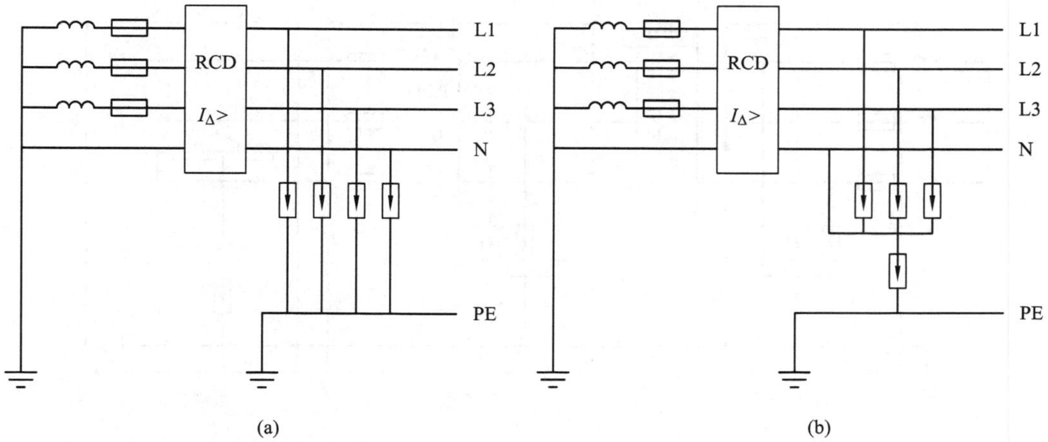

图 11-47　TT 系统中 SPD 设置在 RCD 负荷侧的作法

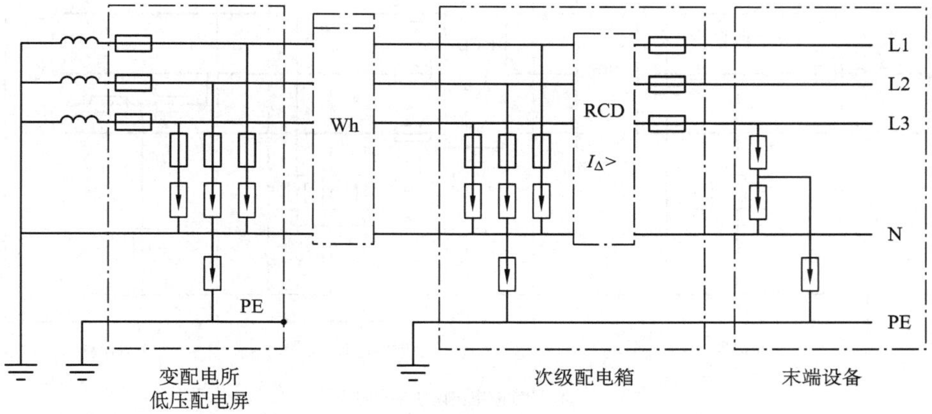

图 11-48　电涌保护在 TT 系统中的典型应用

3. *在 IT 系统中的应用*

在共模接法下，IT 系统中一只 SPD 失效相当于 IT 系统单相接地，不会产生过电流，若采用 IT 系统的目的是为了提高供电连续性，则不应因此切断电源，这要求将 SPD 安装在 RCD 的电源侧，如图 11-49(a)所示，但 SPD 本身应具有故障报警功能，以通知工作人员及时排除故障。若采用 IT 系统的目的只是为了电击防护，则可考虑将 SPD 设置在 RCD 的负荷侧，靠 RCD 切除失效 SPD，如图 11-49(b)所示。但需注意，若接地故障电流小于 RCD 动作电流 30mA，仍不能靠 RCD 切除失效 SPD。

思考与练习题

11-1　试判断以下说法是否正确。

(1) 直击雷指顶击雷，感应雷指侧击雷。

(2) 受静电感应雷击的建筑并未受到雷云闪击。

(3) 工频接地电阻与冲击接地电阻基本相等。

(4) 工频接地电阻与直流接地电阻基本相等。

(5) 工频接地电阻阻值实际上是接地阻抗的模。

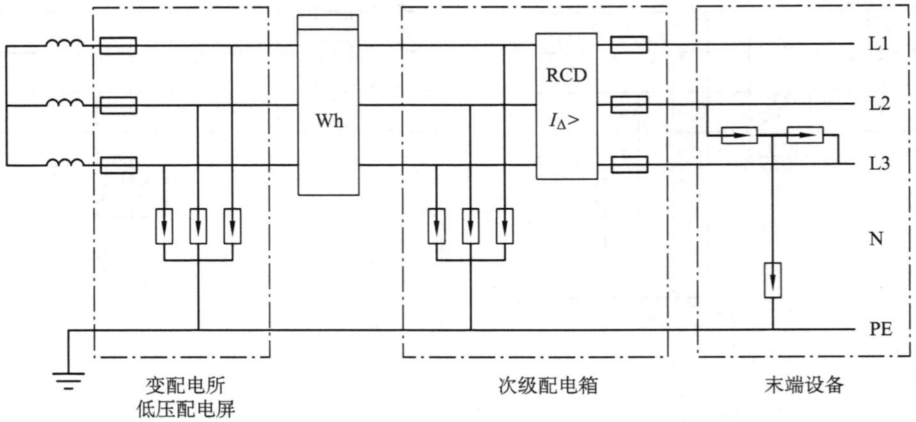

(a) 须保证供电连续性时接法

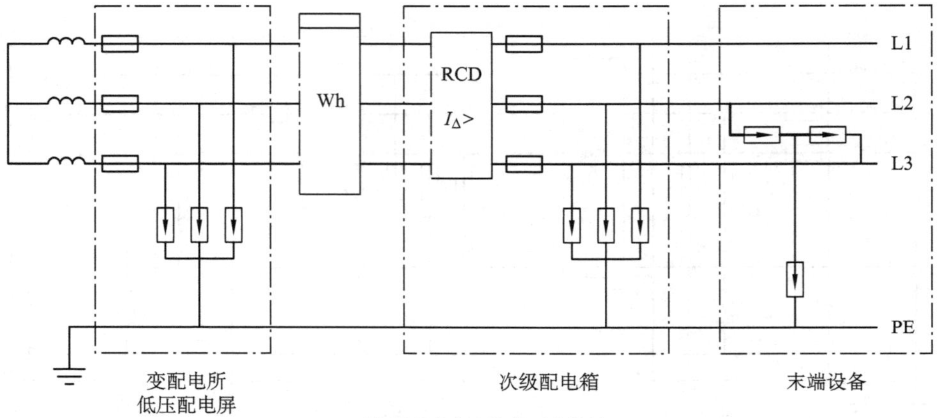

(b) 只考虑电击防护时的接法

图 11-49　电涌保护在 IT 系统中的典型应用

(6) 只有当接地装置有电流通过时，其附近才会有跨步电压。

(7) 因接地体是导体，导体是等位体，因此在接地体所在范围之上的地面不可能存在跨步电压。

(8) 不论接地体附近土壤情况如何，距接地体边缘越近，跨步电压越大，

(9) 接地电流会加速金属接地体的腐蚀。

(10) 按 EMC 的观点，雷击电磁脉冲 LEMP 是发射器所发出的电磁骚扰，电涌是感受器所受到的电磁干扰。

(11) 电涌就是过电压。

(12) 高暴露地点的特征之一是雷击电磁脉冲强度基本无衰减。

(13) SPD 的 I 类试验和Ⅱ类试验所测参数有部分是重叠的。

(14) 限压型 SPD 中非线性元件不可能有间隙。

11-2　如图 11-50 所示建筑为三类防雷建筑，欲在其屋顶设接闪杆做保护。

(1) 若只允许设一根接闪杆，这种方案是否可行？若可行，请确定接闪杆的位置和高度；若不可行，请用计算证明。

(2) 若要求在建筑物 4 个角上各设一根接闪杆，且 4 根接闪杆等高，试计算接闪杆的最小高度。

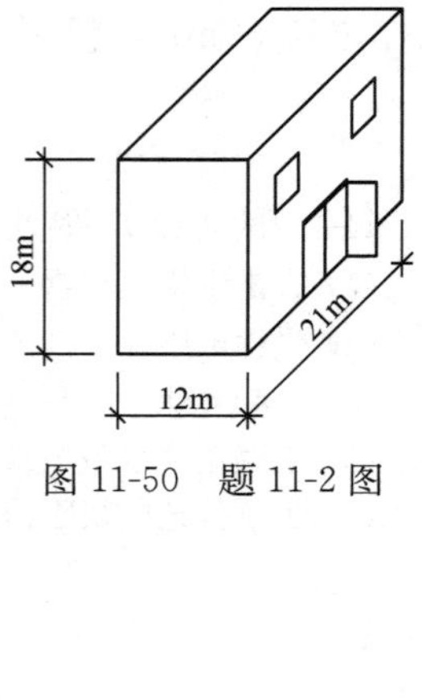

图 11-50　题 11-2 图

11-3　如图 11-51 所示，在新修三类防雷建筑旁原有一根接闪杆，接闪杆

高度为 50m，试计算该新修建筑能否得到该接闪杆保护。

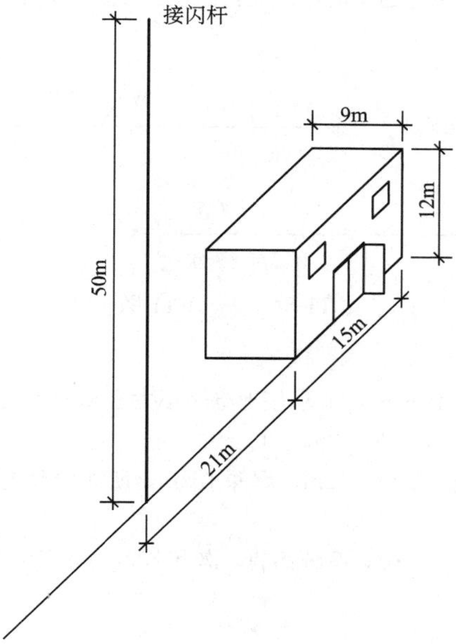

图 11-51 题 11-3 图

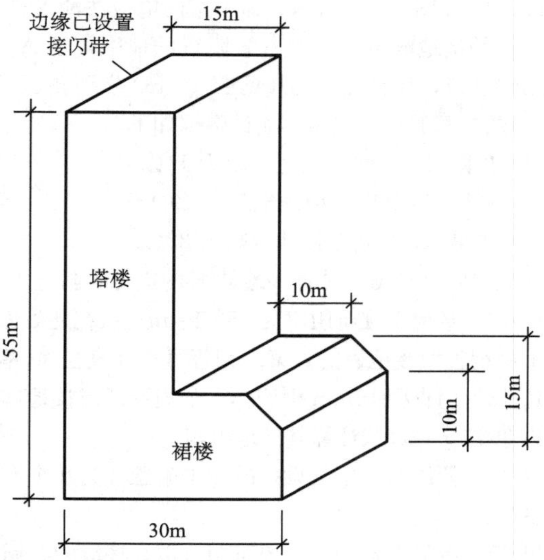

图 11-52 题 11-4 图

11-4 如图 11-52 所示为一栋二类防雷建筑，建筑物塔楼顶已设置了有效的接闪网保护，请回答以下问题。

(1) 该建筑是否还需要防侧击雷？

(2) 该建筑裙楼是否已受到塔楼的保护？

11-5 如图 11-53 所示建筑为二类防雷建筑，屋面四周已经设置了接闪带，但屋顶局部玻璃拱顶高出接闪带，未受到保护，且玻璃拱顶上不宜安装接闪器。请设计一个由屋顶接闪杆保护玻璃拱顶的方案，确定接闪杆的数量、装设位置，并计算杆的高度。

11-6 一根接闪杆高 50m，作一栋一类防雷建筑的直击雷防护，防雷接地冲击接地电阻为 10Ω，接闪杆单位长度的电阻、电感分别为 0.15mΩ/m 和 0.07mΩ/m，试计算雷击该接闪杆时，其顶端和距地 10m 处可能出现的最大对地电压。雷电参数请查阅表 10-3。

11-7 雷击电磁脉冲防护所保护的对象是谁？保护措施实施在哪些环节？与传统的建筑物内部防雷有什么区别与联系？

11-8 关于防雷区划分的标准，有以下 3 种说法，请判断哪一种最恰当。

(1) 防雷区是按空间区域可能遭受的 LEMP 强度划分的。

(2) 防雷区是按照空间区域中电子信息设备所能承受的电磁骚扰强度划分的。

(3) $LPZ0_A$、$LPZ0_B$ 和 LPZ1 区是按照空间区域内可能承受的 LEMP 强度划分的，LPZ1 以后的防雷区是按照空间区域中电子信息设备所能承受的电磁骚扰强度划分的。

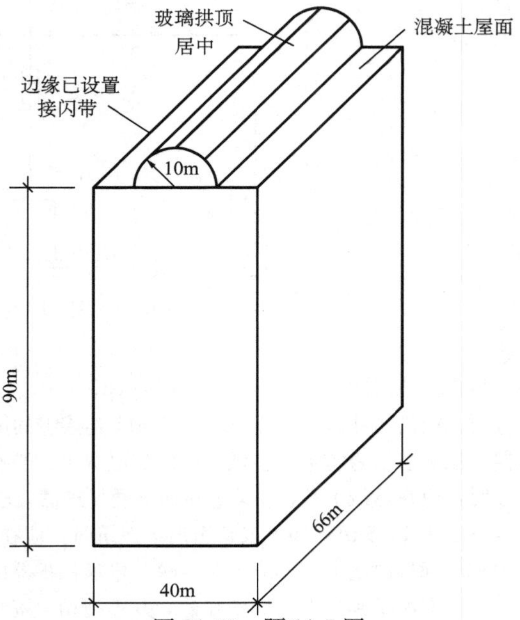

图 11-53 题 11-5 图

11-9　接地装置由哪几部分构成？接地装置、接地体、接地极是否为同一含义？

11-10　工程上接地电阻测试常采用什么方法？接地电阻测试与通常的电阻元件阻值测试相比较，方法上有较大不同，产生这种不同的根源到底是什么？

11-11　如图 11-54 所示，为了用两电极法测量被测接地体 E 的接地电阻，有人在 E 附近的地中打了 A、B 两个测试电极，用两电极法(见图 11-18)分别测试 A、B、E 两两之间的接地电阻，测试数据如下。

(1) 测得 E、A 间总接地电阻为 11Ω。

(2) 测得 E、B 间总接地电阻为 19Ω。

(3) 测得 A、B 间总接地电阻为 22Ω。

请根据以上数据，计算接地体 E 的接地电阻值。

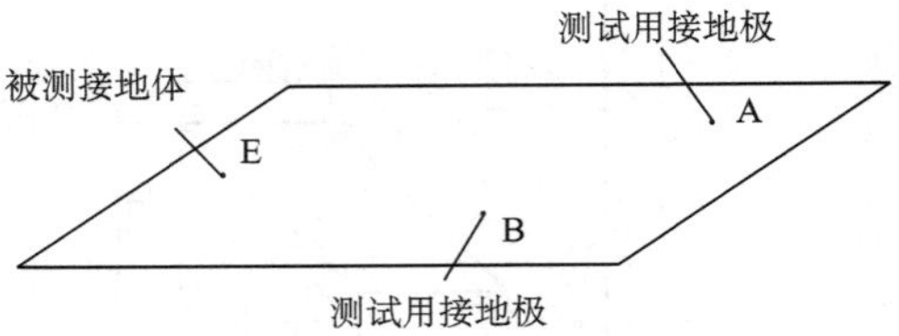

图 11-54　题 11-11 图

11-12　某地土壤电阻率为 150Ω·m，欲在此处做一个垂直接地极，要求接地电阻不大于 30Ω，试设计一个采用钢管做接地极的方案。钢管可选外直径为(单位：mm)15、20、25、40、50。

11-13　用直径 16mm 钢筋作一个矩形环形接地体，长×宽＝15m×12m，埋深 1.2m，所在位置土壤电阻率为 300Ω·m，试计算其接地电阻。

11-14　低压系统电气设备的冲击耐压分为几个等级？就 220/380V 系统而言，各等级的冲击耐压值分别是多少？

11-15　电涌保护为什么要采用分散、多级的布局？

11-16　用电设备上共模和差模过电压产生危害的途径有何不同？

11-17　常有报道，称处于关机状态的电子信息设备在一场雷雨之后被损坏，有的甚至连电源插座的开关都是断开的。请你分析产生这种情况有哪些可能性。

11-18　“3＋1”接线的保护模式中，各只 SPD 一般应选用哪种形式？

11-19　试分析图 11-55 所示 SPD 保护设置是否有问题，如果有问题，请提出改正方案。

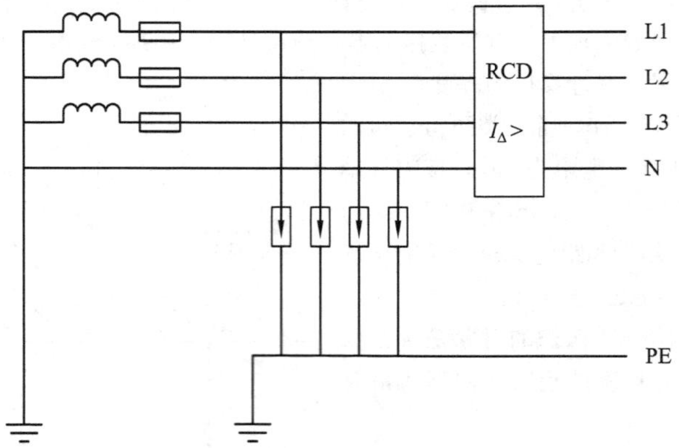

图 11-55　题 11-19 图

11-20　拓展学习。国家标准 GB 50057—2010《建筑物防雷设计规范》中有强制性条文规定如下。

对二类防雷建筑，当 Yyn0 或 Dyn11 连接组的配电变压器设置在本建筑内或附设于外墙处时，应在变压器高压侧装设避雷器；在低压侧的配电屏上，当有线路引出本建筑物至其他有独立敷设接地装置的配电装置时，应在母线上装设 I 类试验的电涌保护器，电涌保护器每一保护模式的冲击电流值，当无法确定时应取不小于 12.5kA；当无线路引出本建筑时，应在母线上装设Ⅱ类试验的电涌保护器，电涌保护器每一保护模式的标称放电电流不应小于 5kA。电涌保护器的电压保护水平值应不大于 2.5kV。

请根据所学到的电涌保护知识，并查阅相关资料，写一篇小论文，对该条文规定做出你的解释。

参 考 文 献

北京电力公司. 2010. 配电网技术标准规划设计分册. 北京：中国电力出版社

何光宇，孙英云. 2010. 智能电网基础. 北京：中国电力出版社

郭汀. 2011. 电气图形符号文字符号便查手册. 北京：化学工业出版社

何利民，尹全英. 2012. 电气制图与读图. 3版. 北京：机械工业出版社

蓝毓俊. 2004. 城市电网规划设计与改造. 北京：中国电力出版社

李邦协. 2011. 电气设备的安全. 北京：中国标准出版社

李世林，刘军成. 2007. 电能质量国家标准应用手册. 北京：中国标准出版社

全国建筑物电气装置标准化技术委员会，中国质检出版社第四编辑室. 2012. 建筑物电气装置国家标准汇编. 2版. 北京：中国质检出版社，中国标准出版社

施耐德电气. 2011. 电气装置应用(设计)指南. 北京：中国电力出版社

沈兵. 电气制图规则应用指南. 2009. 北京：中国标准出版社

王洪泽，等. 2007. 电力系统接地技术手册. 北京：中国电力出版社

王季梅. 2006. 高压交流熔断器及其应用. 北京：机械工业出版社

王维俭. 1991. 电力系统继电保护基本原理. 北京：清华大学出版社

徐国政，等. 2000. 高压断路器原理和应用. 北京：清华大学出版社

杨岳. 2010. 电气安全. 2版. 北京：机械工业出版社

雍静. 2011. 供配电系统. 2版. 北京：机械工业出版社

张纬钹，等. 2002. 过电压防护及绝缘配合. 北京：清华大学出版社

赵希正. 2002. 电力负荷特性分析与预测. 北京：中国电力出版社

中国电力科学研究院系统所. 2009. 20kV中压配电理论研究与工程实践. 北京：中国电力出版社

中国航空工业规划设计研究院. 2005. 工业与民用配电设计手册. 3版. 北京：中国电力出版社

周荣光. 1988. 电力系统故障分析. 北京：清华大学出版社

周泽存，等. 2004. 高电压技术. 北京：中国电力出版社

Günter G S. 1999. 电气安装技术手册. 北京：中国建筑工业出版社

Hases P. 2005. 低压系统防雷保护. 北京：中国电力出版社

IEEE标准142-1982. 1988. 工业和商业供电系统的接地. 北京：机械工业出版社

Lkervi E，Holmes E J. 2003. 配电网络规划与设计. 北京：中国电力出版社

附　　录

附表 1　用电设备组的需要系数、二项式系数及功率因数值

用电设备组名称	需要系数 K_d	二项式系数		最大容量设备台数 x①	$\cos\varphi$	$\tan\varphi$
		b	c			
小批生产的金属冷加工机床	0.16～0.2	0.14	0.4	5	0.5	1.73
大批生产的金属冷加工机床	0.18～0.25	0.14	0.5	5	0.5	1.73
小批生产的金属热加工机床	0.25～0.3	0.24	0.4	5	0.6	1.33
大批生产的金属热加工机床	0.3～0.35	0.26	0.5	5	0.65	1.17
通风机、水泵、空压机及电动发电机组	0.7～0.8	0.65	0.25	5	0.8	0.75
非连锁的连续运输机械及铸造车间整砂机械	0.5～0.6	0.4	0.4	5	0.75	0.88
连锁的连续运输机械及铸造车间整砂机械	0.65～0.7	0.6	0.2	5	0.75	0.88
锅炉房和机加工、机修、装配等类车间的吊车(ε=25%)	0.1～0.15	0.06	0.2	3	0.5	1.73
铸造车间的吊车(ε=25%)	0.15～0.25	0.09	0.3	3	0.5	1.73
自动连续装料的电阻炉设备	0.75～0.8	0.7	0.3	2	0.95	0.33
非自动连续装料的电阻炉设备	0.65～0.7	0.7	0.3	2	0.95	0.33
实验室用的小型电热设备(电阻炉、干燥箱等)	0.7	0.7	0	—	1.0	0
工频感应电炉(未带无功补偿装置)	0.8	—	—	—	0.35	2.68
高频感应电炉(未带无功补偿装置)	0.8	—	—	—	0.6	1.33
电弧熔炉	0.9	—	—	—	0.87	0.57
点焊机、缝焊机	0.35	—	—	—	0.6	1.33
对焊机、铆钉加热机	0.35	—	—	—	0.7	1.02
自动弧焊变压器	0.5	—	—	—	0.4	2.29
单头手动弧焊变压器	0.35	—	—	—	0.35	2.68
多头手动弧焊变压器	0.4	—	—	—	0.35	2.68
单头弧焊电动发电机组	0.35	—	—	—	0.6	1.33
多头弧焊电动发电机组	0.7	—	—	—	0.75	0.88
生产厂房及办公室、阅览室、实验室照明②	0.8～1	—	—	—		0
变配电所、仓库照明②	0.5～0.7	—	—	—	1.0	0
宿舍(生活区)照明②	0.6～0.8	—	—	—	1.0	0
室外照明、应急照明②	1	—	—	—	1.0	0

注：①当用电设备组的设备总台数 $n<2x$ 时，则最大容量设备台数取 $x=n/2$，且按"四舍五入"修约规则取整数。

②各类照明灯具的 $\cos\varphi$ 和 $\tan\varphi$ 值请参见附表 4。

附表 2　照明用电设备需要系数

建筑类别	K_d	建筑类别	K_d
生产厂房(有天然采光)	0.80～0.90	宿舍区	0.60～0.80
生产厂房(无天然采光)	0.90～1.00	医院	0.50
办公楼	0.70～0.80	食堂	0.90～0.95
设计室	0.90～0.95	商店	0.90
科研楼	0.80～0.90	学校	0.60～0.70
仓库	0.50～0.70	展览馆	0.70～0.80
锅炉房	0.90	旅馆	0.60～0.70

附表 3　旅游旅馆用电设备的 K_d、$\cos\varphi$ 和 $\tan\varphi$

用电设备组名称	K_d	$\cos\varphi$	$\tan\varphi$
照明：客房	0.35～0.45	0.95	0.33
其他场所	0.50～0.70		
冷水机组、泵	0.65～0.70	0.80	0.75
通风机	0.60～0.70	0.80	0.75
电梯	0.18～0.22	0.50	1.73
洗衣机	0.30～0.35	0.70	1.02
厨房设备	0.35～0.45	0.75	0.88
窗式空调器	0.35～0.45	0.80	0.75

附表 4　照明用电设备的 $\cos\varphi$ 及 $\tan\varphi$

光源类别	$\cos\varphi$	$\tan\varphi$	光源类别	$\cos\varphi$	$\tan\varphi$
白炽灯、卤钨灯	1.00	0.00	高压钠灯	0.45	1.98
荧光灯(无补偿)	0.55	1.52	金属卤化物灯	0.40～0.61	2.29～1.29
荧光灯(有补偿)	0.90	0.48	镝灯	0.52	1.60
高压汞灯	0.45～0.65	1.98～1.16	氙灯	0.90	0.48

附表 5　电梯的需要系数 K_d(美国国家电气法规)

电梯	1	2	3	4	5	6
K_d	1	0.91	0.85	0.80	0.76	0.72

附表 6　BW 型并联电容器的技术数据

型号	额定容量/kvar	额定电容/μF	型号	额定容量/kvar	额定电容/μF
BW0.4-12-1	12	240	BWF6.3-20-1W	30	2.4
BW0.4-12-3	12	240	BWF6.3-40-1W	40	3.2
BW0.4-13-1	13	259	BWF6.3-50-1W	50	4.0
BW0.4-13-3	13	259	BWF6.3-100-1W	100	8.0
BW0.4-14-1	14	280	BWF6.3-120-1W	120	9.63
BW0.4-14-3	14	280	BWF10.5-22-1W	22	0.64
BW6.3-12-1TH	12	0.96	BWF10.5-25-1W	25	0.72
BW6.3-12-1W	12	0.96	BWF10.5-30-1W	30	.87
BW6.3-16-1W	16	1.28	BWF10.5-40-1W	40	1.15
BW10.5-12-1W	12	0.35	BWF10.5-50-1W	50	1.44
BW10.5-16-1W	16	0.46	BWF10.5-100-1W	100	2.89
BWF6.3-22-1W	22	1.76	BWF10.5-120-1W	120	3.47
BWF6.3-25-1W	25	2.0			

附表 7　SC 系列 10kV 铜绕组低损耗电力变压器的技术数据

额定容量/(kV·A)	额定电压/kV		连接组标号	空载损耗/W	负载损耗①/W	短路电压/%	空载电流/%
	一次	二次					
30	10	0.4	Yyn0 Dyn11	240	620	4	2.8
50				300	890	4	2.4
80				370	1270	4	2.0
100				400	1480	4	2.0
125				480	1750	4	1.6
160				550	2430	4	1.6
200				650	2600	4	1.6
250				750	3050	4	1.6
315				920	3650	4	1.4
400				1000	4300	4	1.4
500				1180	5100	4	1.4
630				1350	6200	6	1.2
800				1550	7500	6	1.2
1000				1800	10300	6	1.0
1250				2200	12000	6	1.0
1600				2600	14500	6	1.0

注：①该参数即本书 3.4.3 节中的“短路有功损耗”。

附表 8　常用高压断路器的技术数据

类别	型号	额定电压/kV	额定电流/A	开断电流/kA	断流容量/(MV·A)	动稳定电流标称值/kA	热稳定电流/kA	固有分闸时间/s	合闸时间/s	配用操动机构型号
少油户外	SW2-35/1000	35①	1000	16.5	1000	45	16.5(4s)	≤0.06	≤0.4	CT2-XG
	SW2-35/1500		1500	24.8	1500	63.4	24.8(4s)			
少油户内	SN10-35 Ⅰ	35①	1000	16	1000	45	16(4s)	≤0.06	≤0.2	CT10
	SN10-35 Ⅱ		1250	20	1000	50	20(4s)		≤0.25	CT10Ⅳ
	SN10-12 Ⅰ	12	630	16	300	40	16(4s)	≤0.06	≤0.15	CT8
			1000	16	300	40	16(4s)		≤0.2	CD10 Ⅰ
	SN10-12 Ⅱ		1000	31.5	500	80	31.5(2s)	≤0.06	≤0.2	CT10 Ⅰ、Ⅱ
	SN10-12 Ⅲ		1250	40	750	125	40(2s)	≤0.07	≤0.2	CD10Ⅲ
			2000	40	750	125	40(4s)			
			3000	40	750	125	40(4s)			
真空户内	ZN23-35	35①	1600	25		63	25(4s)	≤0.06	≤0.075	CT12
	ZN3-10Ⅰ	10①	630	8		20	8(4s)	≤0.07	≤0.15	CD10 等
	ZN3-10 Ⅱ		1000	20		50	20(20s)	≤0.05	≤0.10	
	ZN4-10/1000		1000	17.3		44	17.3(4s)	≤0.05	≤0.2	CD10 等
	ZN4-10/1250		1250	20		50	20(4s)			
	ZN5-10/630		630	20		50	20(2s)	≤0.05	≤0.1	专用 CD 型
	ZN5-10/1000		1000	20		50	20(2s)			
	ZN5-10/1250		1250	25		63	25(2s)			
	ZN12-10/1250		1250	25		63	25(4s)	≤0.06	≤0.1	CD8 等
	ZN12-10/2000		2000							
	ZN12-10/1250		1250	31.5		80,	31.5(4s)			
	ZN12-10/2000		2000							
	ZN12-10/2500		2500	40		100				
	ZN12-10/3150		3150				40(4s)			
	ZN24-10/1250-20		1250	20		50	20(4s)	≤0.06	≤0.1	CD8 等
	ZN28-10 Ⅱ /1250	12	1250	31.5		80	31.5(4s)			
	ZN28-10 Ⅱ /2000		2000							
六氟化硫户内	LN2-35Ⅰ	35①	1250	16		40	16(4s)	≤0.06	≤0.15	CT12 Ⅱ
	LN2-35 Ⅱ		1250	25		63	24(4s)			
	LN2-40.5	40.5	1600	25		63	25(4s)			
	LN2-12	12	1250	25		63	25(4s)	≤0.06	≤0.15	CT12Ⅰ CT8Ⅰ

注：①这是运行中的老产品铭牌额定电压值，现在断路器一般以设备最高电压作为额定电压。

附表 9　常用高压隔离开关的技术数据

型号	额定电压/kA	额定电流/A	极限通过电流/kA		5s 热稳定电流/kA	操动机构型号
			峰值	有效值		
GN$_8^6$-6T/200	6	200	25.5	14.7	10	CS6-1T（CS6-1）
GN$_8^6$-6T/400		400	40	30	14	
GN$_8^6$-6T/200		600	52	30	20	
GN$_8^6$-10T/200	10	200	25.5	14.7	10	S6-1T（CS6-1）
GN$_8^6$-10T/400		400	40	30	14	
GN$_8^6$-10T/600		600	52	30	20	
GN$_8^6$-10T/1000		1000	75	43	30	

附表 10　RN1 型室内高压熔断器的技术数据

型号	额定电压/kV	额定电流/A	熔体电流/A	额定断流容量/(MV・A)	最大开断电流有效值/kA	最小开断电流(额定电流倍数)	过电压倍数(额定电压倍数)
RN1-6	6	25	2，3，5 7.5，10，15 20，25，30， 40，50，60， 75，100	200	20	1.3	2.5
		50					
		100					
RN1-10	10	25			11.6	—	
		50					
		100					

附表 11　RN2 型室内高压熔断器的技术数据

型号	额定电压/kV	额定电流/A	三相最大断流容量/(MV・A)	最大开断电流/kA	当开断极限短路电流时，最大电流峰值/kA	过电压倍数(额定电压倍数)
RN2-6	6	0.5	1000	85	300	2.5
RN2-10	10			50	1000	

附表 12　常用电流互感器的技术数据

型号	额定电流比/A	级次组合	准确级次	额定二次负荷/Ω				1s 热稳定倍数	动稳定倍数	选用铝母线截面尺寸/mm^2
				0.5 级	1 级	3 级	B 级			
LCZ-35	20～300，600	0.5/0.5	0.5	2						
	400，800	0.5/3	3			2			150	
	1000/5	B/B	B				2		100	
LQJ-10	5,10,15,20,30	0.5/3	0.5	0.4	0.6			90	225	
	40，50，60，75，	1/3	1		0.4					
	100/5	0.5/D						75	160	
	160，200，315，	1/D								
	400/5		3			0.6				
LMZ-10	300，	0.5/3	0.5	0.4	0.8					30×4
	400，		1		0.4					40×5
	500，600									50×6
	750，800		3			0.6				60×8
	1000，1500/5									80×8

附表 13　常用电压互感器的技术数据

型号	额定电压/V			额定容量($\cos\varphi=0.9$)/(V·A)			大容量/(V·A)	连接组
	一次线圈	二次线圈	辅助线圈	0.5 级	1 级	3 级		
JDZJ-6	$6000/\sqrt{3}$	$100/\sqrt{3}$	100/3	30	50	100	200	1/1/1-12-12
JDZJ-6				50	80	200	400	
JDZB-6								
JDZJ-10	$10000/\sqrt{3}$	$100/\sqrt{3}$	100/3	40	60	150	300	
JDZJ-10				50	80	200	400	
JDZB-10								
JSJW-6	$6000/\sqrt{3}$	$100/\sqrt{3}$	100/3	80	150	320	640	Y0/Y0/
JSJW-10	$10000/\sqrt{3}$	$100/\sqrt{3}$	100/3	120	200	480	960	
JDZ-6	6000	100	—	50	80	200	300	1/1-12
JDZ-10	10000	100	—	80	120	300	500	1/1-12

附表 14　常用高压开关柜的技术数据

开关柜型号	类别型式	设备最高电压/kV	额定电流/A	断路器型号	操动机械型号	电流互感器型号	电压互感器型号	高压熔断器型号	避雷器型号	接地开关型号	外形尺寸(mm：长×宽×高)
JYN1-40.5	单线线移开式	40.5	1000	SN10-35	CD10 CT8	LCA-35	JDJ2-35 JDZJ2-35	RN2-35	FZ-35 FYZ1-35		1818× 2400×292
JYN2-12		12	630-2500	Ⅰ SN10-10Ⅱ Ⅲ ZN28-12	CD10 CT8	LZZB6-10 LZZQB6-0	JDZ6-10 JDZJ6-10	RN2-10	FCD3	JN-101	(1000) 840× 1500×2200
KYN-12			630-2500	Ⅰ SN10-10Ⅱ Ⅲ ZN28-12	CD10 CT8	CDJ-10	JDZ-10 JDZJ-10	RN2-10		JN-10	(1500) 800×1650 ×2200 (1800)

附表 15　C65 系列小型低压断路器的技术数据

型号	额定电压 /V	额定电流/A	极数	分断能力/kA	脱扣特性	隔离性能
C65a	220/380	6～63	1～4P	4.5	C	有
C65N		1～63		6	B/C/D	
C65H				10	C/D	
C65L				15	C/D	

注：C65N 断路器额定电流系列为(单位：A)1、2、3、4、6、10、16、20、25、32、40、50、63。

附表 16　VigiC65 漏电保护附件的技术数据

型号	额定电压/V	额定电流/A	额定漏电动作电流/mA	过电压保护(280V±5%)	类型
VigiC65ELE(G)	220/380	≤40	30、300	有	1P+N、2～4P
VigiC65ELE		≤63	30	无	
VigiC65ELM		≤63	300	无	2～4P

附表 17　C65N、C65H 热脱扣器 B、C 型额定电流温度修正系数

额定电流/A	20℃	25℃	30℃	35℃	40℃	45℃	50℃	55℃	60℃
1	1.05	1.02	1.00	0.98	0.95	0.93	0.90	0.88	0.85
2	2.08	2.04	2.00	1.96	1.92	1.88	1.84	1.80	1.74
3	3.18	3.09	3.00	2.91	2.82	2.70	2.61	2.49	2.37
4	4.24	4.12	4.00	3.88	3.76	3.64	3.52	3.36	3.24
6	6.24	6.12	6.00	5.88	5.76	5.64	5.52	5.40	5.30
10	10.6	10.3	10.0	9.70	9.30	9.00	8.60	8.20	7.80
16	16.8	16.5	16.0	15.5	15.2	14.7	14.2	13.8	13.5
20	21.0	20.6	20.0	19.4	19.0	18.4	17.8	17.4	16.8
25	26.2	25.7	25.0	24.2	23.7	23.0	22.2	21.5	20.7
32	33.5	32.9	32.0	31.4	30.4	29.8	28.4	28.2	27.5
40	42.0	41.2	40.0	38.8	38.0	36.8	35.6	34.4	33.2
50	52.5	51.5	50.0	48.5	47.4	45.5	44.0	42.5	40.5
63	66.2	64.9	63.0	61.1	58.0	56.7	54.2	51.7	49.2

附表 18　N S 系列塑料外壳式低压配电用断路器的技术数据

断路器额定电流/A	长延时脱扣器额定电流/A	极限分断能力代号	额定极限短路分断能力/kA		额定运行短路分断能力/kA 交流		瞬时脱扣器整定电流倍数		电寿命/次
			有效值 380V	cosφ	380V 有效值	cosφ	配电用	保护电动机用	
100	16、20、22	N	18	0.3	14	0.3	10	12	10000
	45、50、63	H	35	0.25	18	0.25			
	80、100	L	100	0.2	50	0.2			
200	100、125、	N	25	0.25	19	0.3	5～10	8～12	8000
	160、180、	H	42	0.25	25	0.25			
	200、225	L	100	0.2	50	0.2			
400	200、250、	N	30	0.25	23	0.25	10	12	5000
	315、350	H	42	0.25	25	0.25	5～10	—	
	400	L	100	0.2	50	0.2			
630	500、630	N	30	0.25	23	0.25	5～10	—	5000
		H	42	0.25	25	0.25			
1250	630、700、800、1000、1250	L	50	0.25	38	0.25	4～7	—	3000

附表 19　M 系列低压断路器(1000～4000A)的技术数据

额定电流/A	交流 380V 时极限通断能力有效值/kA				最大飞弧距离/mm	机械寿命/次	插入式触头机械寿命/次	电寿命/次
	瞬时	$\cos\varphi$	短延时 0.4s	$\cos\varphi$				
1000	40	0.25	30	0.25	350	10000	1000	2500
1500	40	0.25	30	0.25	350	10000	1000	2500
2500	60	0.2	40	0.25	350	5000	600	500
4000	80	0.2	60	0.2	400	5000	—	500

附表 20　M 系列低压断路器(1000～4000A)过流脱扣器技术数据

断路器额定电流/A	脱扣器额定电流/A	选择性低压断路器半导体脱扣器整定电流/A			非选择性低压断路器脱扣器整定电流/A		
		长延时	短延时	瞬时	热-电磁式		电磁式
					长延时	瞬时	瞬时
1000	600	420～600	1800～6000	6000～12000	420～600	1800～6000	600～1800
	800	560～800	2400～8000	8000～16000	560～800	2400～8000	800～2400
	1000	700～1000	3000～10000	10000～20000	700～1000	300～10000	1000～3000
1500	1500	1050～1500	4500～15000	15000～30000	1050～1500	4500～15000	1500～4500
2500	1500	1050～1500	4500～9000	10500～21000	1050～1500	4500～15000	1500～4500
	2000	1400～2000	6000～12000	14000～28000	1400～2000	6000～20000	2000～6000
	2500	1750～2500	7500～15000	17500～35000	1750～2500	7500～25000	2500～7500
4000	2500	1750～2500	7500～15000	17500～35000	1750～2500	7500～25000	2500～7500
	3000	2100～3000	9000～18000	21000～42000	2100～3000	9000～30000	3000～9000
	4000	2800～4000	12000～24000	28000～56000	2800～4000	12000～40000	4000～12000

附表 21　常用低压熔断器的技术数据

型号	额定电压/V	额定电流/A		最大分断电流/kA	
		熔断器	熔体	电流	$\cos\varphi$
RT0-100	交流 380 直流 440	100	30、40、50、60、80、100	50	0.1～0.2
RT0-200		200	(80，100)、120、150、200		
RT0-400		400	(150，200)、250、300、350、400		
RT0-600		600	(350，400)450、500、550、600		
RT0-1000		1000	700、800、900、1000		
RM10-15	交流 220、380、500 直流 220、440	15	6、10、15	1.2	0.8
RM10-60		60	15、20、25、35、45、60	3.5	0.7
RM10-100		100	60、80、100	10	0.35
RM10-200		200	100、125、160、200	10	0.35
RM10-350		350	200、225、260、300、350	10	0.35
RM10-600		600	350、430、500、600	10	0.35
RL-15	交流 380 直流 440	15	2、4、5、6、10、15	25	
RL-60		60	20、25、230、35、40、50、60	25	
RL-100		100	60、80、100	50	
RL-200		200	100、125、150、200	50	

附表 22　架空裸导线的最小截面

线路类别		导线最小截面/mm²		
		铝及铝合金绞线	钢芯铝绞线	铜绞线
35kV 及以上线路		35	35	35
3～10kV 线路	居民区	35	25	25
	非居民区	25	16	16
低压线路	一般	16	16	16
	与铁路交叉跨越	35	16	16

附表 23　绝缘导线芯线的最小截面

线路类别			芯线最小截面/mm²		
			铜芯软线	铜线	铝线
照明用灯头引下线		室内	0.5	1.0	2.5
		室外	1.0	1.0	2.5
移动式设备线路		生活用	0.75	—	—
		生产用	1.0	—	—
敷设在绝缘支持件上的绝缘导线(*L* 为支持点间距)	室内	$L \leqslant 2m$	—	1.0	2.5
	室外	$L \leqslant 2m$	—	1.5	2.5
		$2m < L \leqslant 6m$	—	2.5	4
		$6m < L \leqslant 15m$	—	4	6
		$15m < L \leqslant 25m$	—	6	10
穿管敷设的绝缘导线		1.0	1.0	1.0	2.5
沿墙明敷的塑料护套线		—	—	1.0	2.5
板孔穿线敷设的绝缘导线		—	—	1.0(0.75)	2.5
PE 线和 PEN 线	有机械保护时		—	1.5	2.5
	无机械保护时	多芯线	—	2.5	4
		单芯干线	—	10	16

附表 24　电线、电缆芯线允许长期工作温度

电线电缆种类		线芯允许长期工作温度/℃	电线电缆种类			线芯允许长期工作温度/℃
橡皮绝缘电线	500V	65	通用绝缘软电缆			65
塑料绝缘电线	500V	70	橡皮绝缘电力电缆			65
黏性油浸纸绝缘电力电缆	1～3kV	80	不滴流油浸纸绝缘电力电缆	单芯及分相铅包	1～6kV	80
	6kV	65			10kV	70
	10kV	60		带绝缘	35kV	80
	35kV	50			6kV	65
交联聚乙烯绝缘电力电缆	1～10kV	90			10kV	65
	35kV	80	裸铝、铜母线或裸铝、铜绞线			70
聚氯乙烯绝缘电力电缆	1～6kV	70	乙丙橡皮绝缘电缆			90

附表 25　确定电缆载流量的环境温度

电缆敷设场所	有无机械通风	择取的环境温度
土中直埋		埋深处的最热月平均地温
水下		最热月的日最高水温平均值
户外空气中、电缆沟		最热月的日最高温度平均值
有热源设备厂房	有	通风设计温度
	无	最热月的日最高温度月平均值另加 5℃
一般性厂房、室内	有	通风设计温度
	无	最热月的日最高温度平均值
户内电缆沟	无	最热月的日最高温度月平均值另加 5℃
隧道		
隧道	有	通风设计温度

附表 26　铜、铝及钢芯铝绞线的允许载流量(环境温度+25℃最高允许温度+70℃)

铜绞线			铝绞线			钢芯铝绞线	
导线型号	载流量/A		导线型号	载流量/A		导线型号	载流量/A
	屋外	屋内		屋外	屋内		屋外
TJ-16	130	100	TJ-16	105	80	LGJ-16	105
TJ-25	180	140	TJ-25	135	110	LGJ-25	135
TJ-35	220	175	TJ-35	170	135	LGJ-35	170
TJ-50	270	220	TJ-50	215	170	LGJ-50	220
TJ-70	340	280	TJ-70	265	215	LGJ-70	275
TJ-95	415	340	TJ-95	325	260	LGJ-95	335
TJ-120	485	405	TJ-120	375	310	LGJ-120	380
TJ-150	570	480	TJ-150	440	370	LGJ-150	445
TJ-185	645	550	TJ-185	500	425	LGJ-185	515
TJ-240	770	650	TJ-240	610	—	LGJ-240	610

附表 27　矩形母线允许载流量(竖放)(环境温度+25℃最高允许温度+70℃)

母线尺寸(宽×厚)/(mm×mm)	铜母线(TMY)载流量/A			铝母线(LMY)载流量/A		
	每相的铜排数			每相的铝排数		
	1	2	3	1	2	3
15×3	210	—	—	165	—	—
20×3	275	—	—	215	—	—
25×3	340	—	—	265	—	—
30×4	475	—	—	365	—	—
40×4	625	—	—	480	—	—
40×4	700	—	—	540	—	—
50×5	860	—	—	665	—	—
50×6	955	—	—	740	—	—
60×6	1125	1740	2240	870	1355	1720
80×6	1480	2110	2720	1150	1630	2100
100×6	1810	2470	3170	1425	1935	2500
60×8	1320	2160	2790	1245	1680	2180
80×8	1690	2620	3370	1320	2040	2620
100×8	2080	3060	3930	1625	2390	3050

母线尺寸(宽×厚)/(mm×mm)	铜母线(TMY)载流量/A			铝母线(LMY)载流量/A		
	每相的铜排数			每相的铝排数		
	1	2	3	1	2	3
120×8	2400	2400	4340	1900	2650	3380
60×10	1475	2560	3300	1155	2010	2650
80×10	1900	3100	3990	1480	2410	3100
100×10	2310	3610	4650	1820	2860	3650
120×10	2650	4100	5200	2070	3200	4100

注：母线平放时，宽为 60mm 以下，载流量减少 5%，当宽为 60mm 以上时，应减少 8%。

附表 28　绝缘导线明敷时的允许载流量　　(单位：A)

芯线载面/mm^2	橡皮绝缘导线				塑料绝缘导线			
	BLX、BBLX		BX、BBX		BLV		BV、BVR	
	25℃	30℃	25℃	30℃	25℃	30℃	25℃	30℃
2.5	27	25	35	32	25	23	32	29
4	35	32	45	42	32	29	42	39
6	45	42	58	54	42	39	55	51
10	65	60	85	79	59	55	75	70
16	85	79	110	102	80	74	105	98
25	110	102	145	135	105	98	138	129
35	138	129	180	168	130	121	170	158
50	175	163	230	215	165	154	215	201
70	220	206	285	265	205	191	265	247
95	265	247	345	322	250	233	325	303
120	310	280	400	374	283	266	375	350
150	360	336	470	439	325	303	430	402
185	420	392	540	504	380	355	490	458

附表 29　聚氯乙烯绝缘导线穿钢管时的允许载流量　　(单位：A)

芯线载面/mm^2	两根单芯线			管径/mm		三根单芯线			管径/mm		四根单芯线			管径/mm	
	环境温度					环境温度					环境温度				
	25℃	30℃	35℃	G	DG	25℃	30℃	35℃	G	DG	25℃	30℃	35℃	G	DG
BLV 铝芯															
2.5	20	18	17	15		18	16	15	15		15	14	12	15	
4	27	25	23	15		24	22	20	15		22	20	19	15	
6	35	32	30	15		32	29	27	15		28	26	24	20	
10	49	45	42	20	15	44	41	38	20	15	38	35	32	25	15
16	63	58	54	25	15	56	52	48	25	15	50	46	43	25	20
25	80	74	69	25	20	70	65	60	32	20	65	60	50	32	25
35	100	93	86	32	25	90	84	77	32	25	80	74	69	32	25
50	125	116	108	32	25	110	102	95	40	32	100	93	86	50	32
70	155	144	134	50	32	143	133	123	50	32	127	118	109	50	40
95	190	177	164	50	40	170	158	147	50	40	152	142	131	70	
120	220	205	190	50		195	182	168	50		172	160	148	70	
150	250	233	216	70		225	210	194	70		200	187	173	70	
185	285	266	246	70		255	238	220	70		230	215	198	80	

续表

芯线截面/mm²	两根单芯线 环境温度			管径/mm		三根单芯线 环境温度			管径/mm		四根单芯线 环境温度			管径/mm	
	25℃	30℃	35℃	G	DG	25℃	30℃	35℃	G	DG	25℃	30℃	35℃	G	DG
BV 铜芯															
1.0	14	13	12	15		13	12	11	15		11	10	9	15	
1.5	19	17	16	15		17	15	14	15		16	14	13	15	
2.5	26	24	22	15		24	22	20	15		22	20	19	15	
4	35	32	30	15	15	31	28	26	15	15	28	26	24	15	
6	47	43	40	15	15	41	38	35	15	15	37	34	32	20	15
10	65	60	56	20	15	57	53	49	20	15	50	46	43	25	15
16	82	76	70	25	15	73	68	63	25	15	65	60	56	25	15
25	107	100	92	25	20	95	88	82	32	20	85	79	73	32	20
35	133	124	115	32	25	115	107	99	32	25	105	98	90	32	25
50	165	154	142	32	25	146	136	126	40	32	130	121	112	50	25
70	205	191	177	50	32	183	171	158	50	32	165	154	142	50	32
95	250	233	216	50	40	225	210	194	50	40	200	187	173	70	40
120	290	271	250	50		260	243	224	50		230	215	198	70	
150	330	308	285	70		300	280	259	70		265	247	229	70	
185	380	355	328	70		340	317	294	70		300	280	259	80	

附表 30　聚氯乙烯绝缘导线穿塑料管时的允许载流量　（单位：A）

芯线截面/mm²	两根单芯线 环境温度			管径/mm	三根单芯线 环境温度			管径/mm	四根单芯线 环境温度			管径/mm
	25℃	30℃	35℃		25℃	30℃	35℃		25℃	30℃	35℃	
BLV 铝芯												
4	24	22	20	20	22	20	19	20	19	17	16	20
6	31	28	26	20	27	25	23	20	25	23	21	25
10	42	39	36	25	38	35	32	25	33	30	28	32
16	55	51	47	32	49	45	42	32	44	41	38	32
25	73	68	63	32	65	60	56	40	57	53	49	40
35	90	84	77	40	80	74	69	40	70	65	60	50
50	114	106	98	50	102	95	88	50	90	84	77	63
70	145	135	125	50	130	121	112	50	115	107	99	63
95	175	163	151	63	158	147	136	63	140	130	121	75
120	200	187	173	63	180	168	155	63	160	149	138	75
150	230	215	198	75	207	193	179	75	185	172	160	75
185	265	247	229	75	235	219	203	75	212	198	183	90
BV 铜芯												
1.0	12	11	10	15	11	10	9	15	10	9	8	15
1.5	16	14	13	15	15	14	12	15	13	12	11	15
2.5	24	22	20	15	21	19	18	15	19	17	16	20
4	31	28	26	20	28	26	24	20	25	23	21	20
6	41	36	35	20	36	33	31	20	32	29	27	25
10	56	52	48	25	49	45	42	25	44	41	38	32
16	72	67	62	32	65	60	56	32	57	53	49	32
25	95	88	82	32	85	79	73	40	75	70	64	40
35	120	112	103	40	105	98	90	40	93	86	80	50
50	150	140	129	50	132	123	114	50	117	109	101	63
70	185	172	160	50	167	156	144	50	148	138	128	63
95	230	215	198	63	205	191	177	63	185	172	160	75
120	270	252	233	63	240	224	207	63	215	201	185	75
150	305	285	263	75	275	257	237	75	250	233	216	75
185	355	331	307	75	310	289	268	75	280	260	242	90

附表 31　聚氯乙烯绝缘及护套电力电缆允许载流量　（单位：A）

电缆额定电压	1kV				3kV			
最高允许温度	+65℃							
敷设方式 芯数×截面/mm²	15℃地中直埋		25℃空气中敷设		15℃地中直埋		25℃空气中敷设	
	铝	铜	铝	铜	铝	铜	铝	铜
3×2.5	25	32	16	20	—	—	—	—
3×4	33	42	22	28	—	—	—	—
3×63	42	54	29	37	—	—	—	—
3×10	57	73	40	51	54	69	42	54
3×16	75	97	53	68	71	91	56	72
3×25	99	127	72	92	92	119	74	95
3×35	120	155	87	112	116	149	90	116
3×50	147	189	108	139	143	184	112	144
3×70	181	233	135	174	171	220	136	175
3×95	215	277	165	212	208	268	167	215
3×120	244	314	191	246	238	307	194	250
3×150	280	261	225	290	272	350	224	288
3×180	316	407	257	331	308	397	257	331
3×240	361	465	306	394	353	455	301	388

附表 32　交联聚乙烯绝缘聚氯乙烯护套电力电缆允许载流量　（单位：A）

电缆额定电压	1kV　3～4 芯				3kV　3 芯			
最高允许温度	90℃							
芯数×截面积/mm²	15℃地中直埋		25℃空气中敷设		15℃地中直埋		25℃空气中敷设	
	铝	铜	铝	铜	铝	铜	铝	铜
3×16	99	128	77	105	102	131	94	121
3×25	128	167	105	140	130	168	123	158
3×35	150	200	125	170	155	200	147	190
3×50	183	239	155	205	188	241	180	231
3×70	222	299	195	260	224	289	218	280
3×95	266	350	235	320	266	341	261	335
3×120	305	400	280	370	302	386	303	388
3×150	344	450	320	430	342	437	347	445
3×180	389	511	370	490	382	490	394	504
3×240	455	588	440	580	440	559	461	587

附表 33　电缆在不同环境温度时的载流量校正系数

电缆敷设地点		空气中				土壤中			
环境温度		20℃	25℃	30℃	35℃	10℃	15℃	20℃	25℃
缆芯最高工作温度	60℃	1.069	1.0	0.926	0.864	1.054	1.0	0.943	0.882
	65℃	1.061	1.0	0.935	0.866	1.049	1.0	0.949	0.894
	70℃	1.054	1.0	0.943	0.882	1.044	1.0	0.953	0.905
	80℃	1.044	1.0	0.953	0.905	0.038	1.0	0.961	0.920
	90℃	1.038	1.0	0.961	0.920	1.033	1.0	0.966	0.931

附表 34　电缆在不同土壤热阻系数时的地流量校正系数

土壤热阻系数 /(℃·m·W^{-1})	分类特征(土壤特性和雨量)	校正系数
0.8	土壤很潮湿，经常下雨。如湿度大于 9%的沙土；湿度大于 14%的沙-泥土等	1.05
1.2	土壤潮湿，规律性下雨。如湿度大于 7%但小于 9%的沙土；湿度为 12%～14%的沙-泥土等	1.0
1.5	土壤较干燥，雨量不大。如湿度为 8%～12%的沙-泥土等	0.93
2.0	土壤干燥，少雨。如湿度大于 4%但小于 7%的沙土；湿度为 4%～8%的沙-泥土等	0.87
3.0	多石地层，非常干燥。如湿度小于 4%的沙土等	0.75

附表 35　电缆埋地多根并列时的载流量校正系数

电缆根数 / 电缆外皮间距/mm	1	2	3	4	5	6	7	8
100	1	0.90	0.85	0.80	0.78	0.75	0.73	0.72
200	1	0.92	0.87	0.84	0.82	0.81	0.80	0.79
300	1	0.93	0.90	0.87	0.86	0.85	0.85	0.84

附表 36　低压母线单位长度阻抗值

(单位：mΩ/m)

母线规格①/mm	R'③	$R'_{\varphi P}$③ $=R'_{\varphi}+R'_{P}$	X'		$X'_{\varphi P}$	
			D②/mm		D_{n}②=200mm，D/mm	
			250	350	250	350
3[2×(125×10)]+125×10	0.014	0.042	0.147	0.170	0.317	0.344
3[2×(125×10)]+80×10	0.014	0.054	0.147	0.170	0.340	0.367
4(125×10)	0.028	0.056	0.147	0.170	0.317	0.344
3×(125×10)+80×8	0.028	0.078	0.147	0.170	0.341	0.369
3×(125×10)+80×6.3	0.028	0.088	0.147	0.170	0.343	0.370
4[2×(100×10)]	0.016	0.032	0.156	0.181	0.336	0.366
3[2×(100×10)]+100×10	0.016	0.048	0.156	0.181	0.336	0.366
3[2×(100×10)+80×8	0.016	0.066	0.156	0.181	0.350	0.380
4×(100×10)	0.033	0.066	0.156	0.181	0.336	0.366

续表

母线规格[①]/mm	R'[③]	$R'_{\varphi P}$[③] $=R'_{\varphi}+R'_{P}$	X'		$X'_{\varphi P}$	
			D[②]/mm		D_n[②]=200mm，D/mm	
			250	350	250	350
3×(100×10)+80×10	0.033	0.073	0.156	0.181	0.349	0.378
4(80×10)	0.040	0.080	0.168	0.193	0.361	0.390
3×(80×10)+63×6.3	0.040	0.116	0.168	0.193	0.380	0.410
铜 4×(100×10)	0.025	0.050	0.156	0.181	0.336	0.366
铜 3×(100×10)+80×8	0.025	0.056	0.156	0.181	0.350	0.380
铜 4×(80×8)	0.031	0.062	0.170	0.195	0.364	0.394
铜 3×(100×10)+63×6.3	0.031	0.078	0.170	0.195	0.382	0.412
铜 3×(80×8)+50×5	0.031	0.104	0.170	0.195	0.394	0.423
4×(100×8)	0.040	0.080	0.158	0.182	0.340	0.368
3×(100×8)+80×8	0.040	0.090	0.158	0.182	0.352	0.381
3×(100×8)+63×6.3	0.040	0.116	0.158	0.182	0.370	0.399
4×(80×8)	0.050	0.100	0.170		0.364	
3×(80×8)+63×6.3	0.050	0.126	0.170		0.382	
3×(80×8)+50×5	0.050	0.169	0.170		0.394	
4×(80×6.3)	0.060	0.120	0.172		0.368	
3×(80×6.3)+63×6.3	0.060	0.136	0.172		0.384	
3×(80×6.3)+50×5	0.060	0.179	0.172		0.396	
4×(63×6.3)	0.076	0.152	0.188		0.400	
3×(63×6.3)+40×4	0.076	0.262	0.188		0.426	
4×(50×5)	0.119	0.238	0.199		0.423	
3×(50×5)+40×4	0.119	0.305	0.199		0.437	
4×(40×4)	0.186	0.372	0.212		0.451	

注：①母线规格一栏除注明铜以外，均为铝母线；母线规格建议优先采用100×10、80×8、63×6.3、50×5及40×4。

②本表所列数据对于母线平放或竖放均适用，PEN线在边位，D为相线间距，D_n为PEN线与邻近相线中心间距。当变压器容量≤630kV·A时，D为250mm；当变压器容量≥630kV·A时，D_n为350mm。

③R'、$R'_{\varphi P}$为20℃时导线单位长度电阻值。

④当采用密型母线作为配电导线时，该导线的阻抗值应按产品生产厂家提供的数值和实际安装长度进行计算。在计算保护线的阻抗时，还要考虑工程中保护线的配置方式。

附表 37　线路单位长度电阻值

（单位：mΩ/m）

	R'①													
$S/mm^2$②	185	150	120	95	70	50	35	25	16	10	6	4	2.5	1.5
铝	0.156	0.192	0.240	0.303	0.411	0.575	0.822	1.151	1.798	2.876	4.700	7.050	11.280	
铜	0.095	0.117	0.146	0.185	0.251	0.351	0.510	0.702	1.097	1.754	2.867	4.300	6.880	11.476
	$R'_{\varphi P}=1.5(R'_{\varphi}+R'_{P})$③													
$S_p=S/mm^2$② 4×	185	150	120	95	70	50	35	25	16	10	6	4	2.5	1.5
铝	0.468	0.576	0.720	0.909	1.233	1.725	2.466	3.453	5.394	8.628	14.100	21.150	33.840	
铜	0.285	0.351	0.438	0.555	0.753	1.053	1.503	2.106	3.291	5.262	8.601	12.900	20.640	34.401
$S_p \approx S/2$ (mm^2) 3×	185	150	120	95	70	50	35	25	16	10	6	4		
$S_p \approx S/2$ (mm^2) 1×	95	70	70	50	35	25	16	16	10	6	4	2.5		
铝	0.689	0.905	0.977	1.317	1.850	2.589	3.930	4.424	7.011	11.364	17.625	27.495		
铜	0.420	0.552	0.596	0.804	1.128	1.580	2.397	2.699	4.277	6.932	10.751	16.770		
电缆铅包电阻	1.1	1.3	1.5	1.7	2.0	2.4	2.9	3.1	4.0	5.0	5.5	6.4		
布线钢管电阻 R'_P⁰	0.7		0.7			0.8	0.9		1.3	1.5	2.5			
管径	G80		G65			G50	G40		G32	G25	G20			

注：①R'为导线 20℃时单位长度电阻值。相线、N 线、PE 线、PEN 线该值只与导体截面积相关。

②S 为相线线芯截面，S_p为 PEN 或 PE 线线芯截面。

③$R'_{\varphi P}$为计算单相对地短路电流用，其值取导线 20℃时电阻的 1.5 倍。

附表 38　线路单位长度电抗值

（单位：mΩ/m）

X'															
线芯 S/mm^2		185	150	120	95	70	50	35	25	16	10	6	4	2.5	1.5
架空线[①]		0.30	0.31	0.32	0.33	0.34	0.35	0.36	0.37	0.38	0.40				
绝缘子布线[②]	$D=$150mm	0.208	0.216	0.223	0.231	0.242	0.251	0.266	0.277	0.290	0.306	0.325	0.338	0.353	0.368
	$D=$100mm	0.184						0.241	0.251	0.265	0.280	0.300	0.312	0.327	0.342
	$D=$70mm	0.162										0.277	0.290	0.305	0.321
全塑电缆	四芯	0.076			0.079	0.078	0.079	0.080	0.082	0.087	0.094	0.100	0.100		
纸绝缘电缆	四芯	0.068		0.070	0.069		0.070	0.073		0.082	0.088	0.093	0.098		
交联电缆(四等芯)			0.077	0.076	0.077	0.078	0.079	0.080		0.082	0.085	0.092	0.097		
管子布线			0.08		0.09			0.10			0.11		0.12	0.13	0.14
布线钢管的零序电抗 $X_P'^0$		0.6		0.6			0.8	0.9		1.0	1.1	1.3			
管径		G80		G65			G50	G40		G32	G25	G20			

$X'_{\varphi P}$																
S/mm^2			185	150	120	95	70	50	35	25	16	10	6	4	2.5	1.5
架空线		$S_p=S$[③]	0.57	0.59	0.61	0.63	0.65	0.67	0.69	0.71	0.75	0.77				
		$S_p\approx S/2$	0.60	0.62	0.63	0.65	0.67	0.69	0.72	0.73	0.767					
绝缘子布线[②]	$D=$150 mm	$S_p=S$	0.448	0.464	0.478	0.493	0.517	0.537	0.563	0.583	0.611	0.643	0.681	0.707	0.737	0.767
		$S_p\approx S/2$	0.470	0.491	0.498	0.516	0.539	0.559	0.587	0.597	0.627					
	$D=$100 mm	$S_p=S$							0.513	0.533	0.561	0.591	0.631	0.655	0.685	0.716
		$S_p\approx S/2$							0.537	0.547	0.576					
	$D=$70 mm	$S_p=S$											0.585	0.611	0.645	0.673

		$X'_{\varphi P}$													
S/mm^2		185	150	120	95	70	50	35	25	16	10	6	4	2.5	1.5
全塑	$S_p=S$	0.152	0.152	0.152	0.158	0.156	0.158	0.160	0.164	0.174	0.188	0.200	0.200		
电缆	$S_p\approx S/2$	0.179	0.161	0.161	0.186	0.178	0.187	0.191	0.192	0.201	0.224	0.211	0.234		
纸绝缘	$S_p=S$	0.136	0.136	0.140	0.138	0.138	0.140	0.146	0.146	0.164	0.176	0.186	0.196		
电缆	$S_p\approx S/2$	0.155	0.155	0.153	0.163	0.163	0.177	0.179	0.182	0.198	0.219	0.219			
钢管布线	$S_p=S$		0.20	0.21	0.23	0.22	0.21	0.24	0.23	0.25	0.26	0.26	0.28	0.29	0.32
	$S_p\approx S/2$		0.21	0.21	0.21	0.23	0.22	0.25	0.25	0.25					
	钢管作保护线		0.69	0.69	0.70	0.70	0.90	1.01	1.00	1.11	1.22	1.42	1.43	1.44	1.45

注：①架空线水平排列，PEN线在中间，线间距离依次为400mm、600mm、400mm。

②绝缘子布线水平排列，PEN线在边位，D为线间距离。

③S为相线线芯截面，S_p为PEN或PE线截面。

附表 39　S11-M 系列 10(6)/0.4kV 变压器的阻抗平均值(归算到 400V 侧)

电压 /kV	容量 /(kV·A)	短路电压 /%	负载损耗 /kV	电阻/mΩ Dyn11			电抗/mΩ Dyn11			电阻/mΩ Yyn0			电抗/mΩ Yyn0		
				正、负序	零序	相保	正、负序	零序	相保	正、负序	零序	相保	正、负序	零序	相保
				R^+、R^-	R^0	$R_{\varphi P}$	X^+、X^-	X^0	$X_{\varphi P}$	R^+、R^-	R^0	$R_{\varphi P}$	X^+、X^-	X^0	$X_{\varphi P}$
10/0.4	200	4	2.50	10.00	10.00	10.00	30.40	30.40	30.40	10.00	36.00	18.67	30.40	116.00	58.93
	250	4	3.05	7.81	7.81	7.81	23.75	23.75	23.75	7.81	29.20	14.94	23.75	100.20	49.23
	315	4	3.65	5.89	5.89	5.89	18.43	18.43	18.43	5.89	20.30	10.69	19.43	79.70	39.52
	400	4	4.30	4.30	4.30	4.30	15.41	15.41	15.41	4.30	15.10	7.90	15.41	63.00	31.27
	500	4	5.10	5.26	5.26	5.26	12.38	12.38	12.38	3.26	12.48	6.33	12.38	53.10	25.95
	630	4.5	6.20	2.50	2.50	2.50	11.15	11.15	11.15	2.50	8.70	4.57	11.15	40.24	20.85
	800	4.5	7.50	1.88	1.88	1.88	8.80	8.80	8.80	1.88	6.50	3.42	8.80	31.80	16.47
	1000	4.5	10.30	1.65	1.65	1.65	7.00	7.00	7.00	1.65	5.80	3.03	7.00	28.20	14.07
	1250	4.5	12.00	1.23	1.23	1.23	5.63	5.63	5.63	1.23	4.40	2.29	5.63	22.60	11.29
	1600	4.5	20.00	1.25	1.25	1.25	4.32	4.32	4.32	1.25	3.20	1.90	4.32	17.10	8.58

附表 40　SC 系列 10(6)/0.4kV 变压器的阻抗平均值(归算到 400V 侧)

电压/kV	容量/(kV·A)	短路电压/%	负载损耗/kV	电阻/mΩ			电抗/mΩ			电阻/mΩ			电抗/mΩ		
				Dyn11			Dyn11			Yyn0			Yyn0		
				正、负序	零序	相保	正、负序	零序	相保	正、负序	零序	相保	正、负序	零序	相保
				R^+、R^-	R^0	$R_{\varphi P}$	X^+、X^-	X^0	$X_{\varphi P}$	R^+、R^-	R^0	$R_{\varphi P}$	X^+、X^-	X^0	$X_{\varphi P}$
10/0.4	160	4	1.98	12.38	12.38	12.38	38.04	38.04	38.04	12.38	37.4	20.72	38.04	405.00	160.36
	200	4	2.24	8.96	8.96	8.96	29.93	29.93	29.93	8.96	35.46	17.79	29.93	359.8	139.89
	250	4	2.41	6.17	6.17	6.17	24.85	24.85	24.85	6.17	33.03	15.12	24.85	303.4	117.70
	315	4	3.10	5.00	5.00	5.00	19.70	19.70	19.70	5.00	29.86	13.29	19.70	230.00	89.8
	400	4	3.60	3.60	3.60	3.60	15.59	15.59	15.59	3.60	16.88	8.03	15.59	214.8	81.99
	500	4	4.30	2.75	2.75	2.75	12.50	12.50	12.50	2.75	12.88	6.12	12.50	177.7	67.57
	630	4	5.40	2.18	2.18	2.18	9.92	9.92	9.92	2.18	10.19	4.85	9.92	150.1	56.65
	630	6	5.60	2.26	2.26	2.26	15.07	15.07	15.07	2.26	11.44	5.32	15.07	197.8	75.98
	800	6	6.60	1.65	1.65	1.65	11.89	11.89	11.89	1.65	7.96	3.75	11.89	148.7	57.49
	1000	6	7.60	1.22	1.22	1.22	9.52	9.52	9.52	1.22	7.73	3.39	9.52	109.1	42.71
	1250	6	9.10	0.93	0.93	0.93	7.62	7.62	7.62	0.93	6.49	2.78	7.62	79.00	31.41
	1600	6	11.00	0.69	0.69	0.69	5.96	5.96	5.96	0.69	4.43	1.94	5.96	58.00	23.31
	2000	6	13.30	0.53	0.53	0.53	4.77	4.77	4.77	0.53	2.91	1.32	4.77	46.30	18.61
	2500	6	15.80	0.40	0.40	0.40	3.82	3.82	3.82	0.40	2.18	0.99	3.82	36.70	14.78

附表 41　DL 型电磁式电流继电器的技术数据

型号	最大整定电流/A	长期允许电流/A		动作电流/A		最小整定值时功率消耗/W	返回系数
		线圈串联	线圈并联	线圈串联	线圈并联		
DL-11/2	2	4	8	0.5～1	1～2	0.1	0.8
DL-11/6	6	10	20	1.5～3	3～6	0.1	0.8
DL-11/10	10	10	20	2.5～5	5～10	0.15	0.8
DL-11/20	20	15	30	5～10	10～20	0.25	0.8
DL-11/50	50	20	40	12～25	25～50	1.0	0.8
DL-11/100	100	20	40	25～50	50～100	2.5	0.8

附表 42　GL 型感应式电流继电器的技术数据

型号	额定电流/A	整定值		速断电流倍数	返回系数
		动作电流/A	10 倍动作电流的动作时间/s		
GL－11/10，－21/10	10	4，5，6，7，8，9，10	0.5，1，2，3，4	2～8	0.85
GL－11/5，－21/5	5	2，2.5，3，3.5，4，4.5，5			
GL－15/10，－25/10	10	4，5，6，7，8，9，10	0.5，1，2，3，4		0.8
GL－15/5，－25/5	5	2，2.5，3，3.5，4，4.5，5			

附表 43　建筑物防雷分类(摘引自 GB5 0057—2010《建筑物防雷设计规范》)

防雷类别	符合条件的建筑物
第一类防雷建筑	在可能发生对地闪击的地区，遇下列情况之一时，应划为第一类防雷建筑： (1) 凡制造、使用或储存火炸药及其制品的危险建筑物，因电火花而引起爆炸、爆轰，会造成巨大破坏和人身伤亡者 (2) 具有 0 区或 20 区爆炸危险场所的建筑物 (3) 具有 1 区或 21 区爆炸危险场所的建筑物，因电火花而引起爆炸，会造成巨大破坏和人身伤亡者
第二类防雷建筑	(1) 国家级重点文物保护的建筑物 (2) 国家级的会堂、办公建筑物、大型展览和博览建筑物、大型火车站和飞机场、国宾馆、国家级档案馆、大型城市的重要给水泵房等特别重要的建筑物(飞机场不含停放飞机的露天场所和跑道) (3) 国家级计算中心、国际通信枢纽等对国民经济有重要意义的建筑物 (4) 国家特级和甲级大型体育馆 (5) 制造、使用或储存火炸药及其制品的危险建筑物，且电火花不宜引起爆炸或不致造成巨大破坏和人身伤亡者 (6) 具有 1 区或 21 区爆炸危险场所的建筑物，且电火花不宜引起爆炸或不致造成巨大破坏和人身伤亡者 (7) 具有 2 区或 22 区爆炸危险场所的建筑物 (8) 有爆炸危险的露天钢质封闭气罐 (9) 年预计雷击次数大于 0.05 次/a 的部、省级办公建筑物和其他重要或人员密集的公共建筑物以及火灾危险性场所 (10) 年预计雷击次数 0.25 次/a 的住宅、办公楼等一般性民用建筑物或一般性工业建筑物

防雷类别	符合条件的建筑物
第三类防雷建筑	(1) 省级重点文物保护的建筑物及省级档案馆 (2) 年预计雷击次数大于或等于 0.01 次/a，且小于或等于 0.05 次/a 的部、省级办公建筑物和其他重要或人员密集的公共建筑物，以及火灾危险性场所 (3) 年预计雷击次数大于或等于 0.05 次/a，且小于或等于 0.25 次/a 的住宅、办公楼等一般性民用建筑物或一般性工业建筑 (4) 在平均雷暴日大于 15d/a 的地区，高度在 15m 以上的烟囱、水塔等孤立的高耸建筑物；在年平均雷暴日小于或等于 15d/a 的地区，高度可为 20m 及以上的烟囱、水塔等孤立的高耸建筑物

附表 44　建筑物电子信息系统雷电防护等级(摘引自 GB 50343—2012《建筑物电子信息系统防雷技术规范》)

防护等级	符合条件的建筑物
A 级	(1) 国家级计算中心、国家级通信枢纽、特级和一级金融设施、大中型机场、国家级和省级广播电视中心、枢纽港口、火车枢纽站、省级城市水、电、气、热等城市重要公用设施的电子信息系统 (2) 一级安全防范单位，如国家文物、档案库的闭路电视监控和报警系统 (3) 三级医院电子医疗设备
B 级	(1) 中型计算中心、二级金融设施、中型通信枢纽、移动通信基站、大型体育场(馆)、小型机场、大型港口、大型火车站的电子信息系统 (2) 二级安全防范单位，如省级文物、档案库的闭路电视监控和报警系统 (3) 雷达站、微波站电子信息系统，高速公路监控和收费系统 (4) 二级医院电子医疗设备 (5) 五星及更高星级宾馆电子信息系统
C 级	(1) 三级金融设施、小型通信枢纽电子信息系统 (2) 大中型有线电视系统 (3) 四星及以下级宾馆电子信息系统
D 级	除以上 A、B、C 级以外一般用途的电子信息系统设备